机械行业特有职业 国家职业技能培训鉴定教材

数控机床机械维修工

(中级 高级)

编审人员

主 编 王廷康

副主编 于俊光 李生斌

编 者 冀永庆 王兰英 刘莲花 童文利 徐广财 刘明飞

主 审 雷振坤

审 稿 肖坤安 王文杰 谭富勇 刘 刚 钟全永

中国劳动社会保障出版社

图书在版编目(CIP)数据

数控机床机械维修工：中级 高级/机械工业职业技能鉴定指导中心，人力资源和社会保障部教材办公室组织编写. —北京：中国劳动社会保障出版社，2011

机械行业特有职业 国家职业技能培训鉴定教材

ISBN 978-7-5045-9354-2

Ⅰ.①数… Ⅱ.①机…②人… Ⅲ.①数控机床-机械维修-职业技能-鉴定-教材 Ⅳ.①TG659

中国版本图书馆 CIP 数据核字(2011)第 273285 号

中国劳动社会保障出版社出版发行

(北京市惠新东街 1 号 邮政编码：100029)

出 版 人：张梦欣

*

北京北苑印刷有限责任公司印刷装订 新华书店经销

787 毫米×1092 毫米 16 开本 29.75 印张 518 千字

2011 年 12 月第 1 版 2011 年 12 月第 1 次印刷

定价：55.00 元

读者服务部电话：010-64929211/64921644/84643933

发行部电话：010-64961894

出版社网址：http://www.class.com.cn

前　言

为了大力推进《中华人民共和国就业促进法》中规定的“国家依法发展职业教育，鼓励开展职业培训，促进劳动者提高职业技能，增强就业能力和创业能力”的实施，充分满足机械行业、企业开展职业培训与鉴定工作的需要，机械工业职业技能鉴定指导中心联合人力资源和社会保障部教材办公室，根据机械行业、企业实际组织编写了这套机械行业特有职业国家职业技能培训鉴定教材，共涉及数控机床装调维修工、汽车生产线操作调整工、轴承装配工、电切削工等31个机械行业特有职业（工种）。

该套教材是在完成机械行业特有职业国家职业标准制定工作基础上进行的。教材编审人员主要包括国家职业标准编写和审定专家，机械行业各级鉴定培训机构、职业院校职业培训教学专家和鉴定考核命题及管理专家，以及全国机械行业各大型企业生产一线工程技术主管、技师和高级技师等，从而有效保证了教材内容对国家职业标准要求的正确诠释，以及对机械行业特有职业培训与鉴定的适用性。

该套教材主要具有以下特点：

在编写原则上，突出以职业能力为核心。教材编写贯穿“以职业标准为依据、以企业需求为导向、以职业能力为核心”的理念，在国家职业标准要求基础上，结合企业实际对国家职业标准进行了提升，突出新知识、新技术、新工艺、新方法，注重培训对象职业能力培养。

在使用功能上，注重服务于培训和鉴定。根据职业发展的实际情况和培训需求，教材充分体现职业培训规律，反映职业技能鉴定考核基本要求，满足培训对象参加各级各类鉴定考核的需要。

在编写模式上，采用分级别模块化方式编写。教材内容按照国家职业标准职业等级划分，各等级之间知识与技能合理衔接、依次递进，为机械行业、企业职业培训搭建了科学的阶梯型培训架构。教材内容按照国家职业标准职业功能模块展开，突出实用性，贴近生产实际，贴近培训对象需要，贴近鉴定考核需求。

数控机床装调维修工国家职业技能培训鉴定教材共包括《数控机床装调维修工（基础知识）》《数控机床机械装调工（中级　高级）》《数控机床机械维修工（中级　高级）》《数

控机床机械装调维修工（技师　高级技师）》《数控机床电气装调工（中级　高级）》《数控机床电气维修工（中级　高级）》和《数控机床电气装调维修工（技师　高级技师）》7本。其中，《数控机床装调维修工（基础知识）》内容涵盖国家职业标准的基本要求，是各级别数控机床装调维修工均需要掌握的基础知识；其他教材内容涵盖国家职业标准的各级别工作要求。本教材是数控机床装调维修工国家职业技能培训鉴定教材中的一本，适用于对中级和高级数控机床机械维修工数控机床机械维修模块的职业技能培训与鉴定考核。

本教材在编写过程中得到了大连机床集团公司、齐重数控装备股份有限公司、齐二机床集团有限公司、浙江大学、紫琅职业技术学院、浙江凯达机床股份有限公司、浙江联强数控机床股份有限公司、江苏大学机电培训学院、青海一机数控机床有限责任公司、浙江省余姚市职业技术学校等单位的全力支持，在此一并表示感谢！

由于时间仓促，不足之处在所难免，欢迎读者提出宝贵意见和建议。

机械工业职业技能鉴定指导中心

目 录

CONTENTS

机械行业特有职业
国家职业技能培训鉴定教材

第一部分 中级工

第二部分　高　级　工

第一部分

中级工

第一章 机械零部件装配图识图及零件图的画法

第一节　机械零部件装配图识图

机械图样由图形、符号、文字和数字组成，是表达设计意图和制造要求以及交流经验的技术文件，常被称为工程界的语言。在设计产品的过程中，技术人员根据设计任务书，先要画出符合用户要求的装配图，确定方案可行后，再把装配图拆开，分解为符合制图规范的零件图。在制造产品的过程中，先按零件图加工出合格的零件，送往装配车间组装成各部件，各部件再经过总装后成为机床，这里不光是机械组装，还包括电气设备组装、液压系统和气压系统组装等。

在整个生产经营过程中，图样一直在传递设计者的意图，是生产中不可替代的指令性文件，装配图又是装配中唯一起到指导作用的关键文件。对于装配调整工来说，看懂装配图是工作中首要的任务，是至关重要的技能。

一、数控车床主轴箱装配图识图

1. 识图基本方法

在机床的装配过程中首先遇到的是机床装配图的读图，读装配图通常分为以下三个步骤进行：

（1）概括性了解

首先从标题栏入手，了解装配部件的名称和绘图比例，从装配部件的名称联想该部件大致的用途。例如，机床主轴箱的外壳一定是一个箱体，内部一定有轴，有轴就有支撑，支撑用的是轴承。通过尺寸及比例，可以想到该部件大致的大小。

然后浏览一下所有视图，找出主视图、左视图、俯视图等基本视图，再找出向视图、局部视图、斜视图以及在上述视图中存在的各种剖视图。初步了解各视图之间的对应关系，为下一步识图打下基础。

（2）详细分析各视图

分析该装配部件的工作原理，分析各零件的相互连接关系，分析装配部件的结构组成、润滑、密封情况。分析各组成零件的结构及形状，可将零件逐一从复杂的装配关系中分离出来，想象出其结构及形状。分析时可按零件的序号顺序进行。关于零件的序号，这里介绍一种企业标准，按照三位数字排列，如“101”“301”“501”和“701”等三位数字，上述四个三位数字中的第一位数字的“1”定义为铸铁件；“3”定义为有色金属件，如铝合金件；“5”定义为非金属件，如橡胶类零件；“7”定义为钢件，如 45 钢。这样分类后，可以清楚地从装配图的标注中判断出各零件的材质，如“101”表示铸铁件，“301”表示有色金属件，“701”表示钢件，“702”表示第二个钢件等。另外，标注上有大量关于标准件的注释，例如，“M10 × 15；GB/T 70”表示 M10 的内六角圆柱头螺钉，长 15 mm。

对于轴类、盘类和其他简单零件，通过一个或两个视图就能看懂。对于一些较复杂的零件，需要找出该零件在其他视图中的位置及外形，进行综合分析，想象出该零件的结构及形状。在对照投影关系时，可借助三角尺、分规等工具来提高看图的速度，帮助分析。

（3）归纳总结

在概括了解、深入分析的基础上，还应进行归纳总结，对装配图有个完整、准确的了解。主要包括以下几方面的内容：

1）装配部件的功能是什么？装配部件中各零件起什么作用？

2）各零件之间的装配关系是什么？连接方式是什么？

3）各零件的装配顺序如何？

4）装配尺寸属于哪种配合？哪些是重要的装配尺寸？

5）通过技术要求，了解装配中必须保证的要求。

6）对于一些暂时无法理解的部分，可以做出记号，通过翻阅资料，咨询相关技术人员，或过一段时间再反复思考来获得答案。

2．典型实例

下面以 CKA6150 型数控车床主轴箱装配图为例分析读图过程。数控车床的主轴箱结构繁多，这里仅介绍一种主轴箱的装配图。机械变速分为高、中、低三个手动挡位，每个挡位又有四个自动有级转速供选择，这四个挡位是通过主轴双速电动机配合电磁离合器自动挂挡得到的。

如图 1—1 所示为 CKA6150 型数控车床主轴箱的外观图，图 1—2 所示为该主轴箱的展开图，所谓展开图，是将沿轴线Ⅹ—Ⅰ—Ⅱ—Ⅲ—Ⅳ—Ⅴ—Ⅵ的剖切图展开后绘制出来的。在展开图中主要表示各传动零件（如轴、齿轮、带轮和离合器等）的传动关系，各传动轴及轴上相配的有关零件（如轴承、端盖等）的相关结构及装配尺寸。要表达清楚主轴箱部件的结构，仅有展开图还不够，还要用其他视图进行表达，如利用外观视图、操纵机构等视图配合才能表达完整。

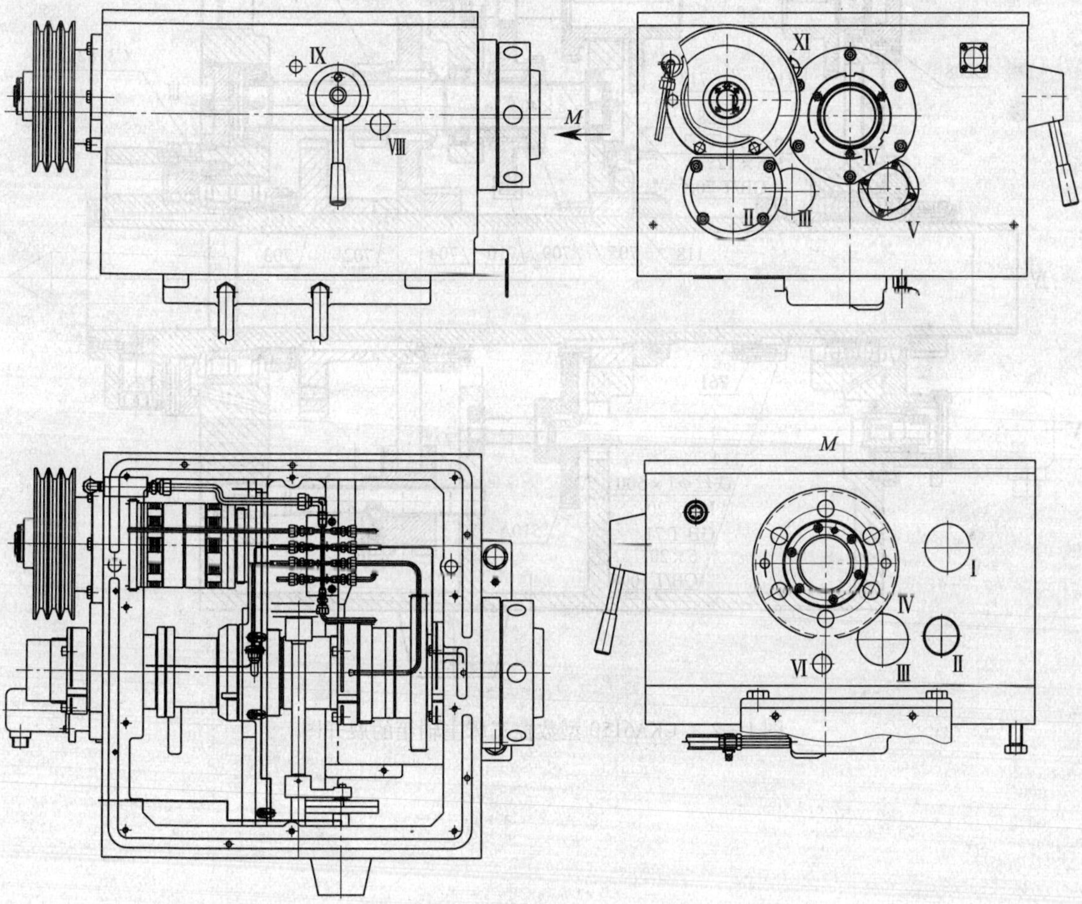

图 1—1　CKA6150 型数控车床主轴箱的外观图

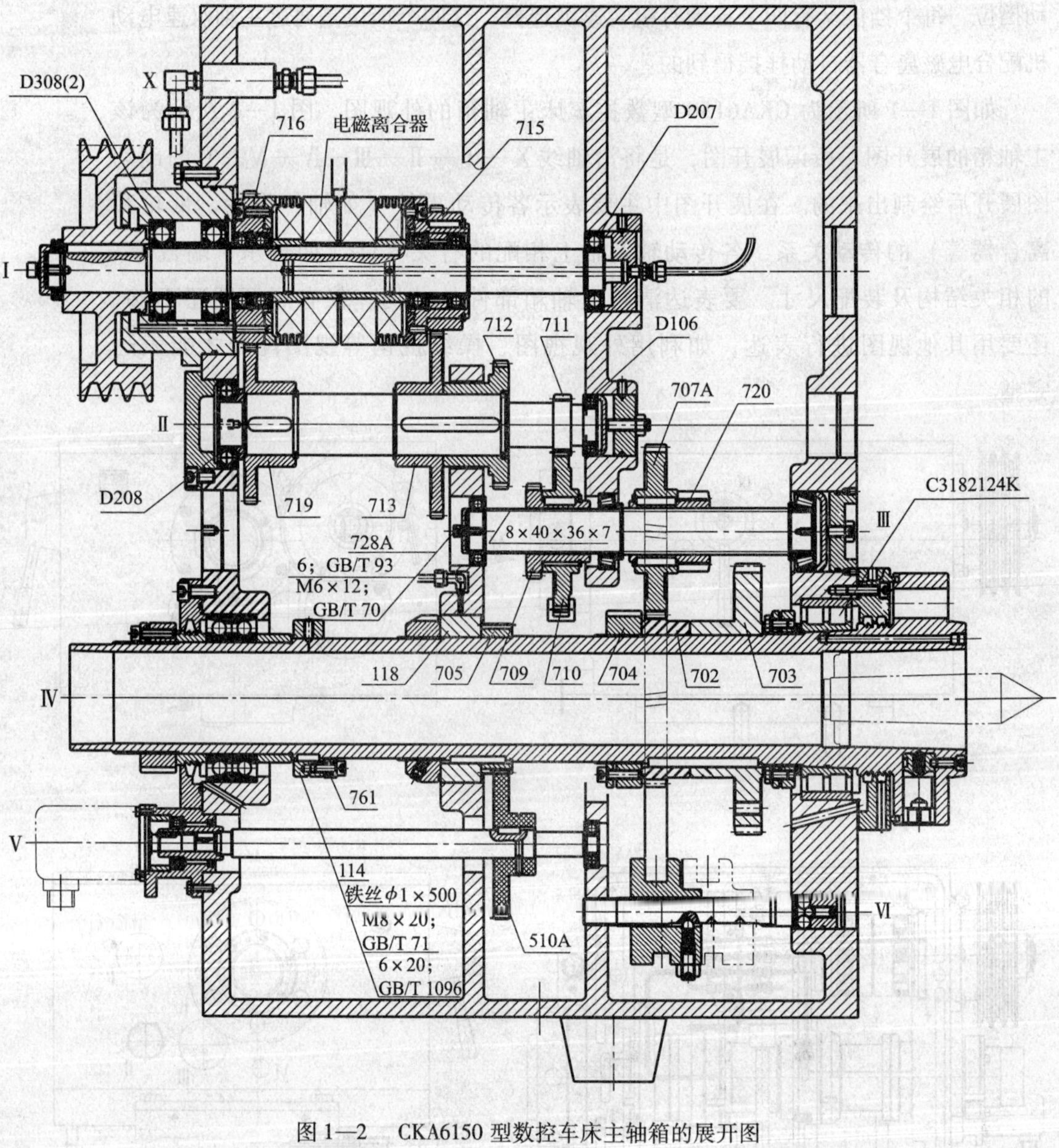

图 1—2　CKA6150 型数控车床主轴箱的展开图

图 1—1 所示的主轴箱外观图只能给人们一个外形整体观念，可以初步了解机床的Ⅰ轴、Ⅱ轴、Ⅲ轴、Ⅳ轴、Ⅴ轴、Ⅵ轴、Ⅹ轴的分布情况。这张图共包括四个视图，左上角为主视图，右上角是左视图，左下角是俯视图，右下角是 *M* 向视图。主视图中说明了主轴的位置，主轴头部在右端，带轮在主轴箱的左端，正面有手动换挡操纵手柄，在手柄左上方和右下方各有一根轴，分别是Ⅸ轴和Ⅶ轴，它们是操纵机构轴，主轴箱下方有两根油管，分别表示主轴箱润滑回油管路。左视图和 *M* 向视图分别表达了Ⅰ轴、Ⅱ轴、Ⅲ轴、Ⅳ轴、Ⅴ轴、Ⅵ轴的位置。十字交叉的细点画线为轴的中心线，其圆周的小孔分别为轴的端盖的螺钉孔。一般端盖的孔为 4 个或 6 个。俯视图主要表达润滑管路的布置情况，它也表示出Ⅰ轴和Ⅳ轴的位置，Ⅰ轴上可以看到电磁离合器的外形，另外还可以看到Ⅳ轴（即主轴）的外形及拨叉轴的位置。

从图 1—2 所示的主轴箱展开图分析得知，这张图只有一个视图。视图中标注内容非常多，初步看一下，图中有Ⅰ轴 ~ Ⅹ轴共 7 根轴，即图 1—1 中分布的传动轴，可以按轴的顺序来阅读。Ⅰ轴在图的上方，其左端为 V 带轮，有三个槽，作为左端支撑的是两个代号为 D308① 的深沟球轴承，其右端是代号为 D207 的深沟球轴承，其中间是两个电磁离合器，代号为 DLM9—10，它们的作用是变速。电磁离合器的左端连接的 $z=55$，$m=2.5$ mm 且代号为 716 的齿轮与Ⅱ轴上 $z=55$，$m=2.5$ mm 且代号为 719 的齿轮相啮合；电磁离合器的右端连接的 $z=45$，$m=2.5$ mm 且代号为 715 的齿轮与Ⅱ轴上 $z=65$，$m=2.5$ mm且代号为 713 的齿轮相啮合。电磁离合器与Ⅰ轴用平键连接，两端齿轮 715 和 716 与电磁离合器用螺栓连接，并用圆柱销定位。齿轮 715 和 716 与Ⅰ轴用轴承连接。

Ⅱ轴上装有三个齿轮，代号分别为 719，713 和 712，Ⅱ轴本身带有一个 $z=19$，$m=2.5$ mm 的齿轮，该齿轮代号为 711，带有齿轮的Ⅱ轴可称为齿轮轴，其两端分别装有代号为 D208 和 D106 的深沟球轴承，齿轮 719，713 和 712 与Ⅱ轴用平键连接。

Ⅲ轴是根花键轴，从轴的标注“8 ×40 ×36 ×7（内径定心）”可知，有两对双联滑移齿轮在轴上自由平移。Ⅲ轴左端装有代号为 709 和 710 的双联齿轮，两齿轮靠平键连接，齿轮 709 与Ⅲ轴用花键连接，采用内径定心。Ⅲ轴右端是代号为 707A 和 720 的双联齿轮，两齿轮也靠平键连接，齿轮 720 与Ⅲ轴用花键连接，同

① 因本书轴承代号与企业原图相同，故未采用新标准。

样是内径定心。为了提高Ⅲ轴的刚度，采用了三点支撑，即两端和中间三处用轴承支撑，考虑到轴向力，采用了圆锥滚子推力轴承。

Ⅳ轴是主轴箱的主轴，即安装卡盘的轴，是一根空心轴，在加工棒料时可将其穿入主轴孔中，方便加工。主轴前端为锥孔，锥度是莫氏 6 号。主轴的前轴承使用 C3182124K 型双列圆柱滚子轴承，能承受径向力。该轴承具有刚度高、精度高、尺寸小、承载能力大的优点，被普遍用于车床的主轴上。该轴承内圈为锥孔，通过代号为 704 的螺母，可以调整主轴的径向间隙。后支撑采用一对角接触球轴承，该轴承既能承受径向力，又能承受轴向力。因主轴较长，中间又加一道支撑，该支撑为滑动轴承（代号为 118），与箱体中隔板孔相配合，由于是滑动摩擦，配有专门的润滑油嘴向滑动面喷油，进行充分润滑。该支撑起到提高主轴刚度的作用。主轴上通过平键装有一个双联齿轮，代号为 702 和 703，用于高低变速，通过平键还装有代号为 705 的齿轮与Ⅴ轴上代号为 501A 的齿轮相啮合，把主轴的转速按 1∶1 的传动比传给主轴编码器。该主轴需要做动平衡试验。所谓动平衡，就是回转体在高速时不会因质量的不均匀而产生振动。其方法是在动平衡试验台上测出不平衡点，加以配重来消除不平衡现象，代号为 114 的件是平衡环，在其上装有代号为 761 的平衡块，通过增加或减小其质量来达到平衡主轴的目的。

主轴的前、后支撑都有大流量润滑油进行润滑，主轴的密封采用了油沟式非接触密封，即在主轴前端面和后端套筒的外表面上加工出带锯齿的环形槽，当主轴旋转时，由于离心力的作用，油液沿着锯齿形的斜面（朝向箱体内）被甩到法兰盘的凹形接油槽里，油液经回油孔流回主轴箱底。

图 1—2 中有两处引线标注分别分为三层和四层，如Ⅲ轴左端代号为 728A 的件分为三层标注，中层为“6；GB/T 93”，下层为“M6 × 12；GB/T 70”，分别表示轴承内圈的压盖为件 728A，用“M6 × 12；GB/T 70”的内六角螺钉紧固，并用弹簧垫圈“6；GB/T 93”防松。再如Ⅳ轴左端代号为 114 的件分为四层标注，第二层为“铁丝 ϕ1 × 500”，第三层为“M8 × 20；GB/T 70”，第四层为“6 × 20；GB/T 1096”，分别表示平衡环为件 114（铸铁件），“铁丝 ϕ1 × 500”用于螺栓防松，“M8 × 20；GB/T 71”为紧定螺钉，“6 × 20；GB/T 1096”为用于件 114 与主轴连接的平键。

二、加工中心机床主轴箱装配图识图

VDL—1000 型加工中心机床主轴箱装配图如图 1—3 所示。

如图1—3所示的主轴箱装配图中标题栏很简单，没有标注出零件目录，需要从各视图入手，首先初步了解由几个视图组成，各是什么视图。左上方是主视图，右上方是左视图，主视图的下方是俯视图，左视图的下方是局部向视图，最下方是两个局部剖视图。主视图是 *A—A* 全剖视图，这里注明了各零部件的顺序号，主视图的最上方有一根轴，其标注为“SJ—PF11—01Z；日本三菱”，说明这是一个主轴交流伺服电动机，该件装有带轮，通过传动带连接主轴，传动带是齿形带。关于主轴的判断，可通过图样查找主视图下方的轴用引线标注，说明主轴是依贝格高速主轴。主轴的左侧装有气缸，通过引线标注“增压气缸”，该气缸的活塞可以伸出及缩回，增压气缸的行程是13 mm，再通过主轴的装配图可知，该增压气缸的作用是主轴夹紧和松开刀具的动力源。

左视图有三组十字中心线，对应主视图最上方的十字中心线是滚珠丝杠，中间的十字中心线表示主轴伺服电动机的安装位置，其周围有4个调整螺钉，作用是调整齿形带的松紧程度。最下方的十字中心线是主轴的中心线。左视图上方分别用箭头标注左、右导轨润滑点，此处为主轴箱与立柱导轨相配合的结构，在左导轨处有 *C—C* 和 *D—D* 局部剖视图，用于说明此处局部的结构。在左、右导轨处有来自集中润滑的油管接入。在右导轨处标注“D4C—3332 OMON（2）”，表示两个行程开关，也是极限开关。在左视图下方用引线标注主轴箱切削液的进口，说明主轴箱有切削液进出。

俯视图是 *B—B* 剖视图，可以看出增压气缸和主轴的连接方式。主轴的外套周边有矩形槽，此槽的用途是可进入切削液，把主轴的热量带走，在此图下方用箭头标注“出水口”，另外通过配合技术要求得知，件717和718需密封好，以防止切削液的渗漏。

M 向视图是反映主轴靠工件一端的向视图，可以看出切削液管的安置及主轴端面螺栓固定的位置。

剖视图 *C—C* 和 *D—D* 分别反映出导轨是滑动导轨，因表面标注为504，为非金属材料，说明其表面贴塑，调整间隙用的是镶条结构。

装配图一般都有技术要求，技术要求是在装配时对某些零件安装间隙的特殊要求。装配时一定要严格执行，不得马虎。

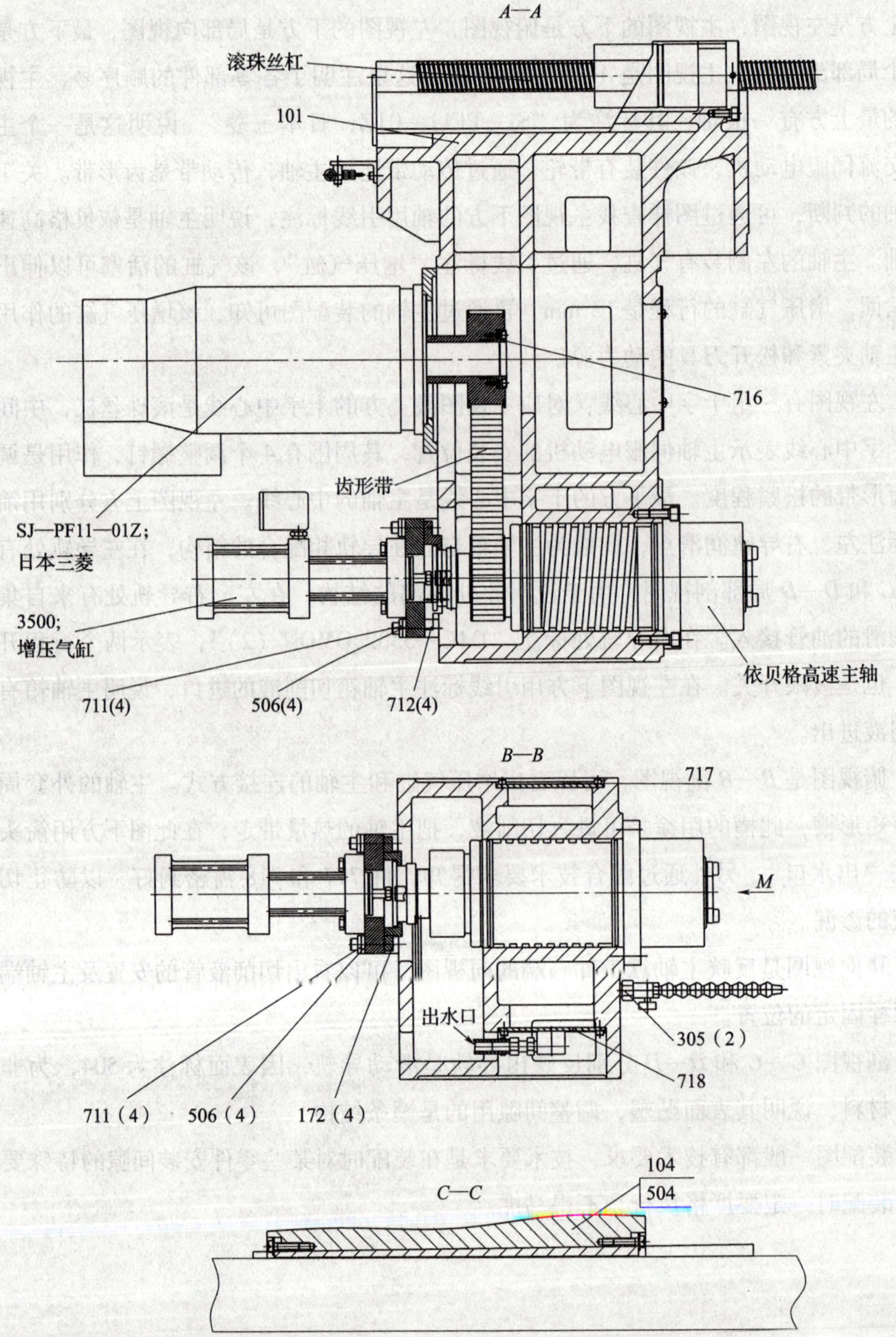

图 1—3　VDL—1000 型加工中心

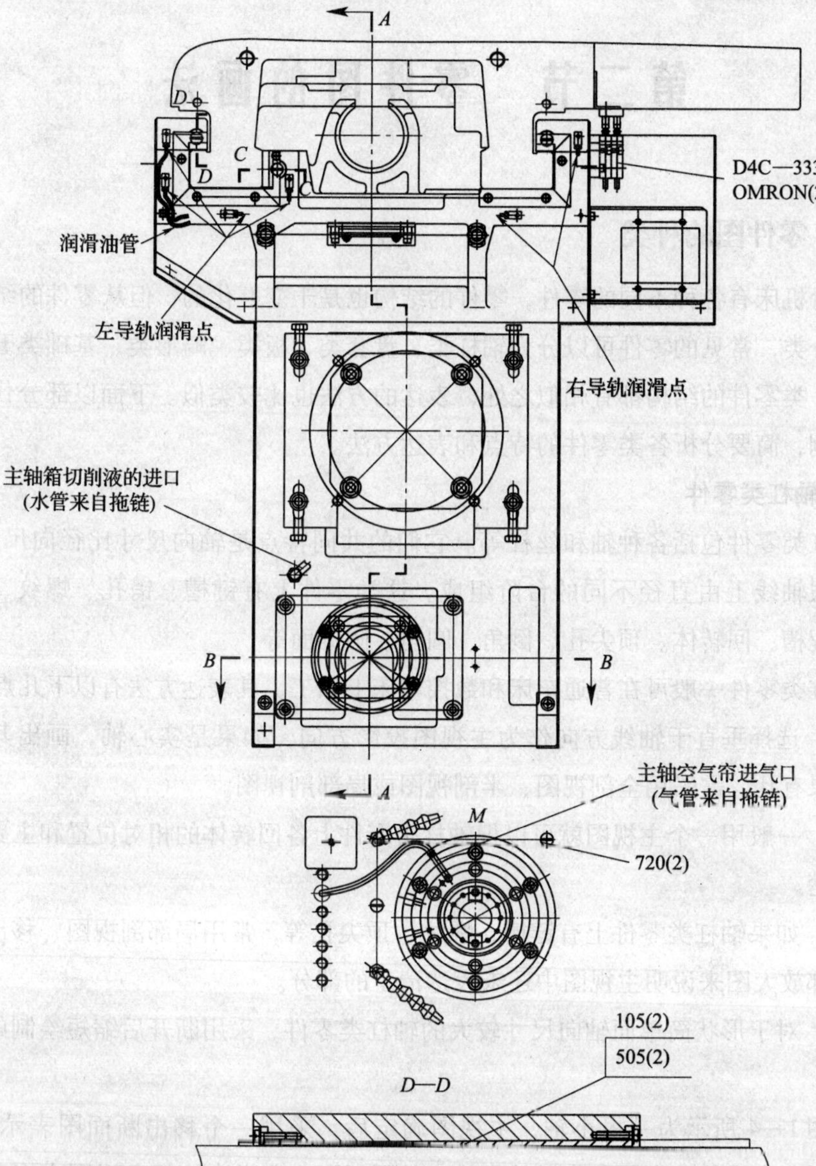

技术要求

件717和718须密封好，防止渗漏。

主轴箱装配图		VDL—1000
	质量	比例	图号: VDL—1000—7001

机床主轴箱装配图

第二节 零件图的画法

一、零件图的种类

一台机床有各种不同的零件，零件的结构也是千变万化的，但从零件的结构及形状来分类，常见的零件可以分为轴杠类、盘套类、板类、畸形类、基础类五种类型。每一类零件的结构都有相似之处，表达的方法也比较类似。下面以部分代表性零件为例，简要分析各类零件的特点和表达方法。

1. 轴杠类零件

轴杠类零件包括各种轴和丝杠等。它们的共同特点是轴向尺寸比径向尺寸大，在同一根轴线上由直径不同的台阶组成。这类零件上有键槽、销孔、螺纹、退刀槽、越程槽、回转体、顶尖孔、倒角、圆角、圆锥面等。

轴杠类零件一般可在普通车床和数控车床上加工，其表达方法有以下几点：

（1）选择垂直于轴线方向作为主视图投影方向，如果是实心轴，画出其外轮廓，如果有孔，需采用全剖视图、半剖视图或局部剖视图。

（2）一般用一个主视图就可以把轴杠类零件上各回转体的相对位置和主要形状表示清楚。

（3）如果轴杠类零件上有键槽、螺纹、顶尖孔等，常用局部剖视图、移出断面图、局部放大图来说明主视图中还未表达清楚的部分。

（4）对于形状简单而轴向尺寸较大的轴杠类零件，采用断开后缩短绘制的方法表达。

如图1—4 所示为一根小轴，主视图确定后，采用一个移出断面图表示键槽，又采用了一个局部放大图Ⅰ表示越程槽内的圆弧形，这样表达了主视图中未表达清楚的结构。

2. 盘套类零件

盘套类零件包括法兰盘、飞轮、带轮、齿轮等。它们的结构特点是回转体，与轴杠类零件不同的是，轴向尺寸小而径向尺寸较大，这类零件上一般有孔、台阶、退刀槽、倒角、圆角，有些盘套类零件上还有肋板、轮辐等结构。

盘套类零件多数表面在数控车床和普通车床上加工，其表达方法有以下几点：

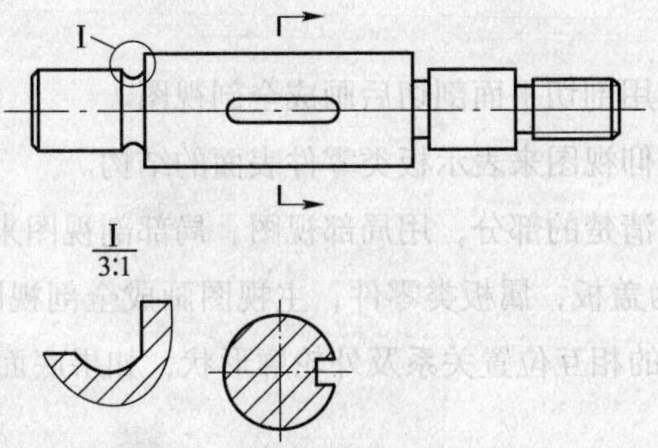

图 1—4　小轴

（1）主视图按加工位置摆放，以便于操作者对照看图。

（2）因盘套类零件多数有孔，主视图常采用半剖视图或全剖视图和局部剖视图表达。

（3）对于还未表达清楚的部位，除主视图、左视图、右视图外，常用局部视图、局部剖视图、断面图和局部放大图来补充说明。

如图 1—5 所示为一个小套，选择了主视图、左视图两个基本视图，主视图用了 *A—A* 剖视图，为表达清楚，还用了一个移出断面图 *B—B* 和一个局部放大图 Ⅰ。

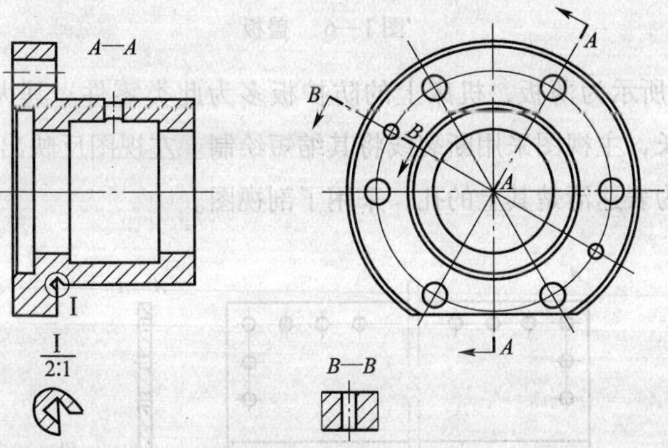

图 1—5　小套

3. 板类零件

板类零件包括箱盖、连接板、垫板和防护板等。它们的结构特点是上、下平面平行，高度方向尺寸较小，其上有凹槽、凸台、螺孔及各种成形孔，这类零件常铸造而成，或者是用板材切割而成的。

若板材为铸件或锻件，要经过铣削、刨削、磨削、钻削等加工过程制成零件；若是薄板材，要通过冲裁、气割等完成加工。板类零件的表达方法有以下几点：

（1）板类零件一般选择垂直于较大的一个平面作为主视图的投影方向，零件为水平放置。

（2）主视图常利用剖切平面剖切后画成全剖视图。

（3）用俯视图或仰视图来表示板类零件表面的结构。

（4）对于未表达清楚的部分，用局部视图、局部剖视图来补充表达。

如图1—6所示为盖板，属板类零件，主视图画成全剖视图 *A—A*，俯视图则表达了盖板上表面各孔的相互位置关系及外轮廓形状，如果底面还有其他孔，则可用仰视图来表达。

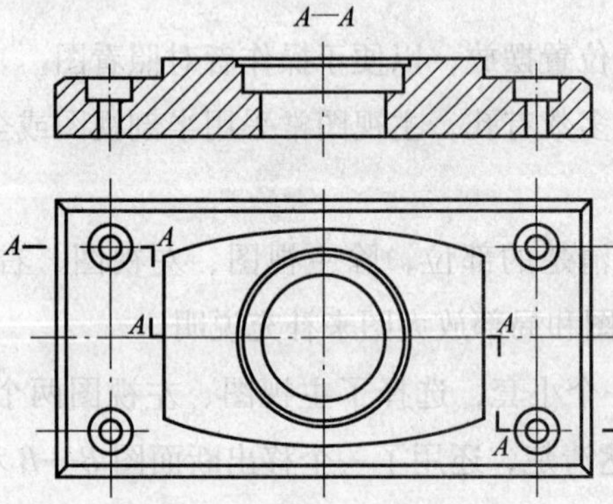

图1—6　盖板

如图1—7所示为薄板，机床上的防护板多为此类零件。其大平面为主视图，因长度方向较长，主视图采用断裂线将其缩短绘制。左视图反映出零件的厚度及折弯后的形状。为表达清楚其上的孔，采用了剖视图。

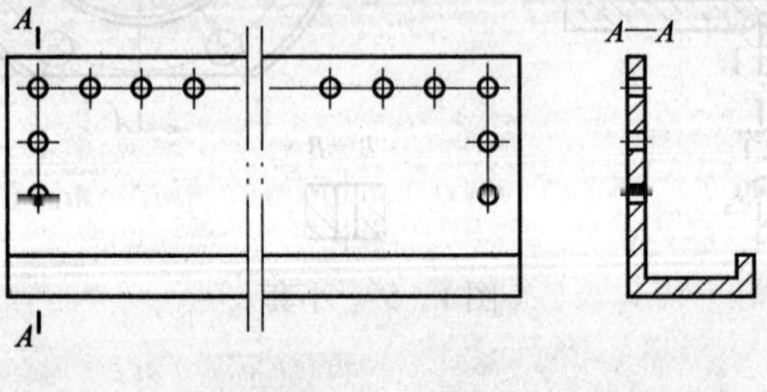

图1—7　薄板

4．畸形类零件

畸形类零件的形状大都比较复杂，外形特殊，无规则，如变速用的拨叉等。它们多数为铸件，经过机械加工而成。其结构可分为工作部分和连接部分，工作部分为该零件与其他零件配合或连接的叉口、支撑座等。连接部分为该零件与其他零件连接的板、肋板、杆体等。畸形类零件上常有铸造或锻造圆角、起模斜角、凸台、凹坑、螺孔、销孔等结构，其表达方法有以下几点：

（1）将最能反映零件形状特征的方向作为主视图的投影方向。

（2）除主视图外，一般还要选择 1 ~ 2 个基本视图才能将零件表达清楚。

（3）有肋板连接的结构常用移出断面图来表示断面的形状。

（4）对于倾斜面，采用斜视图来表示结构特点。

如图 1—8 所示为机床变速用的拨叉，用来拨动变速齿轮以达到换挡的目的。主视图和左视图表达了拨叉的工作部分，上部半圆形为拨叉的叉口，下部为连接部分的套筒，靠键传递动力。中间为薄板和肋板结构，肋板采用了一个移出断面图表达其形状。

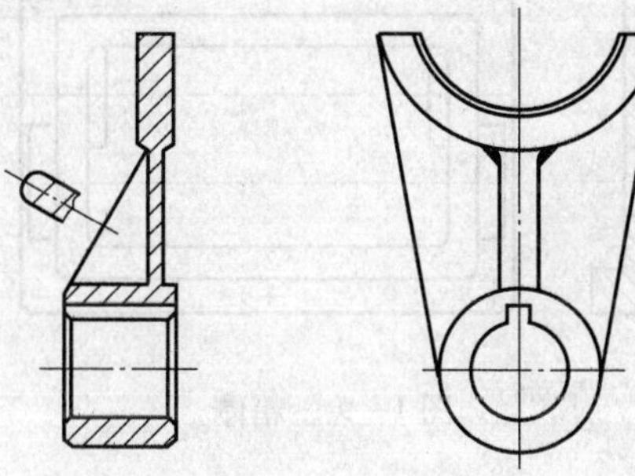

图 1—8　拨叉

5. 基础类零件

基础类零件包括机床的床身、床体、加工中心机床的立柱和箱体。因为这些零件的尺寸和质量都比较大，也称为大件类零件。它们的结构特点是外形大多为长方形或正方形，结构比较复杂。床身、床体、立柱类零件多由肋板和隔板组成。箱体类零件四周由厚度均匀的壁组成，内部称为内腔，有支撑和安装运动零件的各种孔以及安装轴承、端盖的凸台（凹坑）等，其表达方法有以下几点：

（1）将最能反映其形状特征及结构特点的面作为主视图的投影方向。

（2）因其结构复杂，需要多个基本视图才能将其表达清楚。

（3）为了把其内部和外部结构表达清楚，需要根据具体零件的要求选择局部视图、局部剖视图、断面图、局部放大图来表达在以上视图中未表达清楚的局部结构。

如图 1—9 所示为一个箱体，共用了六个视图来表达其结构。其中主视图为全剖视图，表达箱体上孔的位置与结构，此孔有外凸台；左视图中采用局部剖视图表达下底面固定螺钉的结构；右视图为基本视图，没有剖切；俯视图也是基本视图，表达出上、下平面连接螺钉的位置。*A—A* 是个全剖视图，表达箱体零件下部孔的位置与结构，此孔有内凸台，*B* 向视图为局部剖视图，表达出内凸台为圆形结构。

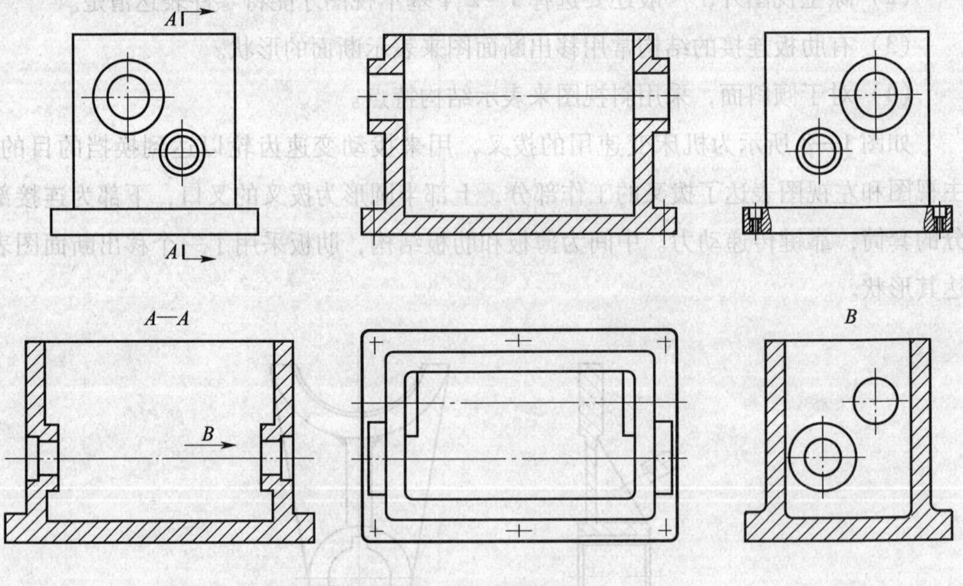

图 1—9　箱体

二、零件图的手工画法

1. 零件图包括的内容

一台机床是由许许多多的零件组成的，零件是机床的基本件，要使每一个零件成为合格品，需经过选材、机械加工、热处理、各工序的检查、入库等工艺过程。而这个工艺过程执行的依据就是机床零件的设计图样，要生产出合格的零件，必须有正确的图样来指导生产，零件图是指导加工和检验的重要技术文件，除标准件外，其余零件一般应绘制零件图。一张完整的零件图一般应包括以下内容：

（1）一组视图

包括基本视图，然后根据各零件的结构特点选择其他视图和剖视图。

（2）完整的尺寸标注

要用正确、清晰、合理的尺寸来表达零件各部分的大小，如直径和长度方向的尺寸以及各尺寸公差的要求等。

（3）正确的形状和位置要求

包括零件各部分的形状公差和各部分的相对位置公差的要求。

（4）合理的表面粗糙度要求

在加工表面标注合理的表面粗糙度符号，非加工表面要根据该零件的装配要求标注非加工表面粗糙度符号。

（5）技术要求

技术要求用来说明零件在加工过程中是否需要进行热处理、冷处理，以及硬度、检验要求等，如果有其他补充要求也在技术要求中出现。

（6）标题栏

标题栏是一个表格，在图样的右下角，要填写零件的名称、材料、质量、比例、图样代号、设计单位的名称，以及零件的设计、工艺、审核、标准化、批准、更改人员的签名和日期等内容。

2. 主视图的选择

主视图是零件图中最重要的视图，选择零件图的主视图时，应选择最能反映零件形状特征的方向。当零件主视图的投影方向确定后，还需确定主视图的位置，即主视图中零件摆放的位置，具体可参考以下几项原则：

（1）加工位置原则

零件图重要的作用之一是用来指导工人加工该零件，因此，主视图中零件的位置应与在机床上加工时的位置一致，这样工人加工时看图较方便。

（2）装配位置原则

有些零件，如基础件等，加工后装配位置很重要，为了便于装配工人在装配和调整时看图方便，按其装配时的位置摆放较合理。

（3）自然摆放原则

如果零件为运动件，工作位置不固定，加工工序又很多，可按自然摆放平稳的位置作为主视图的位置。

3. 其他视图的选择及各类零件视图的选择

其他视图包括基本视图和剖视图，为了使整个零件图简洁、明了，能用一个基本视图表达清楚的，不用两个基本视图；能用两个基本视图表达清楚的，不用三个基本视图。对剖视图也是这样，应遵循避免重复的原则。在选择其他基本视图时，应优先考虑选用左视图和俯视图，然后再考虑选用其他视图。

下面根据零件的分类具体阐述各类零件视图的选择方法。

（1）轴杠类零件视图的选择

轴杠类零件绝大多数在数控车床和普通车床上加工，一般按加工位置摆放。轴杠类零件选择一个基本视图，即主视图即可表达清楚，如果轴上有键槽、凹槽、特殊螺纹等，可用局部视图和局部剖视图来表达，通常主视图选用轴的水平放置位置，而不选用竖直放置位置，还要考虑装夹时哪端为主装夹位置，这样做的目的是加工时看图方便，如图 1—10 所示为台阶轴的摆放位置。

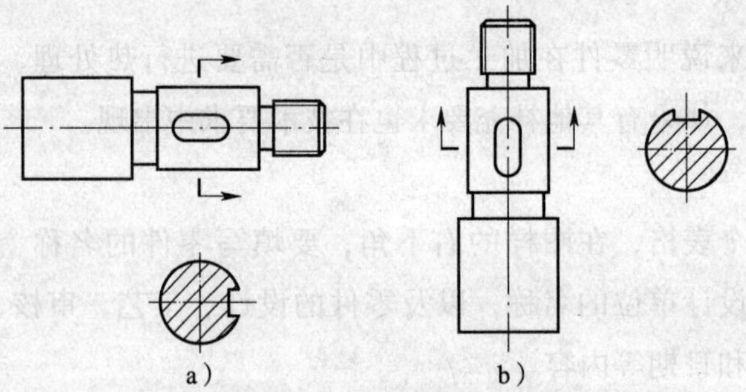

图 1—10　台阶轴的摆放位置

a）正确　b）错误

（2）盘套类零件视图的选择

中、小型盘套类零件在数控车床和普通车床上加工，直径大于等于 1 m 的盘套类零件一般在立式数控车床和普通立式车床上加工。按加工位置摆放的原则选择主视图，中、小型盘套类零件的主视图为轴线水平放置位置。为了表达盘套类零件端面的形状，通常加上左视图或右视图。对于大型盘套类零件，按立式车床放置的位置，主视图为轴线竖直放置位置，增加一个俯视图来表达端面的形状。

（3）板类零件视图的选择

板类零件多数在铣床、刨床、平面磨床等机床上加工，可采取按加工位置摆放的原则选择主视图，其摆放位置如图 1—11 所示。通常可选择一个有剖视图的主视图和一个俯视图，如图 1—11a 所示。也可以把主视图与俯视图颠倒一下，如图 1—11b 所示，把图 1—11a 中的俯视图作为主视图，主视图变为俯视图，因俯视图是由主视图从上往下看得到的视图，俯视图的中心孔开口朝下了。

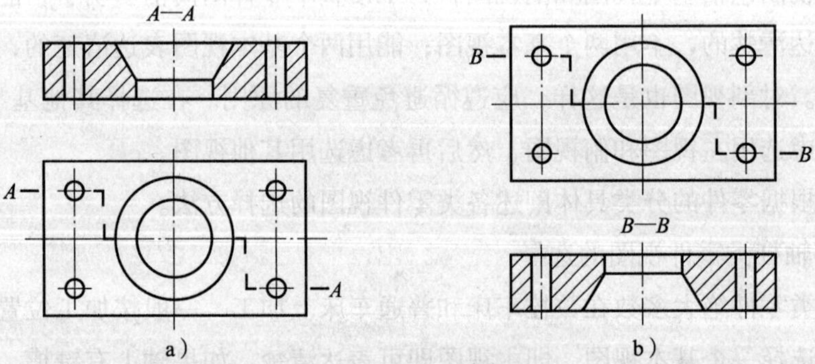

图 1—11　板类零件的摆放位置

（4）畸形类零件视图的选择

畸形类零件多由孔、肋板、支架、底座等部分组成，其形状无规则是最大的特点。通常需要经过车削、钳加工、铣削、刨削、磨削等多工序加工而成。选择视图时可以按加工位置摆放的原则，如孔一般要借助夹具来完成加工，可按车削工序摆放的位置画出主视图。也可按铣削工序摆放位置，铣削时可按自然稳定原则摆放，如拨叉类零件可用平放在工作台上的位置作为主视图摆放位置，如果不能平放，在铣削时可使用夹具使工件平稳地放在工作台上。为了表达清楚零件结构，多采用左视图和俯视图，共采用三个基本视图来表达，并可增加局部剖视图等小视图来完善结构的表达方案。如图 1—12 所示为支架的摆放位置，其中主视图用移出断面图表示肋板的结构，向视图 *M* 表示底座孔的位置。

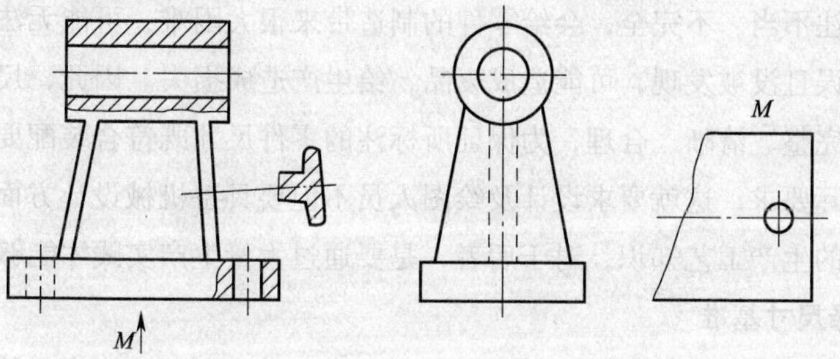

图 1—12　支架的摆放位置

（5）基础类零件视图的选择

基础类零件中有代表性的是箱体类零件，其主视图一般可按装配位置摆放的原则选择，这样有利于装配工人看图方便，也可按加工位置摆放的原则，例如，水平放置箱体有利于铣削、刨削时工人看图方便，总之比较灵活，要具体情况具体分析，原则是有利于加工、装配时看图即可，具体可参阅图 1—9 所示的箱体，这里不再赘述。

4．手工画零件图的步骤

（1）为了把零件清楚地表达在图纸上，首先要对零件进行分析，确定选用几个基本视图和其他辅助视图。

（2）定位布局，根据比例作出主要视图的作图中心线，留出标注尺寸和其他补充视图的位置。

（3）画出零件的内部、外部结构，检查并加深有关图线。

（4）画出尺寸界线、尺寸线，标注尺寸大小、尺寸公差。

（5）画出形位公差框格，并标注框格中各项要求。

（6）标注各加工表面的表面粗糙度符号，并对其余表面加以标注。

（7）填写零件技术要求，对于一些简单零件，没有冷处理、热处理、去毛刺之类要求时可以省略，不填写技术要求。

（8）填写标题栏，重点是材料、图面比例、零件名称、零件图号。

（9）对于大批量生产的零件，图样设计完成后要经过工艺审查，即审查加工中工艺是否合理；还要经过标准化审查，即检查图样的画法是否符合国家标准，目的是让操作者能看懂图样。

三、零件图的尺寸标注

零件图上的尺寸是加工及检验零件的重要依据，是零件图中重要的内容之一，如果尺寸标注不当、不完全，会给零件的制造带来很大困难，可能无法加工。如果标注出现错误且没被发现，可能造成废品，给生产造成损失。因此，尺寸标注必须做到正确、完整、清晰、合理，为保证所标注的零件尺寸既符合装配要求，又符合加工工艺实际要求，这就要求设计及绘图人员不但要具备机械设计方面的知识，还要具备一定的生产工艺知识，对于后者，是要通过大量生产实践才能够获得的。

1．选择尺寸基准

所谓尺寸基准，即尺寸从零件的某个点、线、面出发，这个点、线、面称为尺寸基准。如图 1—13 所示为零件的尺寸基准。

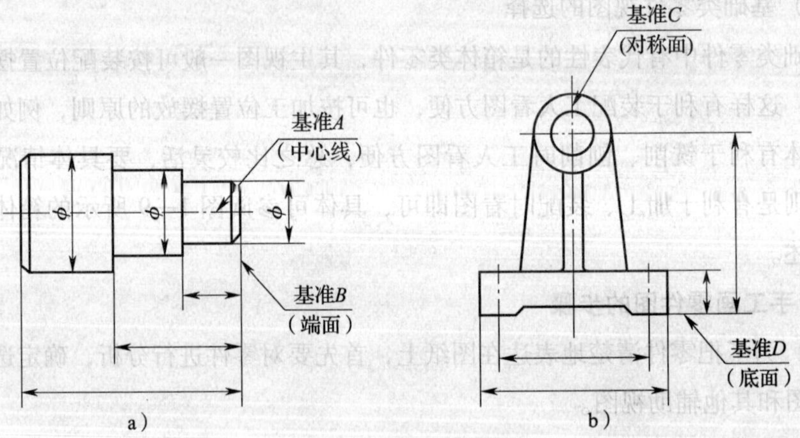

图 1—13　零件的尺寸基准

a）小轴　b）支架

图 1—13a 所示的小轴的基准 *A* 是指轴的中心线，即轴线，它是台阶轴三个直径的基准线，即轴的上轮廓线与下轮廓线以基准 *A* 对称。基准 *B* 是指小轴右端面为

长度方向尺寸的出发点，即台阶轴三个长度方向始发点的基准。

图 1—13b 所示的支架的基准 *C* 是孔的垂直方向中心线，是支架底孔孔距和底座宽度尺寸的对称面，即底孔以其对称，底座两端面以其对称。基准 *D* 是支架两个高度尺寸的基准面，支架上的孔到底座底面的距离以及底座上平面到底面的距离都以底面为基准面，即高度尺寸是从底面出发到孔的中心及底座上平面的，此底面称为基准面 *D*。

尺寸基准分为设计基准和工艺基准两类。

（1）设计基准

从设计角度考虑，为了满足零件在装配中的相互配合关系及其对结构、性能的要求而选定的一些基准称为设计基准。任何一个零件都有长、宽、高三个方向的尺寸，因此，每个零件有三个方向尺寸的设计基准。如图 1—14 所示为块件的设计基准。

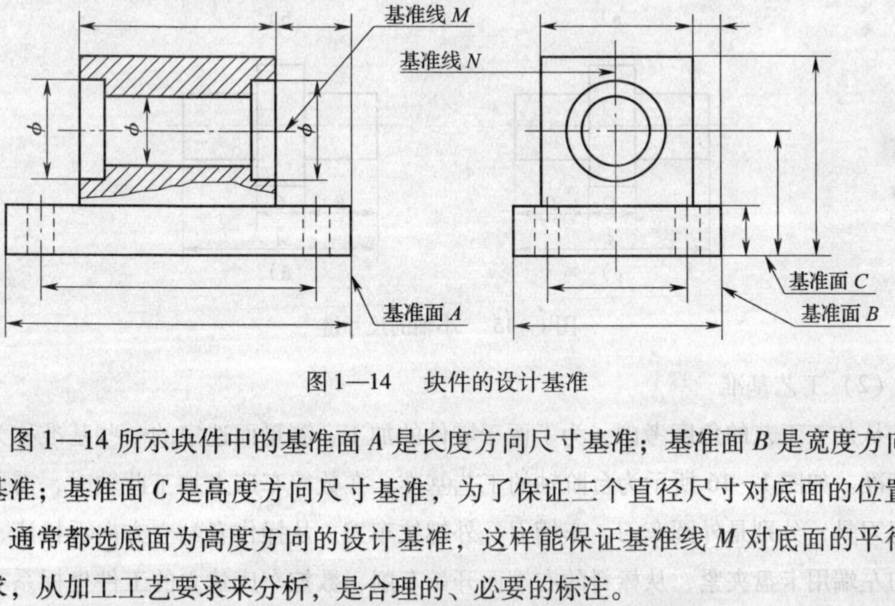

图 1—14　块件的设计基准

图 1—14 所示块件中的基准面 *A* 是长度方向尺寸基准；基准面 *B* 是宽度方向尺寸基准；基准面 *C* 是高度方向尺寸基准，为了保证三个直径尺寸对底面的位置要求，通常都选底面为高度方向的设计基准，这样能保证基准线 *M* 对底面的平行度要求，从加工工艺要求来分析，是合理的、必要的标注。

基准线 *M* 是三个直径尺寸通孔的中心线，通孔的上轮廓线与下轮廓线均以基准线 *M* 对称。基准线 *N* 是块件左视图左右侧面的对称线。

几点说明：

1）凡是涉及零件配合尺寸的都必须从设计基准直接标注。如图 1—14 所示块件中的底孔，其孔间距涉及与另一件的配合，必须直接标注出孔与孔之间中心长度尺寸与宽度尺寸。

2）避免将尺寸标注成封闭尺寸链。一组首尾相连的链状尺寸称为尺寸链。在如图 1—15 所示的小轴的尺寸链中，尺寸 *A*，*B*，*C*，*D* 就组成了一个封闭的尺寸链，组成尺寸链的每个尺寸称为尺寸链的环。从加工的角度看，在一个尺寸链中，总有一个尺寸是其他尺寸加工完后自然得到的，如图 1—15a 所示，加工完尺寸 A，B，D 后，尺寸 C 就自然得到。这个自然得到的尺寸称为尺寸链中的封闭环，通常把尺寸链中最不重要的那个尺寸作为封闭环，此尺寸不必标注。从加工工艺的角度看，这种做法是为了使尺寸链中其他尺寸的制造误差都集中到这个封闭环上来，从而保证了主要尺寸的精度，其标注方式如图 1—15b 所示。当 C 和 D 为主要尺寸时，尺寸 B 不标注，如图 1—15c 所示；当 B 和 C 为主要尺寸时，尺寸 D 不标注，如图 1—15d 所示。

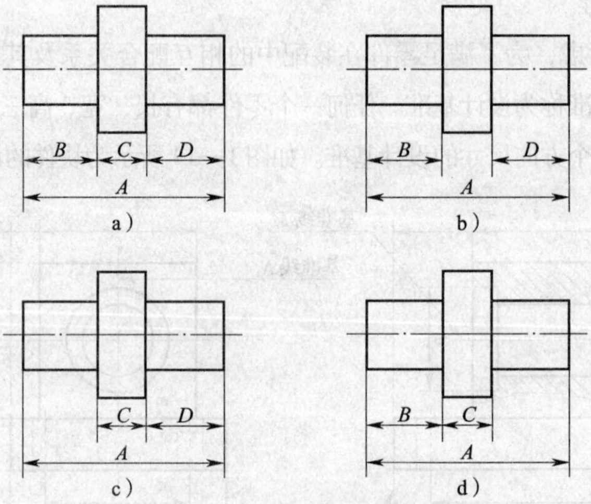

图 1—15　小轴的尺寸链

（2）工艺基准

从加工工艺的角度考虑，为了便于零件的加工、测量而选定的一些基准称为工艺基准。如图 1—16 所示为台阶轴的工艺基准，在数控车床上加工此轴时，需要用三把刀具，分别是外圆车刀、车槽刀、外螺纹车刀。从操作者站立方向看机床，棒料的左端用卡盘夹紧，从棒料的右端面开始车削，数控车床建立的工件坐标系零点一般都设在右端面的轴线上，这样右端面成为加工时的工艺基准。

图 1—16a 所示为用外圆车刀先车右端面，再车三个台阶外圆，外圆车刀的工艺基准为右端面。图 1—16b 所示为用车槽刀车削螺纹退刀槽，车槽刀的工艺基准仍为右端面，槽的标注基准不在右端面，而在第二个台阶的右端面，因为它不是重要尺寸，通常都这样标注。图 1—16c 所示为用外螺纹车刀车螺纹，此处的螺纹长度为封闭环尺寸，不标注，通过 l_1—l_2 自然得到，但其工艺基准仍为右端面。图 1—16d 所示为用车槽刀切断，其工艺基准还是右端面。上述例子说明轴类零件因其一端夹紧，一般都以另一端面为工艺基准，这样做是为了方便加工，在标注尺寸时要充分考虑其工艺过程。

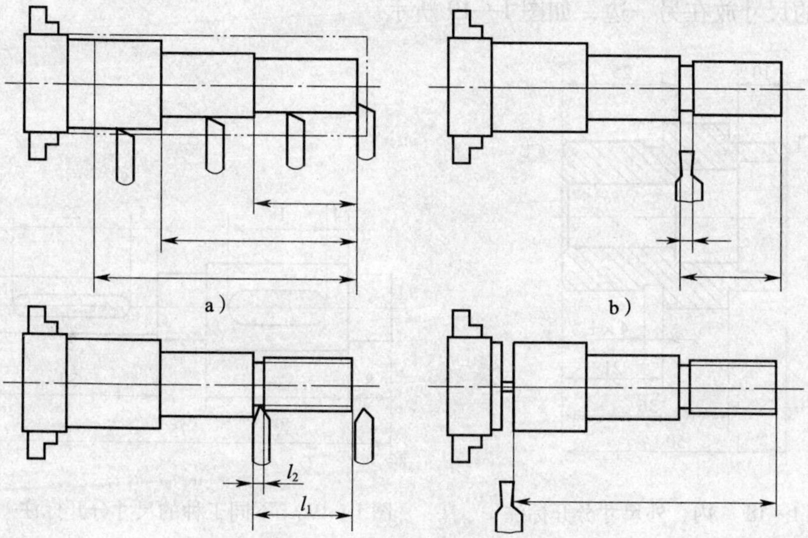

图 1—16　台阶轴的工艺基准

a）车右端面及外圆　b）车螺纹退刀槽　c）车外螺纹　d）切断

几点说明：

1）标注尺寸时要考虑测量的方便性。对一些键槽类零件，要充分考虑加工后是否符合测量方法的要求。如图 1—17 所示为键槽尺寸的标注方法。

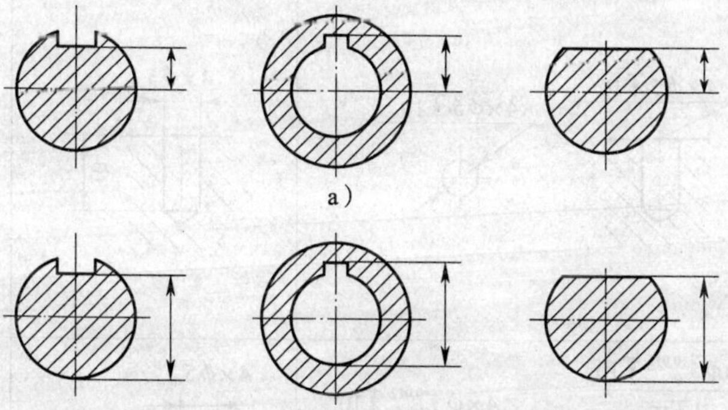

图 1—17　键槽尺寸的标注方法

a）错误　b）正确

2）内、外尺寸分开标注。对于有孔的一些零件，孔的内部结构尺寸与外部结构尺寸分开标注，这样使内、外尺寸一目了然，方便操作者查阅，加工时也不易出现错误，如图 1—18 所示。

3）不同工种的尺寸分开标注。有的轴类零件上面有键槽，按加工工艺应先车削后铣削。为了车削、铣削时看图方便，可以把车削时用到的尺寸放在一边，铣削时用到的尺寸放在另一边，如图 1—19 所示。

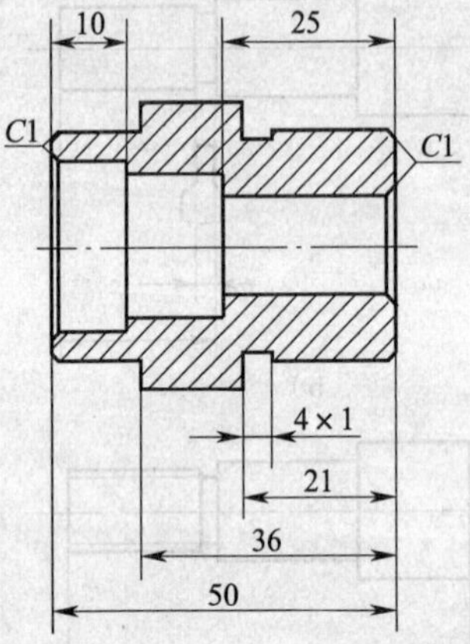

图 1—18 内、外尺寸分开标注

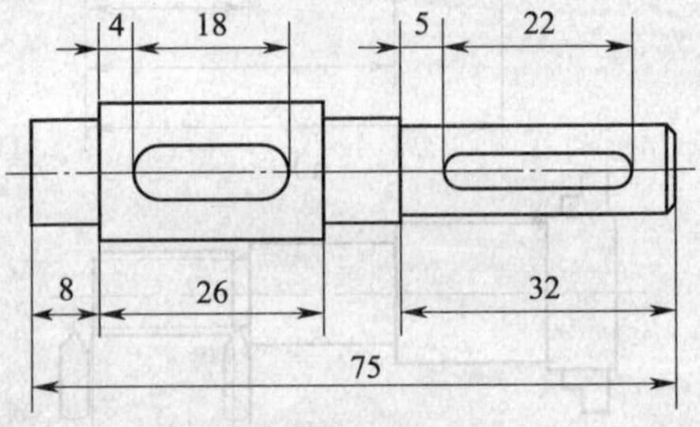

图 1—19 不同工种的尺寸分开标注

2. 常见结构的尺寸标注

对于零件图上常见的孔，如光孔、沉孔、螺孔等的标注已标准化。零件上常见孔的尺寸标注见表 1—1，分为简化注法和一般注法。

表 1—1　　零件上常见孔的尺寸标注

结构类型		简化注法	一般注法	说明
光孔	一般孔	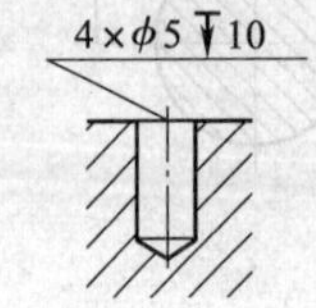 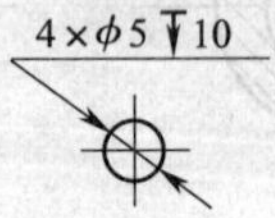	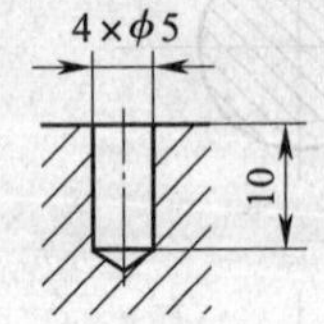	三种注法都正确。一般采用简化注法（下同），“4×ϕ5”表示 4 个孔的直径均为 5 mm，深为 10 mm
	精加工孔	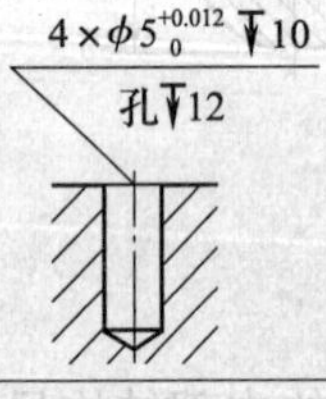 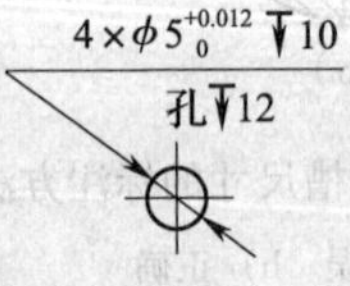	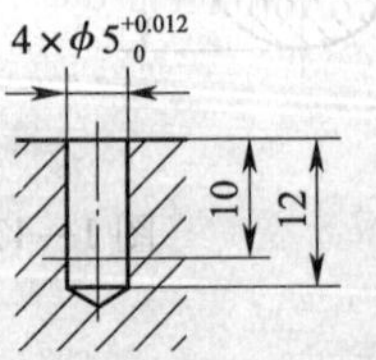	4 个精加工孔为 $\phi5^{+0.012}_{0}$ mm，深为 10 mm，钻孔深度为 12 mm
	锥销孔	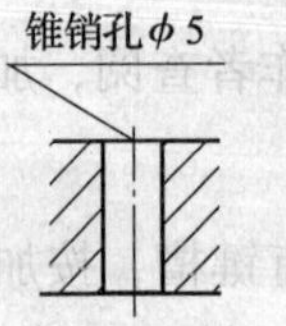 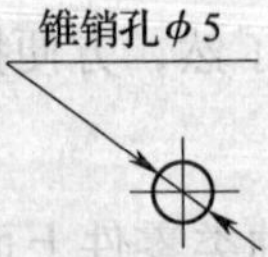	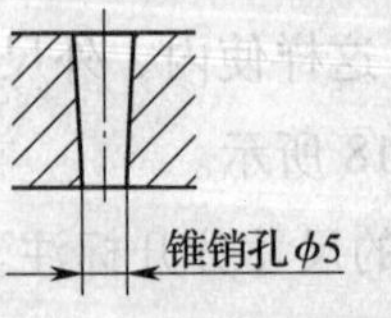	ϕ5 mm 为与锥孔相配的圆锥销小头直径 锥销孔通常在装配时配钻而成

续表

结构类型		简化注法	一般注法	说明
沉孔	锥形沉孔	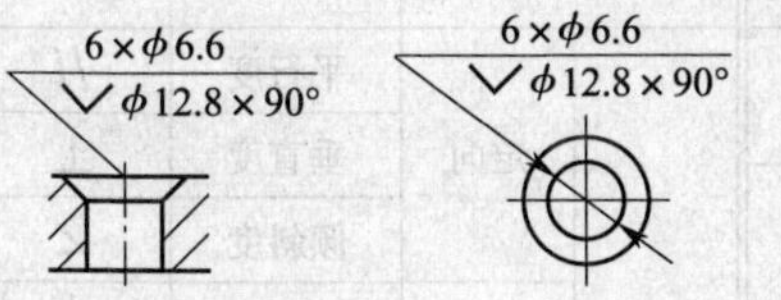	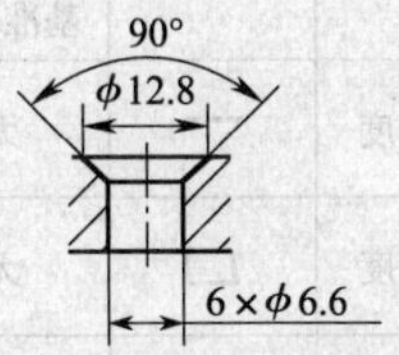	6 个 φ 6.6 mm 的孔，上部沉孔大端直径为 12.8 mm，锥角为 90°
	柱形沉孔	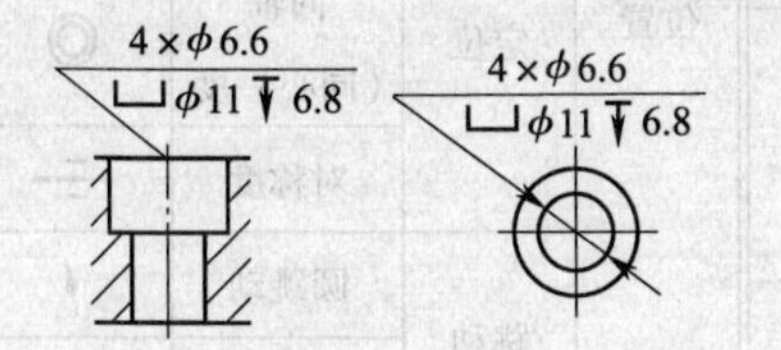	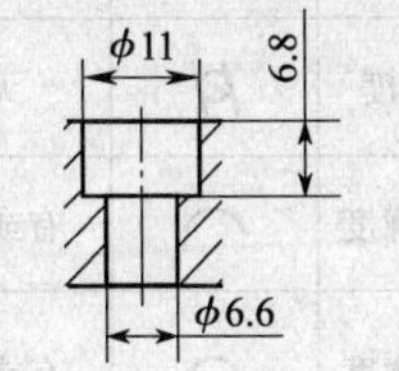	4 个 φ 6.6 mm 的孔，上部沉孔直径为 11 mm，深 6.8 mm
螺孔	通孔	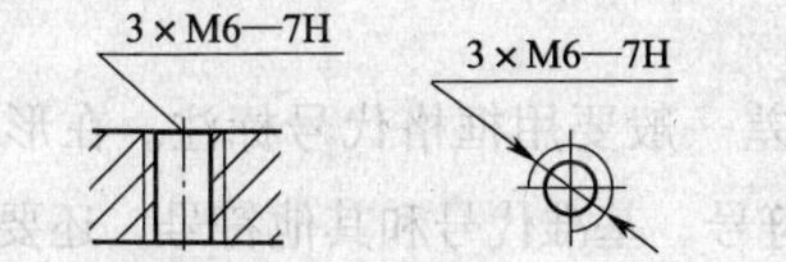	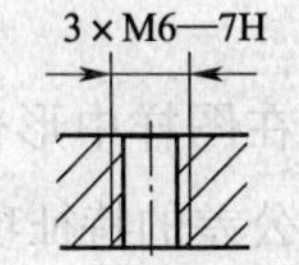	3 个 M6 的螺孔，螺孔的精度为 7H
	盲孔	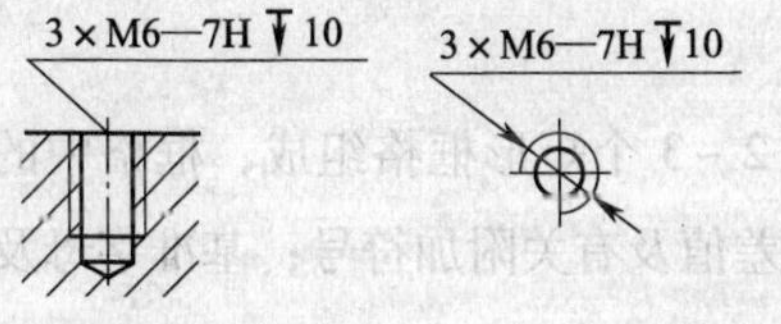	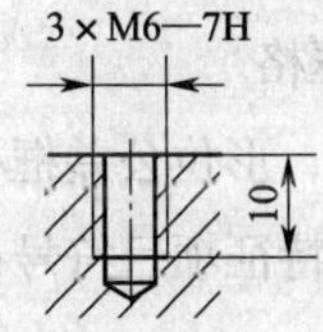	3 个 M6 的螺孔，螺孔的精度为 7H，螺孔有效长度为 10 mm
		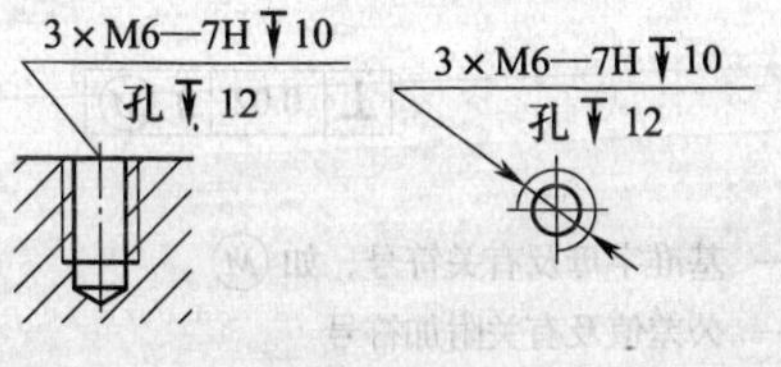	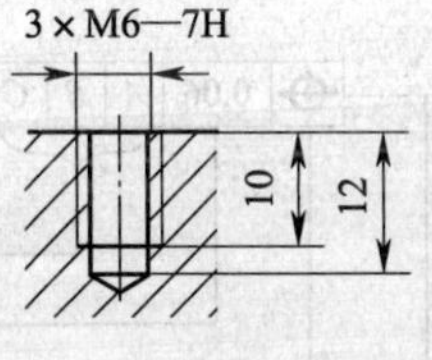	3 个 M6 的螺孔，螺孔的精度为 7H，螺孔有效长度为 10 mm，钻孔深度为 12 mm

四、零件图中其他项目的标注

1. 形位公差的标注

零件在加工后存在各种形式的误差，主要包括尺寸误差、形状误差、位置误差，尺寸误差用尺寸公差来表示，形状误差和位置误差分别用形状公差和位置公差来表示，形位公差的特征项目及符号见表 1—2。

表 1—2　　形位公差的特征项目及符号

公差	特征项目		符号	有或无基准要求
形状	形状	直线度	—	无
		平面度	⏥	无
		圆度	○	无
		圆柱度	⌭	无
形状或位置	轮廓	线轮廓度	⌒	有或无
		面轮廓度	⌓	有或无

公差	特征项目			符号	有或无基准要求
位置	定向	平行度		//	有
		垂直度		⊥	有
		倾斜度		∠	有
	定位	位置度		⌖	有或无
		同轴（同心）度		◎	有
		对称度		⌯	有
	跳动	圆跳动		↗	有
		全跳动		⌰	有

国家标准规定，在图样中形位公差一般要用框格代号标注。在形位公差框格中，不仅要表达形位公差的特征项目符号、基准代号和其他符号，还要正确给出公差大小、形状等内容。

（1）形位公差框格

如图 1—20 所示，形位公差框格由 2～3 个矩形框格组成，框格中的内容从左到右依次为：形位公差特征项目符号；公差值及有关附加符号；基准字母及有关符号。

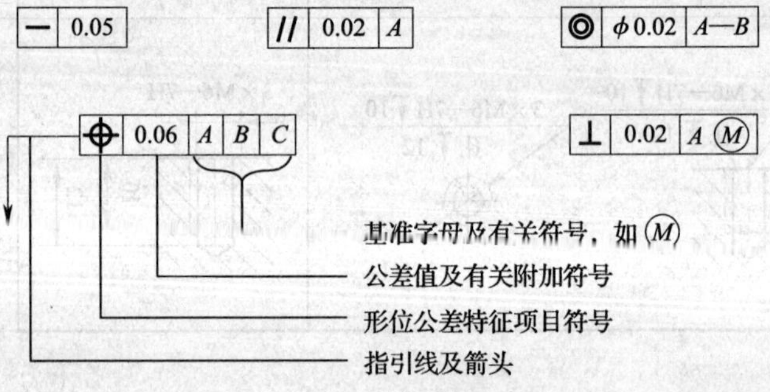

图 1—20　形位公差框格

（2）基准符号的标注

表 1—2 中“有或无基准要求”一列列出了除形状公差外都有基准要求。基准符号由圆圈、基准字母、连线、短横线组成，如图 1—21 所示。

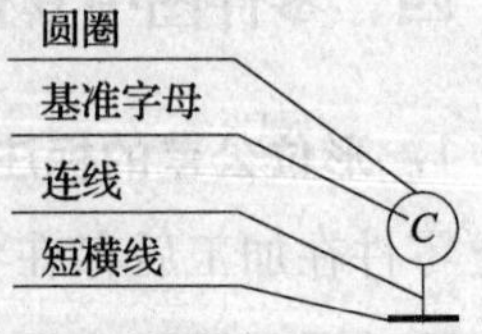

图 1—21　基准符号

（3）形位公差标注示例

轴形位公差的标注如图 1—22 所示。

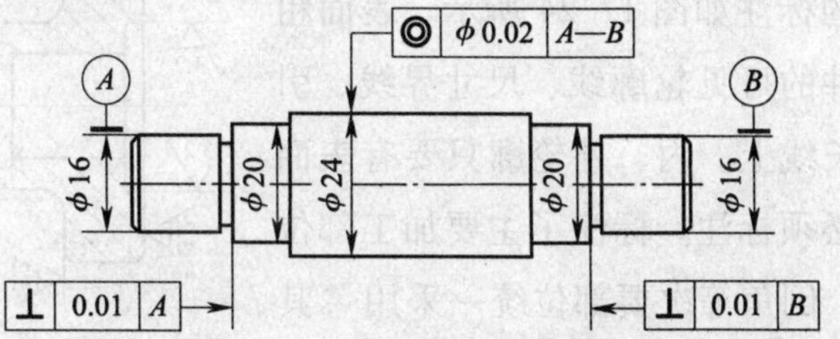

图 1—22　轴形位公差的标注

在图 1—21 中，ϕ24 mm 轴段的轴线对于两端 ϕ16 mm 轴颈的公共轴线的同轴度公差为 ϕ 0.02 mm，即同轴度误差必须在与公共轴线 *A—B* 同轴的且直径为 0.02 mm 的圆柱体内；左、右两端的垂直度表示左、右两端 ϕ20 mm 的端面对基准 *A* 和 *B* 的垂直度公差为 0.01 mm。

板件形位公差的标注如图 1—23 所示。

在图 1—23 中，8 个孔的轴线必须分别位于两对互相垂直、距离分别为公差值 0.06 mm 和 0.08 mm 的平行平面之间，两对平行平面均对理想轴线位置对称配置，而理想轴线位置由相对于以 *A*，*B*，*C* 基准平面出发的理论尺寸即[24]和[30]所确定。

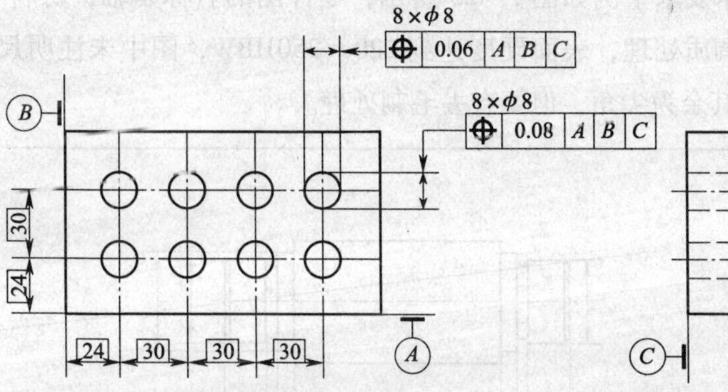

图 1—23　板件形位公差的标注

2. **表面粗糙度的标注**

（1）表面粗糙度代号

在图样中，表面粗糙度常用基本符号“√”表示，当表明此处不加工时用“♂”表示，表面需要加工时可用“12.5∀，6.3∀，3.2∀，1.6∀，0.8∀，0.4∀”几种方式表示，均表示用去除材料的方法（如车削、铣削、钻削、磨削、剪切、电火花加工等）获得，上面的数值表示表面粗糙度 R_a 值分别为 12.5，6.3，3.2，1.6，0.8 和 0.4 μm，表面粗糙度的具体数值可参阅工艺手册或凭经验选取。

（2）表面粗糙度标注示例

表面粗糙度的标注如图 1—24 所示。表面粗糙度符号注在零件的可见轮廓线、尺寸界线、引出线或它们的延长线上。内、外轮廓只要有表面粗糙度要求的都必须标注。标注了主要加工部位后，对于退刀槽、倒角等次要部位统一采用“其余$\overset{12.5}{\nabla}$”等方式来标注，以力求简洁、明了。

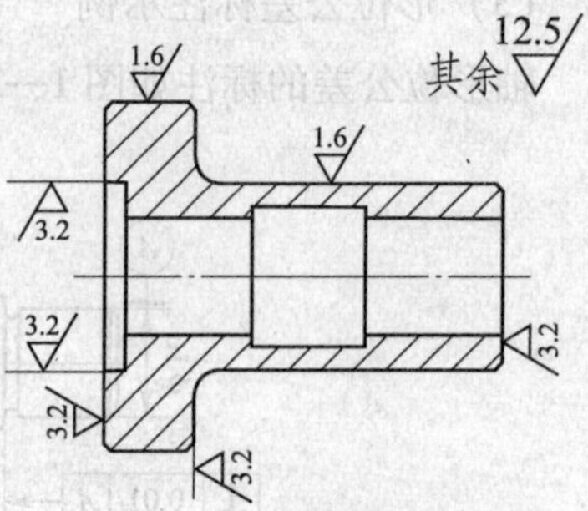

图 1—24　表面粗糙度的标注

五、零件图的技术要求

对于机械加工零件的技术要求，主要指表面处理，通过表面处理，达到提高零件的硬度、耐磨性、耐腐蚀性、美观性等要求。如果是铸件或锻件，要对材料的技术要求进行说明。热处理是指通过改变整个零件材料的金相组织，从而提高或改善材料的力学性能，如淬火、退火、回火、正火、调质处理、渗碳、表面渗氮等，另外还有时效处理、冷处理等。对于铸件的材料可以有防止裂纹、缩孔、砂眼等要求。

零件图技术要求举例如图 1—25 所示，零件图的名称是轴，材料为 45 钢，在粗加工后安排调质处理，表面硬度达到 220～250HBW，图中未注明尺寸的倒角均为 $C0.5$ mm，其余为尖角，但要有去毛刺处理。

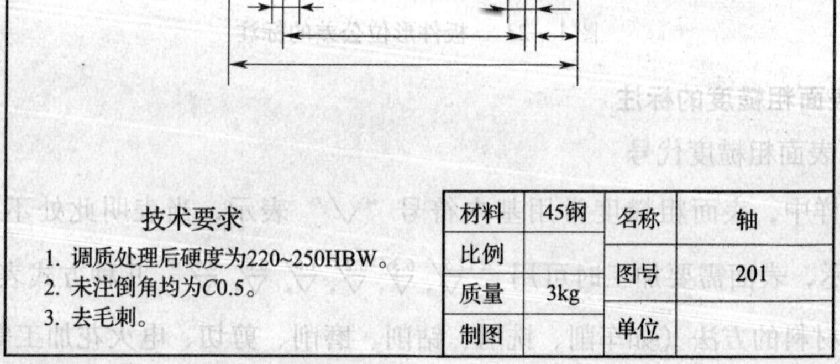

图 1—25　轴

第二章
数控机床总体结构及主要零部件结构

第一节　数控车床总体结构概述

数控车床总体结构布局可分为卧式和立式两种，通常卧式数控车床使用广泛。卧式数控车床又分为经济型、全功能型和数控车削中心。经济型数控车床一般为平床身，即床身导轨在同一水平面内。其刀架为前置式，有四工位和六工位两种。全功能型数控车床一般为斜床身，床身两导轨平面与水平成45°和60°等角度，刀架为后置式，有八工位和十二工位刀架等。本节主要介绍CKA6150型经济型数控车床的结构，其外观如图2—1所示。

图2—1　CKA6150型数控车床的外观

CKA6150 型数控车床由机械部件、电气部件和辅助装置三部分组成，其结构如图 2—2 所示。

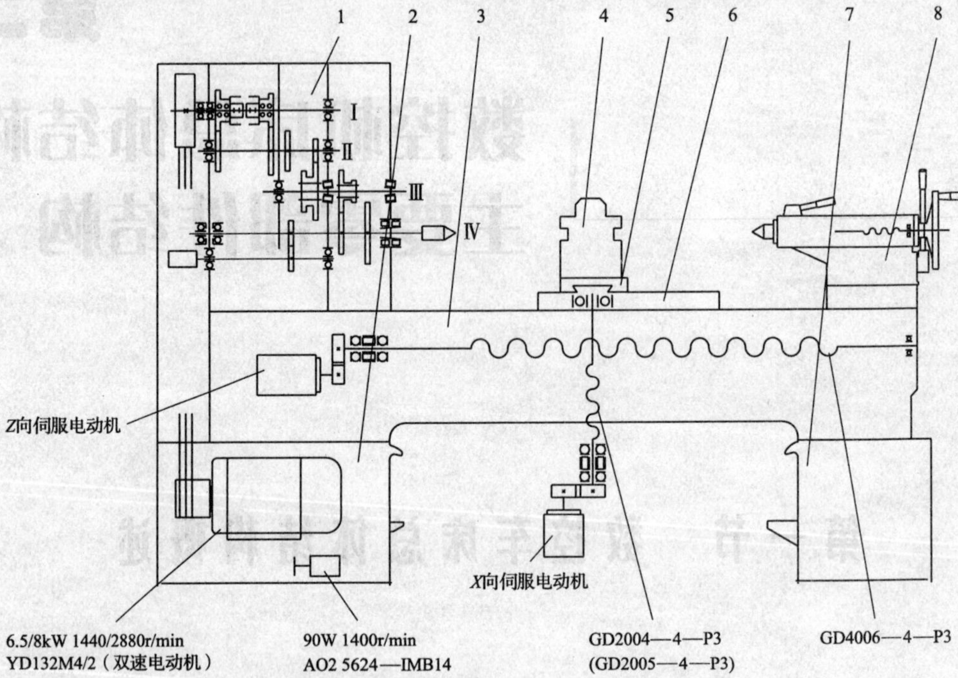

图 2—2　CKA6150 型数控车床的结构

1—主轴箱　2—前床腿　3—床身　4—刀架　5—滑板

6—床鞍　7—后床腿　8—尾座

一、机械部件

如图 2—2 所示，机械部件包括主轴箱 1、前床腿 2、床身 3、刀架 4、滑板 5、床鞍 6、后床腿 7、尾座 8 和防护装置等。主轴箱装在床身的左端，床鞍是沿床身导轨纵向平移的部件，在床鞍上有横向平移的滑板。刀架安装在横向移动的滑板上。尾座安装在床身的右端，可沿床身导轨纵向平移。一般数控车床都有两扇门，起防止切削液及切屑飞溅的作用。

二、电气部件

电气部件包括数控电气柜、操作面板和伺服机构。数控电气柜有计算机数字控制（CNC）装置、伺服驱动装置和强电配电盘。操作面板包括系统面板和机床操作面板。伺服机构包括各进给轴的交流伺服电动机。

三、辅助装置

辅助装置主要指与机床配套的部件，包括液压系统、集中润滑系统、主轴箱润滑系统和切削液循环系统。

第二节 数控车床主要部件的结构

一、数控车床主轴箱的结构

1. 机床主轴箱的传动系统图（主传动系统图）

CKA6150 型数控车床主轴箱的结构在第一章已做了介绍，这里再介绍一下其传动路线。为了便于了解及分析机床的运动和传动情况，通常应用机床的传动系统图，如图 2—3 所示为 CKA6150 型数控车床的主传动系统图。机床的传动系统图是表示机床全部运动关系的示意图。主运动传动链的功能是把动力源（电动机）的运动传给主轴，车床的主轴需要实现变速和换向。CKA6150 型数控车床的主运动为自动有级变速（双速电动机 + 电磁离合器），电动机有两种速度输出，分别为 1 440 r/min和 2 880 r/min。

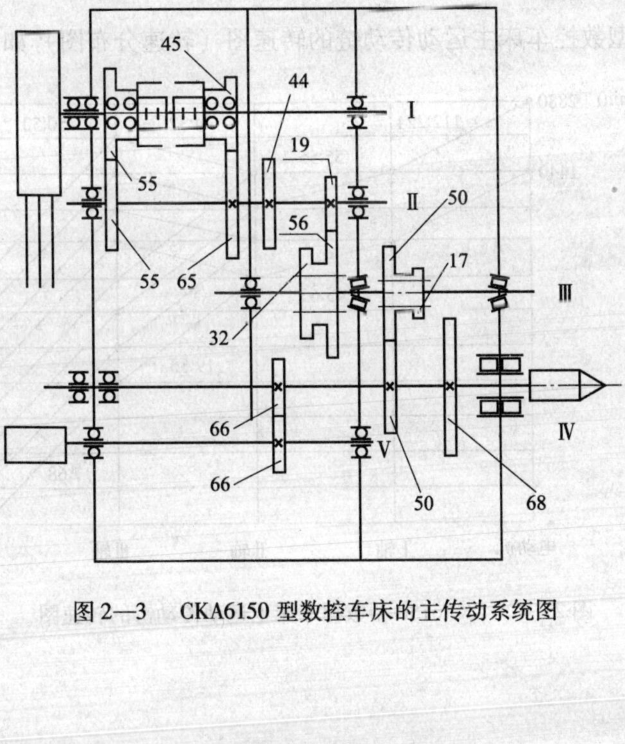

图 2—3　CKA6150 型数控车床的主传动系统图

电动机的转矩经 V 带传至主轴箱的轴Ⅰ，如图 2—3 所示。轴Ⅰ上装有两个电磁离合器，这两个电磁离合器的作用是实现变速。两个电磁离合器分别与齿轮 715（$z=45$）和齿轮 716（$z=55$）连接在一起。当左侧离合器压紧的时候，轴Ⅰ上的运动经左侧离合器的摩擦片及齿轮副按 55/55 的传动比传递给轴Ⅱ。当右侧离合器压紧时，轴Ⅰ上的运动经右侧离合器的摩擦片及齿轮副按 45/65 的传动比传递给轴Ⅱ。轴Ⅱ的运动可通过两对齿轮副按 44/32 和 19/56 的传动比传到轴Ⅲ。轴Ⅲ的运动可通过两对齿轮副按 50/50 和 17/68 的传动比传到主轴Ⅳ。编码器轴Ⅴ的运动是经齿轮副按 66/66 的传动比由主轴 Ⅳ传递过来的。

看懂传动路线是认识机床和分析机床的基础。通常，看懂机床传动路线的方法是“抓两端，连中间”，也就是说，在了解某一条传动链的传动路线时，首先应找出它的首件和末件——电动机（动力源）及主轴（执行件），然后“连中间”，找出它们之间的传动联系，这样就能比较容易地分析清楚传动路线。

由传动系统图可以看出主轴转速级数及转速值，主轴转动时，利用电动机不同速度、各滑移齿轮轴向位置的不同组合以及离合器的不同状态，共得到 $2\times2\times2\times2=16$ 种主轴转速，但实际上主轴只得到 $2\times2\times(2+1)=12$ 种转速。这是因为其中 180，250，355 及 500 r/min 这四种转速可以由两条传动路线重复获得。为了避免重复，利用图 2—3 中所示的装置控制齿轮滑移位置，将转速分为低、中、高三挡。

2. 机床的转速图

CKA6150 型数控车床主运动传动链的转速图（转速分布图）如图 2—4 所示。

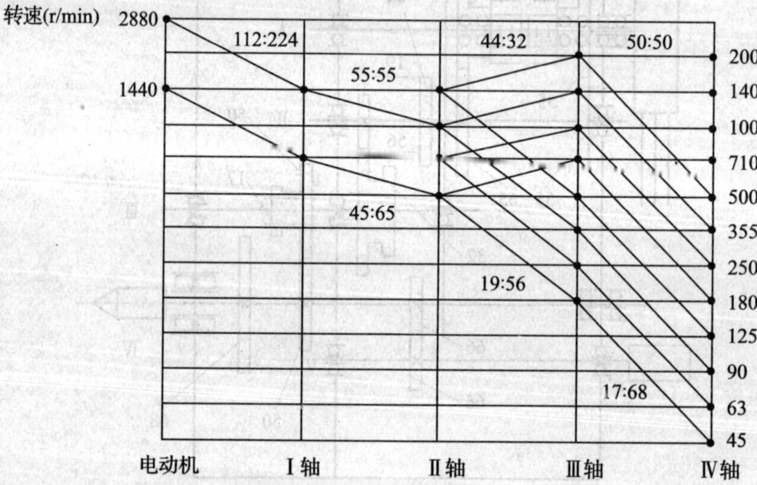

图 2—4　CKA6150 型数控车床主运动传动链的转速图

在图 2—4 中，竖线代表传动轴，横线代表转速值，竖线上的圆点（竖线与斜线的交点）表示传动轴实际具有的转速。竖线之间的连线代表传动副，连线的倾斜程度代表此传动副的传动比。例如，电动机轴与轴 Ⅰ 之间有两条平行的斜线，表示电动机轴与轴 Ⅰ 之间只有 1 对传动副，即电动机带轮与轴 Ⅰ 带轮的传动，其传动比为 112/224。

由转速图可以清楚地了解机床传动链中转速的变化情况。由图 2—4 可见，此传动链有 4 根传动轴，即从电动机轴输出的动力分别传给 Ⅰ 轴、Ⅱ 轴、Ⅲ 轴、Ⅳ 轴。双速电动机第一个转速为 2 880 r/min，经过一级传动带减速，传动比为 112/224，得到1 440 r/min，是 Ⅰ 轴的转速。如果经电磁离合器左端减速，传动比为 55/55，Ⅱ轴的转速为 1 400[①] r/min；如果经电磁离合器右端减速，传动比为 45/65，Ⅱ轴的转速为 1 000 r/min。Ⅱ轴到Ⅲ轴有两个传动比，分别为 44/32 和 19/56，$1\ 400 \times \frac{44}{32} = 2\ 000$ r/min，$1\ 400 \times \frac{19}{56} = 500$ r/min；同理，Ⅱ轴的转速 1 000 r/min 分别与 44/32 和 19/56 相乘又得到 1 400 r/min 和 355 r/min，这样Ⅲ轴分出四种转速。Ⅲ轴到Ⅳ轴还有两个传动比，分别为 50/50 和 17/68，Ⅲ轴的四种转速再与这两个传动比相乘，主轴就得到了八种转速；双速电动机的第二种转速 1 440 r/min 经过 4 级减速同样会得到八种转速，8 + 8 = 16，去掉重复的 4 种后得到 12 种转速。

主轴最低转速的传动路线为：

$$1\ 440 \times \frac{112}{224} \times \frac{45}{65} \times \frac{19}{56} \times \frac{17}{68} \approx 45 \text{ r/min}$$

主轴某中间转速的传动路线为：

$$1\ 440 \times \frac{112}{224} \times \frac{55}{55} \times \frac{44}{32} \times \frac{17}{68} \approx 250 \text{ r/min}$$

主轴最高转速的传动路线为：

$$2\ 880 \times \frac{112}{224} \times \frac{55}{55} \times \frac{44}{32} \times \frac{50}{50} \approx 2\ 000 \text{ r/min}$$

主轴手柄的三个位置分别是 L（低速）、M（中速）、H（高速），CKA6150 型数控车床的十二级转速见表 2—1。

表 2—1 中每个手动位置有四种转速，如 L 挡的转速分别为 45，63，90，125 r/min，这四种转速可通过程序自动选择。同理，M 挡、H 挡也各有四种转速供选择。这样主轴箱共有 12 级转速，其中手动三挡（L，M，H），自动四挡。

① 这里的各轴转速均是由实际计算结果圆整后得到的。

表 2—1 CKA6150 型数控车床的十二级转速

挡位	转速（r/min）			
L	45	63	90	125
M	180	250	355	500
H	710	1 000	1 400	2 000

二、数控车床进给系统的结构

数控车床进给系统分为纵向进给和横向进给。

纵向进给是指床鞍沿床身两根导轨左右平移进给，一根是 V 形导轨，另一根为平导轨，床身导轨需淬火后磨削，床鞍与床身导轨配合表面采用贴塑处理，床鞍为贴塑导轨，它们相互之间为滑动摩擦。贴塑的好处是动摩擦因数和静摩擦因数小，维修方便。纵向驱动采用滚珠丝杠，它把旋转运动变成直线运动。动力源普遍采用交流伺服电动机，其反馈元件编码器直接内装在伺服电动机的一端，结构非常紧凑。

横向进给是指床鞍上的滑板沿垂直于床身方向的移动。以平床身为例，其横向移动也在水平面上，滑板在床鞍的燕尾槽上移动，为了保证燕尾槽的间隙，采用一根带锥度的镶条，通过调整镶条，保证滑板与床鞍的间隙。横向驱动也采用滚珠丝杠，其结构与纵向进给类似，以 CKA6150 型数控车床为例，横向丝杠称为 *X* 向丝杠，螺距一般为 4 mm；纵向丝杠称为 *Z* 向丝杠，螺距一般为 6 mm。

纵向驱动装置装配图如图 2—5 所示。

纵向驱动装置的动力源为交流伺服电动机，如 FANUCαC6/2000，动力通过一级带轮传给丝杠，传动带采用圆弧形齿形带，带轮与电动机轴采用两组锥环连接，属于无键式连接，靠锥环轴向挤压后产生的径向胀力传递转矩，具有结构紧凑、动平衡好的优点。丝杠上的带轮与丝杠的配合也是同样原理，选用了三组锥环。丝杠两端用轴承支撑，靠电动机端为前支撑，前支撑采用复合轴承，如图 2—5 所示的纵向驱动装置装配图中有一组轴承，其结构较特殊，两端各为一个推力轴承，可承受两个方向的轴向力，中间为滚针轴承，能承受径向力，靠一个带有防松螺钉的螺母调整轴向间隙。滚珠丝杠的螺母采用内循环形式。滚珠丝杠的后支撑采用深沟球轴承 D206。考虑到丝杠在连续加工中因温升而引起的长度变形，后支撑为浮动式，即前后可以移动，可以补偿丝杠伸缩变形量。前、后支撑的轴承均使用长效润滑脂润滑。

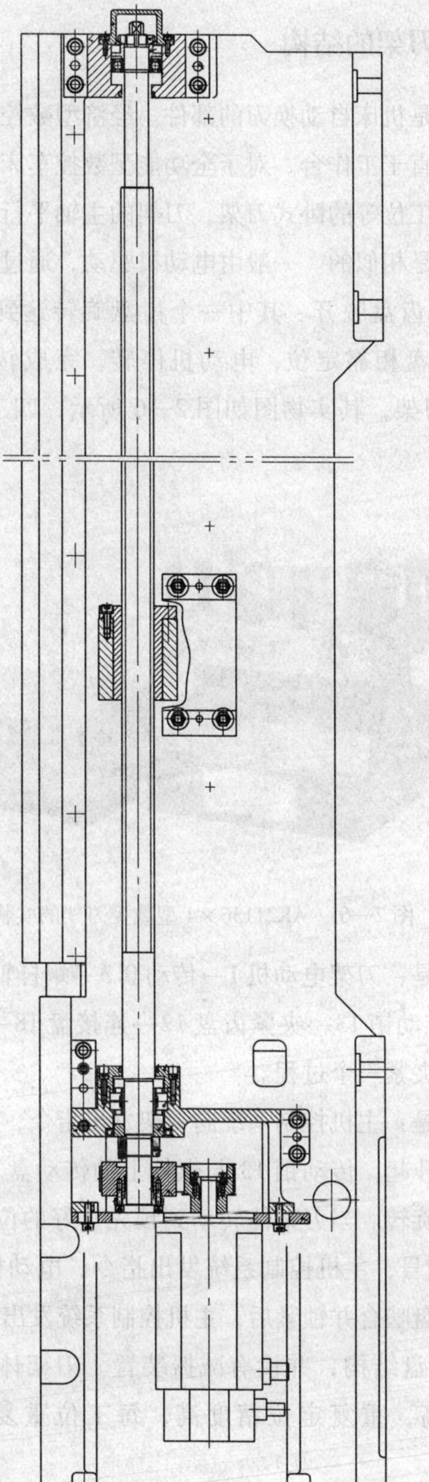

图 2—5　纵向驱动装置装配图

三、数控车床刀架的结构

数控车床的刀架是机床自动换刀的部件。经济型数控车床常采用四工位立式刀架，即刀架的主轴垂直于工作台。对于全功能型数控车床，则采用六工位以上的刀架，如八工位、十二工位等的卧式刀架，刀架的主轴平行于工作台。刀架的种类繁多，但基本工作原理是相似的。一般由电动机驱动，通过蜗轮、蜗杆的减速，用一定的机构使两个定位齿盘脱开。其中一个齿盘旋转达到一定角度（带动刀架旋转），动齿盘与定齿盘相靠定位，电动机停转，完成转位功能。这里主要介绍 AK21136 ×4 型数控刀架，其实物图如图 2—6 所示，四工位数控刀架的装配图如图 2—7 所示。

图 2—6　AK21136 ×4 型数控刀架的实物图

刀架的传动路线是：刀架电动机 1→传动套 3→蜗杆轴 4→蜗轮 7→螺杆 16→螺母 14→传动盘 17→传动销 13→夹紧齿盘 12→连接盘 18→刀架体 11，从而完成刀架体的松开、转动和夹紧三个过程。

刀架的基本动作是：主机控制系统向刀架发出指令，刀架电动机 1 转动，螺母 14 带动夹紧齿盘 12 升起，传动销 13 与螺杆上的传动盘 17 结合，带动夹紧齿盘、连接盘和刀架体一起旋转。当刀架体转动到预先选好的位置时，永久磁铁 23 和感应磁性开关 24 发出信号，主机控制系统发出指令，电动机反向旋转，螺母带动夹紧齿盘下降，三个齿盘啮合并锁紧后，主机控制系统发出指令，电动机停止转动。

刀架采用了三齿盘结构，并设有减振装置。刀架体旋转时不抬起，转动平稳，噪声低，刚度高，重复定位精度高，每工位重复定位精度在 0.005 mm 以下。

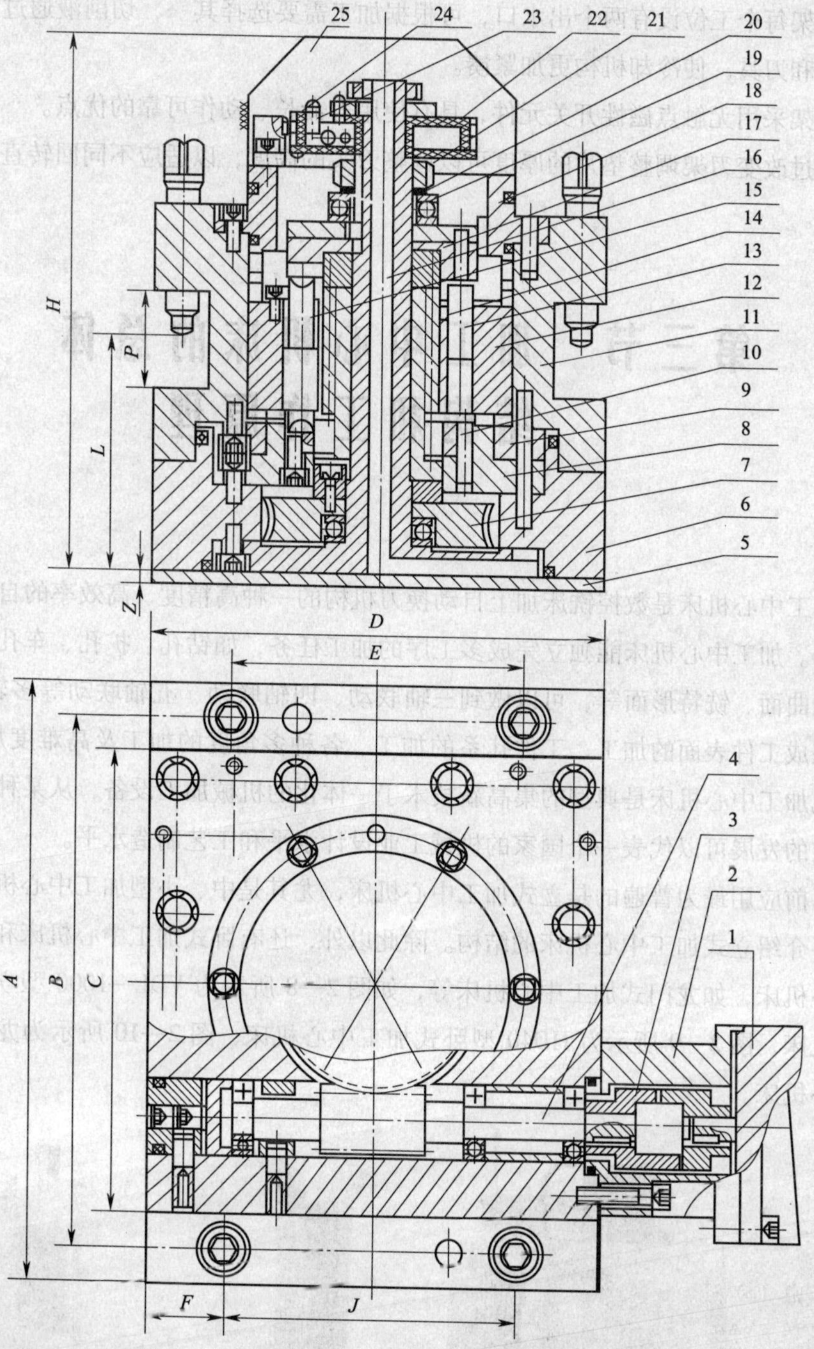

图 2—7　四工位数控刀架的装配图

1—电动机　2—电动机座　3—传动套　4—蜗杆轴　5—调整垫　6—底座　7—蜗轮　8—定齿盘　9—动齿盘　10—定位盘　11—刀架体　12—夹紧齿盘　13—传动销　14—螺母　15—定位销　16—螺杆　17—传动盘　18—连接盘　19—固定环　20—垫　21—螺母　22—覆铜板　23—永久磁铁　24—磁性开关　25—罩

刀架每个工位设有两个出水口，可根据加工需要选择其一，切削液通过刀架喷向工件和刀具，使冷却机构更加紧凑。

刀架采用无触点磁性开关元件，具有使用寿命长、动作可靠的优点。

通过改变刀架调整垫片的厚度可以调整刀尖的高度，以适应不同回转直径的车床使用。

第三节　加工中心机床的总体结构和工作原理

加工中心机床是数控铣床加上自动换刀机构的一种高精度、高效率的自动化加工机床。加工中心机床能独立完成多工序的加工任务，如钻孔、扩孔、车孔、铣平面、铣曲面、铣特形面等，可以做到三轴联动、四轴联动、五轴联动等多轴联动，从而完成工件表面的加工、工件孔系的加工、各种多角度的加工及高难度加工等。可以说加工中心机床是典型的集高新技术于一体化的机械加工设备，从某种意义上讲，它的发展可以代表一个国家的机械工业设计水平和工艺制造水平。

目前应用最为普遍的是立式加工中心机床，尤其是中、小型加工中心机床。本节主要介绍立式加工中心机床的结构。除此以外，还有卧式加工中心机床和大型加工中心机床，如龙门式加工中心机床等，如图 2—8 所示为 VDL—1000 型立式加工中心机床，图 2—9 所示为 HD40 型卧式加工中心机床，图 2—10 所示为龙门式加工中心机床。

图 2—8　VDL—1000 型立式加工中心机床

图 2—9　HD40 型卧式加工中心机床

图 2—10　龙门式加工中心机床

一、加工中心机床的基本组成

加工中心机床的外形和结构各异，但从总体来看主要由以下几大部分组成：

1. 基础部件

基础部件是加工中心机床的基础结构，它由床身、立柱、滑台、工作台等大型部件组成。这些大型部件大多是铸铁件，也可以是用钢板焊接而成的结构件，它们要承受自重和工件的静载荷，还要承受加工时的动载荷。

2. 主轴箱部件

主轴箱部件由主轴箱、主轴电动机、主轴、主轴轴承、刀具夹紧和松开机构等零部件组成，有的还有齿轮变速机构。目前，加工中心机床的主轴电动机大多采用交流伺服电动机，主轴转速由低到高的变化都由伺服系统控制，实现无级变速。主轴是加工中心机床的关键部件，其结构的好坏对加工中心机床的精度起着重要的作用，主轴零件的加工精度与装配精度又决定着加工中心机床的切削性能、动态刚度、加工精度等指标。

3. 进给驱动部件

进给驱动部件由交流伺服电动机、滚珠丝杠副、轴承等零件组成。普通加工中心机床有三套驱动部件，分别由 X 轴、Y 轴、Z 轴三个方向的驱动部件组成。通常 X 轴、Y 轴驱动工作台纵向和横向移动。Z 轴驱动主轴箱沿 Z 方向上下移动。它们的零部件精度及装配精度决定了机床的几何精度和加工精度。因此对驱动部件的要求是：减小摩擦，减小运动的惯量，消除运动间隙，提高部件的刚度和加工精度。

4. 刀库和机械手部件

刀库和机械手部件也称自动换刀系统。它解决了数控铣床完成一个工序的加工需手工换一次刀的问题。通常立式加工中心机床的刀库有 24 把刀，可以连续调用 24 把刀来加工工件。目前的换刀时间越来越短，大大提高了加工效率。刀库的种类很多，如无机械手的斗笠式刀库，有机械手的圆盘式刀库、链式刀库等。

5. 辅助装置

辅助装置包括液压控制系统、气动控制系统、集中润滑系统、冷却系统、排屑及防护装置、闭环控制机床的检测系统等。

6. 数控系统

加工中心机床的数字控制系统由计算机数字控制系统、可编程控制器（PLC）、伺服驱动装置、强电控制柜等部分组成。数控系统主要有进给功能、辅助功能、主轴功能、刀具功能、显示功能、自诊断功能、通信功能、人机对话程序编制功能等。数控系统是加工中心机床自动加工工件的核心部分。

加工中心机床的外观及结构如图 2—11 所示。

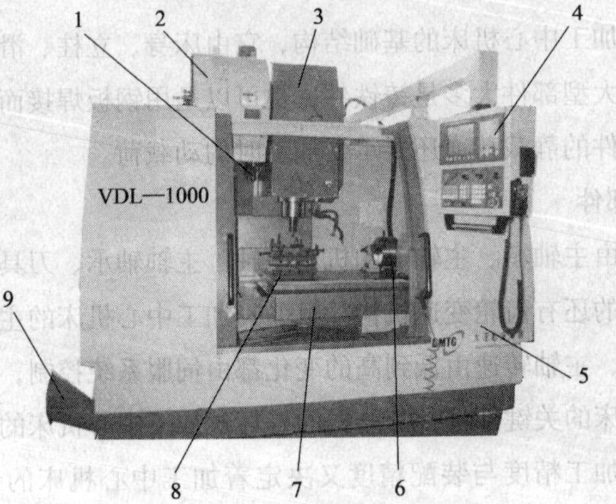

图 2—11 加工中心机床的外观及结构

1—机械手 2—刀库 3—主轴 4—操作箱 5—防护装置
6—A 轴 7—工作台 8—夹具 9—排屑器

二、加工中心机床的工作原理

加工中心机床的工作原理如图 2—12 所示。首先根据零件图样制定加工工艺方案，然后采用手工编程或计算机自动编程来编制加工程序。如果是手工编程，可直接通过机床操作面板，用手通过键盘把程序输入数控系统编辑栏的内存中；如果是自动编程，利用机床外的计算机软件把零件通过三维作图制成加工程序，再通过机床输入接口把程序输入机床。如果程序占用空间很大，可采用边加工边输入程序的“在线加工”的方法。

进入数控装置的信息经过 CNC 处理后转变为脉冲信号。有的进入机床伺服系统，通过伺服装置的转换和放大处理送给伺服电动机，伺服电动机将信号变成旋转运动，驱动丝杠和螺母，螺母又带动工作台产生平移运动。

进入主轴伺服装置的信号经过主轴伺服装置的处理变为旋转运动。通过齿形带带动主轴旋转，主轴旋转又带动刀具。当刀具旋转，工作台又产生移动时，就具备了加工工件的基本条件。当一把刀完成一道工序后，主轴进给停止，刀具移到换刀位，机械手、刀库动作，换第二把刀进行加工。第二把刀完成任务后再换第三把刀，直到工件全部加工完毕，这就是加工中心机床工作的基本原理。

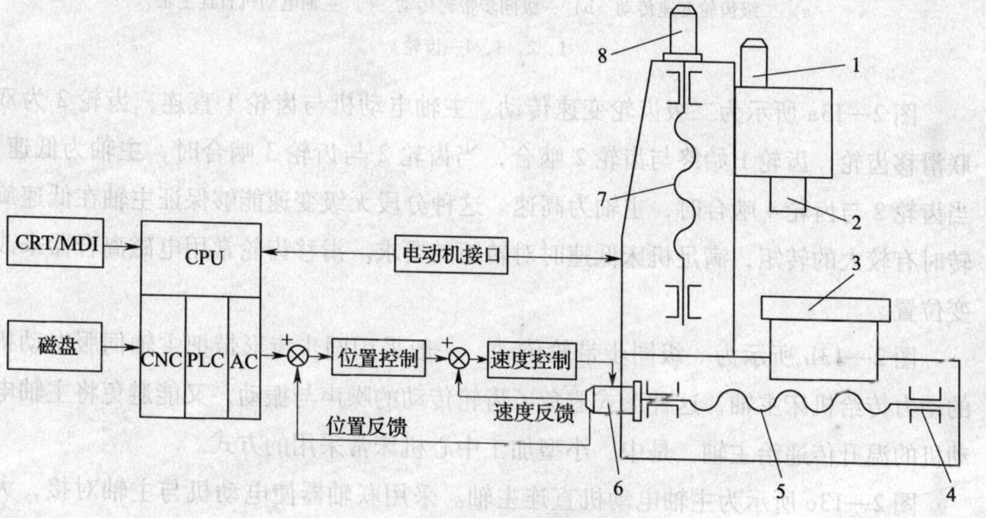

图 2—12　加工中心机床的工作原理

1—主轴伺服电动机　2—主轴　3—工作台　4—轴承　5—Y 轴丝杠　6—Y 轴伺服电动机　7—Z 轴丝杠　8—Z 轴伺服电动机

第四节　加工中心机床主轴箱的结构

一、加工中心机床主轴箱变速方式

加工中心机床主轴箱的变速主要有三种方式，如图 2—13 所示。

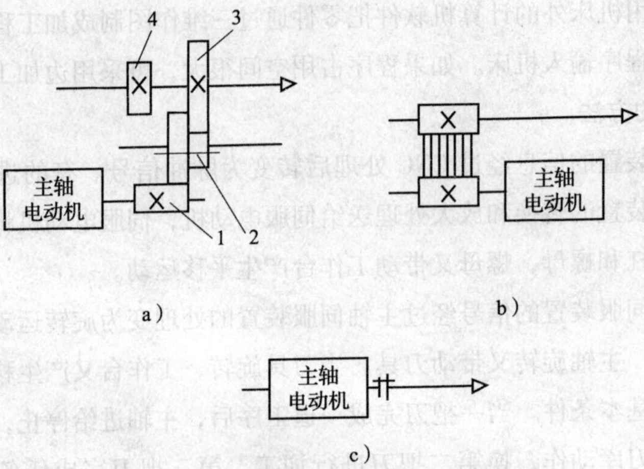

图 2—13　加工中心机床主轴箱的变速方式

a）二级齿轮变速传动　b）一级同步带轮传动　c）主轴电动机直连主轴

1，2，3，4—齿轮

图 2—13a 所示为二级齿轮变速传动。主轴电动机与齿轮 1 直连，齿轮 2 为双联滑移齿轮，齿轮 1 始终与齿轮 2 啮合，当齿轮 2 与齿轮 3 啮合时，主轴为低速；当齿轮 2 与齿轮 4 啮合时，主轴为高速。这种分段无级变速能够保证主轴在低速旋转时有较大的转矩，满足机床低速时对转矩的要求。滑移齿轮常用电磁离合器来改变位置。

图 2—13b 所示为一级同步带轮传动，一般采用同步齿形带把主轴伺服电动机的动力传给机床主轴，这种形式避免了齿轮传动的噪声与振动，又能避免将主轴电动机的温升传递给主轴，是中、小型加工中心机床常采用的方式。

图 2—13c 所示为主轴电动机直连主轴。采用联轴器使电动机与主轴对接，大大简化了主轴的结构，采用这种结构时，主轴电动机的温升会直接传到主轴，引起主轴热变形，为减小这种影响，主轴会采取相应的冷却方法。

这里主要介绍 VDL—1000 型加工中心机床主轴箱的结构，如图 2—14 所示。主轴箱的材质为高强度铸铁。主轴箱位于框式立柱中间，可沿立柱两根滑动导轨在 Z 坐标方向上下移动。主轴箱内无齿轮，主轴电动机为交流伺服电动机，通过圆弧形齿形带将运动传递给主轴，可以通过改变主动带轮和从动带轮的直径达到变速、变转矩的目的。但每台机床的配置是一定的，传动比是固定的。当主传动比为 1∶1 时，主电动机用内置的编码器实现主轴的准停；当主传动比不是 1∶1 时，则以接近开关检测到的安装在主轴端的挡块发出的信号为基准确定主轴准停的位置。

主轴箱部件是相当重的一个零件。装在两根滑动导轨上，如果没有平衡装置，是不可能在某个点固定不动的。解决的方法是采用平衡装置，VDL—1000型加工中心机床采用与主轴箱相同质量的铁块，用链条挂在背面，进行配重平衡。为防止配重在高速移动时摆动，配重中心有导向轴，也可用平衡液压缸来进行平衡。

主轴电动机的功率一般可选7.5 kW和11 kW，主轴转速为8 000～10 000 r/min，在0～8 000 r/min之间可实现无级变速，其不同转速可达到的功率值和转矩值是不同的，如图2—15所示为FANUCα8/8000i主轴电动机特性曲线。

二、加工中心机床主轴组件

加工中心机床的主轴组件由主轴、主轴轴承、带轮、刀具的夹紧和松开机构以及水冷却外套组成，如图2—16所示。主轴锥孔的锥度是7∶24。刀具的夹紧和松开机构的工作原理是：用主轴前端高强度四瓣爪（件号为702）拉住刀柄尾部的拉钉头，刀柄的拉钉头为BT40型，四瓣爪由一组碟形弹簧（件号为701）强力往上拉紧，使刀具的刀柄牢牢地压靠在主轴的锥孔上。

换刀时，主轴组件上方增压气缸的活塞下行，压缩碟形弹簧，主轴前端的四瓣爪前移张开，松开刀柄拉钉，机械手就可以换刀了。数控铣床换刀的原理与此相同，只需手动主轴箱上的松刀按钮即可松刀，把刀从主轴孔中拔出。

主轴采用的轴承是高速精密角接触球轴承，VDL—1000型加工中心机床主轴前端排列了三个轴承，规格小的VDL—850型加工中心机床采用两个轴承；主轴的后端用了两个轴承，这种轴承具有质量轻、线膨胀系数低以及硬度高等优点，可以大大减小轴承高速运转时的离心力及温升，转速可达10 000 r/min。主轴轴承的润滑采用高速轴承润滑脂，主轴前端采用迷宫式密封，也是为了减小高速运转时产生的温升。

主轴的锥孔具有自清洁功能，在换刀时，当刀柄与锥孔脱开后，压缩空气自主轴中心孔吹入锥孔，将灰尘及污物吹出去。在主轴外部有一层带有T形槽的套，让切削液经过这层外套把主轴轴承产生的热量带走，使主轴得到冷却。冷却阀嘴将切削液喷到工件上，起到冷却工件的作用。

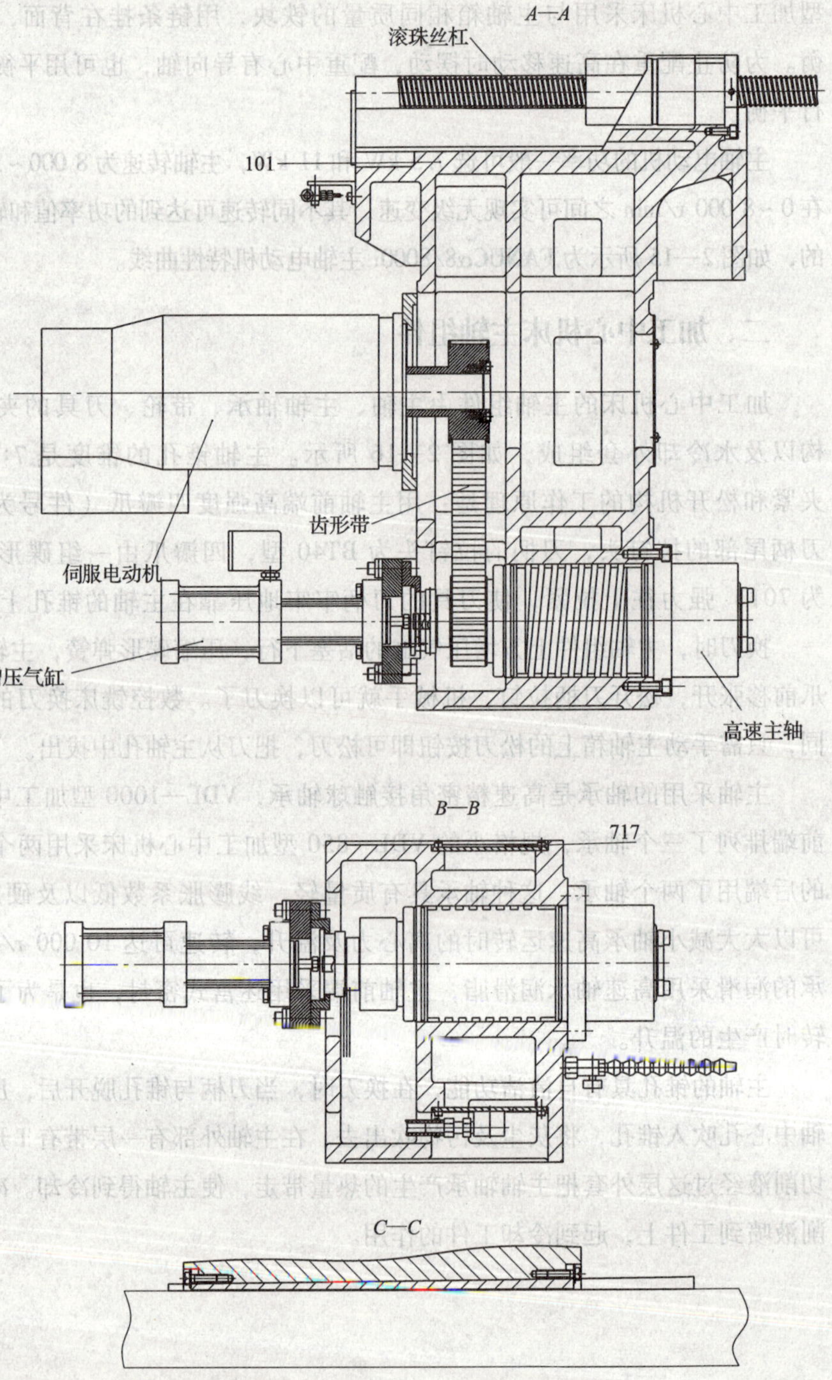

图 2—14 VDL—1000 型加工中心

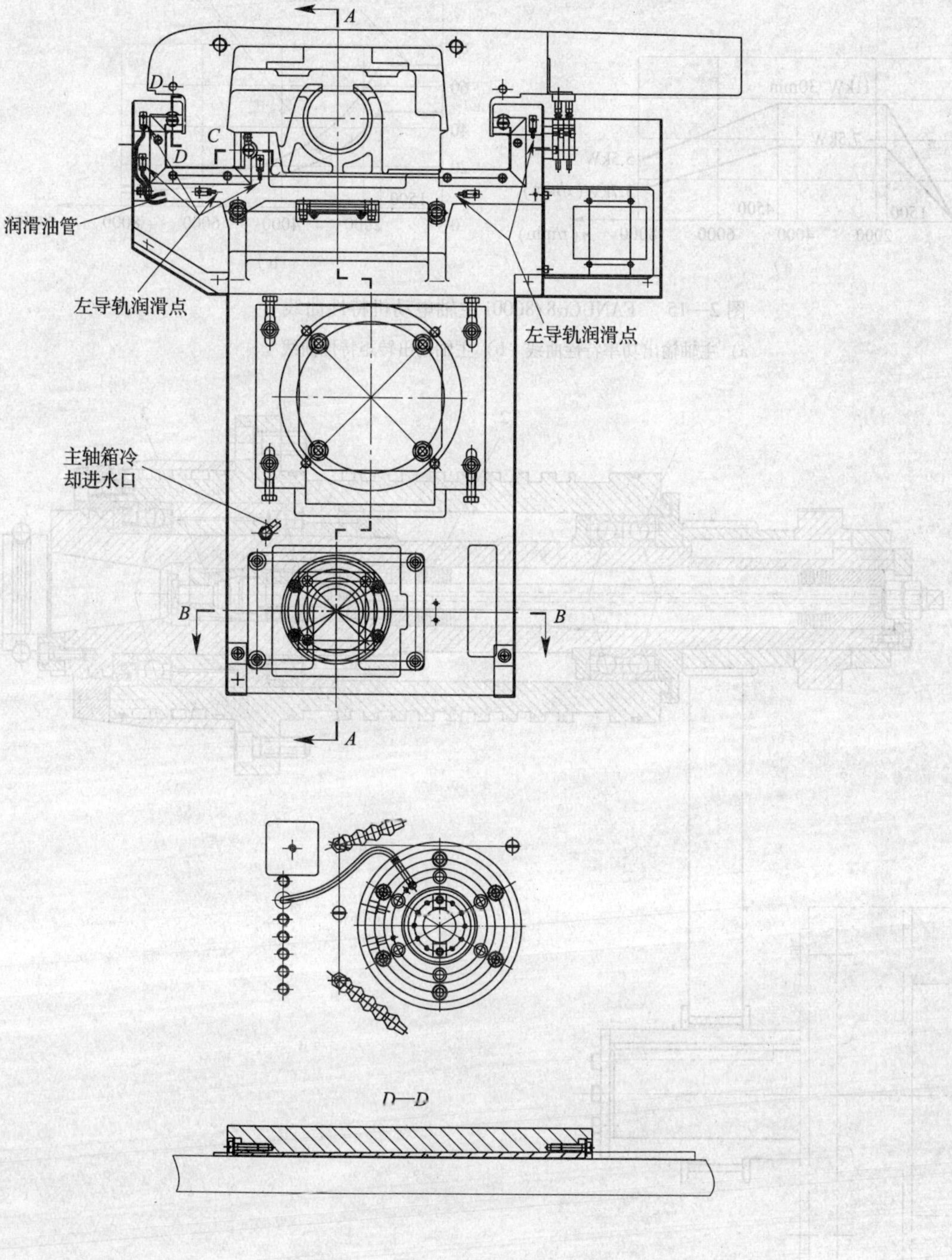

机床主轴箱的结构

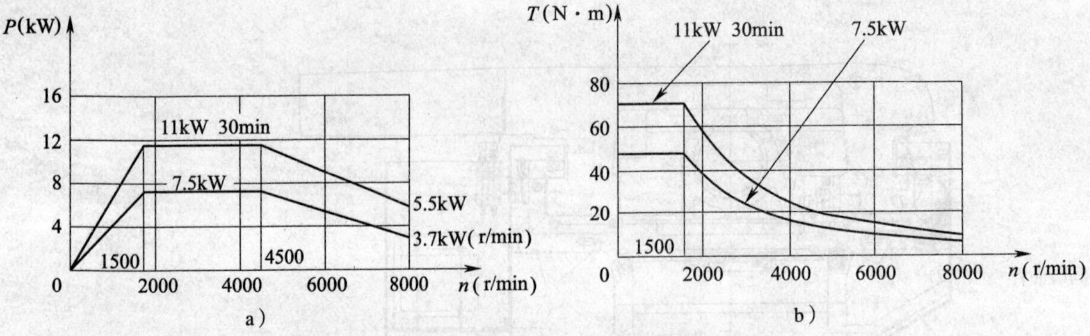

图 2—15　FANUCα8/8000i 主轴电动机特性曲线

a）主轴输出功率特性曲线　b）主轴输出转矩特性曲线

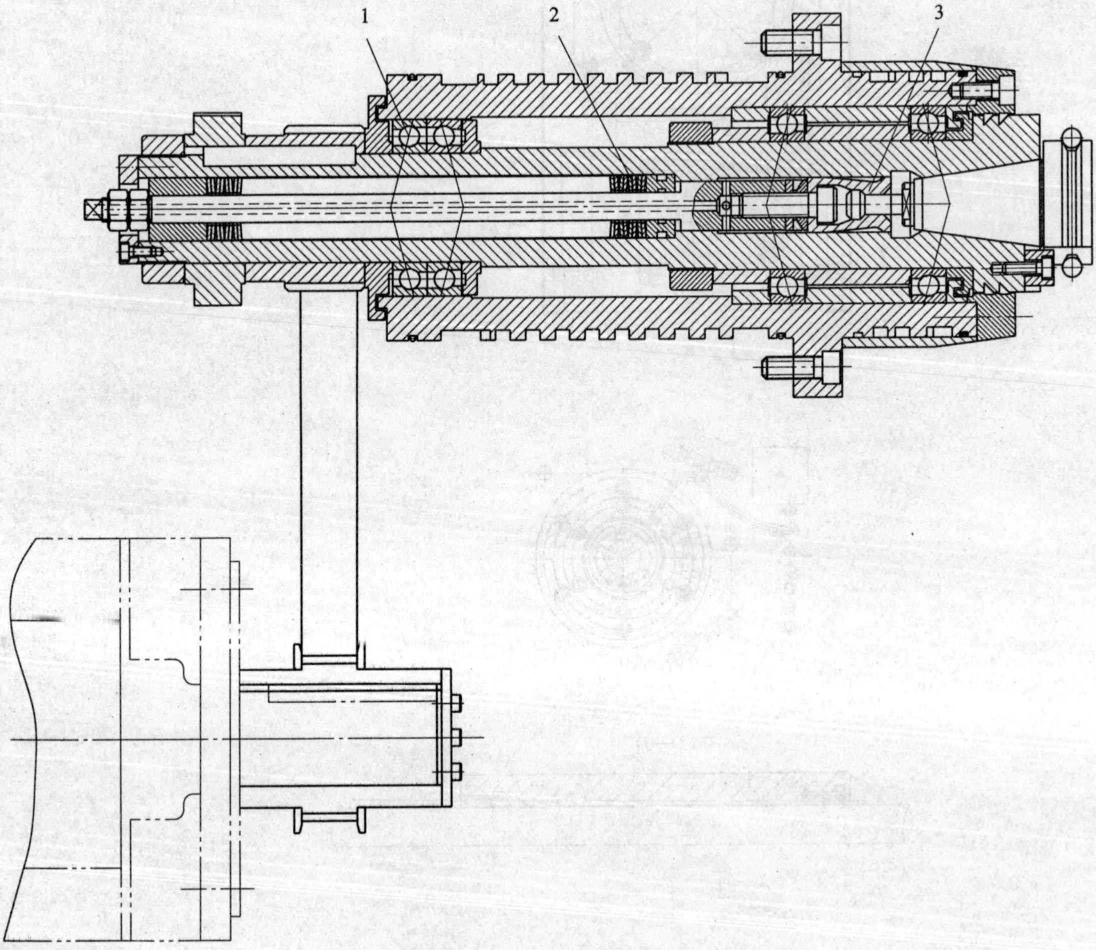

图 2—16　加工中心机床的主轴组件

1—角接触球轴承　2—碟形弹簧　3—刀柄爪

第五节　加工中心机床进给系统的结构

VDL—1000 型加工中心机床沿 X 轴、Y 轴、Z 轴三个坐标轴的进给运动分别由三台交流伺服电动机驱动，其中 X 轴和 Y 轴为直连式，即伺服电动机通过联轴器直接与滚珠丝杠相连接，省去了带传动的中间环节，而 Z 轴使用了同步齿形带过渡连接。X 轴、Y 轴两个交流伺服电动机的规格和功率相同，这样在装配与维修时便于互换，检修方便。如图 2—17 所示为 X 向进给丝杠。联轴器的两端采用无键“锥环”连接，这种连接可实现无间隙传动，在高速旋转时无须考虑动平衡。三个坐标轴的滚珠丝杠的两端都采用了角接触球轴承，既能承受径向载荷，又能承受轴向载荷，在高速运行中产生的热量比滚柱轴承少。靠电动机处安装了三个轴承，而在另一端安装了两个轴承，轴承的开口方向是不同的，这是考虑到滚珠丝杠轴向受力是两个方向而设置的。滚珠丝杠螺母副通常都采用内循环，内循环相对外循环而言，更加可靠，耐用，性能好。图 2—17 中的丝杠靠轴承座的两端有两块硬橡胶（或硬塑料块），起“死挡块”的作用。

由于 VDL—1000 型立式加工中心机床的工作台有 X 和 Y 两个方向的运动，故采用十字滑台的结构形式。如图 2—18 所示为加工中心机床的滑台及工作台。在滑台上安装工作台，床身与滑台导轨、滑台横向导轨与纵向导轨、主轴箱与立柱导轨均可采用滚动式导轨，俗称直线导轨。VDL—1000 型立式加工中心机床的主轴箱与立

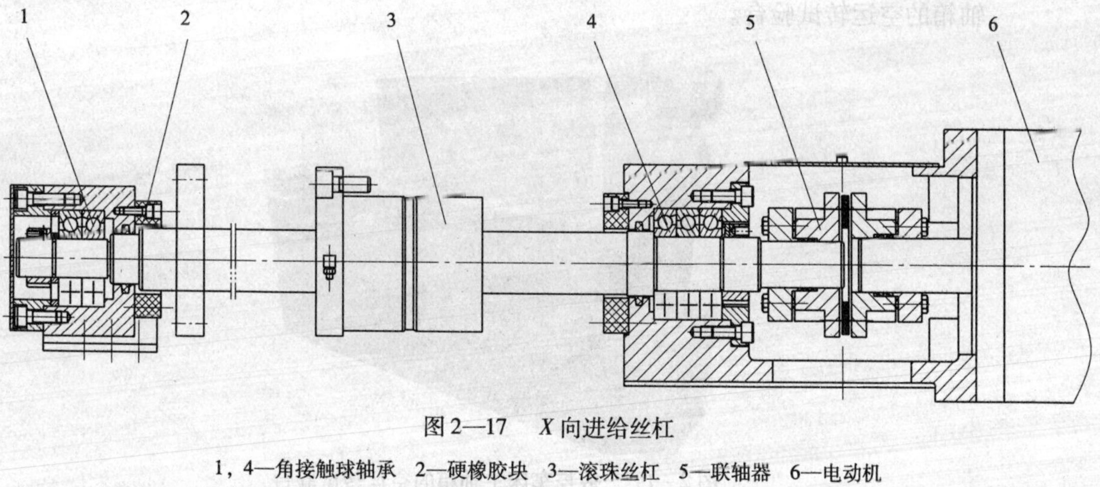

图 2—17　X 向进给丝杠

1，4—角接触球轴承　2—硬橡胶块　3—滚珠丝杠　5—联轴器　6—电动机

图 2—18　加工中心机床的滑台及工作台

柱导轨采用贴塑导轨，贴塑导轨具有刚度高、稳定且摩擦因数小、低速无爬行等优点。为了防止 Z 轴滚珠丝杠不能自锁，主轴箱会自动下滑，Z 轴电动机带有制动器。

滚珠丝杠两端的角接触球轴承都采用润滑脂润滑，使用高速润滑脂密封在轴承室内，直线导轨和贴塑导轨采用集中润滑，用管路接入稀的导轨润滑油，定时、定量地向导轨注入润滑油，以保证导轨处于良好的润滑状态。

第六节　数控机床功能部件的调试

一、调试目的

数控机床的整机是由许多部件组装而成的，在机床总装配前属于分装，即功能部件的装配。数控车床主要的功能部件是主轴箱，主轴箱在装配后要经过空运转调试，即把主轴箱放在试验台上，一般进行 3 ~4 h 的空运转试验。试车的目的有两项，一是发现问题，包括噪声、温升等问题，并应及时解决；二是进行齿轮的磨合，磨合啮合表面，消除啮合的高点，使啮合平稳。如图 2—19 所示为数控车床主轴箱的空运转试验台。

图 2—19　数控车床主轴箱的空运转试验台

数控车床除了主轴箱外，还有刀架，刀架作为重要的功能部件也要做空运转试验。

二、调试方法

数控车床主轴箱空运转调试的步骤如下：

1. 主轴箱试车前应先清洗，将主轴箱上部朝下放在清洗机上，清洗时使各轴旋转，以保证清洗效果，清洗时可使用煤油，清洗时间为15 min左右。

2. 把主轴箱放在专用试验台上，用传动带把主电动机的带轮与主轴箱的带轮连接起来。要接好主轴箱的进油口（润滑油），主轴箱的回油管接到试验台的油箱中，油箱中装入轴承油。

3. 用手转动主轴箱的带轮，挂好各挡并确认各轴转动无误。

4. 先开润滑油泵，检查油路是否畅通，调整分油器的各出口。

5. 将温度表插在主轴箱靠近主轴的螺钉孔中并固定住。

6. 把主轴箱上的盖板盖好，防止运转时油被甩出。

7. 把挡位挂在低挡，然后通电试车。

8. 听转动的声音，如果有异常应立即停车。

9. 如果声音正常，可连续运转，主轴由低速至高速逐级运转，每级运转不少于2 min；若声音异常或噪声超过规定要求，应及时调整或更换零件。调试第一台数控车床的主轴箱时，应用转速表按机床转速铭牌的转速记录主轴的输出转速。

10. 机床中速时进行温升试验。主轴转速为1 000 r/min，将主轴轴承的润滑油量调整为5 ~10 L/min，即50 ~100 滴/min。

技术要求指标：前、后轴承温度差小于等于5℃，只允许前轴承温度高，温升不超过30℃。

11. 进行高速温升试验时，要求机床的主传动机构从最低转速依次运转（无级变速机构做低、中、高速运转），每级速度的运转时间不得少于2 min，在最高速时运转足够的时间，使主轴轴承达到稳定的温度，此时的温度要求低于70℃，与室温差值为35℃。如果超过此值，说明主轴高速温升超标，需要重新调整主轴轴承的预紧力。主轴高速温升与后面叙述的主轴负荷试验中抗振车槽试验是相互制约的，调整时要兼顾到两方面。

12. 如果出现问题需重新调整主轴轴承时，必须按以下标准重新检验主轴精度：检查主轴锥孔轴线的径向圆跳动误差，主轴检验棒靠主轴端面的径向圆跳动公差为0.008 mm，距主轴端面300 mm处的径向圆跳动公差为0.016 mm。主轴的轴向窜动量小于等于0.008 mm。主轴轴肩支撑面的径向圆跳动误差小于等于0.016 mm。

13. 进行噪声试验时，机床的各级转速（正转、反转）不应有杂音、冲击声和尖叫声。噪声应不高于83 dB（A）。噪声检测按照国家标准《金属切削机床　噪声声压级测量方法》（GB/T 16769—1997）的规定执行，在距机床1 m、高度为1 m的6个位置上测量，最大噪声低于83 dB（A）。如图2—20所示为噪声试验示意图。

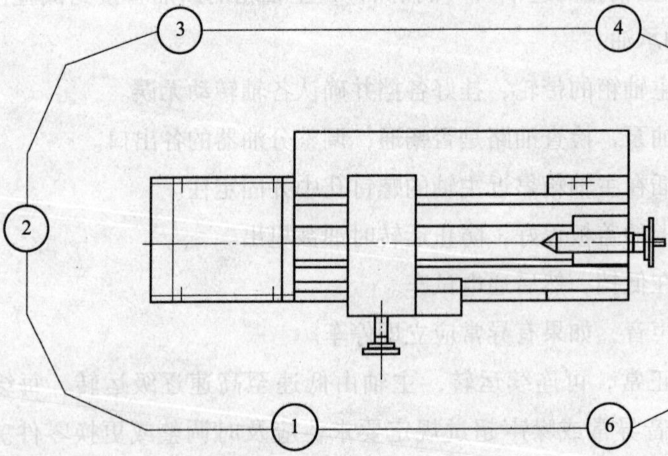

图2—20　噪声试验示意图

14. 进行变速手柄操纵力检验，技术要求指标为：操纵力小于等于100 N。

主轴箱在完成上述技术指标的检验后方能从试验台上取下，经清洁后进入总装配环节。

三、功能部件装配工艺卡的介绍

功能部件装配工艺卡是指用于机床功能部件装配时的指导文件。它的功能类似于机械零件加工工艺卡，不同之处是装配工作由钳工手工完成，每步装配首先要符合装配图样的要求，另外要保证各项精度指标达到设计要求。

装配工艺卡的格式参见表2—2。

表格最上方一行说明该装配工艺卡装配的机床是CKA6150型数控车床，装配的部门是研磨工段，该工序的内容是“找正床身导轨的精度”。

表 2—2　　**装配工艺卡的格式**

机床型号：CKA6150	装配部门	研磨工段	工序内容	找正床身导轨的精度
简图	操作步骤	允差（mm）	检验工具	检验方法
	将专用水平桥放在床身导轨上，放好水平仪，纵向移动找正以下精度： a. 纵向 导轨在垂直平面内的直线度	(0.002~0.018)/1 000（只允许中间凸） 局部公差： 在任意 250 测量长度上为 0.007 5	水平仪 水平桥： CM73—161 型	在水平桥上靠近导轨处纵向放一水平仪，等距离（近似等于规定的局部公差的测量长度）移动水平桥进行检测 将水平仪的读数依次做好记录，并计算出导轨全长的直线度误差
	b. 横向 导轨的平行度	0.032/1 000	水平仪 水平桥： CM73—161 型	在水平桥上横向放一水平仪，等距离（移动距离同纵向）移动水平桥进行检测 水平仪在全部测量长度上读数的最大代数差就是导轨的平行度误差

										编制日期	审核日期	会签日期	批准日期
标记	处数	更改文件号	签字	日期	处数	标记	更改文件号	签字	日期				

第三行、第四行中的简图、允差、检验工具和检验方法要连贯起来看。其中第二列说明了操作步骤，使用装配时的专用工装，将专用水平桥放在床身导轨上，按第五列的检验方法进行操作。第三列是允差，是精度检验的要求，在全长1 000 mm范围内为0.002～0.018 mm，只允许中间凸，在任意250 mm测量长度上为0.007 5 mm。第四列是检验床身导轨使用的工具，使用的工具为水平仪、水平桥。第五列是检验方法，在水平桥上靠近导轨处纵向放一水平仪，等距离（近似等于规定的局部公差的测量长度）移动水平桥进行检测，将水平仪的读数依次做好记录，并计算出导轨全长的直线度误差。在水平桥上横向放一水平仪（即垂直于移动方向，移动距离同纵向），做好每段水平仪读数的记录，求出全长（如1 000 mm）上读数的最大代数差，就是平行度误差，其允许的误差为0.032 mm/1 000 mm。如果全长为1 500 mm，则允差为1 500×0.032/1 000＝0.048 mm。

表格第五行为制定该工艺卡的工艺人员更改文件、签字、日期等的记录。

第三章

机械零部件装配与检修工艺

第一节　装配与检修工艺概述

在生产过程中，按照图样的要求，将若干机械零件结合成部件或将若干零件与部件结合成机床的过程称为装配。装配既有安装又有相互配合、调整的意思。装配工作是接近机床成品的最后一道工序。装配工作的好坏将直接影响机床的性能，可以说一台机床能否达到出厂检验标准取决于两点，一是零件生产的合格性；二是装配质量是否达到要求。因此，在装配过程中必须严格按装配工艺的要求进行，任何马虎大意、粗枝大叶、乱打乱敲的操作都不会装配出合格的设备。在机床装配车间的工人应该把每台机床当成艺术品，精雕细刻地完成每道装配工序。所以，装配工作是一项细致认真、一丝不苟的工作。

数控机床在日常使用过程中会出现各种各样的故障，常见的有机械问题、电气问题和其他问题。机床的机械部分是由各种零件、组件、部件组成的，其检修的内容主要包括故障的诊断和修理。故障的诊断在本书的高级部分中会进行详细阐述。修理也包括许多内容，作为机械的连接和传动是多种形式的，其基本的检修内容通常包括销、键连接件的检修；螺纹连接件的检修；带传动件的检修；链传动件的检修；齿轮与轴传动件的检修；滚动轴承的检修；蜗轮、蜗杆传动件的检修、润滑与密封件的检修等。零件、组件的检修主要是通过看、听、摸来判断是否可以更换，修理中涉及拆卸和再装配问题，需要考虑的因素较多，要根据不同的类型来进行修复。

装配工艺过程包括以下三个阶段：

一、装配前的准备阶段

1．熟悉产品装配图，分析其装配以及相互连接关系的结构，理解装配图技术要求和相关工艺文件。

2．确定装配方法，即先后顺序，准备所需要的工具。

3．开始装配前，首先对待装配的零件进行清理和清洗，对基础件的铸造箱体要清除型砂以及切屑、锈蚀；对机械加工后的零件要去掉零件上的毛刺、切屑、锈蚀、油污。此类工作看似简单，其实很重要。污物、异物的存在将直接影响装配后的工作精度、温升、噪声等重要技术指标。

二、装配阶段

1．部件装配

凡是将两个以上零件组合在一起，或将零件与几个组件结合在一起，使其成为一个装配单元的工作称为部件装配，在车间通常将其称为分装。

2．总装配

将部件与部件装配起来的工作称为总装配。总装配完成后，一台新机床的机械部分就成形了，随后是电气部分及其附件的装配。

3．其他工作

部件装配和总装配还包括以下内容：如主轴的动平衡试验、部件与部件装配时的刮研与研磨、位置精度的检测以及各部位间隙的调整等。

三、试车阶段

试车是机械部分、电气部分、液压部分、气动部分的装配全部完成后进行的最后环节。从机械角度说，主要是进行调整，调整各部位配合间隙和相互位置关系，使机床运行协调、稳定。

试车中重要的项目是精度的检验，包括几何精度和工作精度的检验。

试车要对机床做可靠性试验，对机床温升、噪声、振动、转速、功率等性能进行检测，发现问题应立即调整或修理。

第二节 装配与检修常用工具及其操作

一、麻花钻及其刃磨方法

在装配过程中，机床上有许多孔要求装配时配作，这些孔的加工是装配钳工经常要做的工作，正确地使用钻孔设备和选择钻头，是装配钳工必须掌握的基本知识。

1. 麻花钻的组成

麻花钻是常用的钻头，它分为锥柄和柱柄两种，一般直径大于 13 mm 的钻头做成锥柄，直径在 13 mm 以下的钻头做成柱柄。麻花钻一般用高速钢 W18Cr4V 或 W9Cr4V2 制成，淬火后硬度为 62 ~68HRC。切削温度在 600℃以下时不会降低硬度。

2. 麻花钻的切削角度

麻花钻切削部分的结构如图 3—1 所示，它有两个刀瓣，每个刀瓣可以看做一把外圆车刀。两螺旋槽表面就是前面，切屑沿螺旋槽排出。麻花钻切削部分顶端的两螺旋圆锥面叫做主后面，它与工件的过渡表面相对，前面和主后面的交线叫做主切削刃，麻花钻有对称的两条主切削刃。钻头是否锋利主要取决于这两条主切削刃是否锋利。两主后面的交线称为横刃。钻头的棱带与已加工表面相对的表面称为副后面，前面与副后面的交线称为副切削刃。麻花钻有两条棱带，故有对称的两条副切削刃。麻花钻由五条切削刃（两条主切削刃、两条副切削刃、一条横刃）以及六个面（两个前面、两个主后面、两个副后面）组成。

如图 3—2 所示为麻花钻的切削角度，图中 A 点的前角为 γ_A，A 点的后角为 α_A。

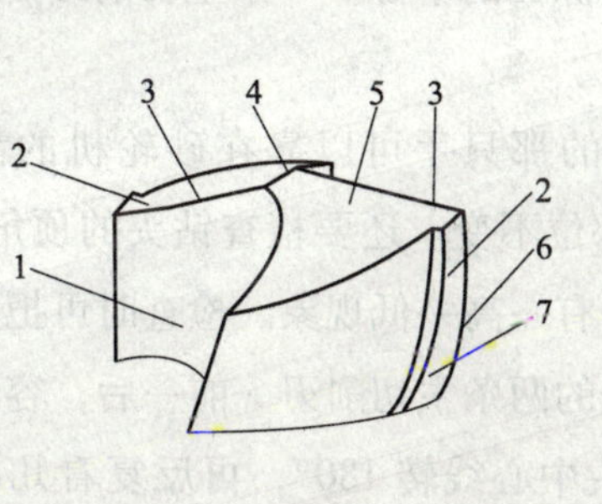

图 3—1 麻花钻切削部分的结构

1—前面 2—棱带 3—主切削刃 4—横刃

5—主后面 6—副切削刃 7—副后面

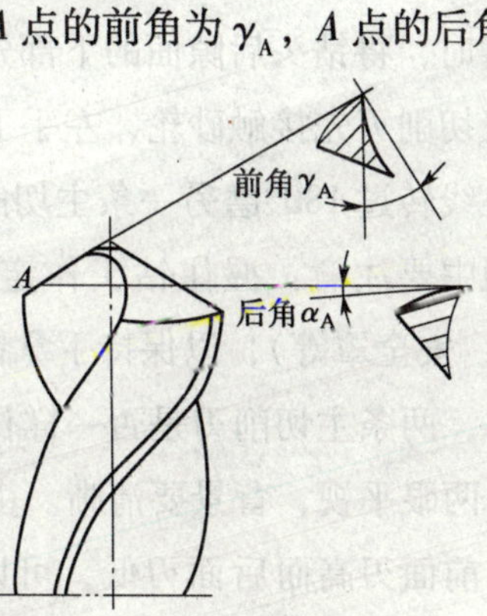

图 3—2 麻花钻的切削角度

由于麻花钻的前面是一个螺旋面，沿主切削刃各点倾斜方向不同，主切削刃各点前角的大小也不相同，靠棱带的外缘处前角最大，向中心处逐渐减小，横刃处的前角为负前角。在靠棱带的外缘处后角较小，向中心处逐渐变大。

3. 标准麻花钻的缺点

（1）钻头主切削刃各点前角变化很大，外缘处大，往中心处小，靠中心处为负前角，切削条件很差。

（2）横刃太长，横刃上有很大的负前角，切削条件非常差，实际上不是在切削，而是在刮削和挤压。据试验统计，钻削时 50% 的轴向力和 15% 的转矩是由横刃产生的。横刃太长，钻削时定心也不好。

（3）棱带上的副切削刃后角为 0°，棱边与孔壁发生摩擦，由于棱带有倒锥，所以主切削刃与棱边交点处摩擦最剧烈，此处切削速度最高，产生的热量也最多，因此该处磨损较快。

（4）钻削时，切屑卷成很宽的螺旋卷，所占体积大，排屑不顺利，切削液不易浇注到切削刃上。

4. 麻花钻的刃磨

要想提高钻削的效率，必须保持钻头切削刃锋利。在了解了钻头切削角度的原理后，要学会如何在砂轮上手工刃磨麻花钻。

（1）磨削钻头的主切削刃

磨削钻头的主切削刃如图 3—3 所示。首先要将主切削刃摆平，磨削点大致在砂轮的中心平面上。钻头轴线与砂轮圆柱面母线在小平面内的夹角等于顶角 2φ 的一半。操作时，一般右手握住钻头的前部作为定位支点，左手将钻头尾部上下摆动。粗磨时，将钻头后隙面的下部先接触砂轮，摆动到可以磨到切削刃为止。精磨时，一般切削刃先接触砂轮，左手下摆到后隙面的下部。一条主切削刃磨好后，绕钻头中心线转过 180°磨另一条主切削刃。

磨削中要注意：握住钻头作定位支点的那只手可以靠在砂轮机的静止物上（如挡板、安全罩等），以保持手拿钻头的部位不变。还要检查钻头的顶角 2φ 是否符合要求，两条主切削刃是否一样长，是否有一高一低现象。检查时可把钻头竖立在眼前，两眼平视，背景要清晰。由于钻头的两条主切削刃一前一后，容易产生视觉偏差，前面刃高而后面刃低，可以绕钻头中心线转 180°，再反复看几次，若结果一样，两条主切削刃就对称了。还要检查主切削刃的后角，可检查最外点后角 α_o 是否为需要的数值，如图 3—4 所示。还可通过判断横刃斜角 ψ 的大小确定钻头主切削刃靠近钻头中心处的后角是否正确。标准钻头的横刃斜角 $\psi = 50° \sim 55°$。近钻头中心处后角磨得越大，则横刃斜角ψ越小，因此，横刃斜角ψ的大小可以用来判断钻头近中心处的后角磨得是否正确，如图 3—4 所示。

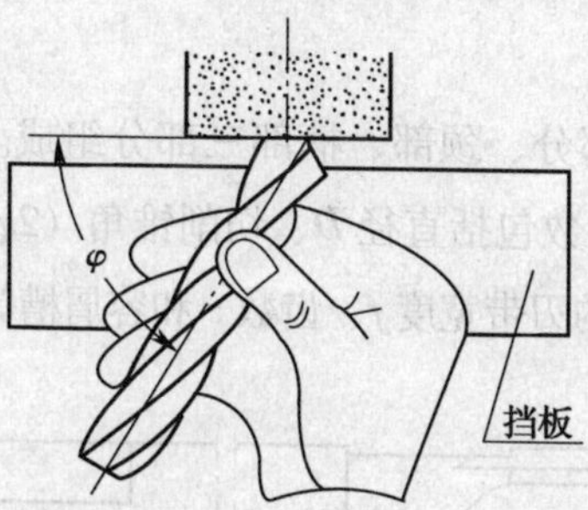

图 3—3　磨削钻头的主切削刃

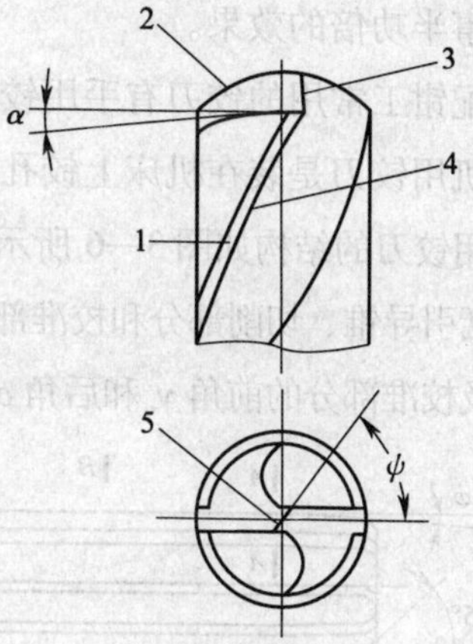

图 3—4　钻头主切削刃后角与横刃斜角

1—棱带　2—主后隙面　3—主切削刃

4—副切削刃　5—横刃

（2）修磨横刃

横刃越长，越影响切削，把横刃磨短，可以使钻头中心处切削刃的负前角减小，这样就会大大减小轴向力和转矩。如图 3—5 所示，修磨横刃长度为原来的$\frac{1}{5}\sim\frac{1}{3}$。修磨横刃后形成内刃，内刃斜角 $\tau=20°\sim30°$，内刃前角 $\gamma_\tau=0°\sim-15°$，它比原来该处切削刃上 $-30°$的前角切削条件要改善许多。横刃短了，钻头的定心也准了。修磨横刃是钻头最主要的一种修磨方式，直径在 5 mm 以上的钻头均需修磨横刃。

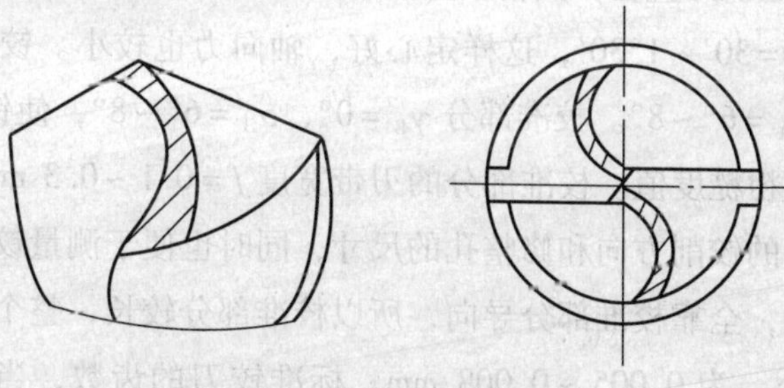

图 3—5　修磨横刃

二、铰刀、丝锥、圆板牙的结构及使用方法

1．铰刀的结构及使用方法

（1）铰刀的结构

铰刀是用于精加工孔的工具，当要求孔的表面粗糙度 R_a 值小于 3.2 μm 时，该孔在钻孔、扩孔以后可用铰刀进行精加工，用铰刀加工孔是既快又好的一种方法，能收到事半功倍的效果。

装配钳工常用的铰刀有手用铰刀和机用铰刀两种，手用铰刀是手工铰孔时用的铰刀，机用铰刀是装在机床上铰孔时用的铰刀。

手用铰刀的结构如图 3—6 所示，它由工作部分、颈部、柄部三部分组成。工作部分包括引导锥、切削部分和校准部分。其结构参数包括直径 D、切削锥角（2φ）、切削部分及校准部分的前角 γ_o 和后角 α_o、校准部分的刃带宽度 f、齿数 z 和容屑槽等。

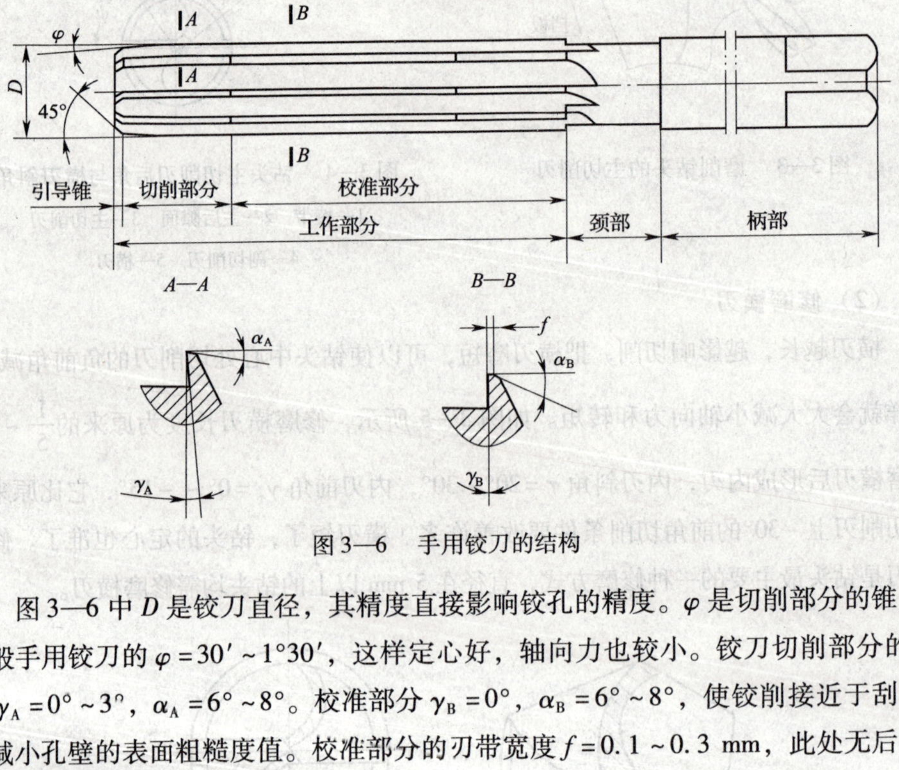

图 3—6　手用铰刀的结构

图 3—6 中 D 是铰刀直径，其精度直接影响铰孔的精度。φ 是切削部分的锥角，一般手用铰刀的 $\varphi = 30' \sim 1°30'$，这样定心好，轴向力也较小。铰刀切削部分的前角 $\gamma_A = 0° \sim 3°$，$\alpha_A = 6° \sim 8°$。校准部分 $\gamma_B = 0°$，$\alpha_B = 6° \sim 8°$，使铰削接近于刮削，以减小孔壁的表面粗糙度值。校准部分的刃带宽度 $f = 0.1 \sim 0.3$ mm，此处无后角，其作用是引导铰刀的铰削方向和修整孔的尺寸，同时也便于测量铰刀的直径。手用铰刀的切削速度低，全靠校准部分导向，所以校准部分较长，整个校准部分都做成倒锥，倒锥量较小，为 0.005 ~ 0.008 mm。标准铰刀的齿数，当直径 $D < 20$ mm 时，$z = 6 \sim 8$；当 $D = 20 \sim 50$ mm 时，$z = 8 \sim 12$，铰刀的齿数一般是偶数。

铰刀的材料一般选用高速钢，为了适应高速铰削和铰削硬材料的要求，还有硬质合金铰刀，一般用 K 类（YG 类）硬质合金加工铸铁件，P 类（YT 类）硬质合金加工钢件。

（2）手用铰刀的使用方法

1）铰削前的准备。按工件孔的大小及尺寸公差，选择精度合适的手用铰刀（直铰刀或锥铰刀）。按工件孔的尺寸选择合适的钻头，钻出需铰孔的底孔，留出合适的加工余量。如果余量过大，容易使铰刀磨损，影响孔的精度和表面粗糙度；如果余量过小，会使孔壁铰不起来或不用铰就超差了，铰孔余量可参见表3—1中的数据选择。

表3—1　　铰孔余量　　mm

孔公称直径	<5	6~20	21~32	33~50	51~80
加工余量	0.05~0.10	0.10~0.30	0.20~0.30	0.30~0.50	0.50~1

表3—1所列的加工余量只是参考尺寸。例如，钻 ϕ9.8 mm 的孔选择 ϕ9.8 mm 的钻头，如果钻头两条主切削刃磨偏，就有可能钻出 ϕ10 mm 以上的孔，则设有铰孔余量了。根据工件的材料选择合适的切削液，一般钳工手工铰孔时可以选择常用的机油。

2）铰削方法。首先要夹紧工件，如果用台虎钳，要注意对薄壁件夹紧力不可太大，以免孔变形。铰刀装在铰杠上，铰刀插入孔中，要保持铰刀与孔端面的垂直度，两手持铰杠柄部，施加均衡的压力，按顺时针方向扳动铰杠对孔进行铰削。铰孔时严禁倒转铰刀。如果铰削时下行旋转困难，可按顺时针方向边转边用力向上提起铰刀，查明原因，处理后再次进行铰削，倒转很容易损坏铰刀并破坏孔的表面质量。铰削时，切屑很容易黏附在切削刃上，要经常提起铰刀进行清除。要经常变换铰刀停止位置，避免产生凹痕。铰削长的锥形孔时，底孔的留量要合适，因为铰刀的切削刃与底孔几乎是全接触，所留余量太大会增加切屑量，增大切削难度。

3）铰刀的选用。铰圆柱孔时选用直铰刀，如图3—6所示；铰圆锥孔时选用锥铰刀，如图3—7所示。在机床装配中，经常使用锥度为1：50的铰刀，为了排屑方便，有带螺旋槽的锥铰刀。

图3—7　锥铰刀

2. 丝锥、圆板牙的结构及使用方法

丝锥与圆板牙都是加工螺纹的工具，丝锥用于加工内螺纹，用丝锥在内孔中切削出内螺纹的过程称为攻螺纹。圆板牙用于加工外螺纹，在圆杆上切削出外螺纹的过程称为套螺纹。丝锥与圆板牙加工的螺纹多为三角形螺纹，牙型角有60°和55°两种，60°为公制螺纹，55°为英制螺纹。

（1）丝锥、圆板牙的结构

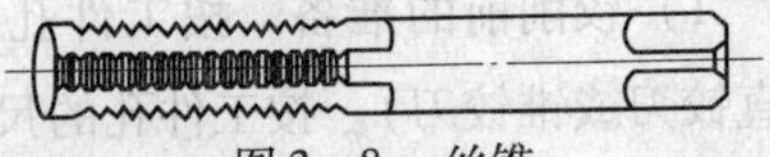

图 3—8 丝锥

1）丝锥的结构。如图 3—8 所示，丝锥由切削部分、校准部分（修光部分）和柄部组成。切削部分的前角 $\gamma_o = 8° \sim 10°$，后角 $\alpha_o = 6° \sim 8°$，前端磨出切削锥角，使切削省力，便于切入。丝锥的校准部分有完整的牙型，主要起两个作用，一是校准已切出螺纹并使其沿轴向导入；二是修光已切削出来的螺纹，其后角是 0°。容屑槽起容纳、排出切屑及形成切削刃的作用，常用的丝锥上有 3 ~ 4 条容屑槽，有些丝锥为了控制排屑方向，常做成螺旋槽。丝锥柄部的形状和作用与铰刀相同，其柄部有方榫，用以传递转矩。

丝锥一般是成组的，每组有两支丝锥或三支丝锥，分别称为头锥、二锥、三锥，通常 M6 ~ M24 的丝锥一组有两支，M6 以下和 M24 以上的丝锥一组有三支，细牙丝锥为一组两支。加工时使用多支丝锥是为了减小切削力，延长丝锥的使用寿命。目前，企业为了提高生产效率，在普通要求时一般只用一支丝锥切削一遍，对精度要求高的内螺纹再用二锥切削一遍。

2）圆板牙的结构。如图 3—9 所示，圆板牙由切削部分、校准部分（修光部分）和排屑孔组成。它本身像一个圆螺母，在上面钻了几个排屑孔并制成切削刃。

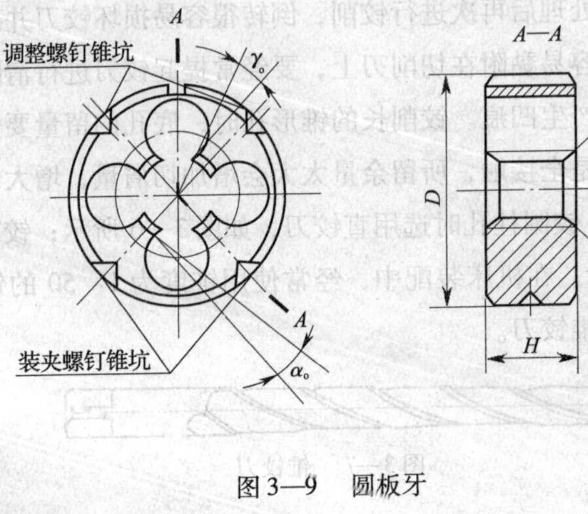

图 3—9 圆板牙

圆板牙两端是锥角为 2φ 的切削部分，切削部分不是普通的圆锥面，是经过铲磨形成的圆锥面，后角 $\alpha_o = 7° \sim 9°$。圆板牙的前角 γ_o 沿切削刃是变化的，小径处前角最大，大径处前角最小，一般 $\gamma_o = 8° \sim 12°$。锥角 $\varphi = 20° \sim 25°$。圆板牙中间部分为校准部分，在套螺纹时起导向作用。圆板牙下方的两个锥坑通过中心线，其作用是将圆板牙固定在板牙架上，用来传递转矩。当圆板牙因磨损而使螺纹尺寸变大时，用靠上方的两个锥坑进行调整，方法是先将圆板牙上方沿 V 形槽用锯片砂轮割开，借助两个偏心的调整螺钉锥坑使圆板牙内径缩小，其调节范围为0.1 ~ 0.25 mm。

丝锥与圆板牙所用材料都是合金工具钢，经过淬火硬化处理。

（2）丝锥、圆板牙的使用方法

1）攻螺纹

①攻螺纹前底孔的计算方法（即底孔钻头的选用）。攻螺纹时，丝锥是挤压式切削金属的，金属产生塑性变形，形成凸起并挤向牙尖，使得攻出螺纹的小径小于原底孔直径。

对于钢件及塑性大的材料：

公制螺纹
$$d = D - P$$

英制螺纹
$$d = (D - 0.9P) \times 25.4$$

对于铸铁及脆性材料：

公制螺纹
$$d = D - (1.05 \sim 1.1)P$$

英制螺纹
$$d = (D - 0.98P) \times 25.4$$

式中　d——钻头直径（钻螺纹底孔），mm；

D——螺纹外径（公称直径），mm；

P——螺距，mm。

②攻螺纹的方法。手工攻螺纹的一般步骤是钻底孔→锪倒角→头锥攻螺纹→二锥攻螺纹→三锥攻螺纹。攻螺纹前孔口倒角一方面是为了防止孔口螺纹崩裂；另一方面也是为了使丝锥容易切入。开始攻螺纹时，把丝锥先固定在铰杠上，用两只手在铰杠的手柄处施加均匀的压力，使丝锥切入工件。当切入1 ~ 2圈后观察丝锥与螺孔端面是否垂直，通过目测，若发现丝锥不垂直于螺孔端面应及时纠正。也可用90°角尺检查丝锥与螺孔端面，并进行校正。

铰杠每转1/2 ~ 1圈时，应倒转1/3 ~ 1/2圈，使切屑碎断后容易排出。当切削刃全部切入工件后，就不必再加压力，两手均匀转动铰杠即可将螺纹攻出。

攻螺纹时要添加切削液，铸铁可选用煤油，钢件可选用牌号为L—AN32 ~ L—AN46的全损耗系统用油。

2）套螺纹

①套螺纹前圆杆直径的计算方法。与攻螺纹同理，套螺纹时，圆板牙也是挤压式切削金属的，金属受挤压产生塑性变形，牙尖被挤高一些，所以套螺纹前圆杆直径应小于螺纹的大径，一般圆杆直径用下式计算：

$$D = d - 0.13P$$

式中　D——圆杆直径，mm；

d——螺纹外径，mm；

P——螺距，mm。

②套螺纹的方法。套螺纹前，先将要套螺纹的圆杆端部倒角 15°～20°，以便于圆板牙更好地切入圆杆。开始套螺纹时，把圆板牙固定在板牙架上，将圆杆夹持在台虎钳的软钳口上，或用其他方式固定圆杆，将圆板牙放在圆杆端面，使其保持垂直，两手握住板牙架的手柄，用力均匀并施加压力，按顺时针方向旋转板牙架（右旋螺纹）。当圆板牙切入圆杆 1～2 圈时，要校正圆板牙与圆杆的垂直度。

当圆板牙切入 3～4 圈时，反转一次，使切屑碎断并及时排屑。

套螺纹时要添加切削液，切削液的选择与攻螺纹相同。

三、刮削与研磨

1. 刮削

用刮刀将工件表面刮除一薄层金属的加工过程称为刮削。

（1）刮削用的工具

1）刮刀的种类。刮刀分为平面直头刮刀和平面弯头刮刀两种，按照刮削的习惯选择其中一种刮刀。平面刮刀一般由钳工自制成型，经淬硬、修磨后使用，如图 3—10 所示。

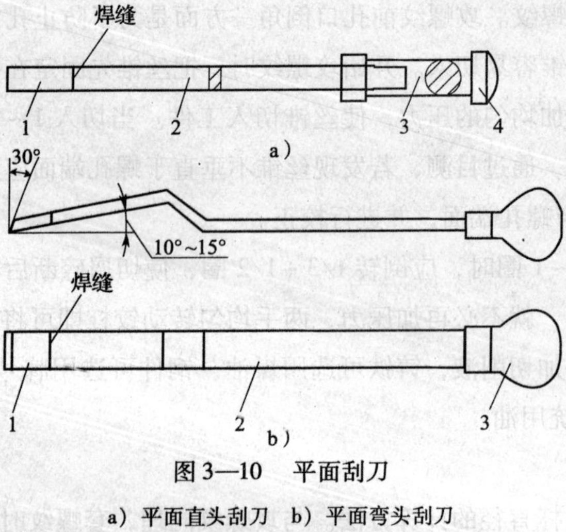

图 3—10　平面刮刀

a）平面直头刮刀　b）平面弯头刮刀

1—刀头　2—刀柄　3—木柄　4—橡皮　5—手柄

2）刮削用的显示剂。工件与基准工具对研时所加的涂料是显示剂。常用的显示剂是红丹粉，红丹粉分为铅丹（氧化铅，呈橘红色）和铁丹（氧化铁，呈红褐色）两种，颗料很细，用机油调和后使用。

（2）刮削方法

机床上常用的基准件为两个工件中的一件，如主轴箱和床身的刮削，首先将床身在导轨磨床上磨好，并以床身为基准件，主轴箱的底面按照床身配刮，把红丹粉涂在主轴箱底面。主轴箱与床身接触后，来回拖动主轴箱，两件接触摩擦，经推动研点后将两件分开，主轴箱底面朝上放回原处，查看研点情况，高点处点子黑亮，可用刮刀将黑亮的点子及周围高处刮去，重新在主轴箱上涂红丹粉并重复上面的步骤。两件对研，再刮削，再研，接触点会越来越密集，直到达到要求为止。

刮削可以用手推式刮削，即右手握木柄，左手握刀柄，刮刀与工件成25°～30°角，身体前倾，右手向前推，左手向下压，并控制刮刀的走向，在刮出一段刀花后，左手立即将刮刀提起，这样完成一个刀花的刮削。在刮削时，可将手柄放在小腹右侧肌肉处，双手握刀柄，右手离刀口80 mm左右，利用脚部和腰背的力量向前推挤，这样刮削力量大，是一种经常使用的刮削方法。

刮削分为粗刮、细刮和精刮。按刮削点数计算，粗刮的点数为25 mm×25 mm的方块内达到4～6点，刮削的刀迹呈长片交叉状。细刮的点数为25 mm×25 mm的方块内达到8～16点，刀迹一般在6 mm左右，刮刀刃部略呈弧形，刮削高点的周围也应刮去。精刮的点数为25 mm×25 mm的方块内达到20～25点，刀迹宽为4 mm左右，行程为5 mm左右。

2．研磨

用研磨工具和研磨剂从工件上研去一层极薄的表面层的加工方式称为研磨，研磨是一种精加工方法，钳工使用的是手工研磨法。

（1）研磨用的工具

1）研磨平板。研磨平面时用研磨平板。粗研时选用带槽平板，带槽的平板可以将多余的研磨剂刮去，工件容易研磨平整，不会产生凸弧面，同时可将粗研时产生的热量从沟槽中散出。精研时为了获取高的表面质量，应采用光滑的不带槽的平板，如压砂研磨平板。

2）研磨棒。研磨圆孔时用研磨棒。固定式研磨棒容易制造，研磨工件上某一个尺寸的孔时，可以采用多个预先做好的粗研、半精研、精研的研磨棒来完成。有槽的棒作为粗研棒，光滑的棒作为精研棒。

3）研磨环。圆柱表面的研磨工具可以使用研磨环，把研磨环套在工件上进行研磨。

4）研磨剂。由磨料和研磨液调和而成的混合剂称为研磨剂。企业里常采用成品的研磨膏加机油稀释即可。

（2）研磨方法

1）平面的研磨。工件沿研磨平板表面按 8 字形、仿 8 字形或螺旋形运动轨迹进行研磨。研磨时工件受力要均匀，若向下的压力过大，研磨时切削量大，表面粗糙度值大，粗研时压力为（1～2）×10^5Pa，精研时压力为（1～5）×10^4Pa。研磨速度不应太快，手工粗研时，每分钟往复 40～60 次，精研磨时每分钟往复 20～40 次，研磨速度太快会引起工件发热，降低研磨质量。

2）圆柱和圆孔的研磨。可将工件或研磨棒用车床卡盘夹紧后旋转，涂上研磨膏，用研磨环或工件与其做相对运动，车床卡盘的转速为 50～100 r/min。研磨环或工件做往复直线运动，此时工件表面会出现网纹，可根据网纹来判断研磨速度是否适宜。如图 3—11 所示为研磨圆孔示意图。

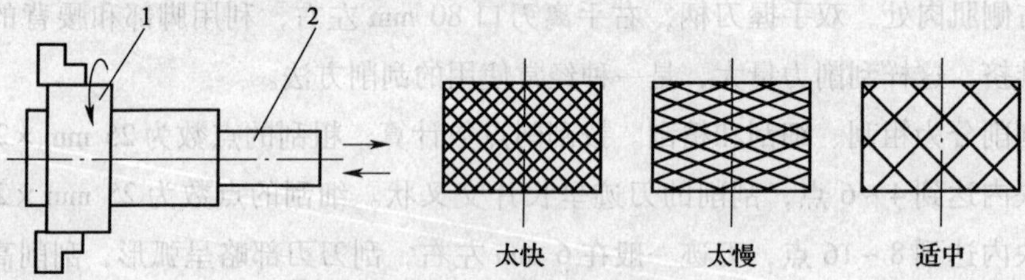

图 3—11　研磨圆孔示意图

1—工件　2—研磨棒

第三节　螺纹连接件的装配与检修工艺

螺纹连接是可拆卸的连接，它具有简单、连接可靠、装拆和更换方便等优点，应用非常广泛。在机床的装配中处处都可见到螺纹连接，这是机床装配中最基本的装配工作。螺纹连接并不是简单地拧紧即可，这里也很有学问，例如，拧紧力多大才适宜；拧紧时如何防止工件变形；机床开动后有振动，长期处于振动状态的螺钉和螺母的松动问题如何解决等。

一、螺纹连接件的装配工艺要点

1. 拧紧机床重要部件的螺钉时需要用扭矩扳手，达到一定的扭矩才合格，拧紧力过小，螺钉或螺母会因振动而松开；拧紧力过大，又会使螺钉因拉伸而失去应有的强度。具体要参考装配机床时工艺对螺钉扭矩的要求。

2. 对于成组的螺钉或螺母，应按一定顺序分次逐步拧紧（一般分三次），不可顺次拧紧，这样会使螺杆受力不均匀，工件受力也不均匀。如图 3—12 所示为呈长方形、方形、圆形布置时螺母的预紧顺序。对于呈长方形布置的成组螺母和螺钉，拧紧时应从中间开始，逐步对称向两边扩展；对于呈圆形或方形布置的螺母和螺钉，必须对称地按照图中 1，2，3，4，5…的顺序去拧紧螺母和螺钉。

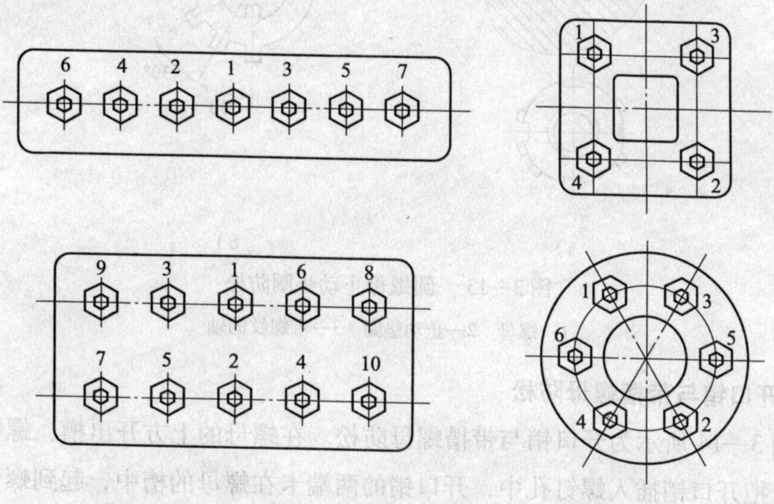

图 3—12　呈长方形、方形、圆形布置时螺母的预紧顺序

3. 在有振动和冲击的工作部位必须采用可靠的防松装置。

二、螺纹连接的防松方法

1. 双螺母防松

采用双螺母防松时，先将两个螺母中的一个拧紧到位，然后再拧紧另一个螺母，这样两个螺母受力变形，在接触面之间产生压力，增大了摩擦力，螺纹回松时必须克服这一摩擦力，从而起到防松的作用。这种防松用于低速、重载及较平稳的场合。

2. 弹簧垫圈防松

弹簧垫圈用弹簧钢制作而成，开有斜口。当螺母拧紧后，弹簧垫圈因受压而产生很大的轴向弹力，大大增大了螺母回松的阻力，因其制造简单，防松可靠，被大量使用。为防止弹簧垫圈刮伤工件，一般在其下部再放一层圆垫圈，效果会更好。

3. 止动垫圈（花垫圈）防松

如图 3—13 所示为圆螺母止动垫圈防松。使用时先将垫圈内耳弯曲，顺着轴上的键槽插入其中，然后拧紧螺母，再用旋具把外耳弯曲并插入拧紧的螺母的四个外槽中的一个，这样螺母就被止动垫圈牢牢地固定在这个位置上，无法转动，这种固定非常可靠。

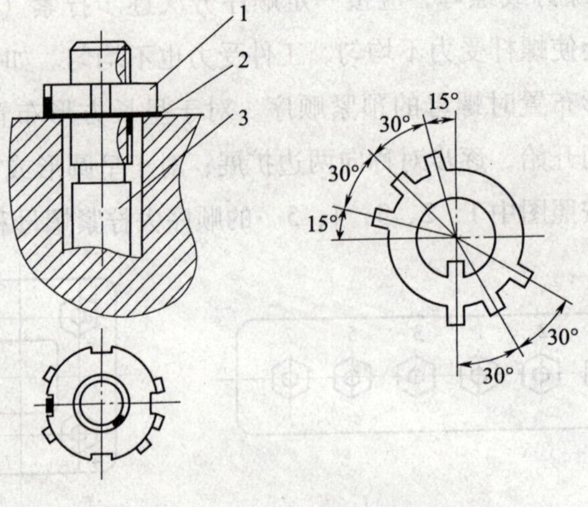

图 3—13　圆螺母止动垫圈防松

1—螺母　2—止动垫圈　3—带螺纹的轴

4. 开口销与带槽螺母防松

如图 3—14 所示为开口销与带槽螺母防松。在螺母的上方开出槽，螺钉上面开一个孔，把开口销插入螺钉孔中，开口销的两端卡在螺母的槽中，起到螺母防松的作用。这种方法螺母制造较复杂，故多用于变载、振动处。

5. 串联钢丝防松

如图 3—15 所示为串联钢丝防松。这种防松方法是把螺钉头部横向钻一个小孔（通孔），用钢丝穿过螺钉头部的小孔，利用钢丝的相互牵制作用来防止回松。这种方式适用于布置紧凑的成组螺钉，装配时要注意钢丝的穿丝方向，注意使紧固的螺钉不能有回松余地。

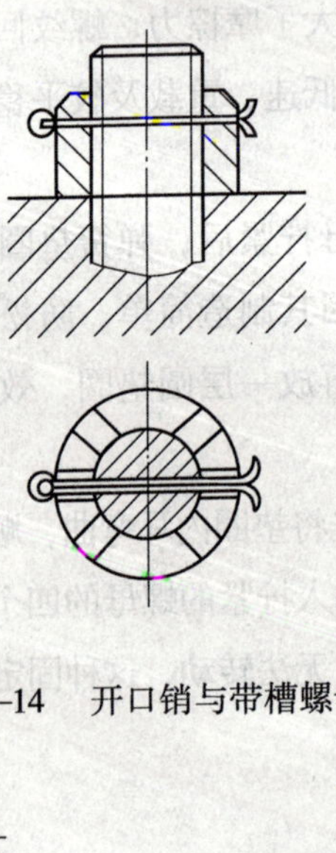

图 3—14　开口销与带槽螺母防松

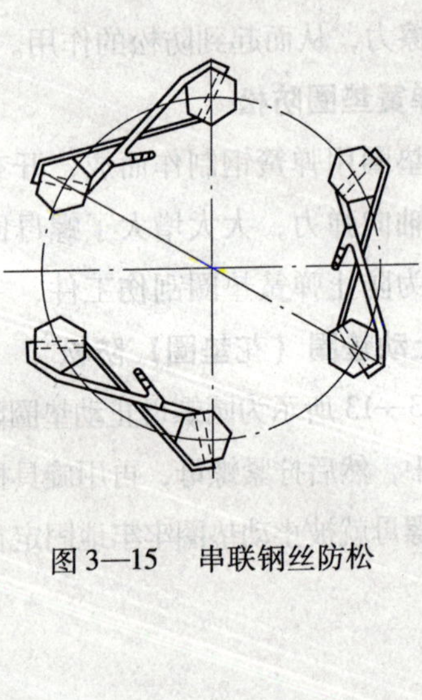

图 3—15　串联钢丝防松

三、螺纹连接件的检修工艺

螺纹连接件中普遍常见的问题是因用力过大而将其扭断。若螺栓扭断部分留在孔内，为了又快又省力地将其取出，可采用如图 3—16 ~ 图 3—18 所示的方便、易行的方法。用錾子剔被扭断的螺纹端面如图 3—16 所示。一般螺纹都为右旋螺纹，先逆时针方向用錾子剔螺纹，剔之前可向螺纹上滴点煤油，起到润滑作用，待油渗入螺纹后用錾子剔。如果一点不动可考虑是否为左旋螺纹，再反向试试，用此方法可将一般的断头螺纹拧出来。

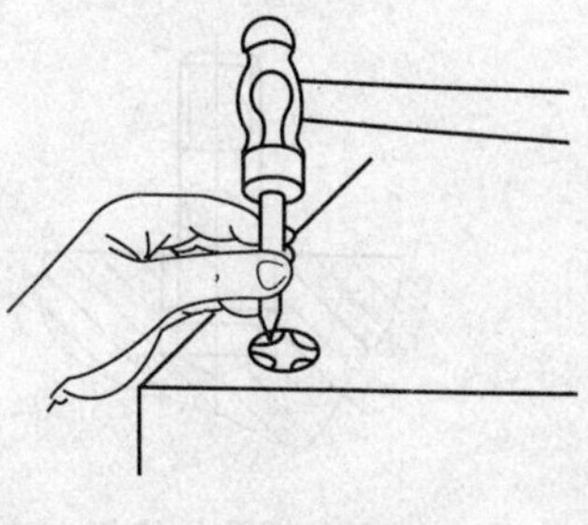

图 3—16　断螺栓的取出方法（一）

另外还有以下几种方法可供参考：

对于孔外的螺纹，可用锉刀锉出两个平行的平面，用扳手将孔内的螺栓旋出，如图 3—17a 所示；在孔外螺栓的端面上用手锯锯削一个直槽，如图 3—17b 所示，然后用一字旋具将断在孔内的螺栓旋出；在孔外螺栓的端面上焊一个螺母，如图 3—17c 所示，然后用扳手扳动焊接的螺母，即可将断在螺孔内的螺栓取出；用直径略小于螺纹小径的钻头将断在孔内的螺栓钻掉，然后用同样尺寸的丝锥将原螺孔再攻一遍，如图 3—18 所示。

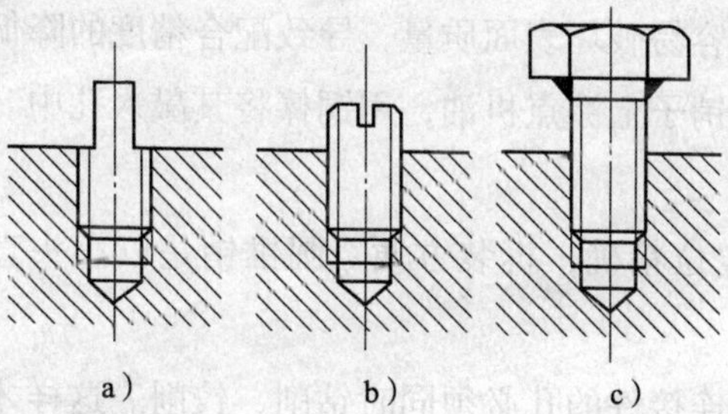

图 3—17　断螺栓的取出方法（二）

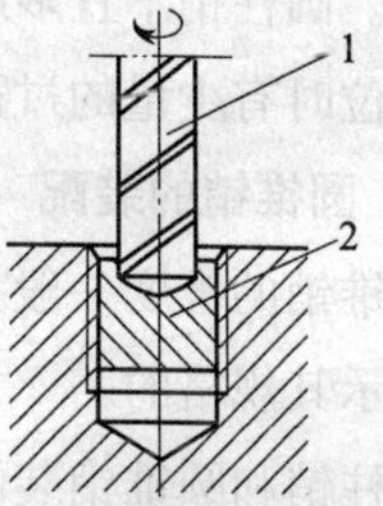

图 3—18　断螺栓的取出方法（三）

1—钻头　2—断螺栓

若螺孔被破坏，可以用以下两种方法进行修复：一是把原孔放大，用钻头放大原孔，再用丝锥重新攻一个大一号的螺孔。然后根据新螺纹配制台阶螺栓。台阶螺栓中大直径的螺纹与新攻制的螺孔配合，小直径的螺纹与原螺纹相同，将台阶螺栓拧紧在新攻制的螺孔内即可，如图 3—19 所示。二是用镶配螺纹套的方法修复，将原螺孔扩大，根据扩大后的孔径尺寸镶套，并将套与机体牢固地连成一体后，在镶套的孔中攻制内螺纹。这种方法的好处是还可用与原螺栓同规格的螺栓，便于以后更换。镶套时要注意，为了防止螺纹套转动，在套的外径钻、攻一个小螺孔，在小孔中拧入一个防松骑缝螺钉，起到止动作用，如图3—20所示。

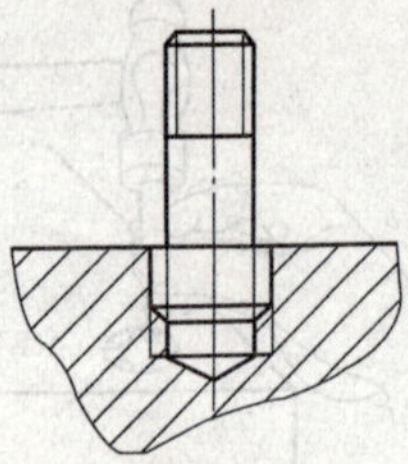

图3—19　螺孔的修复方法（一）

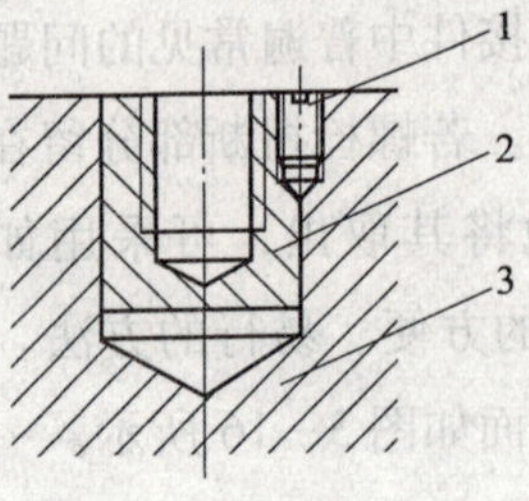

图3—20　螺孔的修复方法（二）
1—骑缝螺钉　2—螺纹套　3—机体

第四节　销、键连接的装配与检修工艺

一、销连接的装配工艺要点

销在机床装配中起到两个作用，一是连接作用；二是定位作用。销有两种，一种是圆柱销，另一种是圆锥销。

1. 圆柱销的装配

圆柱销依靠过盈固定在孔中，用以固定连接零件，同时还起到传递动力、定位的作用。圆柱销不宜多次拆卸；否则容易破坏表面质量，导致配合精度的降低。圆柱销定位时有少量的过盈，装配时在销子上涂点机油，用铜棒将其敲入孔中。

2. 圆锥销的装配

圆锥销的锥度一般为1∶50，其定位精确，拆装方便。圆锥销是以小头直径和长度表示其规格的。

圆柱销和圆锥销装配时，两个被连接件的孔必须同时钻削、铰削。这样才能保证销子能顺利地进入孔中。在铰削圆柱销孔时，以目测销子能自由插入孔中的深度约占销子总长的80%为宜，然后用铜棒将其打入；锥销大头稍微高出工件或与工件平齐即可。

圆柱销和圆锥销装配后要考虑拆卸问题，一般选用带有能被拔起的内螺纹的销子，这种圆锥销如图3—21a所示。拆卸时使用带有同样外螺纹的拔销棍（见图3—21b）来拔起销子。使用时将拔销棍的头部装上与销子同样规格的外螺纹头，并将其拧入销子的螺孔中，然后用拔销棍中部的圆套撞击拔销棍的后端，销子受到向外的轴向力的作用会顺利地被拔出。

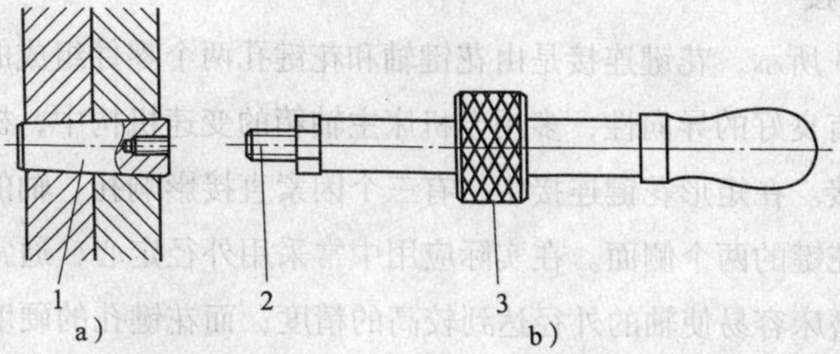

图 3—21　拔销棍与圆锥销

1—圆锥销　2—拔销棍的外螺纹头　3—圆套

在盲孔中装配圆柱销与圆锥销时，必须考虑设置排气孔，可事先在销子上钻一通孔或在侧面开一条微小的通槽，以供装销子时排气用，保证销子能装配到位。

二、键连接的装配工艺要点

键用来连接轴和轴上的零件，例如，带轮与电动机轴、齿轮与齿轮轴、联轴器等都是用键来连接的，它具有结构简单、工作可靠、拆装方便等优点。在机床装配中常用的键有平键、半圆键和花键。

1．平键连接和半圆键连接

平键连接如图 3—22 所示，其优点是靠键的侧面来传递转矩，只能对轴上的零件做圆周方向的固定，不能做轴向固定，不能承受轴向力。如果需要做轴向固定，需附加定位卡簧、定位环等定位零件。平键、半圆键对中性好，在高速及精密的连接中应用较多。键与轴槽的配合、键与孔槽的配合均采用基轴制，一般键采用 h8，轴槽采用 N9，孔槽采用 JS9。键与轴槽的配合为 N9/h8，略紧些，装配时先把键装到轴槽上，再把零件的孔槽对正键，将零件推入或用铜棒敲入装有键的轴上。

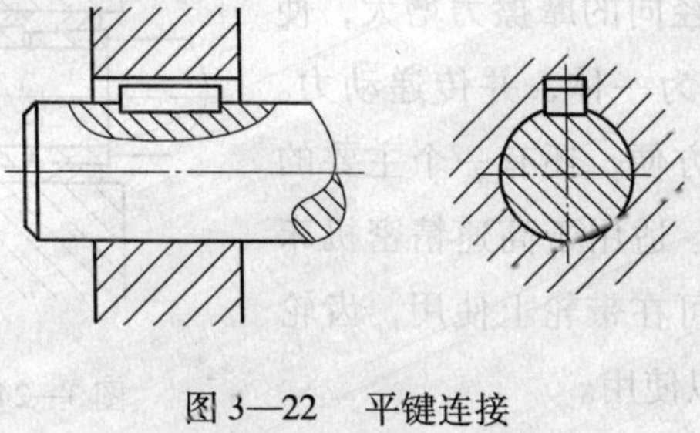

图 3—22　平键连接

2. 花键连接

如图3—23所示，花键连接是由花键轴和花键孔两个零件组成的。其优点是承载能力强，具有良好的导向性，多用于机床主轴箱的变速机构中，机床装配中常采用矩形花键连接。在矩形花键连接中，有三个因素直接影响孔、轴的定心问题，即外径、内径和花键的两个侧面。在实际应用中常采用外径定心，通常花键轴的硬度较高，用外圆磨床容易使轴的外径达到较高的精度；而花键孔的硬度低一些，可用拉刀保证外径精度。花键连接还有内径定心和键宽定心两种方式，内径定心精度高，加工较困难，精密机床大多采用，如图3—23b所示。机床主轴箱内的花键轴与齿轮一般属于间隙配合。装配花键轴时，首先要用油石磨掉花键孔和花键轴的毛刺，擦拭干净，涂上机油后装在一起。花键孔在花键轴上要自由滑动，没有阻滞现象；但不能过松，用手摆动孔件时不能有明显的径向间隙，如果有明显的径向间隙，将影响齿轮的正常啮合，会产生较大的噪声。

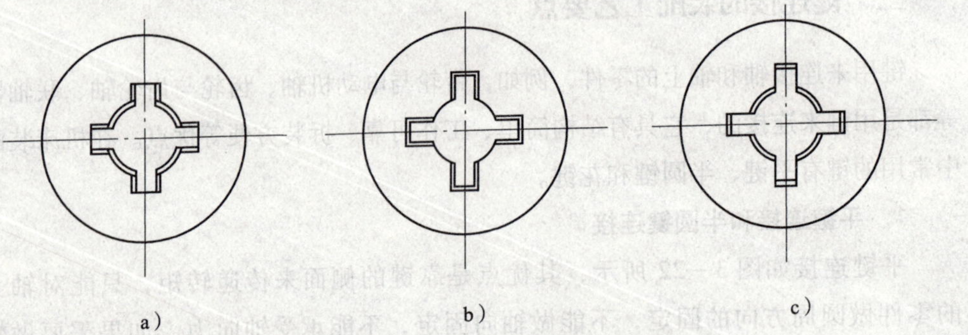

图3—23 花键连接

a）外径定心 b）内径定心 c）键宽定心

3. 锥环无键连接

锥环无键连接是数控机床应用较广泛的一种连接，伺服电动机与带轮的连接、带轮与轴的连接均采用这种形式，如图3—24所示。其连接依靠一种弹性薄壁锥套，一组为两个锥形薄壁套，当轴向压紧后，薄壁套会径向胀出，径向的摩擦力增大，使两个需连接的零件成为一体，并传递动力。这种方式简单，装拆方便，还有一个主要的优点是动平衡非常好，适用于高速精密机床的动力传递。它不仅可在带轮上使用，齿轮与轴、联轴器上都可以使用。

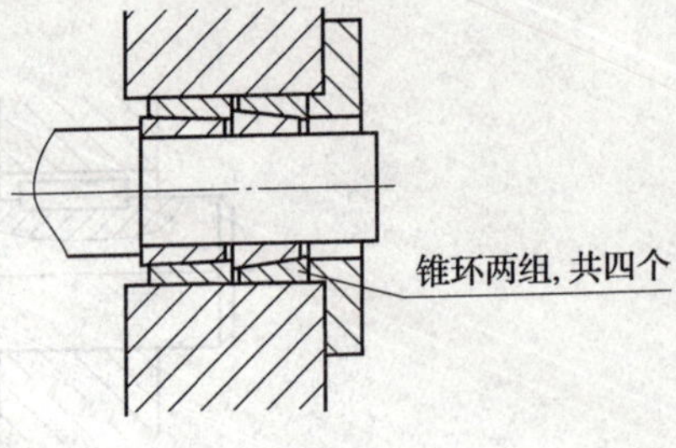

图3—24 锥环无键连接

三、圆销的拆卸与修理

圆销一端带有内螺纹的，一般都采用拔销棍拔出。如果身边没有拔销器，可以用一个螺栓，外加一个小套或大号螺母，靠螺栓的拉力把圆销拔出，其拆卸方法如图 3—25 所示。所选的小套或螺母要大于圆销。

对于不带内螺纹的圆销，常用敲击法拆卸，圆锥销必须从小端敲击。敲击时用力要适当，最好用铜棒敲击或垫上铜垫后用锤子敲击。

当圆销内孔损坏时，先将销孔中的销子取出，重新铰削销孔，如果是圆柱销，只能加大一号尺寸；如果是圆锥销，只需用铰刀再往下多铰一段即可，然后根据铰削后销孔的尺寸配制新的销子即可。

四、平键的拆卸与修理

拆卸平键连接的两个零件时，将套件从轴上拆下来，用錾子或一字旋具将磨损或损坏的键从键槽中取出，根据键槽尺寸配制新键。

如果键扭曲变形或被剪断，说明此键的强度不够，修复时要考虑提高其强度。共有三种思路可供参考，一是可以增大键的长度；二是可以加宽键的宽度；三是可以在原键槽的对称面再铣出一个键槽，采用双键连接的方法。

铣削键槽时要考虑键槽两侧面对中心平面的对称度和平行度，不然装配时会遇到麻烦。键槽的对称度和平行度误差的检测方法如图 3—26 所示，在轴的键槽内装上量块（无量块时用平键代替），将轴放在检验平板的两个 V 形架上，用百分表将量块的 A 面调整到与检验平板平行，记下百分表的读数；然后将轴旋转 180°，再将量块的 B 面调整到与检验平板平行，记下百分表的读数。百分表的两次读数差就是键槽的对称度误差，将百分表沿轴向移动，百分表在量块上两端的读数差就是键槽的平行度误差。

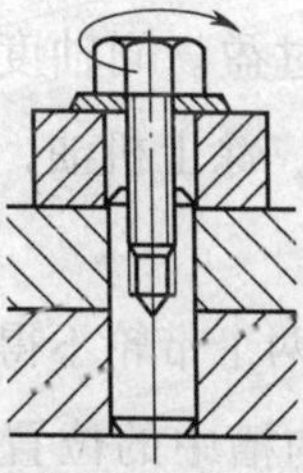

图 3—25　圆销的拆卸方法

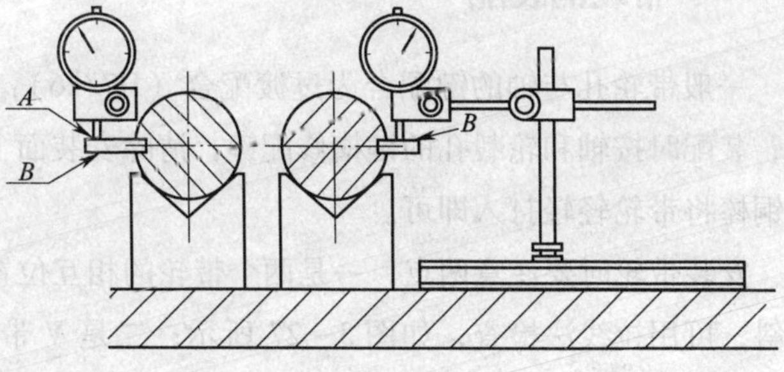

图 3—26　键槽的对称度和平行度误差的检测方法

键槽如果损坏，一般情况下通过铣削加宽，再配制新键。如果是大型零件，可以用补焊的方法处理。补焊时要考虑温升变形，应采取冷却措施。补焊后用铣削或其他加工手段恢复原状态。

五、花键的拆卸与修理

花键连接有三种配合，即过盈配合、过渡配合和间隙配合。在机床上常用的是间隙配合，其特点是拆卸方便，主要用于主轴箱变速机构。要求其滑动性好，滑移齿轮与轴线的同轴度精度高，尽可能减小径向圆跳动引起的噪声。一般花键轴采用6等分，即分为6个键槽。

当齿轮的花键槽尺寸超差或发生扭曲时，需要更换新的花键齿轮，新齿轮在装配前，首先要用油石去除花键孔的毛刺，清理花键孔的污物，再将其装到花键轴上试试松紧程度。可以用涂色法来检验孔、轴配合程度，用红丹粉涂在齿轮的花键孔上，与花键轴配合，未接触部分红丹粉留下，接触部分红丹粉被抹掉，这样可以发现高点和低点，对高点可用油石轻轻磨去，这样处理后使花键齿轮在轴上移动时无阻滞现象。然后将花键轴与花键齿轮清洗干净，加注润滑油并装配好即可。

第五节　带传动件的装配与检修工艺

带传动是机械传动的一种主要方式，在机床行业主要用于电动机到主轴箱的动力传递以及伺服电动机到丝杠的动力传递。常用的带传动大致有两种，即V带传动和同步齿形带传动。

一、带轮的装配

一般带轮孔与轴的键配合为过渡配合（H//k6），有少量过盈。同轴度精度较高，装配时按轴和轮毂孔的键槽修配键，清除安装面上的污物，涂上机油，用锤子或铜棒将带轮轻轻打入即可。

安装带轮时要注意两点，一是两个带轮的相互位置关系，两个带轮不得错位和倾斜，可用拉线法检查，如图3—27所示；二是V带在带轮沟槽中的位置应该如图3—28a所示，如果V带沉入沟槽底部是错误的，如图3—28b所示。其原因可能是带轮沟槽尺寸错误，也可能是V带型号选择不对。

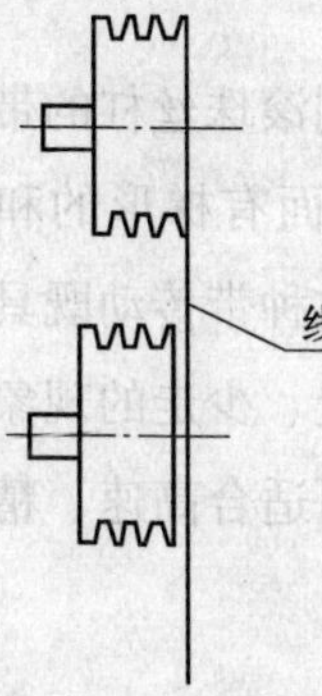

图 3—27 两个带轮相互位置关系的检查

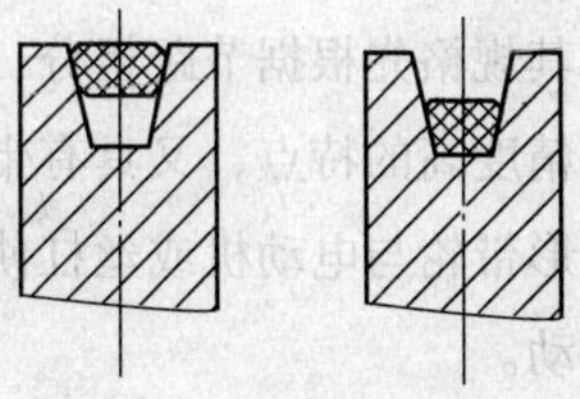

a） b）

图 3—28 V 带在带轮沟槽中的位置

a）正确 b）错误

二、V 带的安装

如图 3—29 所示，安装 V 带时，先将 V 带套入小带轮最外端第一个轮槽中，然后将 V 带套入大带轮的轮槽中，左手按住大带轮处的 V 带，右手握住 V 带往上拉，在拉力作用下，V 带沿着转动的方向即可全部进入大带轮最外端的轮槽内。再用一字旋具撬起大带轮上的 V 带，旋转带轮，可使 V 带进入第二个轮槽中。这样重复动作，可将第一根 V 带顺利地拨到最里面的轮槽内。

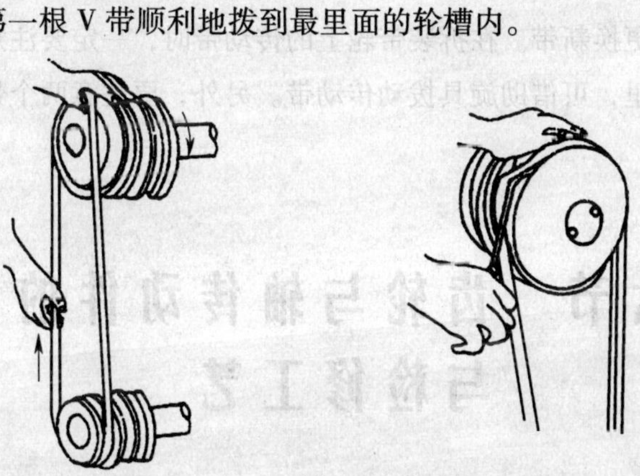

a） b）

图 3—29 V 带的安装

三、带传动件的选择

数控机床常用的带传动有两种，即 V 带传动和同步齿形带传动。

V 带有七种型号，分别是 O，A，B，C，D，E，F。其中 O 型 V 带截面积最小，F 型 V 带截面积最大，因此，O 型 V 带承载的力最小，F 型 V 带承载的力最大。经济型数控车床和全功能型数控车床的主轴电动机到主轴箱的传动多数使用 V

带传动。

在数控车床和数控铣床、加工中心机床中，伺服电动机到滚珠丝杠的带传动绝大多数使用同步齿形带传动。同步齿形带的种类很多，其截面有梯形的和圆弧形的，其规格先根据节距粗分，再根据齿数、节线细分。使用这种带传动既具有齿轮传动精度高的特点，又具有带传动平稳的特点，不会发生多走、少走的现象。若同步齿形带轮与电动机或丝杠使用锥环无键连接，动平衡好，更适合高速、精密机床的传动。

四、带传动的检修

带传动主要是指 V 带传动和同步齿形带传动。常见的故障是长期运行后传动带被拉长，尤其是 V 带在带轮上出现打滑现象。这时可先检查 V 带是否已破损，如果外形完整，只是被拉长，可以通过 V 带的张紧轮调整松紧；若没有张紧轮，可以通过电动机带轮的位置调整 V 带的松紧，若 V 带被拉长，只需将其调紧一点即可。如果要更换 V 带，要考虑一组 V 带的长度应尽可能一样，也就是要换就换一组，不能新旧混用，若长度不一致，受力不均匀，将加快磨损。

对于同步齿形带也是如此，可先调整电动机的位置，将同步齿形带拉紧，如果达不到要求就需更换新带。在拆装带轮上的传动带时，一定要注意手不能被传动带挤到带轮的轮槽里，可借助旋具拨动传动带。另外，要注意两个带轮是否在一条直线上。

第六节　齿轮与轴传动件的装配与检修工艺

齿轮与轴的装配在数控机床机械装配中是最常见、应用最广泛的一种装配形式。齿轮传动机构组装后，应具有传动平稳、无振动和噪声、换向无冲击、变速轻松、使用寿命长等优点。

齿轮与轴的连接形式有固定式连接、滑动式连接和空套式连接三种。固定式连接主要有键连接；滑动式连接主要是花键连接；而空套式连接一般为起换向作用的过渡齿轮与轴的配合。

一、齿轮与轴的装配工艺

1．去毛刺

把齿轮与轴配合面上的毛刺用油石去除，再用干净的抹布把污物擦掉。

2．锉配键

齿轮与轴采用键连接时，应根据键槽尺寸认真锉配键，使之达到连接的要求。

3．将齿轮装到轴上

将清洗并擦干净的配合面涂上机油后，将齿轮装到轴上。这时分以下几种情况：如果是平键、半圆键连接，一般为过渡配合，可用铜棒或铅块将其轻轻敲入；如果齿轮孔与轴过盈量较大，为了保证齿轮在装入轴上时不偏斜，可如图3—30所示，在齿轮上套上一个装配齿轮的专用工装，用锤子敲击此工装，使齿轮受到均匀的力后装入轴上；如果是空套连接，空套齿轮与轴也属于间隙配合，可以自由转动。对于平键、半圆键连接，多数是固定连接，其轴向的固定一般使用紧定螺钉顶在轴上的锥坑中，该螺钉用防松卡簧固定，装配时不要忘记。

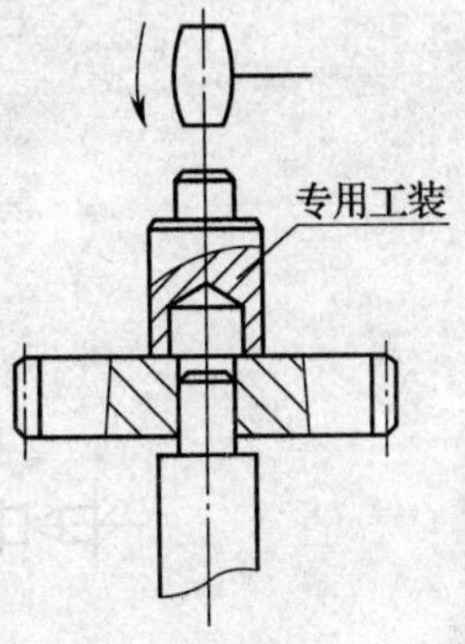

图3—30　用专用工装锤击装配

注意：若齿轮与轴的间隙过大，齿轮转动时会产生冲击。齿轮与齿轮啮合时，转动时要轻松，不得有阻滞现象，要灵活，即两啮合齿轮之间的间隙要适中。

二、齿轮与轴装配精度的检查方法

1．直接观察法

可通过目测观察齿轮与轴是否同轴，可以使齿轮多转几圈，看齿轮外圈是否有起伏跳动现象。观察齿轮端面与轴线是否垂直时，可观察齿轮端面在转动中是否左右摇摆，并注意齿轮端面是否靠在轴的台阶端面上。

2．用百分表或千分表测量

如图3—31所示为检测齿轮装配后的径向圆跳动与端面圆跳动误差。可以把装配后的齿轮轴放在两个V形架上，也可将其放在两端有顶尖轴的平台上，检查时要先使轴与平台平行，可在轴的上母线上移动百分表，如果表针不摆动，表示齿轮轴与平台平行。把圆柱规放在齿轮槽内，用百分表（或千分表）的测头触及圆柱规的最高点，记下百分表的读数。然后转动齿轮，利用图 3—31a 中的定位插销分度，当转动齿轮时，把定位插销向右拔出，转一个齿或两个齿后，把定位插销重新插入齿与齿之间作为定位基准，再记下百分表的读数，转动齿轮一周后，百分表的最大读数与最小读数之差就是齿轮分度圆的径向圆跳动误差。

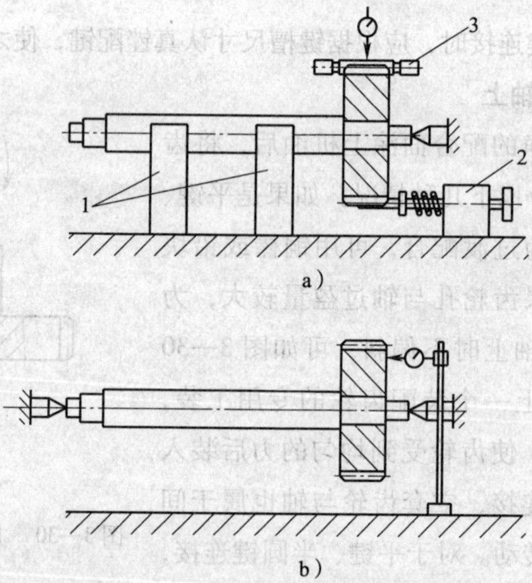

图 3—31　检测齿轮装配后的径向圆跳动与端面圆跳动误差

a）检测径向圆跳动误差　b）检测端面圆跳动误差

1—V 形架　2—定位插销　3—圆柱规

接着再检查齿轮的端面圆跳动误差，即上面提到的齿轮是否左右摇摆。如图 3—31b 所示，用顶尖将齿轮心轴两端顶住，防止轴向窜动，将百分表（或千分表）的测头触及齿轮端面，操作时测头要尽量靠近外缘处，这样测量更准确。转动齿轮一周，百分表的最大读数与最小读数之差就是齿轮的端面圆跳动误差。

三、齿轮与轴传动的检修

齿轮与齿轮的啮合精度分为齿侧间隙精度和接触精度，这两项精度决定了齿轮的啮合性能。如果齿侧间隙过大，齿轮运转时会发出很大的噪声；如果接触精度不高，齿轮受力不好，磨损加快，因此，检验这两项精度是十分重要的。其简易检验方法如下：

1．检验齿侧间隙

检验齿侧间隙有两种方法，一种是用百分表检验，另一种是用压铅丝法检验。

（1）用百分表检验

如图 3—32 所示为用百分表检验齿侧间隙。齿侧间隙是指齿轮与齿轮啮合时两齿轮面相互之间的间隙。检验时，将其中一个齿轮固定，在另一个齿轮的啮合面上支上百分表，摆动这个齿轮，由于一个齿轮固定，这个齿轮只有一个小小的摆动角度，这个角度在百分表上有一个读数值，即齿侧间隙。

（2）用压铅丝法检验

如图 3—33 所示为用压铅丝法检验齿侧间隙。在齿宽两端的齿面上平行放置两根铅丝，其直径不能超过最小间隙的 4 倍。使齿轮啮合并挤压铅丝，铅丝被挤压后最薄处的尺寸就是齿侧间隙。

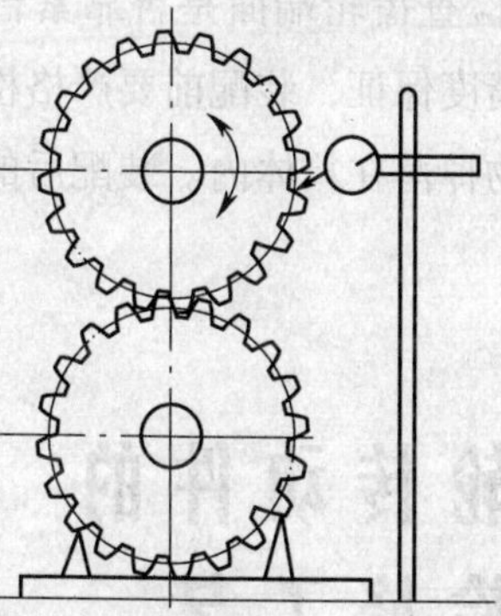

图 3—32　用百分表检验齿侧间隙

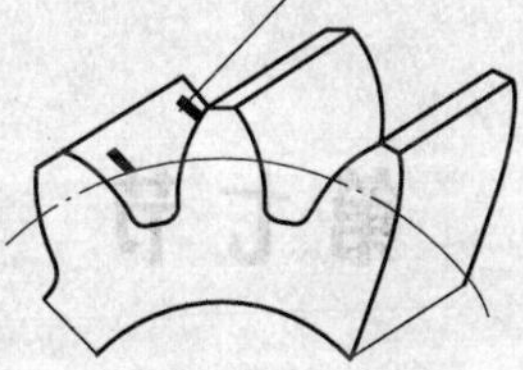

图 3—33　用压铅丝法检验齿侧间隙

齿侧间隙的大小与两齿轮的中心距、齿轮模数、齿轮齿形的加工精度都有关系，调整时可以从这几个方面来考虑。

2．检验齿轮接触精度

如图 3—34 所示，检验齿轮的接触精度主要是检验齿轮啮合面的接触点。检验接触点时一般用涂色法，将红丹粉涂在主动轮上，用手转动主动轮，被动轮应轻轻加以制动，为增大摩擦力，对于双向工作齿轮，正、反两个方向都要检查。一对齿轮正常啮合时，在齿宽方向的接触面积应为 40% ~70%（齿轮精度越高，接触面积应越大）；在齿高方向的接触面积应为 30% ~50%，其分布的位置应以分度圆为基准，上下对称分布。如图 3—34 所示，图 3—34a 表示啮合位置正确，啮合接触点在分度圆上下均匀分布；图 3—34b 所示的啮合接触点在分度圆的上方，说明齿轮中心距过大；图 3—34c 所示的啮合接触点在分度圆的下方，说明齿轮中心距过小；图 3—34d 所示的啮合接触点在分度圆的一侧，说明两啮合齿轮的轴线平行度超差。

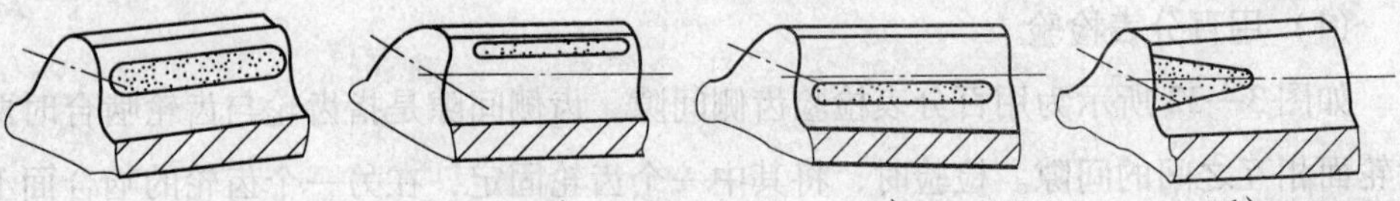

图 3—34　检验齿轮的接触精度

a）位置正确　b）中心距过大　c）中心距过小　d）平行度超差

3．齿轮的修理

（1）若齿轮严重磨损、轮齿断裂时，一般应更换新的齿轮。当大齿轮与小齿轮啮合时，小齿轮磨损得较快，应先更换小齿轮。更换齿轮时，新齿轮的齿数、模数、压力角等几项指标必须与原齿轮相同。

（2）在装配新齿轮时要防止齿轮歪斜，要检查齿轮端面是否靠紧台阶轴的端面。滑移齿轮与轴装配时，其径向间隙由加工精度保证，装配前要严格检查。在齿轮轴组件装入箱体的过程中，不得将污物、杂物掉落在箱体内。装配后的齿轮轴组件经过调整要达到装配工艺技术要求。

第七节　蜗杆蜗轮传动件的装配与检修工艺

蜗杆蜗轮传动是由蜗杆和蜗轮组成的，如图 3—35 所示。它用于传递交叉轴的回转运动，多用于 90°空间角度。蜗杆蜗轮传动件的最大特点是减速比大。蜗杆为单头或双头，且为主动件，蜗轮为多齿从动件，一般减速比为几十比 1，所以，在减速箱中多采用蜗杆蜗轮传动件，另外，分度机构中也多用蜗杆蜗轮传动件。

一、蜗杆蜗轮传动件的装配

装配蜗杆蜗轮传动件时应根据结构特点不同，有的先装蜗轮后装蜗杆，有的则相反，一般情况下是先从装配蜗轮开始的。

1．将蜗轮装配到蜗轮轴上，蜗轮与轴大多采用平键连接或花键连接。

2．将蜗轮轴组件装入箱体安装孔内。

3．将蜗杆装入箱体安装孔内，蜗杆两端为轴承。一般通过轴承端盖的调整垫来调整蜗杆的轴向位置，使蜗杆轴线位于蜗轮对称中心平面内。如图 3—36 所示为蜗杆和蜗轮轴线的位置。

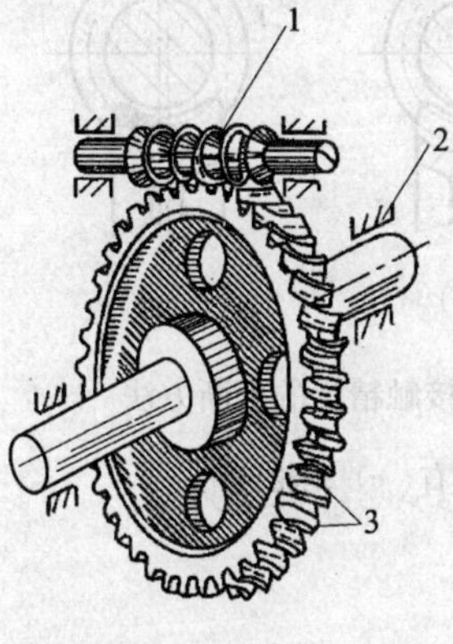

图 3—35　蜗杆蜗轮传动

1—蜗杆　2—机架　3—蜗轮

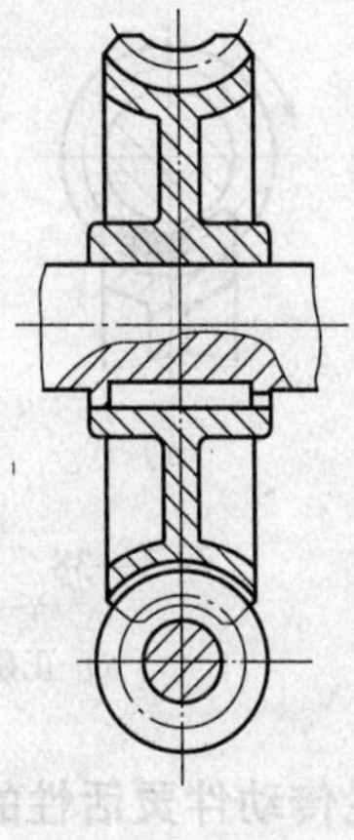

图 3—36　蜗杆和蜗轮轴线的位置

二、蜗杆蜗轮传动件的啮合检验

1. 齿侧间隙的检验

蜗杆和蜗轮一般都装在减速箱内，很难用百分表直接检测，可以通过间接方法来检测。在蜗杆的端部固定一个带有量角器的分度盘，可测出蜗杆转过的角度，使蜗轮固定不动，用手转动蜗杆，先正转再反转，根据分度盘中的指针找出蜗杆最大空行程角度，再用此角度换算出齿侧间隙。如图 3—37 所示为蜗杆和蜗轮齿侧间隙的检测方法。此外，也可通过旋转蜗杆轴的手感来判断齿侧间隙。

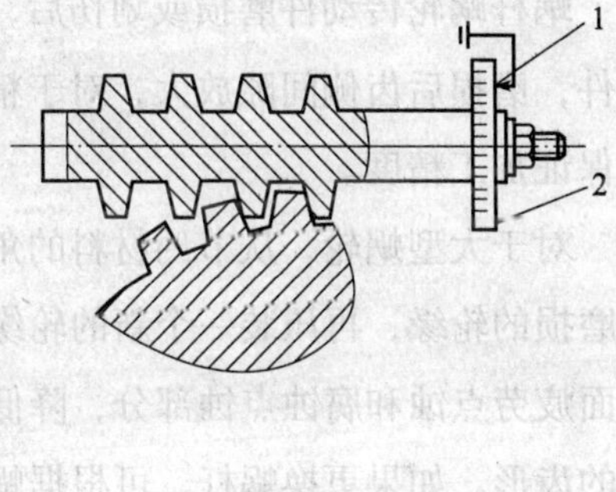

图 3—37　蜗杆和蜗轮齿侧间隙的检测方法

1—指针　2—分度盘

2. 蜗轮齿面接触精度的检验

将红丹粉涂在蜗杆的螺旋面上，转动蜗杆，使蜗杆上的红丹粉在蜗轮齿面上留下印痕，根据蜗轮齿面上印痕的位置及大小来判断啮合质量。蜗杆和蜗轮接触精度的判断方法如图 3—38 所示。如图 3—38a 所示的接触印痕表示蜗杆和蜗轮啮合正确；当印痕在中心线的左侧时，说明蜗轮的轴线偏向蜗杆轴线的右侧，如图 3—38b 所示，应使蜗轮的轴线向左移动；当印痕在中心线的右侧时，说明蜗轮的轴线偏向蜗杆轴线的左侧，如图 3—38c 所示，应使蜗轮的轴线向右移动，调整蜗轮轴两端轴承的调整垫即可。

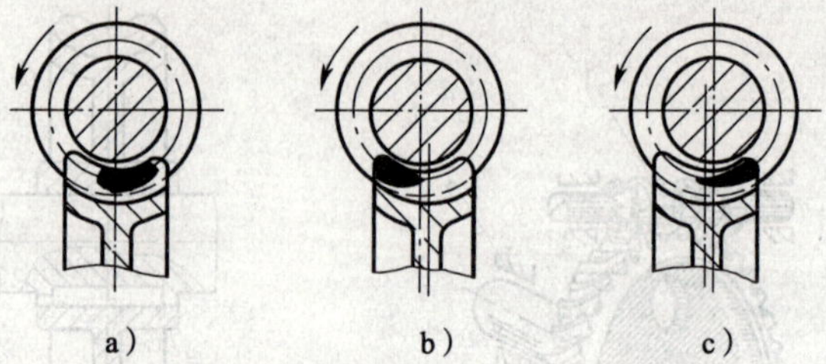

图 3—38　蜗杆和蜗轮接触精度的判断方法

a）正确　b）蜗轮偏右　c）蜗轮偏左

3. 蜗杆蜗轮传动件灵活性的检验

用手转动蜗杆蜗轮传动件，如果感觉任何位置上所用力矩相同，无阻滞现象，说明灵活性符合要求。

三、蜗杆蜗轮传动件的修理

蜗杆蜗轮传动件磨损或划伤后，通常需要更换新件，蜗轮大多是铜件，蜗杆是钢件，磨损后齿侧间隙放大，对于精密传动，如分度机构精度下降，不更换新件难以保证加工精度。

对于大型蜗轮，从节约材料的角度考虑，可以采用更换轮缘法进行修复，即车去磨损的轮缘，再压装一个新的轮缘。如果更换轮缘，可以将蜗杆精车一次，切除表面疲劳点蚀和腐蚀点蚀部分，降低表面粗糙度值，再根据蜗杆现有的齿形加工蜗轮的齿形。如果更换蜗杆，可根据蜗轮的齿形重新车削一根蜗杆，使其成对相配，保证啮合精度。

第八节　滚动轴承的装配与检修工艺

在机床的装配中，只要有轴的地方都装有轴承，轴承分为两种，一种是滑动轴承，另一种是滚动轴承，滑动轴承在现代机床中已越来越少，取而代之的是滚动轴承。滚动轴承的滚动体（钢球或圆柱体）在滚道上滚动，产生的摩擦力是滚动摩擦力，它比滑动摩擦力小得多。因此，滚动轴承具有转速高、传动效率高、温升小、润滑方便等优点。

一、滚动轴承的公差带位置

滚动轴承是专业生产厂大量生产的标准件。其内径和外径是由国家标准规定的。滚动轴承一般由四部分组成，即外圈、内圈、滚动体和保持架。也有的滚动轴承没有保持架，只有外圈、内圈和滚动体。

滚动轴承与轴的配合是由轴承内圈的孔与轴相配，内圈的孔采用基孔制，其公差带在零线以下，取负值，这与标准的基孔制不一样。与其相配合的轴的公差带如果采用 k6，m6 和 n6，由于公差带 k6，m6，n6 在零线之上，这样三种配合都是过盈配合。

滚动轴承与孔的配合是由轴承的外圈与壳体、箱体的孔相配，外圈采用基轴制，公差带在零线以下，与标准基轴制的位置相同，但大小与标准基轴制不一样。与其相配合的孔的公差带如果采用 H5，H6，E6 和 K5，则轴承外圈与孔的配合相对于轴承内圈与轴的配合松些，这四种配合分别是间隙配合和过渡配合。轴承内圈的孔与轴配合时，轴有时也采用公差带 js6，这样相配合的轴和孔就是过渡配合。

二、滚动轴承的种类及表示方法

根据轴承的类型不同，滚动轴承的类型代号见表 3—2。按照国家标准《滚动轴承代号方法》（GB/T 272—93）的规定，滚动轴承的代号一般用 5 位数字表示。第一位数字或头两位数字（字母）表示轴承的类型。例如，第一位数字是 5 表示推力球轴承。前两位字母 NA 表示滚针轴承，第二位、第三位数字表示轴承的尺寸系列代号。第四位、第五位数字为内径代号，内径尺寸 d = 代号 ×5 mm。

表 3—2　　滚动轴承的类型代号（摘自 GB/T 272—93）

代号	0	1	2	2	3	4	5	6	7	8	N	NA
轴承类型	双列角接触球轴承	调心球轴承	调心滚子轴承	推力调心滚子轴承	圆锥滚子轴承	双列深沟球轴承	推力球轴承	深沟球轴承	角接触球轴承	推力圆柱滚子轴承	圆柱滚子轴承	滚针轴承

例如，基本代号为 71106，表示 7 类轴承，7 类是角接触球轴承，尺寸系列代号为 11，内径尺寸 $d = 6 \times 5 = 30$ mm。当 $d < 10$ mm 时，内径代号需查手册；当 10 mm $\leqslant d \leqslant$ 20 mm 时，内径代号见表 3—3。

表 3—3　　10 mm≤d≤20 mm 时的轴承内径代号

内径（mm）	10	12	15	17
内径代号	00	01	02	03

三、滚动轴承的装配

1. 圆柱孔轴承的装配方法

所谓圆柱孔轴承，即轴承的内圈与轴相配的孔是圆柱形的。除此以外，轴承内圈与轴相配的孔还有圆锥形的和推力球轴承。圆柱孔轴承的装配顺序主要依据内圈与外圈配合的松紧程度来决定。当轴承内圈与轴颈配合较紧而外圈与箱体孔（或壳体孔）配合较松时，为第一种情况；当轴承内圈与轴颈配合较松而外圈与箱体孔（或壳体孔）配合较紧时，为第二种情况；当轴承内圈与轴颈、外圈与箱体孔配合都比较紧时，为第三种情况。

装配前先把轴承代号与图样核对一下，然后把轴承防锈油用汽油或煤油清洗干净。检查与其相配合的轴与箱体孔，查看是否有毛刺、锈蚀、缺陷和污物，用汽油或煤油清洗后擦干净。

当轴承内圈与轴颈配合较紧，而外圈与箱体孔配合较松时，应先将轴承装配到轴上，敲击时一定要用铜棒垫在轴承内圈上，按前、后、左、右四点均匀地用锤子敲铜棒，使内圈缓缓进入轴颈，如图 3—39 所示。有条件的可用自制的套筒（见图 3—39a）全接触地放在轴承内圈上，用锤子敲击套筒使轴承内圈在全方位受力的条件下均匀地进入轴颈，这样装配可防止内圈装上后偏斜，使内圈平面与轴颈的轴线保持垂直。注意：用锤子直接敲击轴承内圈和外圈，或用锤子垫钢棒敲击轴承内圈和外圈都是绝对禁止的。当轴承内圈装配到轴上后，再将轴承和轴一起装入箱体孔（或壳体孔）中，装配时仍用锤子垫铜棒或其他软的金属敲击，把轴承的外圈装入箱体孔中。

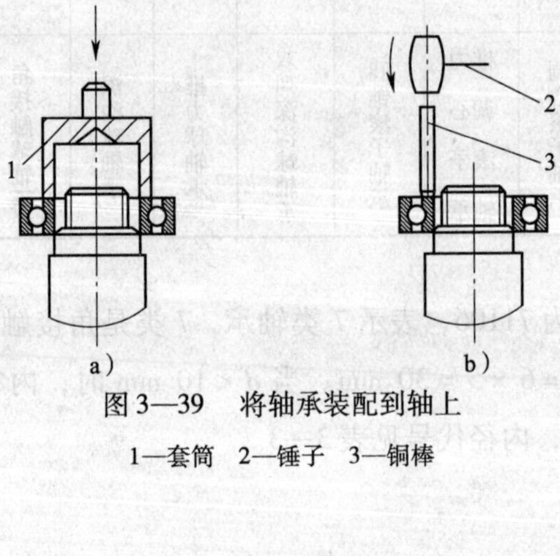

图 3—39　将轴承装配到轴上

1—套筒　2—锤子　3—铜棒

当轴承内圈与轴颈配合较松，而外圈与箱体孔配合较紧时，应先将轴承装配到箱体孔中，方法同上。此时，自制套筒要与轴承外圈全接触，如图 3—40 所示，然后再将轴装入轴承内圈中。

当轴承内圈与轴颈、外圈与箱体孔配合都比较紧时，则要将内圈和外圈同时压入轴和箱体孔中，需要自制专用套筒，如图 3—41 所示。自制专用套筒必须与内圈和外圈全接触，用锤子敲击套筒，使内圈和外圈同时压入轴和箱体孔中。

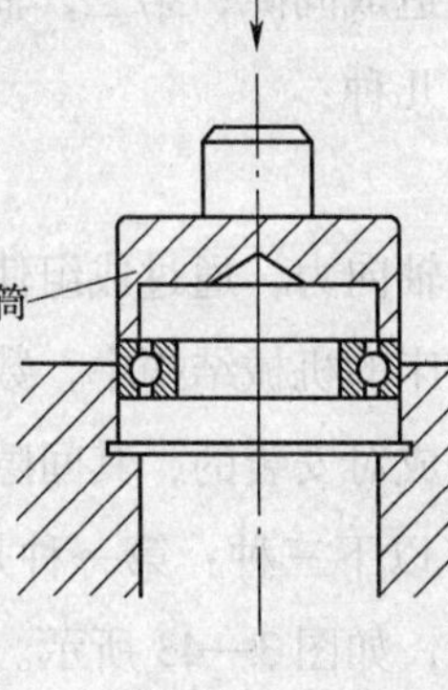

图 3—40　将轴承装配到箱体孔中

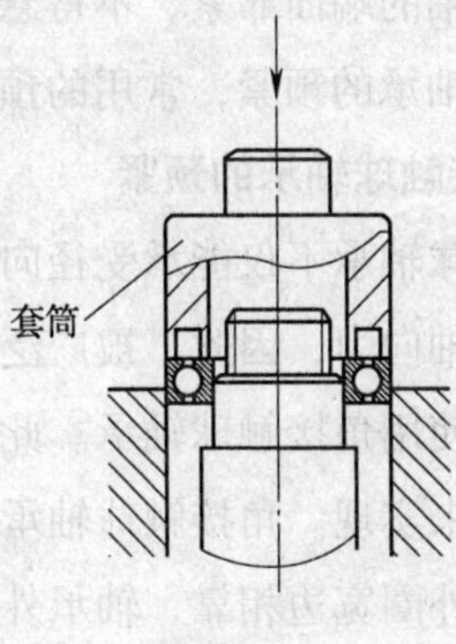

图 3—41　将轴承内圈和外圈同时压入轴和箱体孔中

对于轴承内圈和外圈可以分离的轴承，如圆锥滚子轴承，可分别将内圈装到轴上，外圈装到箱体孔中。然后将轴与轴承内圈的组件装入轴承外圈孔中。装配时仍按前面所述用铜棒沿轴承内圈、外圈均匀敲入，或用专用套筒敲入。装配具有保持架的轴承时，切记铜棒不能碰到轴承的保持架，以免损坏保持架。

2. 推力球轴承的装配方法

推力球轴承只承受单一轴向力，不能承受径向力。它包括两个靠端面受力的带滚道的圆片，而圆片中的孔有大小之分，孔大的叫做松环，孔小的叫做紧环。装配时应特别注意，紧环与松环的位置不能颠倒。紧环一定要靠在转动零件的端面上，松环要靠在静止不动的零件平面上，如箱体的壁上。装配及调整后，拧紧锁紧螺母。如图 3—42 所示为推力球轴承的装配方法。

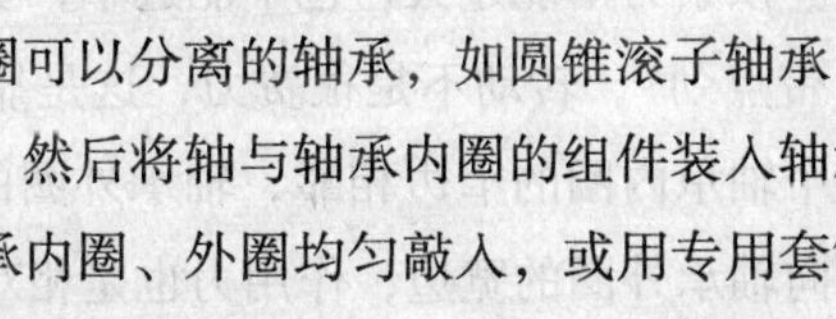

图 3—42　推力球轴承的装配方法

1—静止的壁　2—转动的轴　3—紧环　4—松环　5—锁紧螺母

四、滚动轴承的调整

滚动轴承装配后，需要通过调整轴承的间隙使其转动灵活且无间隙，因为数控机床是较精密的机床，轴承装配后产生的间隙是机床传动误差中一个主要的原因。轴承间隙的调整常通过以下方法来实现：第一，装配过程中要严格按上述操作规程进行，严禁用锤子直接乱敲，以防止破坏轴承表面精度和运动精度；第二，装配时要使轴承与轴的端面靠紧，不得悬空，以免人为造成间隙；第三，轴承间隙的调整也可以称为轴承的预紧，常用的预紧方法有以下几种：

1．角接触球轴承的预紧

角接触球轴承不仅能承受径向力，还能承受轴向力，通过成组使用，还能承受两个方向的轴向力，因此，被广泛应用在数控机床的机械结构中，数控机床中许多传动轴上都使用角接触球轴承。此类轴承由于是成对安装的，其间隙的调整可通过施加轴向力来实现。角接触球轴承的安装方式有以下三种：第一种是背靠背安装，两个轴承的外圈宽边相靠，轴承外圈的窄边向外，如图 3—43 所示。施加的轴向力指向轴承的内圈，作用力是相对的一对外力，使两个轴承的轴向间隙消除，这两个相对的外力叫做预紧力。预紧力不能过大，也不能过小，要适中，所谓适中，就是用手转动轴承时感觉“带点劲”，转动不是很费力，这是靠实践经验来判断的。第二种是面对面安装，两个轴承内圈的窄边相靠，轴承外圈的宽边向外，如图 3—44 所示。施加的轴向力指向轴承外圈的宽边，作用力也是相对的一对外力，使两个轴承的轴向间隙消除。第三种是串联安装，一个轴承外圈的宽边与另一个轴承外圈的窄边相靠，如图 3—45 所示。施加的轴向力如图中箭头所示，一个指向外圈的宽边，一个指向内圈的窄边，箭头相对，起到消除轴向间隙的作用。

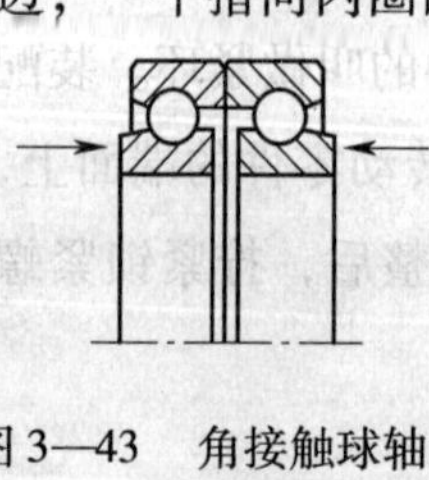

图 3—43　角接触球轴承背靠背安装

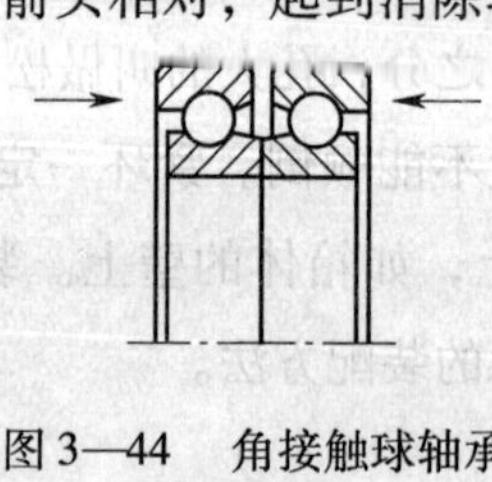

图 3—44　角接触球轴承面对面安装

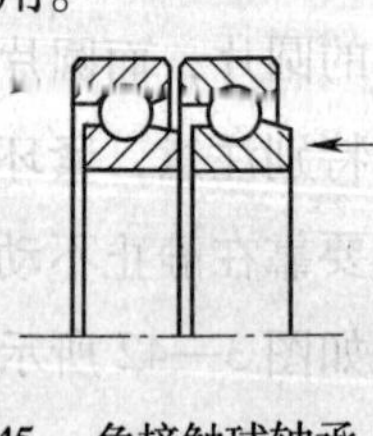

图 3—45　角接触球轴承串联安装

2．圆锥滚子轴承的预紧

圆锥滚子轴承的滚动体不是钢球，而是锥形滚柱，具有承受径向和轴向大载荷的能力。由于滚道呈锥形，通过施加轴向力可以预紧。加垫片调整法是指通过改变轴承盖垫片的厚度来调整轴承的轴向间隙，如图 3—46 所示。实际操作时，可用铅丝垫在轴承盖的下面，拧紧压盖螺钉，转动带轴承的轴，手感松紧合适后把压盖拆下，用游标卡尺测量铅丝的厚度，此厚度就是需调整的厚度。另外，还可以垫厚的纸来进行试验，此方法简单、易行。

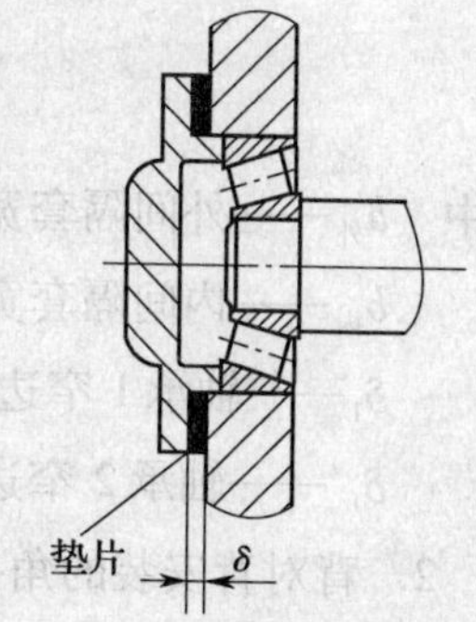

图 3—46　用垫片调整轴承的轴向间隙

3. 推力球轴承的预紧

推力球轴承的间隙是依靠压在其上的调节螺母来进行调整的。调整时一边锁紧螺母，一边检查推力球轴承的松紧程度，一般凭经验即手感判断。当调整到松紧合适时，将螺母锁紧即可，注意螺母要有防松装置，如图 3—42 所示。

五、滚动轴承的检修工艺

滚动轴承工作时若出现问题，经常通过声音来判断。如果发现与以往的响声不同，如有“隆隆”响声、尖哨声、冲击声等，就要考虑是轴承出现了故障，一般情况下需要更换新轴承。拆卸轴承时，一般先将轴承的端盖拆下，轴承大多装在轴的两端，根据装配图，可使用铜棒敲击轴的一端，将另一端的轴承推出壳体，然后利用三爪顶拔器或两爪顶拔器将轴承卸下来。滚动轴承的拆卸方法如图 3—47 所示，如果此轴承要更换，可用图 3—47a 所示的方法拆卸。如果此轴承要保留，要用图 3—47b 所示的方法拆卸，即外力作用在轴承的内圈，不能作用在轴承的外圈，以免拉坏轴承。

1. 面对面安装的角接触球轴承内、外间隔套尺寸的确定方法如图 3—48 所示。其计算公式如下：

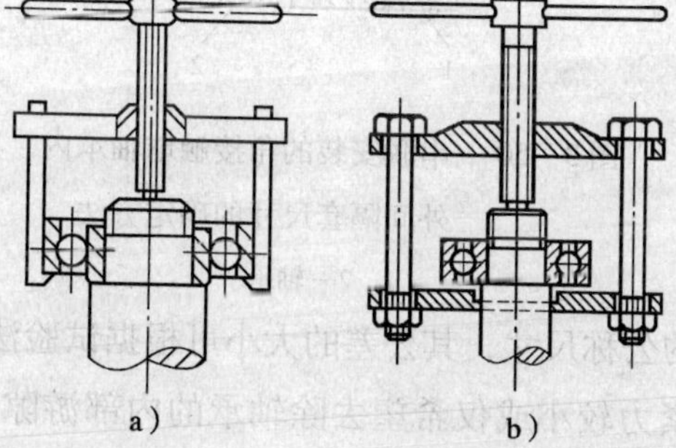

图 3—47　滚动轴承的拆卸方法

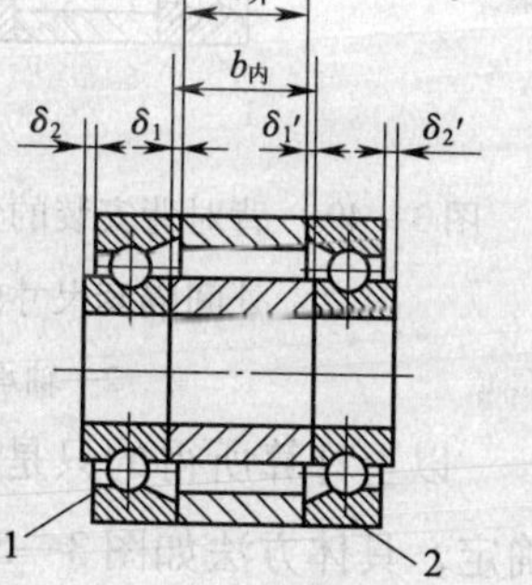

图 3—48　面对面安装的角接触球轴承内、外间隔套尺寸的确定方法

1，2—轴承

$$b_{外} = b_{内} - (\delta_1 + \delta_1')$$

或

$$b_{内} = b_{外} + (\delta_1 + \delta_1')$$

式中 $b_{外}$——外间隔套宽度，mm；

$b_{内}$——内间隔套宽度，mm；

δ_1——轴承 1 窄边端外圈与内圈宽度差，mm；

δ_1'——轴承 2 窄边端外圈与内圈宽度差，mm。

2. 背对背安装的角接触球轴承内、外间隔套尺寸的确定方法如图 3—49 所示。其计算公式如下：

$$b_{外} = b_{内} + (\delta_2 + \delta_2')$$

或

$$b_{内} = b_{外} - (\delta_2 + \delta_2')$$

式中 δ_2——轴承 1 宽边端外圈与内圈宽度差，mm；

δ_2'——轴承 2 宽边端外圈与内圈宽度差，mm。

3. 串联安装的角接触球轴承内、外间隔套尺寸的确定方法如图 3—50 所示。其计算公式如下：

$$b_{外} = b_{内} + (\delta_2 - \delta_1')$$

或

$$b_{内} = b_{外} + (\delta_1' - \delta_2)$$

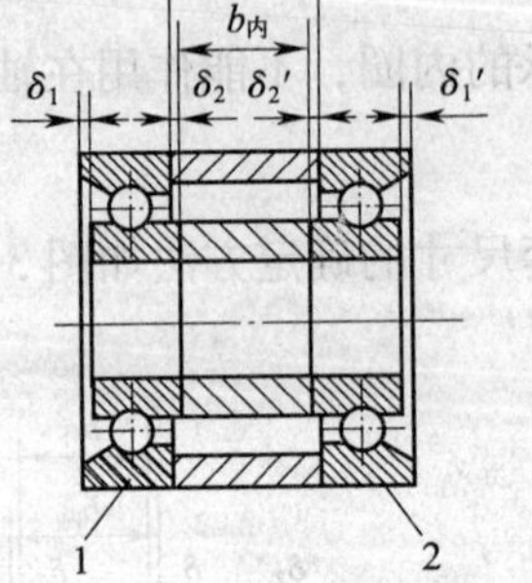

图 3—49 背对背安装的角接触球轴承内、外间隔套尺寸的确定方法

1，2—轴承

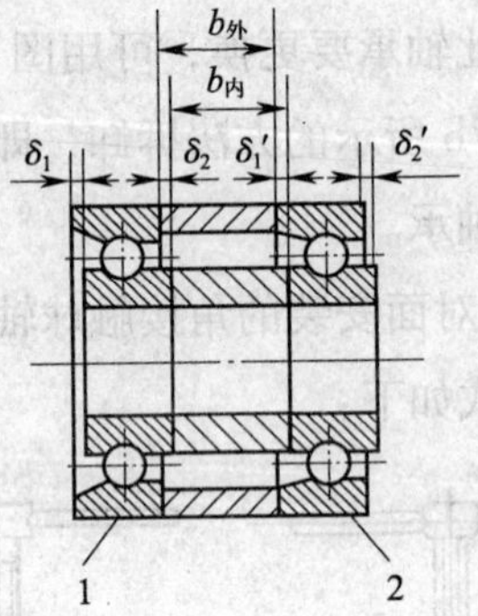

图 3—50 串联安装的角接触球轴承内、外间隔套尺寸的确定方法

1，2—轴承

以上计算所得的只是内、外间隔套的公称尺寸，其公差的大小可根据试验法来确定，具体方法如图 3—51 所示。当预紧力较小或仅希望去除轴承的内部游隙时，可用一重块或用手直接压紧轴承的内圈或外圈（压力相当于预紧力），用另一只手拨动内、外间隔套，若感觉松紧一样，则说明内、外间隔套符合预紧要求。如果一个松一个紧，需要用平面磨床把其中一个间隔套再磨掉一点。此法也称用手感法来确定内、外间隔套的实际尺寸。

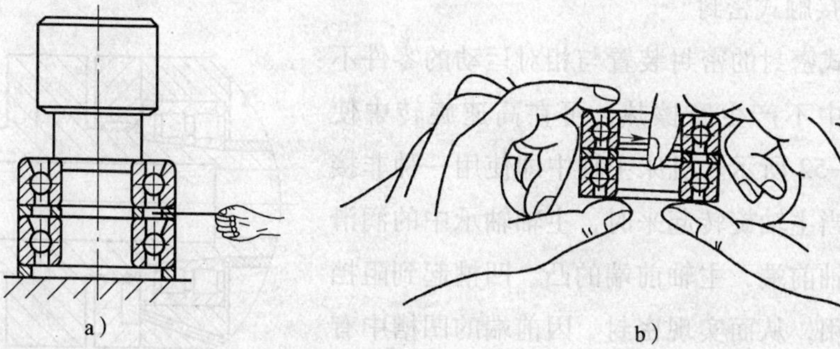

图 3—51　内、外间隔套公称尺寸公差的确定方法

第九节　机床的润滑管路以及密封件的装配与检修工艺

一、润滑管路

现代数控机床的润滑已摆脱过去机械式润滑和手工润滑的模式，而自成体系，称为集中润滑系统。它有自己独立的润滑油箱、油泵、定时器、分配器，按时、按量并按润滑点对各润滑部位进行润滑，润滑工作完全是自动完成的，无须人工去干预，只需要定期检查润滑油箱是否有油即可。该系统装配时需注意以下几点：

1. 装配油管前应进行清理，用压缩空气将其吹干净，不得有堵塞现象。
2. 油管的弯曲半径会影响润滑油的流动阻力。
3. 油管接头的防松、泄漏问题。
4. 润滑油应按规定选择。

二、密封件的装配工艺

机床上使用了许多密封件，密封的好坏对机床的运行有直接的影响。良好的密封结构能防止润滑油、润滑脂的泄漏，防止外界的粉尘、水分或有害化学物质对机床内部的腐蚀和磨损。密封件被广泛使用在机床的液压系统、气动系统、润滑系统和冷却系统中，密封件装配质量高，将防止机床出现漏油、漏气、漏水等现象。

1. 密封件的种类

密封件可分为非接触式密封和接触式密封两种。

（1）非接触式密封

非接触式密封的密封装置与相对运动的零件不接触，工作中不产生摩擦热，可在高速旋转中使用，如图3—52所示。机床主轴中即使用一种非接触式密封，当主轴旋转起来时，主轴轴承中的润滑油被甩向主轴前端，主轴前端的凸、凹槽起到阻挡润滑油的作用，从而实现密封。因前端的凹槽中有回油孔，使甩出的油又流回主轴箱体内，实现了非接触式密封。

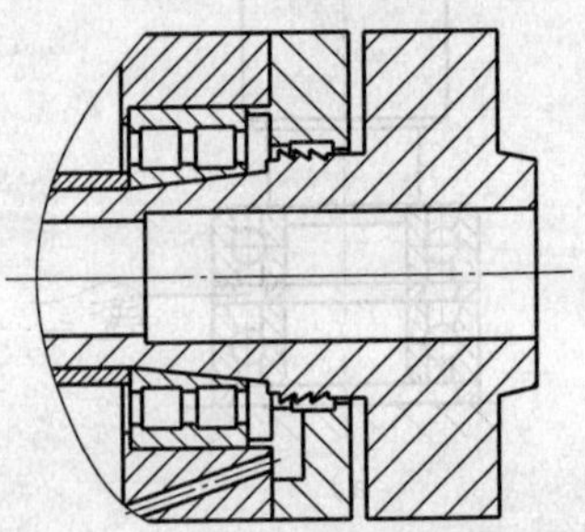

图3—52　非接触式密封

（2）接触式密封

接触式密封的密封装置与相对应的零件相互接触，实现密封。相对应的零件可以是静止的，也可以是运动的。例如，轴承挡盖的密封就是相对静止的密封，液压缸中活塞的密封就是相对运动的密封，如图3—53所示为活塞接触式密封。

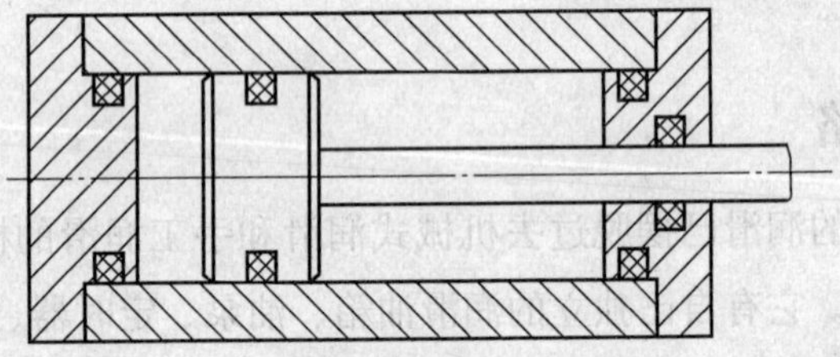

图3—53　活塞接触式密封

接触式密封又分为毡圈式密封和橡胶密封两种。毡圈式密封以毛毡为材料，结构简单，摩擦力较大，适用于低速运行的工件。橡胶油封式密封用橡胶为材料，机床中常用的是O形密封圈（见图3—54）和V形密封圈（见图3—55）。

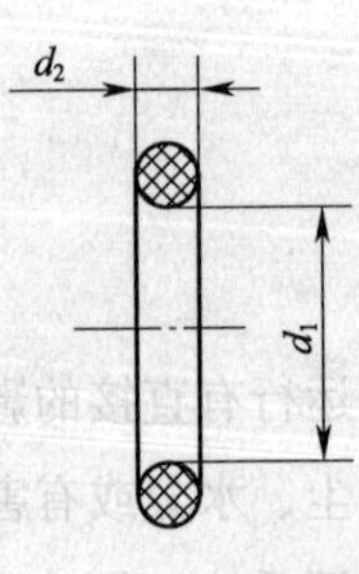

图3—54　O形密封圈

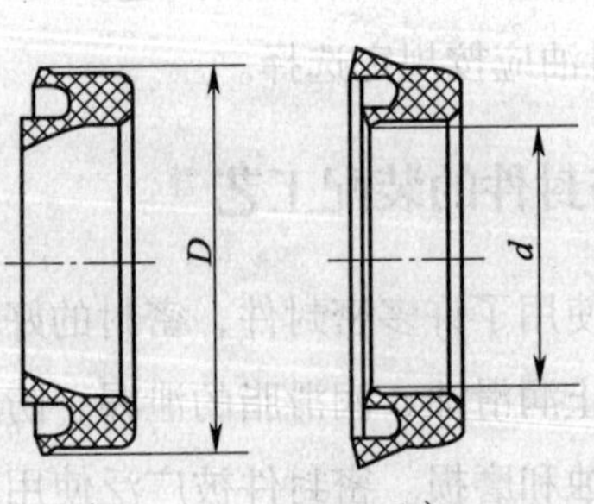

图3—55　V形密封圈

a）孔用　b）轴用

2．密封圈的装配

密封圈的作用是封油、封水、封气。密封圈的装配虽然比较简单，但意义很重要，它会直接影响机床的性能及外观质量。以O形密封圈为例，装配时的步骤如下：

（1）选择密封圈的规格。O形密封圈的代号按国家标准《液压气动用O形橡胶密封圈》（GB/T 3452.1—2005）编制。例如，标记：O形圈7.5×1.8—G—S—GB/T 3452.1—2005表示O形密封圈 d_1 =7.5 mm，d_2 = 1.8 mm。

（2）将O形密封圈装入内腔孔时，可涂一点机油进行润滑，轻轻将其推入。对于有相对运动的密封圈，如旋转类的轴或者往复运动的液压缸，装配密封圈时要格外注意，不能强行推入，而要仔细地进行装配，一旦拉伤、切伤密封圈，就起不到密封作用，机床的性能也会因此而达不到要求。

（3）V形密封圈由于有方向性，不能装反，若装反则不起作用，要特别注意。

三、密封件的检修工艺

对于弹性密封件，其材料一般为耐油丁腈橡胶和聚氨酯橡胶。这类密封件经长期使用后，不仅会自然老化，而且因长期处于受压状态下会产生永久性变形，从而失去密封性。因此，一般都要定期更换，更换时要具体问题具体分析，讲究科学分析，可以从以下两点考虑：

1．对于运行在自动线上的设备，不允许发生停机故障。这类机床的液压部分应严格执行定期更换密封件的制度，在停机大修时，应将设备中所有的密封件都换成新件。

2．对于单个作业、非连续作业的液压设备，可对检查有问题的密封件进行更换，无异常现象的一般不予以更换。

第十节　管接头的装配工艺

在数控机床的装配过程中，液压装置的装配是一个重要环节。液压元件相互之间的连接使用了油管和管接头。常用的管接头是卡套式管接头，所谓卡套式管接头，是指接头处有一个卡套，利用接头体和管螺母的轴向压力使卡套的端面变形，并将其压入油管外壁，达到密封的效果，在机床液压回路中被广泛使用。

一、卡套式管接头的装配工艺

1. 一端连接油管式

一端连接油管的卡套式管接头如图 3—56 所示，其管接头的接头体一端拧在工件壁上，另一端连接油管。其装配步骤如下：

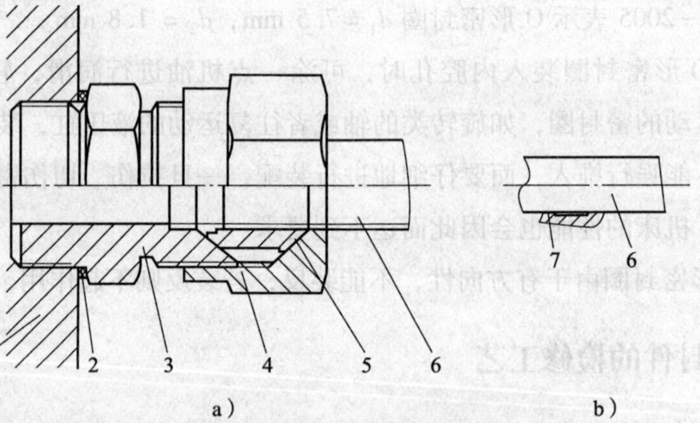

图 3—56　一端连接油管的卡套式管接头

1—工件壁　2—密封圈　3—接头体　4—压紧螺母　5—卡套　6—油管　7—卡套刃口

（1）把管接头左端的外螺纹拧入工件壁的螺孔中。

（2）把管接头右端的螺母和其中的卡套取下来。

（3）将要接的油管头部处理平整，去除毛刺。

（4）把管接头的压紧螺母先套入油管头部，再把卡套也套在油管头部。

（5）将此油管装入接头体内，使卡套的外锥面与接头体的内锥面对正，不能用拧紧压紧螺母的方法使其对正。

（6）用手拧紧压紧螺母，直到卡套尾部的外锥面与压紧螺母的内锥面相接触为止。

（7）用扳手再将压紧螺母旋紧，此时卡套的刃口将切入油管外壁起到密封的作用，如图 3—56b 所示。要注意拧紧的力矩不能太大；否则会使卡套的弹性失效，从而失去密封效果。

2. 两端连接油管式

如图 3—57 所示的卡套式管接头一端连接油管，另一端也连接油管，其装配方法与上述相同，只是两面的结构相同，都用于连接油管。

3. 其他

卡套式管接头的种类很多，还有变径式管接头、弯 90°管接头和三通式管接头等，其装配工艺与前两种类似，这里不再赘述。

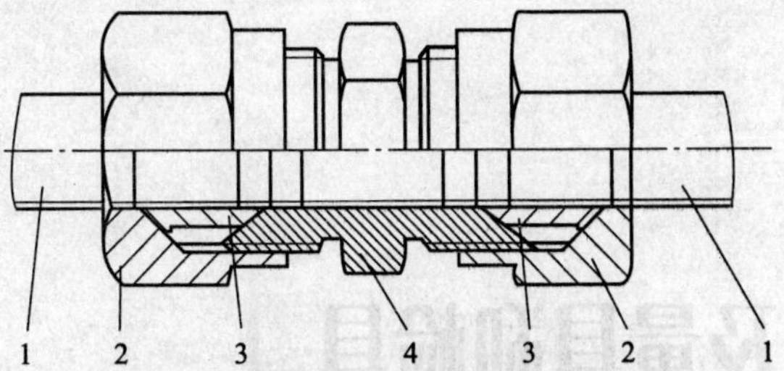

图 3—57　两端连接油管的卡套式管接头

1—油管　2—压紧螺母　3—卡套　4—接头体

二、中、高压胶管接头的装配工艺

如图 3—58 所示为中、高压胶管接头的结构，其装配步骤如下：

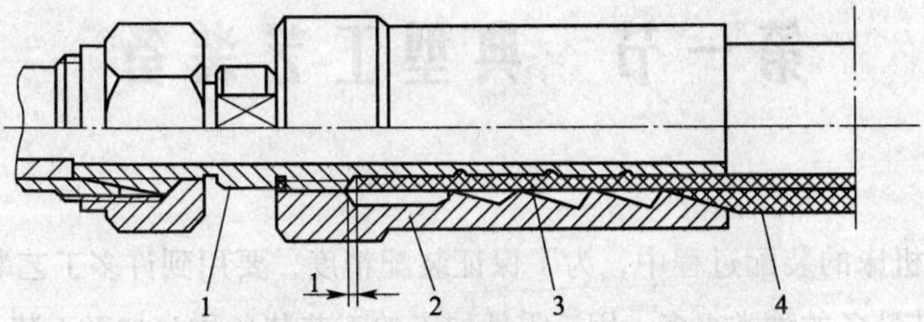

图 3—58　中、高压胶管接头的结构

1—接头　2—外套　3—钢丝层　4—胶管

1．装配前先将胶管外层剥去一定长度，在剥离处倒角 15°，如图 3—58 所示。剥去胶管外层时不要损伤内部的钢丝层。然后将处理后的胶管装入外套中。胶管的端面与外套的内螺纹应当留有 1 mm 的距离，并在胶管外端做好标记。

2．在接头与胶管相接触处可涂些润滑油，拧紧接头，观察标记是否移动，于是胶管便被挤入接头与外套之间的螺纹中，使胶管和接头、外套紧密地连接在一起。

第四章

典型工艺装备及量具和检具

第一节　典型工艺装备

在数控机床的装配过程中，为了保证装配精度，要用到许多工艺装备（简称工装）。工艺装备的种类很多，用于零件加工的工艺装备称为加工工装；用于机床装配的工艺装备称为装配工装。本节主要介绍数控车床装配用的工装。

一、主轴检验棒

数控车床主轴的精度主要反映在主轴的轴线上，要检测主轴轴线可以使用间接测量法。用一根标准的检验棒插入主轴的锥孔中，用百分表测量检验棒的径向圆跳动，即得到主轴孔轴线的径向圆跳动误差。为了避免检验棒的制造误差，这根检验棒的精度要求很高，需要经过淬火和时效处理，并要求有很高的表面质量。数控车床主轴精度检验棒分为两种，如图 4—1 所示的为锥棒，此棒还可用于测量主轴对床鞍移动的平行度误差。

数控车床主轴精度的另一种检验棒是一根等直径的圆棒，简称直棒，如图 4—2 所示。以其两端的顶尖孔为基准，可检验数控车床主轴孔、尾座孔轴线与刀架移动的平行度误差。

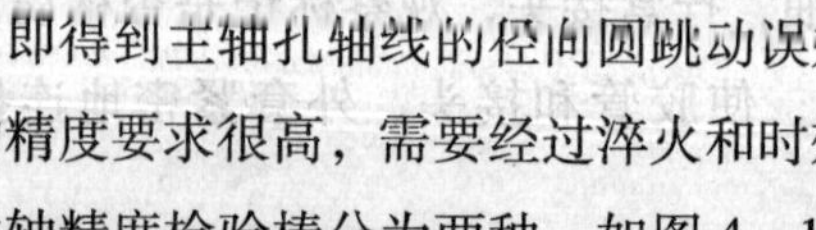

图 4—1　主轴检验棒（锥棒）

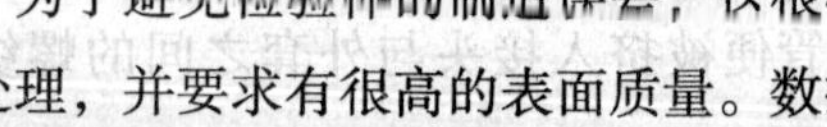

图 4—2　主轴检验棒（直棒）

二、主轴垂直度平尺

在机床精度中有刀架横向移动对主轴轴线的垂直度要求，用于检测这项精度的工装是主轴垂直度平尺，俗称主轴飞机胎，如图 4—3 所示。检测时将主轴垂直度平尺的锥柄插入主轴锥孔中，平尺部分平行于机床滑板，百分表支在滑板上，滑板做横向移动，记下百分表读数的最大差值，就是刀架横向移动对主轴轴线的垂直度误差。

三、水平桥

水平桥是用于检验机床导轨直线度和平行度误差的专用工装，如图 4—4 所示。水平桥与床身导轨靠水平桥下的圆棒相接触，水平桥自身的制造精度要求很高。导轨间距不同使用不同的水平桥。

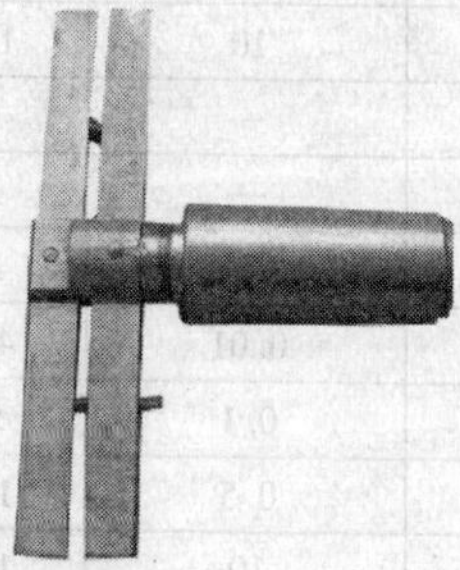

图 4—3　主轴垂直度平尺

图 4—4　水平桥

第二节　常用的量具和检具

一、量块

量块是机械行业中测量长度的标准，也是一种基准，可以用它来调整零点，例如，百分表的对零调整，对量具和量仪进行检验和校正等。

量块既然是一种精密的校正基准，就必须具有不易变形和耐磨的性能。它是长方体，只有两个面是工作平面，其余四个面是非工作面。工作面是一对相对平行而且平面度误差及表面粗糙度值极小的平面，又叫测量平面。

由于量块的工作平面精度高，当两个量块的测量平面相互“推压”合并起来后，两个量块会牢牢地粘在一起，这种性质叫做量块的研合性。正是由于具有这种特性，量块可以组合起来使用，而累积误差很小，在允许的范围内。

1．量块的种类

量块一般做成一套，装在一个特制的木盒中。每盒量块有不同的块数。成套量块的尺寸及块数见表4—1，企业中常用的量块为每盒83块，量块分为四个等级，00级最高，然后依次是0级、1级、2级。

表4—1　　**成套量块的尺寸及块数**

套别	总块数	级别	尺寸系列	间隔（mm）	块数
1	91	00，0，1	0.5	—	1
			1	—	1
			1.001，1.002，…，1.009	0.001	9
			1.01，1.02，…，1.49	0.01	49
			1.5，1.6，…，1.9	0.1	5
			2.0，2.5，…，9.5	0.5	16
			10，20，…，100	10	10
2	83	00，0，1，2	0.5	—	1
			1	—	1
			1.005	—	1
			1.01，1.02，…，1.49	0.01	49
			1.5，1.6，…，1.9	0.1	5
			2.0，2.5，…，9.5	0.5	16
			10，20，…，100	10	10
3	46	0，1，2	1	—	1
			1.001，1.002，…，1.009	0.001	9
			1.01，1.02，…，1.09	0.01	9
			1.1，1.2，…，1.9	0.1	9
			2，3，…，9	1	8
			10，20，…，100	10	10
4	38	0，1，2	1	—	1
			1.005	—	1
			1.01，1.02，…，1.09	0.01	9
			1.1，1.2，…，1.9	0.1	9
			2，3，…，9	1	8
			10，20，…，100	10	10

2．量块的使用方法

由于一个量块只有一个固定尺寸，测量不同长度的尺寸时需要用多个量块组合起来，这个量块组的总长度尺寸等于各组量块长度尺寸的总和。所以，量块的组合块数用得越多，累积误差也会越大。使用量块组时，应尽可能减少量块的组合块数，一般不要超过5块。

组合量块时，需按下列原则选择量块的长度尺寸，以尽量减少量块的数量：

（1）选取第一块量块时，应选取组合尺寸的最后一位数字，如1.005。

（2）再选取组合尺寸剩余位数的最后一位数字，如1.03。

（3）依次选用组合尺寸剩余位数的最后一位数字，直到整数位。

例如，所需尺寸为70.835 mm，采用套别为“2”或“4”的量块时，量块的选择过程见表4—2。

表4—2　　量块的选择过程

选择程序	套别“2”的量块（mm）	套别“4”的量块（mm）
1. 量块组的尺寸	70.835	70.835
2. 选用第一块量块	1.005	1.005
3. 剩余尺寸	69.83	69.83
4. 选用第二块量块	1.33	1.03
5. 剩余尺寸	68.5	68.8
6. 选用第三块量块	8.5	1.8
7. 剩余尺寸	60	67
8. 选用第四块量块	60	7
9. 剩余尺寸为第五块量块	0	60

注意：从表4—2可见，采用套别“2”的量块比套别“4”少用一块量块，因此，应尽量选用套别“2”的量块，以提高精度。

组合量块时应避免用手直接接触，量块是非常精密的计量用具，手上的汗液会使其生锈，每次用完必须涂上防锈油，使用时用绸布擦干净。

二、塞尺

1. 塞尺的用途与结构

塞尺（旧称厚薄规）用来检查两个接合面之间间隙的大小，如图4—5所示。塞尺有两个平行的测量平面，厚度为0.02～0.1 mm时，中间每片相隔0.01 mm；厚度为0.1～1 mm时，中间每片相隔0.05 mm。塞尺的长度为50，100，200 mm。

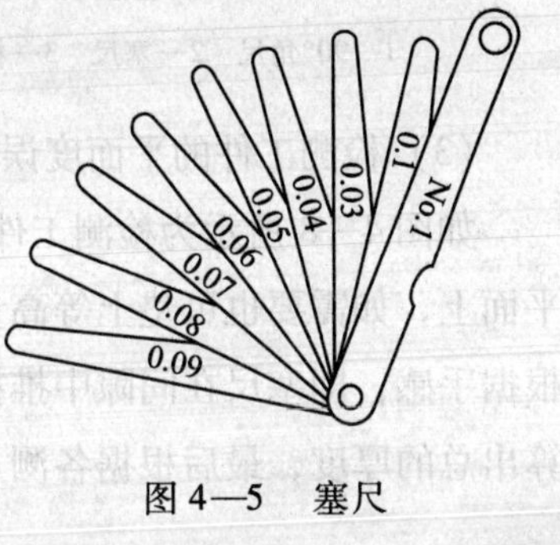

图4—5　塞尺

2. 塞尺的使用方法

塞尺在钳工装配中是使用非常广泛的一种工具，尤其是厚度为0.02 mm的塞尺，更是在装配中经常使用，是必不可少的好帮手。

（1）用塞尺和90°角尺检测工件的垂直度误差

把工件放在精密平板上，让90°角尺的测量面与工件被测部位接触，并用左手扶住，用右手持塞尺，选好一定厚度的塞尺插入工件被测面与90°角尺测量面的间隙处。若用0.03 mm厚的塞尺能插入，而用0.04 mm厚的塞尺不能插入，就说明此工件的垂直度误差在0.03～0.04 mm范围内。如图4—6所示为检测垂直度误差的方法。

（2）检查工件配合面的间隙

如图4—7所示，将0.02 mm厚的塞尺插入两工件之间检查配合间隙，如果塞尺能插入，说明此处间隙大于0.02 mm，可再插入0.03 mm厚的塞尺，如果塞尺塞不进去，说明此处间隙为0.02～0.03 mm；如果仍能插入，再用0.04 mm厚的塞尺试，以此类推，直到选用的塞尺插不进去为止。如果间隙较大，塞尺可以数片叠起来使用，根据手感更换尺片，感觉松紧合适时，拔出塞尺计算总厚度，即得配合间隙的大小。

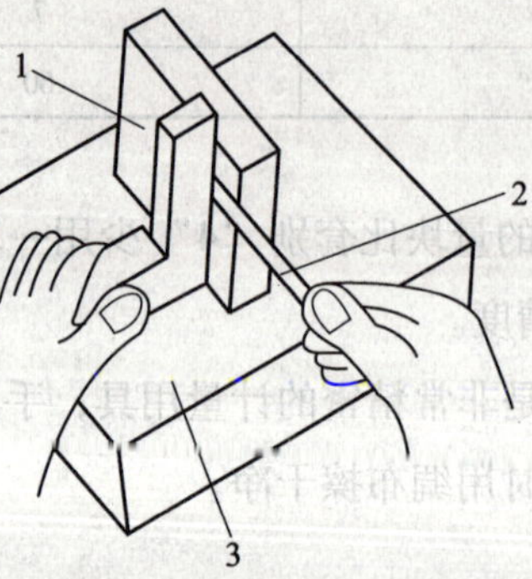

图4—6 检测垂直度误差的方法

1—90°角尺 2—塞尺 3—精密平板

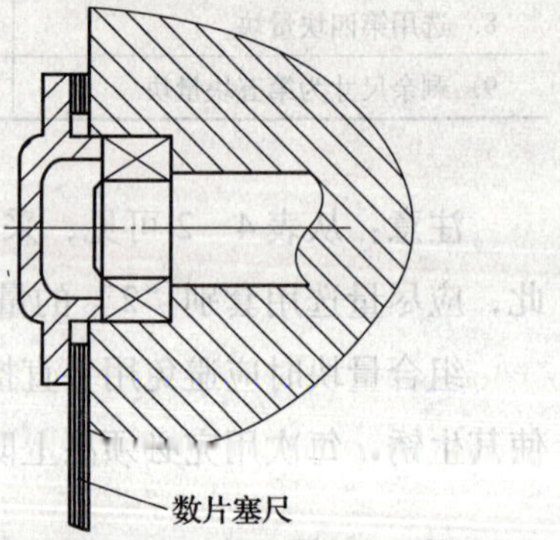

图4—7 检查配合间隙

（3）检测工件的平面度误差

如图4—8所示为检测工件平面度误差的方法。可用平板、平尺放在工件被测平面上，如需要也可垫上等高量块，然后将所需厚度的塞尺插入有间隙的部位，再根据手感，即塞尺在间隙中推拉的松紧程度更换尺片，直到合适为止。拔出塞尺计算出总的厚度，最后根据各测点的数据算出工件被测平面的平面度误差。

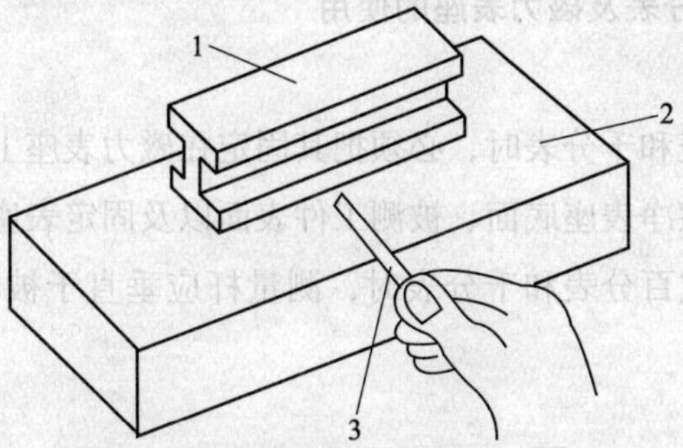

图 4—8　检测平面度误差的方法

1—平尺　2—工件　3—塞尺

三、百分表、千分表及磁力表座

所谓百分表，是把 1 mm 分成 100 份，把百分表的表盘分成 100 份，每一格为 0.01 mm，百分表的测头每上下移动 0.01 mm，表针转 1 格，表盘最大量程为 5 mm，即表针可连续转 5 圈。所谓千分表，是把 1 mm 分成 1 000 份，表盘每格为 0.001 mm，千分表的测量精度比百分表提高 10 倍。百分表和千分表可以做成两种款式，一种是钟面式，其形状像钟表，测头的受力方向是顺着测量杆的；另一种是杠杆式，测头的受力方向是垂直于测量杆的，如图 4—9 所示。百分表或千分表在使用时是固定在磁力表座上的，如图 4—10 所示。所谓磁力表座，是指表座有磁力，通过一个手动开关可使磁力迅速增强和减弱。利用这个特性，磁力表座可以固定在任何有铁磁性金属的部位。

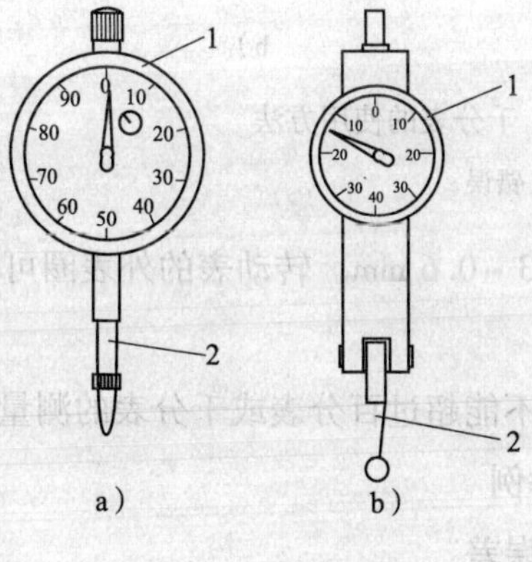

图 4—9　百分表

a）钟面式　b）杠杆式

1—表圈　2—测量杆

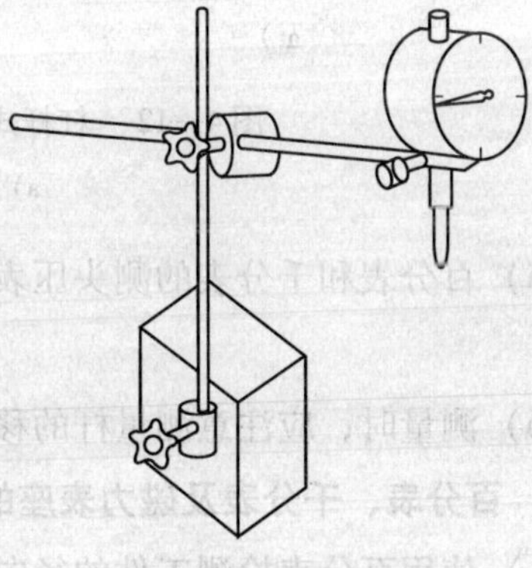

图 4—10　百分表装在磁力表座上

1. 百分表、千分表及磁力表座的使用

使用步骤如下：

（1）使用百分表和千分表时，必须把其固定在磁力表座上，如图 4—10 所示。

（2）使用前要擦净表座底面、被测工件表面以及固定表座的平面。

（3）使用钟面式百分表和千分表时，测量杆应垂直于被测表面，其使用方法如图 4—11 所示。

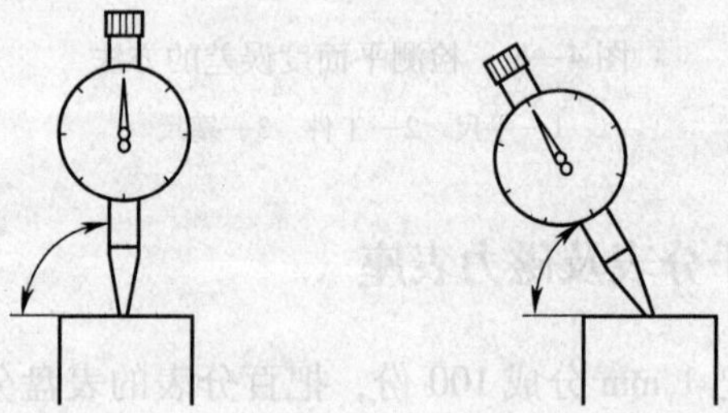

a）　　　　　　b）

图 4—11　钟面式百分表、千分表的使用方法

a）正确　b）错误

（4）使用杠杆式百分表和千分表时，测量杆的轴线最好平行于被测表面，如需要倾斜角度时，倾斜的角度越小，测量精度越高，其使用方法如图 4—12 所示。

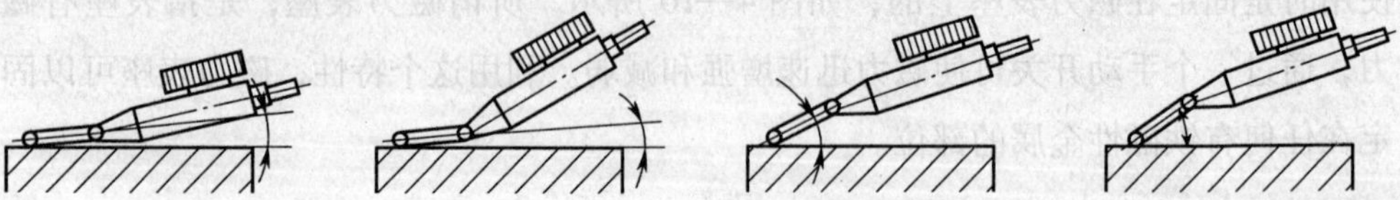

a）　　　　　　b）

图 4—12　杠杆式百分表、千分表的使用方法

a）正确　b）错误

（5）百分表和千分表的测头压表量为 0.3 ~ 0.6 mm，转动表的外表圈可使表针对零。

（6）测量时，应注意测量杆的移动距离不能超过百分表或千分表的测量范围。

2. 百分表、千分表及磁力表座的使用举例

（1）使用百分表检测工件的径向圆跳动误差

将工件用两顶尖顶住，百分表的测头触及工件外圆面，并有 0.3 ~ 0.6 mm 的压表量。将工件转动一周，表针指示的最大读数与最小读数差就是径向圆跳动误差值，其检测方法如图 4—13 所示。

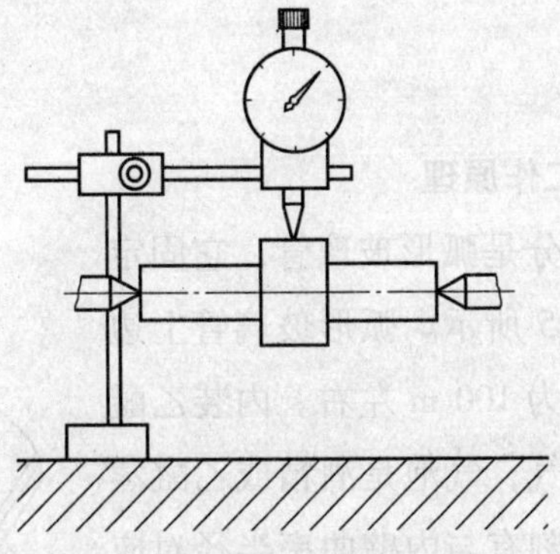

图4—13 检测径向圆跳动误差的方法

（2）使用百分表检测工件的尺寸及平行度误差

先将磁力表座放置在平板的平面上，安装好百分表。选择量块，量块长度与工件高度相符。调整百分表的测量杆与量块平面垂直，并使百分表的测头与量块有0.3～0.6 mm的压入量，调整表的零点。测量时先用右手拿住百分表的上端，慢慢抬起测量杆，将量块移走（量块的作用是对表），将工件表面擦干净后慢慢推入百分表的测头下，再慢慢放下活动测量杆，此时表上所显示的值可能是正值，也可能是负值，即工件高度对量块的增加值或减小值，通过加减法，即可得到工件实际高度值。

再用手前后、左右移动工件，使百分表的测头在工件平面的不同部位进行测量，观察百分表指针的变化情况，指针变化的最大值减去最小值就是工件表面与平板平面的平行度误差，其检测方法如图4—14所示。

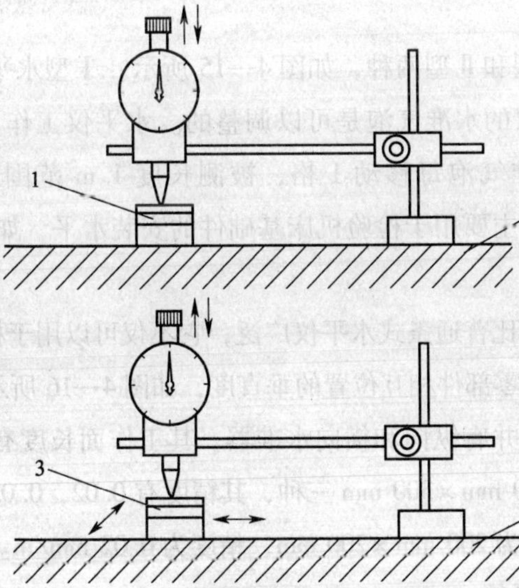

图4—14 测量高度及平行度误差的方法

1—量块 2—平板 3—工件

四、水平仪

1. 水平仪的结构和工作原理

水平仪的主要工作部分是弧形玻璃管，它固定在水平仪体内，如图4—15所示。弧形玻璃管上边有一定的曲率半径，一般为100 m左右。内装乙醚或酒精，并留有稀薄的空气，气泡是酒精或乙醚蒸气的饱和状态。玻璃管上刻有与内壁曲率半径对应间距的刻线。无论水平仪放在什么位置，玻璃管内的液面总是处于水平的，气泡总是向高处移动，因此，就可以读出气泡两端边缘的移动格数，这就是水平仪的工作原理。主气泡管供测量用，副气泡管用做横向水平位置的参考。若被测平面不水平，则水平仪的气泡偏于零线的一侧。将水平仪掉转180°，并使其处于同一位置时，气泡仍偏于零线同侧（对观察者来说），其偏移的格数应相等。若水平仪的气泡处于中间对称位置，就说明被测平面在水平仪长度范围内处于水平位置。

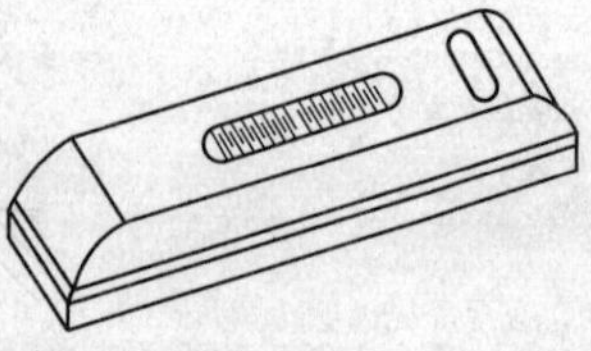

图4—15　条式水平仪

水平仪读数的符号习惯上规定为：气泡移动方向与水平仪移动方向相同时，读数为正值；气泡移动方向与水平仪移动方向相反时，读数为负值。

2. 水平仪的种类

常用的水平仪有三种，分别是条式水平仪、框式水平仪和光学合像水平仪。

（1）条式水平仪

条式水平仪有Ⅰ型和Ⅱ型两种，如图4—15所示。Ⅰ型水平仪的水准气泡是不可调整的，Ⅱ型水平仪的水准气泡是可以调整的。水平仪工作面的长度有200 mm和300 mm两种。水准气泡每移动1格，被测长度1 m范围内两端的高低差为0.02 mm。条式水平仪主要用于检验机床基础件的安装水平，如床身、工作台等。

（2）框式水平仪

框式水平仪的用途比普通条式水平仪广泛，它不仅可以用于检查水平位置，而且还可以测量和校正机械零部件相互位置的垂直度，如图4—16所示。框式水平仪有四个互相垂直的工作面，并有纵向和横向水准器。其工作面长度有150 mm×150 mm，200 mm×200 mm和300 mm×300 mm三种，其精度有0.02，0.025和0.03 mm/m三种，常用的工作面长度为200 mm×200 mm，精度为0.02 mm/m。

（3）光学合像水平仪

如图4—17所示的光学合像水平仪采用水准气泡调平，双像重合，由于采用透镜放大和机械测微机构，提高了水平仪的测量范围，提高了测量精度；另外，其水准器玻璃管的曲率半径小，使气泡稳定快，所需时间短，测量更简捷，易于操作。

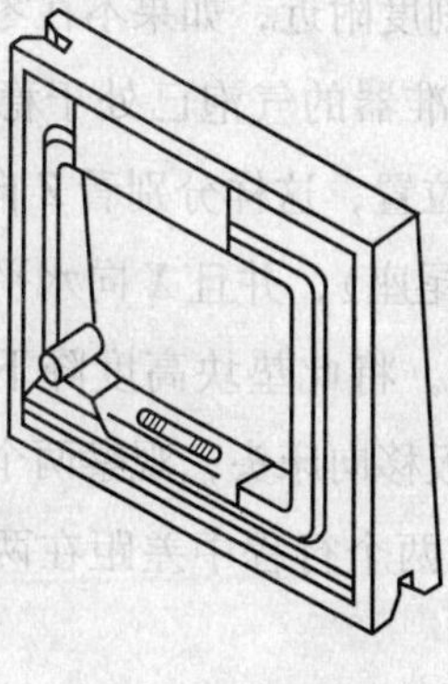

图 4—16　框式水平仪

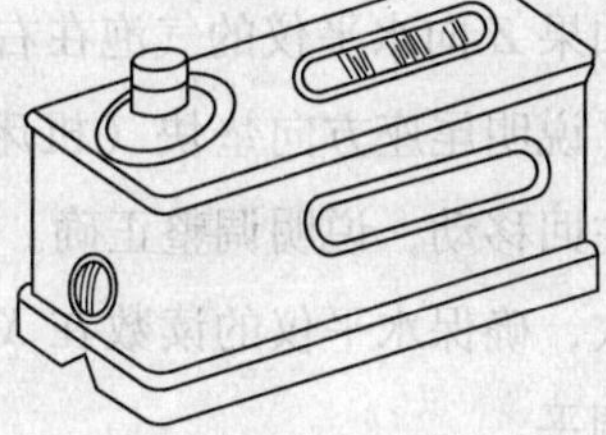

图 4—17　光学合像水平仪

3. 水平仪的读数方法

水平仪放置好后，主要是看水平仪水准器气泡的位置。水平仪的读数方法有两种，一种是绝对读数法，另一种是平均值读数法，如图 4—18 所示。

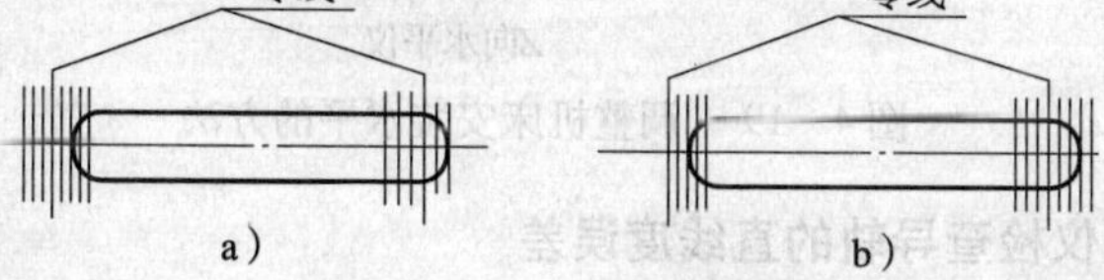

图 4—18　水平仪的读数方法

a）绝对读数法　b）平均值读数法

（1）绝对读数法

水准器的气泡在中间位置时读做零。以零线为基准，气泡向任意一端偏离零线的格线就是实际偏差的数。当水平仪仰起时，气泡向上移动为正值；反之，水平仪的气泡走向为负值。在测量中，习惯上大多由左向右进行测量，把气泡向右移动作为正值，向左移动作为负值，如图 4—18a 所示的实际读数为 +2 格。

（2）平均值读数法

当水准器的气泡静止时，读出气泡两端各自偏离零线的格数，然后将两个格数相加后除以 2，取其平均值作为读数。如图 4—18b 所示，气泡的右端偏移 3 个格，气泡的左端偏移两个格，其实际读数为 +2.5 格。

4. 水平仪的使用方法

下面以调整数控车床的安装水平为例介绍水平仪的使用方法，如图 4—19 所示。

在数控车床的床头和床尾安装好可调垫块，把两个水平仪分别按图4—19所示的位置放置在中滑板上，转动手轮或点动Z轴方向键使中滑板靠近床头，接近Z轴负向极限位置，把两个水平仪分别调整到零线刻度附近，如果不在零线，可以调整各垫块的高度。用水平仪读数时，必须确认水准器的气泡已处于稳定的静止位置。然后将中滑板移到床尾，靠近Z轴正向极限位置，这样分别看Z向水平仪和X向水平仪。如果Z向水平仪的气泡在右端（靠近尾座），并且X向水平仪的气泡移向机床里侧，说明尾座方向垫块（机床里侧）高，将此垫块高度降下后，如果两个水平仪都往回移动，说明调整正确。再将中滑板移向床头，观察两个水平仪，这样需反复多次，确保水平仪的读数在X轴和Z轴两个行程中差距在两格以内，说明机床基本调平。

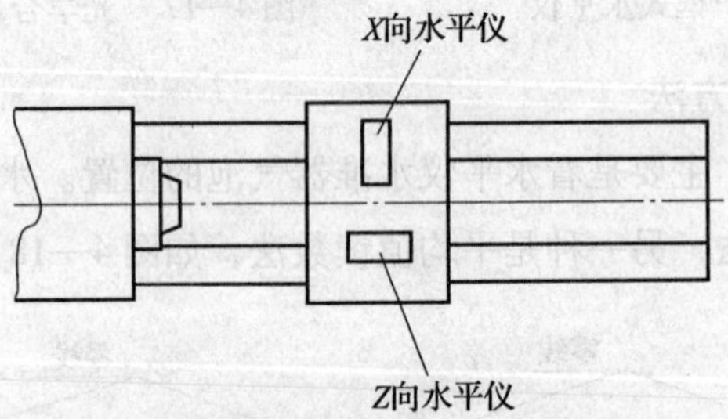

图4—19　调整机床安装水平的方法

5. 使用水平仪检查导轨的直线度误差

用水平仪可以检查机床导轨在垂直平面内的直线度误差，具体方法如下：

机床导轨长1 400 mm，用精度为0.02 mm/m的条式水平仪检查。首先将水平仪调零，可以使用可调垫块，把水平仪放置在可调垫块的中间。将导轨总长度按200 mm分成7段，每200 mm检测一次，得到的格数分别为+1，+1，+2，-0.5，-1，-0.80和0。依据这些数据画出曲线图，即可得到导轨的直线度误差，如图4—20所示。

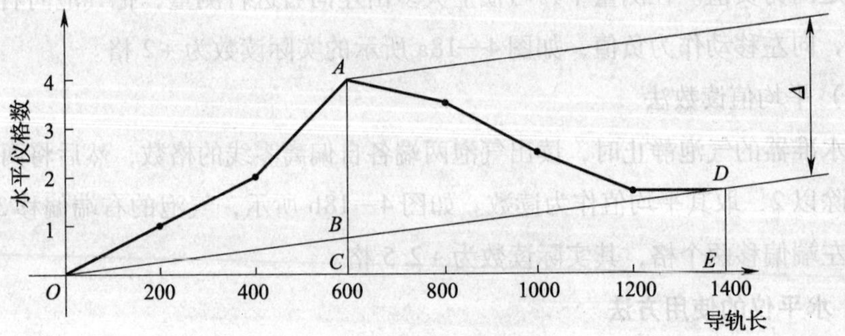

图4—20　导轨的直线度误差

从图 4—20 可知，导轨在 600 mm 长度处凸起，连接首尾两点后，过最高点做首尾两点连线的平行线，将两平行线之间与纵坐标平行的距离设为 Δ，Δ 就是导轨凸起的最大值。通过 $\triangle ODE$ 求出 BC，则 $\Delta = AC - BC$。由相似直角三角形得：

$$\frac{BC}{DE} = \frac{600}{1\ 400}$$

$$BC = \frac{600}{1\ 400} \times DE$$

$$DE = 1 + 1 + 2 - 0.5 - 1 - 0.8 = 1.7 \text{ 格}$$

$$BC \approx 0.729 \text{ 格}$$

$$AB = AC - BC = 4 - 0.729 = 3.271 \text{ 格}$$

$$\Delta = AB = 3.271 \text{ 格} \times 0.02 \text{ mm/格} = 0.06542 \text{ mm} \approx 0.065 \text{ mm}$$

任意 250 mm 测量长度内的直线度误差为：

$$\Delta = \frac{0.065}{1\ 400} \times 250 \approx 0.012 \text{ mm}$$

所以导轨凸起处的最大值为 0.065 mm，此即导轨的直线度误差。

第三节　常用计量仪器

一、万能工具显微镜

万能工具显微镜是机械工业中常用的光学计量仪器，如图 4—21 所示。其测量范围较大，操作较方便，精度较高，在企业及计量检测部门广泛应用。万能工具显微镜虽然规格及型号很多，但都以光学瞄准和坐标测量为基础。

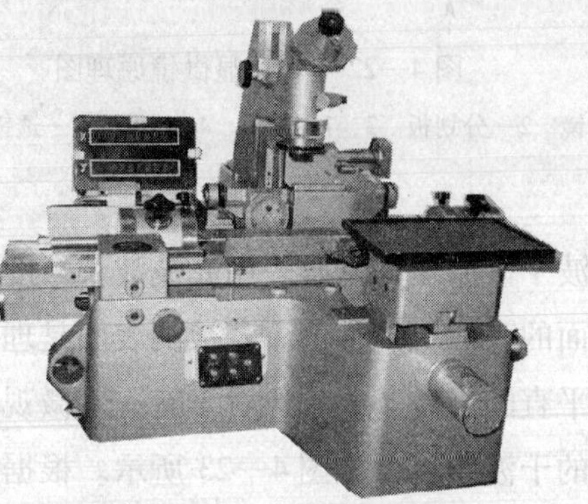

图 4—21　万能工具显微镜

万能工具显微镜主要由基座、纵向滑板、横向滑板、主显微镜、立柱、纵向读数显微镜、横向读数显微镜、照明装置、工作台、分度台和分度头等部件组成。

在机械制造中，复杂零件的质量评定往往不能由单一方向的尺寸来确定，而需要根据直角坐标或极坐标进行测量，甚至需要进行空间尺寸的测量。万能工具显微镜就是为解决此类测量任务而设计的，它可以测量零件的长度、角度、锥度、螺纹参数，也可以测量各种样板和切削工具等。

二、表面粗糙度测量仪

常用的表面粗糙度测量仪有光切显微镜、干涉显微镜和表面轮廓仪等。

1. 光切显微镜

一般显微镜只能将物体横向放大后进行测量，对纵向深度的测量无能为力，而光切显微镜以光切原理为基础，能解决工件表面微小峰谷深度的测量问题，是测量表面粗糙度的专用设备。它由投射照明管和观察镜管组成，光源发出的光线经透镜、光阑和物镜后形成一带状光束，以45°角投射到被测表面上，经被测表面反射后，在目镜中可以观察到一条与被测表面相似的亮带，此即被测表面在45°截面上的放大形状。测出距离 N 后，便可得出被测表面微观不平度的峰谷高度 h，如图4—22 所示为光切显微镜原理图。

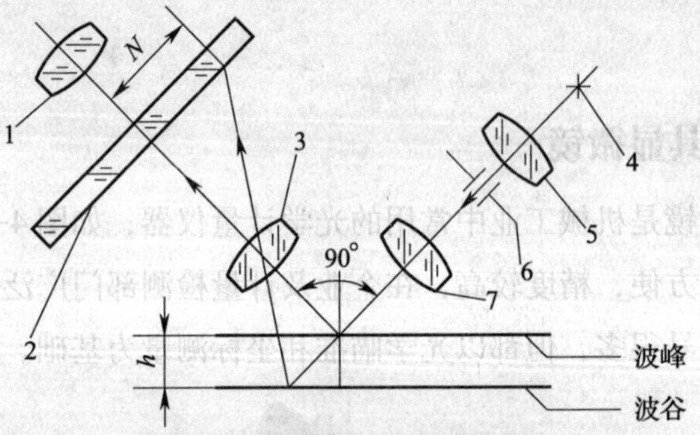

图4—22 光切显微镜原理图

1—目镜 2—分划板 3，7—物镜 4—光源 5—透镜 6—光阑

2. 干涉显微镜

干涉显微镜以光波干涉原理为基础，用光波波长来度量被测表面微小峰谷的距离，从而得到被测表面的表面粗糙度值。若被测表面是理想平面，在干涉显微镜的视野中将看到一系列平直的干涉条纹。但对于有一定微观不平度的表面，在视野中可以看到一系列弯曲的干涉条纹，如图4—23 所示。根据干涉条纹的间距对应等于光波一个波长的光程差的原理，弯曲量对应被测表面的微观不平度。

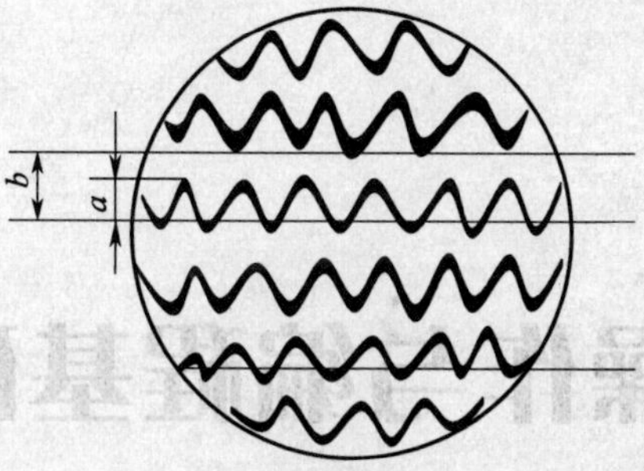

图 4—23　微观不平度的干涉条纹

3. 表面轮廓仪

表面轮廓仪（TALOR3 +）包括传感器、测量电路、显示及记录装置三个基本部分，其实物图如图 4—24 所示。传感器的测量端是一根很尖的触针，垂直于被测表面放置。测量时，利用金刚石触针在被测表面上轻轻移动，由于被测表面粗糙不平，使触针在被测轮廓表面的垂直方向产生位移，传感器把此位移转换成电信号，经放大及电路处理后，输出表面粗糙度 R_a 值、其他评定参数值以及轮廓图形，供计算有关评定参数用。采用针描法测量准确、迅速，适用于评定表面粗糙度 R_a 值为 0.025 ~5 μm 的零件表面。

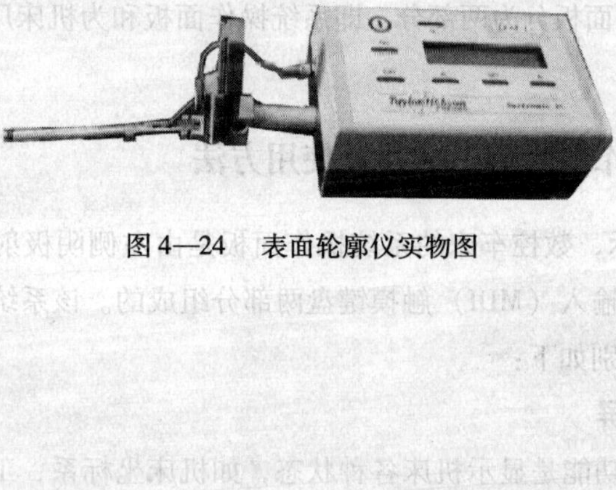

图 4—24　表面轮廓仪实物图

第五章

数控机床的操作与编程基础

第一节　数控车床操作面板介绍

这里介绍大连机床集团生产的 CKA6150 型数控车床，它配置 FANUC 0i—Mate－TC 数控系统，操作面板分为两部分，即系统操作面板和为机床厂家配置的机床操作面板。

一、系统操作面板的组成及其使用方法

如图 5—1 所示，数控车床的系统操作面板是由左侧阴极射线管（CRT）显示器和右侧手动数据输入（MDI）触摸键盘两部分组成的。该系统操作面板各按钮的功能与使用方法分别如下：

1. CRT 显示屏

CRT 显示屏的功能是显示机床各种状态，如机床坐标系、工件坐标系、刀具当前位置、程序、各种指令数据、刀具补偿量的数值、自诊断、参数值、报警信号等。

2. MDI 键盘

（1）地址/数字键

地址/数字键共 24 个，可用于输入数字、字母及其他符号，每次输入后都显示在 CRT 显示屏上。EOB 为结束符，用“;”表示。

（2）功能键

功能键共 6 个，可显示 6 种状态。“POS”键显示机床各坐标系的位置；“PROG”

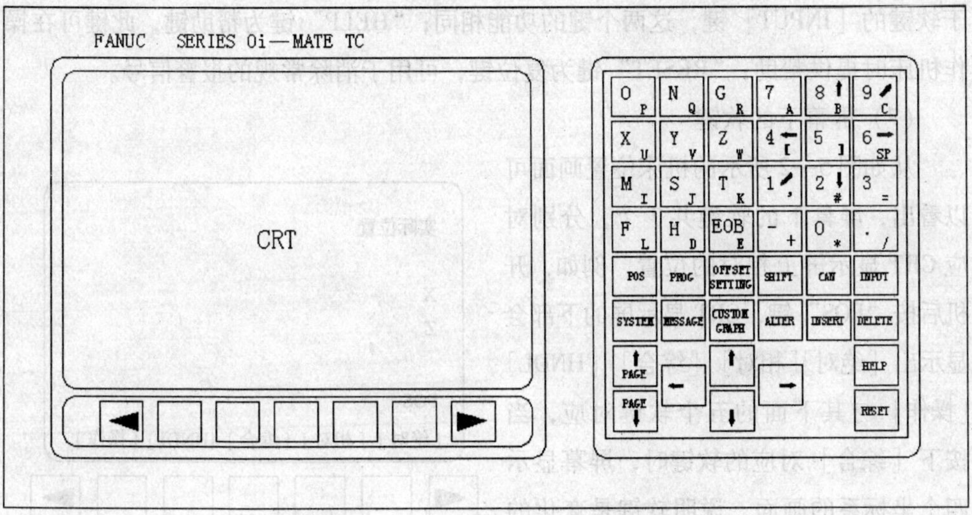

图 5—1　数控车床的系统操作面板

键显示程序画面；“OFFSET”键显示刀具偏置、设定（SETTING）画面、工件坐标系画面、宏变量显示画面等；“SYSTEM”键显示系统画面，其中有参数画面、诊断画面、系统构成画面和 PMC 画面等；“MESSAGE”键显示信息画面，显示报警信息、报警履历画面等；“CUSTOM/GRAPH”键显示刀具路径图形与用户宏画面。

（3）编辑键

编辑键共 3 个，“ALTER”键是替换键；“INSERT”键是插入键；“DELETE”键是删除键。

（4）“PAGE”翻页键

“↑”键用于向前翻页；“↓”键用于向后翻页。

（5）光标键

光标键共 4 个，“↑”键使光标向上移动；“↓”键使光标向下移动；“←”键使光标向左移动；“→”键使光标向右移动。

（6）其他键

“SHIFT”键为切换键，当地址/数字键中有两个字符时，可按“SHIFT”键再按地址/数字键，即可转换为另一个字符；“CAN”键为取消键，用于删除已输入缓冲器的最后一个字符或符号，例如，缓冲器数据为 > X100 Z0 时，按“CAN”键，则字符 0 被取消，显示 > X100 Z，而“DELETE”键是删除进入程序中的字符，这是两者的区别；“INPUT”键为输入键，可输入参数或补偿值，这个键相当于软键的［INPUT］键，这两个键的功能相同；“HELP”键为帮助键，此键可在操作机床时提供帮助；“RESET”键为复位键，可用于消除常规的报警信号。

（7）屏幕下的软键

从如图5—2所示的机床位置画面可以看出，屏幕下的软键共7个，分别对应CRT显示屏上相对的位置。例如，开机后按“POS”键，CRT显示屏的下部会显示出［绝对］［相对］［综合］［HNDL］［操作］与其下面的五个软键对应，当按下［综合］对应的软键时，屏幕显示四个坐标系的画面，说明软键是变化的键，按下不同的软键，在CRT显示屏上的内容会相应变化。软键中两端的键 ◀ 与 ▶ 分别为返回上一级和扩展到下一级的键。

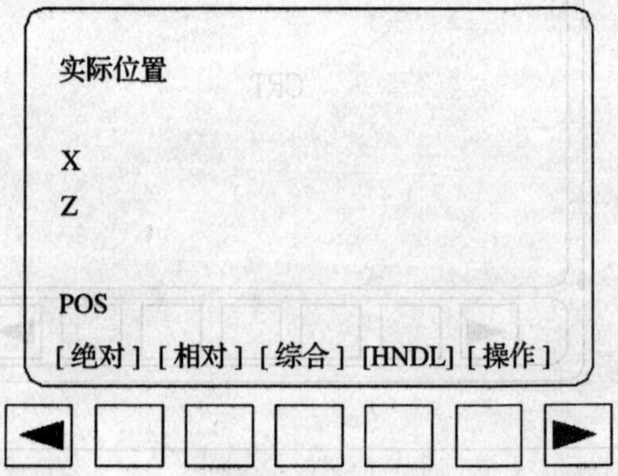

图5—2　机床位置画面

二、机床操作面板的功能与使用方法

数控车床的机床操作面板如图5—3所示，各按钮、开关的功能与使用方法介绍如下：

1. 指示灯

指示灯如图5—3中1所示。当机床通电后，电源指示灯亮；当X轴回零后，X-回零的提示灯亮，表示回零动作完成。同理，Z-回零的指示灯亮表示Z轴回零动作完成。

2. 系统启动、系统停止键

系统启动、系统停止键分别为数控系统电源通电和电源断电开关，如图5—3中2所示。

3. 程序保护钥匙开关

程序保护钥匙开关（见图5—3中3）的作用是防止无关人员修改程序。当开关转向“1”时，程序得到保护，不能修改、删除；当开关转向“0”时，保护取消，可以进行正常编辑、修改等工作。

4. 卡盘

卡盘如图5—3中4所示。当开关指向内时，卡爪由外向内夹紧工件；当开关指向外时，卡爪由内向外夹紧工件。

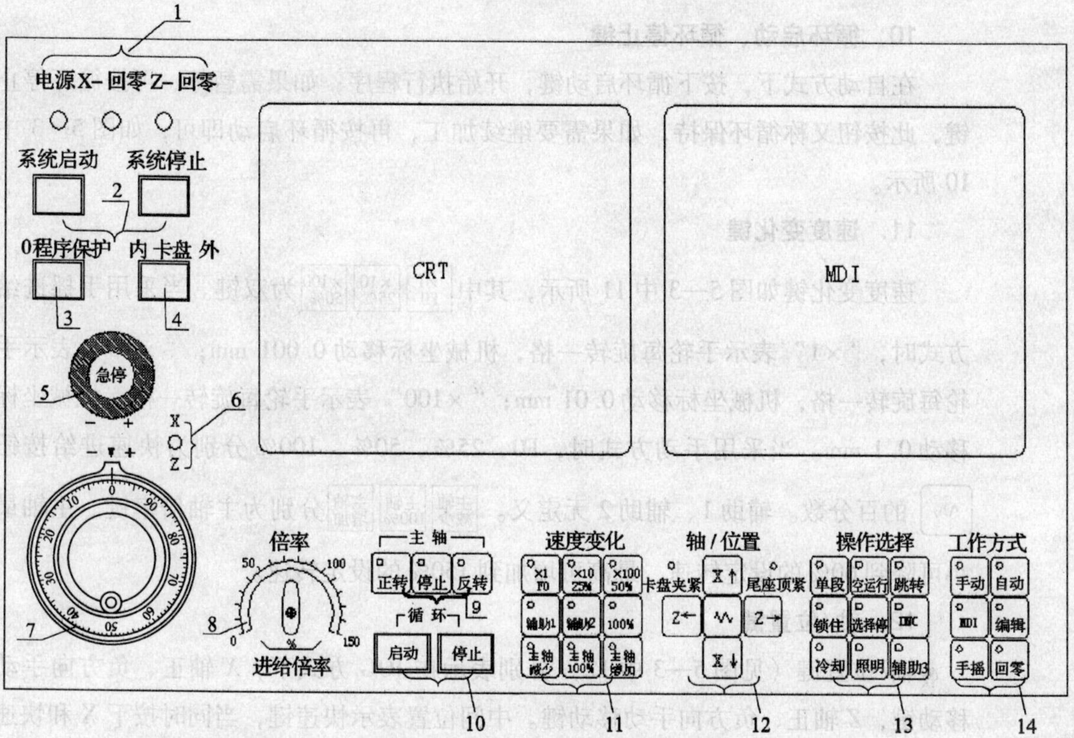

图 5—3　数控车床的机床操作面板

5．急停开关

急停开关如图 5—3 中 5 所示。当机床出现异常情况时，应立即按下此按钮，机床立即切断电源，停止全部工作。待故障排除后，只要按照急停开关上的箭头方向转动，急停开关会弹起恢复原状态。

6．轴选择按钮

轴选择按钮用于手摇进给时 *X* 轴和 *Z* 轴的选择，如图 5—3 中 6 所示。

7．手轮

手轮（见图 5—3 中 7）又称手摇脉冲发生器，通过转动手轮控制 *X* 轴、*Z* 轴向正、负两个方向移动，十分方便。

8．倍率开关

倍率开关（见图 5—3 中 8）的作用是控制手动连续进给速度，倍率为 0% ~ 150%。例如，当倍率为 100% 时，若进给速度为 1 500 mm/min，则当倍率为 150% 时，进给速度为2 250 mm/min。

9．主轴“正转”“停止”“反转”键

在手动（JOG）方式下，可通过主轴“正转”“停止”“反转”键进行主轴手动正转、反转和停止操作，如图 5—3 中 9 所示。

10. 循环启动、循环停止键

在自动方式下，按下循环启动键，开始执行程序；如果需暂停，可按循环停止键，此按钮又称循环保持，如果需要继续加工，再按循环启动即可，如图 5—3 中 10 所示。

11. 速度变化键

速度变化键如图 5—3 中 11 所示，其中 [×1 F0] [×10 25%] [×100 50%] 为双键。当采用手摇进给方式时，“×1”表示手轮每旋转一格，机械坐标移动 0. 001 mm；“×10”表示手轮每旋转一格，机械坐标移动 0. 01 mm；“×100”表示手轮每旋转一格，机械坐标移动 0. 1 mm。当采用手动方式时，F0，25%，50%，100% 分别为快速进给按钮 [∿] 的百分数。辅助 1、辅助 2 无定义。[主轴减少] [主轴100%] [主轴增加] 分别为主轴倍率键。主轴最小可降到 60% 的设定转速，最高可增加到 150% 的设定转速。

12. 轴/位置键

轴/位置键（见图 5—3 中 12）分别表示在 JOG 方式下，*X* 轴正、负方向手动移动键，*Z* 轴正、负方向手动移动键。中间位置表示快速键，当同时按下 X 和快速键时，坐标轴以 G00 速度快速移动。其上方左、右两个是指示灯。

13. 操作选择键

操作选择键共 9 个，每个按钮有两个位置，按下灯亮（有效），再按下灯灭（无效），如图 5—3 中 13 所示。

（1）单段键

单段键仅对自动方式有效。在此方式下只执行一个程序段。若按循环启动键，执行一个程序后，机床停止；再按循环启动键，再执行一个程序，机床又停止。单段键用于试切削时程序的检验。

（2）空运行键

空运行键仅对自动方式有效。在空运行状态，机床各轴以恒定进给速度运行，而不执行程序中所指定的进给速度。该功能可用于机床不装夹工件时程序的快速检验。

（3）跳选键

灯亮时，此功能有效。当程序执行到前面带有“/”符号的程序段时跳过，执行下一个程序段，此功能对程序的加工具有选择性。

（4）锁住键

按下此键时机床各进给轴都被锁住，不能移动，但依然在进行指令分配，绝对坐标和相对坐标也在更新。可以在不移动机床各进给轴的情况下监测各轴的位置显示变化。

（5）选择停键

当程序运行到 M01 时，各坐标轴暂停运行。再按循环启动键时，可继续执行下面的程序。

（6）DNC 键

直接数字控制（DNC）又称在线加工方式。计算机与机床连线后，将计算机中的程序传送至机床进行加工，可解决机床内存少的问题。

（7）冷却键

通过此键将切削液打开或关闭。

（8）照明键

通过此键可将照明灯打开或关闭。

（9）辅助 3

机床厂家留出的空键，可根据需要随时添加内容。

14．工作方式键

图 5—3 中的 14 为工作方式键，共 6 个键。

（1）手动键

手动键也称 JOG 方式键。在此方式下按 *X* 轴、*Z* 轴方向键，可实现两轴各自的连续移动，配合进给倍率开关和快速移动按钮，可实现各种进给速度的移动。

（2）自动键

自动键也称 AUTO 方式键。在此方式下可运行各程序。

（3）MDI 键

MDI 键也称手动数据输入方式键。可进行 M，S，T 指令的操作或输入几个程序段。

（4）编辑键

编辑键也称 EDIT 方式键。在此方式下进行程序的编辑、修改、删除工作。

（5）手摇键

手摇键也称 HANDLE 方式键。在此方式下，手摇脉冲发生器（又称手轮）才起作用。通过拨动开关选择 *X*，*Z* 方向，并选择进给倍率 ×1，×10 和 ×100，摇动手轮，实现坐标轴的快速移动和慢速移动。

（6）回零键

此键为可选项，当机床有机械式回零开关时选用。当使用绝对值编码器时，无须回零。

第二节　数控车床的操作

一、开机方法

1. 电源接通前的检查工作

（1）检查电气柜的门是否关闭。

（2）检查润滑装置上油标的液面位置。

（3）检查切削液的液面是否高于水泵吸入口。

2. 电源接通的步骤

（1）首先合上机床外的三相电开关，再合上机床电气柜侧面的电源开关，此时机床工作灯亮，电气柜风扇启动。再按机床操作面板上的系统启动按钮，在 CRT 显示屏上出现初始画面，系统自检完成后，进入正常工作画面。

（2）机床系统正常启动后，应做以下检查：检查主轴箱在主轴旋转时是否及时供给润滑油，检查集中润滑系统是否定时向导轨、丝杠注入润滑油。如果有液压站，检查液压站的总压力表是否达到工作时需要的压力。

二、手动操作机床

1. 回零操作

手动返回机床机械零点，即回零操作。

（1）按回零键，CRT 显示屏上显示 ZRN，就可以回零。

（2）分别按 +X，+Z 键，坐标轴分别向前方、右方移动，开始回零。一般情况先按 +X 键，X 回零后，再按 +Z 键，Z 向回零，以防止刀架碰撞尾座。

注意：回零时可按快速键 [∿]，以达到快速回零的目的。如果滑板上的开关距回零挡块不足 30 mm，要使滑板向负方向移动到该距离大于 30 mm 时再回零。

2. 滑板的手动进给

当手动调整机床时，要求刀具快速移动接近或离开工件，需要手动操作滑板的进给。手动操作有两种，一种是用 JOG 方式，另一种是用手摇脉冲发生器方式。

3. 主轴的操作

主轴的操作有两种方式，即在 MDI 方式下主轴的操作和在 JOG 方式下主轴的操作。

（1）在 MDI 方式下，按下“MDI”键，按下系统操作面板中的 PROG 键，CRT 显示屏上出现 MDI 画面，即可输入指令。例如，输入“M03 S200;”按“INSET”键（有的机床按“INPUT”键），再按循环启动键。

（2）在 JOG 方式下，按下“JOG”键，再按主轴 正转 键，主轴就可以旋转起来，如果不动，可能是由于没有输入转速，用上面讲述的方法，在 MDI 方式下输入主轴转速，即可使主轴旋转。

4. 刀架的转位操作

按下“MDI”键，再按 PROG 键，CRT 显示屏上进入 MDI 画面后，可输入 T 指令。例如，输入 T0101，按 INSET 键，再按循环启动键即可。

三、程序的编辑

1. 原有程序的查找

按下工作方式中的 编辑 键，再按系统操作面板功能键 PROG，CRT 显示屏下方的软键栏有［DIR］，按此软键将显示已存入程序的名称。如果要选择目录中的某个程序，可按地址/数字键，输入程序号 O××××，然后按下［检索］软键，即可出现该程序。

2. 程序的建立、输入、修改

（1）程序的建立

按下工作方式中的 编辑 键，再按系统操作面板功能键 PROG，CRT 显示屏显示“EDIT”，可输入新程序名。按地址/数字键（如 O0006 等），然后按下 INSERT 键，如果该号在原程序目录中不存在，CRT 显示屏就显示出新程序页面，可以在上面进行新程序的编辑；如果该号在目录中已有，重新输入一个其他号码的名称即可。

（2）程序内容的输入

可先输入一段程序，每段结束按 EOB 键，即结束符，再按插入键 INSERT。如果在屏幕显示下缓冲器格中出现错误，可进行修改。使用 CAN 键，可先取消，然后再输入新的字符，再按 INSERT 键，新的字符即被输入。

（3）程序内容的修改和删除

程序内容的修改可用光标键，把光标移到要修改的字符下面，再输入正确的字符，按替换键 ALTER，旧的字符即可被新的字符代替。

程序内容的删除可用光标键，把光标移到要删除的字符下面，按删除键 DELET ，旧的字符即被删除。

3．程序的删除

按上述步骤进入“EDIT”显示画面。

输入需要删除的程序名 O××××，然后按 DELET 键，即可删除需要删除的程序。

四、程序的运行

1．调出需要运行的程序，按照原有程序的查找方式先找出该程序。

2．按 自动 键，CRT 显示屏显示“AUTO”状态，画面下有［检视］软键，若按下后，可看 *X*，*Z* 运行的数值和剩余坐标尺寸，以便于边加工边观察工作的状态。

3．在确认光标是在程序的第一段后，可按 循环启动 键，程序开始自动运行。如果光标不在程序的第一段，可利用 RESET 键将光标调入第一段。如果该程序是首次运行，可按操作选择键中的 单段 键，进入单段运行状态。每走完一个程序停止，再按循环启动键才能运行，单段方式可以边运行程序边检查程序的正确性，发现问题可立即修改。

五、实用对刀方法及刀补的应用

数控车床的刀尖轨迹是刀尖相对于工件建立起来的，在工件坐标系中，刀具相对于工件必须有一个正确的相互关系。只有通过对刀才能建立这种正确的相互关系，对刀的方法很多，如试切对刀法、对刀仪对刀法等。

1．刀具偏置量直接输入法

这里介绍一种最常用的刀具偏置量直接输入法，又称机内对刀法，具体操作步骤如下：

（1）回机床机械零点，如果机床已回零，则不必重复。

（2）启动主轴正转，用手动移动 *X* 轴、*Z* 轴。先 *X* 轴对刀，具体方法是：*X* 方向径向吃刀，沿 *Z* 向车削一段长度，*X* 向不动，主轴停止，测量外径。如果试切的是内孔，则测量内径。然后按 OFFSET 键，CRT 显示屏显示“工具补正/形状”画面，其中“番号”项有 G01，G02，G03，…，G08，如图 5—4 所示。这个“G”代表刀具几何形态偏置补正，把光标移到当前刀号所在“G”的位置（如 2 号刀就是 G02）。

```
工具补正/形状
番号 X  Z  R  T
G01
G02


> —
[磨耗]  [形状]  [    ] [    ] [操作]
```

图 5—4　“工具补正/形状”画面（一）

（3）进行刀具补偿输入的操作。按地址键X，并在其后键入试切外圆或内孔时实测的尺寸值。例如，外径是 20.6 mm，再按此画面的软键［测量］，此时 G02 中的 *X* 值就出现一个负值，此值就是刀尖相对于机床机械零点的 *X* 坐标值，如图 5—5 所示。

```
工具补正/形状
番号  X            Z          R  T
G01
G02   –220.956     –468.268


      U–200.956    W–468.268
> X20
[No检索]  [测量]  [C输入]  [+输入]  [输入]
```

图 5—5　“工具补正/形状”画面（二）

（4）进行 *Z* 方向操作。主轴正转，用手动方式沿 *Z* 方向移动试切工件的端面后，*Z* 方向不动，*X* 方向退出，CRT 显示屏的画面同前，调出形状补偿画面。按地址键Z，并在其后键入零，如 Z0。再按此画面的软键［测量］，此时 G02 中的 *Z* 值就出现一个负值，此值就是刀尖相对于机床机械零点的 *Z* 方向坐标值，如图 5—5 所示。注意：输入为 Z0，意味着工件端面为工件坐标系的零点。

（5）对于刀架上的其他刀具重复上述步骤（2），（3），（4），直到所有刀具的形状补偿值全部输入为止。此后只要调用某刀具，如 2 号刀，T0202 刀号，其中后两位 02 表示的形状补偿已带入刀尖中，刀尖相对于工件的工件坐标系就自然形成。

2．刀具补偿值的修改

使用刀具偏置量直接输入法对刀时，会遇到切出的工件和实际尺寸有一定的误差的情况，例如，试切对刀时，测量值是 $\phi20.6$ mm，而实际加工时会大些或小些，这时的调整可使用刀具补偿值中的磨损补偿，具体操作步骤如下：

（1）磨损页面的查找

按 OFFSET 键，再按软键［刀具补正］，就会显示出刀具磨损偏置画面，即刀具补正/磨损画面，如图 5—6 所示。屏幕显示出 W01，W02，…，W08 画面，1 号刀具对应 W01，2 号刀具对应 W02。

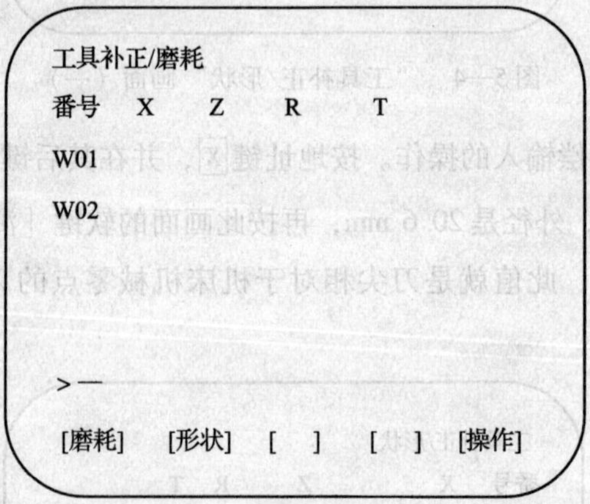

图 5—6 刀具磨损偏置画面

（2）磨损值的输入

以工件外圆直径方向为例，如果加工结果比期望值大 0.1 mm，先把光标移到当前刀号的磨损号前，如 T02 对应 W02，将光标移到 W02 处，输入 X－0.1，按软键［＋输入］，－0.1就进入“W02”后 X 值的位置里。这时如果 W02 X 后面有值，如已有－0.15，内部值自动计算为－0.15－0.1＝－0.25。如果 *Z* 方向有误差，则往 Z 值里输入值，Z 值有正、负之分，输入 Z 值为正，刀具往 *Z* 轴正方向偏移；反之，刀具往 *Z* 轴负方向偏移。

第三节 数控车床的编程基础

一、数控车床坐标系的知识

1．数控车床坐标系的建立

（1）坐标系确定的原则

我国 1999 年颁布了机械行业标准《数控机床坐标和运动方向的命名》

（JB/T 3051—1999），规定坐标系命名的原则如下：

1）刀具相对于静止工件而运动的原则。这个原则明确指出工件是静止的，刀具是运动的，即运动刀具相对静止工件运动的原则；反之，如果工件运动，刀具静止，判断方向时就要反过来考虑。

2）标准坐标（机床坐标）系的规定。在数控机床上，机床的动作是由数控装置控制的，为了确定机床的成形运动和辅助运动，必须先确定机床运动的方向和运动的距离，这就需要一个坐标系才能实现，这个坐标系就是机床坐标系。

标准的机床坐标系是指右手直角笛卡儿坐标系，如图 5—7 所示。拇指的方向为 X 轴的正方向，食指为 Y 轴的正方向，中指为 Z 轴的正方向。当拇指分别为 $+X$ 轴、$+Y$ 轴、$+Z$ 轴时，其余收拢的四指分别代表 $+A$ 轴、$+B$ 轴、$+C$ 轴的旋转方向。

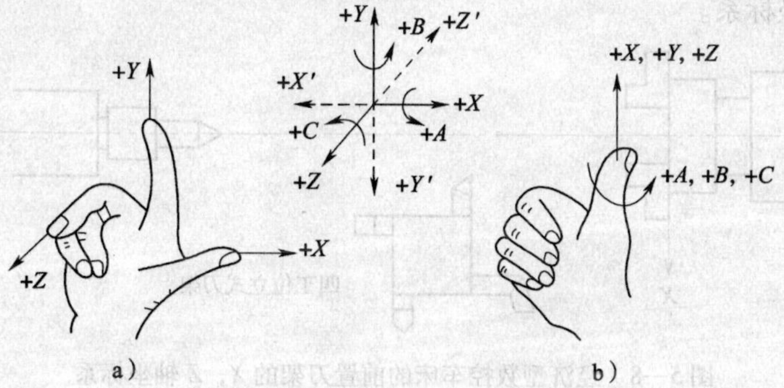

图 5—7　右手直角笛卡儿坐标系

（2）运动方向的确定

1）Z 坐标的运动。Z 坐标的运动由机床主轴所决定，与主轴轴线平行的标准坐标轴为 Z 坐标轴。Z 坐标的正方向是增加刀具和工件之间距离的方向，对于数控车床来说，刀具远离工件的方向是正方向，即指向机床尾座的方向。

2）X 坐标的运动。X 坐标的运动是水平的，它平行于工件装夹面，是刀具或工件定位平面的主要坐标，对于数控车床来说，X 运动方向是径向的，垂直于主轴轴线。

3）Y 坐标的运动。正向 Y 坐标的运动需根据 X 和 Z 的运动，按照右手直角笛卡儿坐标系来确定。对于数控车床来说无 Y 轴。

4）旋转运动。在图 5—7 中，A，B，C 相应表示绕 X，Y，Z 轴旋转的运动，A，B，C 的正方向分别为绕 X，Y，Z 轴右旋螺纹前进的方向。

5）附加坐标的命名。平行于 X，Y，Z 轴的第二组附加轴分别指定为 U，V，W。平行于 X，Y，Z 轴的第三组附加轴分别指定为 P，Q，R。平行于 A，B，C 轴的第二组附加回转轴为 D，E，F。

6）工件运动。对于移动部分是工件而不是刀具的机床，必须将前面所介绍的移动部分是刀具的各项规定在理论上做相反的安排。此时，用“′”的字母表示工件的正向运动，如 $+X'$，$+Y'$，$+Z'$表示运动的工件相对于刀具正向运动的指令；$+X$，$+Y$，$+Z$ 表示运动的刀具相对于工件正向运动的指令，两者所表示的运动方向恰好相反。

（3）前置刀架与后置刀架

数控车床的刀架有两种设置方式。经济型数控车床一般都把刀架放在靠操作者一侧称为前置刀架。全机能型数控车床大多为斜床身，故把刀架放在主轴轴线的后侧，按这种方式设置的刀架称为后置刀架。

根据 Z 轴、X 轴坐标确定原则，如图 5—8 所示为经济型数控车床的前置刀架的 X，Z 轴坐标系。

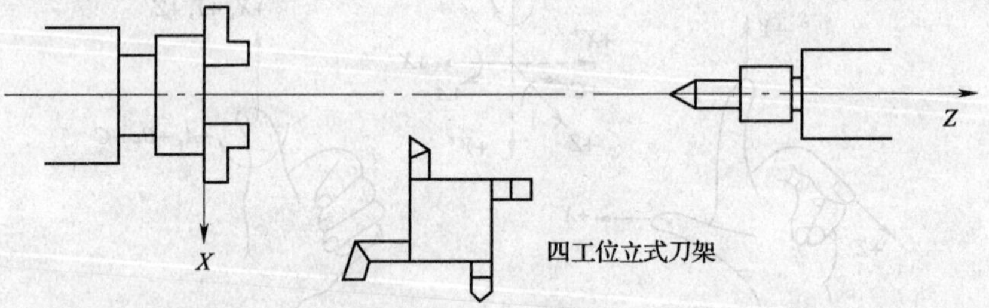

图 5—8　经济型数控车床的前置刀架的 X，Z 轴坐标系

如图 5—9 所示为全功能型数控车床的后置刀架的 X，Z 轴坐标系。

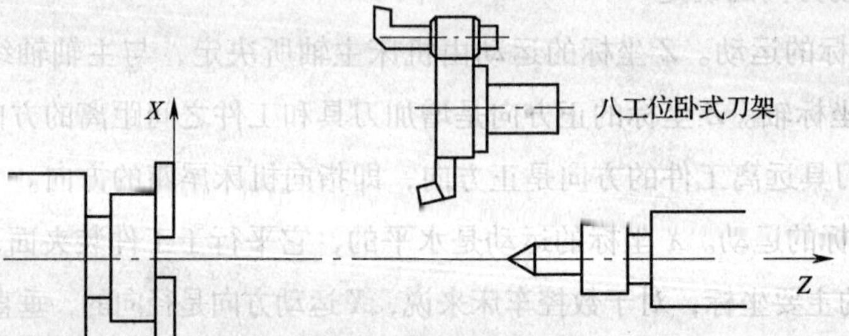

图 5—9　全功能型数控车床的后置刀架的 X，Z 轴坐标系

（4）车削中心与旋转轴的命名

如图 5—10 所示为车削中心机床 X，Z，C 三轴坐标系。车削中心是在全功能型数控车床的基础上，主轴旋转除作为车削的主运动外，还增加了分度功能和圆周进给，实现了 C 轴与 Z 轴联动、C 轴与 X 轴联动；刀架增加了动力头功能。当刀架动力头旋转时，可进行 X，Z，C 三坐标联动铣削加工。

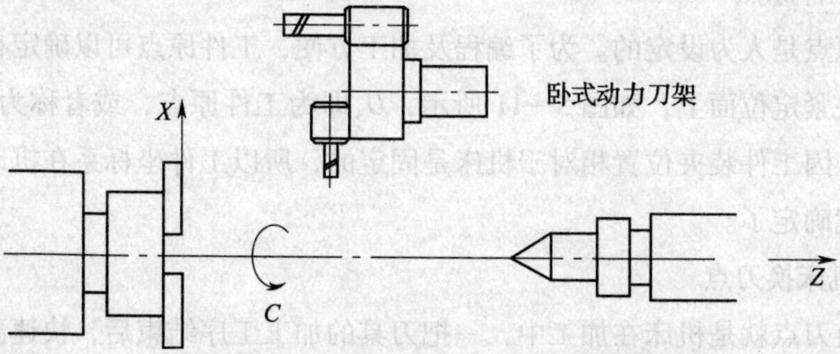

图 5—10　车削中心机床 X，Z，C 三轴坐标系

2. 坐标系中点

在数控车床中，刀具是在坐标系中运动的，在一台机床上，有各种参考点的概念，理解它们对使用及操作机床是十分重要的。

（1）机床原点

机床原点为机床上一个固定点，数控车床的机床原点定义在主轴旋转中心线与主轴头端面的交点上，如图 5—11 所示，O_1 即为机床原点。这个点在以后的编程中实际是没有意义的，但这个点确定了机床一系列参考点的位置。

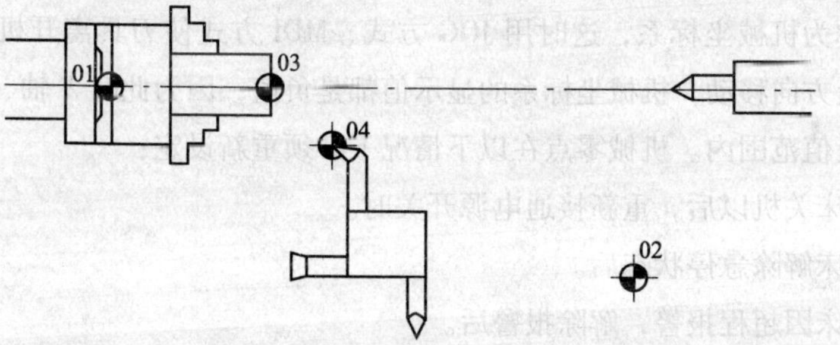

图 5—11　机床原点、机床参考点、工件原点与机床换刀点

（2）机床参考点

机床参考点也是机床上一个固定点，该点与机床原点的相对位置如图 5—11 所示，O_2 点即为机床参考点。对于经济型数控车床来说，其位置由 X 向与 Z 向的机械挡块来确定，即横向滑板和纵向滑板的行程开关碰到相应的挡块后，由数控系统发出指令，停止滑板的机械运动，完成参考点的操作，这个点就称为机床的机械零点，即回零操作到达的点。也有些机床不设机械挡块，机床开机以后，不用进行回零操作，这种机床不是没有机械零点，而是能自动记忆自己的机械零点。它们的伺服电动机使用的是绝对式编码器，其机床机械零点是靠机床参数设定的。

（3）工件原点

工件原点是人为设定的。为了编程及加工方便，工件原点可以确定在工件的端面或某个夹紧定位面上，如图 5—11 所示，O_3即为工件原点，或者称为工件零点。在加工中，因工件装夹位置相对于机床是固定的，所以工件坐标系在机床坐标系中的位置也就确定了。

（4）机床换刀点

机床换刀点就是机床在加工中，一把刀具的加工工序结束后，快速离开工件回到一个安全的位置，刀具转位，更换另一把刀具进行下一道工序的加工，这个安全的位置就称为换刀点，即换刀位置，如图 5—11 所示的 O_4点。选择换刀位置时一般规定：刀架旋转时刀架上最长的那把刀不能碰到工件，并在离工件最近处，这样能节省辅助加工时间。

3. 数控车床 FANUC 0i 系统中的四个坐标系

（1）机械坐标系

如果数控车床的伺服电动机采用增量式编码器，开机时必须进行回零操作，即回机床参考点。当 *X* 向回零，*Z* 向回零后，机床回零指示灯亮，CRT 显示屏显示机械坐标值，*X* 值变为零，*Z* 值也变为零，这个点就是机械零点。由这个点建立起来的坐标系称为机械坐标系，这时用 JOG 方式、MDI 方式使刀具离开机械零点，向坐标轴的负方向移动，机械坐标系的显示值都是负值，因为此时 *X* 轴、*Z* 轴的坐标系都处于负值范围内。机械零点在以下情况下必须重新设定：

1）机床关机以后，重新接通电源开关时。

2）机床解除急停状态后。

3）机床因超程报警，解除报警后。

对于上述三种情况，数控系统均失去对机床机械零点的记忆，因此必须进行返回机械零点的操作。

（2）绝对坐标系

工件在数控机床上加工时必须建立工件坐标系。为了编程的方便，工件坐标系的零点一般设在主轴中心线与工件左端面或右端面的交点处。采用绝对值编程时，CRT 显示屏显示的是车刀刀尖相对于工件零点的坐标值，这个值所在的坐标系就是绝对坐标系，此时的工件坐标系应该就是绝对坐标系。通过屏幕显示可以观察绝对坐标系中 *X* 值和 *Z* 值，了解到当前刀尖所处的位置。

如图 5—12 所示，反映出机械坐标系和绝对坐标系的方向。

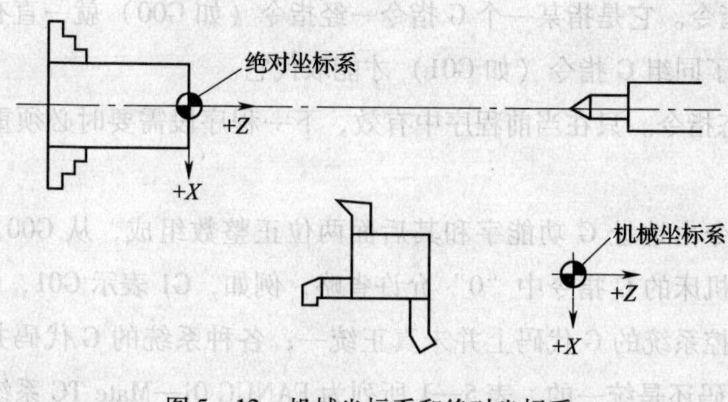

图 5—12　机械坐标系和绝对坐标系

（3）相对坐标系

在 FANUC 0i 系统中，相对坐标系 X 和 Z 的坐标值可在任意点变成零，然后再以此点为零建立新的坐标系，这个坐标系为相对坐标系。相对坐标系可用于 G50X __ Z __对刀方式，当以第一把刀为相对坐标系中的基准时，第二把刀的刀偏值可以从相对坐标系中读出，应用起来比较方便。

（4）剩余坐标系

在 FANUC 0i 系统中，机床在执行一个程序段时有一个（X_i，Z_i）终点坐标值，剩余坐标系能动态反映出距离这个终点坐标（X_i，Z_i）的距离，当刀具运行到（X_i，Z_i）时，剩余坐标系中的 X 为 0，Z 也为 0。

机床在进行加工时，通过观察剩余坐标系，就能及时了解到刀具距离，即当前程序段中刀具离终点（X_i，Z_i）的距离，尤其是在第一次单段试运行时，能掌握刀具运行情况，做到心中有数，也可避免加工中出现的编程错误。

二、数控车床 FANUC 0i—Mate TC 系统的编程基本知识

1. 准备功能 G 代码、辅助功能 M 代码及其他代码

目前，数控机床编程时广泛使用的指令大体上分成两大类，一类是准备功能 G 代码，又称 G 指令；另一类为辅助功能 M 代码，又称 M 指令。G 功能指令用来规定平面、坐标系、刀具和工件的相对运动轨迹，刀具补偿，单位选择，坐标偏置等多种操作。而辅助功能 M 指令是用来指令机床做一些辅助动作的代码，与插补运算无关。

（1）准备功能指令

G 功能指令分为若干组，如 00 组、01 组等，同组指令可相互取代。另外，G 功能指令有以下两种形式：

1）模态指令。它是指某一个 G 指令一经指令（如 G00）就一直有效，直到后面程序中使用了同组 G 指令（如 G01）才能取代它。

2）非模态指令。只在当前程序中有效，下一程序段需要时必须重新指令（如 G04）。

G 功能指令由地址 G 功能字和其后面两位正整数组成，从 G00 ~ G99 共 100 个，不少数控机床的 G 指令中“0”允许省略，例如，G1 表示 G01，G2 表示 G02。

各国在数控系统的 G 代码上并未真正统一；各种系统的 G 代码并不一致，但大多数的 G 代码还是统一的。表 5—1 所列为 FANUC 0i—Mate TC 系统常用 G 代码及其功能。

表 5—1　　FANUC 0i—Mate TC 系统常用 G 代码及其功能

G 代码	组别	功　能	形式
◤ G00	01	快速定位	模态
G01		直线插补	
G02		顺时针圆弧插补（CW）	
G03		逆时针圆弧插补（CCW）	
G04	00	暂停	非模态
G27		返回参考点检测	
G28		返回参考点	
G20	06	英制	模态
G21		公制	
G32	01	螺纹切削	
◤ G40	07	取消刀尖半径补偿	模态
G41		刀尖半径左补偿	
G42		刀尖半径右补偿	
G50	00	设定工件坐标系；最大主轴转速设定	非模态
G52		局部坐标系的设定	
G53		机床坐标系选择	
◤ G54	14	选择工件坐标系 1	模态
G55		选择工件坐标系 2	
G56		选择工件坐标系 3	
G57		选择工件坐标系 4	
G58		选择工件坐标系 5	模态
G59		选择工件坐标系 6	

续表

G代码	组别	功　能	形式
G65	00	宏程序调用	非模态
G66	12	宏程序模态调用	模态
G67		宏程序模态调用取消	
G70	00	精加工循环	模态
G71		粗加工循环	
G72		平端面粗加工循环	
G73		仿形车复合循环	
G74		端面深孔钻削循环	
G75		外圆、内孔钻削循环	
G76		螺纹切削复合循环	
G90	01	外圆、内孔单一车削循环	模态
G92		螺纹单一切削循环	
G94		端面单一车削循环	
G96	02	恒线速度功能	模态
◤ G97		恒线速度功能取消	
G98	05	每分钟进给	模态
G99		每转进给	

注：1. 当机床电源打开时，系统通电，标有"◤"符号的G代码被激活，处于默认状态。

2. 不同组的G代码可以在同一程序段中被指定，如果在同一程序段中指定同组G代码，最后指定的G代码有效，而前面的无效。

3. 当机床电源打开时，系统通电，已指定的G20或G21代码保持有效。

4. 00组的G代码为非模态指令，其他组的均为模态指令。

（2）辅助功能指令

辅助功能又称M功能，是机床做一些辅助动作的指令，例如，主轴的旋转、停止，切削液的打开、关闭。ISO标准中规定M功能从M00～M99共100种，不同的数控系统M代码的意义也不完全相同。表5—2所列为FANUC 0i—Mate TC系统M代码及其功能。

表 5—2　　FANUC 0i—Mate TC 系统 M 代码及其功能

M 代码	功　能	形式
M00	程序停止	非模态
M01	程序选择停止	非模态
M02	程序结束	非模态
M03	主轴顺时针旋转	模态
M04	主轴逆时针旋转	模态
M05	主轴停止	模态
M08	切削液打开	模态
M09	切削液关闭	模态
M30	程序结束并返回	非模态
M98	子程序调用	模态
M99	子程序调用并返回	模态

1）M00。程序停止。这里的停止是指程序处于暂停状态，即执行 M00 后，机床所有动作均被切断，如果要重新启动程序，只要按循环启动按钮，程序将从当前的下一段程序恢复运行。例如：

N10 G00 X80 Z2;

N20 M00;

N30 G01 Z－20 F100;

⋮

程序执行到 N20 M00；时进入暂停，这时可进行一些手动动作，如测量工件尺寸、排屑等。需要说明的是，M00 必须单独设一程序段，在 M00 状态按复位键，程序将返回开始位置。

2）M01。程序选择停止。在机床操作面板上有一个“任选停”开关，当“任选停”开关被按下，即此开关处于“ON”的状态，程序执行到 M01 代码时，程序处于暂停状态；当“任选停”开关处于“OFF”的状态，程序执行到 M01 代码时，程序不予理睬，照样往下执行。这说明“任选停”开关对 M01 指令起到控制作用。

3）M02。程序结束。M02 用于主程序最后一段，当执行到 M02 时，说明程序结束，表示程序内所有指令已执行完。此时主轴停、进给停、切削液关、机床处于复位状态。M02 应单独为一个程序段。

4）M03。主轴正转。主轴为 Z 轴，从 Z 轴的负方向往正方向看，顺时针转为主轴正转。

5）M04。主轴反转。从 Z 轴的负方向往正方向看，逆时针转为主轴反转。

6）M05。主轴停止。

7）M30。程序结束并返回。它是指主程序段全部结束，光标返回主程序的第一段，这样下一个工件装夹后，只要按循环启动按钮，程序就从头开始运行，便于批量加工。

（3）进给功能 F 代码

F 为进给指令，F 功能分为以下两种：

1）程序中使用 G98 方式：用 F 指令表示刀具以每分钟的速度进给。

2）程序中使用 G99 方式：用 F 指令表示刀具以主轴每转的速度进给。

每分钟进给与每转进给的关系式为：

$$f_m = f_r n$$

式中　f_m——每分钟进给速度，mm/min；

f_r——每转进给速度，mm/r；

n——主轴转速，r/min。

对于一般数控车床，接通电源便处于 G99 状态，此时程序不需特别指令 G99。F 功能为模态值，一经指令，后面有效，所以，相同的进给速度在后面的程序不必再写。如果 F 有变动，才需重新指令。

（4）主轴功能 S 代码

S 为主轴转速指令，S 后面所加数字直接表示主轴每分钟的转速。例如，指令 S1000 表示主轴转速为 1 000 r/min。某些经济型数控车床，主轴采用双速电动机变速。电磁离合器通过齿轮有级变速，程序中的 S 指令采用 1～2 位数字，每一组数字代表的具体转速可以从主轴箱上的转速表中查到。按照 G 代码的种类不同，S 功能可以分为两种不同的控制。

1）程序中使用 G97 方式。G97 是开机默认值，即指定 S 转速为正常运转的指令。例如，G97 S1500 表示主轴的转速为 1 500 r/min，无论刀具在工件的外圆表面还是在工件的圆心处，转速都不变。与它相对的是 G96 指令，G97 又称取消恒线速度指令。

2）程序中使用 G96 方式。G96 是恒线速度功能，此时 S 后面的数值表示刀具以恒线速度切削，单位为 m/min，由于数控系统是将 X 轴的坐标值作为工件的直径来计算主轴转速的，所以，使用 G96 指令前必须正确设定工件的坐标系。

用恒线速度加工工件的端面，如果刀具移向工件的旋转中心，主轴的转速会越来越高，由公式 $v = n\pi d/1\,000$ 可知，当 $d \to 0$ 时，$n \to \infty$，主轴转速会无限增大，引起飞车。为了防止这种事故，必须对主轴转速进行限制，借助 G50 S __指令来达到此目的。例如：

N10 G50 S2000；

N20 G96 S150；

⋮

这样主轴最高转速将限制在 2 000 r/min 之内。

(5) 刀具功能 T 代码

T 代码为数控车床的换刀指令，用 T 和其后面的数字来指定刀具号和刀具补偿号。数控车床上的刀具号和刀具补偿号有两种形式，一种是 T 后面为两位数字；另一种是 T 后面为四位数字。

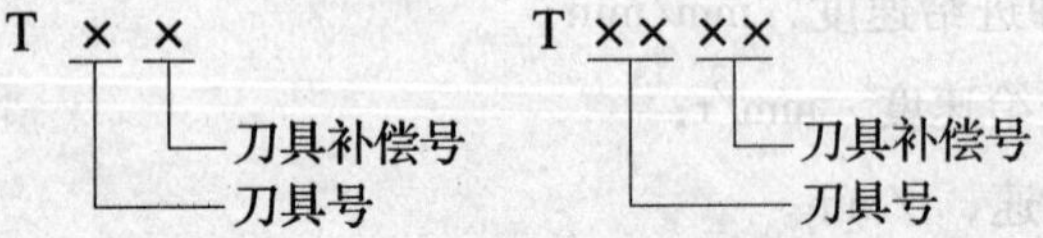

在 FANUC 0i—Mate TC 系统中这两种形式都采用，通常采用 T×××× 的形式，如 T0303 表示 3 号刀具和 3 号刀具补偿。

2. 编程指令的介绍

(1) 快速定位指令（G00）

指令格式：G00 X（U）__ Z（W）__；

该格式中 X（U）__ Z（W）__表示快速定位目标点的终点坐标，X __和 Z __为绝对值编程时的坐标值，U __和 W __为相对值编程时的坐标值。

现以图 5—13 所示尺寸为例介绍程序编制的方法。

G50 X100 Z150；　　　　设定工件坐标系

G00 X36 Z2；　　　　　绝对值编程，刀尖快速移到 X36 和 Z2 处

或 G00 U－64 W－148；　相对值编程

在执行上述程序时，刀尖实际运动路线不是一条直线（不是直线插补的路线），而是一条折线。G00 时，*X* 轴、*Z* 轴快移速度不相同，对于不适合 *X* 轴、*Z* 轴联动的场合，两轴可单独移动，则上面的程序可改为：

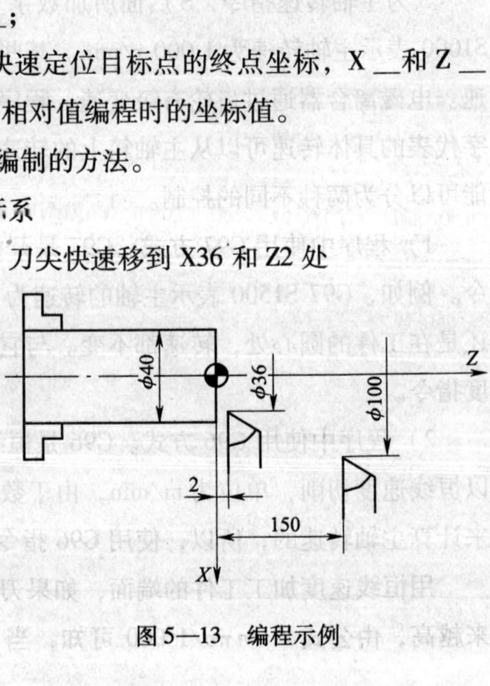

图 5—13　编程示例

G50 X100 Z150；

G00 Z2；

X36；

按这种方式编制的程序路径清晰，可预防撞车。

（2）直线插补指令（G01）

1）指令格式 1：G01 X（U）__ Z（W）__ F __；

该格式中 X（U）__ Z（W）__同 G00 指令中的含义；F __为直线插补时的进给值，可为 mm/min 或 mm/r 两种形式。

现以图 5—14 ~ 图 5—17 所示为例介绍程序编制的方法。

【例 5—1】　按图 5—14 所示的要求用 G01 指令切削外圆柱。其程序为：

G00 X30 Z0；

G01 Z－50 F0.3；

或　G00 X30 Z0；

G01 W－50 F0.3；

【例 5—2】　按图 5—15 所示的要求用 G01 指令切削外圆锥。其程序为：

G00 X25 Z0；

G01 X35 Z－55 F0.3；

或　G00 X25 Z0；

G01 U10 W－55 F0.3；

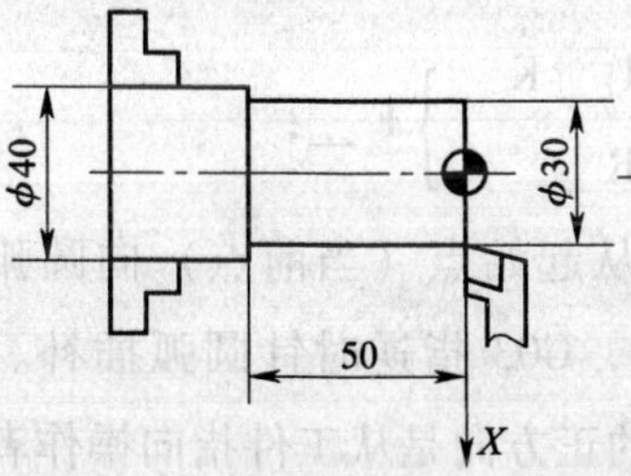

图 5—14　G01 指令切削外圆柱

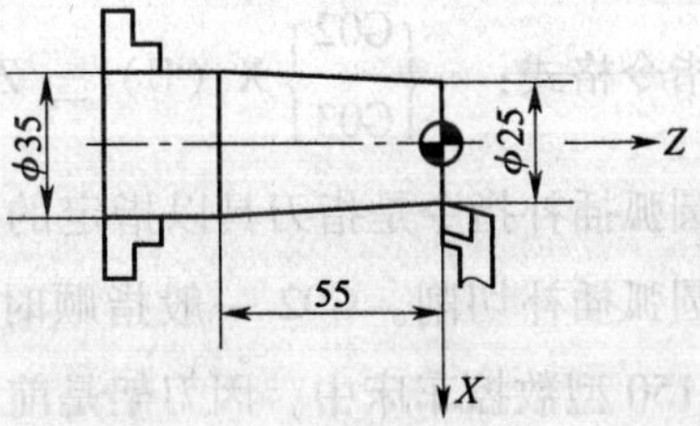

图 5—15　G01 指令切削外圆锥

2）指令格式 2：G01 X（U）__ Z（W）__ C/R __ F __；

这是 G01 指令在编程时一种特殊的用法。

【例 5—3】　按图 5—16 所示的要求倒角。其程序为：

G01 Z－35 C4 F0.5；

X50 C2；

Z－60；

或　　　G01 W－35 C4 F0.5；

U25 C2；

W－25；

【例5—4】　按图5—17所示的要求倒圆。其程序为：

G01 Z－35 R4 F0.5；

X50 R2；

Z－60；

或　　　G01 W－35 R4 F0.5；

U25 R2；

W－25；

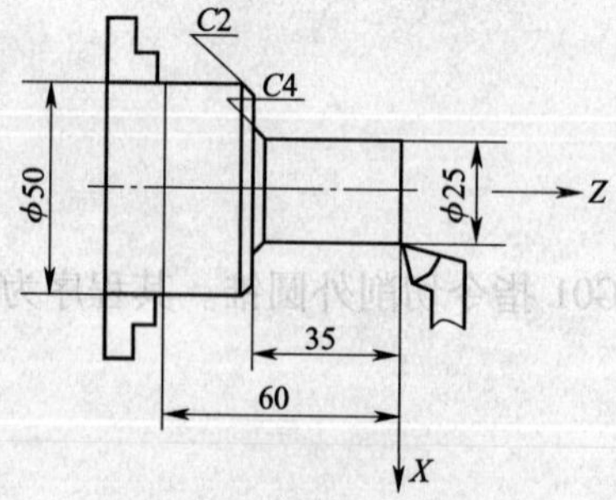

图5—16　倒角

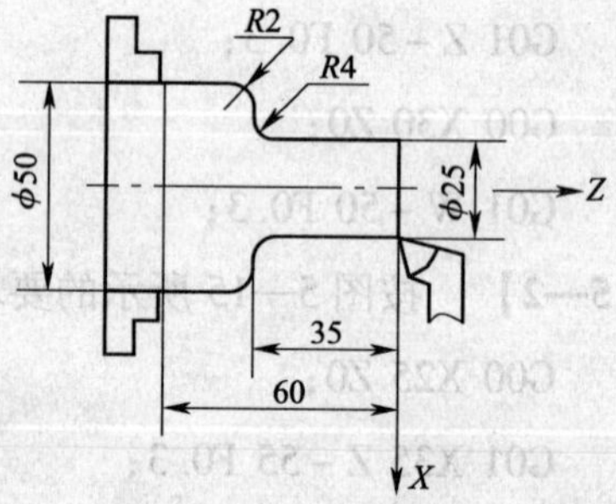

图5—17　倒圆

（3）圆弧插补指令（G02，G03）

指令格式：$\left\{\begin{matrix} G02 \\ G03 \end{matrix}\right\}$ X（U）__ Z（W）__ $\left\{\begin{matrix} I\_\_\ K\_\_ \\ R\_\_ \end{matrix}\right\}$ F __；

圆弧插补指令是指刀具以指定的进给速度，从起始点（当前点）向圆弧终点进行圆弧插补切削。G02一般指顺时针圆弧插补，G03指逆时针圆弧插补。但在CKA6150型数控车床中，因刀架是前置的，*X*轴的正方向是从工件指向操作者，故G02指逆时针圆弧插补，G03为顺时针圆弧插补，如图5—18所示。

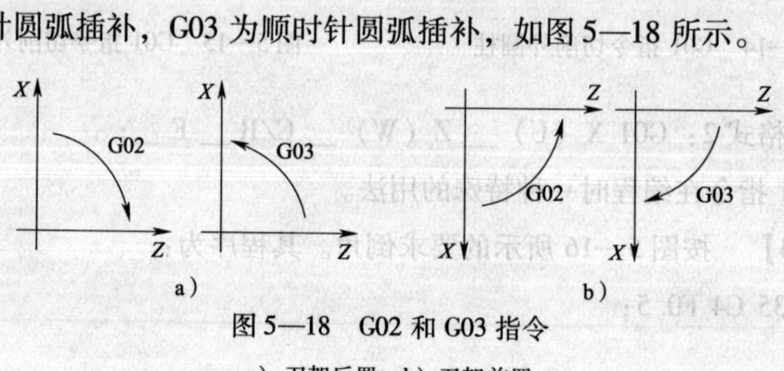

图5—18　G02和G03指令

a）刀架后置　b）刀架前置

在绝对值编程时，X 值、Z 值为圆弧终点坐标值。

在增量值编程时，U 值、W 值为终点相对于始点的距离。

在 G03 指令中，R 值为圆弧半径，R 值有正、负号，当圆弧所对圆心角为0°～180°时，R 取正值；当圆弧所对圆心角为 180°～360°时，*R* 取负值。圆弧半径也可不用 R __表示，而用 I __和 K __表示。I __和 K __的值为圆心坐标值，I __和 K __为圆弧起点到圆弧中心的矢量分别在 *X* 轴、*Z* 轴方向的投影值（具有方向的数值）。I __和 K __的数值规定：I __为圆弧起点（当前点）到圆弧中心在 *X* 方向上的距离，K __为圆弧起点（当前点）到圆弧中心在 *Z* 方向上的距离。I __和 K __的方向是从圆弧起点指向圆心，其正负取决于该方向与坐标轴的方向是异向还是同向。如果是同向则为正，异向则为负。

【例 5—5】　按图 5—19 所示工件的要求编程。

绝对值编程为：

G01 Z－27 F100;　　　　*A* → *B*

G02 X48 Z－35 R8（或 I8）;　　*B* → *C*

G01 X65;　　　　*C* → *D*

增量值编程为：

G01 W－27 F100;　　　　*A* → *B*

G02 U16 W－8 R8（或 I8）;　　*B* → *C*

G01 U17;　　　　*C* → *D*

【例 5—6】　按图 5—20 所示工件的要求编程。

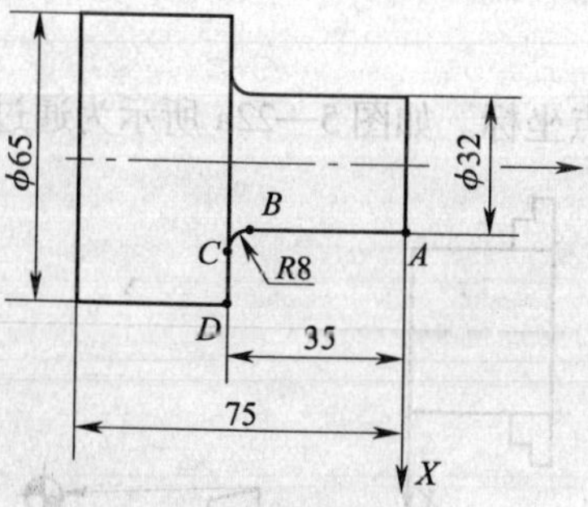

图 5—19　编程例题（一）

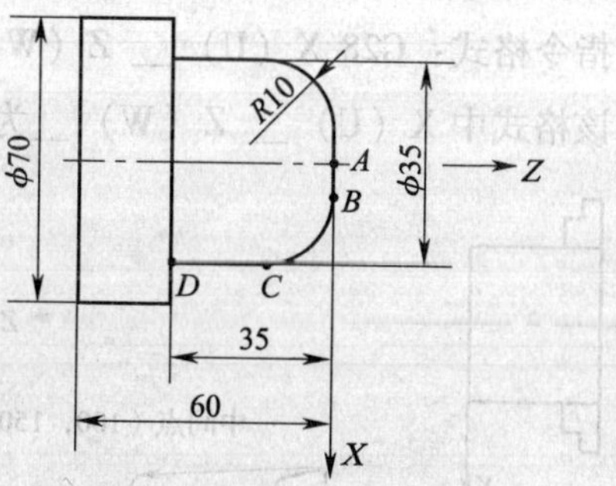

图 5—20　编程例题（二）

绝对值编程为：

G01 X15 F100;　　　　*A* → *B*

G03 X35 Z－10 R10（或 K－10）;　　*B* → *C*

G01 Z－35;　　　　*C* → *D*

增量值编程为：

G01 U15 F100;　　　　　　　　　　　　$A \rightarrow B$

G03 U20 W－10 R10（或 K－10）；　　$B \rightarrow C$

G01 W－25;　　　　　　　　　　　　　$C \rightarrow D$

例题说明： 当 I __和 K __取值为零时可以省略，在 I __，K __和 R __同时给予指令的程序段，以 R __为优先，I __和 K __无效。

（4）暂停指令（G04）

指令格式：　　　　G04 X __;

或　　　　　　　　G04 P __;

该指令为程序暂停指令，可使刀具做短时间的停顿，以起到使加工表面光整的作用，减小表面粗糙度值，主要用于车削环槽、盲孔等场合。

【例 5—7】 按图 5—21 所示的加工要求编程。其程序为：

G00 X42 Z－24;

G01 X36 F100;

G04 X1;

G00 X42;

X __的单位为秒（s）；P __的单位为毫秒（ms），1 s＝1 000 ms。

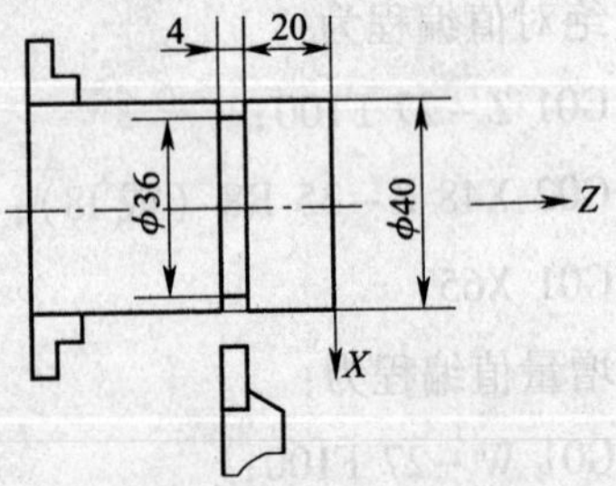

图 5—21　编程例题（三）

（5）自动返回参考点指令（G28）

指令格式：G28 X（U）__ Z（W）__;

该格式中 X（U）__ Z（W）__为中间点坐标。如图 5—22a 所示为通过中间点

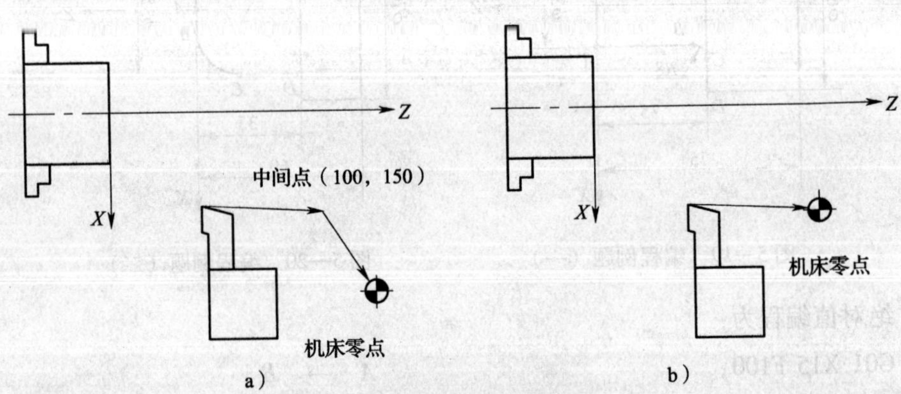

图 5—22　自动返回参考点

a）通过中间点返回　b）直接返回

返回；如果不通过中间点而直接返回机床参考点，可用增量值 U0 和 W0，即中间点为当前坐标值，如图 5—22b 所示。

例如，对图 5—22a 编程为：

G28 X100 Z150；

对图 5—22b 编程为：

G28 U0 W0；

（6）返回参考点检测指令（G27）

指令格式：　G27 X（U）__ Z（W）__；

该格式中 X（U）__ Z（W）__是机床参考点。

G27 是返回参考点的检测指令，检测是否正确地返回了参考点。如果正确返回，参考点的指示灯会亮。若仅一个轴返回参考点，则对应的轴的指示灯会亮。如果定位结束后，被指令的轴没有返回参考点，则会出现报警信号。

（7）公制与英制指令（G21，G20）

G21：公制输入　单位：mm

G20：英制输入　单位：in

数控车床出厂时一般设定为 G21 状态，如果要加工英制零件，输入 G20 即可。输入后，因其为模态指令，一直有效。

（8）螺纹切削指令（G32）

指令格式：G32 X（U）__ Z（W）__ F；

该格式中 X（U）__ Z（W）__为要切削螺纹的终点坐标值，F 为螺纹导程。

螺纹切削指令 G32 是单行程螺纹切削指令，不能进行螺纹切削循环，螺纹单一切削循环的指令是 G92。

由于螺纹切削是从检测主轴上的位置编码器对应信号后开始的，因此，无论进行几次螺纹切削工作，圆周上的始点都是相同的，螺纹切削轨迹是相同的。另外，从粗车到精车主轴的转速必须是恒定的，主轴转速发生变化时，螺纹会产生偏差。

在螺纹切削开始及结束部分，由于伺服系统的滞后会使螺距发生变化，为了对其进行补偿，切削螺纹时应在螺纹两端设置足够长的升速进刀段 δ_1 和降速退刀段 δ_2。

【例 5—8】　按图 5—23 所示的要求切削螺纹。其程序为：

G00 X32 Z3；

U -4；

G32 W -55 F4；

G00 U4；

W55;

U－6;

G32 W－55 F4;

G00 U6;

W55;

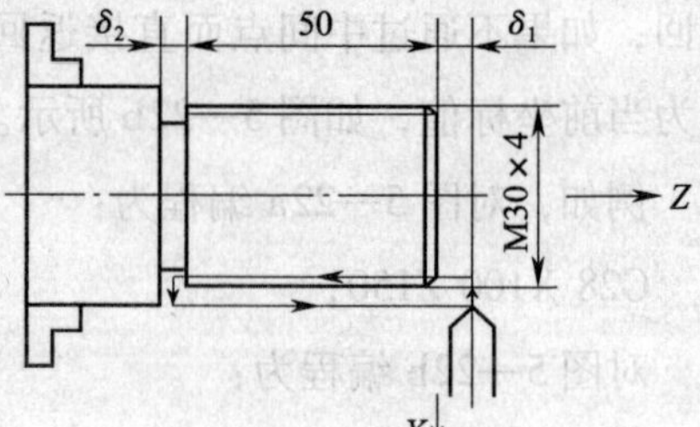

图 5—23 螺纹切削

例题说明：（1）螺纹切削指令 G32 可以切削圆柱螺纹、圆锥螺纹和端面螺纹。

（2）螺纹切削运动中进给信号无效，进给速度被限制在 100%。

（3）螺纹切削运动中进给暂停无效。

（4）如果用单程序段进行螺纹切削，在执行第一个非螺纹切削的程序段之后刀具才能停止。

（9）刀尖半径补偿功能指令（G40，G41，G42）

作为数控车床的车刀在进行加工时都以刀尖为基准进行对刀，进行切削加工。为了延长刀具寿命，降低工件的表面粗糙度值，实际加工中的车刀刀尖不是理想的尖锐的一个点，而是一个半径不大的圆弧。由于切削点沿着圆弧不断地变化，故加工时会产生尺寸误差。对于尺寸精度要求高的产品，这种误差是不允许的，必须对因车刀刀尖圆弧引起的误差进行补偿，才能加工出高精度的零件。

车刀刀尖圆弧是引起加工误差的原因。如图 5—24 所示为一个刀尖的放大图，在数控编程中，常常把刀尖 C 看做一个尖点，工件轮廓上每个点都被看做刀尖到达的位置。在实际对刀时，把刀具的 A 点作为端面切削点，B 点作为外圆切削点。在切削加工过程中，切削斜面或圆弧时，切削点是在圆弧 AB 之间变化的，而不是假想的刀尖 C。由于实际运动轨迹和假想刀尖运动轨迹不一致，就造成了加工时可能出现的误差，如图 5—25 所示。

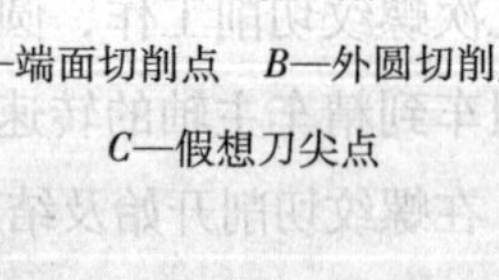

图 5 24 刀尖的放大图

A—端面切削点 B—外圆切削点

C—假想刀尖点

如图 5—25 所示，用带有刀尖圆弧的车刀车削端面以及外圆、内孔等与轴线平行的表面时是不会产生误差的。但在进行倒角、车削锥面及圆弧面时则会产生误差。图 5—25 中 $A_2 \to A_3$ 和 $A_4 \to A_5$ 发生少切现象，而在 $A_6 \to A_7$ 出现过切现象。使用刀尖半径补偿功能指令 G41 和 G42 可以消除加工误差。

1）有关指令

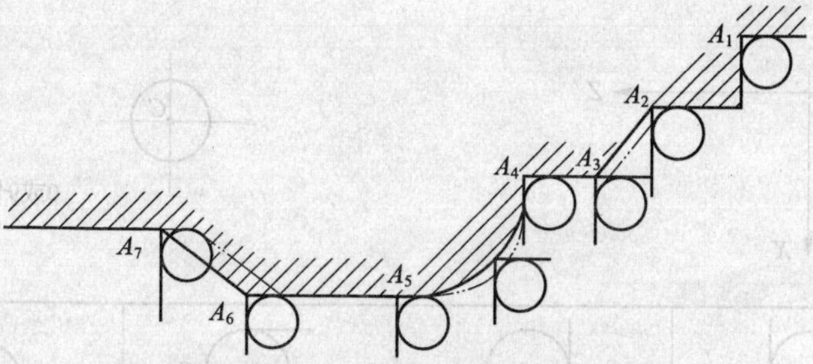

图 5—25　刀尖实际运动轨迹和假想运动轨迹

G40：取消刀具半径补偿。

G41：刀具半径左补偿，即沿刀具前进方向看刀具位于工件的左侧。

G42：刀具半径右补偿，即沿刀具前进方向看刀具位于工件的右侧。

以上规定在后置刀架的数控车床上适用，如果是 CKA6150 经济型前置刀架的数控车床，G41 和 G42 指令的定义正好相反，G41 为刀具半径右补偿，即沿刀具前进方向看刀具位于工件的右侧。G42 为刀具半径左补偿，即沿刀具前进方向看刀具位于工件的左侧，如图 5—26 所示。

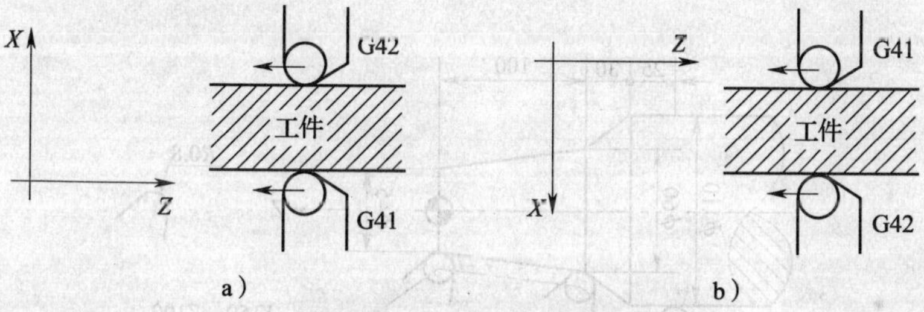

图 5—26　G41 和 G42 指令

a）刀架后置　b）刀架前置

2）刀尖方位的确定。车刀假想刀尖相对于刀尖圆弧中心的方位叫做刀尖方位，如图 5—24 所示，即 C 点相对于 O 点的位置。在使用刀尖半径补偿中，这个位置直接影响刀尖半径补偿的运算结果。如图 5—27 所示，车刀假想刀尖相对于车刀圆弧中心的位置共有八个位置代码，分别为 1 号、2 号、……、8 号。假定刀尖取车刀圆弧中心位置代码为 0 号或 9 号，这时可以理解为没有半径补偿。

以 CKA6150 型数控车床为例，刀尖方位代码如图 5—27 所示。

3）刀尖半径补偿必须遵循的规则

①G40，G41，G42 只能与 G00 和 G01 结合编程，不允许与 G02 和 G03 等其他指令结合编程，否则将报警。

②在编入 G41，G42 的 G00 与 G01 程序段以后的两个程序段中，坐标值 X 和 Z 要有变化，否则将报警。

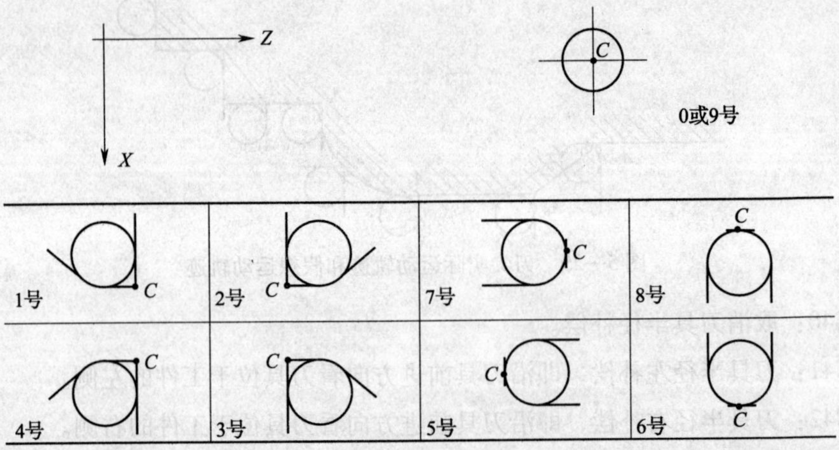

图 5—27　刀尖方位代码

③在调用新的刀具前，必须取消刀具补偿，否则也将产生报警。

【例 5—9】　精车如图 5—28 所示零件的一段圆锥外表面，使用 02 号车刀，刀尖圆弧半径为 0.8 mm，02 号车刀的刀尖半径补偿值见表 5—3。

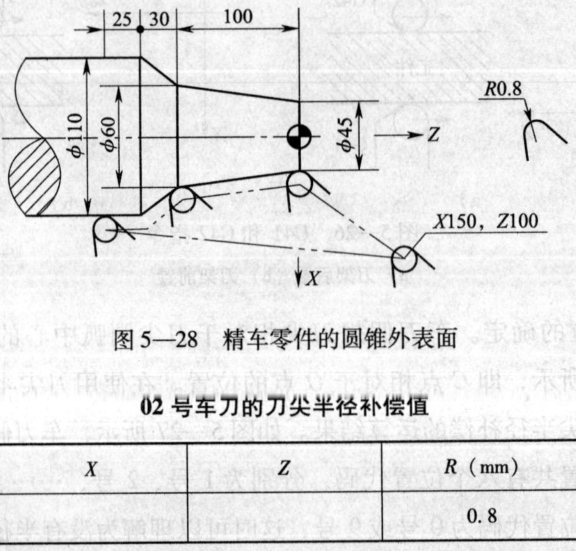

图 5—28　精车零件的圆锥外表面

表 5—3　　02 号车刀的刀尖半径补偿值

刀补号	X	Z	R（mm）	T
02			0.8	3

表 5—3 中 X 和 Z 为刀具几何形状和磨损补偿。R 为刀具半径。T 为假想刀尖方位代码，这里为 3 号。

其程序为：

O0001；

N10 G00 X150 Z100 T0202；

N20 G42 X45 Z0;

N30 G01 X60 Z - 100;

N40 X110 Z - 130;

N50 Z - 155;

N60 G40 G00 X150 Z100;

(10) 设定工件坐标系指令 (G50)

指令格式：G50 X __ Z __;

其格式中：X __ Z __为工件坐标系中的一点。

G50 设定工件坐标系是在程序中编制的，当程序阅读到该段时，无论过去的坐标系数值为多少，都将立即转为该工件坐标系当前位置，如图 5—29 所示。其程序为：

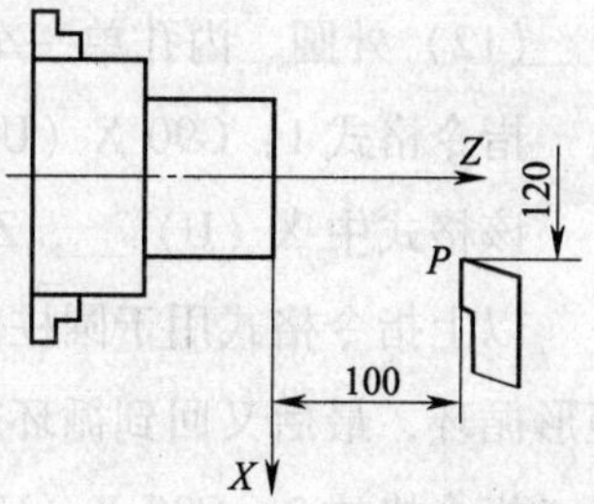

图 5—29　G50 设定工件坐标系

G50 X120 Z100;

若刀具原先的坐标系是：X - 201.5 和 Z - 506.3，当程序执行到“G50 X120 Z100;”时，*P* 点立即将 X120，Z100 作为当前坐标值。

G50 的第二个功能为限制主轴最高转速。

指令格式：G50 S __;

该格式中 S __表示主轴最高转速值，即最高转速控制值。

例如，“G50 S2000;”表示最高转速被限制在 2 000 r/min 以下。

(11) 第一工件坐标系 ~ 第六工件坐标系指令 (G54 ~ G59)

G54 ~ G59 是设定工件坐标系的指令，它是通过 OFFSET 在工件偏置方式下设定工件加工坐标系的。一经设定，工件坐标系的零点在机械坐标系中的位置是不变的，它与刀具的当前位置无关，除非再通过 OFFSET 方式进行更改。

它与 G50 设定工件坐标系的不同点是：G50 指令是通过程序来设定工件坐标系的，它只是设定工件坐标系，而不产生任何动作。而 G54 ~ G59 指令程序可以与 G00 和 G01 指令组合，在选定的坐标系中产生位移。另外，G50 的工件坐标系零点与机械坐标系没有直接的联系，而 G54 ~ G59 的工件坐标系零点与机械坐标系是有直接联系的。它们的工件坐标系零点都是通过机械坐标系零点建立起来的，因此，即使断电后重新启动，只要调用该指令 (G54 ~ G59)，该坐标系也会立即建立起来。如图 5—30 所示为 G54，G55 坐标系。

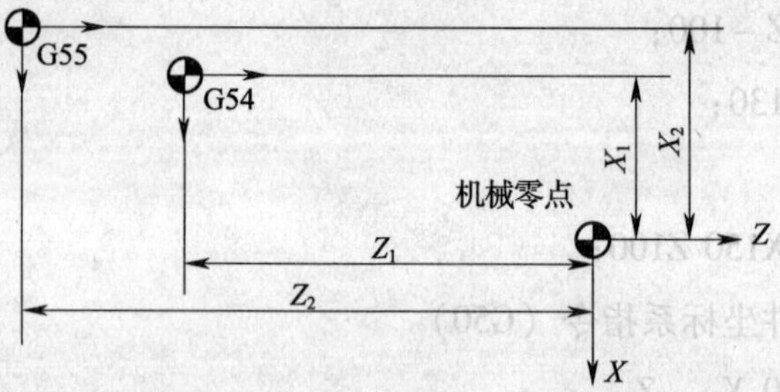

图 5—30　G54，G55 坐标系

（12）外圆、内孔单一车削循环指令（G90）

指令格式 1：G90 X（U）__ Z（W）__ F __；

该格式中 X（U）__，Z（W）__为切削终点坐标值；F __为工进速度。

以上指令格式用于圆柱面切削循环，如图 5—31 所示，刀具从循环起点开始按矩形循环，最后又回到循环起点，图中“R”为快速移动的标志。

指令格式 2：G90 X（U）__ Z（W）__ R __ F __；

该格式中 R __为切削起点与圆锥切削终点的半径差。

以上指令格式用于圆锥面切削循环，如图 5—32 所示，刀具从循环起点开始按梯形循环，最后回到循环起点。

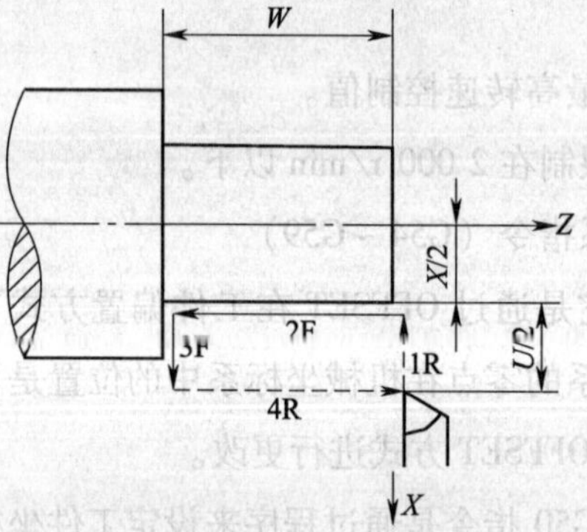

图 5—31　圆柱面切削循环

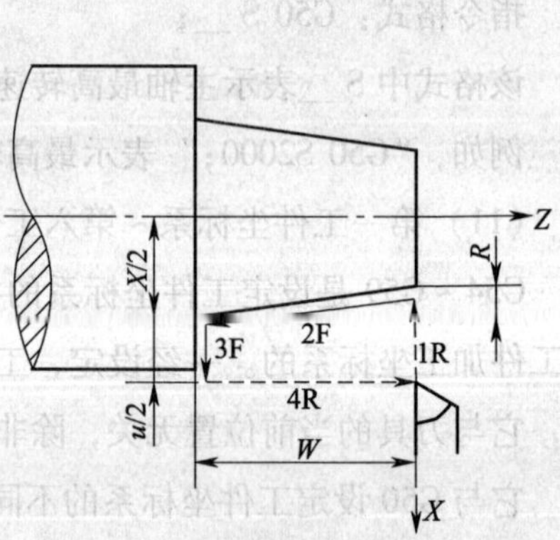

图 5—32　圆锥面切削循环

由于有正锥和倒锥之分，故圆锥切削循环中的 R 值有正、负之分。另外，作为前置刀架和后置刀架又有区别。前置刀架 R 值的正、负分类如图 5—33 所示。车削外锥如图 5—33 中 a，b 所示，车削内锥如图 5—33 中 c，d 所示。

固定循环中的数据 X（U），Z（W）和 R 值都是模态值，在没有指令新的 X（U），Z（W）和 R 值时，以前指令的数据均有效。

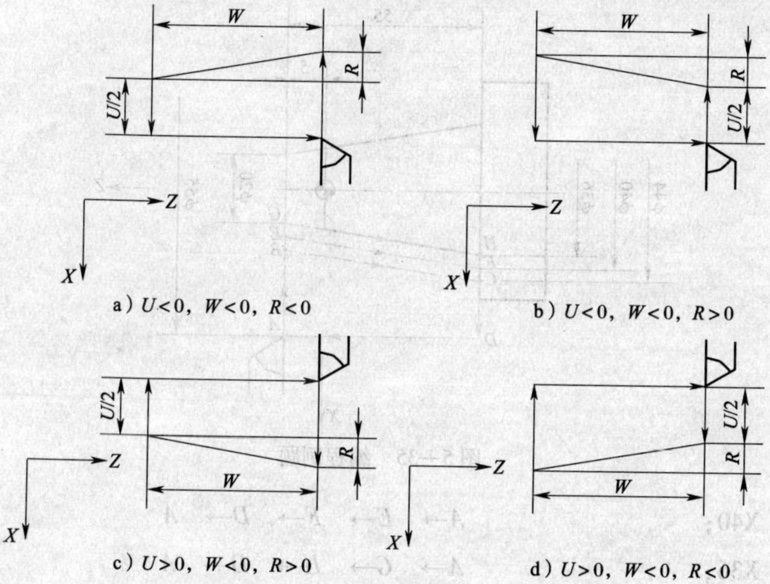

图5—33　前置刀架R值的正、负分类

a），b）车削外锥　c），d）车削内锥

例如，按图5—34所示的加工要求编程。其程序为：

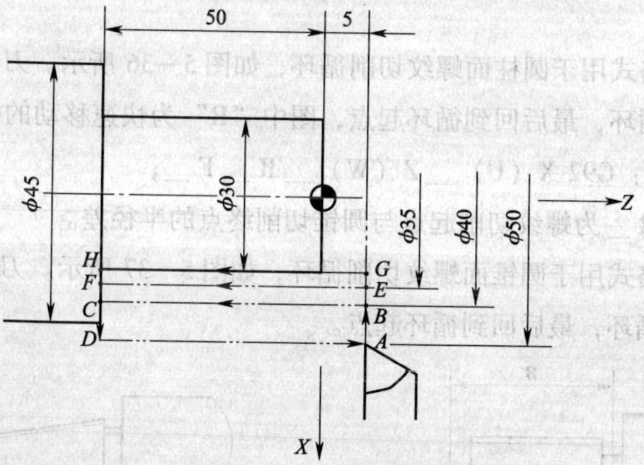

图5—34　编程例题

N10 G00 X50 Z5；

N20 G90 X40 W－50 F30；　　A→　B→　C→　D→　A

N30 X35；　　A→　E→　F→　D→　A

N40 X30；　　A→　G→　H→　D→　A

例如，按图5—35所示的加工要求编程。其程序为：

N10 G00 X55 Z5；

N20 G90 X44 Z－50 R－8 F30；　　A→　B→　C→　D→　A

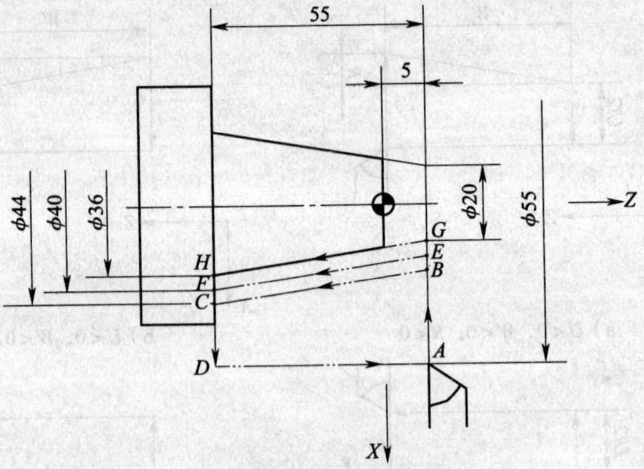

图 5—35　编程例题

N30 X40;　　　　　　　　$A\rightarrow\ E\rightarrow\ F\rightarrow\ D\rightarrow\ A$

N40 X36;　　　　　　　　$A\rightarrow\ G\rightarrow\ H\rightarrow\ D\rightarrow\ A$

(13) 螺纹单一切削循环指令 (G92)

指令格式 1：G92 X (U) __ Z (W) __ F __;

该格式中 X (U) __，Z (W) __为螺纹切削终点坐标值；F __为螺纹导程，单导程为螺距。

以上指令格式用于圆柱面螺纹切削循环，如图 5—36 所示。刀具从循环起点开始按矩形轨迹循环，最后回到循环起点，图中“R”为快速移动的标志。

指令格式 2：G92 X (U) __ Z (W) __ R __ F __;

该格式中 R __为螺纹切削起点与圆锥切削终点的半径差。

以上指令格式用于圆锥面螺纹切削循环，如图 5—37 所示。刀具从循环起点开始按梯形轨迹循环，最后回到循环起点。

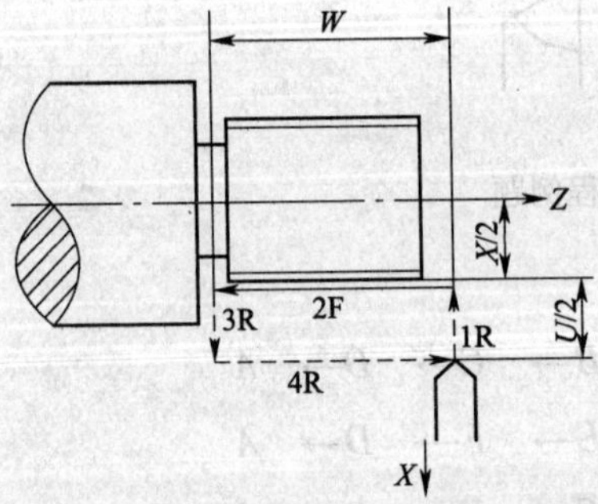

图 5—36　圆柱面螺纹切削循环

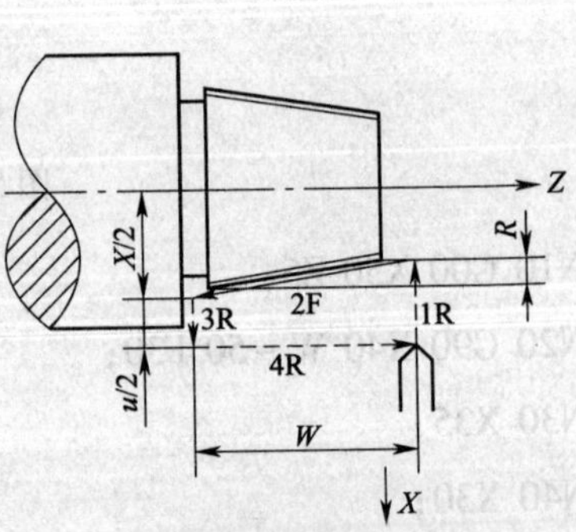

图 5—37　圆锥面螺纹切削循环

圆锥面螺纹切削循环中 R 值也有正、负号，其判断方法与外圆、内孔单一车削循环指令 (G90) 相同。螺纹单一切削循环中 X (U)，Z (W) 和 R 值都是模态值。

【例 5—10】　按图 5—38 所示的加工要求车削圆柱面螺纹，其程序为：

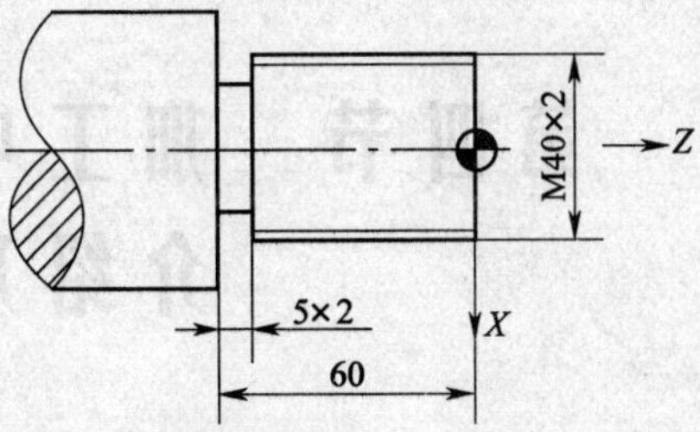

图 5—38　编程例题

O0003；

N10 T0101；

N20 M03 S500；

N30 G00 X41 Z5；

N40 G92 X39 Z－58 F2；

N50 X38. 4；

N60 X38；

N70 X37. 7；

N80 X37. 6；

N90 G00 X100 Z50；

N100 M05；

N110 M30；

（14）端面单一切削循环指令（G94）

指令格式 1：G94 X（U）__ Z（W）__ F __；

该格式中 X __，Z __为端面切削终点绝对坐标值；U __，W __为端面切削终点相对于循环起点的增量坐标值；F __为工进速度。

如图 5—39 所示，以上指令格式用于端面单一切削循环。

指令格式 2：G94 X（U）__ Z（W）__ R __ F __；

该格式中 R __为端面切削始点至终点位移在 Z 方向的坐标增量。

如图 5—40 所示，以上指令格式用于带有锥度的端面单一切削循环，故 R 值也有正、负号。

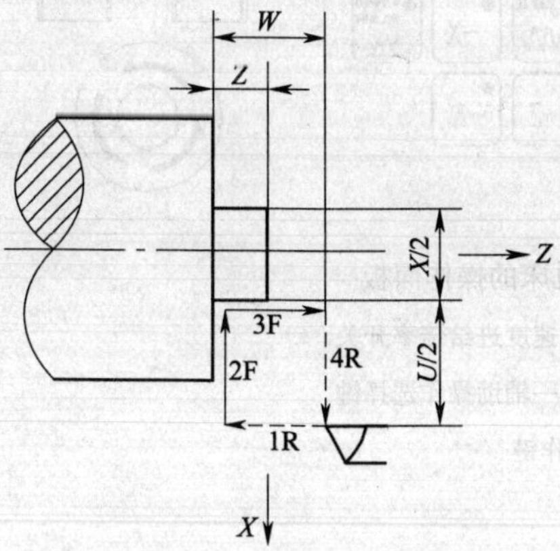

图 5—39　G94 端面单一切削循环

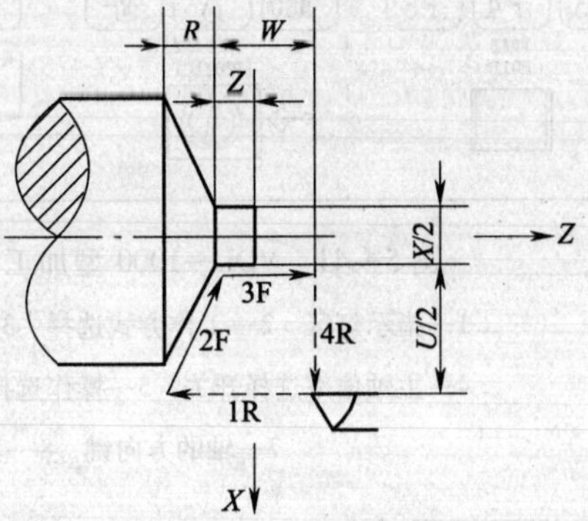

图 5—40　G94 端面带有锥度的单一切削循环

第四节 加工中心机床的操作面板介绍及机床操作方法

这里介绍大连机床集团生产的 VDL—1000 型加工中心机床，该机床配置的系统是 FANUC 0i—MC 数控系统。该数控系统面板与 FANUC 0i—Mate TC 数控系统的面板完全相同，这里就不再赘述。

一、加工中心机床的操作面板

VDL—1000 型加工中心机床的操作面板如图 5—41 所示，其组成及功能如下：

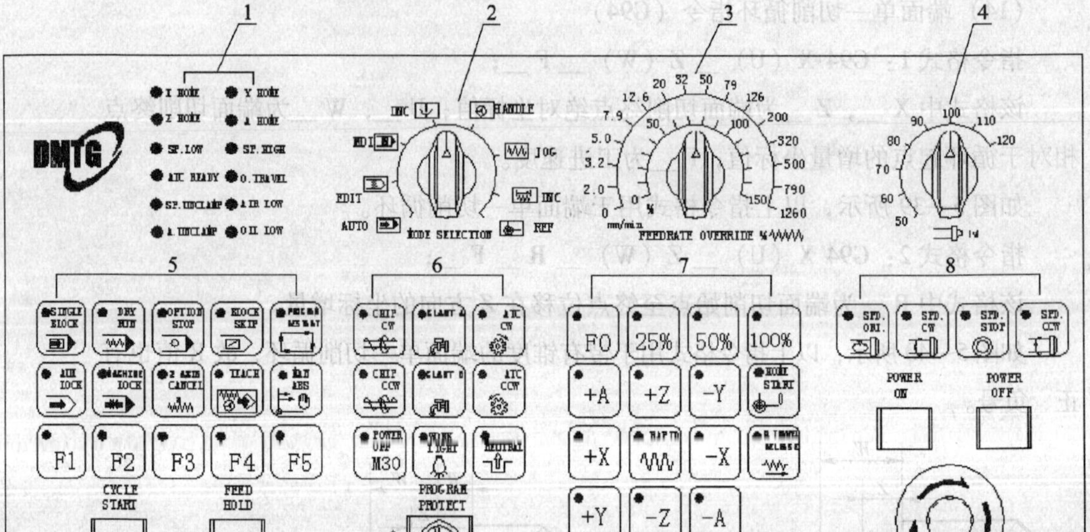

图 5—41 VDL—1000 型加工中心机床的操作面板

1—指示灯区 2—工作方式选择 3—各轴速度进给倍率开关

4—主轴倍率选择开关 5—操作选择键 6—辅助操作选择键

7—轴的方向键 8—其他操作键

1. 指示灯区

图 5—41 中 1 为指示灯区，共 12 个灯，分别表示机床在各种工作方式中的状态。

（1）●X. HOME（Y HOME，Z HOME，A HOME）：四个功能相同的指示灯，分别表示 X，Y，Z，A 四个坐标轴回零后的状态。回零后灯亮，反之灯不亮。

（2）●SP. LOW：主轴低挡指示灯，主轴在低挡位时灯亮。

（3）●SP. HIGH：主轴高挡指示灯，主轴在高挡位时灯亮。

（4）●ATC. READY：刀库准备，灯亮表示刀库状态正常，可执行换刀。

（5）●O. TRAVEL：紧急停止，灯亮表示紧急停止。

（6）●SP. UNCLAMP：主轴松刀指示灯，灯亮表示主轴刀具已松开。

（7）●AIR. LOW：气压不足警示灯，灯亮表示气压不足，须检查气压系统。

（8）●A. UNCLAMP：A 轴松开指示灯，灯亮表示 A 轴（转台）已松开。

（9）●OIL. LOW：油量不足指示灯，灯亮表示润滑油油量不足，须检查油量和油压。

2. 工作方式选择

图 5—41 中 2 为工作方式选择，共 8 个键。

（1） AUTO：自动方式，可自动执行存储在 NC 里的加工程序。

（2）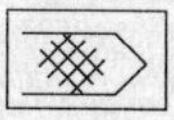 EDIT：编辑方式，可进行零件加工程序的编辑、修改等。

（3） MDI：手动数据输入方式，可在 MDI 界面进行简单程序操作及参数修改等。

（4） DNC：在线加工方式，可通过计算机与机床连线，进行复杂零件的加工。

（5）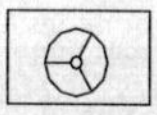 HANDLE：手轮方式，此方式下手摇脉冲发生器有效，可使用其操作各轴移动。

（6）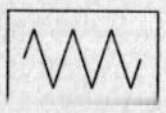 JOG：手动进给方式，使用手动方向键操作机床各轴移动，如果再按 RAPID 键，则快速移动各轴。

（7） INC：增量进给方式，本方式在没有连接手摇脉冲发生器时才有效。

（8） REF：返回参考点方式，可进行各坐标轴的返回参考点操作。

3. 各轴速度进给倍率开关

图 5—41 中 3 为各轴速度进给倍率开关。手动或自动操作各轴的移动时，可通过旋钮开关改变各轴的移动速度。

4．主轴倍率选择开关

图5—41中4为主轴倍率选择开关。手动或自动操作主轴时，旋转开关可调整主轴的转速，并在50%～120%之间变化。

5．操作选择键

图5—41中5为操作选择键，共17个键。

（1）

：单程序段开关。

（2）

：空运行开关。

（3）

：选择停止开关，当其有效程序运行到M01时，程序会自动停止。

（4）

：程序段跳过开关，当其有效，程序运行到“/”时，程序自动跳过“/”执行下一程序段。

（5）

：断点返回开关，程序可重新返回此点。

（6）

：辅助功能闭锁开关，当其有效时，M，S，T为无效。

（7）

：机床闭锁开关，当其有效时，三轴机械被锁定，无法移动，但程序指令坐标仍在显示变化。

（8）

：Z轴闭锁开关，当其有效时，在自动运行时Z轴机械被锁定。

（9）

：示教功能开关，可在手动进给试切削时编写程序。

（10）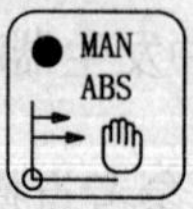

：手动绝对值开关，当其有效，在自动操作中介入手动操作时，其移动量进入绝对记忆中。

（11）[F1]：风冷却控制按钮（选项）。

（12）[F2]～[F5]：备用按钮，为用户有特殊要求时设定，正常情况不使用。

（13）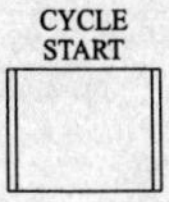

：循环启动键。

（14）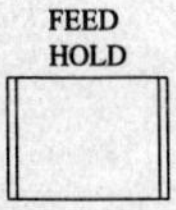

：进给保持键。

6. 辅助操作选择键

图 5—41 中 6 为辅助操作选择键，共 10 个键。

（1）

：排屑正转开关，排屑连续控制。

（2）

：排屑反转开关，排屑点动控制。

（3）

：切削液 1 控制开关。

（4）

：切削液 2 控制开关。

（5）

：刀库正转开关，刀库（ATC）顺时针方向旋转。

（6）

：刀库反转开关，ATC 逆时针方向旋转。

（7）

：M30 自动断电开关，自动状态程序遇到 M30 后，机床将在设定时间内自动关闭电源。

（8）

：工作灯开关。

（9）

：主轴手动齿轮换挡（选项）。

（10）

：程序保护开关，防止未授权人员修改程序内容。

7. 轴的方向键

轴的方向键如图 5—41 中 7 所示，共有 15 个键。

（1）F0 ~ 100%：G00 时，快速进给倍率。

（2）+X 和 -X：*X* 轴正、负方向键。

（3）+Y 和 -Y：*Y* 轴正、负方向键。

（4）+Z 和 -Z：*Z* 轴正、负方向键。

（5）+A 和 -A：*A* 轴正、负方向键。

（6）

：快速进给键。

（7）

：回零开始键，需在工作方式选择 REF 状态下使用。

（8）

：超程解除开关，当其有效时，可以解除超程引起的急停状态。

8. 其他操作键

其他操作键如图 5—41 中 8 所示，共有 7 个键。

（1）

：主轴定向开关，当其有效时，主轴返回定向位置。

（2）

：主轴正转开关。

（3）

：主轴停止开关。

（4）

：主轴反转开关。

（5）

：系统通电开关。

（6）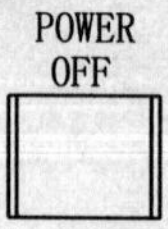

：系统断电开关。

（7）：急停开关。

二、加工中心机床的操作方法

1. 开机方法

（1）电源接通前的检查工作

1）电气柜的门是否关闭。

2）检查润滑装置油面的位置。

3）检查气源是否接好。

4）检查切削液的液面位置。

（2）电源接通的步骤

1）合上机床外的三相电源开关，合上机床电气柜门上的电源开关，再按机床操作面板上的系统通电开关，屏幕显示初始画面，进行自检后进入工作画面。

2）机床系统正常启动后，应做好开机后的检查工作，检查润滑系统是否定时向各润滑点注入润滑油；气阀是否正常工作；气压是否达到标准压力；若有液压站，油压是否正常。

2. 手动操作机床

（1）手动返回机床机械零点

1）把机床操作面板上工作方式选择的旋钮转到[REF]位置，即回零方式。

2）按“+Z”方向键，再按下回零开始键[HOME STAR]，Z 轴向上抬起，到达零点后指示灯亮。再按下“−X”“+Y”键，同时再按下[HOME STAR]键，X 向负向回零，Y 向正向回零。因为 VD—L1000 型机床有 A 轴，故 X 轴向负方向回零，一般加工中心机床的 X 轴都是正方向回零。

注意：① 一般情况下先进行 Z 轴回零，以防止刀具碰撞工作台上的物品。

②如果回零距离不足 30 mm，要在回零前把坐标轴移出一段距离。VDL—1000 型机床回零时先自动向负方向移动一段距离后再回零，可以不做上述移动。

（2）手动移动各坐标轴

手动操作有两种方式，一种是 JOG 方式，另一种是用手摇轮方式。

1）JOG 方式。将工作方式选择的旋钮转到[JOG]位置，屏幕会显示“JOG”标志，即手动方式。按机床操作面板上的方向键“+X，−X，+Y，−Y，+Z，

-Z, +A, -A,”就可以移动各轴或旋转 A 轴，如果需要快速移动（旋转），同时按下快速键RAPID。

2）用手摇轮方式。将工作方式选择的旋钮转到HANDLE位置，把手摇脉冲发生器拿在手中，先选择轴，有 X，Y，Z，A 四个轴供选择。再选择速度倍率，即每转一格轴移动的距离 ×1，×10，×100，手轮上有“+”和“-”标志，选择“+”，X 轴向正方向移动；选择“-”，X 轴向负方向移动，手摇轮方式在“对刀”时用得最多。

（3）主轴的操作

主轴的操作有两种方式，一种是 JOG 方式，另一种是 MDI 方式。

1）JOG 方式。将工作方式选择的旋钮转到JOG位置，再按主轴正转“CW”或反转“CCW”按钮，主轴就可以旋转起来。如果不转，可能是刚开机，没有输入转速，转速可用 MDI 方式输入。在 JOG 方式下让主轴停止，可直接按主轴停止按钮SPD STOP。

2）MDI 方式。将工作方式选择的旋钮转到MDI位置，CRT 显示屏出现“MDI”标志，再按系统操作面板上PROG键，出现 MDI 程序输入画面，即可输入指令。例如，主轴正转：先键入“M03 S300;”，然后按系统操作面板编辑键中的INSERT键，再按循环启动键CYCLE START；主轴停止：先键入 M05，然后重复上面的动作。

（4）刀具的交换操作

VDL—1000 型加工中心机床的刀库是圆盘刀库，带有机械手换刀方式。刀具的交换可使用 MDI 方式和 AUTO 方式，都是先输入换刀程序后再按循环启动键。

换刀程序的主程序如下：

T□□;	要换的刀具旋转到位
M06;	执行换刀程序（采用宏程序）
T□□;	选第二把刀，旋转到换刀位，同时第一把刀进行工件的加工
M06;	换第二把刀
T□□;	选第三把刀，同时第二把刀进行工件的加工
M02;	结束

说明：M06 宏程序中包含 Z 轴返回机械零点的动作。

3．程序的编辑

（1）原有程序的查找

将工作方式选择的旋钮转到EDIT位置，屏幕出现“EDIT”标志，再按系统操作面板上PROG键，出现如图5—42所示的画面，按软键［列表］或［DIR］，系统内存中存储的所有程序的名称全部显示出来。

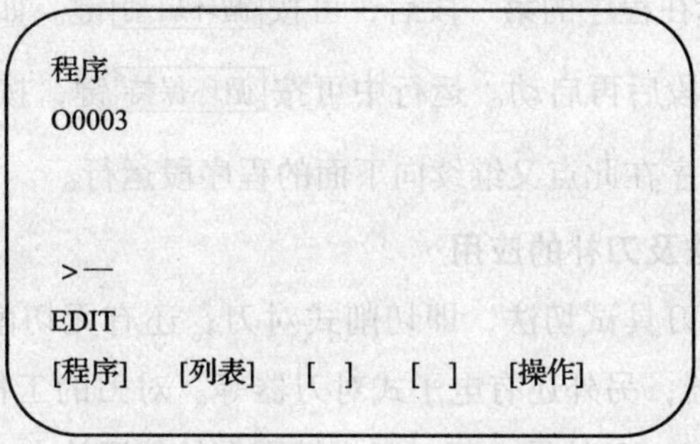

图5—42　程序画面

若要选择其中某个程序，只要输入该程序的名称，按屏幕下面的软键［O搜索］，该程序就会显示在屏幕上。

（2）程序的建立、输入、修改

将工作方式选择的旋钮转到EDIT位置，屏幕出现“EDIT”标志，再按系统操作面板上PROG键，出现如图5—42所示的画面，可输入新程序名称，如输入新程序O0008，然后按INSERT键，屏幕就显示新程序界面。如果该名称在原程序目录中已有，将显示已有，需更换其他名称。

输入程序内容时，按地址/数字键，每段程序结束要按EOB键，输入的内容进入屏幕下的缓冲器“> -”的后面。如果有改动，可按CAN键删除，重新输入后再按INSERT键，进入屏幕的正式程序里。

修改程序内容时，先用光标键把光标移到要修改的字符下面，再输入正确的字符，按替换键ALTER，旧的字符就被新字符代替了。删除程序内容时，用光标键把光标移到要删除的字符下面，按删除键DELETE，光标上的字符就被删除了。

（3）程序的删除

按上述步骤进入“EDIT”和“PROG”显示画面。

输入需要删除的程序名称O××××，然后按下DELET键，即可删除所需要删除的程序。

4．程序的自动运行

（1）首先要调出要运行的程序，方法如前所述。

（2）将工作方式选择的旋钮转到 AUTO 位置，屏幕显示“MEM”（MEMORY）标志，画面有［检视］（CHECK）软键，按下后可显示 X，Y，Z，A 四个坐标当前绝对坐标值的变化以及剩余尺寸的变化。

（3）在确认光标在程序的第一段后，可按 循环启动 键。如果光标不在第一段，则要将光标调入第一段后再启动。运行中可按 循环保持 键，按下后各轴暂停移动，再按 循环启动 键，程序在此点又继续向下面的程序段运行。

5. 实用对刀方法及刀补的应用

常用对刀方式有刀具试切法，即切削式对刀；还有无切削式对刀，如“寻边器”，属机械式对刀器，另外还有电子式对刀器等。对刀的工作原理是确定工件坐标系的零点，一般把 X，Y 的零点相对于机械零点的偏置放在 G54 ~ G59 坐标系中，Z 的零点偏置放在 G43“H”中。下面介绍最普通、实用的刀具试切法。

（1）回机床机械零点，如果机床已回零点，则不必重复。

（2）使用 MDI 方式输入主轴转速，如“S500 M03;”，然后按 INSERT 键，再按下 循环启动 键，此时主轴启动。MDI 方式下欲使主轴停转，可按 RESET 键。

（3）使用 MDI 方式确认刀号。例如，输入“T06;”，再输入“M06;”，按 循环启动 键，主轴换上 T06 号刀具。

（4）确定刀具在工件坐标系上的 X，Y 值

1）将工作方式选择的旋钮转到 HANDLE 位置。

2）按下主轴正转按钮 CW，如主轴以前面设定的 500 r/min 的转速正转。

3）按系统操作面板上 POS 键，再按下屏幕下的软键［综合］，屏幕显示如图 5—43 所示的画面，此画面可显示四个坐标系，要注意机床坐标系。

4）上述准备工作做好后，可以试切对刀。操作手摇脉冲发生器，选择 X 轴，使刀具接近工件，如图 5—44 所示。在工件 X 方向的左侧少量进刀后，沿 Y 向切削一小段，X 方向不动，Z 向抬刀，记录下此时 X 轴的机械坐标值，如 $X_1 = -266.826$。

5）把刀具手摇移动到工件的右侧，少量进刀，切工件右侧一小段（为了后面测量方便），X 方向不动，Z 向抬刀，记录下 X 轴的机械坐标值，如 $X_2 = -133.656$。

6）计算出工件坐标系 X 的值，$X = (X_1 + X_2)/2 = -(266.826 + 133.656)/2 = -200.241$。

7）重复上述步骤 4），5），6），用同样的方法测量并计算出工件坐标系 Y 的值，$Y = -156.63$。

实际位置

相对坐标	绝对坐标
X	X
Y	Y
Z	Z
机床坐标	剩余移动量
X	X
Y	Y
Z	Z

HANDLE

[绝对]　[相对]　[综合]　[手轮]　[操作]

图 5—43　四坐标画面

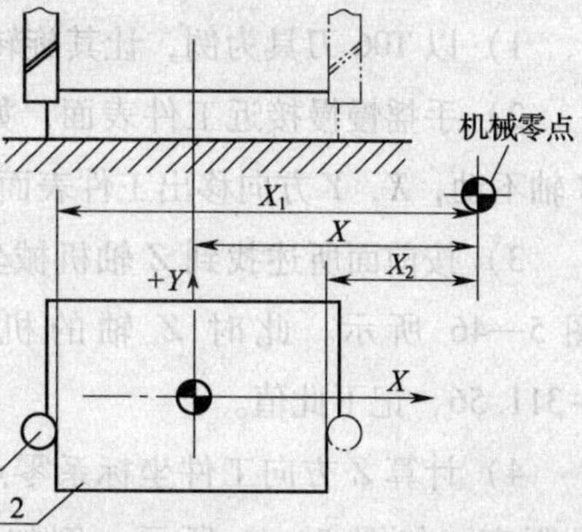

图 5—44　*X* 方向对刀

1—刀具　2—工件

（5）将 *X* 值和 *Y* 值输入工件坐标系 G55 中

1）按下系统操作面板上 OFFSET 键，将工作方式选择的旋钮转到 MDI 位置。

2）按下软键［工件］（英文为 WORK），屏幕显示如图 5—45 所示的对刀画面。

3）移动光标，到 G55 坐标系的 X 处，输入前面计算出的 *X* 值。注意不用输地址 X，按下 INPUT 键。

4）将光标移到 G55 坐标系的 Y 处，输入前面计算出的 *Y* 值，按下 INPUT 键。

5）G55 中的 *Z* 值不要设值，保持原来的零值。

6）输入图 5—45 所示的 G55 中的值。

工件坐标系

（G54）　№　DATA

00	X0.000		
№	DATA	02	X−200.241
EXT	Y0.000	（G55）	Y−156.63
	Z0.000		Z0.000
01	X0.000	03	X0.000
（G54）	Y0.000	（G56）	Y0.000
	Z0.000		Z0.000

>—

MDI

[偏置]　[设定]　[工件]　[操作]

图 5—45　对刀画面

（6）确定工件坐标系 Z 值

1）以 T06 刀具为例，让其旋转起来。

2）手摇慢慢接近工件表面，如图 5—46 所示，在工件表面切削一个小平面，Z 轴不动，X，Y 方向移出工件表面。

3）按前面所述找到 Z 轴机械坐标系的值，如图 5—46 所示。此时 Z 轴的机械坐标值 $Z=-311.56$，记下此值。

4）计算 Z 方向工件坐标系零点距离机械零点的距离，如图 5—46 所示。例如，$Z=Z_1+Z_2$，$Z=-311.56-0.53=-312.09$（Z_2 为试切表面到 Z 轴工件坐标系零点的距离）。

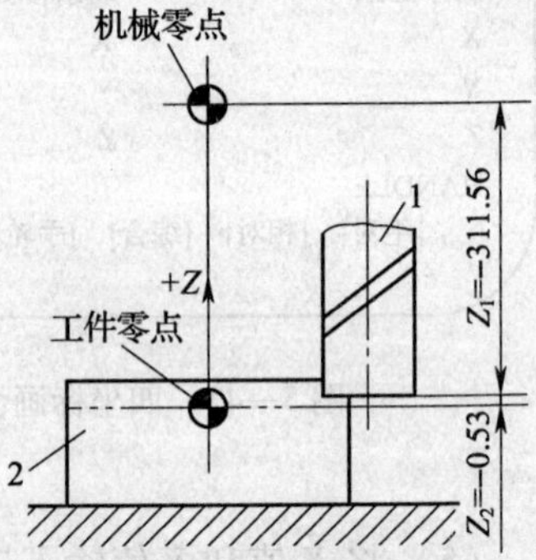

图 5—46　Z 方向对刀

1—刀具　2—工件

（7）将 Z 值输入刀具长度补偿的地址“H”中

1）按下系统操作面板上 OFFSET 键，将工作方式选择旋钮转到 MDI 位置。

2）按下软键［偏置］，屏幕显示如图 5—47 所示的刀具长度偏置画面。通过页面键和光标键，将光标移到要设定补偿值的地方。如 T06：把光标移到 №“006”的位置，如果刀号较大，可输入 006，再按［搜索］软键，即可找到刀号的位置。

偏置

№	外形（H）	磨损（H）	外形（D）	磨损（D）
001				
002				
003				
006	−312.09			

>—

[偏置]　[设定]　[　]　[　]　[操作]

图 5—47　刀具长度偏置画面

3）设定补偿值，先输入值，再按下 INPUT 键，如 $Z=-312.09$，把光标移到“006”行，“外形（H）”列，键入“-312.09”，按 INPUT 键即可。

4）修改补偿值是指在此值基础上增加一个值或减少一个值。若输入一个正值，则在原值上增加这个值；若输入一个负值，则在原值上减少这个值，此时要按软键［+INPUT］。

（8）刀具偏置中长度磨损（H）与刀具半径磨损（D）的应用

1）修正刀具在对刀中产生的误差时，可使用长度磨损（H）与刀具半径磨损（D）。Z 轴方向试切后，Z 尺寸需加长或减少一点，可在“磨损（H）”中进行调整。例如，往“磨损（H）”中输入“-0.1”，即可在原长度（H）方向减少 0.1 mm。“磨损（D）”是刀具半径磨损，可使用“磨损（D）”增加一个值或减少一个值来调整“X，Y”平面加工的尺寸值。输入时把光标移到“磨损（D）”的位置，输入一个值，按 INPUT 键即可。

2）刀具使用一段时间后，刀具本身也会产生磨损，如长度方向会减小，则将减小的值输入“磨损（H）”地址中进行补偿。刀具直径方向的磨损值送入“磨损（D）”地址中进行补偿。英文的磨损为“WEAR”以及“WEAR（H）或 WEAR（D）”，在输入过程中要注意输入位置不要弄错，即输入哪个位置，光标就移到哪个位置。

第五节　加工中心机床的基本编程知识

一、加工中心机床坐标系的知识

1．加工中心机床坐标系的建立

（1）坐标系确定的原则

加工中心机床的刀具与工件有三个方向的相对运动，它比数控车床多了一个 Y 轴，它也是按照右手直角笛卡儿坐标系建立起来的，如图 5—7 所示。坐标系确定的原则如下：

1）坐标系方向的规定。永远假定刀具相对于静止的工件运动。对于实际刀具静止、工件运动的情况，坐标系的方向可反过来考虑。

2）坐标系正方向的规定。增大工件与刀具间距离的方向确定为正方向。

3）坐标系三轴定义的规定。拇指所指方向为 X 轴正方向；食指所指方向为 Y 轴正方向；中指所指方向为 Z 轴正方向。

(2) 加工中心机床坐标系的确定

1) Z 轴坐标方向。与主轴平行的坐标轴为 Z 轴，刀具离开工件为 Z 轴正方向，在钻削、铣削、镗削加工中，钻入、铣入、镗入工件的方向为 Z 轴的负方向。

2) X 轴坐标方向。X 轴坐标方向一般为水平方向，它垂直于 Z 轴且平行于工件的装夹面。对于立式加工中心机床（主轴垂直于工作台），人站在工作台前，从主轴向立柱看，水平向右方向为 X 轴的正方向，刀具移动方向为 $+X$，工作台移动方向为 $+X'$，如图 5—48 所示。对于卧式加工中心机床（Z 轴平行于工作台），则从主轴向工件看，即从机床背面向工件看，向右方向为 X 轴的正方向，刀具移动方向为 $+X'$，如图 5—49 所示。

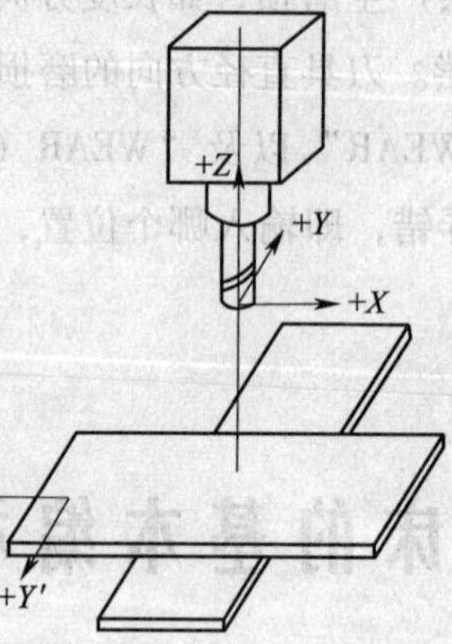

图 5—48　立式加工中心机床坐标系的确定

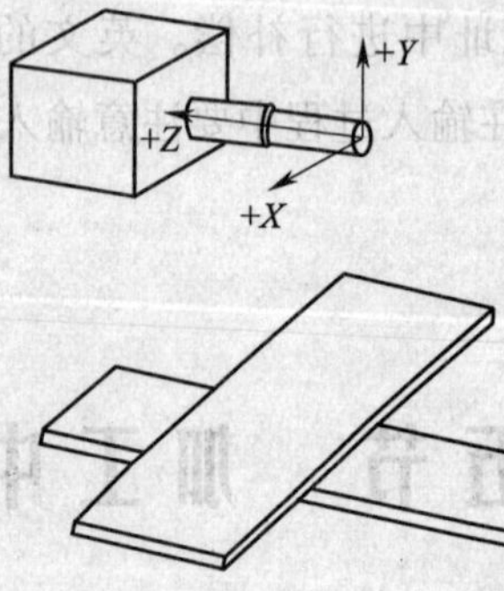

图 5—49　卧式加工中心机床坐标系的确定

3) Y 轴坐标方向。在确定了 Z 和 X 坐标轴后，根据右手笛卡儿坐标系进行判别。

由此可见，坐标系确定的规律为：先根据主轴确定 Z 轴，再确定 X 轴，最后确定 Y 轴。多数立式加工中心机床主轴没有水平方向的移动，工作台承担了 X 和 Y 方向的移动，依据坐标系方向规定的原则，立式加工中心机床的工作台 X 正方向向左，Y 正方向指向操作者，如图 5—48 所示的 $+X'$ 与 $+Y'$。

4) 旋转轴方向。绕 X 轴旋转的轴为 A 轴，绕 Y 轴旋转的轴为 B 轴，绕 Z 轴旋转的轴为 C 轴。A，B，C 轴的正方向按右手右旋旋进方向来确定，如图 5—7 所示。

如图 5—50 所示分别为立式加工中心机床和卧式加工中心机床六轴坐标系的确定。

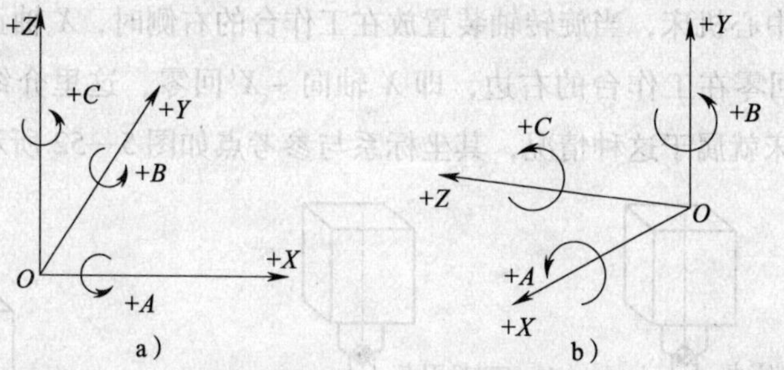

图 5—50　立式、卧式加工中心机床六轴坐标系的确定

a）立式加工中心机床坐标系（旋转轴）　b）卧式加工中心机床坐标系（旋转轴）

2．加工中心机床坐标系中的有关点

（1）机床原点

机床原点是机床上设置的一个固定点，在机床装配及调试时就已调整好，不允许用户更改。它的位置与数控车床有些不同，该点一般设在刀具远离工件的极限点处，即坐标正方向的极限点处，由机械挡块来确定其位置。如果没有机械挡块，其位置就是坐标轴的正极限点处。

（2）机械零点

机械零点又称机床回零点，开机第一步总是要使机床回零。而对伺服轴使用绝对式编码器的机床，开机会自动记忆机械零点的位置，不用进行回零操作，其设置是通过机床参数来设定的。机床不但可以设定回零点，即第一参考点，还可以设定第二、三、四参考点。机床的第一参考点一般称为机床机械零点，工件坐标系就是依据此点转化到工件上的。第二参考点通常被设为换刀点，是 G30 指令返回的那个点。

（3）工件坐标系原点

工件坐标系原点又称工件坐标系零点，是编程的基准点，通常都设置在工件表面的中心或边缘的某个点上。例如，立式加工中心机床 Z 方向的工件坐标系零点一般设在工件的上平面。X，Y 方向有两种情况，当工件是对称的，并关于中心孔对称时，一般放在中心孔的位置；当工件不对称时，一般取工件其中的一个角作为 X，Y 的零点。卧式加工中心机床 Z 方向的工件坐标系零点一般放在靠近刀具的工件表面，X，Y 方向根据具体情况来确定。

（4）换刀点

如图 5—51 所示为立式加工中心机床各参考点的确定，图 5—51a 表示 X，Y，Z 三轴返回机床机械零点；图 5—51b 表示 Z 轴到达换刀点，换刀点设在 Z 轴机械零点的负方向上，工件坐标系零点选在工件的左前角；图 5—51c 表示 Z 轴离开换刀点，又向下移动一段距离，工件坐标系零点选在工件的中心上。对于有些具有 A

轴的立式加工中心机床，当旋转轴装置放在工作台的右侧时，X 轴正方向与前面所述相反，X 轴回零在工作台的右边，即 X 轴向 $-X'$ 回零，这里介绍的 VDL—1000 型加工中心机床就属于这种情况，其坐标系与参考点如图 5—52 所示。

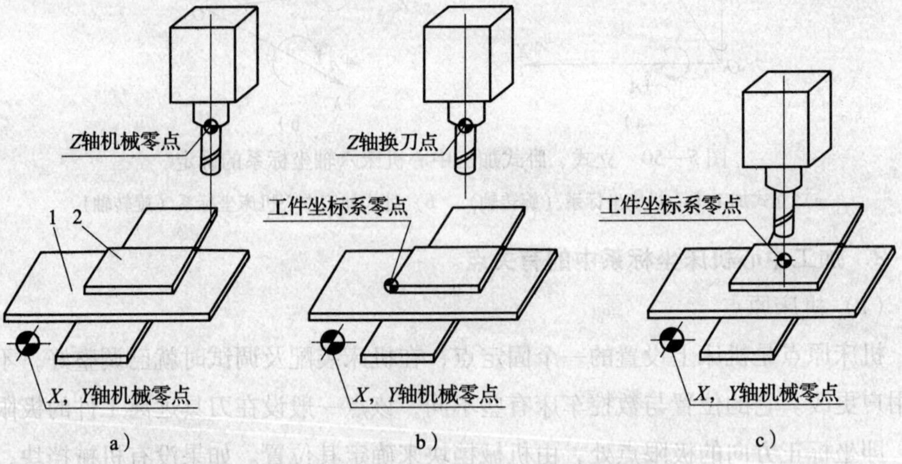

图 5—51　立式加工中心机床各参考点的确定

a）返回机械零点　b）到达换刀点　c）离开换刀点

1—工作台　2—工件

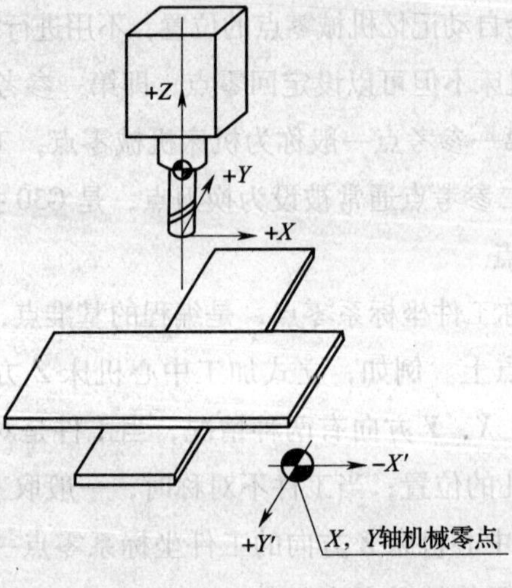

图 5—52　VDL—1000 型加工中心机床坐标系与参考点

二、立式加工中心机床 FANUC 0i—MC 系统的编程基本知识

1. FANUC 0i—MC 的编程代码

FANUC 0i—MC 的编程代码也分为准备功能指令、辅助功能指令以及其他功能

指令三类。

（1）准备功能指令

FANUC 0i—MC 的准备功能指令以 G 代码表示，见表 5—4。

表 5—4 FANUC 0i—MC 的准备功能指令

G 代码	组别	功能	指令格式及说明
◤ G00	01	定位	G00 IP __； IP 为 X，Y，Z 坐标点
◤ G01		直线插补	G01 IP __ F __；
G02		圆弧插补/CW	{G02 / G03} X __ Y __ R __ F __；
G03		圆弧插补/CCW	{G02 / G03} X __ Y __ I __ J __ F __；
G04	00	暂停	G04 X1.5；或 G04 P1500；
G07.1（G107）		圆柱插补	G07.1 IP1； 有效 G07.1 IP0； 取消
G09		准确停止	G09 IP __；
G10		可编程数据输入	G10 L50； 参数输入方式
G11		可编程数据输入方式取消	G11；
◤ G15	17	极坐标指令取消	G15；
G16		极坐标指令	G16；
◤ G17	02	选择 X，Y 平面	G17；
G18		选择 Z，X 平面	G18；
G19		选择 Y，Z 平面	G19；
G20	06	英寸输入	G20；
G21		毫米输入	G21；
G27	00	返回参考点检测	G27 IP __； IP 为指定的参考点
G28		返回参考点	G28 IP __； IP 为经过的中间点
G29		从参考点返回	G29 IP __； IP 为返回目标点
G30	00	返回第二、三、四参考点	G30 P2 IP __；G30 P3 IP __； 或 G30 P4 IP __；
G31		跳转功能	G31 IP __；
G33	01	螺纹切削	G33 IP __ F __； F 为螺纹导程
◤ G40	07	刀尖半径补偿取消	G40；
G41		刀尖半径左补偿	G41 G01 IP __ D __；
G42		刀尖半径右补偿	G42 G01 IP __ D __；

续表

G 代码	组别	功　　能	指令格式及说明
G43	08	正向刀具长度补偿	G43 G01 Z __ H __;
G44		负向刀具长度补偿	G44 G01 Z __ H __;
G45	00	刀具位置偏置加	G45 IP __ D __;
G46		刀具位置偏置减	G46 IP __ D __;
G47		2 倍刀具位置偏置	G47 IP __ D __;
G48		1/2 倍刀具位置偏置	G48 IP __ D __;
◤ G49	08	刀具长度补偿取消	G49;
◤ G50	11	比例缩放取消	G50;
G51		比例缩放有效	G51 IP __ P __; 或 G51 IP __ I __ J __ K __;
◤ G50. 1	22	可编程镜像取消	G50. 1 IP __;
G51. 1		可编程镜像有效	G51. 1 IP __;
G52		局部坐标系设定	G52 IP __;　IP 为绝对值指定
G53		选择机床坐标系	G53 IP __;
◤ G54		选择工件坐标系	G54;
G54. 1		选择附加工件坐标系	G54. 1 P*n*;　*n* 为 1 ~48
G55	14	选择工件坐标系 2	G55;
G56		选择工件坐标系 3	G56;
G57		选择工件坐标系 4	G57;
G58		选择工件坐标系 5	G58;
G59		选择工件坐标系 6	G59;
G65	00	宏程序非模态调用	G65 P __ L __ <自变量指定>
G66	12	宏程序模态调用	G66 P __ L __ <自变量指定>
◤ G67		宏程序模态调用取消	G67;
G68	16	坐标系旋转	G68 IP __ R __;
◤ G69		坐标系旋转取消	G69;
G73	09	排屑钻孔循环	G73 X __ Y __ Z __ R __ Q __ F __;
G74		左旋攻螺纹循环	G74 X __ Y __ Z __ R __ P __ F __;
G76		精镗循环	G76 X __ Y __ Z __ R __ Q __ P __ F __;
◤ G80		固定循环取消	G80;

续表

G代码	组别	功 能	指令格式及说明
G81	09	钻孔循环，锪孔、镗孔循环	G81 X _ Y _ Z _ R _ ;
G82		钻孔循环	G82 X _ Y _ Z _ R _ P _ ;
G83		排屑钻孔循环	G83 X _ Y _ Z _ R _ Q _ F _ ;
G84		右旋攻螺纹循环	G84 X _ Y _ Z _ R _ P _ F _ ;
G85		镗孔循环	G85 X _ Y _ Z _ R _ F _ ;
G86		镗孔循环	G86 X _ Y _ Z _ R _ P _ F _ ;
G87		反镗孔循环	G87 X _ Y _ Z _ R _ Q _ F _ ;
G88		镗孔循环	G88 X _ Y _ Z _ R _ P _ F _ ;
G89		镗孔循环	G89 X _ Y _ Z _ R _ P _ F _ ;
◤ G90	03	绝对值编程	G90 G01 X _ Y _ Z _ F _ ;
G91		增量值编程	G91 G01 X _ Y _ Z _ F _ ;
G92	00	设定工件坐标系	G92 IP _ ;
G92.1		工件坐标系预置	G92.1 X0 Y0 Z0;
◤ G94	05	每分钟进给	G94; (mm/min)
G95		每转进给	G95; (mm/r)
G96	13	恒线速度	G96 S×××; (如200 m/min)
◤ G97		每分钟转速	G97 S×××; (如800 r/min)
◤ G98	10	固定循环返回初始点	G98 G81 X _ Y _ Z _ R _ F _ ;
G99		固定循环返回 *R* 点	G99 G81 X _ Y _ Z _ R _ F _ ;

注：1. 表中◤为机床开机默认代码。

2. 当电源接通或复位时，系统中G20或G21保持不变。

3. 00组G代码中除G10和G11外都是非模态代码。

4. 不同组的G代码在同一程序段中可以设定多个，它们将被逐个执行。但在同一程序段中设定同组的多个G代码时，只能执行最后指定的G代码。

5. 如果在固定循环中设定了01组的G代码，则固定循环取消，该功能与指令G80相同。

（2）辅助功能指令

辅助功能指令以M代码表示，FANUC 0i—MC的常用M代码功能见表5—5。

表 5—5　　FANUC 0i—MC 的常用 M 代码功能

序号	代码	功能	序号	代码	功能
1	M00	程序暂停	7	M30	程序结束
2	M01	程序选择停止	8	M06	刀具交换
3	M02	程序结束	9	M08	切削液开
4	M03	主轴正转	10	M09	切削液关
5	M04	主轴反转	11	M98	调用子程序
6	M05	主轴停止	12	M99	返回主程序

（3）其他功能指令

1）坐标功能。编程中的坐标尺寸写在 X，Y，Z 的后面；角度值写在 A，B，C 的后面；圆心坐标尺寸写在 I，J，K 的后面，I 对应 X 轴，J 对应 Y 轴，K 对应 Z 轴，以上各坐标尺寸都有正、负号。

2）公制和英制的选择。G21，选择英制；G20，选择公制。公制单位为 mm，英制单位为 in，1 in =25. 4 mm。

3）数值的单位。X50. 表示 50 mm；X50 无小数点时，表示 50 μm。

4）刀具功能。T 为刀具指令，T 后面可设 4 位数，一般设 2 位数，如 T01，T02，…，T15。

5）进给功能。F 为进给指令。进给功能分为两种，即每分钟进给和每转进给。每分钟进给的单位为 mm/min，每转进给的单位为 mm/r。每分钟进给用 G94 指令，每转进给用 G95 指令。例如：

G94 G01 X20. F100;　　F 进给速度为 100 mm/min，100 后面不用小数点

G95 G01 X25. F0. 2;　　F 进给速度为 0. 2 mm/r

6）主轴功能。S 为主轴转速指令。主轴转速也分为两种，一种是每分钟转速，单位是 r/min；另一种是每分钟线速度，单位是 m/min。每分钟转速用 G97 指令，每分钟线速度用 G96 指令。例如：

G97 S1000;　　主轴转速为 1 000 r/min

G96 S100;　　主轴线速度为 100 m/min

两种转速的换算关系式如下：

$$v=\frac{\pi Dn}{1\ 000}$$

式中　v——切削的线速度，m/min；

D——刀具直径，mm；

n——主轴转速，r/min；

2. 编程指令的介绍

（1）定位指令（G00）

定位指令为模态指令，指令格式：G00 IP __；

说明：1）IP __为坐标点位置，可以是单轴坐标点，也可以是双轴坐标点，还可以是三轴坐标点，即 G00 X __；　G00 X __ Y __；　G00 X __ Y __ Z __；

2）当绝对值指令时，IP __为终点坐标；当增量值指令时，IP __为刀具移动的距离。

3）G00 中 *X*，*Y*，*Z* 轴的移动速度是由机床参数设定的。

4）G00 移动的轨迹一般是折线，也可以是直线，可由机床参数设定。

（2）直线插补指令（G01）

直线插补指令为模态指令，指令格式：G01 IP __ F __；

说明：1）IP 定义同上。F 为刀具切削进给速度，为合成运动的合成速度，不是单轴的速度。

2）G01 移动的轨迹是直线，是起始点与终点坐标的连线。

3）该格式中必须指令 F 值，如果不指令 F 值，系统认为 F 值是零，但 F 值是模态值，只要上一程序段中有 F 值，下一段可不标注。

例如，G01 X50 Y60 F150；

X80；　　　　此段 G01，F __可以不指令

Y90；　　　　此段 G01，F __可以不指令

M02；

（3）圆弧插补指令（G02，G03）

圆弧插补指令为模态指令。圆弧插补指令包括 G02 与 G03，G02 是顺时针圆弧插补，G03 是逆时针圆弧插补。顺时针和逆时针的判断方法是：沿圆弧所在平面，如 *XY* 平面的另一根轴的正方向（*Z* 的正方向）向 *Z* 的负方向看，顺时针为 G02，逆时针为 G03，如图 5—53 所示。

如图 5—54 所示，圆弧插补分别在 G17，G18，G19 三个平面内的指令格式如下：

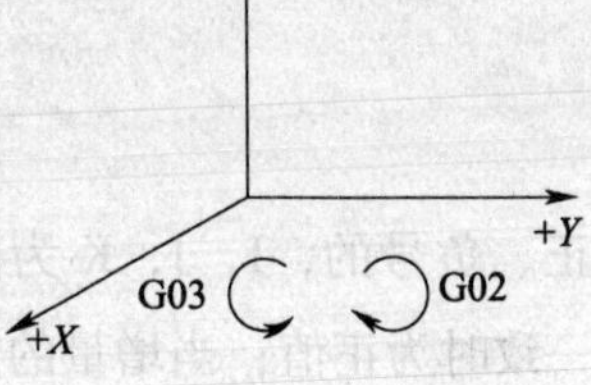

图 5—53　G02，G03 指令

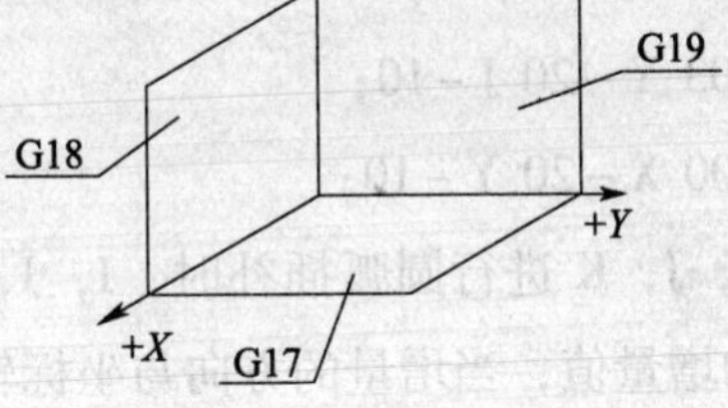

图 5—54　G17，G18，G19 平面指令

指令格式：$G17\begin{Bmatrix}G02\\G03\end{Bmatrix}X\_\_\ Y\_\_\begin{Bmatrix}R\\I\_\_\ J\_\_\end{Bmatrix}F\_\_;$

$G18\begin{Bmatrix}G02\\G03\end{Bmatrix}X\_\_\ Z\_\_\begin{Bmatrix}R\\I\_\_\ K\_\_\end{Bmatrix}F\_\_;$

$G19\begin{Bmatrix}G02\\G03\end{Bmatrix}Y\_\_\ Z\_\_\begin{Bmatrix}R\\J\_\_\ K\_\_\end{Bmatrix}F\_\_;$

说明：1）如图5—54所示，G17为*XY*平面，G18为*XZ*平面，G19为*YZ*平面。

2）X __ Y __ Z __为圆弧终点坐标，其值可以是绝对坐标值，也可以是增量坐标值。采用绝对坐标值时，以工件坐标系零点计算终点坐标值；采用增量坐标值时，以起点为零点计算终点坐标值。R为圆弧半径。

3）I __ J __ K __分别为圆弧起点到圆心在*X*，*Y*，*Z*轴上的增量值。这里的I __对应*X*轴，J __对应*Y*轴，K __对应*Z*轴。F为圆弧插补的进给速度。

【例5—11】　如图5—55所示，刀具从*A*→*B*→*C*→*D*→*A*的程序如下：

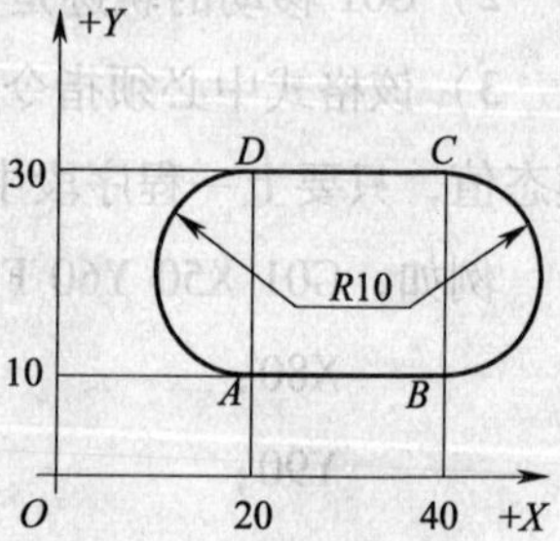

图5—55　刀具从*A*→*B*→*C*→*D*→*A*的路线

（1）使用G90 R __编程（绝对坐标）：

```
G90 G00 X20 Y10;      O→A
G01 X40 F100;         A→B
G03 Y30 R10;          B→C
G01 X20;              C→D
G03 Y10 R10;          D→A
G00 X0 Y0;            A→O
```

（2）使用G91 I __ J __编程（相对坐标）：

```
G91 G00 X20 Y10;
G01 X20 F100;
G03 Y20 J10;
G01 X-20;
G03 Y-20 J-10;
G00 X-20 Y-10;
```

使用I，J，K进行圆弧插补时，I，J，K是有正、负号的，I，J，K为圆心的对应轴上的增量值，当增量的方向与坐标轴的方向一致时为正值；当增量的方向与坐标轴的方向相反时为负值。若I，J，K值为零时，编程时可以省略。

【例 5—12】　如图 5—56 所示，整圆加工的程序如下：

G90 G00 X10;　　　　*X*0→*X*10

G02 I10 F150;　　　　整圆

G00 X0;　　　　　　*X*10→*X*0

整圆加工时，因起点与终点重合，不能使用 R 编程，可以使用 I，J，K 编程，当 I，J，K 为零时可以省略。

【例 5—13】　如图 5—57 所示，*A*→*B* 有两种不同的圆弧，同样是 R30，其中，圆弧 1 是个小圆弧，圆弧 2 是个大圆弧。*A*→*B* 两个圆弧的加工程序如下：

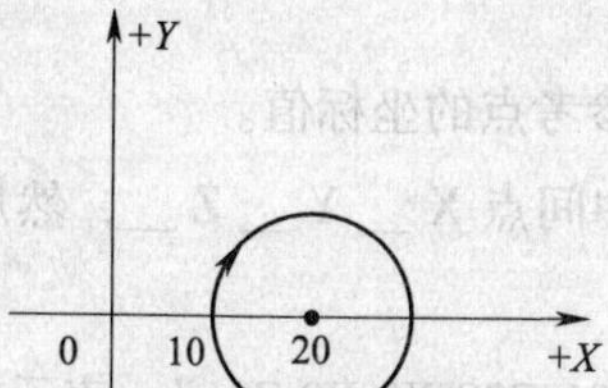

图 5—56　整圆加工

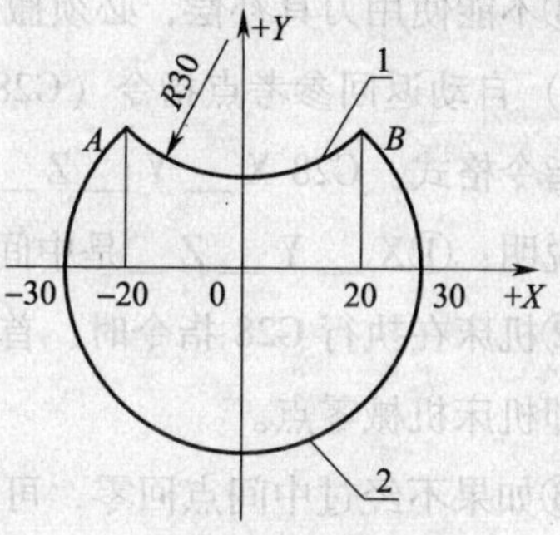

图 5—57　两个圆弧的加工

（1）对圆弧 1：

G90 G03 X20 R30 F100;

G91 G03 X40 R30 F100;

（2）对圆弧 2：

G90 G03 X20 R－30 F100;

G91 G03 X40 R－30 F100;

当圆弧小于 180°时，$R>0$；当圆弧大于 180°时，$R<0$；当圆弧等于 180°时或接近 180°时，应使用 I，J 和 K 指定圆弧中心，此时计算出的圆心坐标可能有误差。

（4）暂停功能指令（G04）

指令格式：G04 X__;

　　　　或　G04 P__;

暂停功能指令为非模态指令。暂停功能指令 G04 可使刀具在短时间内无进给，例如，用 G04 指令在孔底暂停或用于锪孔等加工，使工件的表面粗糙度值降低。

说明：1）X 后面可用小数点编程，其单位是秒（s），如 X2.5 表示暂停 2.5 s。

2）P 后面不可用小数点编程，其单位为毫秒，如 P2500 表示暂停 2 500 ms，即2.5 s。1 s＝1 000 ms。

（5）返回参考点指令（G27，G28，G29，G30）

返回参考点指令为非模态指令。

1）返回参考点校验指令（G27）

指令格式：G27 X __ Y __ Z __；

说明：①X __ Y __ Z __为参考点在工件坐标系中的坐标值，一般指机床机械零点。

②执行 G27 指令时必须在系统通电后已返回过一次参考点。

③不能使用刀具补偿，必须撤销后再执行该指令。

2）自动返回参考点指令（G28）

指令格式：G28 X __ Y __ Z __；

说明：①X __ Y __ Z __是中间点，不是参考点的坐标值。

②机床在执行 G28 指令时，首先快移到中间点 X __ Y __ Z __，然后再回参考点，即机床机械零点。

③如果不经过中间点回零，可用程序“G91 G28 X0 Y0 Z0;”，表示中间点就是当前坐标点。例如：

G90 G28 X100 Y120 Z50;

刀具先快速定位到（100，120，50）处再返回 *X*，*Y*，*Z* 轴的机械零点。

3）自动从参考点返回指令（G29）

说明：①执行此指令之前必须有 G28 指令所指定的中间点，因为 G29 指令刀具从参考点（即机械零点）先返回中间点，再返回 G29 后面的 X __ Y __ Z __坐标点。

②G29 指令前可用 G90 和 G91 来决定是绝对坐标值还是增量坐标值，如果用 G91，G29 后面的 X __ Y __ Z __是指终点相对于 G28 中间点的增量值。

③G29 指令在编程中有许多限制，建议用 G00 代替 G29 指令。

4）返回第二、第三参考点指令（G30）

指令格式：G30 P2 X __ Y __ Z __；　　返回第二参考点，P2 可省略

G30 P3 X __ Y __ Z __；　　返回第三参考点

（6）工件坐标系指令（G54～G59）

工件坐标系指令为模态指令。工件坐标系的六个指令 G54，G55，G56，G57，G58，G59 是同组模态指令。工件坐标系是把工件坐标系零点设置在机床坐标系中，设置的过程是：选择装夹后工件上的编程零点，找出该点在机床坐标系中的绝

对值，将这些值通过机床操作面板手动输入机床存储器的参数中，如 G54 的 X __ Y __ Z __中，或者 G55 的 X __ Y __ Z __中，这样工件坐标系的零点就存放在机床存储器的 G54 或 G55 中了，当开机运行程序时，程序中只要有 G54 或 G55，工件坐标系就立即会被调用。其具体操作见前面所述。

指令格式：G54；

或 G55；

⋮

或 G59；

说明：1）G54 ~ G59 加工前提前设定好坐标系。在加工中心机床操作中，一般把 *X* 轴、*Y* 轴对刀值存在其中，而 *Z* 轴对刀值存放在刀具长度偏置中。

2）G54 是开机默认值，开机后会立即被调用，故一般把对刀值存放在 G55 ~ G59 中，而不放在 G54 中。

（7）附加工件坐标系指令（G54.1）

附加工件坐标系指令为模态指令。除了 G54 ~ G59 六个坐标系外，还有 48 个附加的工件坐标系。

指令格式：G54.1 P*n*；

其中 *n* 为 1 ~ 48；例如：

G54.1 P1；　　附加工件坐标系 1

G54.1 P2；　　附加工件坐标系 2

⋮

G54.1 P48；　附加工件坐标系 48

G54.1 指令的使用和 G54 ~ G59 完全相同，是一种扩充形式，其目的是使用户有更多的选择余地。

（8）绝对坐标和相对坐标指令（G90，G91）

绝对坐标和相对坐标指令为同组模态指令。

指令格式：G90；

或 G91；

说明：1）G90 称为绝对坐标指令，即程序中各点的位置均以工件坐标系零点为计算的零点。

2）G91 称为相对坐标指令，即程序中各点的位置以增量的形式出现，例如，如图 5—58 所示的 $A \to B$，B 点的坐标值以 A 点为计算零点，而不是以工件坐标系的零点为计算零点。

【例 5—14】 如图 5—58 所示，刀具从 $A \to B$，采用绝对坐标和相对坐标编程。

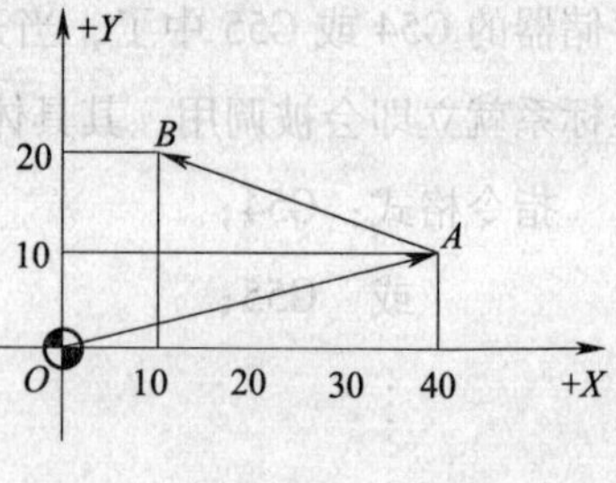

图 5—58　绝对坐标和相对坐标的编程

（1）G90 的程序为：

G90 G01 X40 Y10 F200；

X10 Y20；

（2）G91 的程序为：

G91 G01 X40 Y10 F200；

X－30 Y10；

3. 加工中心机床的换刀功能

（1）带有机械手的换刀程序

1）T 指令与 M06 指令在同一程序段内。例如：

G91 G30 Z0 T08 M06；

执行上述程序时，先执行 G30 指令，G30 指令是回第二参考点，第二参考点即换刀点，然后执行 M06 换刀指令。当执行换刀指令后，再执行 T08 指令。T08 是为下一次换刀准备的，当前换的刀具是在这段程序之前就执行了。采用这种换刀指令的优点是节省了找刀时间，但要注意此次换刀的刀具要提前安排好。如果这是第一道工序，应该在前一段程序中把刀具准备好。

2）T 指令与 M06 指令在不同程序段内，换刀程序如下：

G91 G30 Z0 T10；

M06；

执行上述程序时，先执行 G30 指令，回换刀点，再执行刀具选择指令，将 10 号刀转到当前换刀位置，只有当刀库换位完成后，才能执行下一段刀具交换指令 M06，将 10 号刀具与主轴上的刀具进行交换。用这种方式换刀的特点是换刀时间较长，但刀具号很清楚，不容易出现编程错误。

（2）没有机械手的换刀程序

对于没有机械手的加工中心机床（如 VDL600 型），它是斗笠式刀库与主轴的刀具交换，没有机械手，其换刀程序如下：

M06 T03；

执行程序时，先执行 M06，将主轴上的刀具与刀库中处于换刀位置的空刀位进行交换，即把主轴当前刀具插入刀库的空刀位上；然后刀库开始转位并寻找 T03 刀具，将 T03 刀具转到主轴换刀位置，再执行 M06，将 T03 刀具插入主轴中。这种换刀方式实际上执行了两次 M06 指令。

（3）子程序换刀

在一些加工中心机床中，换刀程序已由机床厂家编好，存放在内存中，换刀时只要调用该子程序即可换刀，方便用户编程。子程序代码通常为 O8999，其程序如下：

1）立式加工中心机床换刀子程序

```
O8999;
M05 M09;
G40 G49 G80;
G91 G28 Z0;
M06;
M99;
```

2）卧式加工中心机床换刀子程序

```
O8999;
M05 M09;
G40 G49 G80;
G91 G28 Z0;
X0 Y0;
M06;
M99;
```

4. 加工中心机床的刀具补偿功能

编程是按图样的轮廓选点，确定各终点的坐标值。但在实际加工中刀具是圆柱形的，刀具用外圆的切削刃切削工件。刀具的轨迹不是刀具的中心线，而是与刀具半径有关，这就存在刀具半径补偿的问题。

另外，刀具的长度也各不相同，如何使 Z 方向的对刀点都统一到工件表面或某个固定点，这就存在刀具长度补偿的问题。

（1）刀具半径补偿指令（G40，G41，G42）

G40，G41，G42 为同组模态指令。

指令格式：G41 G01 X __ Y __ F __ D __；

　　　　　G42 G01 X __ Y __ F __ D __；

该格式中 G41 为刀具半径左补偿；

G42 为刀具半径右补偿；D __刀具半径补偿放在偏置存储器中的地址号。

说明：1）G41 与 G42 的判断方法是：处于补偿平面外另一根轴的正方向，沿刀具移动方向看，当刀具位于切削轮廓的左侧时，称为刀具半径左补偿；当刀具位于切削轮廓的右侧时，称为刀具半径右补偿。

2）刀具号与刀具偏置号可以相同，也可以不同，通常是相同的，这样可防止编程中出现错误，便于检查程序。

【例 5—15】　如图 5—59 所示，对 *O*→*A*→*B*→*C*→*D*→*A*→*O* 路径采用刀具半径补偿指令编程，其程序如下：

```
O0006;
N10 G90 G42 G01 X20 Y20 F100 D01;       刀补建立
N20 X40;                                刀补进行
N30 Y40;                                刀补进行
N40 X20;                                刀补进行
N50 Y20;                                刀补进行
N60 G40 G00 X0 Y0;                      刀补取消
```

例题说明：（1）使用 G41 和 G42 指令时后面必须用 G40 指令取消。

（2）刀具的偏移量存在 D01 中，通常指当前工作刀具是 1 号刀。

（3）使用 G41 和 G42 指令时，不能放在加工段，如 N20，必须放在加工段的前一段，即工件轮廓外的一个程序段中。

（4）使用 G41 和 G42 指令时必须有 G00 或 G01 指令才有效，刀补取消指令 G40 也只能在 G00 或 G01 指令下才有效。如果某个系统支持 G02 和 G03 使用刀补并能取消刀补，也要通过试切无误后方能使用。

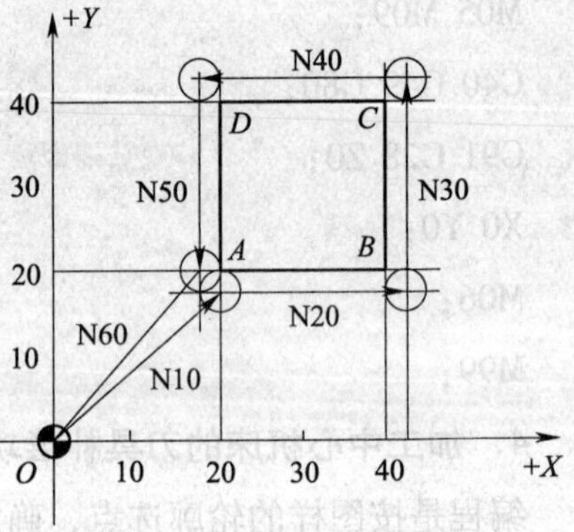

图 5—59　刀具半径补偿

（5）在补偿模式下，机床控制器可以预读两段程序。在此期间，机床控制器要找到当前程序段偏置刀具轨迹与下一个程序段偏置刀具轨迹的交点，以确保机床加工下一个工件轮廓时有一个向外补偿的偏置量，因此，不允许在预读两段程序内存在非补偿平面的移动指令（如“G00 Z10;”）或非移动指令，如“G04 X2;”。

（6）加工中为了保证进刀和退刀在工件上没有接刀痕迹，通常使用切线方向进刀和切线方向退刀。如果不便于沿工件轮廓进行切向或法向切入、切出时，可根据情况增加一个圆弧辅助程序段。

（2）刀具半径补偿的应用

刀具半径补偿功能除了能使编程人员直接按工件图样轮廓编程外，还有其他功能的应用。

1）可以用同一个程序对零件进行粗、精加工。当粗加工时，可以设置偏置量 $D=R+\Delta$，其中 R 为刀具的半径值，Δ 为工件单边精加工余量。这样在粗加工完成后，轮廓单边加工尺寸会比实际轮廓单边增加 Δ。当精加工时，偏置量 $D=R$，在精加工完成后，工件的轮廓与实际轮廓就相同了。如图 5—60 所示为粗、精加工的刀具半径补偿。

2）利用同一个程序加工同一个公称尺寸的凸、凹模。如图 5—61 所示，用同一直径的刀具加工同一个公称尺寸的凸、凹模。例如，在加工凸模时，将偏置 D 设为 $D-0.1$，加工后凸模周边单边会减小 0.1 mm。在加工凹模时，也将偏置值 D 设为 $D-0.1$，加工后凹模尺寸会加大 0.1 mm，这样凸、凹模的间隙就是 0.2 mm。

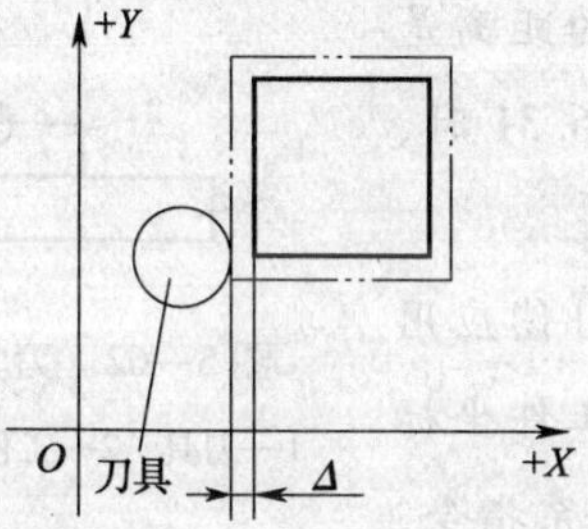

图 5—60　粗、精加工的刀具半径补偿

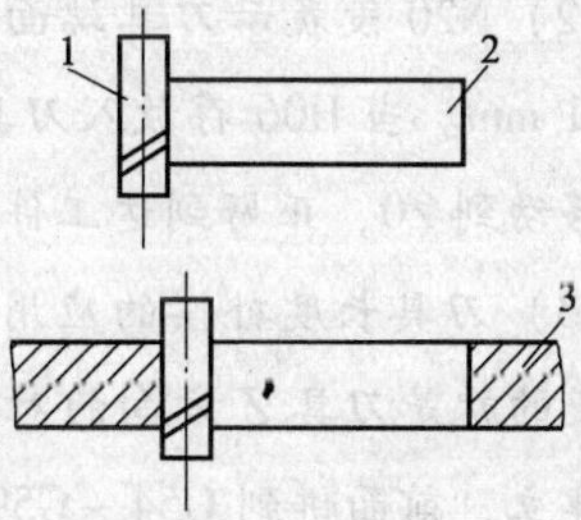

图 5—61　凸、凹模加工的刀具半径补偿

1—刀具　2—凸模　3—凹模

（3）刀具长度补偿指令（G43，G44，G49）

G43，G44，G49 为同组模态指令。

指令格式：G43 H __；

G44 H __；

G49；

该格式中 G43 为刀具长度正补偿；G44 为刀具长度负补偿；H __为刀具的长度补偿在偏置存储器中的地址号；G49 为刀具长度补偿取消。

说明：1）H __为地址号。例如，H01 表示 1 号刀的长度补偿。从理论上说，其值是实际刀具长度与编程设置的刀具长度的差。通常这个编程设置的刀具长度定为 0，这样处理后，G43 中的偏置值 = 实际刀长 - 编程刀长 = 实际刀长；G44 中的偏置值＝编程刀长－实际刀长＝－实际刀长，实际使用时大多是用 G43，而不用 G44，它表示实际刀具比编程刀长要长。

2）G43 和 G44 指令同样要有 G01 和 G00 直线移动指令才有效，如“G43 G01 Z __ H __;”。

3）程序中使用了 G43 和 G44 指令后通常要用 G49 指令撤销。尤其是每次换刀时，必须用 G49 指令撤销该刀具补偿值。

【例 5—16】 如图 5—62 所示，利用 G43 指令把刀具 Z 方向零点移到工件表面。其程序如下：

N10 G91 G28 Z0；

N20 G43 G01 Z0 F100 H06；

其中 H06 为刀具长度补偿值存放地址号。例如，如图 5—62 所示，H06 的值为－206. 31。

例题说明：（1）N10 段表示刀具返回 Z 轴的机械零点，此时刀具端面是 A 点。

（2）N20 段表示刀具端面到工件表面的距离是 206. 31 mm。当 H06 存放入刀具长度为－206. 31 时，刀具移动到 Z0，正好到达工件表面。

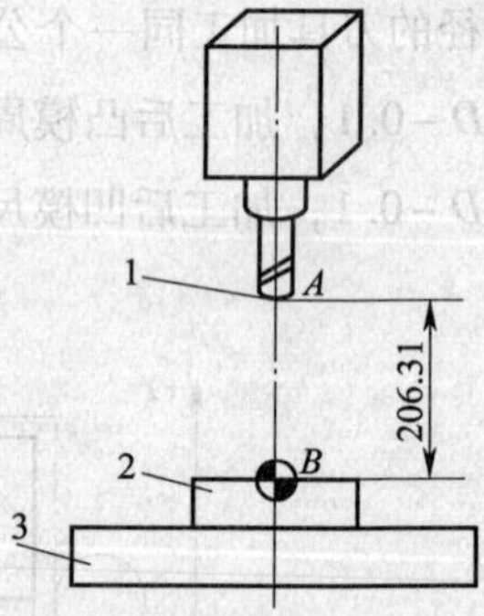

图 5—62 刀具长度补偿

1—刀具 2—工件 3—工作台

（3）刀具长度补偿的应用。刀具长度补偿应用最广泛的就是刀具 Z 方向的对刀。即 Z 轴工件坐标系的建立，前面讲到 G54～G59 是工件坐标系指令，例如，用 G54 设定工件坐标系时，如果把 Z 轴设进去，对于加工中心机床，换刀就很不方便，每换一次刀都要与第一把刀进行比较，存入刀补，当工件坐标系变化时，还要更换刀补，十分不便。

如果用 G54～G59 指令设定工件坐标系时，仅设置 X，Y 方向偏置坐标原点的位置，而 Z 方向不偏置，即为零。而用刀具长度补偿指令 G43 来设置刀具 Z 轴方向的偏置，这样就解决了工件坐标系变化、刀具长度补偿不用变的问题，即一把刀只有一个补偿值，可以去适应每个工件坐标系的变化。

在实际应用中要注意：Z 方向对刀时，每把刀的端面都是以其机械零点为基准到工件表面或某个点的距离，这个距离应是绝对值，把其存入 H 地址中。另外，H 地址号应尽量与刀具号相同，例如，H06 为 T06 号刀具，一一对应，方便校对程序。

5. 加工中心机床子程序的应用

（1）子程序调用指令 M98 和 M99

指令格式：M98 P ××× ××××;

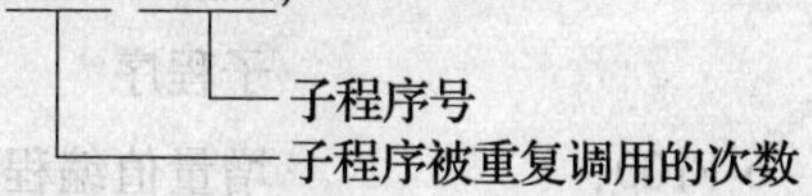

说明：1）被调用的子程序号为 O××××，结束用 M99。

2）子程序可以调用子程序，称为嵌套，嵌套可达四级。

3）若调用子程序 1 次，即“M98　P××××;”，重复调用次数可以不写。

（2）子程序调用指令的应用

1）对于一次装夹后完成多个相同形状工件的加工。编程时只要完成一个轮廓形状的加工程序，然后调用子程序进行加工，就可以完成多个相同形状工件的加工。

【例 5—17】　加工如图 5—63 所示的三个相同外形轮廓的工件，试编写加工程序。

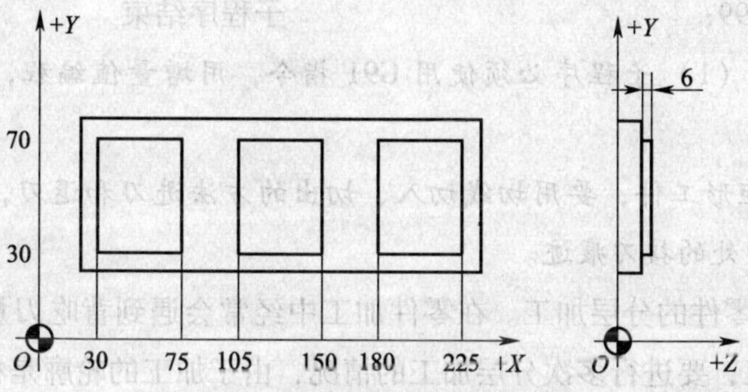

图 5—63　相同外形轮廓工件的加工

（1）主程序为：

O0002;	
G90 G55;	设定工件坐标系零点
M03 S1000;	主轴正转
G00 X0 Y0;	刀具快速移动到 X0，Y0
G43 Z2 H01;	利用 G43 指令，刀具快速移动到 Z2
G01 Z0 F100;	刀具工进到 Z0
M98 P30010;	调用 O0010 子程序 3 次
G90 G00 X0 Y0;	快速返回 X0，Y0
G49;	取消刀具长度补偿
G91 G28 Z0;	返回 *Z* 轴机械零点
M05;	主轴停
M30;	程序结束

（2）子程序为：

O0010；	子程序
G91 G01 Z－6 F100；	增量值编程、刀具进刀
G41 X30 Y20 D01；	刀具半径左补偿，工进到 X30，Y20
Y50；	刀具切削到 Y50
X45；	刀具切削到 X45
Y－40；	刀具切削到 Y－40
X－50；	刀具切削到 X－50
G40 G00 X－25 Y－30；	撤销刀具半径补偿，返回起刀点
Z6；	抬刀 6 mm
X75；	快速平移到 X75
M99；	子程序结束

例题说明：（1）子程序必须使用 G91 指令，用增量值编程，才能实现多次偏移。

（2）对于矩形工件，要用切线切入、切出的方法进刀和退刀，防止在工件上留下进刀、退刀处的接刀痕迹。

2）同一个零件的分层加工。在零件加工中经常会遇到背吃刀量较大，不能一次进刀完成加工，要进行多次分层加工的情况，由于加工的轮廓是相同的，很适合使用子程序调用指令。

【例 5—18】　加工如图 5—64 所示零件的凹模，因凹模不能一次加工成形，经过二次加工完成（工件中间的凹槽已提前加工，留有余量）。试编写加工程序。

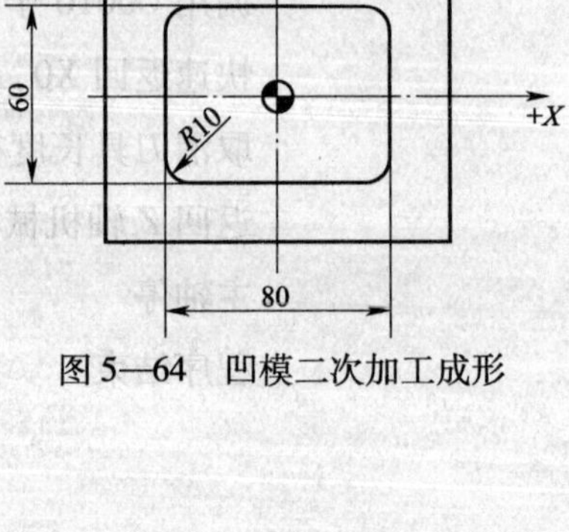

图 5—64　凹模二次加工成形

(1) 主程序为:

O0008;	
G90 G94 G91 G28 Z0.;	返回刀具机械坐标 Z0
G56;	建立工件坐标系
M03 S1200;	主轴正转
G00 X0. Y0.;	快移到 X0, Y0
G43 Z2. H02;	建立 *Z* 向工件坐标系,让刀具移到 Z2 位置
G01 Z0. F150;	工进到 Z0 点
M98 P20009;	调用子程序两次
G90 G00 Z10.;	快速返回 Z10 点
G91 G49 G28 Z0.;	撤销长度补偿,返回机械零点 Z0
M05;	主轴停
M30;	主程序结束

(2) 子程序为:

O0009;	
G91 G01 Z-6. F150;	增量编程,工进进刀到 Z-6. 点
G41 X-10. Y-20. D02;	刀具半径左补偿到 X-10., Y-20.
G03 X10. Y-10. R10. F100;	沿 *R*10 mm 的圆弧切向切入工件
G01 X30.;	*X* 方向增量走刀 30 mm
G03 X10. Y10. R10.;	走右下角圆弧
G01 Y40.;	向右上角走刀
G03 X-10. Y10. R10.;	走右上角圆弧
G01 X-60.;	向左上角走刀
G03 X-10. Y-10. R10.;	走左上角圆弧
G01 Y-40.;	向左下角走刀
G03 X10. Y-10. R10.;	走左下角圆弧
G01 X30.;	到切入点
G03 X10. Y10. R10.;	沿 *R*10 mm 的圆弧切向切出
G40 X-10. Y20.;	撤销刀具半径补偿,返回 *X*, *Y* 零点
M99;	返回主程序

例题说明:(1) 子程序起始用 G91 指令,在第二个子程序循环中,刀具在原来 Z-6 的层面又向下移动 6 mm,实现了分层切削。返回主程序要及时进行 G90 和

G91 模式的转换。

（2）刀具半径补偿指令在子程序中使用时不能被拆分到主程序，如 G41 在子程序，G40 在主程序，是不允许的。

（3）本程序为内腔切削，使用了圆弧切向切入，圆弧切向切出，不会在工件上产生接刀痕迹，从而保证了切入点的表面质量。

第六章

数控机床常见故障与维护

数控机床是集机械、电气、液压、气动为一体的设备，其结构复杂，能实现高速、高精度、高自动化的机械加工，在现代企业生产中占有重要位置。做好数控机床的维护与管理工作，使其出现故障时能尽快得到修复，将关系到企业生产的经济效益。说到故障，人们往往立即联系到某个元件损坏了，其实从数控机床故障出现的概率来分析，由于人为操作和编程引起的故障也占有很大的比重。据有关资料调查表明，由操作、保养和调整不当产生的故障占数控机床全部故障的57%，伺服系统、电源及电气控制部分的故障和有关机械故障占数控机床全部故障的37.5%，而数控系统的故障只占全部故障的5.5%。所以，初学者更应注意操作、编程、调整方面的故障原因。

第一节　常见故障

一、操作引起的故障

1．对于带有液压系统的数控机床，如带有液压卡盘、液压尾座的数控车床等，在开机时如果液压站未启动，主轴没有处于夹紧状态，就不能进行主轴的旋转，有自诊断系统的机床会报警，如果没有自诊断系统，操作者就要自己查找故障原因。

2．对于带有气动装置的数控机床，如数控铣床、加工中心机床等，如果气源没有接通或气压没有达到规定的数值，也无法启动机床，更无法进行刀具的交换。所以，在机床启动前要详细检查气动部分是否正常，检查气压表是否在正常数值内。

3．有些精密数控机床的防护门上带有互锁开关，若防护门或电气柜的柜门没有关严，均不允许开机，这时如果要启动机床，防护门没有关严也要报警。

从以上几例可以看出，数控机床开机时有一定的条件，只有满足这些条件才允许开动机床。因此，在操作数控机床时一定要注意开机前的准备工作，例如，液压站是否正常启动，气源气压是否正常，润滑油箱的油面是否在正常刻线处等。

4．具有增量式编码器的数控机床开机时都必须做回零操作，若开机时一旦忘记回零，就会出现报警信号。有的机床只要按下急停按钮，重新启动时就要求再次做回零操作，这一点也需要引起操作者的注意。

5．要注意操作面板上的操作方式，只有运行自动状态，即“AUTO”状态，才能进行程序的自动运动。在“MDI”方式只能进行手动方式或单个程序段的运行。

二、编程引起的故障

1．程序名的故障

以 FANUC 系统为例，每个程序必须以一个字母开头，后面跟不超过 9 999 的四位数字。如果出现相同的程序名，会出现报警。如果不按要求设定，也会报警。

程序存储量超过规定值也会报警。例如，FANUC OTD 系统只能存储 63 条程序，内存只有 128K。如果超过此数，也会报警，解除方法是删除一些不用的程序段，省出可以利用的空间。

2．数据指令的故障

作为程序段，在程序段后都必须有结束符。如果没有结束符，两个程序段就会连起来执行，就会出现报警。作为 FANUC 系统，结束符有“ * ”和“;”两种。在编程时不要忘记加结束符。

一个程序结束时要用 M02 或 M30 语句结束。M30 要求程序结束后光标返回第一段，故一般都用 M30 结束。子程序要用 M99 结束，如果没有，也会出现报警。

3．小数点的问题

使用 FANUC 系统的数控机床时要注意，有时要强调小数点，一旦忘记输入小数点，系统就认为是“μ”级，即 0.001。例如，用数控车床车槽时，本来只需进给 1 mm，如果采用程序“G01 X58. F0.4;”，操作者要求到 X58. 即停，如果忘记输入小数点，结果变成 X58μ，几乎将此料切断。因此，对于必须添加小数点的系统，一定要仔细检查小数点是否全部写入①。

① 根据系统需要，有的系统通过设定参数，也可不加小数点。

4．关于进给速度 *F* 的指定

进给速度 *F* 有两种形式，一种是分进给，即 mm/min；另一种是转进给，即 mm/r。如果使用转进给时，主轴没有转动，F 指令就不能移动，系统就会报警。

5．关于圆弧与圆弧相切点的精度

两圆弧相切时，切点的精度如果不能达到 0.001，即两圆弧的切点没有重合，系统可能会报警，此时需将切点精确到小数点的后三位。

6．过切报警

使用刀具半径补偿时经常会出现过切报警，尤其是使用 G41 和 G42 指令时要注意走刀路线，只要报警，就需要重新考虑走刀路径的选择。

第二节　机床日常的维护、保养与检修

数控机床的维护与普通机床相比，有许多共同点，从机械结构看更趋于简单，使用的部件更加精密；从电气结构看要复杂得多，又增加了液压、气压等设备。从维护和保养的角度看，需要更加精心，应做到每月检查和分期（1 个月、3 个月、半年、1 年）检查。下面以 CKA6150 型数控车床和 VDL—1000 型加工中心机床为例，分别介绍维护、保养和常见故障的检修。

一、数控车床的维护、保养与检修

1．数控车床的维护与保养项目见表 6—1。

表 6—1　　数控车床的维护与保养项目

维护与保养项目		检查间隔				
		每日	1 个月	3 个月	半年	1 年
1	操作面板、各开关手柄是否显示报警	○				
2	操作面板、电气装置是否有异味，接触面是否磨损，螺钉的松紧情况如何				○	
3	清理操作面板的污物		○			

续表

维护与保养项目		检查间隔				
		每日	1个月	3个月	半年	1年
4	电气柜冷却风扇、操作面板的风扇工作时是否转动	○				
5	安全装置是否正常（报警系统、急停开关）	○				
6	主轴箱润滑泵、集中润滑装置工作是否正常，应及时添加润滑油	○				
7	导轨是否有润滑油，是否充足，刮屑板是否损坏	○				
8	床鞍、滑板等移动件是否有异常噪声和振动	○				
9	外部电缆，尤其是坦克链中的电缆是否折断，绝缘有无破损处	○				
10	主轴箱是否有噪声或振动，是否有异常现象	○				
11	主电动机轴承是否有不正常的声音				○	
12	X 轴、Z 轴伺服电动机的声音和温升是否异常		○			
13	电气柜内各接线螺钉：包括重新紧固接触器和继电器的接线螺钉				○	
14	电气柜外部各接线螺钉：包括重新紧固限位开关、传感器、电磁阀等的接线螺钉				○	
15	各液压、气压管路是否泄漏，切削液管路是否泄漏	○				
16	润滑卡盘、卡爪的移动部位		○			
17	清扫卡盘、刀架、滑板、导轨	○				
18	液压卡盘的回转液压缸是否漏油			○	○	
19	清除卡盘内的切屑					○
20	清洗润滑装置的吸油器					○
21	更换冷却装置的切削液，清洗过滤器箱和切屑盘			○		
22	X 轴、Z 轴反向间隙的检测			○		
23	带松紧程度的检查，外观检查，清理带轮			○		
24	用水平仪检查床身水平					○
25	对立式刀架加注润滑油				○	
26	每两年更换一次 X 轴、Z 轴丝杠两端轴承室内的润滑脂					

2．数控车床常见机械故障的检查方法见表6—2。

表6—2 数控车床常见机械故障的检查方法

	常见机械故障	检查方法
1	X轴方向重复定位不准确	（1）检查中滑板重复定位是否准确 1）检查中滑板丝杠、螺母的固定螺栓是否松动 2）检查中滑板丝杠两端的锁紧螺母是否松动 3）检查中滑板丝杠两端的轴承是否磨损 4）检查X轴伺服电动机齿形带是否磨损 5）检查中滑板镶条是否松动 （2）检查刀架重复定位精度 （3）检查刀尖高度是否与主轴中心线一致
2	Z轴方向重复定位不准确	（1）检查床鞍重复定位是否准确 1）检查床鞍压板是否松动 2）检查齿形带是否磨损 3）检查丝杠两端轴承是否磨损 4）检查丝杠、螺母是否松动 （2）检查主轴轴向窜动是否超差 （3）检查刀架重复定位精度
3	回参考点后启动程序时工件尺寸变化较大	（1）检查回零挡块是否松动 （2）检查回零开关是否松动 （3）检查回零开关是否损坏
4	车削工件时产生锥度	机床水平没有调整好，床身导轨扭曲，应重新调整机床水平
5	车削圆弧过象限时有痕迹	（1）若过象限时出现一段平台，应检查X轴方向丝杠间隙是否过大，如果过大，应调整X轴方向丝杠间隙，可重新在相关参数中予以补偿 （2）若过象限时出现凸出现象，应检查X轴方向丝杠间隙的补偿值是否大于实际间隙，如果过大，应在相关参数中修改其补偿值

二、加工中心机床的维护、保养与检修

1．加工中心机床的维护与保养项目

加工中心机床的维护与保养项目见表6—3。

表 6—3　　　　加工中心机床的维护与保养项目

序号	维护与保养项目	检查间隔：每周	1 周	1 个月	3 个月	半年	1 年以上
1	用水枪等清除机床工作台、防护罩及底盘上的切屑	○					
2	用干净的软布擦干主轴锥孔及端面，并喷上轻质润滑油	○					
3	检查冷却箱中切削液的位置是否在正常刻线之上	○					
4	检查集中润滑装置中油箱的油面是否在正常刻线之上	○					
5	清除刀库及刀库防护罩上的切屑	○					
6	清除机械手上的切屑	○					
7	清除工件上的切屑	○					
8	清除冷却箱接水盘及冷却箱盖上的切屑		○				
9	取下接水盘及冷却箱盖，清除冷却箱内沉积的切屑		○				
10	检查集中润滑装置的压力表是否符合要求		○				
11	用中性清洁剂及软布擦拭机床表面，不得使用有机溶剂		○				
12	检查导轨防护罩是否运动顺畅			○			
13	在刀库的滑道及刀爪上涂润滑油，使其充分润滑			○			
14	更换冷却箱中的切削液，并彻底清除切屑				○		
15	检查主轴箱配重链条是否有非正常磨损或断裂情况，并润滑配重用链条的全长				○		
16	检查并调整机床水平				○		
17	检查所有润滑油管、气动系统和冷却装置的软管是否有破裂之处				○		
18	检查机床接地阻值是否符合标准					○	
19	检查集中润滑装置的滤油器，并清除滤芯及滤油器底部的沉淀物					○	

续表

维护与保养项目		检查间隔					
		每周	1周	1个月	3个月	半年	1年以上
20	更换电气柜中风扇处空气过滤器的滤芯					○	
21	检查气动系统管路是否有泄漏及堵塞处，气压表是否正常					○	
22	必要时更换滚珠丝杠两端轴承的润滑脂，一般每三年更换一次						○
23	必要时更换主轴轴承中的润滑脂，使用10 000 h后可更换一次						

2. 加工中心机床常见机械故障的产生原因及排除方法

（1）主传动链故障的产生原因及排除方法见表6—4。

表6—4　　　　主传动链故障的产生原因及排除方法

序号	故障现象	产生原因	排除方法
1	主轴发热	主轴前、后轴承损伤或轴承不清洁	更换损坏的轴承，清除污物
		主轴前端盖与主轴箱体压盖研伤	修磨主轴前端盖，使其压紧主轴前轴承，轴承转动部分与端盖要有一定间隙
		轴承润滑油（脂）耗尽或润滑油（脂）涂抹过多	涂抹轴承润滑油（脂）时，每个轴承润滑油（脂）的填充量为轴承空间的1/3左右，具体可根据专业生产厂家的技术要求确定
2	主轴在强力切削时停转	电动机与主轴连接的传动带过松	移动电动机座，张紧传动带，然后将电动机座重新锁紧
		传动带表面有油	用汽油清洗后擦干净，再装上待用
		传动带使用过久而失效	更换新的传动带
		摩擦离合器调整过松或磨损	调整摩擦离合器，修磨或更换摩擦片
3	主轴噪声过大	缺少润滑	添加润滑脂，其填充量占轴承空间的1/3左右
		传动轴承损坏或传动轴弯曲	修复或更换轴承，矫直传动轴
		齿轮啮合间隙不均匀或齿轮损坏	调整齿轮啮合间隙或更换新齿轮
		主轴与电动机连接的传动带过紧	移动电动机座，使传动带松紧程度合适
		小带轮与大带轮传动平衡情况不佳	带轮上的动平衡块脱落，重新进行动平衡

续表

序号	故障现象	产生原因	排除方法
4	润滑油泄漏	润滑油油量过多	调整供油量
		各处密封件损坏	更换密封件
		管件损坏	更换管件
5	刀具不能夹紧	刀具拉钉没有调整好	调整刀具拉钉
		主轴内孔拉伤	修磨主轴内孔
		松刀机构的活塞没有完全退回	调整松刀机构的活塞行程
		碟形弹簧位移较小	调整碟形弹簧行程长度
		碟形弹簧上的卡紧螺母松动	顺时针旋紧刀具松夹弹簧上的螺母，使其最大工作载荷为 13 kN
6	刀具夹紧后不能松开	松刀机构的压力不够	调整松刀机构的压力
		松刀机构的活塞行程没有调整好	调整松刀机构的活塞行程
		碟形弹簧压合过紧	逆时针旋松刀具松夹弹簧上的螺母，使其最大工作载荷为 13 kN

（2）滚珠丝杠副故障的产生原因及排除方法见表 6—5。

表 6—5　　滚珠丝杠副故障的产生原因及排除方法

序号	故障现象	产生原因	排除方法
1	滚珠丝杠副噪声过大	丝杠轴承的压盖压合情况不好	调整轴承压盖，使其压紧轴承端面
		丝杠轴承可能破损	如果轴承破损，应更换新轴承
		电动机与丝杠联轴器松动	拧紧联轴器锁紧螺钉
		丝杠润滑不良	改善润滑条件，使润滑油量充足
		部分滚珠破损	更换新的滚珠
2	滚珠丝杠副运转不灵活	轴向预加载荷太大	调整轴向间隙和预加载荷
		丝杠与导轨不平行	调整丝杠支座位置，使丝杠与导轨平行
		螺母轴线与导轨不平行	调整螺母座的位置
		丝杠发生弯曲变形	矫直丝杠
		滚珠丝杠副润滑状况不良	检查各滚珠丝杠副润滑状况

（3）刀库与机械手故障的产生原因及排除方法见表 6—6。

表 6—6　　刀库与机械手故障的产生原因及排除方法

序号	故障现象	产生原因	排除方法
1	刀库中的刀套不能夹紧刀具	检查刀套上的调整螺母	顺时针旋转刀套两边的调整螺母，压紧弹簧，顶紧卡紧销
2	刀库不能旋转	电动机轴与蜗杆轴相连接的联轴器松动	紧固联轴器上的螺钉
3	刀具从机械手中脱落	检查刀具质量	刀具质量不得超过规定值
		机械手卡紧销损坏或没有弹出来	更换卡紧销或弹簧
4	交换刀具时掉刀	换刀时主轴箱没有回到换刀点或换刀点漂移	重新操作主轴箱，使其移回换刀位置，并重新设定换刀点
		机械手抓刀时没有到位就开始拔刀	调整机械手手臂，使刀爪抓紧刀柄再拔刀
5	机械手换刀速度过快或过慢	以气动机械手为例，气压过高或过低，换刀的节流阀开口太大或太小	调整气压大小或节流阀开口的大小

（4）导轨常见故障的产生原因及排除方法见表 6—7。

表 6—7　　导轨常见故障的产生原因及排除方法

序号	故障现象	产生原因	排除方法
1	导轨研伤	机床长期使用后地基与床身水平变化，使导轨局部单位面积负荷过大	定期进行床身导轨水平的调整或修复导轨，保证导轨精度
		长期加工短工件或承受过于集中的负荷，使导轨局部磨损严重	注意合理分布短工件的装夹位置，避免负荷过于集中
		导轨润滑不良	调整导轨润滑油量，保证润滑压力
		刮研质量不符合要求	提高刮研修复的质量
		机床维护不良，导轨里落入污物	加强机床维护，保护好导轨防护装置
2	导轨上移动部件运动不良	导轨面研伤	用细砂布修磨机床导轨面上的研伤
		导轨压板研伤	卸下压板，调整压板与导轨间隙
		导轨镶条与导轨间隙太小	调整镶条螺栓，使运动部件运动灵活
		导轨无润滑	检查润滑系统，保证油路畅通
		滚珠丝杠与导轨不平行	重新调整滚珠丝杠与导轨的平行度
		直线导轨之间的平行度误差超差	重新调整直线导轨之间的平行度，或更换合格的直线导轨
3	加工面在接刀处不平	导轨直线度误差超差	调整或修刮导轨
		机床水平误差大，使导轨发生弯曲变形	重新调整机床安装水平，保证其在水平面和垂直面内的误差小于 0.02 mm/1 000 mm

中级数控机床机械维修工辅导练习

一、选择题

1. 平键与轴槽的配合属于（　　）配合。

A. 间隙　　B. 过渡

C. 过盈　　D. 任意

2. 花键连接有（　　）种配合。

A. 1　　B. 2

C. 3　　D. 4

3. 蜗杆蜗轮传动的传动比一般为（　　）。

A. 1:1　　B. 1:2

C. 1:3　　D. 几十比 1

4. （　　）属于盘套类零件。

A. 主轴箱盖　　B. 齿轮轴

C. 轴承端盖　　D. 连接板

5. $\overset{1.6}{\bigtriangledown}$ 表示表面粗糙度 R_a 值为（　　）。

A. 3.2 μm　　B. 1.6 μm

C. 1.6 mm　　D. 0.8 μm

6. 立式加工中心机床立柱中的平衡装置用于平衡（　　）。

A. 刀库　　B. 机械手

C. 主轴箱　　D. 立柱

7. 数控机床通常采用的直线导轨是（　　）摩擦。

A. 滚动　　B. 滑动

C. 空气　　D. 液压

8. 数控机床导轨的润滑通常采用（　　）润滑。

A. 手动　　B. 集中

C. 油脂　　D. 无须

9. 麻花钻的横刃长，钻削时定心（　　）。

A. 很好　　B. 较好

C. 不好　　D. 无关

10. 铰刀的功能是（　　）。

A. 减小孔的表面粗糙度值

B. 提高孔的尺寸精度

C. 提高孔的形状精度和位置精度

D. 减小孔的表面粗糙度值并提高孔的尺寸精度

11. 丝锥用于加工（　　）。

A. 外螺纹　　B. 内螺纹

C. 端面螺纹　　D. 齿条螺纹

12. 花键一般用于（　　）的连接。

A. 齿轮与轴　　B. 齿轮与传动带

C. 床鞍与床身　　D. 滑板与床鞍

13. 角接触球轴承的型号为（　　）位数字，第一位数字是（　　）。

A. 3；6　　B. 4；6

C. 5；7　　D. 6；8

14. 推力轴承的松环靠在（　　）的端面上。

A. 转动的轴　　B. 不动的箱体

C. 螺纹　　D. 传动带

15. 滚动轴承出现问题时经常通过（　　）来判断。

A. 声音　　B. 气味

C. 外观形状　　D. 颜色

16. 数控车床的主轴采用（　　）密封。

A. 接触式　　B. 非接触式

C. 橡胶圈　　D. 毡圈

17. 某些数控系统编程时要求使用小数点，如果不输入小数点，系统则认为最小单位是（　　）。

A. 0.01　　B. 0.001

C. 0.000 1　　D. 0.1

18. 千分表的最小单位是（　　）mm。

A. 0.001　　B. 0.005

C. 0.01　　D. 0.05

19. 机床找水平时使用最多的是（　　）。

A. 条式水平仪　　B. 框式水平仪

C. 光学合像水平仪　　D. 准直仪

20. 数控车床中滑板上的镶条松动会引起（　　）重复定位精度不准确。

A. *X* 轴　　B. *Y* 轴

C. *Z* 轴　　D. *X*，*Y*，*Z* 三个轴

二、判断题

1. 零件图中的中心线不属于基准线。（　　）
2. 零件图中的端面一般用来作为基准面。（　　）
3. 零部件装配又称为分装。（　　）
4. 麻花钻是靠两侧螺旋槽上的刃进行钻削加工的。（　　）
5. 若麻花钻的主切削刃不对称，对所钻孔的垂直度影响不大。（　　）
6. 丝锥与圆板牙的材料是合金工具钢，经过淬硬处理。（　　）
7. 角接触球轴承主要承受径向力，不能承受轴向力。（　　）
8. 圆锥滚子轴承既能承受径向力，又能承受轴向力。（　　）
9. 修复被破坏的螺孔时，可用与螺孔规格相同的丝锥再加工一遍。（　　）
10. 锥销孔损坏后修复时，可用锥铰刀再往下多铰一段即可。（　　）
11. 压铅丝法是检验齿轮接触精度的方法之一。（　　）
12. 蜗杆蜗轮传动一般用于传递平行轴的回转运动。（　　）
13. 数控机床液压管路中使用最多的是卡套式管接头。（　　）
14. 使用量块组时，应尽可能减少量块的组合块数，一般不超过 4 块。（　　）
15. 塞尺中使用最多的是厚度为 0.01 mm 的塞尺。（　　）
16. 数控车床开机后液压卡盘不能夹紧，可能是气动装置的气源没有接通。（　　）
17. 精密机床防护门没有关严，启动机床时会报警，是由于防护门上装有互锁开关所致。（　　）
18. 数控车床的主轴箱装配后要放在试验台上进行负荷试验。（　　）
19. 数控车床 *Z* 轴丝杠两端的轴承没有压紧，会引起主轴的轴向窜动。（　　）
20. 用数控车床车圆弧过象限时出现一段平台是由于 *X* 轴方向丝杠间隙过大。（　　）

三、填空题

1. 铣削键槽时要考虑键槽两侧面对中心平面的__________。
2. 可用________方法来检验花键孔与轴配合的接触程度。
3. 同步齿形带的齿形常见的有________和________。
4. 机床中的________、________、________属于基础类零件。
5. 数控铣床和加工中心机床的主轴安装的刀柄靠________________压靠在主轴

锥孔内壁上。

6. 立式加工中心机床的平衡装置有 ________和__________等。

7. ____________精度以及齿轮与齿轮________精度是决定齿轮啮合性能的主要精度指标。

8. 更新齿轮时要考虑________、________、________三项指标与原齿轮相同。

9. 蜗轮的材质大多选用__________，蜗杆的材质大多选用________。

10. 数控机床进给机构的导轨常采用______导轨和______导轨。

11. 伺服电动机与丝杠的连接为________连接，可实现________传动。

12. 装配钳工常用的铰刀有____________和____________两种。

13. 研磨是指用______________________从工件上研去一层极薄的表面层。

14. 花键定心有____________、____________、____________________三种形式。

15. 企业中常用的量块为每盒______块。

16. 量块分为__________个等级，____________为最高级，然后分别是__________、__________、________级。

17. 车削中心是在全功能数控车床的基础上给主轴增加了______功能，刀架增加了______功能。

18. 使用______________________的数控机床开机时都必须做回零操作。

19. 数控机床的回零挡块一旦松动，会引起________________、________________。

20. 全功能型数控车床通常为______床身，刀架为______式。

四、简答题

1. 螺栓的螺纹部分断在螺孔内，如何用最简单的方法将其取出？

2. 经济型数控车床机械部件由哪几部分组成？

3. 数控机床电气部件由哪几部分组成？

4. 经济型数控车床的辅助装置由哪几部分组成？

5. 加工中心机床的刀具夹紧后松不开的主要原因是什么？

6. 加工中心机床机械部件由哪几部分组成？

7. 加工中心机床的辅助装置由哪几部分组成？

8. 机床试车阶段主要需做哪些工作？

9. 什么是装调工的刮削加工？试举例说明。

10. 螺纹防松有哪些方法？

11. 齿轮与轴的连接形式有哪三种？各有什么特点？

12. 成组使用角接触球轴承时为什么要用间隔套？间隔套的精度有什么要求？

13. 数控机床在开机前必须检查哪些事项？

五、计算题

1. 在45钢上攻M12的螺孔，试计算攻螺纹前底孔的直径。
2. 在钢棒上套M10的螺纹，试计算套螺纹前钢棒的直径。

中级数控机床机械维修工辅导练习答案

一、选择题

1. B　2. C　3. D　4. C　5. B　6. C　7. A　8. B　9. C
10. D　11. B　12. A　13. C　14. B　15. A　16. B　17. B　18. A
19. A　20. A

二、判断题

1. ×　2. √　3. √　4. ×　5. ×　6. √　7. ×　8. √　9. ×
10. √　11. ×　12. ×　13. √　14. ×　15. ×　16. ×　17. √　18. ×
19. ×　20. √

三、填空题

1. 对称度和平行度　2. 涂色法　3. 梯形　圆弧形　4. 床身　立柱　箱体　5. 一组碟形弹簧的弹力　6. 平衡重块　平衡液压缸　7. 齿侧间隙　接触　8. 齿数　模数　压力角　9. 铜件　钢件　10. 滑动　滚动　11. 锥环　无间隙　12. 手用铰刀　机用铰刀　13. 研磨工具和研磨剂　14. 外径定心　内径定心　键宽侧面定心　15. 83　16. 4　00　0　1　2　17. 分度　动力头　18. 增量式编码器　19. 回参考点位置变化　加工工件尺寸发生变化　20. 斜　后置

四、简答题

1. 答：可用錾子剔螺栓被剪断的螺纹端面，如果螺纹为右旋螺纹，可用錾子沿逆时针方向剔螺纹断面的周边。为了起到润滑作用，可事先浇点煤油、机油。待油渗入螺纹后再用錾子剔。

2. 答：主要包括主轴箱、前床腿、后床腿、床身、床鞍与滑板、刀架、尾座。

3. 答：主要包括数控电气柜（数控系统）、操作面板、电动机与伺服驱动机构、各单元相互连接的电缆。

4. 答：主要包括液压系统、集中润滑系统、主轴箱润滑系统、冷却循环系统、防护罩。

5. 答：松刀机构的活塞行程没有调整好，松刀机构的压力不够，碟形弹簧压合过紧。

6. 答：主要包括基础部件、主轴箱、驱动部件、刀库和机械手等部件。

7. 答：主要包括液压系统、气动系统、润滑系统、冷却系统、排屑装置、防护罩。

8. 答：主要是复查机床的精度，包括几何精度、工作精度（分为冷检和热检），还有定位精度、重复定位精度、反向差值。要做空运行 48 h 考机试验。还需要对机床的温升、噪声、振动、转速、最大转矩与功率等进行检测。

9. 答：使用刮刀将工件表面刮除一薄层的加工过程称为刮削。例如，刮削机床的床面、主轴箱底面、床鞍与床身接触面等。

10. 答：主要方法包括双螺母防松、弹簧垫圈防松、止动垫圈防松、开口销与带槽螺母防松、串联钢丝防松。

11. 答：固定式连接，主要用键连接；滑动式连接，主要用花键连接；空套式连接，一般为过渡齿轮，起换向作用。

12. 答：角接触球轴承内圈、外圈同侧的端面不在同一平面内，角接触球轴承不但承受径向力，还要承受轴向力，当两个以上角接触球轴承成组使用时，为了使两轴承内圈与内圈、外圈与外圈端面相互接触，必须使用间隔套。另外，对于成组使用的角接触球轴承，为了消除轴向间隙，还需要考虑轴承要有一定预紧力，因此，间隔套的平面度和轴向公差要求精度很高。

13. 答：检查电气柜的门是否关好；检查润滑装置的油面是否在正常位置；如果是加工中心机床，要检查气源是否接好；检查切削液液面是否在正常位置。

五、计算题

1. 解：查表得 M12 的螺纹螺距 $P=1.75$ mm，根据公式可得：

$d=D-P=12-1.75=10.25$ mm

所以底孔直径为 10.25 mm。

2. 解：查表得 M10 的螺纹螺距 $P=1.5$ mm，根据公式可得：

$D=d-0.13P=10-0.13\times1.5=9.805$ mm

所以铜棒直径为 9.805 mm。

第二部分

高级工

第七章 数控机床的电气知识

第一节 数控机床电气结构基础

数控机床（Namerically Controled Machine Tool）是装有程序控制系统的机床，该系统能够用逻辑关系处理 PLC 梯形图。前面所说的程序控制系统为数控系统，即用数字控制技术实现机床的自动控制，控制刀具与工件之间的相对运动，以及机床完成加工所必需的辅助工艺控制，如主轴转速、土轴转动方向、刀具选择以及切削液开或关等。

要了解数控机床电气结构，必须先了解电气控制系统的组成及各部分之间的相互关系。

一、数控机床电气控制系统的组成

数控机床通常由信息载体，输入、输出装置，CNC 装置及 PLC，伺服驱动系统，测量反馈系统，强电控制装置，机床本体和辅助装置等部分组成。数控机床及电气控制系统的组成框图如图 7—1 所示。

1．信息载体

数控机床是按照输入的零件加工程序运行的。零件加工程序以一定的格式和代码存储在一种载体上，如使用手工键盘敲入，或通过连接外部计算机直接输入数控装置内。

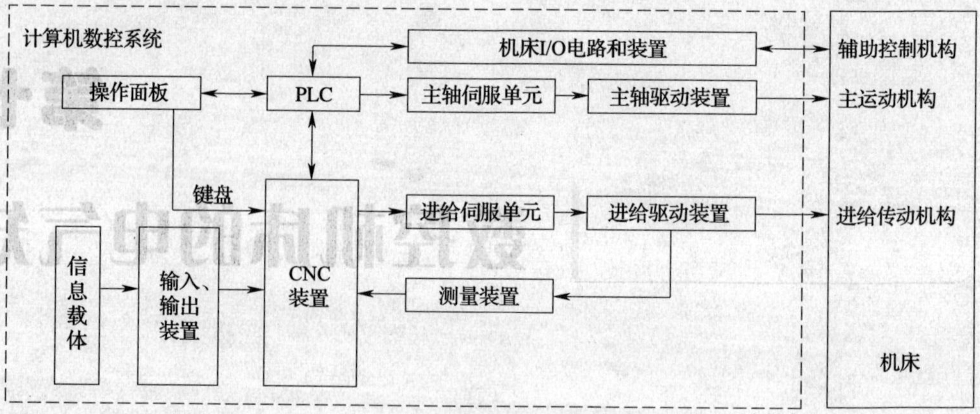

图 7—1　数控机床及电气控制系统的组成框图

2. 输入、输出装置

输入装置的作用是将信息载体中的数控加工信息读入数控系统的内存储器。根据信息载体的不同，相应地有不同的输入装置。一般采用 MDI 方式，利用数控装置控制面板上的输入键直接将零件加工程序输入数控系统的内存储器。也有连接外部计算机的 DNC 输入，即在线加工方式。

输出装置的作用是为操作人员提供必要的信息，如加工程序、切削用量、刀具位置、各种故障信息和操作提示等。常用的输出装置有显示器、指示灯和各种输出接口装置。

3. CNC 装置及 PLC

CNC 装置及 PLC 是数控机床的核心。它根据输入的程序和数据，经过系统软件或逻辑电路进行编译、运算和逻辑处理后，输出各种信号和指令，使机床按要求完成各种动作。

4. 伺服驱动系统

伺服驱动系统接收来自数控装置的位置控制信息，将其转换成相应坐标轴的进给动作和精确定位动作。目前，常用的伺服驱动元件有步进电动机、直流伺服电动机和交流伺服电动机等，前两种已逐步被淘汰。

5. 测量反馈系统

测量反馈系统是通过现代化的测量元件，如脉冲编码器、感应同步器、光栅尺、磁尺等，将执行元件（如电动机、刀架等）或工作台等的速度和位移检测出来，经过相应的电路将所测得的信号反馈回数控装置，构成半闭环或闭环系统，补偿执行机构产生的运动误差，达到提高运动精度的目的。

6．强电控制装置

强电控制装置接收可编程控制器（PLC）输出的主轴变速、换向、启动或停止，刀具的选择和更换，分度工作台的转换和锁紧，工件的夹紧或松开，切削液的开或关等操作信号，经过功率放大直接驱动相应的执行元件，如接触器、继电器、电磁阀等，从而实现数控机床在加工过程中的自动化。

7．机床本体

机床本体是数控机床的机械部分，它包括床身、主轴箱、立柱、导轨、工作台、进给机构和刀具交换机构等。

8．辅助装置

辅助装置作为数控机床的配套部件，是保证充分发挥数控机床功能所必需的配套装置。常用的辅助装置包括气动装置、液压装置、排屑装置、冷却装置、润滑装置、防护装置和照明装置等。

以上数控机床本体和辅助装置为机床的机械部分，其余为机床的电气部分。

二、数控机床电气控制系统各部分之间的关系

机床电气控制从元件上分析，可分为由继电器、接触器构成的控制，由电子元件构成的可编程控制（PLC）和由计算机构成的控制（CNC）等，其中 PLC 和 CNC 控制是数控机床电气控制的核心。

从线路结构上分析，电气控制线路在结构上可分为主回路和控制回路。通常机床电气控制线路由以下几部分构成：

1．电源及保护部分

电源及保护部分分别为主回路和控制回路提供电源。

2．控制部分

控制部分一般为主回路中的开关或其他电气设备。

3．测量与执行部分

测量与执行部分由传感器、变换元件等组成。

4．指示部分

指示部分分为故障指示、状态指示和操作指示等。

5．受令部分

受令部分即接受操纵命令的部分。一般为主令电器，其中包括按钮、主令开关等。

数控机床电气控制系统各部分之间的关系如图 7—2 所示。

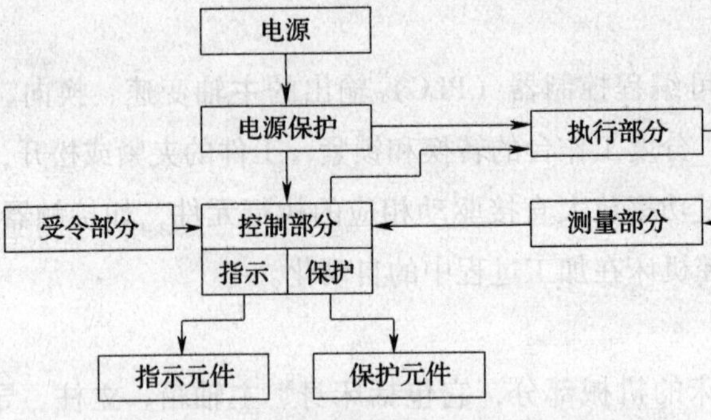

图 7—2　数控机床电气控制系统各部分之间的关系

第二节　数控机床常用电气控制元器件

数控机床的控制电路是由各种不同的电气控制元器件组成的。控制电器主要包括低压断路器、接触器、继电器、电源电器、熔断器、开关电器、控制按钮和指示灯等，本节主要介绍断路器、接触器、继电器、电源电器及伺服系统中常用的编码器。

低压电器通常工作在交流电压小于 1 200 V、直流电压小于 1 500 V 的电路中，起通、断、保护、控制或调节作用。按照低压电器在控制线路中的作用不同，可将其分为低压配电电器和低压控制电器两类。

低压配电电器用于低压配电系统或动力设备中，用来对电能进行输送、分配和保护，主要有低压断路器、熔断器、转换开关等。低压配电电器的主要种类及用途见表 7—1。

表 7—1　低压配电电器的主要种类及用途

序号	类别	主要品种	用途
1	断路器	塑料外壳式断路器	用于线路的过载保护、短路保护、欠电压保护、漏电流保护等，也可用于不频繁接通和断开线路
		框架式断路器	
		限流式断路器	
		漏电保护断路器	
		灭磁断路器	
		直流快速断路器	

续表

序号	类别	主要品种	用途
2	熔断器	有填料熔断器 无填料熔断器 半封闭插入式熔断器 快速熔断器 自复熔断器	主要用于线路的短路保护，也可用于线路的过载保护

低压控制电器用于拖动及其他控制线路中，对命令和现场信号进行分析、判断并驱动电气设备进行工作。低压控制电器有接触器、继电器、启动器、控制器、主令电器、电磁铁等。

对低压配电电器，要求其灭弧能力强，分断能力好，热稳定性能好，限流准确；对低压控制电器，则要求其动作可靠，操作频率高，使用寿命长，并具有一定的承受负载的能力。

在电气控制线路中，两类低压电器常互相配合，同时使用。

如图7—3所示为某数控机床控制电气柜，其中包括常见的低压电器、变压器和电动机的伺服控制单元等。

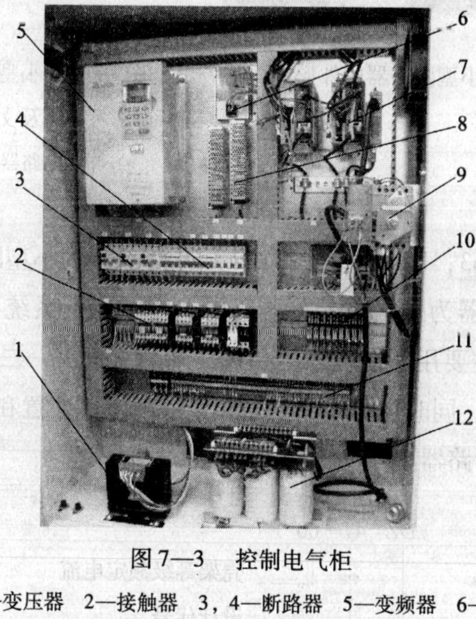

图7—3 控制电气柜

1，12—变压器 2—接触器 3，4—断路器 5—变频器 6—整流桥
7—伺服驱动装置 8—开关电源 9—总开关 10—继电器 11—接线板

一、低压断路器

低压断路器又称自动空气开关，是将控制和保护的功能合为一体的电气元件。它常作为不频繁接通和断开电路的总电源开关或部分电路的电源开关，当发生过载、短路或欠压等故障时能自动断开电路，有效地保护串接在它后面的电气设备。因此，低压断路器在数控机床上的使用越来越广泛。

低压断路器的主要参数有额定电压、额定电流、极数、脱扣器类型及其电流额定范围、电磁脱扣器额定范围、主触点的分断能力等。以下重点介绍数控机床常用的两种低压断路器。

1．小型断路器

小型断路器又称空气开关，主要用于照明配电系统和控制回路。小型断路器的外形如图 7—4 所示，其电气图形及文字符号（电路图中使用的符号）如图 7—5 所示。

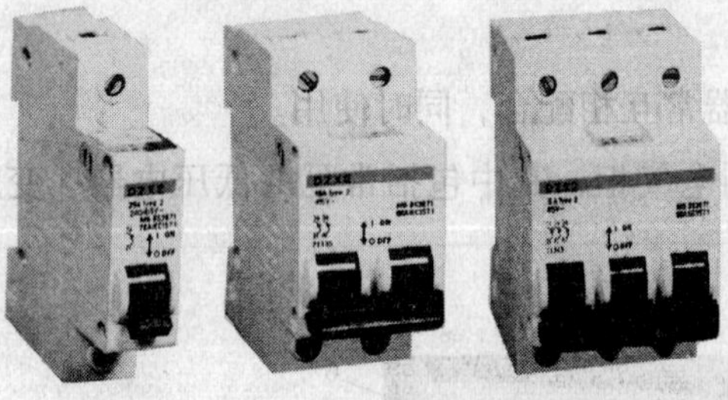

图 7—4　小型断路器的外形

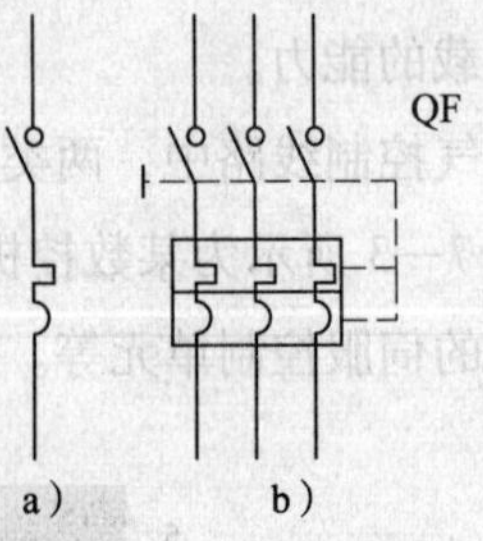

图 7—5　小型断路器电气图形及文字符号

a）单极断路器　b）三极断路器

机床常用 MB1—63，DZ30—32，DZ47—60 等系列的小型断路器。以 DZ47—60 系列高分断小型断路器为例，该断路器适用于照明配电系统（C 型）或电动机的配电系统（D 型），主要用于交流 50/60 Hz，单极 220 V，二、三、四极 400 V 线路的过载、短路保护，同时也可以用于非频繁通断电气装置和照明线路中。

DZ47—60 系列断路器型号的含义为：

DZ　47—60

壳架等级额定电流

设计代号

塑料外壳式断路器

DZ47—60 系列断路器分类：按额定电流 I_n 不同分为 1，2，3，4，5，6，10，

15，20，25，32，40，50 和 60A；按极数不同分为单极、二极、三极、四极；按断路器瞬时脱扣器的形式不同分为 C 型［（5～10）I_n］、D 型［（10～14）I_n］。

DZ47—60 系列断路器的技术参数见表 7—2。

表 7—2　　DZ47—60 系列断路器的技术参数

型号	额定电流 I_n（A）	极数	电压（V）	通断能力（A）
DZ47—60（C）型	1～40	1P	230	6 000
	1～40	2P，3P，4P	400	6 000
	50～60	1P	230	4 000
	50～60	2P，3P，4P	400	4 000
DZ47—60（D）型	1～60	1P	230	4 000
	1～60	2P，3P，4P	400	4 000

2．塑料外壳式断路器

塑料外壳式断路器由手柄、操作机构、脱扣装置、灭弧装置及触点系统等组成，各装置均安装在塑料外壳内组成一体。

机床上常用 DZ10，DZ15，DZ5—20，DZ5—50 等系列塑料外壳式断路器，适用于交流电压 1 500 V 以下、直流电压 220 V 以下的电路中，用于不频繁地接通和断开电路。塑料外壳式断路器的外形如图 7—6 所示，其电气图形及文字符号如图 7—7 所示。以 DZ15 系列断路器为例，该断路器适用于交流 50 Hz、额定电压为 220 V 或 380 V、额定电流为 100 A 的电路，用做配电、电动机过载及短路保护，也可用于线路不频繁转换及电动机不频繁启动。

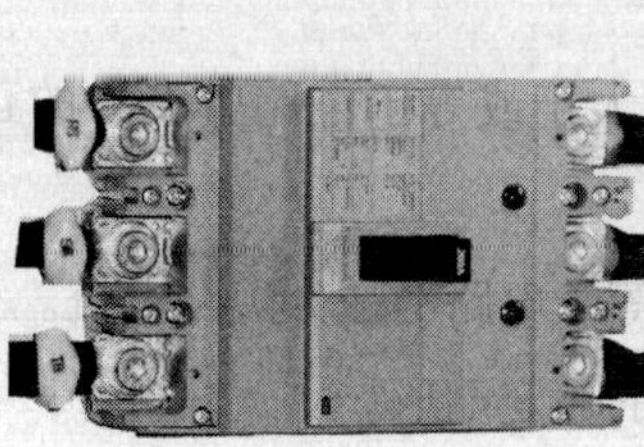

图 7—6　塑料外壳式断路器的外形

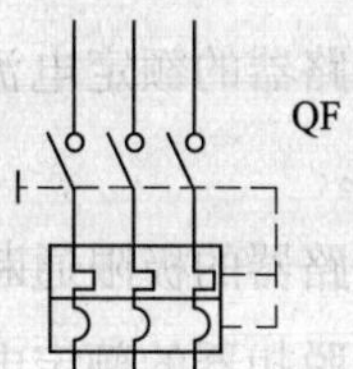

图 7—7　塑料外壳式断路器的电气图形及文字符号

DZ15 系列断路器型号的含义为：

DZ 15 —□/□ 90 □

- □ —— 保护种类
- 90 —— 液压式电磁脱扣器
- □ —— 极数（1：单极；2：二极；3：三极）
- □ —— 壳架额定电流
- 15 —— 设计代号
- DZ —— 塑料外壳式断路器

DZ15 系列断路器的规格及参数见表 7—3。

表 7—3　　**DZ15 系列断路器的规格及参数**

型号	壳架额定电流（A）	额定电压（V）	极数	脱扣器额定电流（A）	额定短路通断能力（kA）
DZ15—40/1901	40	220	1P		3
DZ15—40/2901		380	2P	6，10，16，20，25，32，40	
DZ15—40/3901		380	3P		
DZ15—40/3902		380	3P		
DZ15—40/4901		380	4P		
DZ15—63/1901	63	220	1P	10，16，20，25，32，40，50，63	5
DZ15—63/2901		380	2P		
DZ15—63/3901		380	3P		
DZ15—63/3902		380	3P		
DZ15—63/4901		380	4P		

3. 低压断路器的选择

选择低压断路器时应注意以下事项：

（1）低压断路器的额定电流和额定电压应大于或等于电路中设备的正常工作电压和工作电流。

（2）低压断路器的极限通断能力应大于或等于电路的最大短路电流。

（3）欠电压脱扣器的额定电压应等于电路的额定电压。

（4）过电流脱扣器的额定电流应大于或等于电路的最大负载电流。

使用低压断路器实现短路保护要比使用熔断器优越。因为当短路时，若采用熔断器保护，很可能只有一相电源的熔断器熔断，从而造成缺相运行；而对于低压断路器来说，只要短路都会使开关跳闸，将三相电源同时切断。

二、接触器

接触器是一种用于自动控制的电气元件，可以频繁地接通或断开带有负载（如电动机）的机床电路。接触器由电磁机构、触点系统、灭弧装置等组成。其工作原理是：当线圈通电后，电磁铁心产生吸力将衔铁吸合，衔铁带动触点动作，使常闭触点断开，常开触点闭合；当线圈断电后，电磁吸力消失，衔铁在弹簧力的作用下释放，触点随之复位，这些常开触点、常闭触点接在电路中达到了自动控制的目的。

接触器按其主触点通过电流的种类不同，分为直流和交流两种。机床上应用最多的是交流接触器。目前，我国常用的交流接触器主要有 CJ20，CJX1，CJX2，CJ12 和 CJ10 等系列，以及引进德国 BBC 公司制造技术生产的 B 系列，德国 SIEMENS 公司的 3TB 系列，法国 TE 公司的 LC1 系列等。交流接触器的外形如图 7—8 所示。接触器电气图形及文字符号如图 7—9 所示。

图 7—8　交流接触器的外形

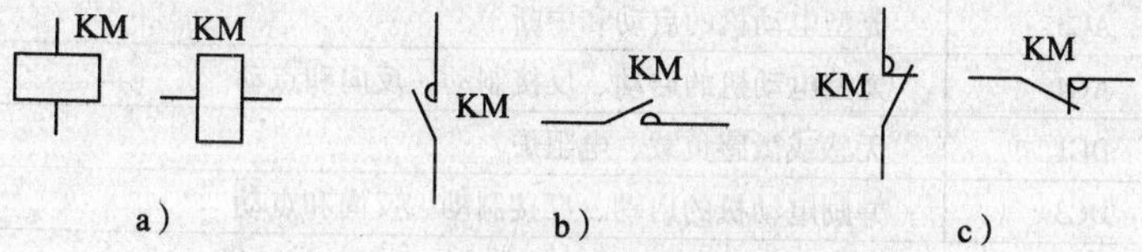

图 7—9　接触器电气图形及文字符号

a）吸引线圈　b）常开触点　c）常闭触点

1. 接触器的主要技术参数

（1）额定电压

接触器铭牌上标注的额定电压是指主触点的额定电压。常用的额定电压等级见表 7—4。

（2）额定电流

接触器铭牌上标注的额定电流是指主触点的额定电流。常用的额定电流等级见表 7—4。

表 7—4　接触器的额定电压和额定电流等级

	直流接触器	交流接触器
额定电压（V）	110，220，440，660	127，220，380，500，660

续表

	直流接触器	交流接触器
额定电流（A）	5，10，20，40，60，100，150，250，400，600	5，10，20，40，60，100，150，250，400，600

（3）线圈的额定电压

接触器线圈常用的额定电压等级见表 7—5。

表 7—5　　接触器线圈的额定电压等级　　V

直流线圈额定电压	交流线圈额定电压
24，48，100，220，440	36，110，127，220，380

（4）接通和分断能力

常用的接触器使用类别及其典型用途见表 7—6。

表 7—6　　常用的接触器使用类别及其典型用途

电流类型	使用类别代号	典型用途
AC 交流	AC1	无感或微感负载、电阻炉
	AC2	绕线式电动机的启动和中断
	AC3	笼型电动机的启动和中断
	AC4	笼型电动机的启动、反接制动、反向和点动
DC 直流	DC1	无感或微感负载、电阻炉
	DC3	并励电动机的启动、反接制动、反向和点动
	DC5	串励电动机的启动、反接制动、反向和点动

（5）额定操作频率

额定操作频率是指接触器每小时的操作次数。

CJX 系列交流接触器的规格及参数见表 7—7。

表 7—7　　CJX 系列交流接触器的规格及参数

型号	额定绝缘电压（V）	机械寿命（百万次）	额定工作电流（A）		可控电动机功率（kW）		额定操作频率（次/h）		额定发热电流（A）
					AC3	AC4			
			AC3	AC4	230 V/400 V/500 V	690 V/400 V	AC3	AC4	
CJX1—9	680	10	9	3.3	2.4/4/5.5	5.5/1.4	1 200	300	20
CJX1—16	680	10	16	7.7	4/7.6/10	11/3.5	1 200	300	30
CJX1—85	1 000	8	85	42	28/45/59	67/22	600	300	90
CJX1—170	1 000	8	170	75	55/90/118	156/40	700	200	210
CJX1—475	1 000	8	475	165	148/252/342	432/110	500	150	400

2. 接触器型号的含义

（1）交流接触器型号的含义

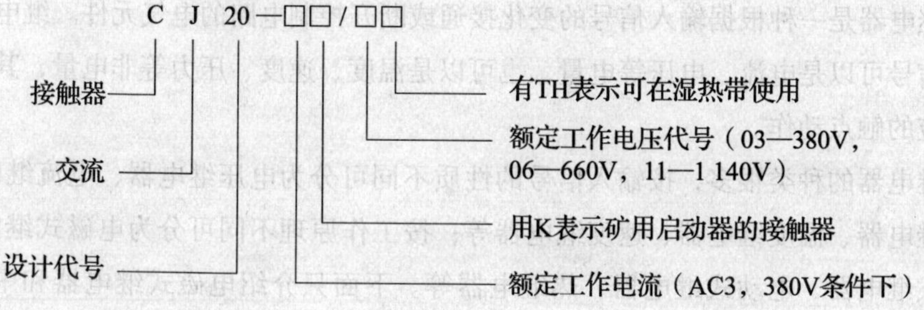

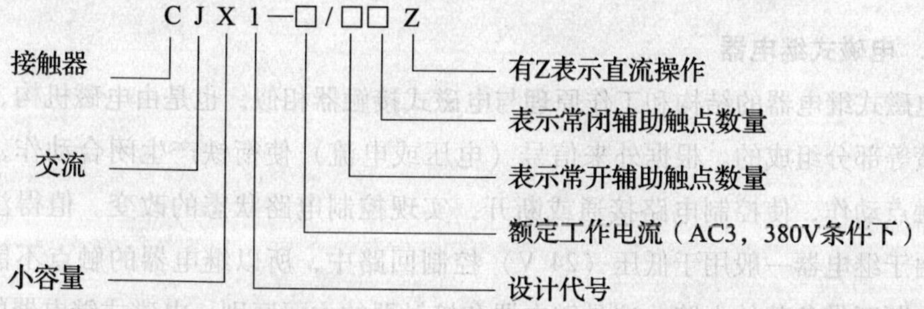

（2）直流接触器型号的含义

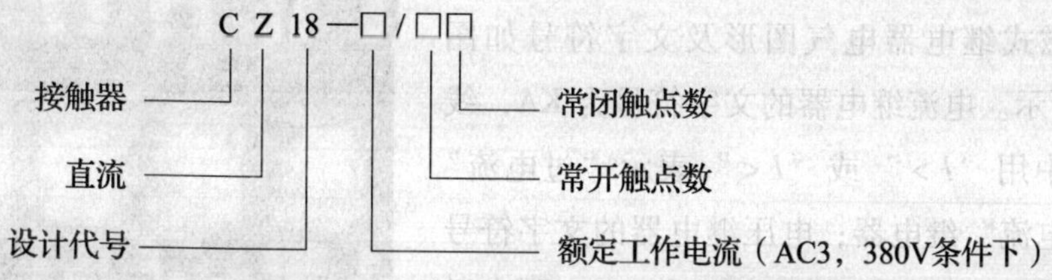

3. 交流接触器的选择

选择交流接触器时，主要考虑主触点的额定电压、额定电流，辅助触点的数量与种类，吸引线圈的电压等级和操作频率等。

（1）根据接触器所控制负载的工作任务来选择相应类别的接触器。

（2）交流接触器的额定电压（指触点的额定电压）一般为 500 V 或 380 V 两种，选择时应大于或等于负载电路的电压。

（3）根据电动机（或其他负载）的功率和操作情况来确定接触器主触点的电流等级。

（4）接触器线圈的电流种类（分为交流和直流两种）和电压等级应与控制电路设计要求相同。

(5) 触点数量和种类应满足控制电路的要求。

三、继电器

继电器是一种根据输入信号的变化接通或断开控制电路的电气元件。继电器的输入信号可以是电流、电压等电量，也可以是温度、速度、压力等非电量，其输出为相应的触点动作。

继电器的种类很多，按输入信号的性质不同可分为电压继电器、电流继电器、时间继电器、温度继电器、速度继电器等；按工作原理不同可分为电磁式继电器、感应式继电器、电动式继电器、热继电器等。下面只介绍电磁式继电器和中间继电器。

1. 电磁式继电器

电磁式继电器的结构和工作原理与电磁式接触器相似，也是由电磁机构、触点和弹簧等部分组成的。根据外来信号（电压或电流）使衔铁产生闭合动作，从而带动触点动作，使控制电路接通或断开，实现控制电路状态的改变。值得注意的是：由于继电器一般用于低压（24 V）控制回路中，所以继电器的触点不能用来接通和断开带负载的电路，这是继电器和接触器的主要区别。电磁式继电器的外形如图 7—10 所示。

图 7—10　电磁式继电器的外形

电磁式继电器电气图形及文字符号如图 7—11 所示。电流继电器的文字符号为 KA，线圈方格中用“$I>$”或“$I<$”表示“过电流”或“欠电流”继电器；电压继电器的文字符号为 KV，线圈方格中用“$U>$”或“$U<$”表示“过电压”或“欠电压”继电器。

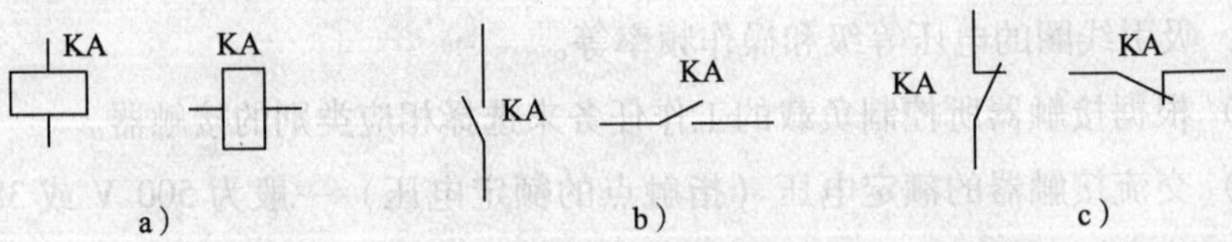

图 7—11　电磁式继电器电气图形及文字符号

a）吸引线圈　b）常开触点　c）常闭触点

电磁式继电器按电源分类，有交流和直流两种；按电流和电压分类，可分为电流式继电器和电压式继电器。电流式继电器的线圈串联在电路中，常用在直流控制回路中；电压式继电器与电流式继电器相似，不同之处是电压式继电器的线圈并联在被测量的电路两端，以监控电路电压的变化。

2．中间继电器

中间继电器实质上是电压继电器的一种，但它的触点多（多至6对或更多），触点电流容量大（额定电流为5～10 A），动作灵敏（动作时间不大于0.05 s）。其主要用途是当其他继电器的触点数或触点容量不够时，可借助中间继电器来扩大触点数或触点容量，起到中间转换的作用。数控机床使用最多的是小型中间继电器，常用的型号有J27系列交流中间继电器和J28系列交、直流两用中间继电器。HH5型小型直流中间继电器主要用于数控机床输出接口的控制转换。

HH5型直流中间继电器的外形如图7—12所示。

图7—12　HH5型直流中间继电器的外形

中间继电器主要依据控制电路的电压等级，触点的数量、种类及容量来选用。线圈电源形式和电压等级应与控制电路一样，如数控机床的控制电路采用直流24 V供电，则应选择线圈额定工作电压为24 V的直流继电器。

四、直流稳压电源

直流稳压电源的功用是将非稳定交流电源变成稳定的直流电源。直流稳压电源电气图形及文字符号如图7—13所示。在数控机床电气控制系统中，需要稳压电源给驱动器、控制单元、直流继电器、信号指示灯等提供直流电源。在数控机床中主要使用开关电源。

1．开关电源

AC/DC开关电源采用外壳传导冷却方式，作为直流供电电源，常应用于数控机床的控制电路中。它具有体积小、高可靠性、质量轻、效率高、散热好、工作温度低等优点，其外形如图7—14所示。

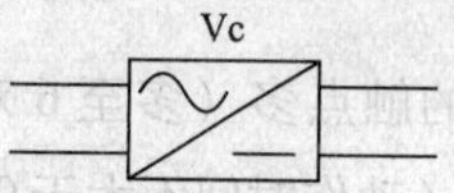

图 7—13　直流稳压电源电气图形及文字符号

图 7—14　开关电源的外形

2. 4NIC 系列开关电源的主要参数

输入参数：AC 220 V ±10%/50（47 ~ 63）Hz 单相，或者 AC 380 V ±10%/50 Hz 三相。

输出参数：DC5 ~ 300 V。

电流：0. 5 ~ 20A。

功率：2 ~ 2 000 W。

纹波系数不大于 1. 0% 。

工作频率：50 Hz ~ 100 kHz。

4NIC 系列开关电源型号的含义为：

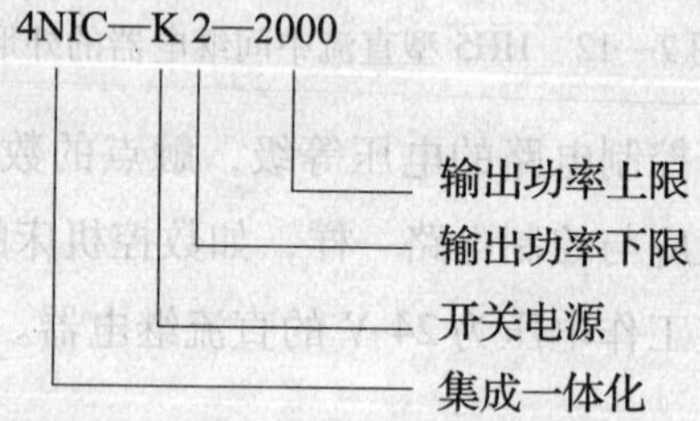

3. 开关电源的选择

选择开关电源时需要考虑的问题主要包括：电源的输出功率，电源的尺寸，电源的安装方式和安装孔位，电源的冷却方式，电源在系统中的位置及走线，环境温度，绝缘强度，电磁兼容性，环境条件等。

（1）明确输入电压范围，若只在国内使用时，可以选择 220 V 交流输入的开关电源。

（2）选择自然冷却的开关电源。

五、编码器

编码器是一种旋转式的角位移检测元件，通常安装在被检测的轴上，与被检测的轴一起转动。它用脉冲信号来表示角位移，所以又称脉冲编码器。光电编码器利用光电原理把机械角位移变换成电脉冲信号，它是数控机床最常用的位置检测元件，如图7—15所示。光电编码器按输出信号与对应位置的关系不同，分为增量式光电编码器、绝对式光电编码器和混合式光电编码器。

1．增量式光电编码器

如图7—16所示，增量式光电编码器由转轴1、滚动轴承2、光栅3（透光狭缝）、光电码盘4、光源5、聚光镜6、光栏板7、光敏元件8和信号处理电路组成。当光电码盘随工作轴一起转动时，光源通过聚光镜，透过光电码盘和光栏板形成忽暗忽明的光信号，光敏元件把光信号转换成电信号，然后通过信号处理电路的整形、放大、分频、计数、译码后输出或显示。

图7—15　光电编码器

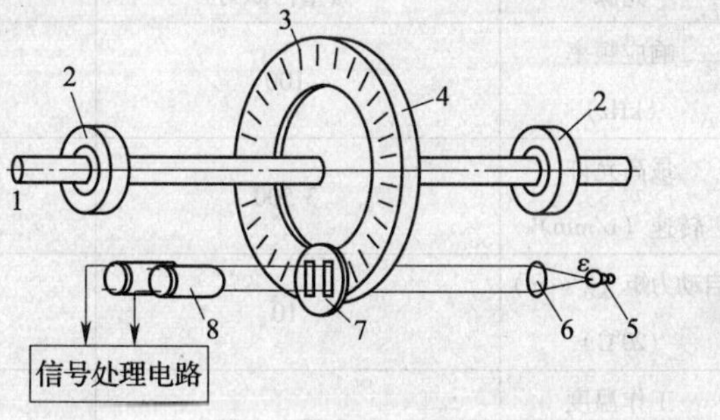

图7—16　增量式光电编码器的结构

1—转轴　2—滚动轴承　3—光栅（透光狭缝）

4—光电码盘　5—光源　6—聚光镜

7—光栏板　8—光敏元件

增量式光电编码器的测量精度取决于它所分解的最小角度（分辨角）α，而α与光电码盘圆周内所分狭缝的条数有关，即$\alpha=360°/$狭缝数。

由此可知，狭缝数越多，分辨角α就越小，分辨率就越高。增量式光电编码器的特点是没有接触磨损，码盘使用寿命长，但白炽灯使用寿命短。目前，我国和日本的厂家用红外发光器件替代白炽灯。

ZG和LEC型增量式光电编码器的性能指标见表7—8。

表7—8　增量式光电编码器的性能指标

型号	ZG60	ZG100	LEC
输出脉冲数/转	200，256，360，500，512，600，700，1000，1024，1200，1270，1500，1800，2000，2048，2500，3600，4096，5000	3600，4096，5000，6000，6480，7200，8192，10000，10800	20，25，30，40，90，100，125，150，200，250，300，360，400，500，512，600，800，1000，1024，1500，1600，1800，2000，2048，2500

续表

型号	ZG60	ZG100	LEC
输出信号	两路正弦波和一路基准三角波	两路正弦波和一路基准三角波	三路方波
电源	DC +5 V ±5%，2 000 mA	DC ±5 V ±5%，550 mA	DC5 V ±5%，150 mA
输出方波电压（V）	高：大于等于 4.7 低：小于等于 0.2	高：大于等于 4.7 低：小于等于 0.2	高：大于等于 3.5 低：小于等于 0.5
精度	±1/2 bit	±20″ ~ ±30″	
光源	微型白炽灯	白炽灯	发光二极管
响应频率（kHz）	100	50 ~ 100	
最高允许转速（r/min）	3 500	2 500	5 000
启动力矩（g · cm）（20℃）	10	15	30
工作温度范围（℃）	-30 ~ +50	-25 ~ +50	-10 ~ +60
质量（g）	400	1.7	350
外径 × 总长（mm × mm）	60 × 71	100 × 112	66 × 68
轴径（mm）	6	8	5

光电编码器的安装有两种形式，一种是安装在伺服电动机的非输出轴端，称为内装式编码器，用于半闭环控制；另一种是安装在传动链末端，称为外置式编码器，用于闭环控制。内置式光电编码器如图 7—17 所示。

安装光电编码器时要保证连接部位连接可靠、不松动；否则，会影响位置检测精度，引起不稳定，使机床产生振动。

2. 绝对式光电编码器

绝对式光电编码器的码盘与增量式光电编码器的码盘不同，虽然也是透光与不透光的条纹，但是条纹的图案完全不同。其码盘大多采用格雷码编制，编码器的数码表见表 7—9，目前格雷码的码道可做到 18 条，能分辨的最小角度 $\alpha = 360°/2^{18} \approx 0.001\ 4°$。

图 7—17　内置式光电编码器

表 7—9　　编码器的数码表

角度	格雷码	对应十进制
0	0000	0
α	0001	1
2α	0011	2
3α	0010	3
4α	0110	4
5α	0111	5
6α	0101	6
7α	0100	7
8α	1100	8
9α	1101	9
10α	1111	10
11α	1110	11
12α	1010	12
13α	1011	13
14α	1001	14
15α	1000	15

绝对式光电编码器转过的圈数由存储器（RAM）保存，即使断电，仍可由后备电池供电，保证机床位置在断电或断电后又移动的情况下也能正确记录下来。因此，只要机床采用了绝对式光电编码器，开机时不用进行回零操作，从而保证了机床坐标系一直有效。

第三节　电气图概述

电气控制系统是由许多电气元件按一定要求连接而成的。为了便于电气控制系统的设计、分析、安装、调整、使用和维修，需要将电气控制系统中各电气元件及其连接方式用一定的图形表达出来，这种图形称为电气控制系统图。电气控制系统图包括电气原理图、电气布置图、电气安装接线图。在绘制电气控制系统图时，电气元件的图形符号和文字符号必须符合国家标准的规定，不能采用任何非标准符号。以下介绍电气原理图和电气接线图。

一、电气原理图

电气原理图用来表示电气线路工作原理以及电气元件之间的相互关系。电气原理图要便于阅读和分析，突出简明、清晰、易懂的原则，根据电气控制线路的工作原理来绘制。在电气原理图中，只画出所有电气元件的导电部分和接线端子之间的相互关系，不必按照电气元件的实际布置和实际接线情况来绘制。如图 7—18 所示为某机床电气原理图。

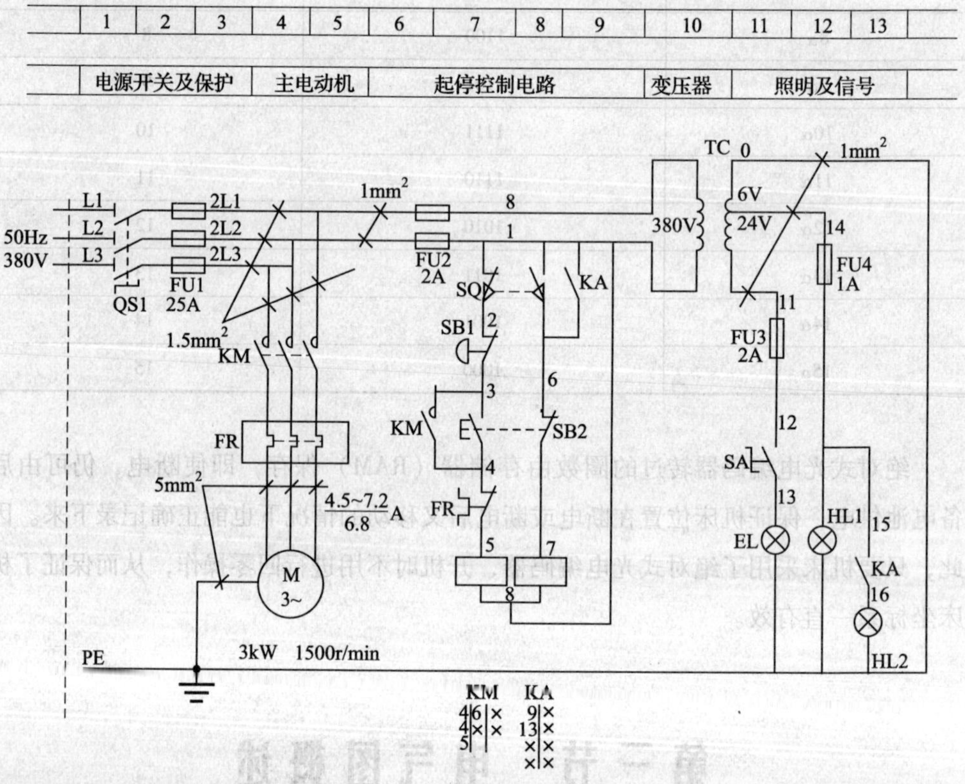

图 7—18　某机床电气原理图

1. 电气原理图的绘制原则

（1）电器触点应绘制未通电时的状态，二进制元件应是置零时的状态，机械开关应是循环开始前的状态。

（2）电气原理图分为主电路和控制电路，俗称主回路和控制回路，通常主电路画在左边，控制电路画在右边。

（3）主电路电源线应水平画，动力设备及其保护电器支路应垂直画。

（4）控制电路应垂直画于两条电源线之间；耗能元件（如线圈、电磁铁、信号灯等）应直接接地或接于下方的水平电源线，控制触点接在上方电源线和耗能元件之间。

（5）电路中各元件一般应按动作顺序从上到下、自左至右依次排列。

（6）同种电器的文字符号应相同，在其右下角用数字序号加以区别。

（7）连接电位相同点的导线应采用相同线号。等电位点的符号应与器件端子的符号不同。

（8）同一电气元件不同导电部位（如线圈和触点）不画在一起，但文字符号必须相同。

（9）电气原理图上的电路安排应便于分析、维修和寻找故障。功能相关的电气元件应绘制电气在一起，使它们之间关系明确。

（10）在电气原理图中，要注明各电源电路的电压值、极性或相数，某些元器件的特性（如电阻、电容器的数值等）；说明不常用或手动操作方法和功能等数据。

（11）由同一机构操作的触点应用机械连杆符号表示其联动关系。

2．图面区域的划分

为了便于检索和阅读电路图，一般将数控机床主电路图区划分为若干区域，图区号写在图区的上部或下部；在该图区的上部设有用途栏，标明该区电路的功能和作用。

接触器、继电器的线圈和触点不画在一起，为读图方便，在接触器、继电器线圈的下方画出其触点的位置索引表，如图 7—19 所示。

<table>
<tr><td rowspan="2">接触器</td><td colspan="2">左栏</td><td colspan="2">中栏</td><td colspan="2">右栏</td><td rowspan="2">如图 7—18 中的 KM</td></tr>
<tr><td colspan="2">主触点所在图区号</td><td colspan="2">动合辅助触点所在图区号</td><td colspan="2">动断辅助触点所在图区号</td></tr>
<tr><td rowspan="2">继电器</td><td colspan="3">左栏</td><td colspan="3">右栏</td><td rowspan="2">如图 7—18 中的 KA</td></tr>
<tr><td colspan="3">动合触点所在图区号</td><td colspan="3">动断触点所在图区号</td></tr>
</table>

图 7—19　接触器、继电器触点位置索引表

3．电气原理图的阅读

电气原理图的阅读可从以下几个步骤入手：

（1）先阅读输入、输出接口电路。了解数控系统中给出的输入接口有哪些指

令和地址，了解要完成哪些输出指令和地址，以便于掌握 PLC 控制的各个环节的要求。

(2) 然后阅读主电路，分析控制电路。从主电路入手，了解电动机的动作要求。

(3) 从主电路看控制电动机和控制元件的主触点及其连接方式，分析电动机的启动、制动、正转和反转、调整、保护等。

(4) 阅读控制电路时，可采用“化整为零”的方法，即把它分解为各种基本电路或局部电路，最后综观全局。

(5) 注意各基本电路之间的联系以及主电路、控制电路之间的对应关系。

在数控机床设备中，大多数动力都是由交流电动机和交流伺服电动机提供的。辅助控制的动力源一般采用三相异步电动机，如刀架、冷却装置、液压装置等。数控机床主轴、各进给轴、刀库选用伺服电动机驱动，由各种接触器、继电器、按钮、行程开关等电气元件组成的电气线路实现自动控制，这些元件是作为最终输出控制的元件。

二、电气接线图

电气接线图表示各电气设备之间实际接线关系。它清楚地表明了电气设备的相对位置及它们之间的电气连接，是电气驱动的主要技术文件。

电气接线图通常又称电气互连图，有时还与电气安装图互连，所以又称电气安装接线图。这里仅介绍绘制电气接线图的原则。

1. 同一种电器的各部件画在一起，其布置尽可能符合电器实际情况。

2. 各元件的图形符号、文字符号和电气回路标记均以电气原理图为准，严格保持一致性。

3. 不在同一控制箱、同一配电屏上的各元件都必须经接线板的端子相互连接。接线图中的电气互连关系用线来表示，连接导线应注明导线规格（数量、截面积等），一般不标明实际走线路径，施工时由操作者根据实际情况选择最佳走线路径。

4. 对于控制装置的外部连线应在图上或用接线表示清楚，并标明电源的引入点。某机床电气接线图如图 7—20 所示。

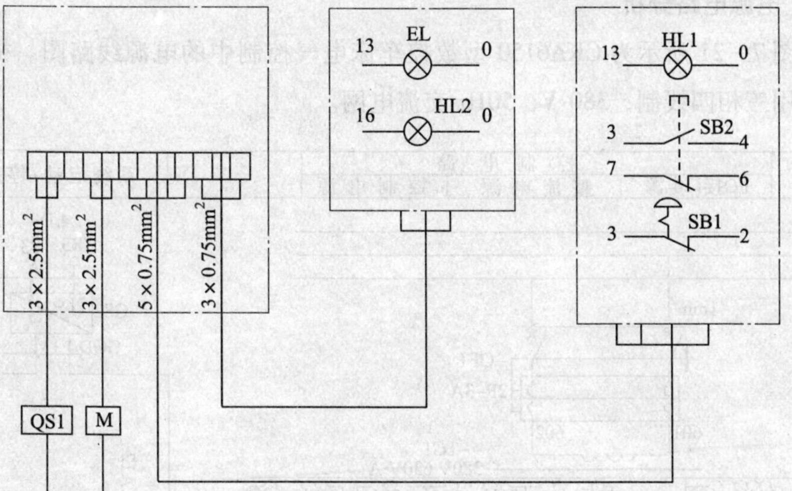

图 7—20　某机床电气接线图

第四节　数控车床的电气原理图和接线图

本节通过对 CKA6150 型数控车床的电气控制线路进行分析，阐述电气控制系统的分析方法，使读者掌握 CKA6150 型数控车床的电气控制线路的原理，了解机床的机械等部分与电气控制系统之间的关系。

数控车床的电气原理图及接线图是为强电控制，输入、输出接口转换及执行各种动作，根据机床不同的规格、性能及要求而设计的。

数控车床的电气原理图大体上都是由电源控制电路、主电路、控制电路、输入和输出接口电路、伺服驱动电路、辅助电路等部分组成的。数控车床的电气控制及各种动作的逻辑关系是靠 CNC 系统的内置 PLC（梯形图）来完成的。强电的电气原理图主要用于实现梯形图中输入、输出接口所提出的要求。

数控车床的电气接线图用于进一步说明电气原理图中电气设备间的实际连线关系及相对位置，便于读者识图和了解装配关系。可以说电气接线图是电气原理图的补充说明。

一、数控车床的电气原理图

下面以 CKA6150 型数控车床的电气原理图为例，分析、识别电气控制电路。

1. 电源电路分析

如图 7—21 所示为 CKA6150 型数控车床电气控制中的电源线路图。机床供电电源采用三相四线制，380 V，50Hz 交流电网。

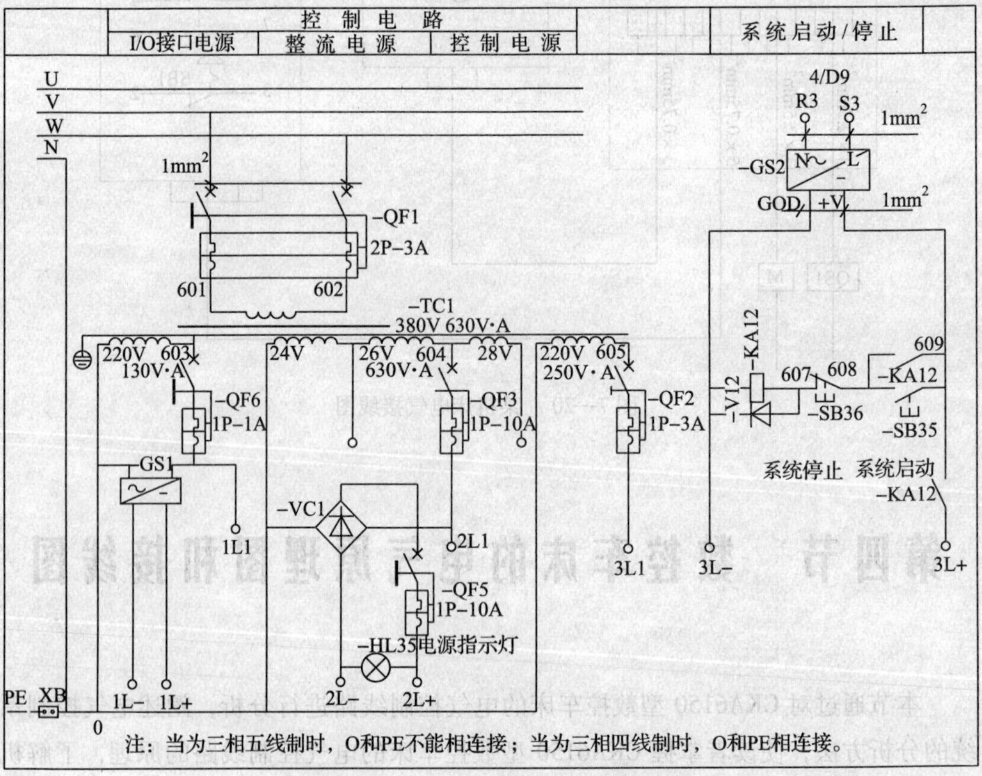

图 7—21 CKA6150 型数控车床电源线路图

图中 TC1 为控制变压器，一次（输入）为 AC380 V，二次（输出）为 AC220 V，AC24 V，AC26 V 和 AC28 V，其中 AC220 V（130 V·A）的交流电源是稳压电源 GS1 的输入电源，整流后为 DC24 V（输出端子为 1L+，1L-），是输入、输出接口的控制电源；AC24 V，AC26 V 和 AC28 V 交流电源是 VC1 整流桥块的输入电源，整流后为 DC24 V（输出端子为 2L+，2L-），是电磁铁控制的电源；由 GS2 稳压电源整流后的 DC24 V（输出端子为 3L+，3L-）是系统启动、停止控制电源，也是为数控系统 CNC、驱动单元、PLC 等提供的直流稳压电源；AC220 V（250 V·A）交流电源（3L1，0）是交流接触器控制电源。断路器 QF1，QF2，QF3，QF5 和 QF6 为电路的短路保护，图中 SB35 是系统启动按钮，SB36 是系统停止按钮。由此可知，电源电路共有四个输出电路。

2. 主电路分析

如图 7—22 所示为 CKA6150 型数控车床电气控制中的 380 V 强电主电路图。

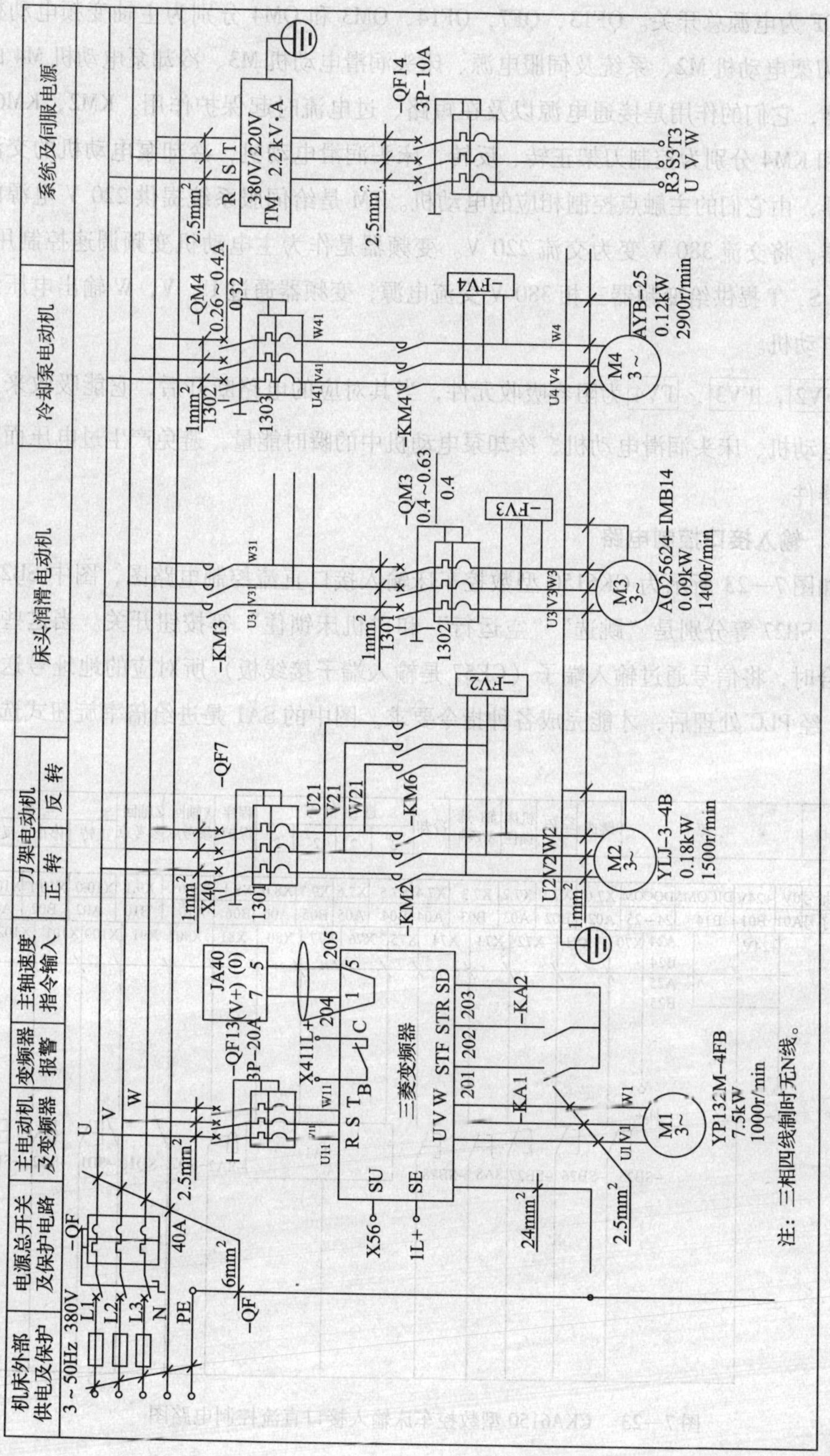

图7—22　CKA6150型数控车床主电路图

图中 QF 为电源总开关。QF13，QF7，QF14，QM3 和 QM4 分别为主轴变频电动机 M1、刀架电动机 M2、系统及伺服电源、床头润滑电动机 M3、冷却泵电动机 M4 的断路器，它们的作用是接通电源以及在短路、过电流时起保护作用。KM2，KM6，KM3 和 KM4 分别为控制刀架正转、反转，床头润滑电动机，冷却泵电动机的交流接触器，由它们的主触点控制相应的电动机。TM 是给伺服系统提供 220 V 电源的变压器，将交流 380 V 变为交流 220 V。变频器是作为主电动机变频调速控制用，由 R，S，T 提供给变频器三相 380 V 交流电源，变频器通过 U，V，W 输出电压给变频电动机。

FV2，FV3，FV4为阻容吸收元件，当其对应的电路断开后，它能吸收来自刀架电动机、床头润滑电动机、冷却泵电动机中的瞬时能量，避免产生过电压而损坏元器件。

3. 输入接口控制电路

如图 7—23 所示为 CK6150 型数控车床输入接口直流控制电路图，图中 SB25，SB26，SB27 等分别是“跳选”“空运行”和“机床锁住”等按钮开关。当这些开关闭合时，将信号通过输入端子（CE57 是输入端子接线板）所对应的地址号送给 PLC，经 PLC 处理后，才能完成各种指令要求。图中的 SA1 是进给倍率旋钮式选择

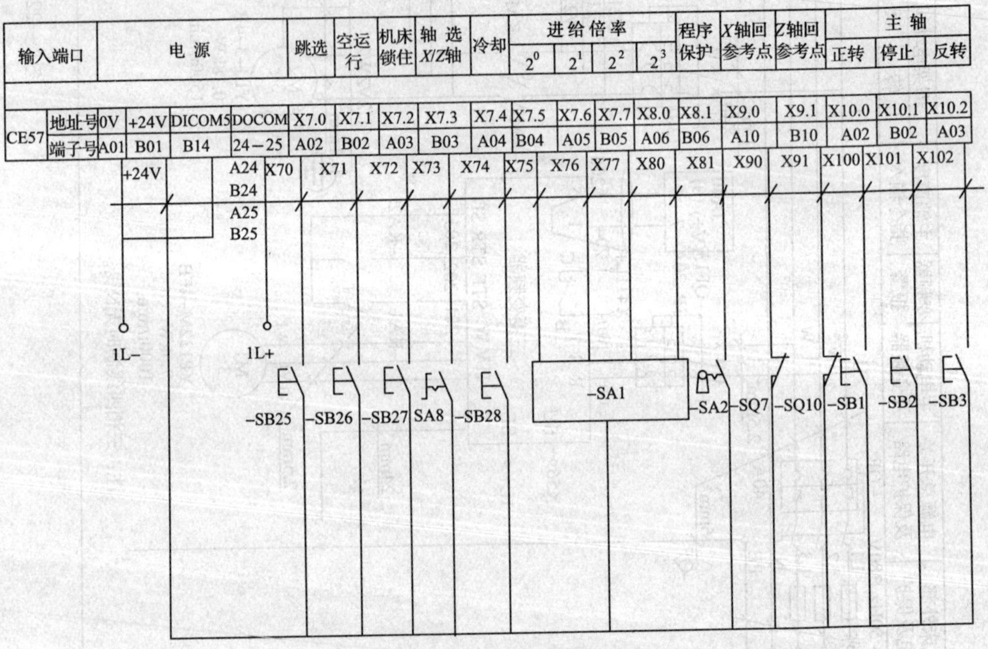

图 7—23　CKA6150 型数控车床输入接口直流控制电路图

开关，SA2 为程序保护开关，SQ7 和 SQ10 分别为 *X* 轴、*Z* 轴回参考点行程开关，SB1，SB2 和 SB3 分别为主轴正转、停止、反转开关。

图中的 X70，X71，X72，X74，X75…是线号；X7.0，X7.1，X7.2…是输入接口地址号，该地址与 PLC（梯形图）输入地址一致，这样才能完成输入接口的任务。

控制电源是 DC24 V，端子号为 1L＋和 1L－。1L＋为 24 V 正极，1L－为 24 V 负极。

4．输出接口控制电路

如图 7—24 所示为 CKA6150 型数控车床输出接口直流控制电路图，图中下方框里的KA1，KA2，KA3，KA4，KA5分别是主轴电动机正转、反转、制动，刀架电动机正转、反转的直流继电器线圈，HL15 和 HL16 分别是循环停止、主轴反转的

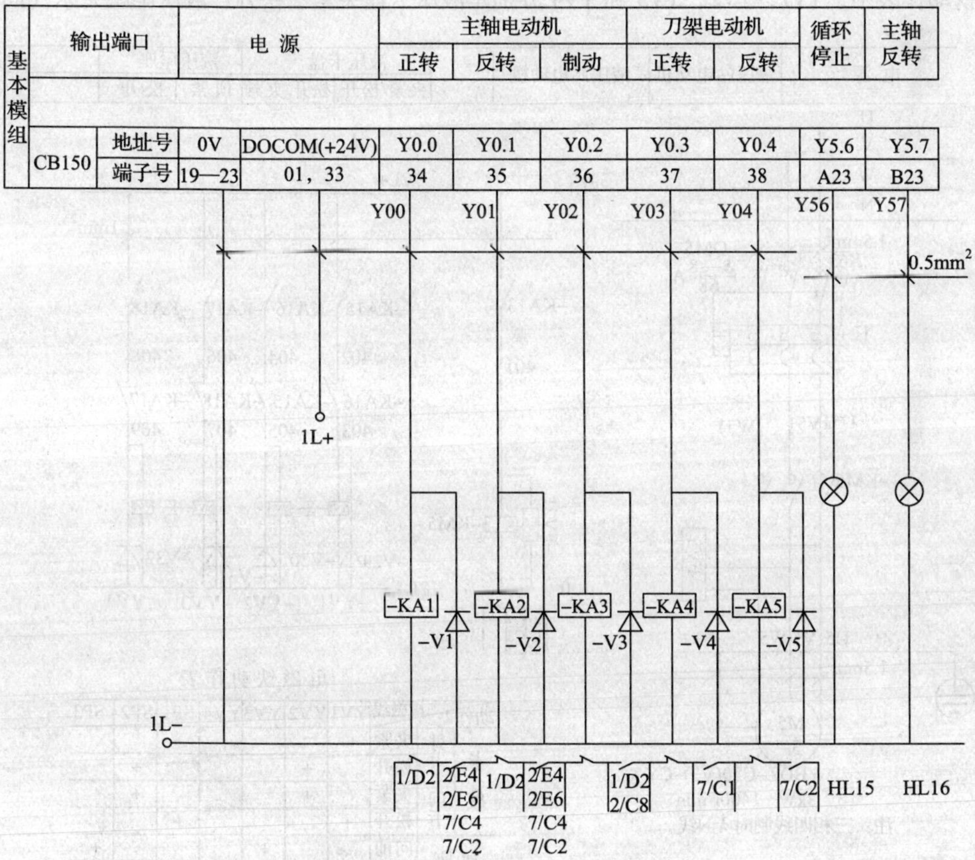

图 7—24　CKA6150 型数控车床输出接口直流控制电路图

信号指示灯。当 PLC 指令输出，接线板的端子号 34（地址号 Y0.0）输出，要求主轴正转时，Y0.0 有效，继电器 KA1 线圈得电，其触点接通变频器的正转指令，主轴按指令的转速值正转；同理，当主轴反转时 Y0.1 有效；主轴制动时 Y0.2 有效；刀架电动机正转时 Y0.3 有效，刀架电动机反转时 Y0.4 有效。

控制电源是 DC24 V，端子号为 1L+ 和 1L-。

该图下方的分数标注解释：如 KA4 下方标注 7/C1，表示 KA4 的常开触点在设计图的第 7 页纵横坐标 C1 的位置可以找到。

5. 液压控制电路

如图 7—25 所示为 CKA6150 型数控车床液压控制电路图。图中 M5 是 3 kW，1 400 r/min的液压站三相异步电动机，受接触器 KM5 的控制，而 KM5 又受继电器 KA13 常开触点控制，其电源是 AC24 V，端子号为 3L1 和 0。在图中右下角所列的电磁铁动作表中，YV1，YV2，YV3 和 YV4 分别是液压卡盘夹紧、松开，液压尾座夹紧（向

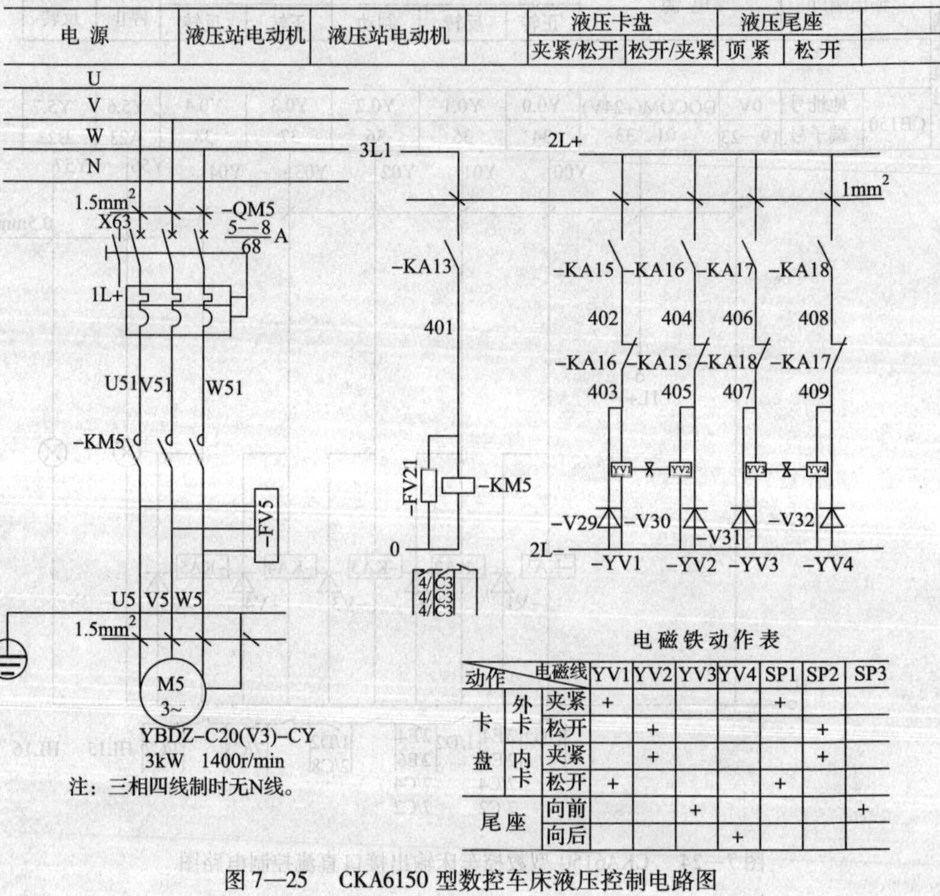

动作		电磁线	YV1	YV2	YV3	YV4	SP1	SP2	SP3
卡盘	外卡	夹紧	+				+		
		松开		+				+	
	内卡	夹紧		+				+	
		松开	+				+		
尾座		向前			+				+
		向后				+			

图 7—25 CKA6150 型数控车床液压控制电路图

前)、松开（向后）的电磁铁，它们分别受直流继电器 KA15，KA16，KA17，KA18 控制，图中 KA16，KA15，KA18，KA17 的四个常闭触点又分别是 KA15，KA16，KA17，KA18 四个常开触点的互锁点。该控制电源为 DC24 V，接线端子为 2L+和2L-。电磁铁动作表中符号“+”表示此电磁铁得电。

6. 伺服控制单元电路图

如图 7—26 所示为 CKA6150 型数控车床伺服控制单元电路图。图中 βiSVM—20 型伺服放大器为控制 *X* 轴和 *Z* 轴伺服电动机用，而两轴伺服电动机的规格也同为 β8/3000iS 型。

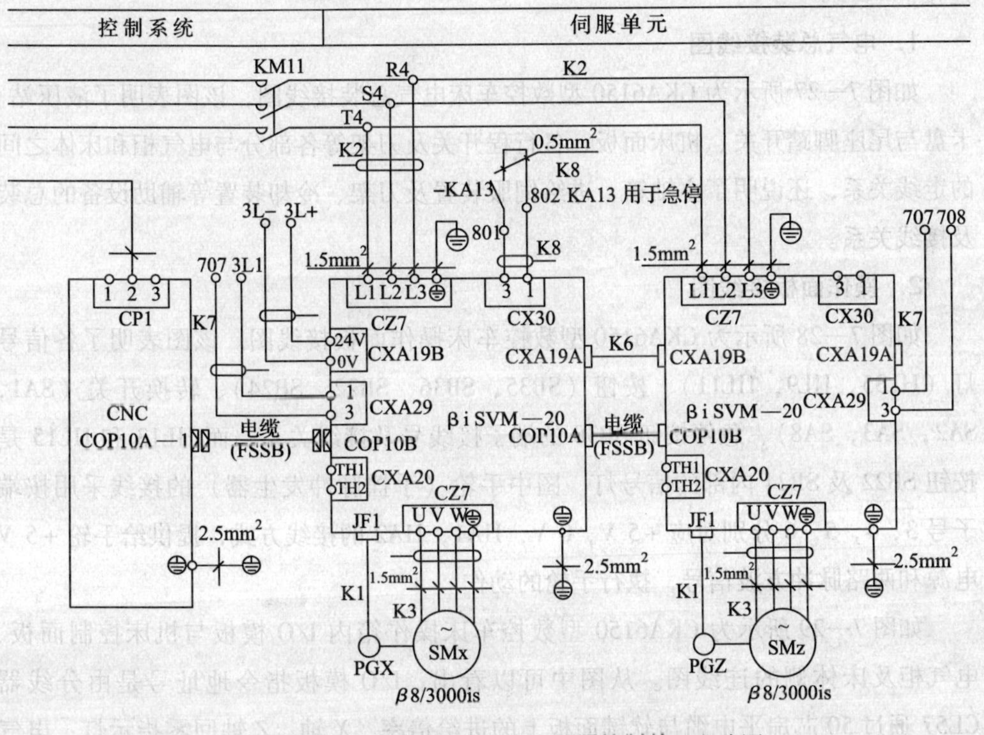

图 7—26 CKA6150 型数控车床伺服控制单元电路图

X 轴和 *Z* 轴采用相同型号的伺服控制单元和伺服电动机，大大提高了各轴的互换性能。从图中可知，进给伺服控制单元（伺服驱动装置）受控于 CNC 的指令，CNC 通过 COP10A—1 插口，经 FSSB 电缆连接到 *X* 轴伺服单元的 COP10B 插口上，控制伺服电动机的运行，以满足数控机床工作的需要。

图中伺服放大器 βiSVM—20 中，L1，L2 和 L3 为三相 AC380 V 电源输入接口，CXA19B 及 CXA29 是直流和交流控制电源接口，CXA19A 和 CXA19B 通过 K6 电缆连接 *X* 轴和 *Z* 轴伺服控制单元，COP10A 插口通过电缆 FSSB 连接到 *Z* 轴的

COP10B 插口，也作为两轴单元的互联；两轴伺服单元的 CZ7 插口是 X 轴和 Z 轴伺服电动机的输出接口，其接线为 U，V，W；PGX 和 PGZ 分别是 X 轴和 Z 轴的绝对值编码器，它是半闭环检测装置。

所有伺服单元的工作都是由数控系统控制的。

二、数控车床的电气接线图

CKA6150 型数控车床的电气接线图用来说明该数控车床电气原理图中各种电气设备之间实际的接线关系，主要表明电气设备的相对位置及它们之间的电气连接。

1. 电气总装接线图

如图 7—27 所示为 CKA6150 型数控车床电气总装接线图，该图表明了液压站、卡盘与尾座脚踏开关、机床面板、各行程开关及刀架等各部分与电气柜和床体之间的走线关系，还说明了主轴箱、进给伺服装置及刀架、冷却装置等辅助设备的总装及接线关系。

2. 操作面板接线图

如图 7—28 所示为 CKA6150 型数控车床操作面板接线图。该图表明了各信号灯（HL35，HL9，HL11）、按钮（SB35，SB36，SB22，SB24）、转换开关（SA1，SA2，SA3，SA8）、急停按钮 SB38 的端子接线号及接线关系，而 HL13 和 HL15 是按钮 SB22 及 SB24 内部的信号灯。图中手轮（手摇脉冲发生器）的接线采用按端子号 3，4，5，6 分别对应 +5 V，0 V，HA1，HA2 的接线方式，提供给手轮 +5 V 电源和两路脉冲方波信号，执行手轮的动作。

如图 7—29 所示为 CKA6150 型数控车床操作箱内 I/O 模板与机床控制面板、电气柜及床体侧的连线图。从图中可以看出：I/O 模板指令地址号是由分线器 CE57 通过 50 芯扁平电缆与软键面板上的进给倍率，X 轴、Z 轴回零指示灯，电气柜及床体侧的接线端子线号对号入座连接的。

图中 A01，A02…以及 A1，A2…为扁平电缆端子号；0 V，X70，X72…为线号。

3. 伺服电动机与外围元器件的连接图

如图 7—30 所示为 CKA6150 型数控车床伺服电动机与电源及编码器的连接图。图中 X 轴伺服电源 U，V，W 接口通过 K3 电缆连接到 X 轴电动机的 U，V，W 接口上，使用 6 m 长电缆连接；Z 轴伺服电源 U，V，W 接口也通过 K3 电缆连接

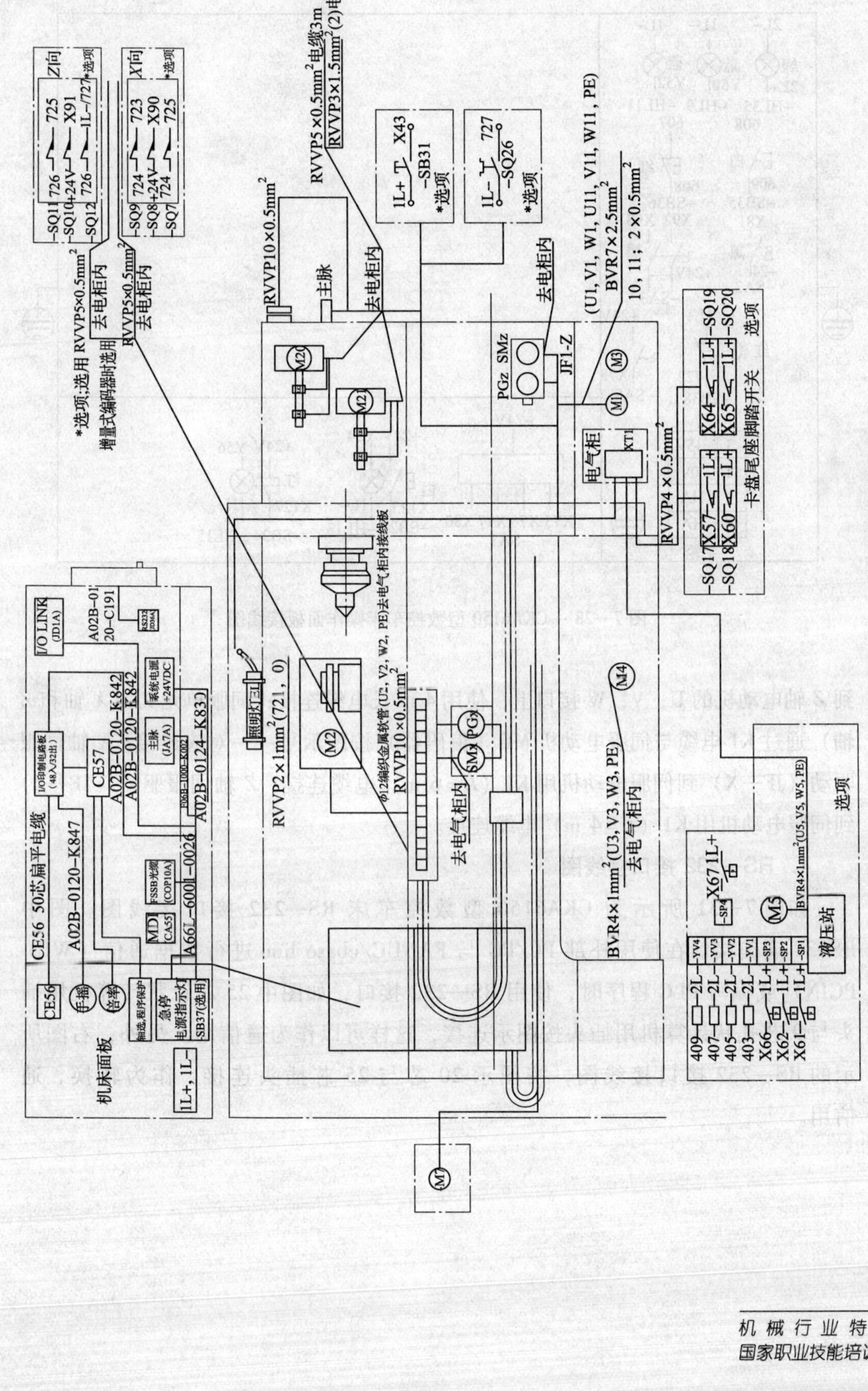

图7—27　CKA6150型数控车床电气总装接线图

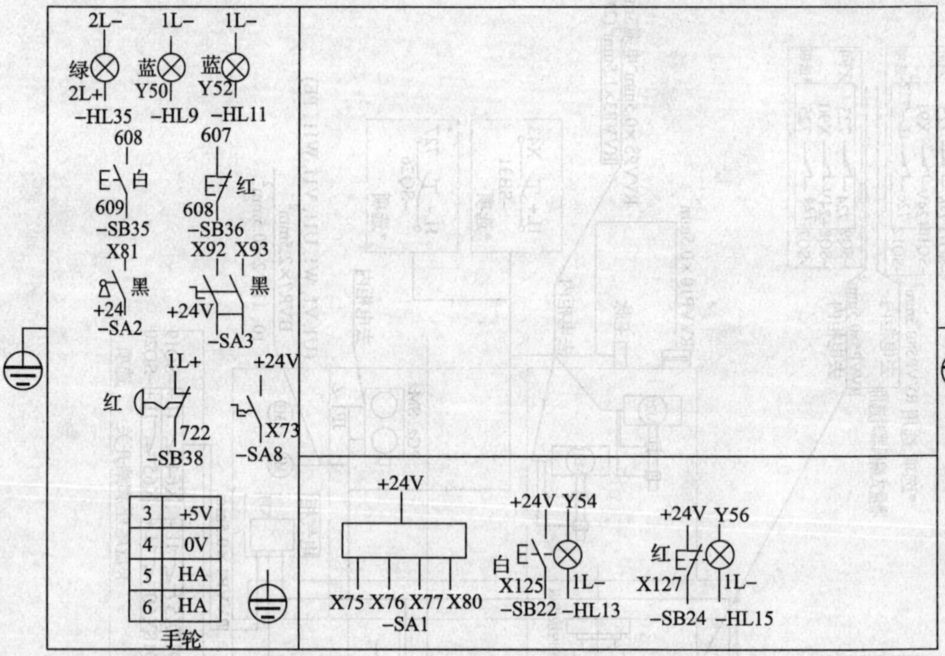

图 7—28　CKA6150 型数控车床操作面板接线图

到 Z 轴电动机的 U，V，W 接口上，使用 4 m 长电缆连接；伺服单元 FJ（X 轴和 Z 轴）通过 K1 电缆与伺服电动机 MG（编码器）按图示号一一对应连接。X 轴伺服驱动（JF—X）到伺服电动机用 K1（$L=6$ m）电缆连接，Z 轴伺服驱动（JF—Z）到伺服电动机用 K1（$L=4$ m）电缆连接。

4．RS—232 接口接线图

如图 7—31 所示为 CKA6150 型数控车床 RS—232 接口接线图。图中 RS232 通信接口在使用外部 PC/PG 与 FANUC/cbase line 进行数据通信（WIN-PCIN）或编写 PLC 程序时，使用 RS—232 接口，如图中 25 芯针状计算机用插头与 9 芯孔状计算机用插头按图示连接，这样可以作为通信用。另外，右图所示的 RS—232 接口接线图，按图示 20 芯与 25 芯插头连接，作为转换、通信用。

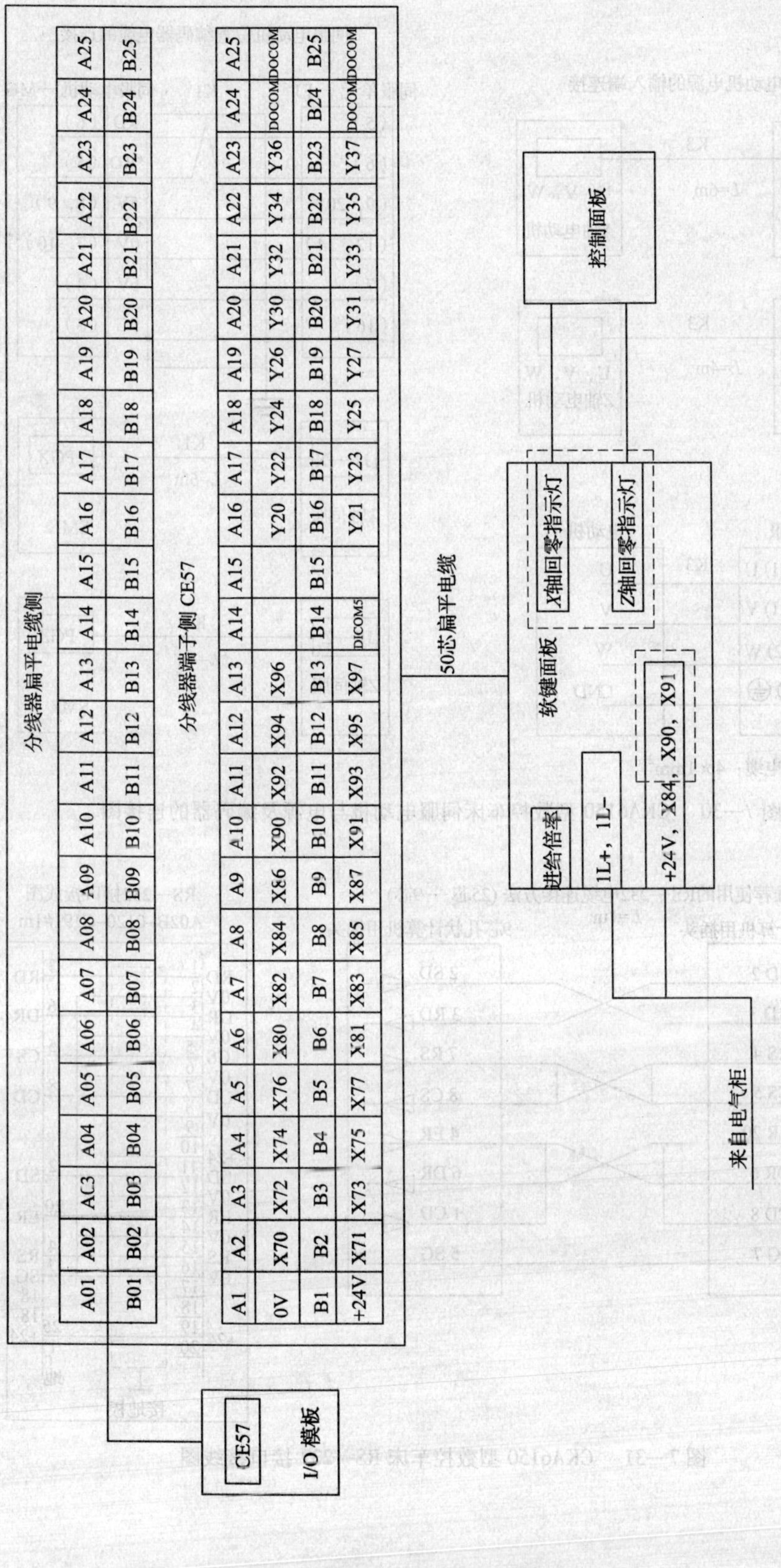

图7—29　CKA6150型数控车床操作箱内的连线图

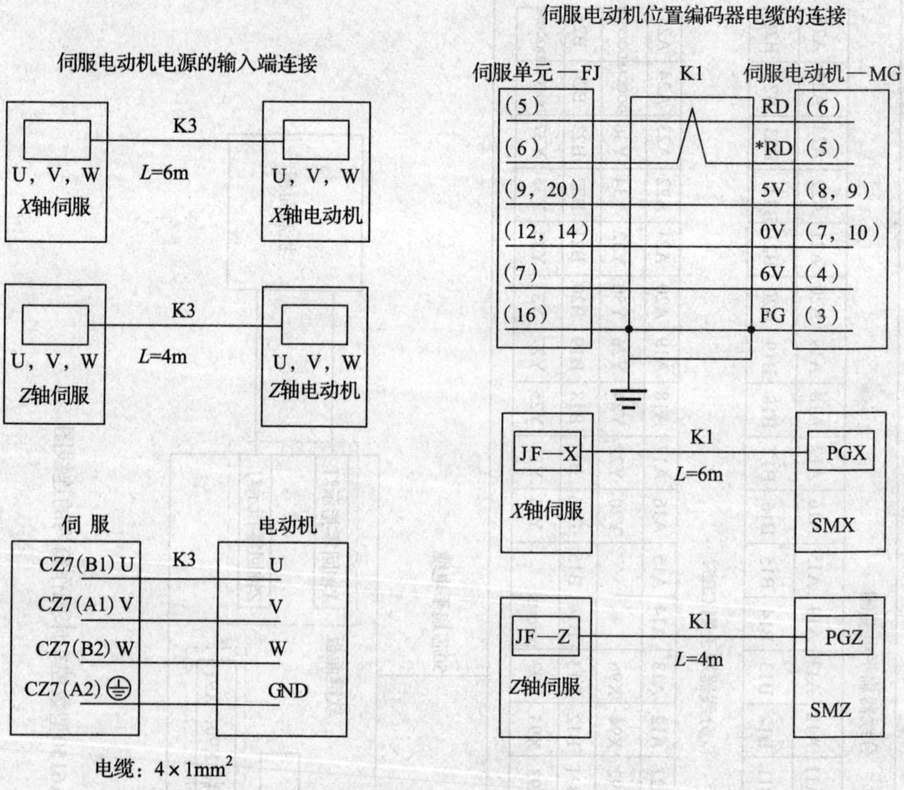

图 7—30　CKA6150 型数控车床伺服电动机与电源及编码器的连接图

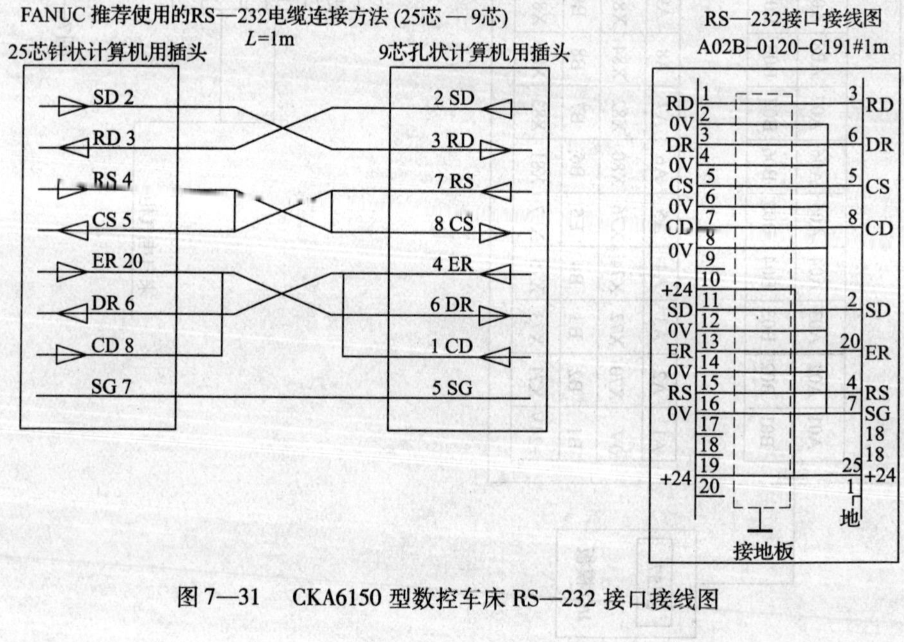

图 7—31　CKA6150 型数控车床 RS—232 接口接线图

第五节　加工中心机床的电气原理图和接线图

数控加工中心机床的电气控制电路的原理图、接线图的分析方法和步骤与前述数控车床基本相同。

一、加工中心机床的电气原理图

下面以 VDL/F 系列立式加工中心机床的电气控制电路图为例进行分析。

VDL/F 系列立式加工中心机床采用 FANUC 0i—MC 和 FANUC 0i Mate—MC 数控系统，配以 αi/βi 系列全数字交流伺服模块和 αi/βis 系列交流伺服电动机，具有良好的动态品质和控制精度。FANUC 0i—MC 系统最多可实现 4 轴联动插补，而 FANUC 0i Mate- MC 系统最多可实现 3 轴联动插补。

1. 加工中心机床电气原理图分析的方法与步骤

电气控制电路一般由主电路、控制电路（包括输入电路和输出电路）和辅助电路等部分组成。了解电气控制系统的总体结构、电动机和电气元件的分布情况及控制要求等内容之后，便可以阅读及分析电气原理图了。

（1）分析主电路

从主电路入手，根据伺服电动机、辅助机构的电动机和电磁阀等执行电器的控制要求，分析它们的控制内容。控制内容包括传动、方向控制、调速和制动。

（2）分析控制电路

根据主电路中各伺服电动机、辅助机构中的电磁阀等执行电器的控制要求，逐一找出控制电路中的控制环节，按功能不同划分成若干个局部控制线路进行分析。而分析控制电路的最基本方法是查线读图法。

（3）分析辅助电路

辅助电路包括电源显示、工作状态显示、照明和故障报警等部分，它们大多由控制电路中的元件来控制，所以分析时还要反过来对照控制电路进行分析。

（4）分析互锁与保护环节

机床对于安全性和可靠性有很高的要求，为实现这些要求，除了合理地选择元器件和控制方案以外，在控制线路中还设置了一系列电气保护和必要的电气互锁机构。

（5）总体检查

经过“化整为零”，逐步分析了每一个局部电路的工作原理以及各部分之间的控制关系之后，还必须采用“集零为整”的方法检查整个控制线路，看是否存在遗漏，特别要从整体的角度去进一步检查和理解各控制环节之间的联系，理解电路中每个元器件所起的作用。

2. VDL/F 型立式加工中心机床电气控制电路分析

（1）主电路分析

如图 7—32 所示为 VDL/F 型立式加工中心机床 380 V 强电主电路图。图中 QF1 为电源总开关，QM1，QM2，QM5 和 QM6 分别为排屑电动机、刀库电动机、机械手电动机、液压马达的断路器，其作用是接通电源及在短路、过流时起保护作用；KM1Z，KM1F，KM2Z，KM2F，KM5 和 KM6 分别为控制排屑电动机正转及反转、刀库电动机正转及反转、机械手电动机、液压马达的交流接触器，由它们的主触点控制相应的电动机；FV1，FV2，FV5 和 FV6 为阻容吸收元件，当相应的电路断开后，吸收该电动机的瞬时能量，避免上述器件上产生过电压。

（2）电源电路分析

如图 7—33 所示为 VDL/F 型立式加工中心机床电源电路图。图中 TC1 为控制变压器，一次为 AC380 V，二次为 AC220 V 和 AC24 V，其中 AC220 V 给交流控制回路、热交换器（电气柜）、机床润滑、系统/继电器提供电源；AC24 V 给整流桥 VC 提供输入电源。GS1 是稳压电源，交流 220 V 输入（N，L 端）、稳压后输出 DC24 V（端子号为 +24N，0N）作为系统与继电器的电源；MFn1 和 M10 是热交换器和机床润滑电动机；QF2，QF3，QF4，QF5，QF6 和 QF7 为断路器，在电路中起过载或短路的保护作用。图中“4/E4”表示稳压电源输出端 0N 的走向，它连接到电气原理图第 4 页的 E4 坐标位置上，“4/B7”表示稳压电源 GS1 输出端 +24 V 的走向，它连接到电气原理图第 4 页的 B7 坐标位置上。

（3）控制电路分析

1）输入接口控制电路。如图 7—34 所示为 VDL/F 型立式加工中心机床输入接口控制电路图。图中 SB5 是手动刀库使能；SB6 和 SB7 是刀库正转、刀库反转按钮开关，当开关闭合时，将信号通过输入接线端子板 XT4 所对应的地址号 X21.0，

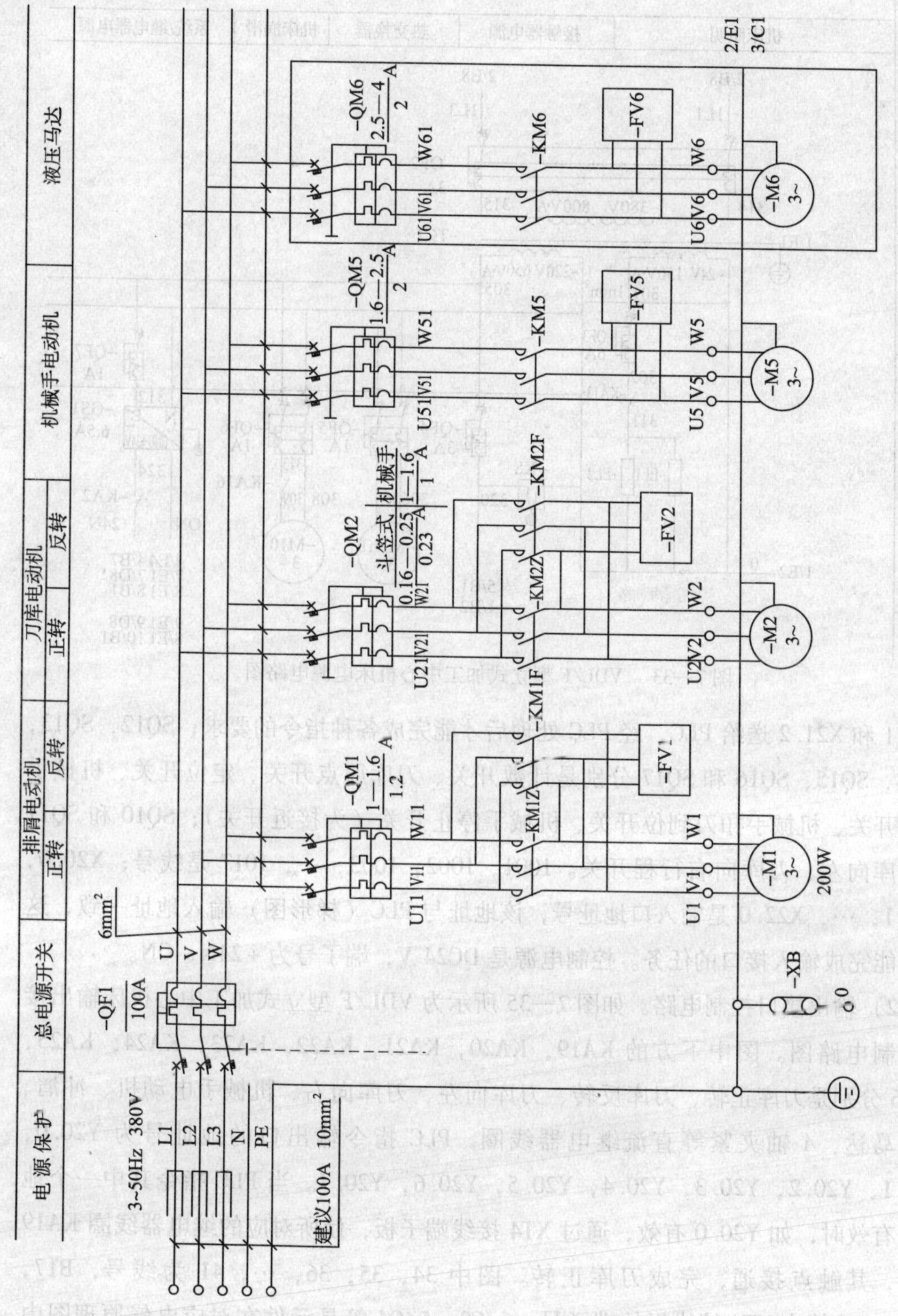

图7—32　VDL/F型加工中心机床380 V强电主电路图

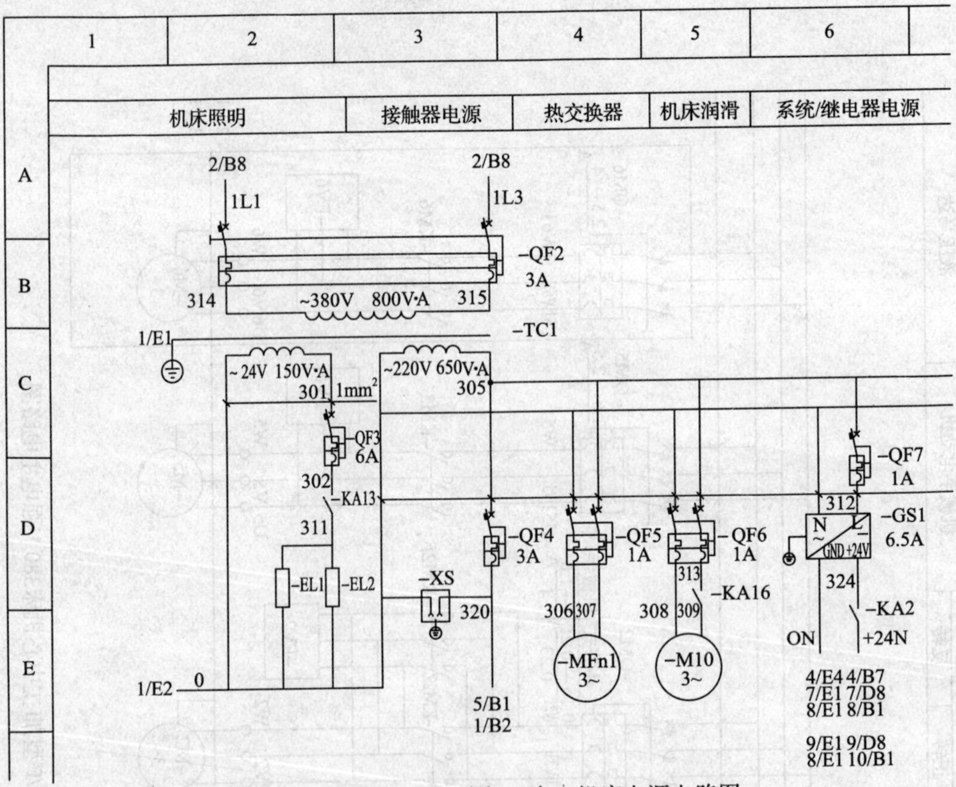

图 7—33 VDL/F 型立式加工中心机床电源电路图

X21.1 和 X21.2 送给 PLC，经 PLC 处理后才能完成各种指令的要求；SQ12，SQ13，SQ14，SQ15，SQ16 和 SQ17 分别是计数开关、刀库原点开关、定位开关、机械手原点开关、机械手扣刀到位开关、机械手停止开关（为接近开关）；SQ10 和 SQ11 是刀库向左、刀库向右行程开关。1001，1002，1003，…，1017 是线号；X20.0，X20.1，…，X22.0 是输入口地址号，该地址与 PLC（梯形图）输入地址一致，这样才能完成输入接口的任务。控制电源是 DC24 V，端子号为 +24N，ON。

2）输出接口控制电路。如图 7—35 所示为 VDL/F 型立式加工中心机床输出接口控制电路图。图中下方的 KA19，KA20，KA21，KA22，KA23，KA24，KA25，KA26 分别是刀库正转、刀库反转、刀库向左、刀库向右、机械手电动机、冲屑、液压马达、*A* 轴夹紧等直流继电器线圈，PLC 指令输出口的地址号为 Y20.0，Y20.1，Y20.2，Y20.3，Y20.4，Y20.5，Y20.6，Y20.7。当 PLC 指令其中一个地址号有效时，如 Y20.0 有效，通过 XT4 接线端子板，使所对应的继电器线圈 KA19 得电，其触点接通，完成刀库正转。图中 34，35，36，…，41 为线号，B17，A18，B18 等为 XT4 接线板的端子号；5/C3，5/C4 等是元件在对应电气原理图中的坐标号。控制电源是 DC24 V，端子号为 +24 V，ON。

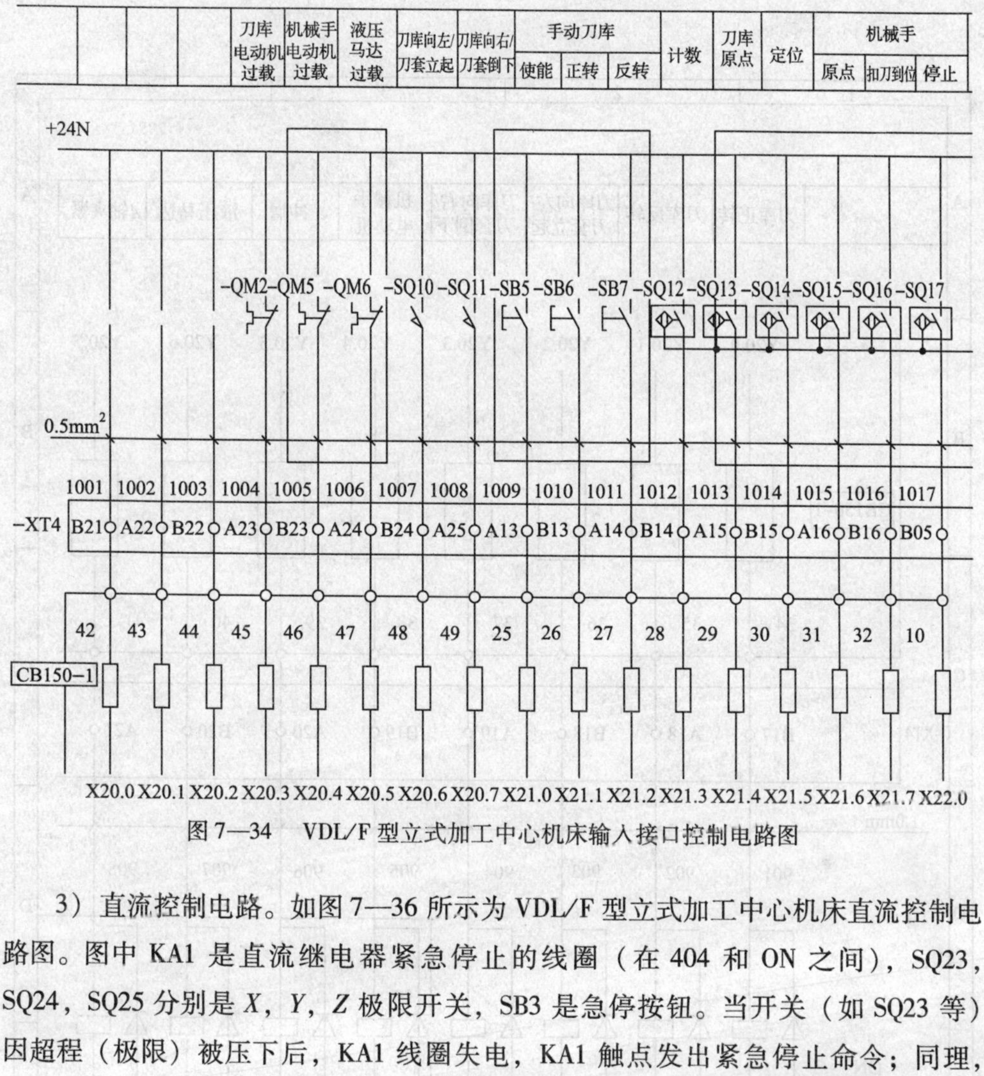

图 7—34　VDL/F 型立式加工中心机床输入接口控制电路图

3）直流控制电路。如图 7—36 所示为 VDL/F 型立式加工中心机床直流控制电路图。图中 KA1 是直流继电器紧急停止的线圈（在 404 和 ON 之间），SQ23，SQ24，SQ25 分别是 *X*，*Y*，*Z* 极限开关，SB3 是急停按钮。当开关（如 SQ23 等）因超程（极限）被压下后，KA1 线圈失电，KA1 触点发出紧急停止命令；同理，当有紧急情况时，压下急停按钮 SB3，同样可以使 KA1 线圈失电而紧急停止。从图中可见，紧急停止共串联了 4 个常闭触点开关，只要其中一个断开，都会使 KA1 失电而发出指令。

图中 KA2（在 406 和 ON 之间）是系统启动直流继电器线圈，当按下 SB2 按钮时，KA2 线圈得电，KA2 常开触点立即闭合，使 SB2 常开触点自锁（闭合）。SB1 按钮是系统停止按钮，是个常闭触点，当按下 SB1 按钮时，KA2 线圈失电，系统停止。

图中 KA 线圈（在 320 和 0 线之间）是机床供电的直流继电器，受来自 320 号线和 0 号线的电源控制。

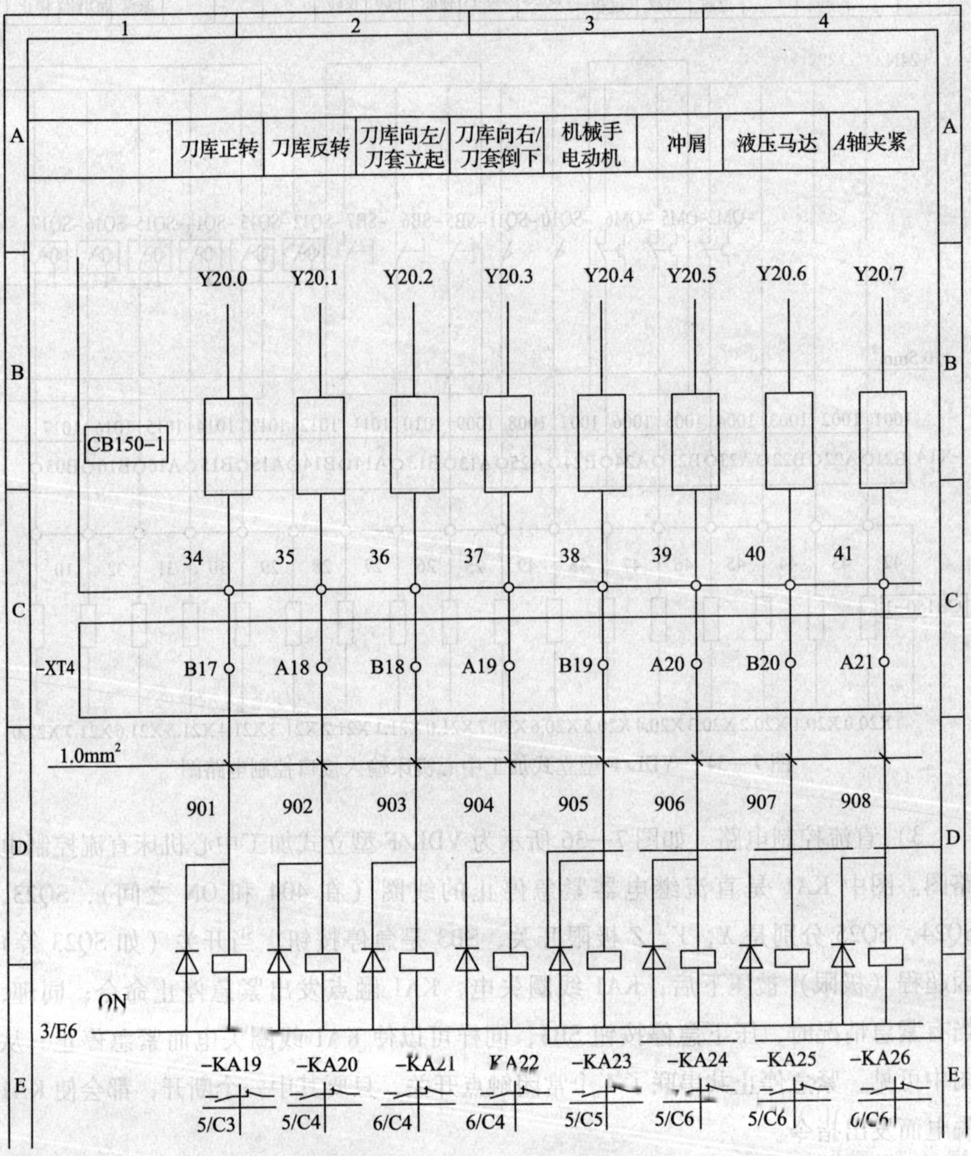

图 7—35　VDL/F 型立式加工中心机床输出接口控制电路图

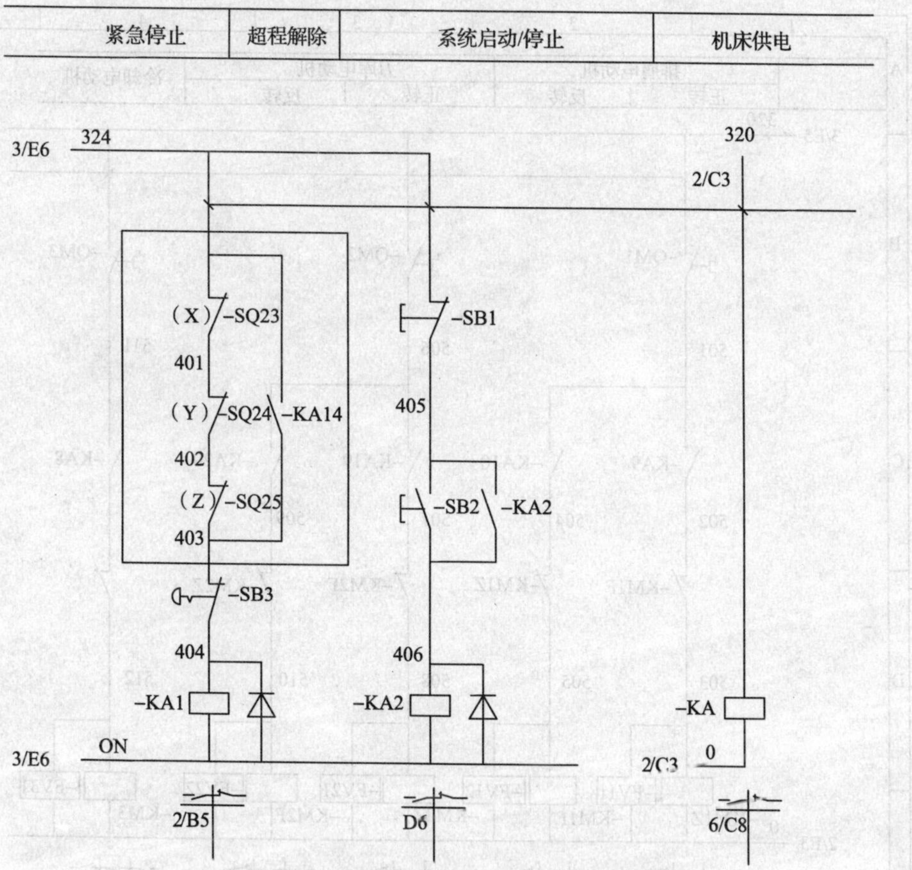

图 7—36　VDL/F 型立式加工中心机床直流控制电路图

4）交流控制电路。如图 7—37 所示为 VDL/F 型立式加工中心机床交流控制电路图。

图中下端的 KM1Z，KM1F，KM2Z，KM2F 和 KM3 分别是排屑电动机的正转、反转，刀库电动机的正转、反转，冷却电动机的交流接触器线圈，分别受 KA9，KA10，KA19，KA20 和 KA8 的常开触点控制，但必须在断路器 QM1，QM2，QM3 闭合时才有效。图上 KM1F 和 KM1Z 的常闭触点分别是 KM1Z 和 KM1F 接触器线圈的互锁点，即当 KM1F 线圈得电时，KM1F 常闭触点立即断开，使反转线路失电，保证正转时反转电动机不会启动。

5）直流电磁阀控制电路。如图 7—38 所示为 VDL/F 型立式加工中心机床直流电磁阀控制电路图。图中下端 YV1，YV2，YV3，YV4，YV5，YV9 和 YV10 分别是主轴松开、主轴高挡、主轴低挡、刀套上、刀套下、松刀吹气、风冷却的直流电

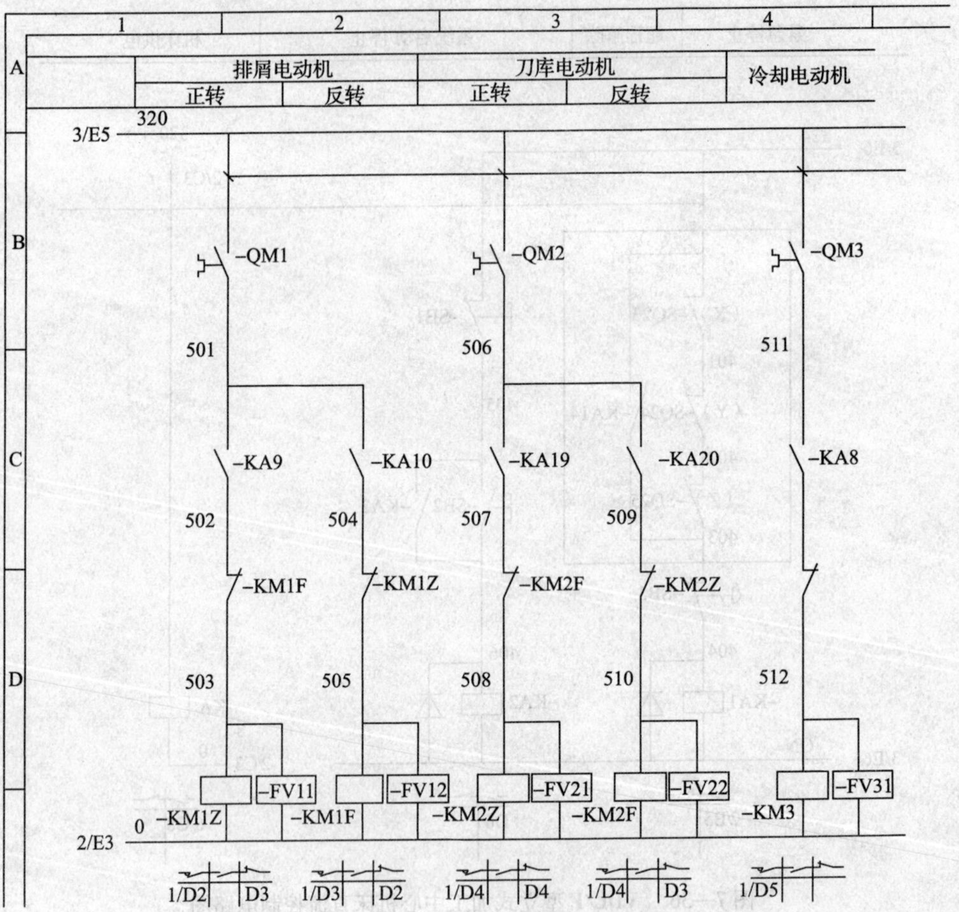

图 7—37　VDL/F 型立式加工中心机床交流控制电路图

磁阀，分别受继电器 KA3，KA27，KA28，KA21，KA22，KA30 和 KA31 常开触点的控制，当任何一个常开触点闭合时，其对应的电磁阀得电，执行工作。图中 YB1（在611 和0D 之间）是 *Z* 轴（主轴）制动电磁阀，同时受继电器 KA 和 KA7 控制。该电源是 DC24 V，接线端子为 +24D 和 0D，来自该电气原理图的第 3 页 E7 和 E8 的坐标位置。

二、加工中心机床的电气接线图

VDL/F 加工中心机床的电气接线图是对 VDL/F 型加工中心机床的电气原理图做接线方面的说明，主要接线关系及有关分析与数控车床电气接线图基本相同，这里不再赘述。下面仅举一例。

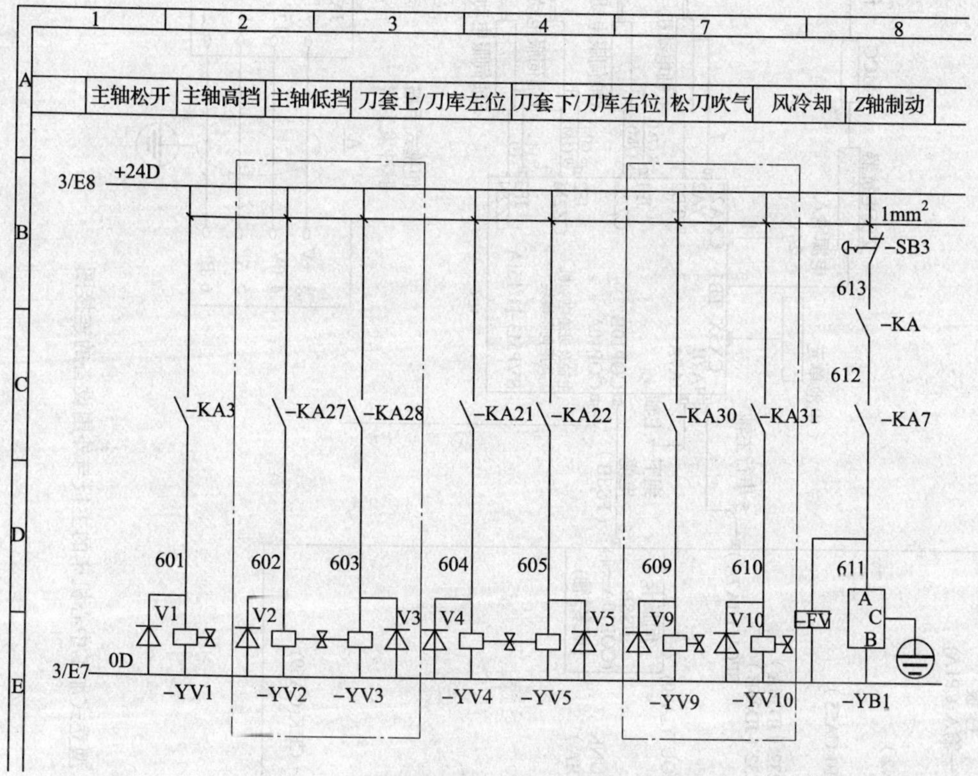

图 7—38　VDL/F 型立式加工中心机床直流电磁阀控制电路图

如图 7—39 所示为 VDL/F 型立式加工中心机床的主板与外围设备的连接图。图的中央部分是主板，主板左侧接口通过 MDI（CA55）口与 MDI 单元连接；通过 I/O UNK（JDIA）口与 I/O 单元（面板）连接；通过 SV—CHK（CA69）口与伺服检查板连接；通过 A—OUT（JA40）口与刀具驱动时的模拟输出连接。主板右侧接口通过 SPOL（JA7A）口与主轴及进给电动机共用伺服模块连接。在伺服模块中，JYA2，TB2，CZ2L，CZ2M，CZ2N，JF1，JF2，JF3 接口分别与主轴电动机以及 *X*，*Y*，*Z* 轴伺服电动机连接。该图的右下方是手摇脉冲发生器的连接图（A）。

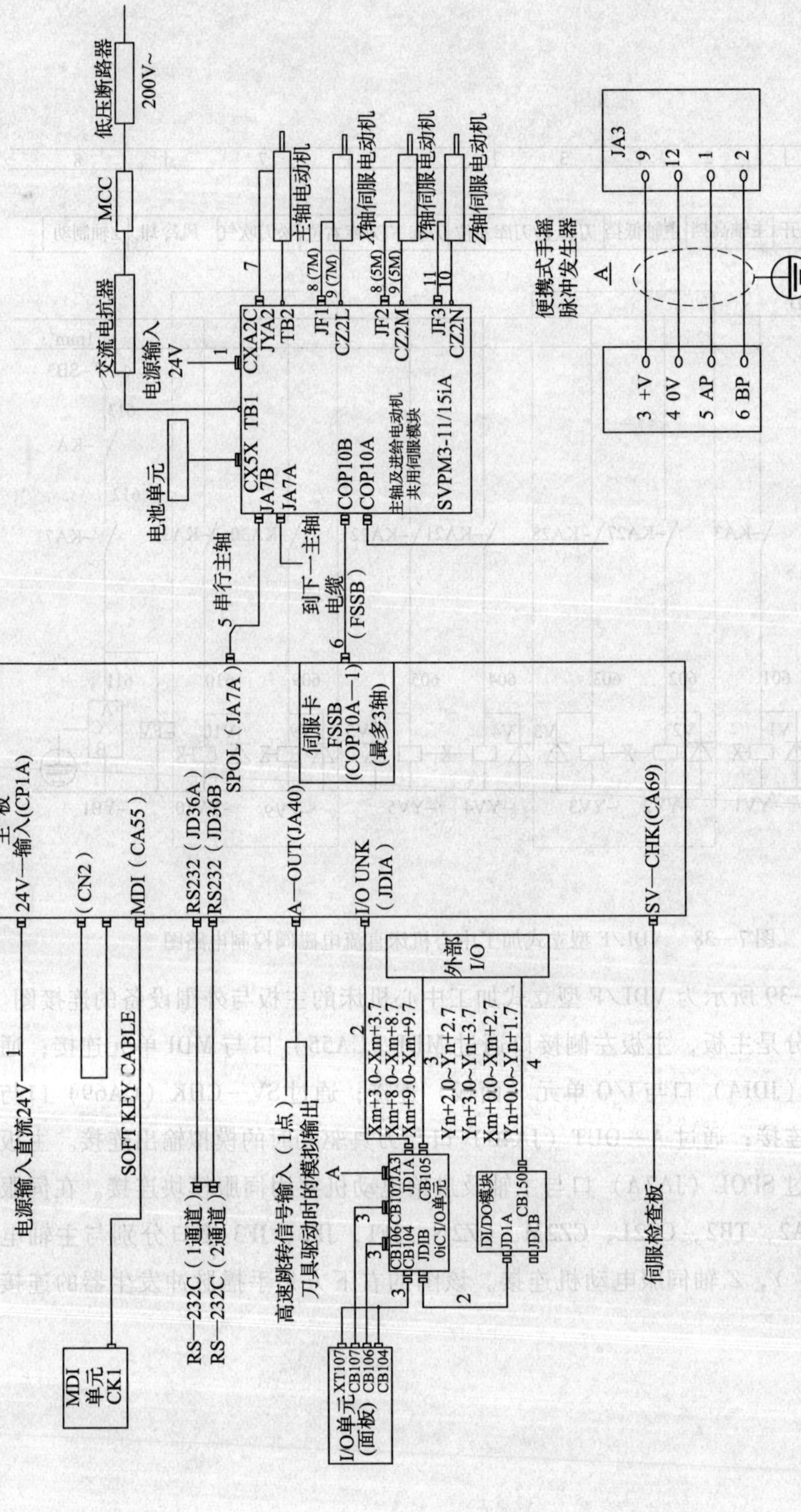

图 7—39　VDL/F 型立式加工中心机床的主板与外围设备的连接图

第八章

数控机床总装配图和拆装工艺

数控机床维修中一个重要的环节是更换有问题的机械零部件，它涉及零件的拆卸和重新组装，以及组装后的调试。拆装是数控机床维修中的基本功。如何完整无损地将相关零件拆卸下来，更换新件后再准确无误地安装上去是一门技术。

拆装时首先要了解该机构的结构特性，收集有关图样，反复研究现场第一手资料，制定出合理的拆卸顺序，即先拆哪部分，后拆哪部分。遇到拆不下来的零件时，不能硬砸硬拆，尤其是在一无图样、二无资料的情况下，有些要凭经验、凭逻辑推理，靠反复试验才能拆卸成功，千万不能鲁莽行事，使原来好的零件也报废了，造成不应有的损失。要选择合理、规范的拆卸和装配方法，才能有效地保持和恢复机床原有的精度。

机械零部件的拆卸实际上是装配的一个逆操作，一般规律是后装的要先拆，先装的要后拆；否则，有些零件相互干涉是拆不下来的。另外还要考虑到配合问题，例如，原来是过盈配合，装配都困难，更不用提拆卸了。拆卸中要准备一些必备的专用工具，如二爪顶拔器，三爪顶拔器，拔销棍，内、外挡圈钳等，如图8—1 所示。本章的拆装工艺以 CKA6150 型数控车床和 VDL—1000 型加工中心机床为例进行分析。

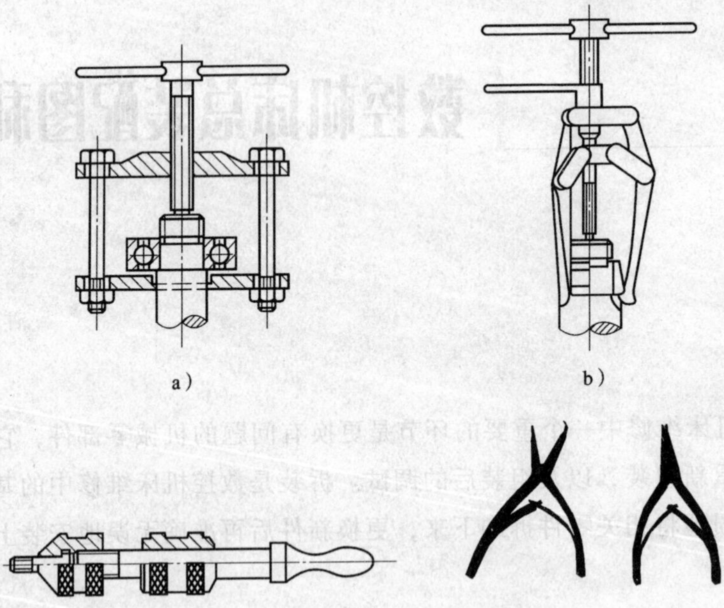

图 8—1　拆装的专用工具

a）两爪顶拔器　b）三爪顶拔器　c）拔销棍　d）挡圈钳

第一节　数控车床的总装配图

总装配图是机床机械部分总装配时需要参考的重要图样。从设计的角度看，它是机床设计的第一个图样。总装配图包括机床各部件的部件图，从图中可以看到各部件间的相互位置关系。总装配图中一般都标注各部件图号，例如，床身为 10 组，主轴箱为 20 组，床鞍为 45 组。这里的“组”代表部件装配图。如图 8—2 所示为 CKA6150 型数控车床的总装配图，它包括 15 个部件。

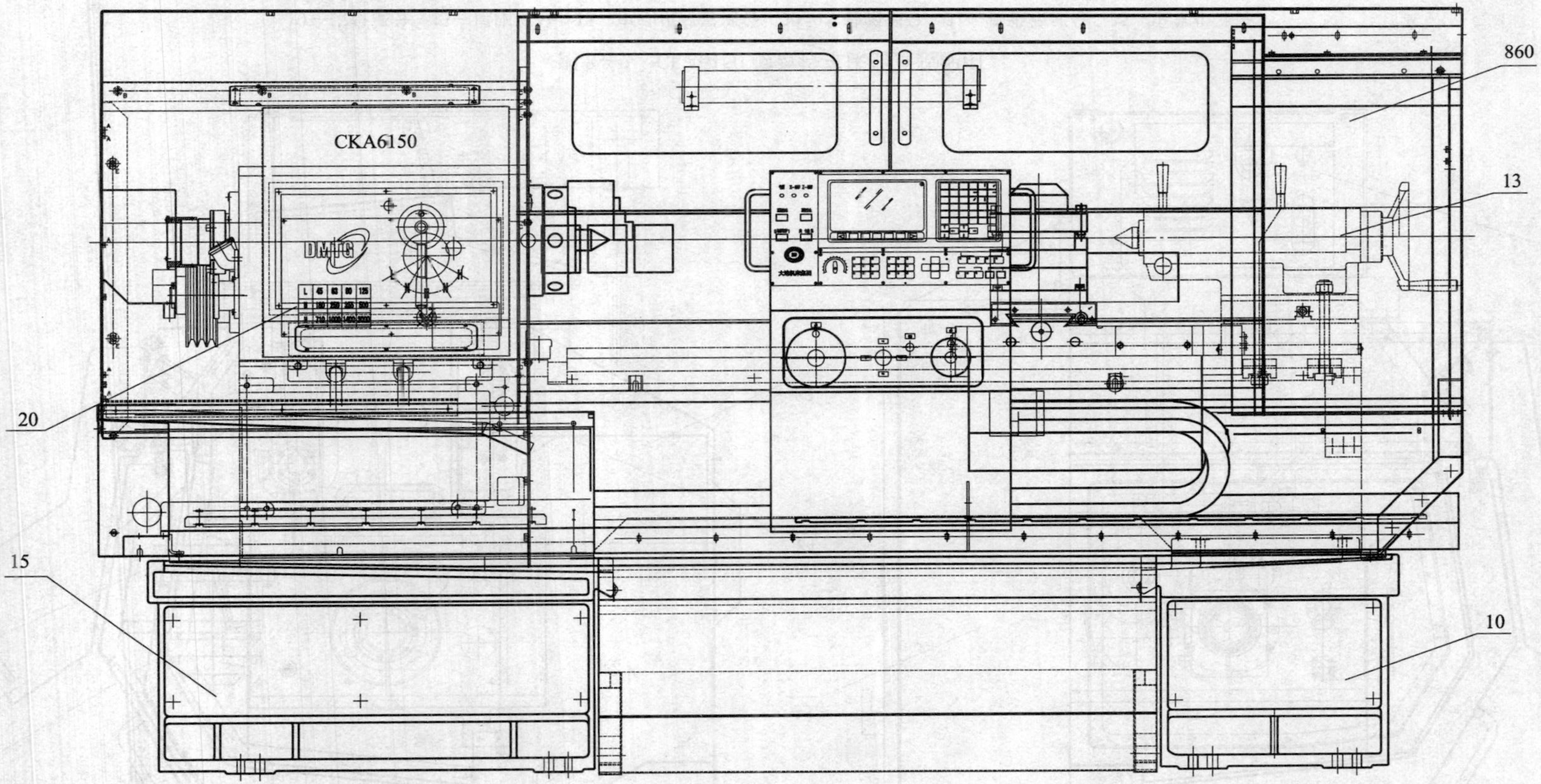
CKA6150
DMTG
860
13
20
15
10

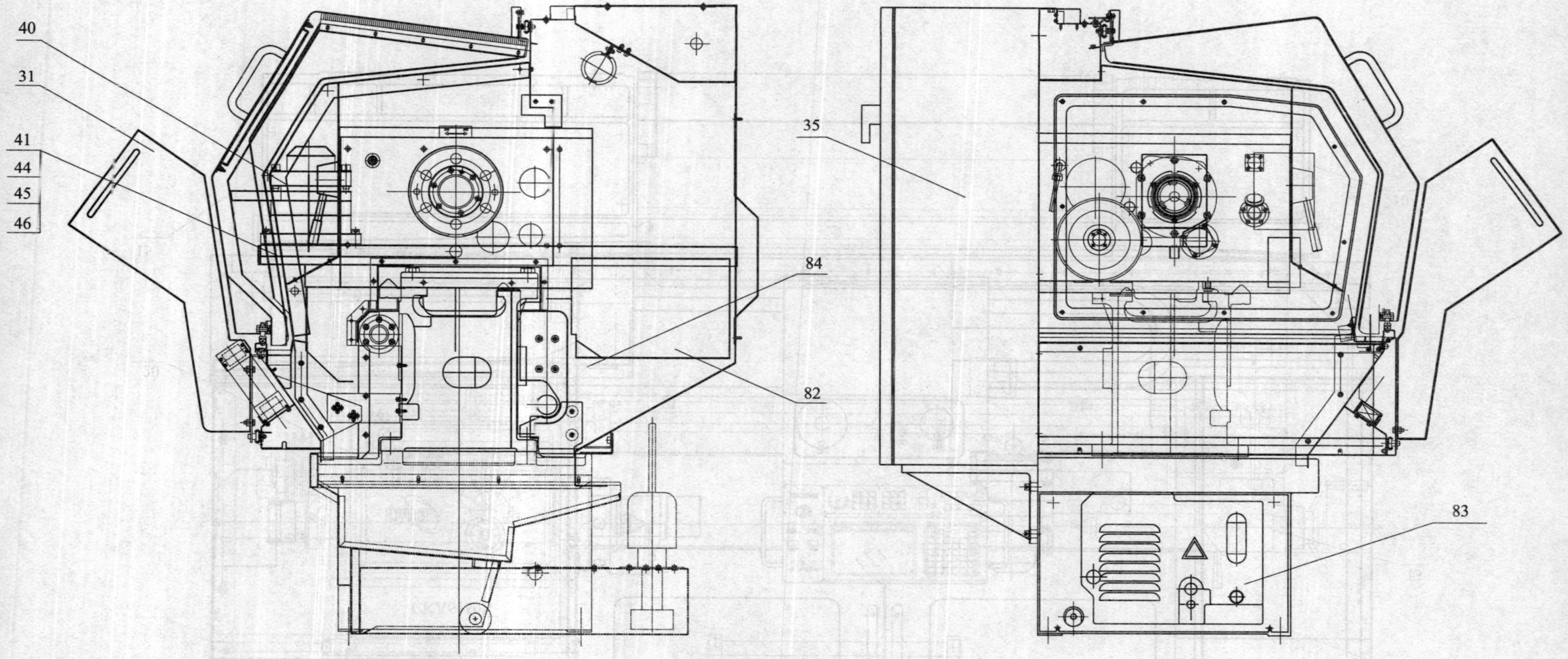

图 8—2　CKA6150 型数控车床的总装配图

10—床身部分　13—尾座部分　15—电动机装置部分　20—主轴箱部分　31—操纵箱部分　35—电气柜部分
40—动力刀架部分　41—横向丝杠部分　44—纵向驱动装置部分　45—床鞍部分　46—横向驱动装置部分
82—集中润滑部分　83—床头润滑部分　84—走线及冷却装置部分　860—防护装置部分

第二节　CKA6150 型数控车床主轴箱及纵向进给装置的拆装

一、CKA6150 型数控车床主轴箱各轴的拆装

CKA6150 型数控车床的主轴箱采用双速电动机，高、中、低三挡，每挡 4 个转速，共 12 个转速，这一机构结构比较复杂。主轴箱内有 6 根轴，如图 8—3 所示为 CKA6150 型数控车床主轴箱展开图。

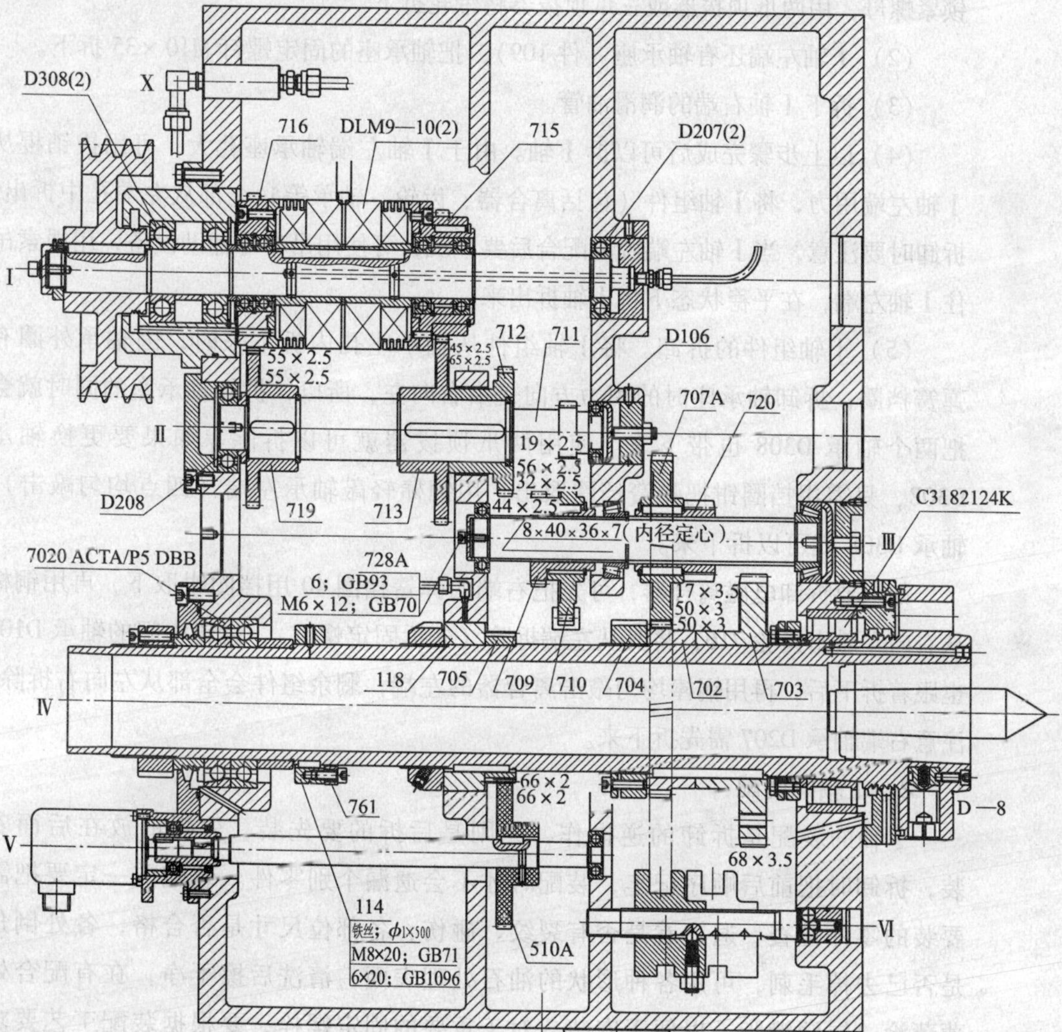

图 8—3　CKA6150 型数控车床主轴箱展开图

1. Ⅰ轴的拆卸

如图 8—4 所示为Ⅰ轴装配图，第Ⅰ轴是动力输入轴。轴的左端有带轮，为了能承受较大的径向载荷，设计采用了两个深沟球轴承 D308；轴的中间是两对电磁离合器，两端各带两个齿轮；轴的右端采用一个深沟球轴承 D207。轴的中间有润滑油管，用于润滑电磁离合器的摩擦片。Ⅰ轴的拆卸步骤如下：

（1）将左端带轮拆下。带轮与Ⅰ轴是平键连接，拆前先将轴端的锁紧螺母卸下。这个螺母有防松螺钉，要先将防松螺钉卸下。在锁紧螺母的前面还有一个压盖，所以要先拆压盖螺钉 M8×20，再拆压盖，接着拆锁紧螺母的防松螺钉，拧出锁紧螺母，用两爪顶拔器或三爪顶拔器将带轮拆下。

（2）Ⅰ轴左端还有轴承座（件 109），把轴承座的固定螺钉 M10×35 拆下。

（3）拆下Ⅰ轴右端的润滑油管。

（4）以上步骤完成后可以拆Ⅰ轴。由于Ⅰ轴左端轴承座孔大，可用拔销棍从Ⅰ轴左端用力，将Ⅰ轴组件（包括离合器、齿轮、轴承等）全部从左端孔中拆出。拆卸时要注意，当Ⅰ轴左端脱离配合后要下沉，可使用吊车等辅助设备，用绳索吊住Ⅰ轴左端，在平稳状态下将Ⅰ轴拆出来。

（5）Ⅰ轴组件的拆卸。将Ⅰ轴组件从轴承座孔内拆下来时，因轴承外圈有弹簧挡圈，拆卸轴承座时的用力方向是由右向左，所以，拆卸轴承座的同时就会把两个轴承 D308 也带下来。使用两爪顶拔器就可以拆除。如果要更换轴承 D308，只需用挡圈钳把弹簧挡圈取出，用铜棒轻敲轴承左端（四点均匀敲击），轴承 D308 就可以拆下来。

如果要拆卸电磁离合器，可先把右端的弹簧挡圈 40 用挡圈钳取下，再用铜棒从右向左敲击齿轮 716，将其从左端拆除（先拆固定螺钉），齿轮中间的轴承 D108 也跟着拆下后，再用铜棒均匀敲击离合器的左端，剩余组件会全部从左向右拆除。注意右端轴承 D207 需先拆下来。

2. Ⅰ轴的装配

Ⅰ轴的装配是拆卸的逆操作，原则是后拆的要先装，先拆的放在后面安装，拆卸时把前后顺序记牢，装配时才不会遗漏个别零件。装配前一定要把需要装的零件检查一遍，看是否有裂纹、碰伤，各部位尺寸是否合格，各处倒角是否已去掉毛刺，可用各种形状的油石处理表面，清洗后擦干净，在有配合处薄薄涂一层润滑脂，以便于安装。对于重要的固定螺栓，要根据装配工艺要求使用力矩扳手拧紧。

（1）Ⅰ轴装配的顺序。可将轴与离合器、两端齿轮、齿轮与轴配合的轴承 D108

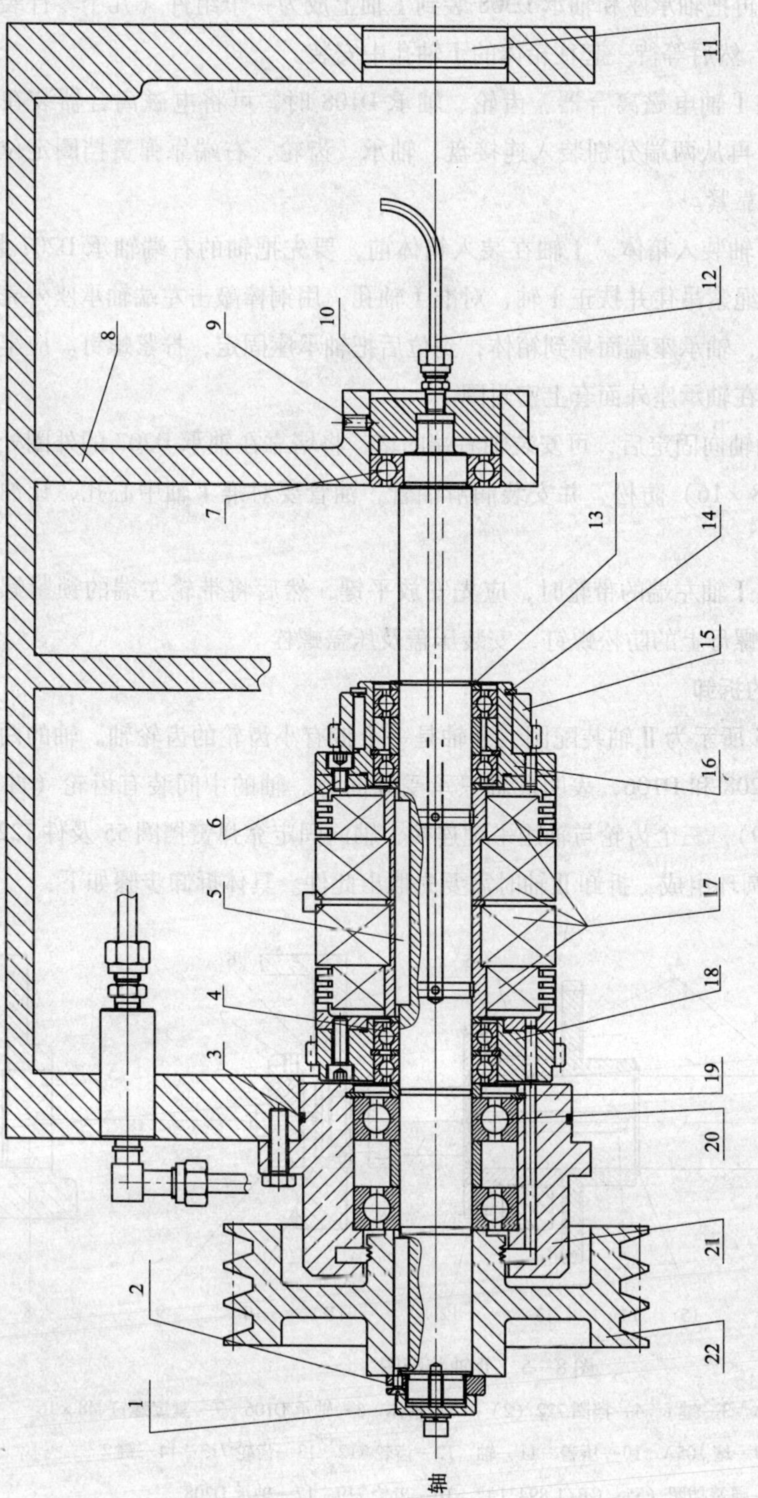

图 8—4　I 轴装配图

1—压盖　2—锁紧螺母　3—密封圈　4—轴承 D108　5—键　6—沉头螺钉 M8×12　7—轴承 D207
8—箱体　9—紧定螺钉 M8×16　10—堵 106　11—堵 B80　12—润滑油管　13—弹簧挡圈 40
14—弹簧挡圈 85　15—齿轮 715　16—连接盘　17—离合器　18—齿轮 716
19—弹簧挡圈　20—轴承 D308（2）　21—轴承座（109）　22—带轮

先进行组装，再把轴承座和轴承 D308 装到Ⅰ轴上成为一个组件（几个零件装在一起俗称合套），然后等待一起往箱体的Ⅰ轴孔中安装。

（2）组装Ⅰ轴电磁离合器、齿轮、轴承 D108 时，可将电磁离合器装在轴上（键要先装）。再从两端分别装入连接盘、轴承、齿轮，右端靠弹簧挡圈定位，左端全部向右端靠紧。

（3）将Ⅰ轴装入箱体。Ⅰ轴在装入箱体前，要先把轴的右端轴承 D207 装好，然后用吊车的绳索吊住并扶正Ⅰ轴，对准Ⅰ轴孔，用铜棒敲击左端轴承座外壳，将组件装入孔中，轴承座端面靠到箱体，到位后把轴承座固定，拧紧螺钉。应牢记在装配组件前要在轴承座外面套上密封圈。

（4）Ⅰ轴轴向固定后，可安装轴右端的堵，将堵靠在轴承 D207 的外圈处，用紧定螺钉（M8 ×16）防松，并安装润滑油管，油管要对准Ⅰ轴中心孔，让油能喷射进去。

（5）安装Ⅰ轴左端的带轮时，应先安放平键，然后将带轮左端的锁紧螺母拧紧，拧紧锁紧螺母上的防松螺钉，安装压盖及压盖螺栓。

3. Ⅱ轴的拆卸

如图 8—5 所示为Ⅱ轴装配图，Ⅱ轴是一个带有小齿轮的齿轮轴。轴的两端为深沟球轴承 D208 和 D106，表明此轴只承受径向力。轴的中间装有齿轮（件 712、件 713、件 719），三个齿轮与轴用平键连接，轴向固定靠弹簧挡圈 55 及件 722。件 722 由两个半圆环组成，拆卸Ⅱ轴时需要先取出此件。具体拆卸步骤如下：

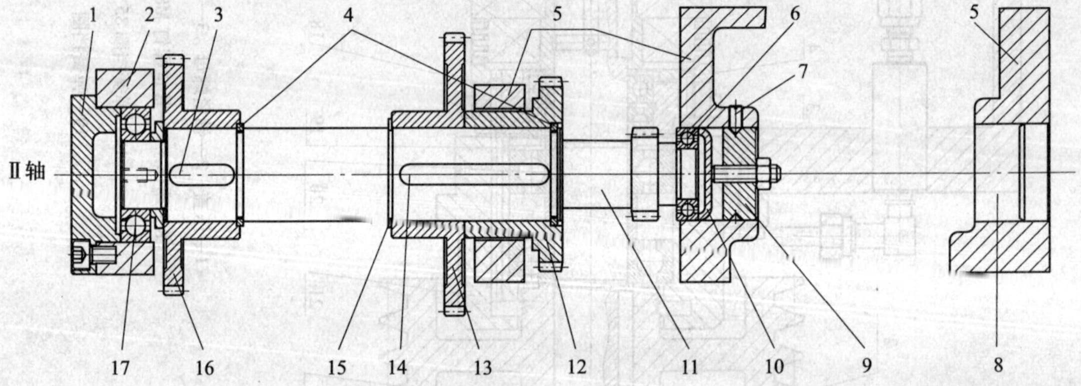

图 8—5　Ⅱ轴装配图

1—左端盖　2—箱体　3—键 1　4—挡圈 722（2）　5—箱体　6—轴承 D106　7—紧定螺钉 M8 ×16
8—堵 B58　9—堵 105A　10—压盖　11—轴　12—齿轮 712　13—齿轮 713　14—键 2
15—弹簧挡圈（55；GB/T 894.1）　16—齿轮 719　17—轴承 D208

（1）拆卸弹簧挡圈（55；GB/T 894.1）。

（2）取下齿轮 712 右端的挡圈 722。先用铜棒均匀敲击齿轮 712 右端，使齿轮向左移一小段，使挡圈 722 露出即可取下来。

（3）拆卸Ⅱ轴左端盖，用铜棒均匀敲击齿轮 719，使其向左移，使另一处的件 722 露出后，取出件 722。

（4）将拔销棍的螺栓拧在Ⅱ轴左端中心的螺钉孔中，开始拆卸Ⅱ轴，使Ⅱ轴由右向左从左端大孔中拆出。随着拔销棍向左撞击，Ⅱ轴上的小齿轮与右端轴承 D106 穿过齿轮 712、齿轮 713 和齿轮 719，从左端大孔中拆出。将齿轮从箱体中取出，拆下平键。

（5）两端轴承会随轴带出，再用两爪顶拔器或三爪顶拔器钩住轴承内圈将轴承取下来。

4. Ⅱ轴的装配

装配Ⅱ轴时，不能仿照Ⅰ轴在箱体外组装后再往箱体内装，而应在箱体内边穿轴边装齿轮和其他零件。拆卸时由右向左，装配时应由左向右，即从大孔向小孔穿轴。

（1）因右端轴承 D106 能穿过齿轮，故轴承 D106 可先装在Ⅱ轴上。轴承 D208 的隔套是最左端的一件，也可先装上。

（2）将Ⅱ轴从箱体左端的大孔穿入，分别穿过齿轮 719、两个弹簧挡圈（55；GB/T 894.1）、齿轮 713、齿轮 712 进入右端孔中。

要注意平键的安装：轴上键 1 在穿轴前就要安装上，键 2 在轴穿过齿轮 719 后安装上，轴上的键朝上，键与孔可涂一层薄薄的润滑油，以便于安装。

（3）安装两个挡圈件 722 时，要让轴向右多移一段距离，待凹槽露出后再装上，然后将轴向左端移动，待其靠到齿轮后，再把弹簧挡圈装到轴的凹槽里。

（4）安装右端压盖、堵 105A、紧定螺钉 M8 ×16、顶压盖的螺栓及螺母、左端盖及螺钉。

5. Ⅲ轴的拆卸

如图 8—6 所示为Ⅲ轴装配图，Ⅲ轴是一根花键轴，上面有两对双联齿轮，每对双联齿轮用平键连接，并用弹簧挡圈限位。为了提高轴的刚度，此轴为三支撑结构，除两端有轴承，中间还有一个圆锥滚子轴承，轴的轴向限位采用圆锥滚子轴承的外圈，左端的深沟球轴承是轴向浮动的，没有限位。从图样上分析可知，此轴必须从左向右进行拆卸，从右端大孔处抽出轴，而不是由左端小孔拔出轴。从主轴箱展开图可知，右端的堵 104B 有被Ⅳ轴（主轴）的轴承端盖压住的可能。从主轴箱

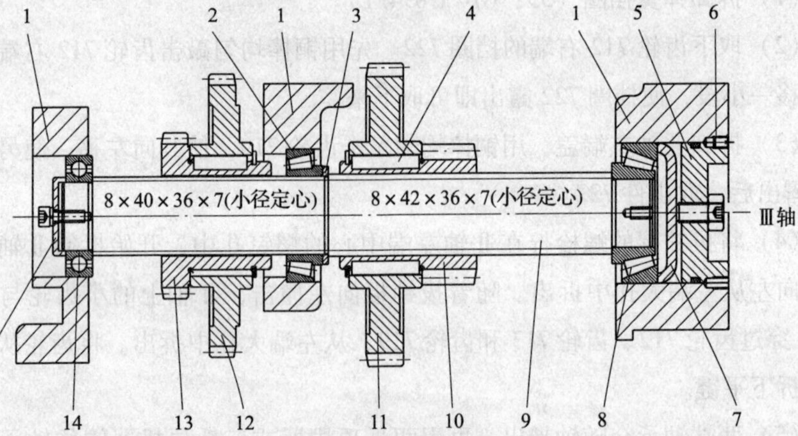

图 8—6　Ⅲ轴装配图

1—箱体　2—轴承 D2007108E　3—隔套 40×3　4—平键　5—堵 104B　6—骑缝螺钉　7—压盖 72
8—轴承 D7507E　9—花键轴　10—齿轮 720　11—齿轮 707A　12—齿轮 710
13—齿轮 709　14—轴承 D107　15—压盖 728A

的前视图可知，Ⅳ轴轴承端盖设计上留出了工艺凹槽，可将Ⅲ轴从右端即主轴箱前端拆出。具体拆卸步骤如下：

（1）拆右端的堵 104B。先拆下堵 104B 上的两个骑缝螺钉，拆下堵上的紧定螺钉，用拔销棍拆下堵 104B，取出压盖 72。

由于两组双联齿轮都要从Ⅲ轴的左端退出，所以，左端轴承 D107 的左端压盖 728A 及压盖螺钉要先拆下来。

（2）将拔销棍前部螺钉拧到Ⅲ轴右端中心螺孔内，用力向右拔出Ⅲ轴。当左端轴承移出孔时，轴就会沉下来，此时可用吊车上的绳索吊住Ⅲ轴左端。随着Ⅲ轴向右移动，轴承 D107 先被齿轮 709 挤下来，随后是双联齿轮 709 和 710、轴承 D2007108E、隔套 40×3 以及双联齿轮 707A 和 720，最后将Ⅲ轴从右端的大孔中拆出来。

（3）Ⅲ轴拆下来后，用两爪顶拔器或三爪顶拔器拔出轴承 D7507E。

（4）拆卸双联齿轮时，用挡圈钳把弹簧挡圈拆下来，用铜棒敲击大齿轮侧面，就可以拆下大齿轮。

6. Ⅲ轴的装配

（1）两对双联齿轮在箱外组装，先安装平键，再装入大齿轮，外面用弹簧挡圈定位。双联齿轮与花键轴要滑动配合适中，可用油石研配。

（2）将Ⅲ轴从右端大孔装入，装前可把中间轴承 D2007108E 的外圈装入箱体中间孔内，把轴承 D107 装入箱体左端孔内，右端轴承 D7507E 先装在Ⅲ轴上。

（3）将Ⅲ轴从右端大孔穿入，依次穿过双联齿轮 720 和 707A、隔套 40×3、轴承 D2007108ED 的内圈、双联齿轮 710 和 709、轴承 D107。当Ⅲ轴与中间轴承靠紧后，说明轴向已定位。

（4）安装Ⅲ轴右端压盖 72、堵 104B、堵上的密封圈、堵上的骑缝螺钉以及堵上的紧定螺钉，堵上的紧定螺钉用来调整轴向间隙。

（5）安装Ⅲ轴左端的压盖 728A 及压盖上的螺钉。

7. Ⅳ轴（主轴）的拆卸

如图 8—7 所示为主轴装配图，主轴是空心轴，直径较大。主轴的右端带有法兰盘，可以用来安装卡盘。考虑到主轴的刚度，主轴采用三支撑结构，右端为双列圆柱滚子轴承（C3182124K），左端为背靠背安装的两个角接触球轴承，中间为一个滑动轴承，也称浮动支撑，在切削时可承受一定的径向力，这是主轴的第一个特点。主轴的第二个特点是主轴轴承前、后端盖的密封采用了锯齿形非接触式密封，前、后轴承中飞溅截流的润滑油由回油管返回主轴箱。第三个特点是主轴采用了动平衡环，保证主轴在高速旋转时将振动降到最低点。第四个特点是主轴前、后轴承都装有调整螺母，螺母上都带有防松螺钉。另外，主轴上的齿轮、中间滑动轴承、动平衡环也都有带有防松螺钉的锁紧螺母或紧定螺钉。从图示结构上分析，主轴必须从左向右移动拆出，具体步骤如下：

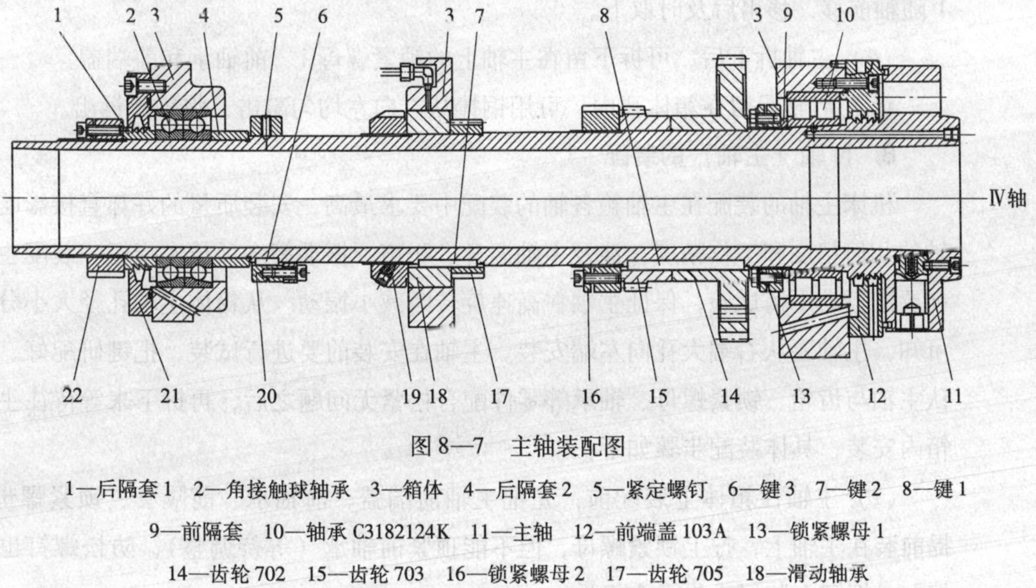

图 8—7　主轴装配图

1—后隔套 1　2—角接触球轴承　3—箱体　4—后隔套 2　5—紧定螺钉　6—键 3　7—键 2　8—键 1
9—前隔套　10—轴承 C3182124K　11—主轴　12—前端盖 103A　13—锁紧螺母 1
14—齿轮 702　15—齿轮 703　16—锁紧螺母 2　17—齿轮 705　18—滑动轴承
19—锁紧螺母 3　20—动平衡环 114　21—后端盖　22—锁紧螺母 4

（1）从右端开始，把主轴前端盖的螺钉拆下。可转动主轴前端的法兰盘，通过主轴上的工艺缺口来拆卸。

（2）拆卸锁紧螺母2上的防松螺钉，再旋松锁紧螺母，并退出主轴上的螺纹。为了拆前轴承锁紧螺母1，可将齿轮702向左移一段，让出空间拆卸锁紧螺母1的防松螺钉。因前轴承随主轴一起退出孔，所以将锁紧螺母松开即可。拆滑动轴承的锁紧螺母3的防松螺钉，旋松锁紧螺母并退出主轴上的螺纹。拆动平衡环114上的紧定螺钉。将锁紧螺母4完全拆下，取下后端盖和后隔套1。

（3）当四个锁紧螺母全部松开，前、后端盖也拆除后，可以拆卸主轴。主轴很重，为了确保其平稳移动，需用吊车的绳索吊住两端后进行拆除。另外，主轴是空心轴，拆卸时需对小端用力，为了保护小端面，需要车一个胎具（见图8—8）垫在小端，然后用锤子或重物平稳地打击胎具端面，使主轴慢慢向右移动。敲击时要试探着进行，不能盲目砸。主轴首先穿过后轴承，因后轴承的外圈被箱体挡住，所以轴承仍留在箱体孔内；而前轴承的外圈没有阻挡，故前轴承和锁紧螺母一起随轴移出。

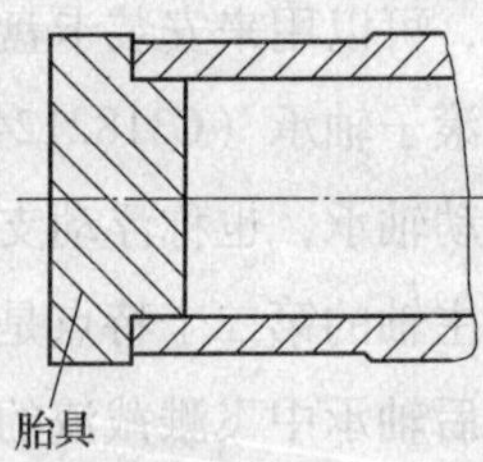

图8—8 胎具

主轴依次穿过后隔套2、动平衡环114、锁紧螺母3、滑动轴承、齿轮705，键3、键2随轴带出，要及时取下。主轴再穿过锁紧螺母2、齿轮703、齿轮702，键1随轴前移，移出后及时取下。

（4）主轴拆下后，可拆下留在主轴上的锁紧螺母1、前轴承和前端盖。

（5）后轴承留在箱体孔内，可用铜棒从右向左均匀敲击，将轴承拆出。

8. Ⅳ轴（主轴）的装配

机床主轴的装配在主轴箱各轴的装配中要求最高，安装质量的好坏直接影响主轴的几何精度和工作精度，涉及主轴温升、噪声、振动等多项技术指标。装配主轴前要进行动平衡试验，保证主轴在高速旋转时减小振动。从箱体主轴孔径大小分析可知，主轴要从右端大孔向左端安装。主轴在安装前要进行试装，把键研配好，确认主轴与齿轮、锁紧螺母、轴承等零件配合松紧无问题之后，再拆下来等待往主轴箱内安装，具体装配步骤如下：

（1）主轴往箱体上装配前，先把主轴前端盖、前轴承、前隔套、锁紧螺母1提前装在主轴上，拧上锁紧螺母，但不能顶紧前轴承（等待调整），防松螺钉也要拧上，把键1装好成为一个组件。

（2）将上述主轴组件从主轴箱右端孔插入，键槽位置朝上，依次穿入齿轮

702、齿轮 703、锁紧螺母 2、齿轮 705、滑动轴承、锁紧螺母 3、动平衡环 114。注意：穿轴时要用吊车的绳索吊住主轴两端，让其平稳往里穿。主轴从右向左用力时，与拆卸时需要使用胎具一样，主轴前端也需要有一个胎具作为衬垫，以免敲击主轴前端时碰伤主轴端面。当前轴承的外圈靠在主轴箱体孔台阶上时，可把前端盖的固定螺钉拧紧。

（3）主轴前端定位后，可以安装后隔套 2、后轴承。后轴承是背靠背安装的，不要装错。再装锯齿形的后隔套 1、后端盖、锁紧螺母 4 以及端盖固定螺钉。

（4）将键 1、键 2、键 3 装配好，使齿轮 702 和 703 向轴的右端固定好。将锁紧螺母 2 拧紧并靠在齿轮 703 上，拧紧防松螺钉。同理，将滑动轴承的锁紧螺母和动平衡环的锁紧螺母装好。

（5）调整主轴的轴承间隙。先用锁紧螺母 1 调整前轴承。因轴承 C3182124K 是内圈带锥度的短圆柱滚子轴承，锁紧螺母 1 向右移动，轴承间隙变小，径向圆跳动误差减小，但摩擦增大，温升变高，调整时要两方面兼顾，既要有合理的径向圆跳动，又不能使温升超差。后轴承的调整也采用同样的原则，要两方面兼顾。前、后轴承的温升差值在 2 ~3℃范围内为合理。

（6）在装配前、后端盖时，不要忘记安装密封圈、密封垫。动平衡环的锁紧螺钉通过缠绕铁丝防松，一定要牢记。

二、CKA6150 型数控车床纵向驱动装置的拆装

1. 纵向驱动装置的拆卸

如图 8—9 所示为纵向驱动装置装配图，它包括前支架 102、后支架 103、滚珠丝杠副、滚珠丝杠螺母座支架，三个支架都是固定在床身上的。因丝杠的螺母大端朝向右方（从图中可见），所以丝杠只能从左向右移动拆出。又由于丝杠不能弯曲行进，只能保持直行，所以把后支架 103 拆下，随丝杠一起抽出来比较合理。拆卸的具体步骤如下：

（1）把伺服电动机与前支架的固定螺栓拆下，将伺服电动机略倾斜一下，可把齿形带从带轮上脱开，将伺服电动机带着电动机带轮一同拆下。

（2）如果要拆伺服电动机上的带轮，可先拆伺服电动机带轮上锥套的挡盖螺栓，使电动机带轮与电动机轴松开，用两爪顶拔器拔出带轮。

（3）同理，拆下丝杠轴上的带轮。

（4）松开锁紧螺母 2 上的防松螺钉，拆下锁紧螺母 2。

（5）拆下螺母与丝杠螺母座的固定螺钉。

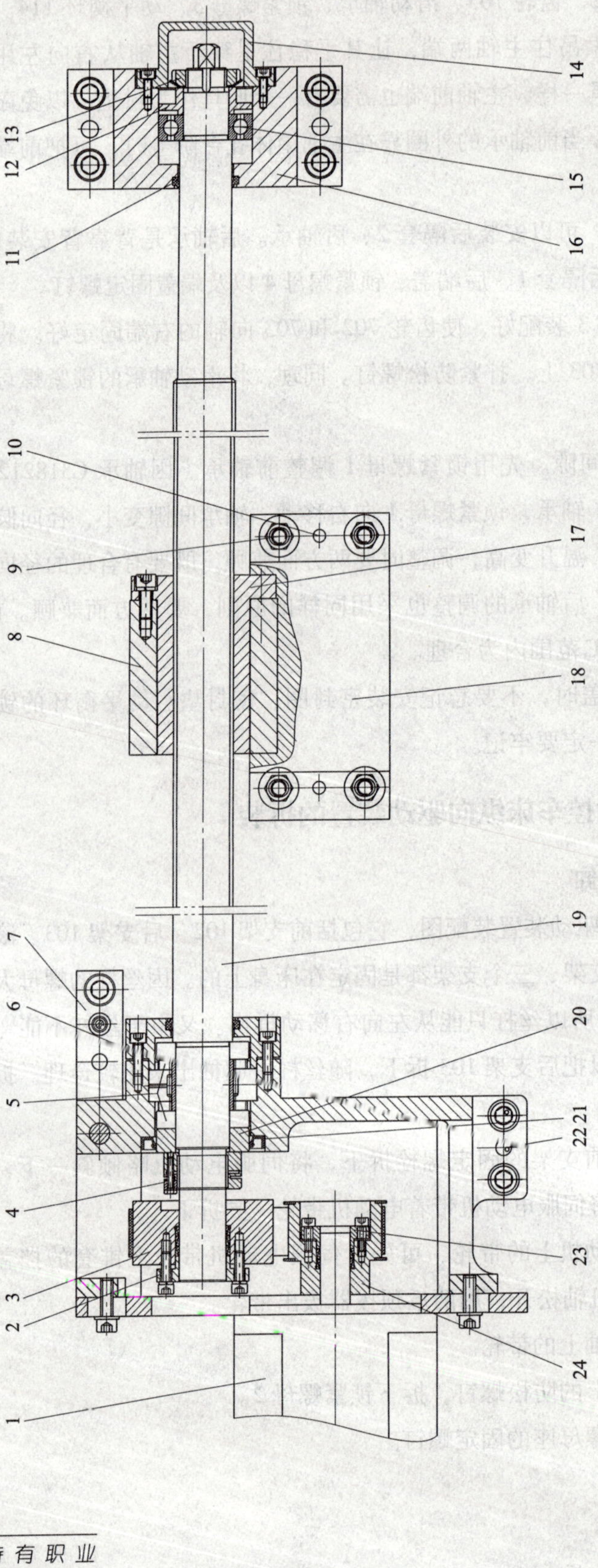

图 8—9　纵向驱动装置装配图

1—伺服电动机　2，23—锥环挡盖　3，24—带轮　4—锁紧螺母 2　5—组合轴承　6—端盖
7—前支架 102　8—丝杠螺母座　9—螺栓　10，22—销　11，21—密封圈
12，20—挡块　13—锁紧螺母 1　14—轴承端盖　15—轴承　16—后支架 103
17—丝杠螺母　18—螺母架体　19—滚珠丝杠

（6）用拔销棍拔出后支架上的两个定位销，并拆除后支架上的固定螺钉。后支架拆下来后要用吊车的绳索吊住，以避免丝杠发生变形。

（7）让丝杠受向右的力，可以用拔销棍从右端拔，也可以从左端垫铜棒敲，将丝杠从前支架、丝杠螺母座中抽出来。

（8）丝杠左端的轴承因端盖没有拆下，组合轴承仍留在前支架内，只是轴被抽出。要拆下轴承，只需拆下端盖，用铜棒均匀敲击轴承即可。

（9）拆卸后支架中的轴承时，打开轴承端盖，松开锁紧螺母 1 的防松垫片，拧下锁紧螺母，取下挡块，用铜棒敲击丝杠的右端面，拆下后支架，再用铜棒从左敲击轴承，即可将后支架中的轴承拆下来。

2. 纵向丝杠的装配

如果是维修，拆了再装，装配正好是拆卸的逆操作。如果是新机床，装配时首先要用检验棒、百分表等找正前支架和后支架的上母线、侧母线、等距度，以及丝杠螺母座孔的上母线、侧母线、等距度，只有上述技术指标符合要求，才能进行安装，具体安装步骤如下：

（1）先试装丝杠左端各件（组合轴承、锁紧螺母 2、锥环），装后拆下备用。

（2）拆下的组合螺母可先装入前支架的孔中，前支架轴承的端盖可以先装好螺钉固定住，注意装好端盖的密封圈。

（3）安装丝杠右端。先套上后支架，再把后支架轴承装在丝杠上，安装挡块、锁紧螺母的防松垫片，拧上锁紧螺母。

（4）把丝杠组件插入丝杠螺母座的孔中，用吊车的绳索吊住，螺母座中可涂一点润滑油，全部装配到位后成为丝杠组件。敲击丝杠右端，穿入前支架的端盖、组合轴承的内圈孔、挡块内孔、锁紧螺母 2。当后支架的定位销孔与床身孔对正时说明安装到位，把支架定位销打入销钉孔中。

（5）将丝杠螺母座与丝杠螺母的端面用螺钉固定好。

（6）调整丝杠转动的松紧程度，即丝杠两端轴承的预紧力大小。可先调整前支架，再调整后支架。调整丝杠轴承预紧力的原则是控制丝杠轴向窜动量在0.01 mm 以内，既要有一定的预紧力，又不能过大，一般靠操作人员的经验来把握。

（7）两端轴承为润滑脂润滑，添加轴承润滑脂，约占 1/3 轴承室容积，拧紧两端轴承端盖，装好前支架密封圈。

（8）安装齿形带带轮，装锥套及锥套挡盖。

（9）安装伺服电动机、齿形带、锥套及锥套挡盖。

（10）调整齿形带松紧程度后，紧固伺服电动机的固定螺钉。

第三节　VDL—1000 型加工中心机床的拆装

一、VDL—1000 型加工中心机床主轴箱的拆装

如图 8—10 所示，VDL—1000 型加工中心机床主轴箱的动力是由主轴伺服电动机经两组锥环到电动机轴齿形带带轮，经齿形带传动后直接把动力传到主轴上的齿形带带轮，从而驱动主轴旋转的。主轴变速完全靠伺服电动机，可以实现主轴的无级变速。主轴箱内除了主轴和电动机轴外，还有一根 Z 向驱动丝杠，以及主轴箱相对于立柱移动的滑动轨道。

1．主轴的拆卸

如图 8—10 所示为主轴装配图。主轴在结构上分为两部分。图示主视图中，右端为主轴组件，左端为增压气缸组件，中间为连接板与反扣盘相连接，主轴的拆卸步骤如下：

（1）拆卸增压气缸。增压气缸由上部的空气缸和下部的液压缸组成，拆下增压气缸与连接板的固定螺栓，即可拆下增压气缸。

（2）拆连接板 710、左反扣盘 713 和右反扣盘 714。

（3）松开伺服电动机，调整齿形带张紧调整螺钉，取出圆弧齿形带。

（4）拆下主轴固定螺钉，然后敲击主轴上方，即可把主轴拆下来。

2．主轴组件与箱体的安装

（1）先用检验棒、百分表等找正主轴箱体的主轴孔及端面与工作台面的垂直度，然后把上述主轴组件装入主轴箱的孔中，并用主轴固定螺钉固定好。

（2）将齿形带套在主轴齿形带带轮上，把左反扣盘 713 和右反扣盘 714 装在连接板 710 上。

（3）主轴的挡盖与反扣盘之间要有 0.4 ~ 0.6 mm 的间隙，以防止主轴在旋转时碰到反扣盘而产生摩擦，可用调整垫来调整这个间隙。增压气缸推杆的行程为 13 mm，而松刀行程要求为 7.5 mm，计算出增压气缸推杆距离主轴拉杆的实际距离为 5.5 mm。当各项技术指标达到要求后，可把增压气缸各部位的螺钉固定好。

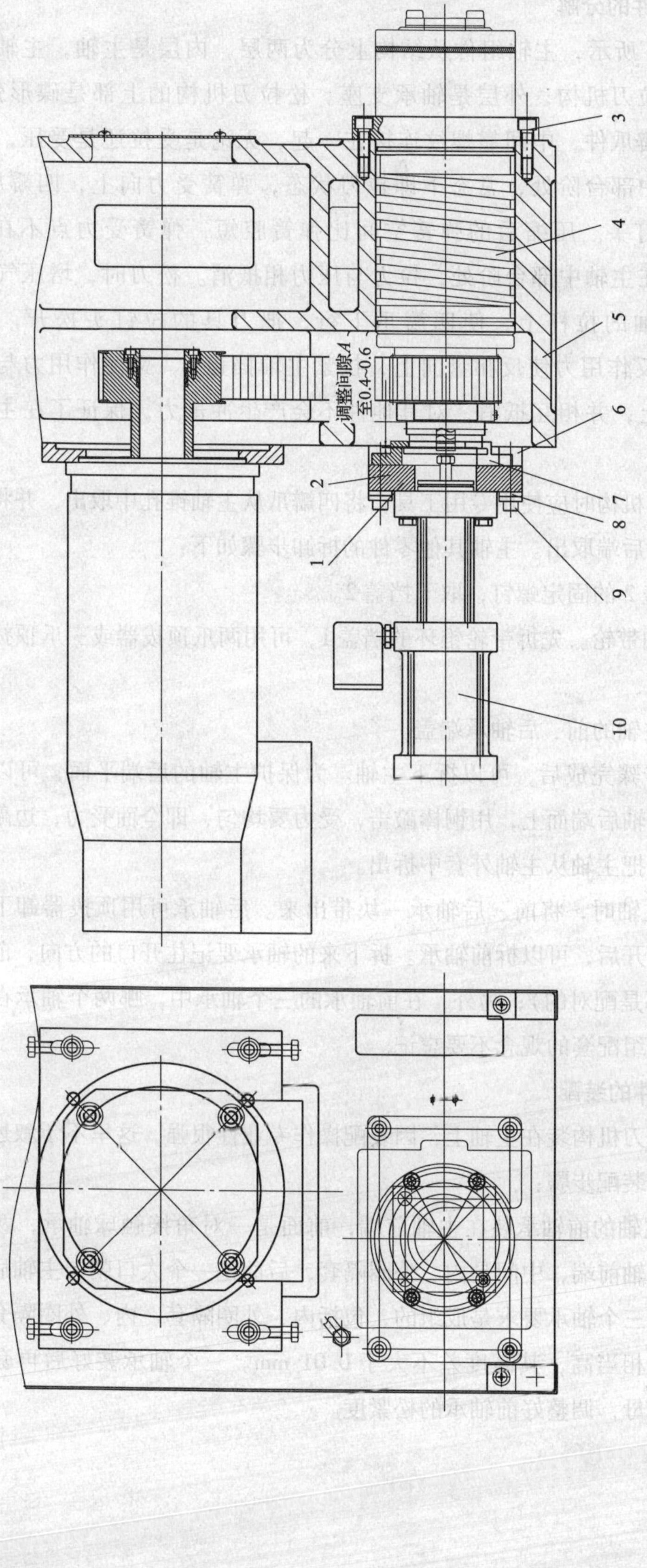

图 8—10 主轴装配图

1—连接板 710 2—左反扣盘 713 3—主轴固定螺钉 4—主轴 5—主轴箱体 6—调整垫
7—右反扣盘 714 8—弹性垫 9—螺钉 10—增压气缸

3. 主轴组件的分解

如图 8—11 所示，主轴组件从结构上分为两层，内层是主轴，主轴是空心轴，中间是松拉刀机构；外层是轴承支座。松拉刀机构的上部是碟形弹簧组，下部是弹性四瓣爪件，中间靠螺纹连接在一起，无论是受拉还是受压，作用力都集中在主轴中部台阶处，常态下即拉刀状态，弹簧受力向上，四瓣爪上移，拉紧刀具的拉钉头。压缩后的弹簧空间比弹簧腔短，弹簧受力点不在挡盖 2 上，而是作用在主轴中部台阶处，拉力与压力相抵消。松刀时，增压气缸向下的力作用在主轴的拉杆上，使四瓣爪下行，把刀具的拉钉头松开，大约有 3.5 t的力，其反作用力使反扣盘向上，拉紧主轴挡盖 1，又使作用力与反作用力在同一构件上，并相互抵消，对其他件不会产生冲击力，保证了在主轴停转时能平稳松刀。

拆卸松拉刀机构时应使用专用工具，将四瓣爪从主轴锥孔中取出，并将拉杆和碟形弹簧从主轴后端取出。主轴其他零件的拆卸步骤如下：

（1）拆挡盖 2 的固定螺钉，取下挡盖 2。

（2）拆主轴带轮。先拆带轮锥环的挡盖 1，可用两爪顶拔器或三爪顶拔器拔出带轮。

（3）拆下主轴的前、后轴承端盖。

（4）以上步骤完成后，可以拆下主轴。为保护主轴的后端平面，可以车一个专用胎具垫在主轴后端面上，用铜棒敲击，受力要均匀，即全面受力，边敲边观察主轴是否移动，把主轴从主轴外套中拆出。

（5）拆出主轴时，将前、后轴承一块带出来。后轴承可用顶拔器卸下。把前轴承锁紧螺母松开后，可以拆前轴承。拆下来的轴承要记住开口的方向，前、后轴承不能混放（都是配对的）；另外，在前轴承的三个轴承中，哪两个轴承在前面是不能弄乱的，成组配套的观念不要忘记。

4. 主轴组件的装配

可先把松拉刀机构装在主轴上，因装配操作专业性很强，这里不予叙述。以下主要介绍轴承的装配步骤：

（1）先把主轴的前轴承装在主轴前端，前面是一对角接触球轴承，两个轴承的大口都朝向主轴前端，中间是内、外圈隔套，后面是一个大口朝向主轴后端的角接触球轴承。这三个轴承要求是成组的，包括内、外圈隔套。内、外圈隔套的平行度、平面度要求相当高，其高度差不大于 0.01 mm。三个轴承装好后再套一个隔套，拧上锁紧螺母，调整好前轴承的松紧度。

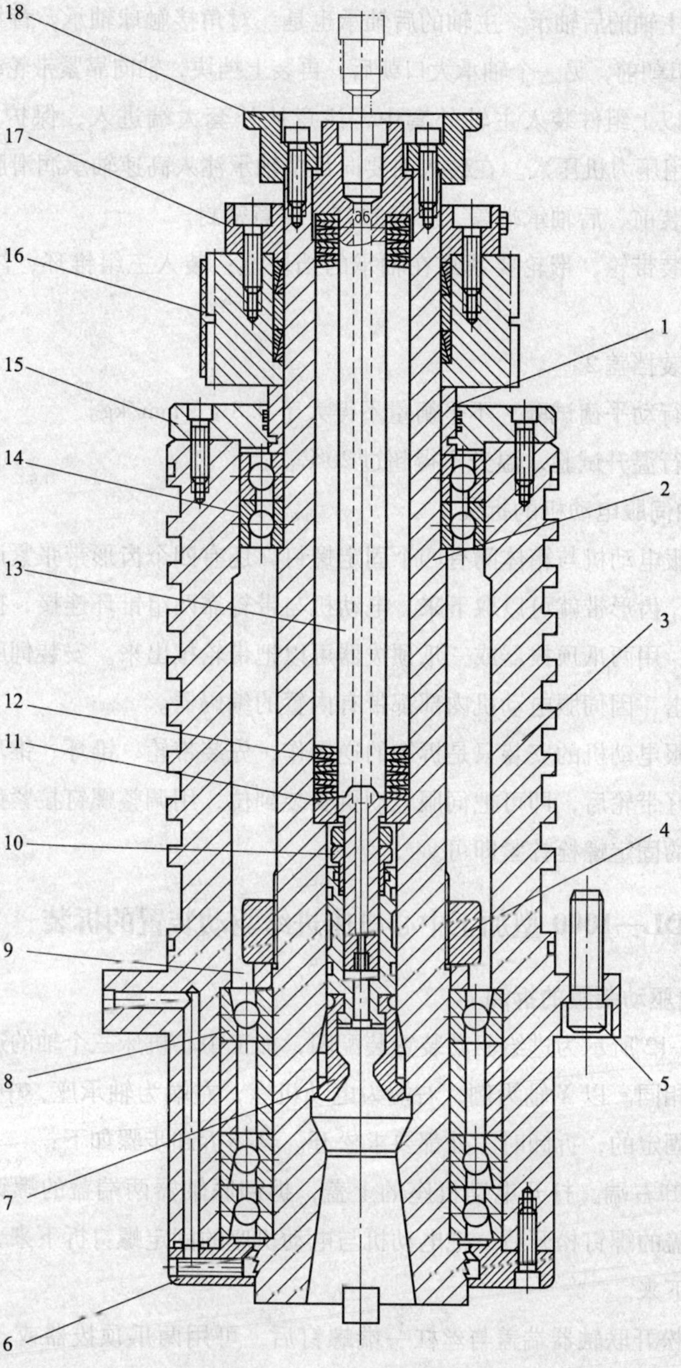

图 8—11　主轴的结构

1—挡块　2—主轴　3—主轴外套　4—锁紧螺母　5—主轴固定螺钉　6—前端盖

7—四瓣爪　8，14—轴承　9—隔套　10—螺母　11—内套　12—碟形弹簧

13—拉杆　15—后端盖　16—带轮　17—挡盖 1　18—挡盖 2

（2）装主轴的后轴承。主轴的后轴承也是一对角接触球轴承，背靠背安装，即一个轴承大口朝前，另一个轴承大口朝后，再装上挡块，轴向靠紧带轮端面定位。

（3）把以上组件装入主轴外套中，注意从外套大端进入，保护好主轴前端，敲进外套或用压力机压入。在装入前要向每个轴承注入高速轴承润滑脂约 3 g。

（4）安装前、后轴承端盖，拧紧螺钉，注意密封。

（5）安装带轮，带轮要紧靠在轴承的挡块上；装入三组锥环，注意方向；装挡盖 1 压住。

（6）安装挡盖 2。

（7）进行动平衡试验，不平衡量不得大于 0.8 g · mm/kg。

（8）进行温升试验，温升不得超过 20℃。

5．主轴伺服电动机的拆装

主轴伺服电动机与箱体间有四个固定螺钉，还有四个齿形带张紧调整螺钉，只要松开螺钉，齿形带就可以取下来。电动机与带轮靠两组锥环连接，拆下锥环压盖的固定螺钉，用两爪顶拔器或三爪顶拔器可以把带轮拉出来。安装伺服电动机时严禁用锤子敲击，因伺服电动机内部都带有内置的编码器。

主轴伺服电动机的安装只是拆卸的逆操作，先装带轮、锥环、锥环压盖，压紧锥环，固定好带轮后，即可把伺服电动机安装到位，用调整螺钉拉紧齿形带，再把伺服电动机的固定螺栓拧紧即可。

二、VDL—1000 型加工中心机床进给驱动装置的拆装

1．进给驱动装置的拆卸

如图 8—12 所示为进给驱动装置装配图，加工中心机床三个轴的进给驱动装置的结构基本相同。以 X 轴为例，右端为电动机座，左端为轴承座，中间是螺母座。因三处都是固定的，拆卸时三处都要求松开。具体拆卸步骤如下：

（1）拆卸右端。打开电动机座的上盖，拆卸联轴器两端盖的螺钉，当电动机与联轴器端盖的螺钉松开后，把电动机与电动机座的固定螺钉拆下来，就可以把伺服电动机拆下来。

（2）当松开联轴器端盖与丝杠一端螺钉后，可用两爪顶拔器或三爪顶拔器拔出联轴器。

（3）拆右端轴承端盖，将丝杠右端锁紧螺母松开，螺母全部退出螺纹牙。

（4）拆中部滚珠丝杠螺母端面与螺母座的紧固螺钉。

（5）拆左端轴承座与床身的固定螺钉和定位销，并打开轴承座的左端盖。

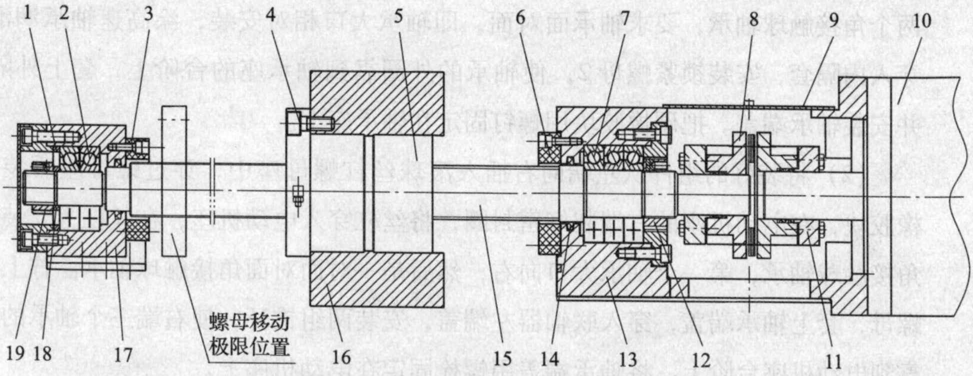

图 8—12　进给驱动装置装配图

1—外隔套　2，7—角接触球轴承　3，6—硬橡胶块　4—螺钉 M10×25　5—滚珠丝杠螺母
8—联轴器　9—上盖　10—伺服电动机　11—联轴器端盖　12—锁紧螺母 1　13—电动机座　14—密封圈
15—滚珠丝杠　16—滚珠丝杠螺母座　17—轴承座　18—内隔套　19—锁紧螺母 2

（6）把拔销棍的螺钉拧在左端丝杠端面中心的螺孔中，用吊车绳索作为辅助工具吊住丝杠左端，敲击拔销棍的拔销手柄，丝杠会慢慢地从螺母座中向左移出，进而从电动机座的轴承中拔出，轴承盖留在电动机座中。整个左端轴承座会随着移动。

（7）拆卸丝杠左端轴承的锁紧螺母 2、左端轴承端盖，用铜棒敲击丝杠端面，先退出丝杠，再敲击轴承，就可以把两个角接触球轴承拆下来。

（8）拆卸右端电动机座中的三个角接触球轴承时，可以用铜棒均匀敲击内圈将其取出。

注意：拆卸中如果没有图样供参考，每组轴承要分开摆放，要记住轴承大口的朝向，千万不能弄错，更不能将两组轴承混淆。

2. 进给驱动装置的装配

VDL—1000 型数控加工中心机床 *X* 轴丝杠的装配与 CKA6150 型数控车床纵向丝杠的装配基本相同。其结构为两支撑，使用角接触球轴承，一端为三个一组，另一端为两个一组；另外，电动机与丝杠为直接连接，采用联轴器结构，联轴器为锥环无键连接；为了防止丝杠螺母在超极限位置后直接撞击电动机座和轴承座，安装了硬橡胶块作为缓冲垫。

先把左端轴承座拆下来，与丝杠左端的零件组装成一个组件。从左端向右端装配，装好之后再固定左端轴承座。这种方法可以避免丝杠弯曲，保证其直线度。具体装配步骤如下：

（1）先将左端轴承座拆下来，要保护好定位销孔，待下一步插销定位用。丝杠左端穿入硬橡胶块。左端轴承座中要安装密封圈，丝杠从右端穿入轴承座，安装两个角接触球轴承，要求轴承面对面，即轴承大口相对安装，涂高速轴承润滑脂，穿入内隔套，安装锁紧螺母 2，使轴承的外圈靠到轴承座的台阶上，套上外隔套，并安装轴承端盖。把硬橡胶块用螺钉固定在轴承座上。

（2）将装好的组件从左端向右插入滚珠丝杠螺母座中，穿过螺母座后装上硬橡胶块，在电动机座的右端装好密封圈，将丝杠穿入电动机座，在丝杠上安装三个角接触球轴承，第一个轴承大口向右，然后是一对面对面角接触球轴承。拧上锁紧螺母，套上轴承端盖，穿入联轴器左端盖，安装两组锥环，使右端三个轴承的外圈靠到电动机座台阶上。将轴承端盖用螺栓固定在电动机座上。

（3）丝杠右端定位后，将左端轴承座用销与机床定位，用固定螺钉紧固。

（4）调整丝杠两端的锁紧螺母，使丝杠旋转时既无轴向窜动，转动又灵活。

（5）轴承室须涂高速轴承润滑脂，并用轴承端盖密封。

（6）在伺服电动机输出轴安装联轴器的右端盖，联轴器左、右两部分先分开，在联轴器右端安放锥环后，将伺服电动机轴穿入，用右端盖紧固螺钉拧紧，使联轴器与电动机轴固定。

（7）把上述伺服电动机组件装入电动机座，左、右联轴器用螺钉紧固后，安装伺服电动机与电动机座的螺钉并拧紧。

（8）安装电动机座上盖。

第四节　拆装工艺注意事项

一、拆卸工艺注意事项

1. 维修中经常遇到箱体类部件的轴和进给类部件的拆卸，有一个往哪边拆方便、快捷的问题，要具体问题具体分析。有图样最好，如果没有图样，如拆卸箱体类的轴时，一般是从箱体小孔向大孔方向移动，比较容易拆卸。

2. 轴类零件拆卸前要把轴向固定的紧固螺钉、紧固零件全部拆除，才能敲击轴。用力敲击或往外拔轴，同时注意观察轴是否移动，如果丝毫不动，就不能盲目敲下去。要仔细观察一些隐蔽的防松件，如弹簧挡圈、小防松螺钉等。

3. 拆卸轴类零件时，要对其施加力，尽量不要用锤子直接敲击轴的端面，而应用拔销棍通过中心螺孔往外拔，或者用铜棒均匀敲击。对于没有中心孔的轴类零件，如空心轴等，可以车一个专用胎具垫在轴头，用“乌金块”撞击、敲打，使其受力均匀。

4．维修中拆下的零件一般是要再次回用的，所以零件拆下后要按先后顺序做好记号。尤其是角接触球轴承等零件都是成组使用的，应注意以下几点：

（1）各轴的轴承不能混淆。

（2）轴承大口开口方向要记住，不能装反。

（3）轴承隔垫也是成组使用的，不能随意交换。

二、装配工艺注意事项

1．装配前要对所有零件进行一遍检查，检查装配尺寸、表面质量，要去毛刺、清洗并擦干净，尤其是对主轴类零件、高速精密件，任何微小的污物都会引起精度的变化，要保证零件的清洁度。

2．零件在正式装配前要进行试装，尤其是在维修机床时，试装是非常必要的。试装包括键的配合、轴套的配合、轴承与轴的配合、螺钉紧固的配合等。在试装时发现不合适之处，要立即找出原因并进行整改。当全部安装完毕，俗称“合套”后，再拆下来，等待正式组装。

3．要仔细研究装配图样，装配要讲究前后顺序。对于箱体类零件，尤其是多轴主轴箱要从底层往上装，因为必须考虑干涉问题。装配主轴箱时，有的零件可以先装，有的零件不能先装，而是边穿轴边往里装；有些是从一端进入，有的是从两端分别装。装配要根据实际情况，尤其是维修时的装配，要边干边观察，边动脑筋思考，试验着来，不可硬砸、硬装。

4．装配中有些零件讲究方向性，如角接触球轴承有大口的朝向问题，是不能装反的；再如锥环的方向性问题，推力轴承的紧环、松环问题等；还有成套性，角接触球轴承应成套更换，包括中间的隔套。当然，如果能掌握其原理，在保证精度的前提下也可以单独更换。

5．装配过程中要弄清机构的原理，这一点对于提高技能水平很重要。例如，要弄清楚哪些是定位面，哪些是受力面，哪些是调整环节，调整到何种程度最佳，这些都有待于在实践中提高。

6．对于维修主轴类零件，如拆装主轴后，需要重新复查有关主轴精度的技术指标，重新做温升试验、动平衡试验。

7．维修技能的提高需要长期实践经验的积累，要善于发现不足，总结经验，收集资料，适当地做些记录是很有必要的。

第九章

数控机床调整与精度检验

第一节 数控机床的整机调整

数控机床机械部分装配好以后，要进行电气、液压、气动部分的装配，当总装配结束后，要进行机床整机的调试（俗称试车），调试中要进行的检测和调整可参考以下项目进行。

一、初次通电前的准备工作

1. 机床各导轨必须保持清洁，润滑良好且无污物。

2. 各处调整螺钉和紧固螺钉装配时头部不得损伤。

3. 各固定接合面用塞尺检验，0.04 mm 厚的塞尺不得塞入。固定接合面包括：主轴箱与床身的接合面，刀架与滑板的接合面，滚珠丝杠副托架与床身、滚珠丝杠副托架与床鞍的接合面，尾座体与尾座底板的接合面。

4. 机床的传动丝杠用扳手转动时应轻松、灵活，不得忽紧忽松。

5. 各部位错位不得超过规定值。

6. 各部位手柄定位可靠，位置准确。变换位置时应平稳、轻便、灵活，不得有阻滞现象。各手柄、手轮操纵力不得超过规定值。其中，床头箱手柄操纵力不得大于100 N，尾座套筒手柄操纵力不得大于40N，防护门手柄操纵力不得大于100 N。

7. 床头箱内各对齿轮啮合错位量不得超过规定值。

8. 要根据机床总功率选择合适的电缆，即确定每平方厘米电缆通过最大电流的安培数，并选择合适的电源开关。把三相四线或三相五线制的电缆接好，尤其是地线要确定好，机床一定要有良好的接地保护，其目的一方面是保护机床；另一方面是对操作者的人身安全起保护作用。

9. 电源线接好后不能合闸通电，首先要按照机床说明书的要求给机床加注润滑油。目前，数控车床和加工中心机床都采用了集中润滑系统，集中润滑系统有独立的润滑油箱，要加满规定牌号的润滑油。对于有液压站的机床，要清洗油箱滤油器，加满规定牌号的液压油；有气动系统的要接通气源。

10. 重新找水平。作为总装后调试的机床没有地脚螺栓固定，应确保四周的楔铁与地面全面接触，不允许有虚接触，以防止在机床调试过程中出现振动。

二、数控机床试车的一般步骤

1. 检查电路

为保证通电时检查电路方便，可分段通电。在机床总电源合闸前，先把各分路的断路器断开，总电源接通后再逐个接通分开关，如系统电源开关、伺服开关、刀架开关、润滑开关、切削液开关、排屑开关等。根据机床电路图，检查机床电气柜中各电压输出是否正常，一般有220 V或110 V机床控制电源、24 V控制电源、直流24 V稳压电源、200 V伺服变压器电源。注意机床有无异常情况，然后松开急停开关。系统电源接通后，数控系统就会进行自检，当自检无问题后就进入正常初始画面。为了预防万一，应在接通电源的同时做好按压急停开关的准备，以便随时切断电源。

电路的检查包括检查急停开关、行程开关是否灵活、好用；检查配电盘中各电气元件规格是否正确，各电气元件之间的连接是否正确；用万用表检测各线路是否有短路现象。

当机床显示器进入正常初始画面后，通过RS—232接口，需要输入机床各类参数，使系统正常工作。

2. 机床单项功能的检查和调试

数控机床的自动运行是由许多单一功能配合组成的，每个动作互相独立，在切削过程中通过加工程序相互联系、协调动作，完成整个加工过程。因此，在调试初期可先调试单项动作的功能。

(1) 主要单项功能的调试

首先用手动做主轴正转、反转、停止的动作，进行各种转速试验，无级变速机构做变速（低速、中速、高速）试验。如果按下正转按钮时主轴反转，一般可判断是三相电源的相序连接反相造成的，可将三相交流电源中的任意两相相互交换一下即可。如果数控车床是液压卡盘，要启动液压站，并使液压卡盘处于夹紧位置，主轴方能启动。在电气程序设计时，液压卡盘是有安全保护措施的。另外，数控机床主轴在高速旋转时，如果主轴采用普通三爪自定心卡盘时，要注意让卡爪靠拢夹紧，调速试运行时要从低速开始，逐步升高。输入转速值与实际显示转速值会有一定差别，尤其是双速电动机电磁离合器式挂挡操作时主轴转速差别较大。对于变频主轴和伺服主轴的数控机床，转速的实测值不能超过指令值或标牌指示值的5%。

主轴的制动装置有机械式（如抱闸式）、反制动式（电磁式）、伺服电动机内的抱闸式等，要检查是否能在规定的时间内停止转动，达不到要求的要进行调试。

调试数控机床各进给轴的运动时，在移动各轴前，先要检查润滑系统是否向导轨注油，如果无油则需排除故障，然后再进行轴的移动。刚开始时，最好用手轮方式慢慢运动各轴，查看轴的运动方向和速度是否正确，注意应按机床坐标系的正方向移动。移动时从最小手轮倍率试起，如果移动正确，可换成JOG状态，以低速移动各轴，任选一种进给速度，使启动进给和停止动作连续完成。然后在Z，X坐标轴的全部行程上做工作进给和快速进给试验，正、反向连续操作不少于7次。

进行极限限位开关试验。对于增量式编码器有回零开关，各轴有正、负极限开关，通过手动移动坐标轴，试着压一下各轴的正、负极限开关，检查是否好用。对于绝对式编码器，开机不用回零，机床计算机能记住各轴现在所处的位置。它没有极限开关，需要设置软极限位置，软极限位置的设置是通过参数设定的。各种系统有不同的参数序号。回零的术语是回参考点，一般指第一参考点。第一次返回参考点必须慢速移动。对于车床应先回X轴参考点，然后再回Z轴参考点；对于铣床、加工中心机床则先回Z轴参考点，然后可同时回X轴、Y轴参考点，这样安排是为了防止在回参考点操作时发生干涉、碰撞。参考点必须多返回几次，检查每次返回的位置是否一致。对于绝对式编码器，机床没有回零开关，第一参考点就是回零点，也要通过多次回零来检查。无论哪种方式，回零时都可以用百分表测量回零的误差，若超差需找出原因。

数控机床的刀架一般为电动式刀架，也有液压式刀架等。刀架的刀位检测元件一般采用霍尔元件，又称无触点接近开关，用于检测被测磁性物体的位置接近情况。调试数控车床的电动刀架时，用手动或MDI方式，如果不动，有可能是电动机三相交流电源接反，也可能是缺相。正常转动后，要检查输入的刀位号与实际刀位是否一致。对于刀架的定位，有定位精度指标，可以用百分表检测各刀位的定位精度。

加工中心机床的刀库一般可分为刀臂式刀库和斗笠式刀库，如图 9—1 所示。刀臂式刀库为带机械手的刀库，斗笠式刀库为不带机械手的刀库。在调试时，先不要在刀库上插刀，用手动或 MDI 方式单项动作进行调试，如果操作面板有刀库单项动作的操作按钮，可试用按钮来操作刀库旋转、刀臂动作等。如果没有单项动作操作按钮，可用 MDI 方式中的 M 指令来调试各项动作。以 VDL—1000 型加工中心机床为例，厂家规定的刀库单项动作指令见表 9—1。

a）　　b）

图 9—1　加工中心机床的刀库

a）刀臂式刀库　b）斗笠式刀库

表 9—1　　VDL—1000 型加工中心机床刀库单项动作指令

	刀臂式刀库	斗笠式刀库
M80	刀套向下并使主轴定向	刀库向前
M81	刀臂顺时针旋转抓刀	旋转刀库刀具号码 = 主轴刀具号码
M82	主轴松刀	主轴松刀
M83	刀臂旋转 180°换刀	寻找新刀
M84	主轴夹刀	主轴夹刀
M85	刀臂归原位	检查主轴与刀库上的刀号是否一致（换刀前检查）
M86	刀套向上	刀库后退

在执行换刀时，一个重要的前提是主轴必须停在正确的换刀位上。加工中心机床的换刀位是通过调试来确定的。在主轴中插入标准刀柄，机械手转到换刀位，要正好卡入刀柄的凹槽中。这个位置要反复多次才能找到，将找到后的位置输入第二参考点的 Z 坐标值中（对于立式加工中心机床）。对于无机械手的斗笠式刀库，同样是让刀库向前、向后，主轴慢慢下降到换刀位，确定 Z 坐标值，输入第二参考点的 Z 坐标值中。当刀库、机械手、主轴各单项动作都调试正确后，方能使用自动换刀程序“M06 T××”。

（2）其他辅助功能的调试

检查电气柜的风扇是否正常旋转；各按钮是否正常；数控机床手动液压尾座向前、向后动作是否正确，顶紧的压力是否达到要求，是否有泄漏；加工中心机床的回转工作台旋转的位置是否正确，松开、夹紧是否到位，有问题可以检查气压和油压是否正常，信号检测是否正确；一般可通过切削液检查电动机的转向（电动机反转时无切削液流出），另外还可检查切削液的液面；排屑器也可用于检查电动机转动方向是否正确，运转是否平稳，有无卡住等异常现象；手动进行尾座在全行程上任意位置的锁紧试验。

数控机床主运动、进给运动、辅助运动的检验合格之后，可进行机床的整机联动调试。

3．整机联动调试

在单项功能调试结束后，可以将所有动作连贯起来运行。连续运行是靠机床执行工件加工程序来完成的。对于数控机床，程序中必须有主轴正转、反转、停止指令，有主轴正转速度变化指令，有坐标轴的快速、工进速度的变化指令，有刀架转位指令。对于加工中心机床，程序中除了上述动作外，还要有换刀程序指令。

（1）整机连续空运转试验

所谓空运转试验，就是用数控程序模拟工作状态，做不切削的连续空运转试验，要求数控机床连续空运转时间为48 h，每个循环不少于15 min，每个循环之间休止时间不得超过1 min，整个空运转过程中不应发生故障。若中途自动停止，排除故障后需重新运行规定的时间。加工中心机床空运转时间也为48 h。以上整机运行也称为考机试验，属于机床可靠性试验的一种。

（2）机床的冷检

机床空运转试验后，要进行机床的冷检。所谓机床的冷检，就是机床在常温下各项精度的检验，CKA6150型数控车床按几何精度G1～G12项执行，VDL—1000型加工中心机床按G1～G19项执行。负荷试验包括抗振性车槽试验、最大转矩和最大主切削力试验以及最大功率试验，这些项目为批量抽检。

（3）中速温升试验

机床冷检后，要进行中速温升试验。所谓中速温升，就是机床主轴转速为最高转速的一半（数控车床转速为1 000 r/min，加工中心机床转速为2 000～3 000 r/min）时主轴的温升。温升是指升高的温度与室温之差。主轴中速运转一段时间后，主轴温度达到稳定状态，要求前轴承与后轴承的温差不大于5℃（前轴承比后轴承温度高）。

（4）机床的热检

中速温升试验后，需进行机床的热检。所谓机床的热检，就是机床在工作温度下各项精度的检验，CKA6150 型数控车床按几何精度 G1 ~ G12 项执行，VDL—1000 型加工中心机床按 G1 ~ G19 项执行。

（5）激光检测

机床热检后要进行激光检测，主要检测机床的定位精度、重复定位精度、反向差值等，具体在后面叙述。

（6）试切

激光检测后进行样件的试切，数控车床为 P1 ~ P4 项，精车外圆、端面、螺纹，车削综合试件；加工中心机床为 P1 ~ P7 项，具体在后面叙述。

（7）机床清理

将油箱和主轴箱中的试车油放净并清理干净；机床各部位不得有切屑、杂质和污物等。

以上项目全部检测合格后，装配机床的外防护罩。

第二节　数控机床的精度检验

一、数控车床的几何精度、工作精度检验

根据国家标准，经济型数控车床的几何精度共有十二项，分别为 G1 ~ G12 项；工作精度共有四项，分别为 P1 ~ P4 项，下面分别进行介绍。

1. 数控车床的几何精度检验

（1）G1 项：床身导轨的直线度

床身是车床总装时的基础件，床身导轨是车床中床鞍和尾座运动的基准。它构成了车床的基准平面，其他精度的检验都在此基准平面上进行。所以，在床身导轨加工和车床装配中必须规定这项精度检验，以便于控制导轨的加工和装配精度。应当指出，床鞍是在机床导轨上移动的，床鞍移动在垂直平面内的直线度，要求导轨全部行程上运动曲线只许凸起，以便于补偿导轨的磨损和弹性变形。由于车床导轨前端磨损严重，所以运动曲线的凸起以靠近床头部位最好。

【技术要求】 a. 纵向：导轨在垂直平面内的直线度公差为 0.002 ~ 0.019 mm，

任意250 mm长度上为0.007 5 mm（只许凸起）；b. 横向：导轨的平行度公差为0.04 mm/1 000 mm。

【检验方法】床身导轨的直线度检验如图9—2所示。在床鞍（俗称溜板）上靠近导轨处纵向放一水平仪，等距离（近似等于规定的任意250 mm测量长度）移动水平仪进行检验。将水平仪的读数依次做好记录，并计算出导轨全长的直线度误差。在床鞍上横向放一水平仪，等距离（移动距离同前）移动水平仪进行检验。水平仪在全部测量长度上读数的最大代数差值就是导轨的平行度误差。

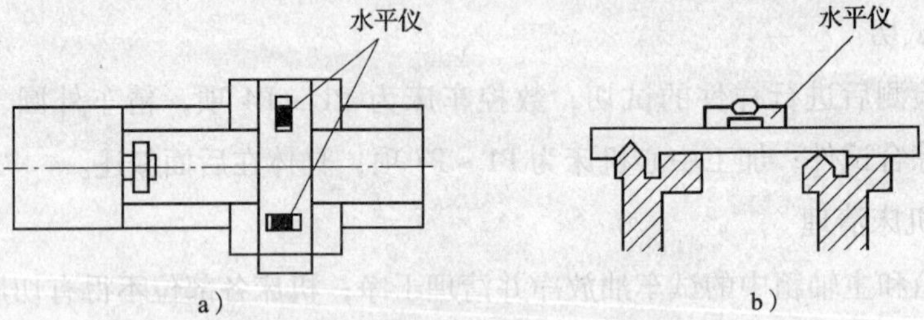

图9—2　床身导轨的直线度检验

a）纵向　b）横向

（2）G2项：床鞍移动在水平面内的直线度

该项精度直接影响加工精度，反映在工件曲线的直线度上。

【技术要求】床鞍移动在水平面内的直线度公差为0.018 mm。

【检验方法】床鞍移动在水平面内的直线度检验如图9—3所示。将千分表固定在床鞍上，使其测头水平触及架在主轴和尾座顶尖间的检验棒表面上，调整尾座，使千分表在检验棒两端的读数相等。移动床鞍在全部行程上进行检验，千分表读数的最大差值就是床鞍移动在水平面内的直线度误差。

（3）G3项：尾座移动对床鞍移动的平行度

【技术要求】a. 上母线为0.028 mm；b. 侧母线为0.028 mm，任意500 mm长度上为0.019 mm。

【检验方法】尾座移动对床鞍移动的平行度检验如图9—4所示。将千分表固定在床鞍上，使其测头触及近尾座体端面的顶尖套上，a在垂直面内，b在水平面内。锁紧顶尖套，使尾座与床鞍一起移动，在床鞍全部行程上检验。a和b的误差分别计算。千分表在任意500 mm行程上和全部行程上读数的最大差值就是局部长度和全长上的平行度误差。

（4）G4项：主轴轴向窜动及轴肩支撑面的跳动

【技术要求】a. 主轴的轴向窜动为0.009 mm；b. 主轴轴肩支撑面的跳动为0.019 mm。

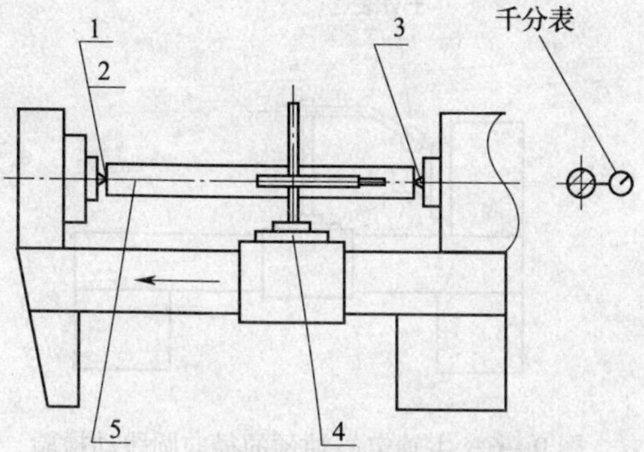

图 9—3　床鞍移动在水平面内的直线度检验

1—顶尖套（6/4DB1220）　2—顶尖（DGM5JB2887）

3—顶尖（DGM4JB2887，DGM5JB2887）　4—磁力表座

5—检验棒（CM71—456，$\phi60\times1000$）

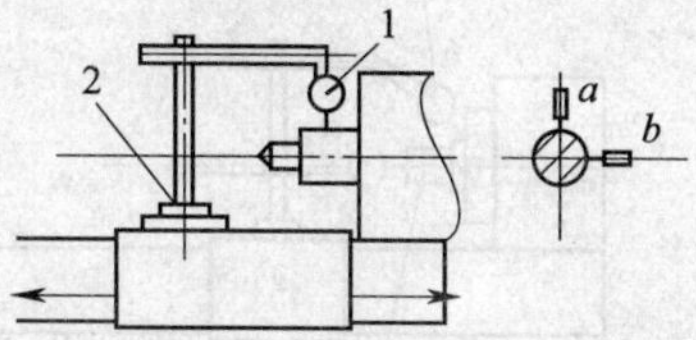

图 9—4　尾座移动对床鞍移动的平行度检验

1—千分表　2—磁力表座

【检验方法】 主轴轴向窜动及轴肩支撑面的跳动检验如图 9—5 所示。在主轴锥孔内装入检验棒，将千分表及磁力表座固定在床鞍上，使千分表的测头分别触及 *a* 点（检验棒端部的钢球上）和 *b* 点（主轴轴肩支撑面上）。旋转主轴进行检验。*a* 和 *b* 的误差分别计算。千分表读数的最大差值就是主轴轴向窜动误差和轴肩支撑面的跳动误差。

（5）G5 项：主轴定心轴颈的径向圆跳动

【技术要求】 主轴定心轴颈的径向圆跳动公差为 0. 009 mm。

【检验方法】 主轴定心轴颈的径向圆跳动检验如图 9—6 所示。将千分表及磁力表座固定在床鞍上，千分表测头触及主轴定心轴颈的表面。旋转主轴进行检验。千分表读数的最大差值就是主轴定心轴颈的径向圆跳动误差。

（6）G6 项：主轴锥孔轴线的径向圆跳动

【技术要求】 a. 根部为 0. 009 mm；b. 300 mm 处为 0. 019 mm。

【检验方法】 主轴锥孔轴线的径向圆跳动检验如图 9—7 所示。将检验棒插入主轴锥孔内，将千分表及磁力表座固定在床鞍上，使千分表的测头触及检验棒的表面：*a* 靠近主轴端面，*b* 距离 *a* 处 300 mm。旋转主轴进行检验。拔出检验棒，相对主轴旋转 90°后重新插入主轴锥孔内，依次重复检验三次，*a* 和 *b* 的误差分别计算，四次测量结果的平均值就是主轴锥孔轴线的径向圆跳动误差。

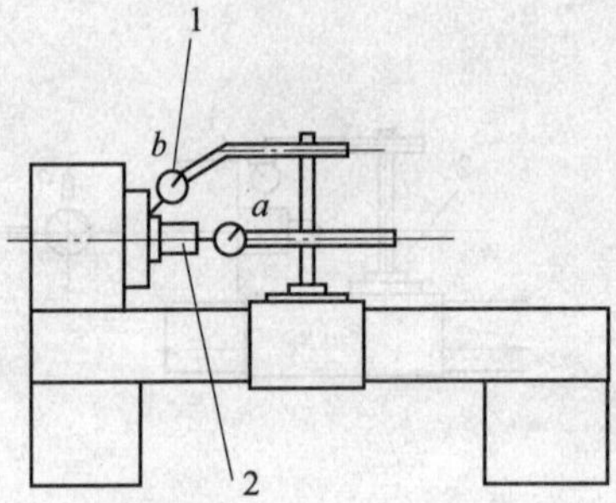

图 9—5　主轴轴向窜动及轴肩支撑面的跳动检验

1—千分表　2—检验棒（CM71—1571）

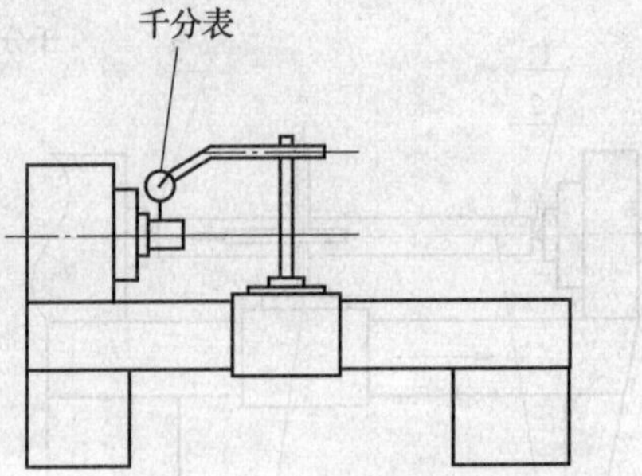

图 9—6　主轴定心轴颈的径向圆跳动检验

（7）G7 项：主轴轴线对床鞍移动的平行度

【技术要求】a. 上母线为 0. 018 mm/300 mm，只允许向上偏；b. 侧母线为 0. 014 mm/300 mm，只允许向前偏（精度以热检为主）

【检验方法】主轴轴线对床鞍移动的平行度检验如图 9—8 所示。将千分表及磁力表座固定在床鞍上，使千分表的测头触及检验棒表面，移动床鞍（300 mm）进行检验。将主轴旋转 180°，再检验一次。*a* 和 *b* 的误差分别计算。两次测量结果代数和的一半就是主轴轴线对床鞍移动的平行度误差。

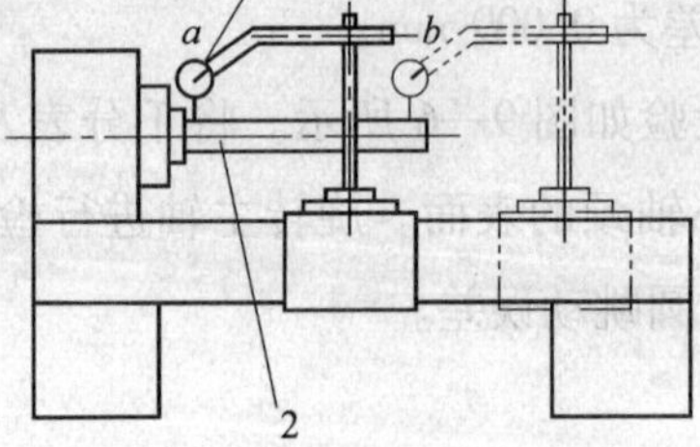

图 9—7　主轴锥孔轴线的径向圆跳动检验

1—千分表　2—检验棒（CM71—1571）

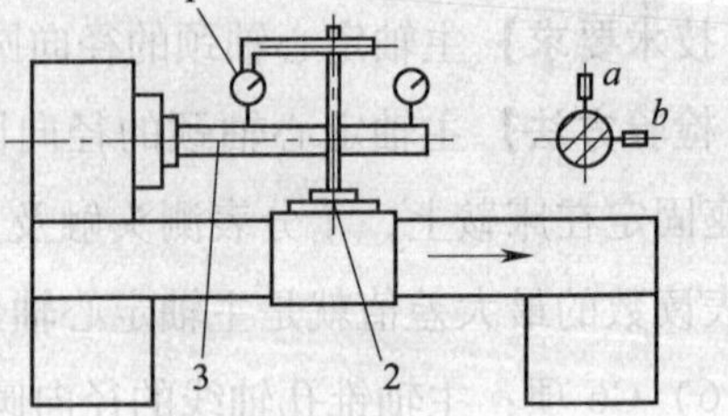

图 9—8　主轴轴线对床鞍移动的平行度检验

1—千分表　2—磁力表座

3—检验棒（CM71—1571）

（8）G8 项：主轴顶尖的跳动

【技术要求】0. 012 mm。

【检验方法】主轴顶尖的跳动检验如图 9—9 所示，将顶尖插入主轴孔内，固定好千分表，使其测头垂直触及顶尖锥面。旋转主轴进行检验，千分表读数乘以 $\cos\alpha$（α 为圆锥半角）后就是主轴顶尖的跳动误差。

（9）G9 项：尾座套筒轴线对床鞍移动的平行度

【技术要求】 a. 上母线为 0.014 mm/100 mm，只允许向上偏；b. 侧母线为 0.009 mm/100 mm，只允许向前偏（即向操作者方向偏）。

【检验方法】 尾座套筒轴线对床鞍移动的平行度检验如图 9—10 所示，将千分表及磁力表座固定在床鞍上，使千分表的测头触及尾座套筒的表面，移动床鞍进行检验。*a* 和 *b* 的误差分别计算。千分表读数的最大差值就是尾座套筒轴线对床鞍移动的平行度误差。

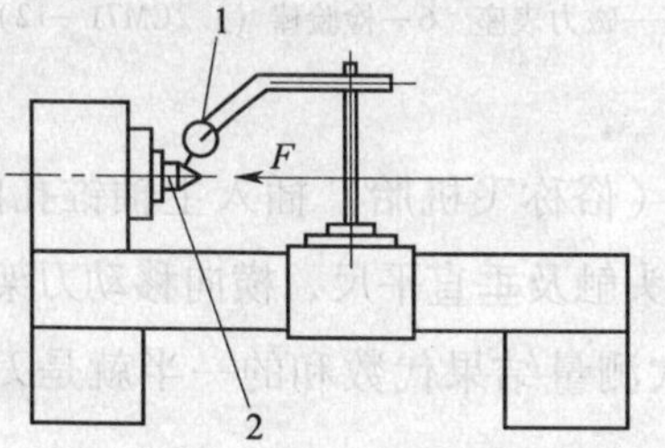

图 9—9　主轴顶尖的跳动检验

1—千分表　2—顶尖（CM72—135）

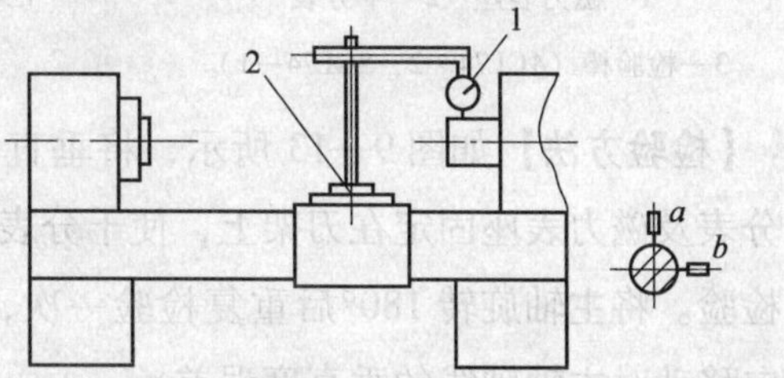

图 9—10　尾座套筒轴线对床鞍移动的平行度检验

1—千分表　2—磁力表座

（10）G10 项：尾座套筒锥孔轴线对床鞍移动的平行度

【技术要求】 a. 上母线为 0.027 mm/300 mm，只允许向上偏；b. 侧母线为 0.027 mm/300 mm，只允许向前偏。

【检验方法】 尾座套筒锥孔轴线对床鞍移动的平行度检验如图 9—11 所示，在尾座套筒锥孔内插入检验棒，将千分表及磁力表座固定在床鞍上，使千分表的测头触及检验棒的表面，移动床鞍进行检验。拔出检验棒，旋转 180°后重新插入尾座套筒锥孔内，重复检验一次。*a* 和 *b* 的误差分别计算。两次测量结果代数和的一半就是尾座套筒锥孔轴线对床鞍移动的平行度误差。

（11）G11 项：床头和床尾两顶尖的等高度

【技术要求】 0.006 ~ 0.038 mm，只允许尾座高（精度以热检为主）。

【检验方法】 如图 9—12 所示，在主轴与尾座顶尖间装入检验棒，将千分表及磁力表座固定在床鞍上，使千分表的测头触及检验棒，移动床鞍在检验棒的两极限位置上进行检验。将检验棒旋转 180°后重复检验一次，两次测量结果代数和的一半就是床头和床尾两顶尖的等高度误差。检验时，尾座应用 120 N · m 的力矩锁紧。

（12）G12 项：刀架横向移动对主轴轴线的垂直度

【技术要求】 0.019 mm/300 mm，$\alpha \geqslant 90°$（精度以热检为主）。

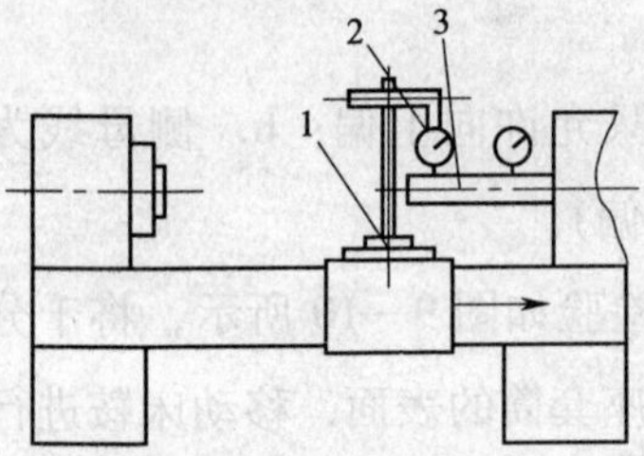

图 9—11　尾座套筒锥孔轴线对床鞍移动的平行度检验

1—磁力表座　2—千分表

3—检验棒（4GL74—2，5GL74—1）

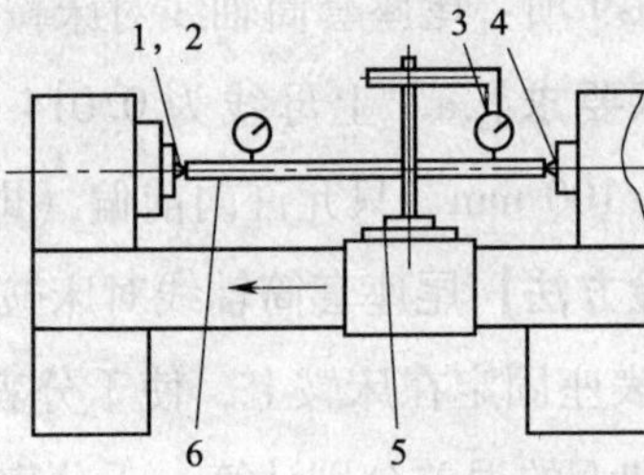

图 9—12　主轴和尾座两顶尖的等高度检验

1—顶尖套（6/5DB1220）　2，4—顶尖（DGM5JB2887）

3—千分表　5—磁力表座　6—检验棒（1.2CM71—12）

【检验方法】 如图 9—13 所示，将垂直平尺（俗称飞机胎）插入主轴锥孔内，千分表及磁力表座固定在刀架上，使千分表的测头触及垂直平尺，横向移动刀架进行检验。将主轴旋转 180°后重复检验一次，两次测量结果代数和的一半就是刀架横向移动对主轴轴线的垂直度误差。

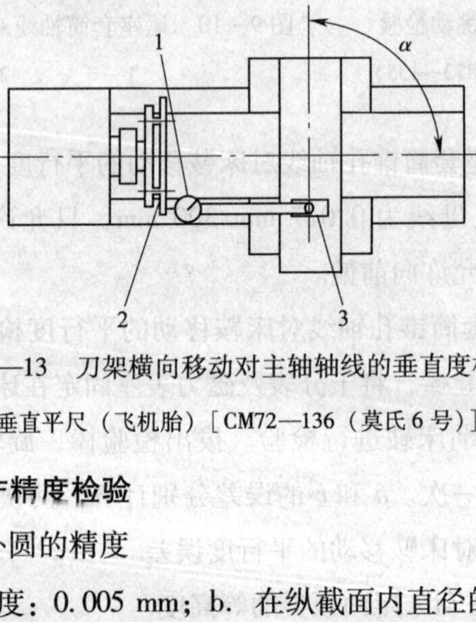

图 9—13　刀架横向移动对主轴轴线的垂直度检验

1—千分表　2—垂直平尺（飞机胎）［CM72—136（莫氏 6 号）］　3—磁力表座

2. 数控车床的工作精度检验

（1）P1 项：精车外圆的精度

【技术要求】 a. 圆度：0.005 mm；b. 在纵截面内直径的一致性：在 300 mm 测量长度上为 0.03 mm（两个相邻台阶的直径差应不大于最外两个台阶直径差的 75%，要示圆柱为正锥）。

【检验方法】 如图 9—14 所示，精车后在三段直径上检验圆度和圆柱度。圆度误差以试件同一横截面内的最大与最小直径之差计，圆柱度误差以试件任意轴向截面内的最大与最小直径之差计。

（2）P2 项：精车端面的平面度

【技术要求】 300 mm 直径上为 0.025 mm（只允许凹）。

【检验方法】精车端面的平面度检验如图 9—15 所示，可用平尺和量块进行检验，也可用百分表进行检验：将百分表固定在刀架上，使其测头触及端面的前部边缘（靠近操作者），移动刀架到端面的后部边缘，百分表读数最大差值的一半就是端面的平面度误差。

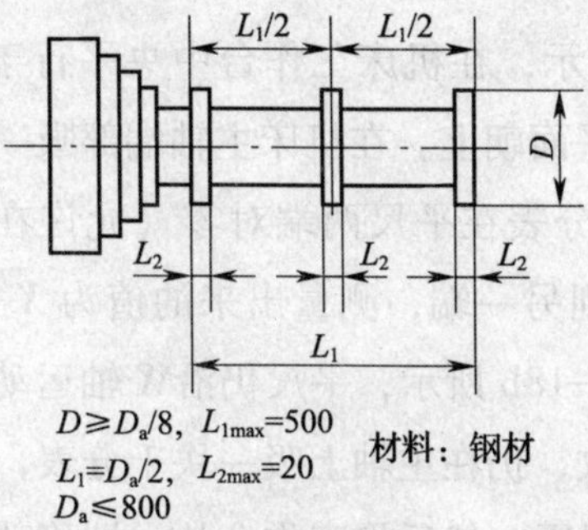

图 9—14　精车外圆的精度检验

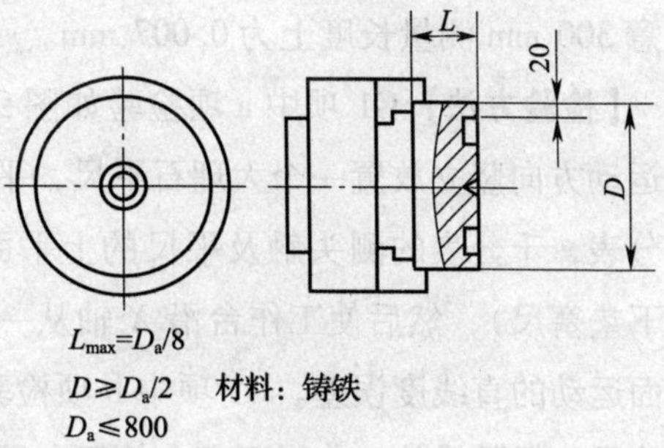

图 9—15　精车端面的平面度检验

（3）P3 项：精车螺纹

【技术要求】任意 50 mm 测量长度上螺距误差不大于 0.025 mm。

【检验方法】如图 9—16 所示为精车螺纹的螺距误差的检验。精车后在任意 50 mm长度内进行检验。螺纹表面应洁净，无凹陷与波纹。

（4）P4 项：精车轴类综合样件

精车轴类综合样件如图 9—17 所示，具体尺寸查看国家标准。

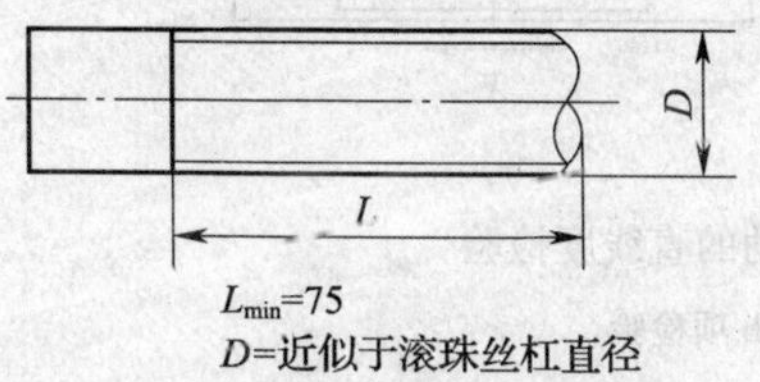

图 9—16　精车螺纹的螺距误差的检验

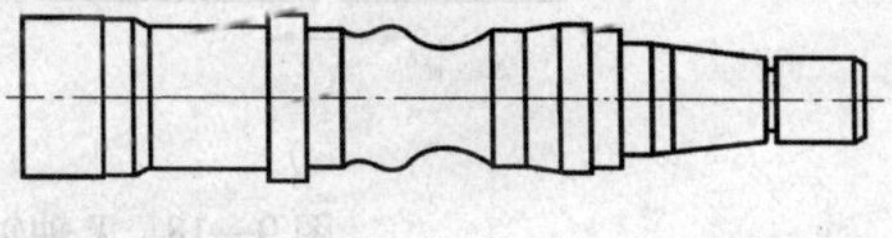

图 9—17　精车轴类综合样件

二、加工中心机床几何精度和运动精度的检验

VDL—1000 型加工中心机床的几何精度共有十九项，分别为 G1 ~ G19 项，运动精度共有七项，分别为 P1 ~ P7 项，下面分别进行介绍。

1．VDL—1000 型加工中心机库的几何精度检验

（1）G1 项：*X* 轴轴线运动的直线度

由于加工中心机床最少有三个坐标运动，不同于数控车床的两坐标运动。三坐标构成三个平面，即 *X*—*Y* 平面，*X*—*Z* 平面，*Y*—*Z* 平面。加工中心机床 *X* 轴轴线

运动的直线度必须在 $X—Z$ 平面、$X—Y$ 平面两个平面内描述，所以，国家标准规定 G1 项直线度检验分为：a 项在 $X—Z$ 平面，即垂直于工作台的平面内；b 项在 $X—Y$ 平面，即平行于工作台的平面内。

【技术要求】 要求 a 项和 b 项全行程上直线度公差为 0.02 mm，a 项和 b 项在任意 300 mm 测量长度上为 0.007 mm。

【检验方法】 G1 项中 a 项检验如图 9—18a 所示，在机床工作台中央平行于 X 轴运动方向竖立放置一个大理石平尺，平尺工作平面朝上。在机床主轴端部吸一块千分表，千分表的测头触及平尺的上平面，使千分表在平尺两端对零（允许在平尺下垫塞尺），然后使工作台沿 X 轴从一端运动到另一端，测量出来的值为 $X—Z$ 平面运动的直线度误差。G1 项中 b 项检验如图 9—18b 所示，平尺仍沿 X 轴运动方向放置，但平尺的工作平面朝向侧面，即平尺平放，仍在主轴上吸一块千分表，千分表的测头触及平尺，同样使千分表在平尺两端对零，然后将工作台从一端移动到另一端，测量出来的值为 $X—Y$ 平面运动的直线度误差。

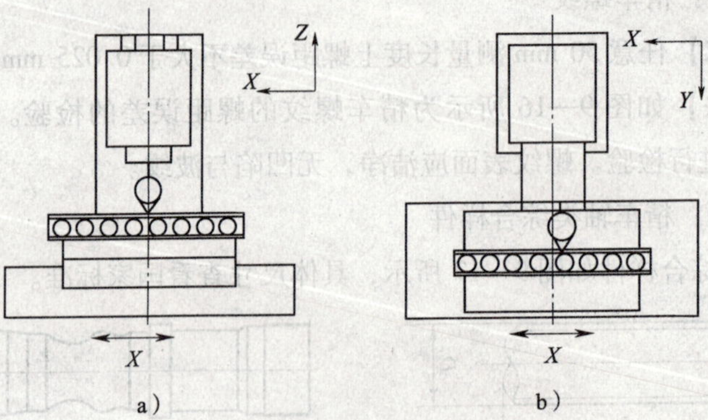

图 9—18 X 轴轴线运动的直线度检验

a）a 项检验 b）b 项检验

（2）G2 项：Y 轴轴线运动的直线度

Y 轴轴线运动的直线度检验的原理同 X 轴轴线运动的直线度检验。

【技术要求】 要求 a 项在 $Y—Z$ 平面，即垂直于 X 轴的平面内；b 项在 $X—Y$ 平面，即 $X—Y$ 水平面内。a 项和 b 项全行程上直线度公差为 0.015 mm，在任意 300 mm测量长度上为 0.007 mm。

【检验方法】 检验方法与 G1 项基本相同，只是平尺放置的位置不同，平尺垂直于 X 轴运动方向放置。G2 项中 a 项检验如图 9—19a 所示，平尺垂直于 X 轴运动方向竖立放置，平尺工作平面朝上。千分表仍吸在主轴端部，使千分表在平尺两端对零（允许在平尺下垫塞尺），移动工作台，使其沿 Y 轴从一端运动到另一端，测

出的值为 Y—Z 平面运动的直线度误差。要求：一项是 Y—Z 平面全行程上的直线度误差，另一项是任意 300 mm 测量长度上的直线度误差。G2 项中 b 项检验如图 9—19b 所示，平尺仍放在原位置，不是竖立放置而是平放，平尺工作平面朝向侧面，千分表的测头触及平尺工作平面，千分表在平尺两端对零，测量方法与上面相同。

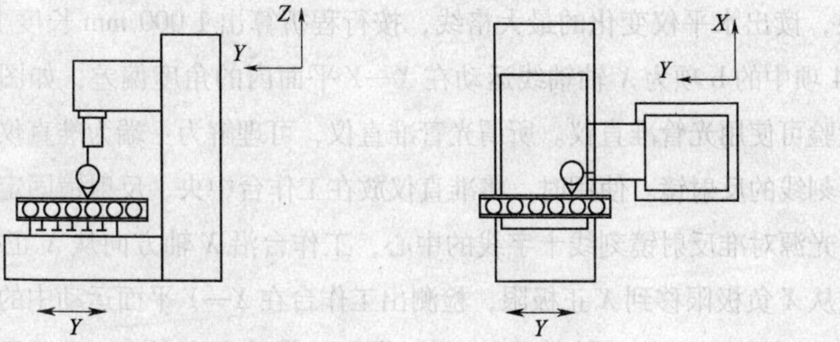

a）　b）

图 9—19　Y 轴轴线运动的直线度检验

a）a 项检验　b）b 项检验

（3）G3 项：Z 轴轴线运动的直线度

Z 轴轴线运动的直线度检验原理与 G1 和 G2 项检验的原理相同。

【技术要求】要求在 X—Z 平面和 Y—Z 平面进行检验。这两个平面都是垂直于工作台的平面。要求 a 项和 b 项全行程上直线度公差为 0.015 mm，任意 300 mm 测量长度上为 0.007 mm。

【检验方法】检验方法与 G1 和 G2 项基本相同，不同之处是检验工具使用大理石方尺，把大理石方尺平行于 X 轴轴线竖立放置在工作台面上，检验 a 项时如图 9—20a所示，检验 b 项时如图 9—20b 所示。

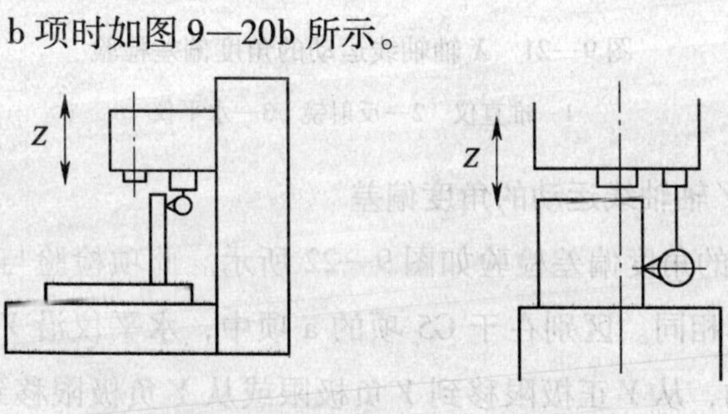

a）　b）

图 9—20　Z 轴轴线运动的直线度检验

（4）G4 项：X 轴轴线运动的角度偏差

由于加工中心机床是三坐标移动的机床，空间轴线运动的角度变化要用三个平面来描述。对于 G4 项中的 a 项，国家标准中规定，在平行于移动方向的 *X—Z* 平面内，要求 1 000 mm 长度上误差不大于 0.06 mm 或角度小于 12″，国家标准中将其称为“俯仰”。所谓“俯仰”，可理解为轴线运动中的角度可能往上仰，也可能往下俯。该项检验使用水平仪。如图 9—21a 所示，在工作台中央平行于 *X* 轴轴线水平放置水平仪，工作台沿 *X* 轴方向从 *X* 正极限移到 *X* 负极限或从 *X* 负极限移到 *X* 正极限，读出水平仪变化的最大格线，按行程折算出 1 000 mm 长度上的变化值。

G4 项中的 b 项为 *X* 轴轴线运动在 *X—Y* 平面内的角度偏差，如图 9—21b 所示。该项检验可使用光管准直仪。所谓光管准直仪，可理解为一端为准直仪，另一端为带有十字刻线的反射镜。使用时，将准直仪放在工作台中央，反射镜固定在床身不动的面上，光源对准反射镜刻线十字线的中心，工作台沿 *X* 轴方向从 *X* 正极限移到 *X* 负极限或从 *X* 负极限移到 *X* 正极限，检测出工作台在 *X—Y* 平面运动中的偏摆程度。

G4 项中的 c 项为 *X* 轴轴线运动在垂直于移动方向的 *Y—Z* 平面的角度偏差。该项检验仍使用水平仪。水平仪放置在工作台中央，垂直于 *X* 轴轴线水平放置，如图 9—21c 所示，工作台的移动同 a 项和 b 项。

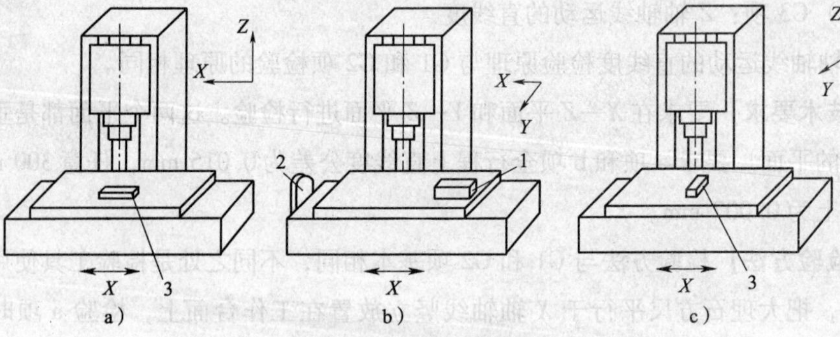

图 9—21　*X* 轴轴线运动的角度偏差检验

1—准直仪　2—反射镜　3—水平仪

（5）G5 项：*Y* 轴轴线运动的角度偏差

Y 轴轴线运动的角度偏差检验如图 9—22 所示。此项检验与 G4 项检验在原理和检测方法上基本相同。区别在于 G5 项的 a 项中，水平仪沿 *Y* 轴轴线水平放置，工作台沿 *Y* 轴移动，从 *Y* 正极限移到 *Y* 负极限或从 *Y* 负极限移到 *Y* 正极限，如图 9—22a 所示。

G5 项中的 b 项是在 *X—Y* 平面内的角度偏差，也是用光管准直仪检测，与 G4 项中的 b 项不同之处是准直仪沿 *Y* 轴方向摆放，工作台也沿 *Y* 轴移动，移动和检测方法同前，如图 9—22b 所示。

G5 项中的 c 项是在垂直于移动方向的 *Z—X* 平面内的角度偏差，也是用水平仪检测，水平仪仍放置在工作台中央，只是方向是垂直于 *Y* 轴轴线水平放置，如图 9—22c 所示。

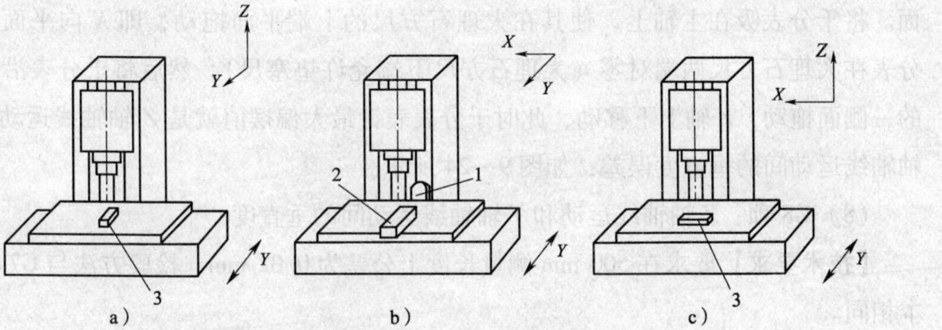

图 9—22　*Y* 轴轴线运动的角度偏差检验

1—反射镜　2—准直仪　3—水平仪

（6）G6 项：*Z* 轴轴线运动的角度偏差

Z 轴轴线运动的角度偏差检验如图 9—23 所示。此项检验与 G4 项检验原理基本相同。区别有两点，一是水平仪不是放在工作台上，而是放在主轴箱顶端（注意：不是立柱顶端）。G6 项中的 a 项是在平行于 *Y* 轴轴线的 *Y—Z* 平面内的角度偏差，水平仪平行于 *Y—Z* 平面放置，如图 9—23a 所示。G6 项中的 b 项是在平行于 *X* 轴轴线的 *Z—X* 平面内的角度偏差，水平仪平行于 *X—Z* 平面放置，如图 9—23b 所示。二是 *Z* 轴轴线在垂直于移动方向的 *X—Y* 平面内的角度偏差在 VDL—1000 型加工中心机床的检验中被取消，可不检。

检验的方法同前。区别是主轴箱沿 *Z* 轴移动，即 *Z* 轴由正极限移到负极限或由负极限移到正极限。要求是 1 000 mm 测量长度上误差不大于 0.06 mm（或角度小于 12″），局部公差要求为 500 mm 测量长度上不大于 0.03 mm（或角度小于 6″）。

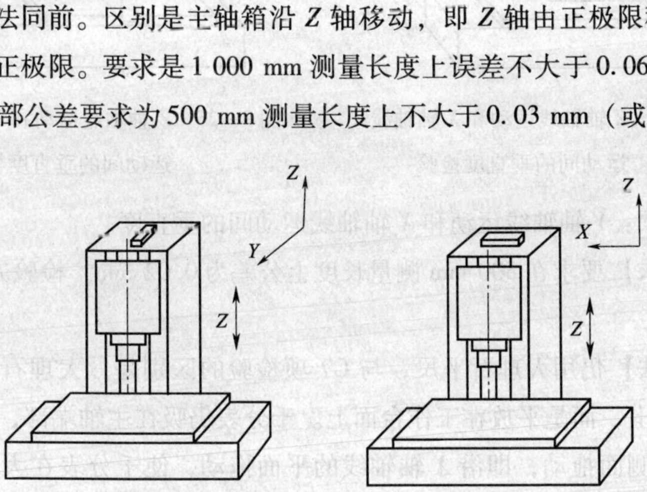

图 9—23　*Z* 轴轴线运动的角度偏差检验

（7）G7 项：Z 轴轴线运动和 X 轴轴线运动间的垂直度

【技术要求】要求是 0.02 mm/500 mm，即在 500 mm 测量长度上公差为 0.02 mm。

【检验方法】在工作台面上竖立放置大理石方尺，大理石方尺平行于 X—Z 平面。将千分表吸在主轴上，使其在大理石方尺的上端平面拖动，即 X 向平面，千分表在大理石方尺两端对零（大理石方尺下端允许垫塞尺），然后将千分表沿平尺的一侧面拖动，Z 轴上下移动，此时千分表表针最大偏摆值就是 Z 轴轴线运动和 X 轴轴线运动间的垂直度误差，如图 9—24 所示。

（8）G8 项：Z 轴轴线运动和 Y 轴轴线运动间的垂直度

【技术要求】要求在 500 mm 测量长度上公差为 0.02 mm，检验方法与 G7 项基本相同。

【检验方法】仍用大理石平尺，与 G7 项检验的区别是：大理石平尺平行于 Y—Z 平面，用千分表沿大理石平尺的上端平面（为 Y 向平面）拖动，千分表在大理石平尺两端对零，然后用千分表沿 Z 方向拖动，其余与 G7 项操作相同。如图 9—25 所示为 Z 轴轴线运动和 Y 轴轴线运动间的垂直度检验。

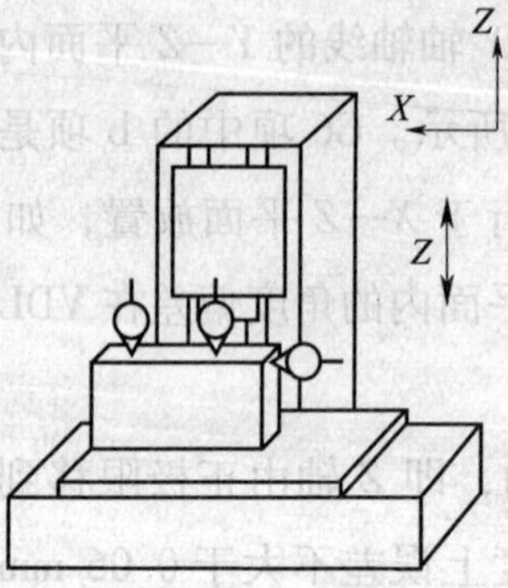

图 9—24　Z 轴轴线运动和 X 轴轴线运动间的垂直度检验

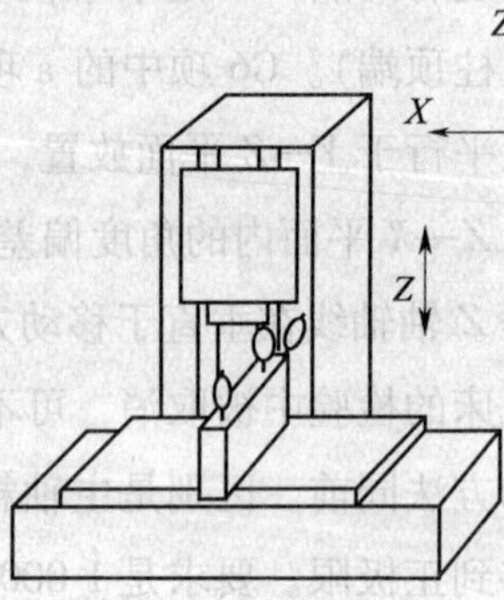

图 9—25　Z 轴轴线运动和 Y 轴轴线运动间的垂直度检验

（9）G9 项：Y 轴轴线运动和 X 轴轴线运动间的垂直度

【技术要求】要求在 500 mm 测量长度上公差为 0.02 mm，检验方法与 G7 项基本相同。

【检验方法】仍用大理石平尺，与 G7 项检验的区别是：大理石平尺不是竖立放在工作台面上，而是平放在工作台面上。千分表仍吸在主轴端部，用千分表在大理石平尺一个侧面拖动，即沿 X 轴轴线的平面拖动，使千分表在大理石平尺两端对零（即移动 X 坐标，以此平面为基准），再使千分表测头触及平尺另一垂直于 X 轴的侧面上（即 Y 轴方向），移动 Y 坐标，千分表表针最大偏差值为 Y 轴对 X 轴运动间的垂直度误差，折算成500 mm长度上的误差值，在0.02 mm/500 mm范围内为合格，不在此范围内则需返修。如图9—26所示为Y轴轴线运动和X轴轴线运动间的垂直度检验。

（10）G10项：主轴的周期性轴向窜动

【技术要求】要求主轴的周期性轴向窜动量不大于0.005 mm。

【检验方法】在主轴端部粘一个钢球，千分表固定在工作台上，其测头触及钢球的顶端，旋转主轴，千分表表针最大偏摆值就是主轴的周期性轴向窜动，如图9—27所示。

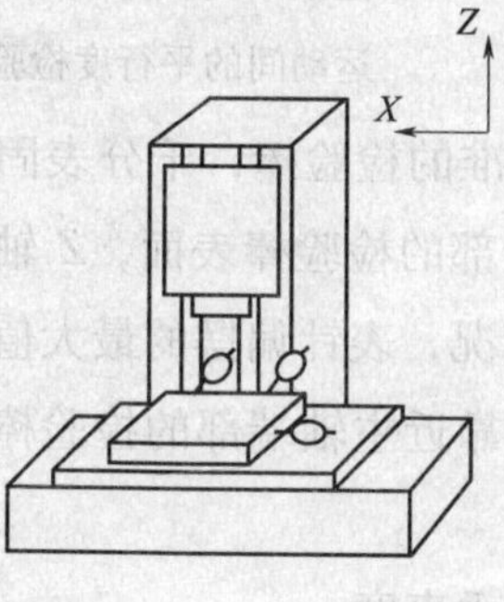

图9—26　Y轴轴线运动和X轴轴线运动间的垂直度检验

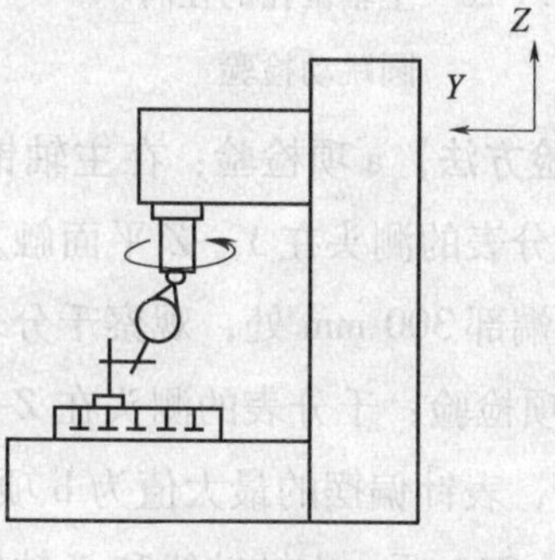

图9—27　主轴的周期性轴向窜动检验

此项检验要求加力。目前，各企业在检验中不加力，原因是加力的检验数值比不加力更小，而且检测机构复杂，为了方便，故采用不加力检验。

（11）G11项：主轴锥孔的径向圆跳动

【技术要求】a项：靠近主轴端部径向圆跳动公差为0.007 mm；b项：在距主轴端部300 mm处径向圆跳动公差为0.015 mm。

【检验方法】在主轴锥孔中插入标准的检验棒，千分表固定在工作台上，千分表测头触及检验棒的端部，旋转主轴，观察千分表表针摆动情况。再把千分表测头移到距主轴端部300 mm处，旋转主轴，观察千分表表针摆动情况。如图9—28所示为主轴锥孔的径向圆跳动检验。

（12）G12项：主轴轴线和Z轴轴线运动间的平行度

【技术要求】主轴轴线和Z轴轴线运动间的平行度检验如图9—29所示。a项：在平行于Y轴轴线的Y—Z平面内，如图9—29a所示；b项：在平行于X轴轴线的Z—X平面内，如图9—29b所示。a项和b项都要求在300 mm测量长度内平行度公差为0.015 mm。

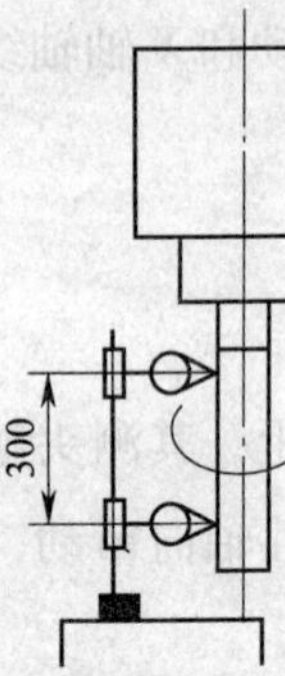

图 9—28 主轴锥孔的径向圆跳动检验

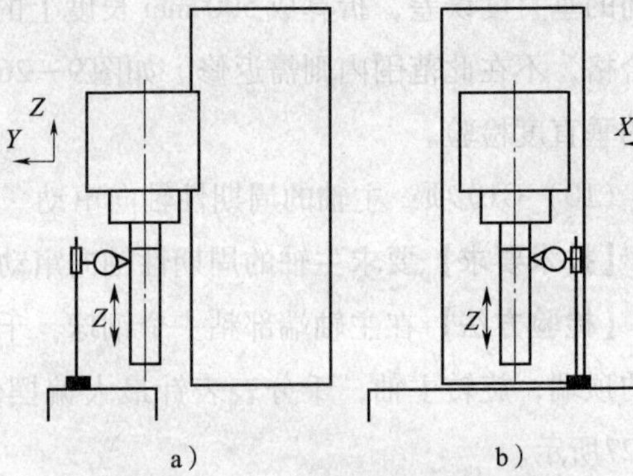

图 9—29 主轴轴线和 Z 轴轴线运动间的平行度检验

【检验方法】a 项检验：在主轴锥孔中插入标准的检验棒，千分表固定在工作台上，千分表的测头在 Y—Z 平面触及靠近主轴端部的检验棒表面，Z 轴向上移动到距主轴端部 300 mm 处，观察千分表表针偏摆情况，表针偏摆的最大值为 a 项误差值。b 项检验：千分表的测头在 Z—X 平面触及靠近主轴端部的检验棒表面，其余同 a 项，表针偏摆的最大值为 b 项误差值。

（13）G13 项：主轴轴线和 X 轴轴线运动间的垂直度

【技术要求】在 300 mm 测量长度内，两轴线运动的垂直度公差为 0. 015 mm。

【检验方法】在主轴锥孔中插入垂直检验胎（俗称飞机胎）。将千分表固定在胎具上，千分表的测头到主轴中心的距离为 150 mm。当主轴回转 180°时，测头正好跨过300 mm。在工作台上平行于 X 轴放一个平尺，工作台沿 X 轴移动。平尺先要用千分表找正，即千分表在 300 mm 内对零，再移动 X 轴，在 X 正极限和负极限内任意 300 mm 内测量，千分表表针的偏差不得超过 0. 015 mm。如图 9—30 所示为主轴轴线和 X 轴轴线运动间的垂直度检验。

（14）G14 项：主轴轴线和 Y 轴轴线运动间的垂直度

【技术要求】在 300 mm 测量长度内，两轴线运动的垂直度公差为 0. 015 mm。

【检验方法】检验方法与 G13 项基本相同，区别是平尺与 Y 轴平行，千分表在平尺上对零后，工作台沿 Y 轴移动，在 Y 轴正极限和负极限内任意 300 mm 内测量，千分表表针的偏差不得超过 0. 015 mm。如图 9—31 所示为主轴轴线和 Y 轴轴线运动间的垂直度检验。

（15）G15 项：工作台面的平面度

【技术要求】全长上平面度公差为 0. 025 mm，任意 300 mm 测量长度上平面度公差为 0. 012 mm。

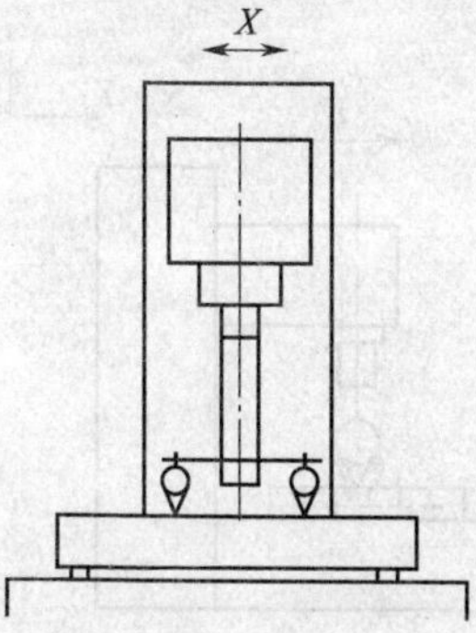

图 9—30　主轴轴线和 X 轴轴线运动间的垂直度检验

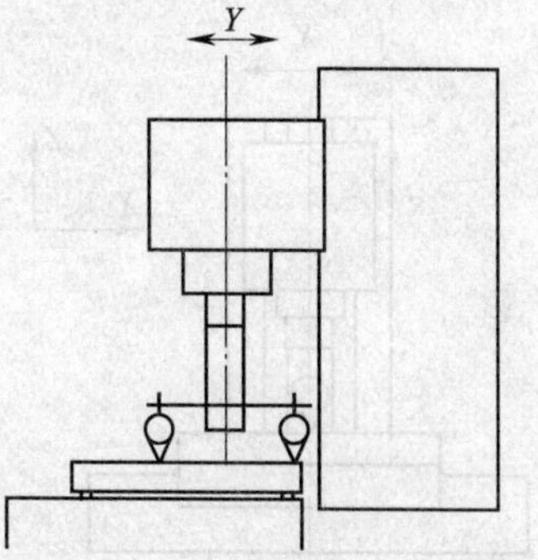

图 9—31　主轴轴线和 Y 轴轴线运动间的垂直度检验

【检验方法】工作台面的平面度检验如图 9—32 所示。以 O 点为原点，纵向为 X 轴，横向为 Y 轴，可用水平仪检测 X 轴和 Y 轴的直线度误差；再以 O′点为原点，检测纵向、横向直线度误差；以此类推，测出各直线度误差后，利用有关公式计算平面度误差。也可以用拖表法，即将千分表吸在主轴上，千分表的测头触及工作台面，按图 9－32 所示的路线移动千分表，分别找出各处的高点和低点。如果超过公差值较小，可以把工作台的紧固螺钉拧紧，达到调整的目的；如果超过公差值太大，则要返修。另一种方法是可以用方筒检验，按图示多处放置方筒，通过往方筒与工作台接触面间塞0. 02 mm的塞尺来检测平面度误差。

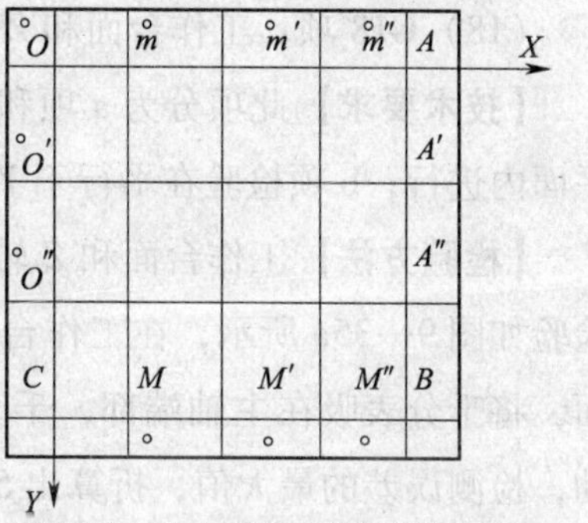

X轴轴线和Y轴轴线置于其行程的中间位置

图 9—32　工作台面的平面度检验

（16）G16 项：工作台面和 X 轴轴线运动间的平行度

【技术要求】在 X 轴的全行程内平行度公差为 0. 03 mm。

【检验方法】将千分表吸在主轴端部，千分表的测头触及工作台面中央，工作台沿 X 轴方向在正极限和负极限之间移动，千分表表针摆动的最大值就是工作台面和 X 轴轴线运动间的平行度误差，如图 9—33 所示。

（17）G17 项：工作台面和 Y 轴轴线运动间的平行度

【技术要求】在 Y 轴的全行程内平行度公差为 0. 025 mm。

【检验方法】检验方法与 G16 项基本相同，不同之处是工作台沿 Y 轴方向移动。如图 9—34 所示为工作台面和 Y 轴轴线运动间的平行度检验。

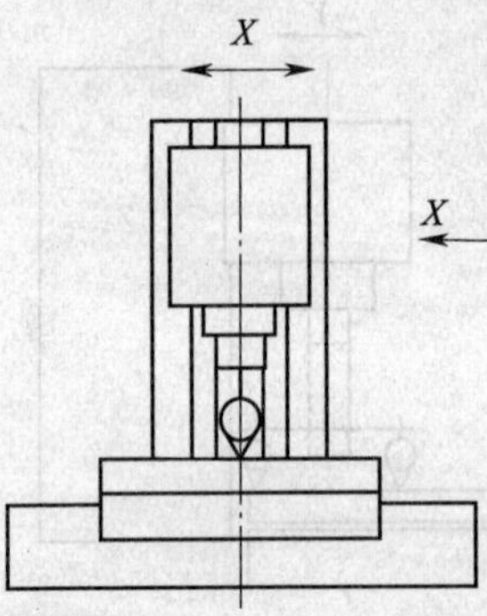

图 9—33　工作台面和 X 轴轴线运动间的平行度检验

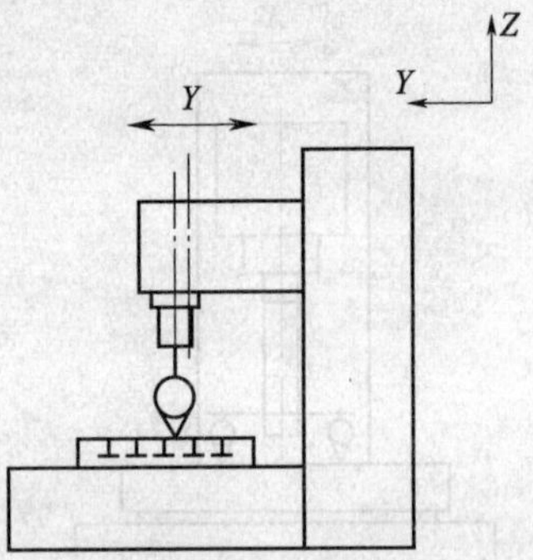

图 9—34　工作台面和 Y 轴轴线运动间的平行度检验

（18）G18 项：工作台面和 Z 轴轴线运动间的垂直度

【技术要求】此项分为 a 项和 b 项，a 项垂直度检验在平行于 X 轴轴线的 $Z—X$ 平面内进行；b 项检验在平行于 Y 轴轴线的 $Y—Z$ 平面内进行。

【检验方法】工作台面和 Z 轴轴线运动间的垂直度检验如图 9—35 所示。a 项检验如图 9—35a 所示，在工作台上放置大理石平尺，大理石平尺平行于 $Z—X$ 平面，将千分表吸在主轴端部，千分表的测头触及大理石平尺的侧面，Z 轴上下移动，检测误差的最大值，折算出 500 mm 长度上的误差值。b 项检验如图 9—35b 所示，千分表的测头触及大理石平尺的侧面，其余同上。

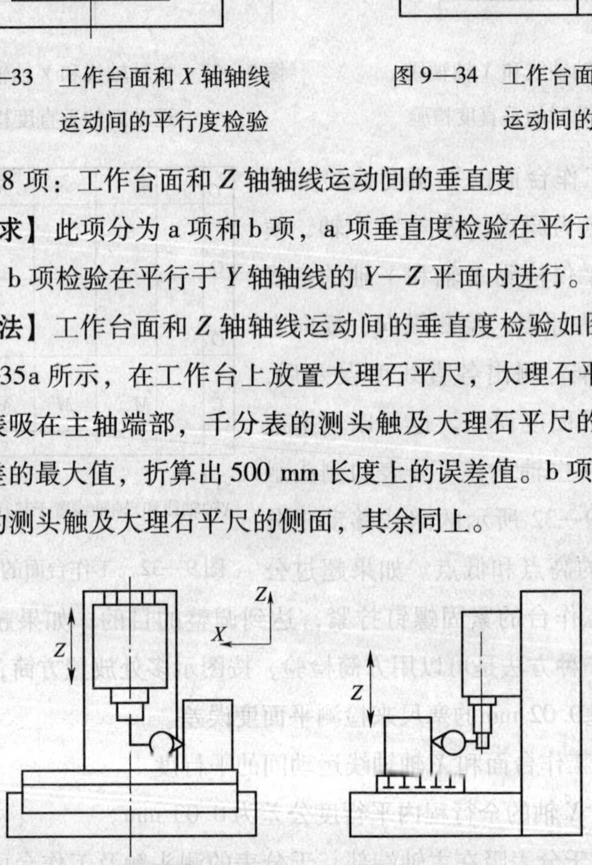

图 9—35　工作台面和 Z 轴轴线运动间的垂直度检验

（19）G19 项：工作台中央纵向基准 T 形槽和 X 轴轴线运动间的平行度

【技术要求】在 500 mm 测量长度上的平行度公差为 0. 025 mm。

【检验方法】将千分表吸在主轴上，千分表的测头触及工作台中央 T 形槽的侧面（该槽是 18H7 的基准槽），工作台沿 X 轴方向移动，表针在 500 mm 测量长度上的读数不大于 0. 025 mm 为合格。如图 9—36 所示为工作台中央纵向基准 T 形槽

和 X 轴轴线运动间的平行度检验，图中为检测方便，用一根平尺靠在 T 形槽的侧面。

2. VDL—1000 型加工中心机床的运动精度检验

（1）P1 项

P1 项加工图如图 9—37 所示。

【技术要求】加工 $\phi30$ mm 的孔，要求孔的圆柱度公差 $a=0.010$ mm，$\phi30$ mm 孔轴线与基面 A 的垂直度公差 $b=\phi0.010$ mm。

试件材料为 HT200，切削速度 $v_c=50$ m/min，进给量 $f=0.05\sim0.10$ mm/齿，背吃刀量 $a_p\leqslant0.2$ mm。

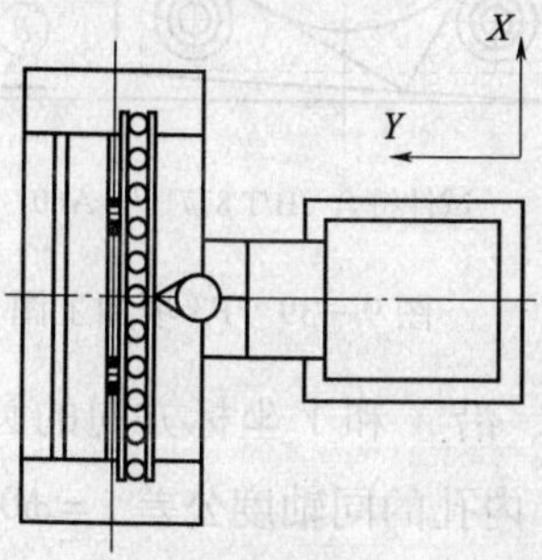

图 9—36　工作台中央纵向基准 T 形槽和 X 轴轴线运动间的平行度检验

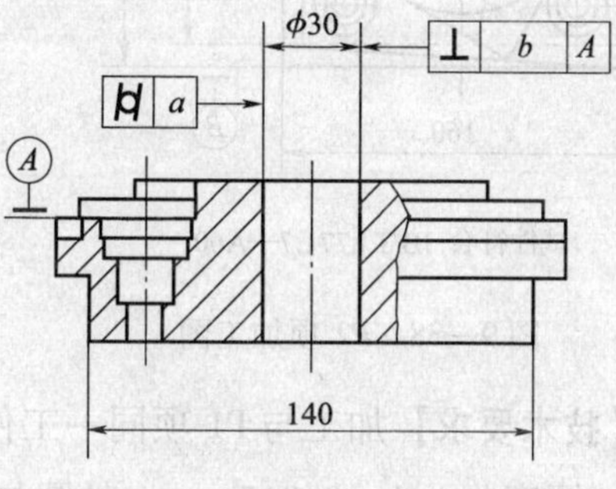

图 9—37　P1 项加工图

（2）P2 项

P2 项加工图如图 9—38 所示。

【技术要求】加工与 P1 项同一工件的外正四方形，用端铣刀铣削 X—Y 平面，沿 X 和 Y 坐标方向对四周平面进行精铣。侧面直线度公差 $c=0.010$ mm；相邻面与基准面 B 的垂直度公差 $d=0.010$ mm；B 面的相对面对 B 面的平行度公差 $e=0.010$ mm。

试件材料、切削速度、进给量、背吃刀量同上。

（3）P3 项

P3 项加工图如图 9—39 所示。

【技术要求】加工与 P1 项同一工件的外菱形，其基准面倾斜 15°。四侧面的直线度公差 $f=0.010$ mm，侧面对基面 B 的倾斜度公差 $g=0.010$ mm。

其余同 P1 项。

（4）P4 项

P4 项加工图如图 9—40 所示。

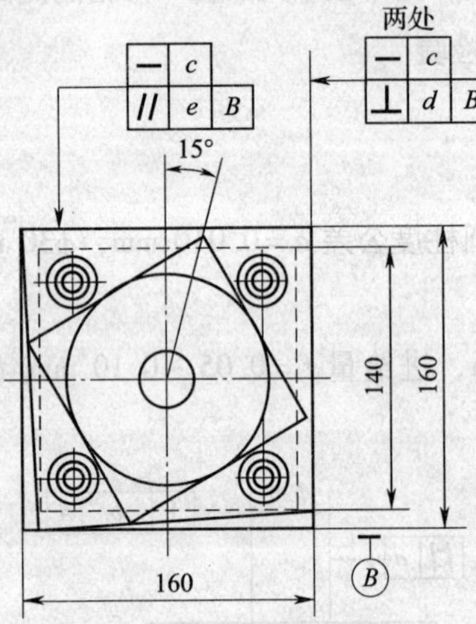

试件符合 JB/T 8771.7—A60

图 9—38 P2 项加工图

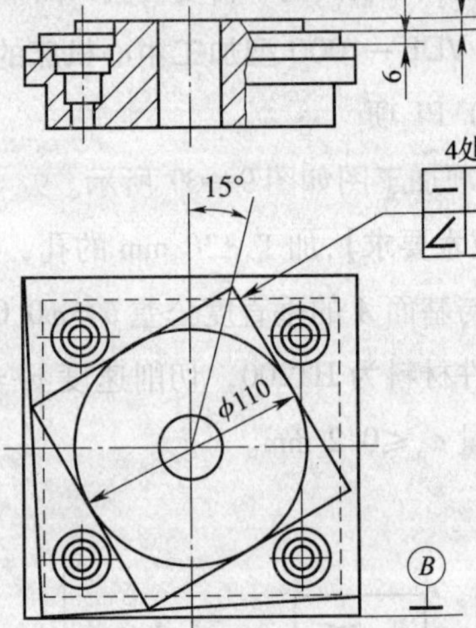

试件符合 JB/T 8771.7—A60

图 9—39 P3 项加工图

【技术要求】加工与 P1 项同一工件的外圆，沿 X 和 Y 坐标方向的圆周面进行精铣。圆度公差 $h=0.015$ mm，外圆与 $\phi30$ mm 内孔的同轴度公差 $i=\phi0.025$ mm。其余同 P1 项。

(5) P5 项

P5 项加工图如图 9—41 所示。

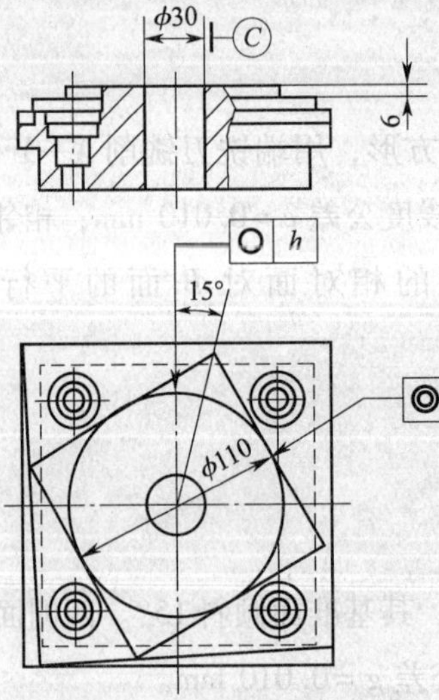

图 9—40 P4 项加工图

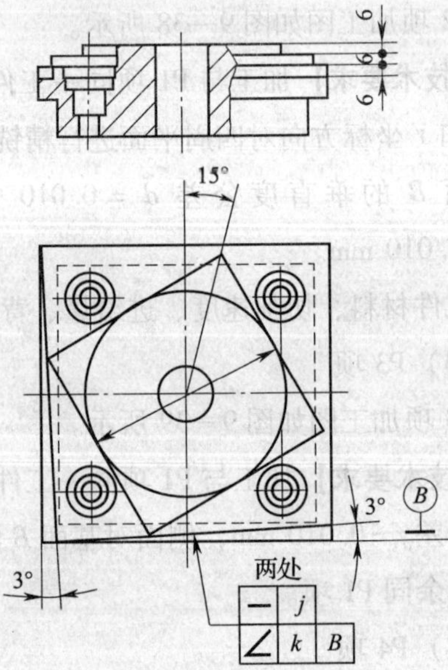

图 9—41 P5 项加工图

【**技术要求**】加工与 P1 项同一工件的两斜面，倾斜角为 3°。两斜面的直线度公差$j=0.010$ mm，3°角斜面对基准面 B 的倾斜度公差 $k=0.010$ mm。使用立铣刀直线插补铣削斜面。

其余同 P1 项。

（6）P6 项

P6 项加工图如图 9—42 所示。

【**技术要求**】加工与 P1 项同一工件的 4 个台阶孔，4 个孔对 $\phi30$ mm 孔的位置度公差 $n=\phi0.05$ mm，$\phi26$ mm 孔对 $\phi28$ mm 孔的同轴度公差 $s=\phi0.02$ mm。使用镗刀进行镗孔。

其余同 P1 项。

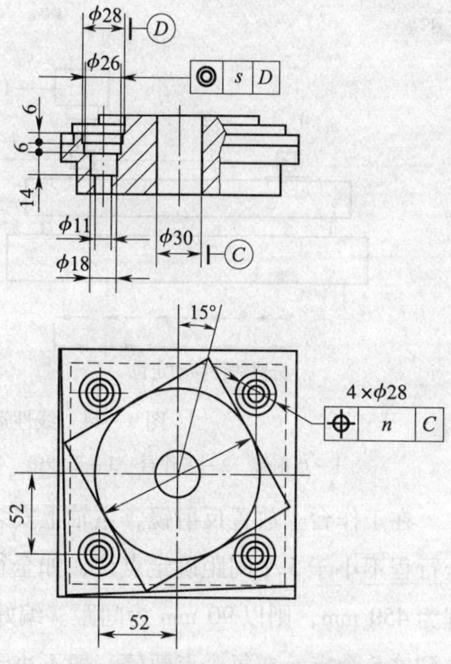

图 9—42　P6 项加工图

（7）P7 项

P7 项加工图如图 9—43 所示。

【**技术要求**】加工与 P1 项同一工件的上平面，平面度公差为 0.02 mm。使用可转位端铣刀（直径为 50 mm，齿数为 4），切削速度 $v_c=98$ m/min，进给量 $f-0.012$ mm/齿，背吃刀量 $a_p=0.2$ mm。

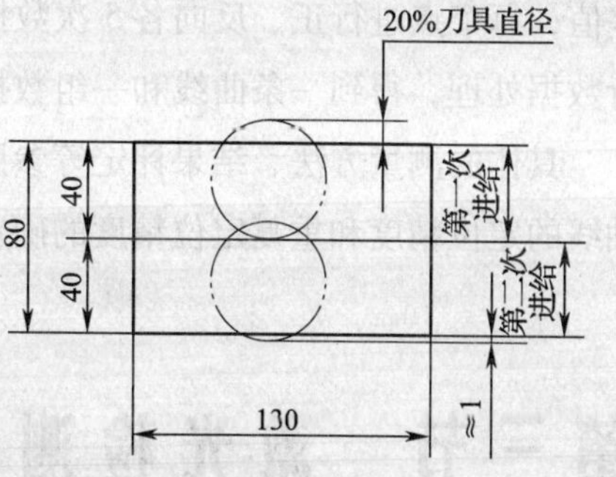

图 9—43　P7 项加工图

以上关于机床精度的检验方法是来自企业根据有关国家标准自行确定的检验规范，仅供参考。

三、数控机床定位精度、重复定位精度的检验

数控机床与普通机床本质上的区别是自动完成工件的切削加工，工件的尺寸精度依靠机床进给系统的定位精度保证。一般数控机床的定位精度在 0.01 mm 左右，加工中心机床的定位精度在 0.01 mm 以下，重复定位精度也在 0.01 mm 以下。所谓定位精度，简单地说，就是用标准检测仪器来检测机床坐标轴实际运行的距离与标准距离相比较的误差值，这个值越小，精度越高。标准检测仪目前采用的是双频激光干涉仪。所谓重复定位精度，简

单地说，就是机床从正、负多个点运动到某个固定点的实际距离与标准激光检测的距离之间的误差值，如果每次到该点的误差值很小，可以说该机床的重复定位精度非常高，加工出来工件的尺寸的一致性就会相当好，所以重复定位精度反映了机床加工零件尺寸的一致性，也就是零件尺寸精度的稳定性。对于数控车床、加工中心机床的坐标轴，需要检测的是线性运动定位精度，用激光干涉仪检测，如图9—44所示。

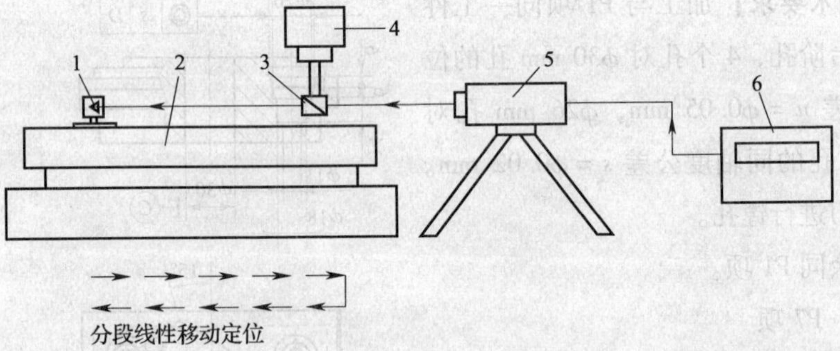

图9—44　线性运动定位精度的检测

1—反射镜　2—工作台　3—干涉镜　4—主轴　5—激光干涉仪　6—数显记录仪

在工作台上放置反射镜，主轴上安装干涉镜，根据工作台的行程，按国家标准全行程不小于5个间距确定点位，如全行程为150 mm，应以30 mm为间距；全行程为450 mm，则以90 mm为间距。编好程序，先正方向快速到这5个点，再反方向到这5个点，在每个点暂停一般不小于5s，为记录时间，测出实际值和指令值的差值，每个点进行正、反向各5次数据测量后，通过与激光干涉仪相连的计算机进行数据处理，得到一条曲线和一组数据。

具体的测量方法、结果评定等参照国家标准《机床检验通则　第2部分　数控轴线的定位精度和重复定位精度的确定》（GB/T 17421.2—2000）。

第三节　激光检测仪、三坐标测量机简介

一、双频激光干涉仪

1. 工作原理

常用的激光检测仪是双频激光干涉仪，其工作原理如图9—45所示。

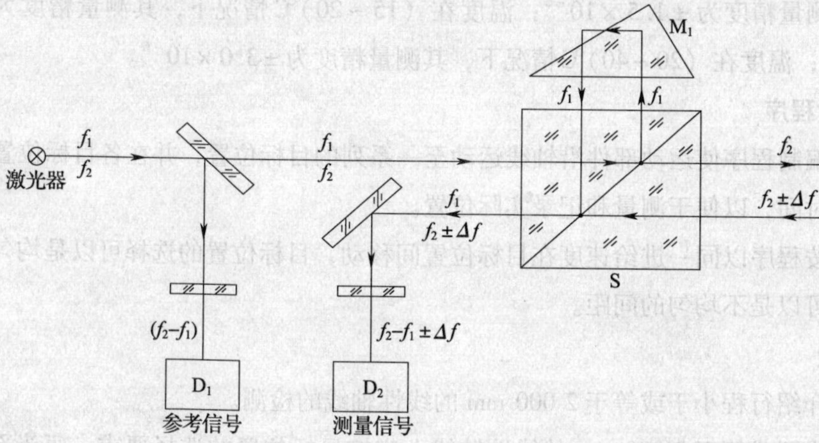

图 9—45　双频激光干涉仪的工作原理

光源是一支能发射两个光频率的激光器，其中一个频率为 f_1，另一个频率为 f_2。f_1 和 f_2 的频率差不大，通常为 1 MHz 左右，而且它们是振动方向互相垂直的线偏振光。设法取出其中小部分拍频（一种特殊干涉现象）形成参考信号，其频率为 f_2-f_1；其余大部分被偏振分光镜 S 分为两束，光频为 f_1 的一束被反射到固定棱镜 M_1，光频为 f_2 的一束透射到可动棱镜 M_2，最后这两束光又沿同一条轴线经过拍频后射入光电接收器 D_2 形成测量信号。当可动棱镜 M_2 不动时，光电接收器检测到的频率为 f_2-f_1；当 M_2 移动时，从它那里反射回来的光频包含了多普勒频移 $\pm\Delta f$，此时光电接收器检测到的频率不再是 f_2-f_1，而是 $f_2-f_1\pm\Delta f$。多普勒频移 $\pm\Delta f$ 反映了可动棱镜移过的距离 L 的大小。用减法把测量信号的频率与参考信号的频率相减取得 $\pm\Delta f$，并用计数器对 $\pm\Delta f$ 进行累计得 N，便可求出 L 的数值为：

$$L=N□□□□$$

由此可见，与常规的激光干涉仪一样，双频激光干涉仪也是一种以波长为标准对被测长度进行测量的仪器。

正由于上述特点，对双频激光干涉仪来说，它的信号是一个交流信号，可用放大倍数较大的交流放大器对干涉信号进行放大，这样即使光强度衰减 90%，仍然可得到全程的电信号。这样就可以满足在普通车间的环境下进行测量。

利用激光干涉仪光波波长作为长度基准，与机床系统控制下滑座移动的距离进行比较，同时在激光干涉仪测量系统中自动采集数据并记录其误差值，最终按规定要求的评定方法评定出机床的定位误差与重复定位误差。

双频激光干涉仪是测量机床定位精度和重复定位精度的仪器，并配有材料温度、空气、气压传感器，对环境条件进行自动或手动补偿。温度在（20 ± 0.5）℃

情况下，其测量精度为 $\pm 1.5\times10^{-6}$；温度在 (15～20)℃情况下，其测量精度为 $\pm 1.7\times10^{-6}$；温度在 (20～40)℃情况下，其测量精度为 $\pm 3.0\times10^{-6}$。

2. 检验程序

按机床编制程序使运动部件沿轴线运动至一系列的目标位置，并在各目标位置停留足够的时间，以便于测量和记录实际位置。

机床应按程序以同一进给速度在目标位置间移动，目标位置的选择可以是均匀的间距，也可以是不均匀的间距。

3. 测量

以下只介绍行程小于或等于 2 000 mm 的线性轴线的检测。

在行程小于或等于 2 000 mm 的线性轴线上应按目标位置的选择要求，每米至少选择 5 个目标位置，并且在其行程上也应有 5 个目标位置。

按标准检验循环，在所有目标位置上进行测量，每个目标位置在每个方向上应测量 5 次。特殊情况（如重型机床）可采用阶梯循环。双频激光干涉仪标准检验循环如图 9—46 所示。

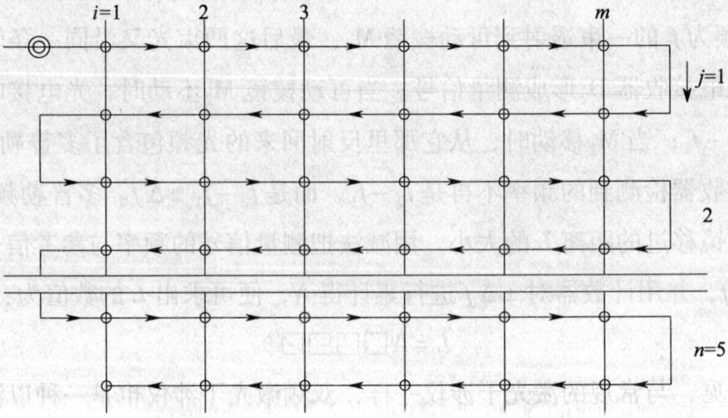

图 9—46 双频激光干涉仪标准检验循环

二、三坐标测量机

三坐标测量机具有空间三个相互垂直的 X，Y，Z 向运动导轨，可测出空间范围内各测点的坐标位置。从理论上讲，三坐标测量机可对空间任意的点、线、面及相互位置进行测量。测量的基本原理是通过将被测量物体放入三坐标测量机的测量空间内，获得被测几何型面上各测点的几何坐标尺寸，根据这些点的空间坐标值，经过数学运算求出待检的几何尺寸和相互位置尺寸。

如图 9—47 所示，利用三坐标测量机可以求得孔 O_1 和孔 O_2 两圆心的距离 DS。

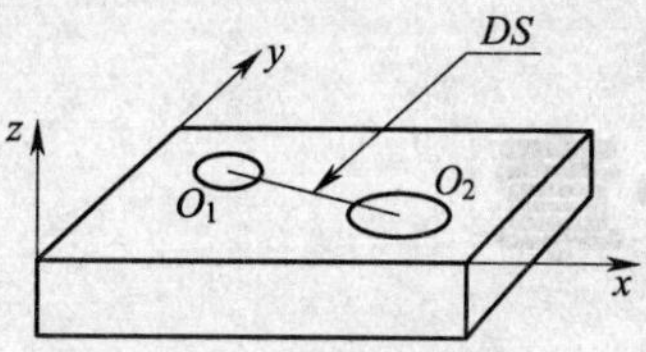

图 9—47　求两圆心的距离

用三坐标测量机分别在两孔中测量 4 个点，得到 O_1 的 4 个坐标值（x_1，y_1），（x_2，y_2），（x_3，y_3），（x_4，y_4）及 O_2 的 4 个坐标值（x'_1，y'_1），（x'_2，y'_2），（x'_3，y'_3），（x'_4，y'_4）；利用计算机软件，采用最小二乘法，由前 4 个点求出孔 O_1 的圆心为 O_1（x，y），由后 4 个点求出孔 O_2 的圆心为 O_2（x'，y'）；然后再利用软件求出距离 DS：

$$DS = (x - x')^2 + (y - y')^2$$

三坐标测量机可以进行箱体、导轨、涡轮和泵的叶片、缸体、齿轮、凸轮等空间型面的形状和位置的测量，可以确定零件的中心孔和尺寸，测量圆度、直线度、平行度、垂直度、同轴度、平面度及轮廓度等形位误差。可以说任何复杂的几何表面和几何形状，只要三坐标测量机的测头能够测到，就能够借助计算机的数据处理测出它们的几何尺寸及相互位置。

将被测工件放入三坐标测量机的测量空间，在测头与工件接触的瞬间产生一个触发信号，机器便记录当前坐标值，再根据这些空间坐标值由计算机计算出待测的几何尺寸和相互位置。三坐标测量机的操作流程如图 9—48 所示。

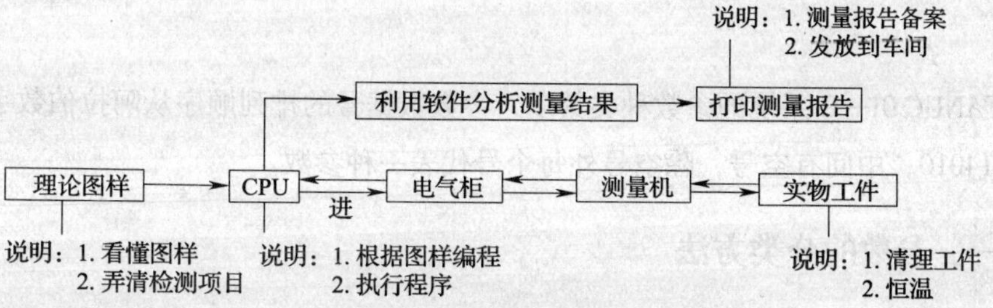

图 9—48　三坐标测量机的操作流程

第十章

数控机床的参数

数控机床的参数是人为设定的。所设定的参数是否正确，决定了一台机床的各种功能是否能正常发挥作用。作为机床软件的一部分，参数设定在机床调试中是非常重要的环节。

第一节　参数分类及设定说明

FANUC 0i—C 系统的参数种类繁多，参数数据号的排列顺序从阿拉伯数字 0 开始到 14010，中间有空号，除空号外每个号代表一种参数。

一、参数的分类方法

1．按数据号的顺序分类

（1）有关“SETTING”的参数（数据号为 000 ~ ）。

（2）有关阅读机、穿孔机，远程缓冲，DNC1，DNC2 和 MET 接口的参数（数据号为 0020 ~ ）。

（3）有关存储卡接口的参数（数据号为 0300 ~ ）。

（4）有关数据服务器的参数（数据号为 0900 ~ ）。

（5）有关 POWER　Mate　CNC 管理器的参数（数据号为 0960 ~ ）。

（6）有关轴控制、设定单位的参数（数据号为 1001 ~ ）。

（7）有关坐标系的参数（数据号为 1201 ~ ）。

（8）有关存储行程检测的参数（数据号为 1300 ~）。

（9）有关卡盘和尾座屏障的参数（数据号为 1330 ~）。

（10）有关进给速度的参数（数据号为 1401 ~）。

（11）有关加速、减速控制的参数（数据号为 1601 ~）。

（12）有关伺服的参数（数据号为 1800 ~）。

（13）有关 DI/DO 的参数（数据号为 3001 ~）。

（14）有关显示和编辑的参数（数据号为 3100 ~）。

（15）有关编程的参数（数据号为 3401 ~）。

（16）有关螺距误差补偿的参数（数据号为 3605 ~）。

（17）有关主轴控制的参数（数据号为 3700 ~）。

（18）有关刀具补偿的参数（数据号为 5001 ~）。

（19）有关固定循环的参数（数据号为 5101 ~）。

（20）有关刚性攻螺纹的参数（数据号为 5200 ~）。

（21）有关缩放、坐标旋转的参数（数据号为 5400 ~）。

（22）有关单方向定位的参数（数据号为 5431 ~）。

（23）有关极坐标插补的参数（数据号为 5450 ~）。

（24）有关法线方向控制的参数（数据号为 5480 ~）。

（25）有关分度工作台的参数（数据号为 5500 ~）。

（26）有关用户宏程序的参数（数据号为 6000 ~）。

（27）有关格式数据输入的参数（数据号为 6101 ~）。

（28）有关跳转功能的参数（数据号为 6200 ~）。

（29）有关刀具自动补偿（T 系列）、刀具长度自动补偿（M 系列）的参数（数据号为 6240 ~）。

（30）有关外部数据输入、输出的参数（数据号为 6300 ~）。

（31）有关图形显示的参数（数据号为 6500 ~）。

（32）有关运行时间、零件数显示的参数（数据号为 6700 ~）。

（33）有关刀具寿命管理的参数（数据号为 6800 ~）。

（34）有关位置开关功能的参数（数据号为 6901 ~）。

（35）有关手动运行和自动运行的参数（数据号为 7001 ~）。

（36）有关手轮进给、手轮中断和刀具方向手轮进给的参数（数据号为 7100 ~）。

（37）有关机械撞块式参考点设定的参数（数据号为 7181 ~）。

（38）有关软操作面板的参数（数据号为 7200 ~）。

（39）有关程序再启动的参数（数据号为 7300 ~）。

（40）有关多边形加工的参数（数据号为 7600 ~）。

（41）有关通用回退的参数（数据号为 7704 ~）。

（42）有关 PMC 轴控制的参数（数据号为 8001 ~）。

（43）有关 FS01 基本功能的参数（数据号为 8130 ~）。

（44）有关斜轴控制的参数（数据号为 8200 ~）。

（45）有关简易同步控制的参数（数据号为 8301 ~）。

（46）有关顺序号校对停止的参数（数据号为 8341 ~）。

（47）其他参数（数据号为 8700 ~）。

（48）有关故障诊断的参数（数据号为 8850 ~）。

（49）有关维护的参数（数据号为 8901 ~）。

（50）有关伺服速度检测的参数（数据号为 12290 ~）。

（51）有关手轮功能的参数（数据号为 12305 ~）。

（52）有关加速度控制的参数（数据号为 12700 ~）。

（53）有关操作履历的参数（数据号为 12801 ~）。

（54）有关显示和编辑的参数（2/2）（数据号为 13101 ~）。

（55）有关加工条件选择的参数（数据号为 13600 ~）。

（56）有关伺服的参数（2/2）（数据号为 14010 ~）。

2. 按数据的类型分类

FANUC 0i—C 系统参数除了按数据号的顺序进行分类外，还可以按数据的类型进行分类。

按数据的类型分类，参数可分为位型、位轴型、字节型、字节轴型、字型、字轴型、双字型、双字轴型。数据类型和有效数据范围见表 10—1。

表 10—1　　数据类型和有效数据范围

<table>
<tr><th>数据类型</th><th>有效数据范围</th><th>备注</th></tr>
<tr><td>位型</td><td rowspan="2">0 或 1</td><td rowspan="2"></td></tr>
<tr><td>位轴型</td></tr>
<tr><td>字节型</td><td rowspan="2">−128 ~ 127
0 ~ 255</td><td rowspan="2">在一些参数中不使用符号</td></tr>
<tr><td>字节轴型</td></tr>
<tr><td>字型</td><td rowspan="2">−32768 ~ 32767
0 ~ 65535</td><td rowspan="2">在一些参数中不使用符号</td></tr>
<tr><td>字轴型</td></tr>
<tr><td>双字型</td><td rowspan="2">−99999999 ~ 99999999</td><td rowspan="2"></td></tr>
<tr><td>双字轴型</td></tr>
</table>

（1）位型和位轴型参数

对于位型和位轴型参数，每个数据均由 8 位二进制数字组成，从#0 ~ #7，每个位都有不同的含义。

例如：

	#7	#6	#5	#4	#3	#2	#1	#0
0000			SEQ			INI	ISO	TVC

以上为 0000 号参数，属于位型参数，共由 8 位数组成，#0（第 0 位）代表 TVC，表示是否进行 TV 检查，选“0”表示不进行，选“1”表示进行。#1（第 1 位）代表 ISO，表示输出时的代码格式，选“0”表示 EIA 代码，选“1”表示 ISO 代码。#2（第 2 位）代表 INI，表示输入单位，选“0”表示公制单位，选“1”表示英制单位。#5（6 位）代表 SEQ，表示是否进行顺序号的自动插入，选“0”表示不进行，选“1”表示进行。此位决定在编辑方式和 MDI 方式编程时是否用程序号，选“0”为没有程序号，选“1”为有程序号，但要与 3216 号参数配合，确定顺序号的间隔量。例如，3216 = 10，则顺序号为 10，20，30 等。0000 参数的数据可以表示为 00100111，也可以表示为 00000000，还有其他表示方法。其他位为空格，无定义。

数据类型中的位型和位轴型的数据范围都为“0”或“1”，即 8 位由“0”或“1”组成的数据。具体选择可查看相关的参数说明书。位型和位轴型参数的区别是位轴型参数允许对每个坐标分别设定参数，字节型和字节轴型参数也有同样的意义。

（2）位型和位轴型以外的参数

对于位型和位轴型以外的其他参数（字节型、字节轴型、字型、字轴型、双字型、双字轴型），其数据范围是一个具体的数，不同的是选择范围有大有小。

【例 10—1】　参数 1 020，X：88；Y：89；Z：90，表示显示第一轴为 *X* 轴，第二轴为 *Y* 轴，第三轴为 *Z* 轴。该参数是字节轴型，设定时需分别对各轴进行设定，各控制轴的编程轴名设定值见表 10—2。

表 10—2　　**各控制轴的编程轴名设定值**

轴名称	设定值	轴名称	设定值	轴名称	设定值	轴名称	设定值
X	88	*U*	85	*A*	65	*E*	69
Y	89	*V*	86	*B*	66		
Z	90	*W*	87	*C*	67		

该参数主要是确定机床轴与所编程序中坐标轴的对应关系，此处设定什么值，就显示对应的那根轴。例如，若第一轴设定 88，则屏幕上显示第一轴为 *X*。

【例 10—2】　参数 0103 属于字节型参数，设定值是一个值，它是输入、输出设备的波特率设定值。设定值与波特率见表 10—3。当波特率为 9 600 bps 时，设定值为 11，表示方法为参数 0103：11。

表 10—3　　设定值与波特率

设定值	波特率（bps）	设定值	波特率（bps）	设定值	波特率（bps）
1	50	5	200	9	2 400
2	100	6	300	10	4 800
3	120	7	600	11	9 600
4	150	8	1 200	12	19 200

二、参数设定的说明

数控机床在机床厂家装配完工后，在调试阶段要将机床的全部参数传入机床计算机中。调试好的机床，用户是不能对参数随意变更的。有时一个重要的参数变更后，会导致整台机床出现故障。

参数的修改是有级别的。数控系统厂家可以修改的参数为最高级，其次是机床厂家可以修改的参数，最后是机床用户可以修改的参数。作为机床厂家可以修改的参数，必须由厂家专业技术人员来操作，普通装调工在调试中可以应用的参数很少。作为调试和维修人员，为了防止参数丢失带来的麻烦，可以对机床参数进行备份。如修改某个参数，也要将原来的值记录下来，以备恢复原样。

第二节　FANUC 0i—C，FANUC 0i Mate—C 系统常用的参数

一、存储行程检测的参数

参数 1320 为各轴存储行程检测的正方向边界的坐标值。

№1320　X = ____________（*X* 轴正向软极限边界坐标值）

Y = ____________（Y 轴正向软极限边界坐标值）

Z = ____________（Z 轴正向软极限边界坐标值）

参数 1321 为各轴存储行程检测的负方向边界的坐标值。

№1321　X = ____________（X 轴负向软极限边界坐标值）

Y = ____________（Y 轴负向软极限边界坐标值）

Z = ____________（Z 轴负向软极限边界坐标值）

说明：正、负软极限在正、负硬极限之内，是防止刀具加工中撞到硬极限的一种保护措施。

二、伺服参数

参数 1851 属于字轴型参数，表示各轴的反向间隙补偿量。设定各轴的反向间隙补偿量，接通电源后，机床以返回参考点相反的方向移动时，进行第一次反向间隙补偿。例如：

№1851　X = ____________（X 轴的反向间隙补偿量，单位为 μm）

Y = ____________（Y 轴的反向间隙补偿量，单位为 μm）

Z = ____________（Z 轴的反向间隙补偿量，单位为 μm）

参数 1852 属于字轴型参数，表示各轴快速移动时的反向间隙补偿量。例如：

№1852　X = ____________（X 轴快速移动时的反向间隙补偿量，单位为 μm）

Y = ____________（Y 轴快速移动时的反向间隙补偿量，单位为 μm）

Z = ____________（Z 轴快速移动时的反向间隙补偿量，单位为 μm）

说明：反向间隙补偿参数 1851 在机床调试中是一个重要参数，机床在使用一段时间后会出现反向间隙，如果不及时进行补偿，将会影响机床的精度。可以通过百分表、千分表进行机床各轴反向间隙的检测，检测到实际的反向间隙后，对 X 轴、Y 轴、Z 轴分别补偿。反向间隙的补偿是指在全行程上只补一个值，补后需关机，重新开机启动生效。

三、编程参数

参数 3402 属于位型参数，包括#0 ~ #7。

№3402　#0 = 0（G00 方式定位）

#0 = 1（G01 方式直线插补）

#3 = 0（G90 方式绝对指令）

#3 = 1（G91 方式相对指令）

#4 =0（通电默认每转进给）

#4 =1（通电默认每分钟进给）

第三节　参数的修改与参数的备份

一、用 MDI 方式设定参数

使用 MDI 方式设定参数，可以将几个参数进行输入或修改，方法简便。具体步骤如下：

1. 将 NC 置于 MDI 方式。

2. 用以下步骤使参数处于可写状态：

（1）按功能键 OFFSET 数次，或者按功能键 OFFSET 一次后再按软键［SETTING］，可显示 SETTING 画面，如图 10—1 所示。

```
SETTING（HANDY）              O0001 N00000
PARAMETER WRITE=1   （0：DISABLE      1：ENABLE）
TV CHECK        =0  （0：OFF          1：ON）
PUNCH CODE      =0  （0：EIA          1：ISO）
INPUT UNIT      =0  （0：MM           1：INCH）
I/O CHANNEL     =0  （0—3：CHANNEL    NO）
SEQUKNCE NO     =0  （0：OFF CNN      1：ON）
TAPE FORMAT     =0  （0：NO CNV       1：F10/11）
SEQUKNCE STOP   =0  （PRCGRAM         NO）
SEQUKNCE STOP   =11 （SEQUKNCE        NO）

>_                   S       O        T0000
MDI **** ***         12：06：39
[OFFSET] [SETING] [WORK] [  ]         [（OPRT）]
```

图 10—1　SETTING 画面

（2）将光标移至 PARAMETER WRITE 处。

（3）按软键［OPRT］显示操作选择软键，如图 10—2 所示。

```
>
MDI  STOP  ***  ***  ***            12：06：39
[NO.SRH]   [ON：1]  [OFF：0]  [+INPUT]  [INPUT]
```

图 10—2　操作选择软键

（4）按软键［ON:1］或输入1，按软键［INPUT］，使PARAMETER WRITE =1。这样参数处于可写入状态，同时CNC发生P/S报警100（允许参数写入）。

3．按功能键SYSTEM数次，或者按功能键SYSTEM一次后再按软键［PARAM］，进入显示参数画面。

4．显示包含需要设定的参数画面，将光标置于需要设定的参数位置上。

5．输入数据，然后按软键［INPUT］，输入的数据将被设定在光标指定参数中。

6．参数设定完毕，需将设定画面的“PARAMETER WRITE =”设定为0，禁止参数设定。

7．复位CNC，解除P/S报警100。但在设定参数时有时会出现P/S报警000，此时需切断电源，重新接通电源后再开机。

二、用存储卡输入、输出参数

存储卡可以通过机床操作面板侧面的接口，与机床CNC进行数据的输入或输出。数据可以是加工程序、机床参数、补偿量、宏程序的变量等，以文本文件的格式进行输入或输出。

1．存储卡文件目录的显示

操作步骤如下：

（1）将存储卡插入机床操作面板侧面的接口中。

（2）在机床操作面板上选择编辑方式。

（3）按功能键PROG。

（4）按两端软键［▷］（继续菜单）。

（5）按软键［CARD］，显示如图10—3所示的存储卡内容。

DIRECTORY（M—CARD）O0034　　N00043

№	FILE NAME	SIZE	DATE
0001	O1000	123456	07/01/10
0002	O1001	6789	07/02/12
0003	O0002	3456	07/05/5
0004	O2000	1234	07/08/6
0005	O2001	4321	07/08/7
0006	O3001	7688	07/10/1
0007	O3002	8666	07/10/10
0008	O4001	955	07/10/15
0009	O4002	1028	07/11/12
~			~

[PROG]　[　]　[DIR+]　[　]　[OPRT]

图10—3　显示存储卡内容

（6）按软键［DIR +］或［ - 览 + ］立即显示存储卡中的文件信息。

2．存储卡文件的检索

操作步骤如下：

（1）按以上步骤，显示存储卡文件目录。

（2）按软键［操作］或［OPRT］。

（3）输入所需文件号，按软键［F SET］。通过按［EXEC］，从指定的文件开始显示一览表。按翻页键，可显示余下的文件列表。

3．将存储文件输入机床 CNC 中

操作步骤如下：

（1）显示存储卡文件目录。

（2）按软键［操作］或［OPRT］。

（3）设定输入文件号和程序号。设定文件号时按软键［F READ］，显示画面如图 10—4 所示。

```
DIRECTORT（M—CARD）          O0001          №0010
№              FILE   NAME         COMMENT
0019              O1000              （MAIN PROGRAM）
0020              O1010              （SUB PROGRAM—1）
0021              O1030              （COMMENT）
～                                   ～
READ
          FILE      NATE=20        PROGRAM         №=120
EDIT      ***   ***   ***   ***                    15：30：06
 [F NAME]     [O SET]     [STOP]      [CAN]      [EXEC]
```

图 10—4　屏幕显示

（4）从 MDI 面板上输入，例如，输入“20”，按软键［F SET］设定文件名；再按程序号，例如，“120”，通过按［O SET］设定程序名。按软键［EXEC］执行，存储卡中的文件 20 被读入 CNC 的程序 O0120 中。

（5）以文件名指定一个文件读入，按上述（1）～（4）步骤，按软键［N READ］，显示画面如图 10—5 所示。

（6）从 MDI 面板上输入，例如，输入“TESTPRO”，按软键［F NAME］，确定要输入的文件名；再输入程序号，例如，输入“1230”，按软键［O SET］设定 CNC 中程序名，按软键［EXEC］执行。

4．将机床 CNC 中文件输出到存储卡中

操作步骤如下：

```
DIRECTORY    （M—CARD）          O0001     №0010
   №       FINE      NAME            COMMENT
O012       O0050              （MAIN PROGRAM）
O013       TESTPRO           （SUB PROGRAM—1）
O014       O0060             （MACRO PROGRAM）

READ       FILE NAME = TESTPRO
           PROGRAM       № = 1230

>
EDIT       *** *** *** ***
[F NAME]   [O SET]   [STOP]   [CAN]
```

图 10—5　屏幕显示

（1）显示存储卡文件目录。

（2）按软键［操作］或［OPRT］。

（3）按软键［写］或［PUNCH］。

（4）从 MDI 面板上输入要输出的程序号，例如，输入“O1234”，按软键［O SET］设定要输出的程序号，按软键［EXEC］执行，O1234 程序被输出，如图 10—6 所示。

```
PUNCH          FILE NAME=
                 PROGRAM  №=1234
EDIT *** *** *** ***
[F NAME]  [O SET]  [STOP]  [CAN]  [EXEC]
```

图 10—6　屏幕显示

（5）若要对输出的文件名进行更改，可在 MDI 面板上输入所需的文件名，例如，输入“ABC12”，再按软键［F SET］设定文件名，按软键［EXEC］执行后，O1234 更名为 ABC12，显示画面如图 10—7 所示。

```
~                ~
PUNCH          FILE NAME=ABC12
               PROGRAM   №=1234
EDIT *** *** *** ***
[F NAME]  [O SET]  [S TOP]  [CAN]  [EXEC]
```

图 10—7　屏幕显示

第四节　CKA6150 型数控车床，FANUC 0i—Mate TC 系统部分参数说明

一、进给速度的有关参数

№ 1401　#0 =1（从接通电源到返回参考点期间，手动快速运行有效）

№ 1410 =4 000（空运行速度为 4 000 mm/min）

№ 1420　X =4 000（X 轴的 G00 速度为 4 000 mm/min）

Z =8 000（Z 轴的 G00 速度为 8 000 mm/min）

№ 1421　X =500（X 轴快速运行倍率的 F0 速度为 500 mm/min）

Z =500（Z 轴快速运行倍率的 F0 速度为 500 mm/min）

№ 1422　X =3 000（X 轴最大切削进给速度为 3 000 mm/min）

Z =3 000（Z 轴最大切削进给速度为 3 000 mm/min）

№ 1423　X =1 500（X 轴手动连续进给时的进给速度为 1 500 mm/min）

Z =1 500（Z 轴手动连续进给时的进给速度为 1 500 mm/min）

№ 1424　X =4 000（X 轴手动连续快速运行时的进给速度为 4 000 mm/min）

Z =8 000（Z 轴手动连续快速运行时的进给速度为 8 000 mm/min）

№ 1425　X =500（X 轴返回参考点减速后的速度为 500 mm/min）

Z =500（Z 轴返回参考点减速后的速度为 500 mm/min）

二、数据传输的有关参数

№ 0000　#1 =1（数据输出代码：ISO 代码）

№ 0020 ＝ 0（I/O 通道：选择输入、输出设备，设定值为 0 时为 RS—232—C 串行口 1）

№ 0101 ＝ 10001001（参数 0101 为位型参数，共有 8 位由 0 或 1 组成的数据，#0 为 1 时表示停止位数是两位；#3 为数据输入时的代码，当其为 1 时表示 ASCⅡ代码）

№ 0102 ＝ 1（输入、输出设备的规格号，当其为 1 时输入、输出设备为 FANUC CASSETTE ADAPTOR 1）

№ 0103 ＝ 11 或 12（波特率设定值：9 600 bps 或 19 200 bps）

说明：以上参数在数据传输时必须按要求设定。

三、轴控制的有关参数

№ 1005 #0 = 1（不带绝对值编码器时，电源接通后，在没有建立参考点的情况下，是否允许自动运行。设定为1时，不出现报警）

№ 1006 #3 = 1（设定 *X* 轴的移动量是直径）

№ 1010 = 2（CNC 控制的轴数为2，*X* 轴和 *Z* 轴）

№ 1020　X = 88（设定屏幕上显示的第一轴为 *X* 轴）

Z = 90（设定屏幕上显示的第二轴为 *Z* 轴）

四、显示及编辑的有关参数

№ 3100 #2 = 0（MDI 键盘使用全键盘）

№ 3100 #3 = 0（MDI 键盘使用小键盘）

№ 3102 #3 = 1（显示语种为汉语）

№ 3105 #1 = 1（总是显示实际主轴速度和T代码）

№ 3108 #7 = 1（显示手动连续进给速度）

№ 3111 #0 = 1（显示伺服设定画面）

№ 3111 #1 = 1（显示主轴调整画面）

№ 3111 #7 = 0（发生报警时，画面切换。对机床操作熟练后，可把此参数更改为1，不切换报警信息画面）

№ 3112 #2 = 1（显示外部操作履历画面）

№ 3112 #3 = 1（记录外部操作报警信息）

№ 3216 = 10（自动插入程序号时号数的增值量）

№ 3401 #0 = 1（编程时省略小数点，最小单位为 mm，in，s。当#0 = 0 时，长度最小单位为 μm）

№ 3705 #4 = 1（双速床头）

#4 = 0（变频床头）

№ 3741 = 135（一挡主轴最高转速——变频床头用）

№ 3742 = 545（二挡主轴最高转速——变频床头用）

№ 3743 = 2 200（三挡主轴最高转速——变频床头用）

№ 7113 = 100（手轮进给倍率）

№ 8131 #0 = 1（使用手摇进给）

五、其他参数

1. 程序再启动的有关参数

№ 7300 #7 =1（输出全部的 M 代码和最后的 S，T，B 代码）

№ 7310 X =2（第一轴等于 2）

Z =3（第二轴等于 3）

2. 加减速控制的有关参数

№ 1620 X =100（X 轴的快速进给加、减速时间为 100 ms）

Z =100（Z 轴的快速进给加、减速时间为 100 ms）

第五节　利用参数设置诊断及排除故障

一、参数的重要性

一台数控机床有数千个参数。随着电子技术的发展，数字化控制的广泛应用，利用参数来调整的部件越来越多。我国现有数控系统的配置种类繁多，每一种数控系统都有其完整的一套参数系列表，这就给数控机床的故障诊断带来很大的麻烦。

众所周知，参数能直接影响数控机床的性能。参数通常由电池保持在 CMOS RAM 芯片或 EPROM 存储器中，一旦电池不足或由于外界的干扰，会使整个参数或个别参数丢失，引起工作混乱甚至无法正常工作，此时，通过重新输入参数或者修正某些参数可以将故障排除；另外，有些数控机床经过长期运行，由于机械零件磨损、电气元件老化、性能下降等原因，也需要对有关参数进行调整，这些都证明了参数对于机床正常工作具有重要意义。因此，深入研究相关参数，正确地使用好参数，是一个相当重要的课题。

通过一台数控机床参数的设置，还能了解此机床某些性能的好坏。例如，在参数设定中，如果丝杠定位误差补偿值很大，说明丝杠的精度已很差；如果伺服电动机的升、降速时间常数很大，可以判断该台机床的伺服电动机性能不好或加工精度不高等。另外，在条件允许的情况下，通过参数的修改，可以对系统进行二次开发，增加某些没有表现出来的功能。

二、利用参数进行故障诊断的实例

【案例 1】　某数控铣床数控系统为 FANUC 0M，机床 X 坐标只能向负方向运动，向正方向移动即产生超程报警。具体现象是：在进行回零操作时，机床在正方向移动很小的距离就产生正向超程报警，按复位按钮不能消除。停电后再送电，机床准备正常，但只要进行回零操作，就会报警。从表面现象看，通电后机床所处位置就是机床零点，再向正方向移动就产生软件超程保护，所以只能向负方向运动。这样反复动作，工作台已达到右端极限位置，使机床无法正常工作。

此故障的排除方法：机床通电后首先修改参数，将 *X* 轴的正向软极限位置改为最大，即 +99999999，然后进行正确的回零操作，回零完成后，将上述参数改为原设定值即可。

【案例 2】　某数控车床，采用 FANUC—TD 数控系统。故障现象是：无任何报警显示，系统处于准备状态，但一切操作都不能进行。该系统与其他正常系统比较，就像失去记忆一样。检查各部分均无异常，最大的可能是参数设置问题，因为很多参数是有内在关联的。

此故障的排除方法是：将参数全部清零，再按正确的参数输入，系统即恢复工作。

以上故障产生的原因，多数是机床正常工作时突然停电后引起参数发生变化所致。

三、回参考点的设定

FANUC 0i 数控系统配置 B8/3 000 is 伺服电动机，伺服电动机内置增量值编码器或绝对值编码器。根据电动机的特点，有两种参考点设定的方式，即挡块式返回参考点和无挡块参考点的设定，下面以 CKA6150 型数控车床为例进行说明。

1. 挡块式返回参考点

在机床的 *X* 轴和 *Z* 轴的机械零点处安装参考点开关。机床启动后，在回零方式下，*X* 轴和 *Z* 轴必须做回机械零点操作，机床才能建立起坐标系，允许自动方式加工工件。挡块式返回参考点运行图如图 10—8 所示。

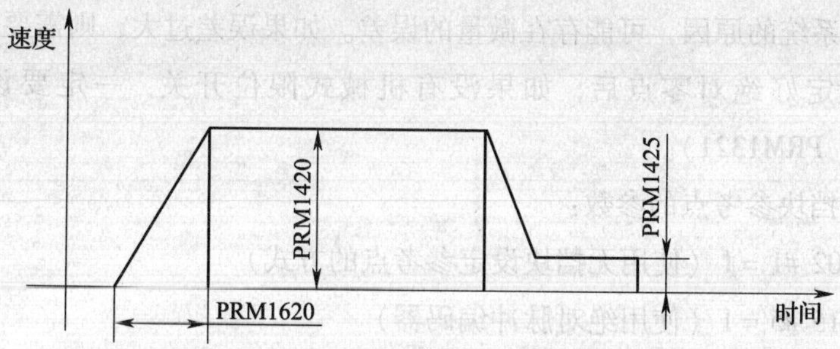

图 10—8　挡块式返回参考点运行图

图中：PRM1420 为返回参考点的进给速度（“PRM”为“参数”的意思），PRM1620 为返回参考点快速进给的加、减速时间，PRM1425 为返回参考点压开关后的速度。

挡块式返回参考点的相关参数：

PRM1002 #1 =0（返回参考点的方式为通常方式）

PRM1815 #5 =0（不使用绝对脉冲编码器，使用增量式脉冲编码器）

其参考点设定步骤如下：

（1）机床开机后，移动 X 轴、Z 轴，离开挡块一段距离。

（2）.调出操作面板参数画面。

（3）设定参数：PRM1815 #4 =0；PRM1815 #5 =0。

（4）系统断电后重新启动系统。

（5）可做回零操作。

2. 无挡块参考点的设定

伺服电动机内置绝对值编码器，机床重新启动时不用返回参考点。当电源关闭后，机床通过绝对式编码器记住机械位置。其参考点设定步骤如下：

（1）用手动方式，移动 X 轴、Z 轴到机械零点附近。

（2）设定参数：PRM1815 #4 =0；PRM1815 #5 =0。

（3）系统断电后重新启动系统。

（4）在不移动 X 轴、Z 轴的情况下，重新设定 PRM1815 #5 =1。设定完毕，再重新启动系统。

（5）系统报警，要求伺服原点归位，设置 PRM1815 #4 =1。系统断电后重新启动。

（6）系统启动后，在手动方式下移动伺服轴，记录液晶显示器（LCD）上的坐标轴位置。系统断电后重新启动。

（7）系统启动后，检查 LCD 显示的坐标轴位置和前面记录的伺服轴位置是否相同。由于系统的原因，可能存在微量的误差。如果误差过大，则需要重新设定。

（8）设定好绝对零点后，如果没有机械式限位开关，一定要设置软限位（PRM1320，PRM1321）。

设定无挡块参考点的参数：

PRM1002 #1 =1（使用无挡块设定参考点的方式）

PRM1815 #5 =1（使用绝对脉冲编码器）

PRM1815 #4 =1（绝对脉冲编码器的原点位置设定已建立）

3. 何时需要设定绝对编码器的参考点

当绝对式编码器电池报警，但没有及时更换电池时，绝对式编码器中的参考点位置就会丢失，这时必须更换电池，并重新设定编码器的坐标零点，也就是参考点。当机床大修后，也需要重新设定参考点。

4. 绝对式编码器电池的更换

绝对式编码器的数据保持电池单元能够为6个绝对编码器保持当前位置信息达1年之久。当电池电压过低时，会在LCD显示器中显示APC3*n*6～3*n*8号报警（*n*为轴号），当LCD显示APC3*n*7报警时，应尽可能在1～2周内更换电池。如果电池电压过低，绝对式编码器的当前位置信息将会丢失，接通电源后会出现3*n*0报警（需要回参考点）。更换电池后需重新设定参考点。

更换电池的方法如下：

（1）在市面购买4节碱性干电池。

（2）必须接通机床电源，否则在更换电池过程中将丢失全部参数。

（3）松开电池盒的螺钉，打开盖子。

（4）更换电池，注意电池的极性（两节方向相同，两节方向相反），如图10—9所示。

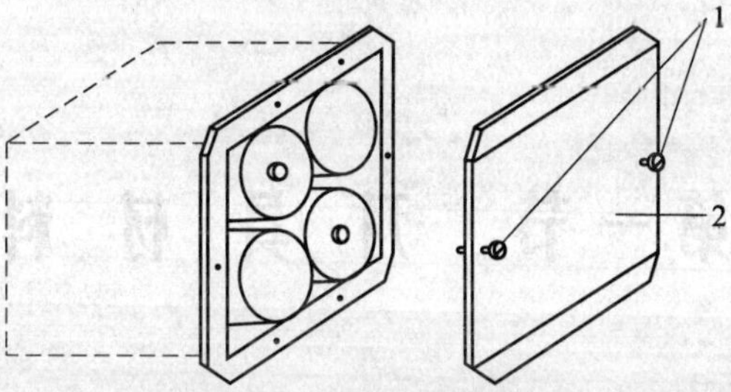

图10—9　更换电池示意图

1—螺钉　2—盖子

（5）更换电池后，盖上电池盒盖子。

（6）关掉机床电源。

注意：如果电池安装不正确，可能引起爆炸。

第十一章 数控机床使用的刀具与夹具

随着数控机床的迅猛发展，与之相配套的刀具也迅速发展起来。数控机床使用的刀具的性能及质量直接影响到数控机床的生产效率和加工质量。可以说数控机床加工工件的质量好坏以及生产成本在很大程度上取决于数控刀具材料及其合理选择。与刀具同样重要的还有机床夹具。机床夹具是机械加工工艺能否顺利完成的重要保证，没有正确的夹具来保证，有些零件是不可能达到所要求的加工精度的。

第一节 刀具材料

刀具材料由过去的碳素工具钢、低合金刀具钢、高速钢、普通硬质合金，发展到目前的硬质合金涂层、陶瓷、立方氮化硼、金刚石。由于刀具材料性能的不断改进，为机床主轴转速和切削速度的不断提高提供了重要保证。数控刀具正朝着高速切削、精密和超精密加工、硬切削和难加工材料切削加工的方向发展；为适应当前对环境保护的要求，也正朝着条件苛刻的干式切削的领域发展。

目前，国内外用于数控加工的刀具主要有金刚石刀具、立方氮化硼刀具、陶瓷刀具、涂层刀具、硬质合金刀具和高速钢刀具。它们各有优点，适应不同的工件材料和不同的切削速度范围。在机械加工行业中，涂层刀具、硬质合金刀具和高速钢刀具仍占有主导地位，并覆盖大部分常规的加工领域。

一、硬质合金

根据国际标准化组织（ISO）标准，将切削用硬质合金分为三大类。

P类：包括P01～P50，相当于我国的YT类（主要成分为WC－TiC－Co）。

M类：包括M10～M40，相当于我国的YW类［主要成分为WC－TiC－TaC（NbC）－Co］。

K类：包括K10～K40，相当于我国的YG类（主要成分为WC－Co）。

P类硬质合金适用于加工钢材，M类硬质合金适用于加工不锈钢材料，K类硬质合金适用于加工铸铁材料。另外，针对有色金属及难加工及硬材料，又补充了三类刀具材料，分别为N类、S类、H类。N类硬质合金适用于加工铝及有色金属，S类硬质合金适用于加工耐热优质合金，H类硬质合金适用于加工淬硬材料。

1. 钨钴钛类（P类）硬质合金

钨钴钛类即ISO标准中的P类（WC－TiC－Co类）硬质合金。这类合金中的硬质相除WC外，还有30%～50%的TiC。常用牌号有P30（YT5），P20（YT14），P10（YT15）和P01（YT30），其TiC含量分别为5%，14%，15%和30%。硬度为89.15～92.5HRA。随着合金成分中TiC含量的提高和含钴量的降低，硬度和耐磨性提高，抗弯强度则降低。因此，与K类硬质合金相比较，其硬度提高，但抗冲击性能降低。P类硬质合金适用于高速连续切削钢料。

含钴量增加，则抗弯强度和冲击韧度提高，适用于粗加工；含钴量减少，则硬度、耐磨性及耐热性增加，适用于精加工。P类硬质合金不适用于加工不锈钢和钛合金，因为P类硬质合金中的钛元素和工件中的钛元素之间的亲和力会产生严重的粘刀现象，从而加速刀具的磨损。

2. 钨钴类（K类）硬质合金

钨钴类即ISO标准中的K类（WC－Co类）硬质合金，由WC和Co组成。常用牌号有K20（YG6），K30（YG8），K01（YG3X）和K10（YG6A），含钴量分别为6%，8%，3%和6%。硬度为89～91.5HRA。组织有粗晶粒、中晶粒、细晶粒、超晶粒之分，K20和K30为中晶粒组织，K01和K10为细晶粒组织，其在含钴量相同时比粗晶粒的硬度和耐磨性要高些，但强度及冲击韧度则低些。

这类合金的韧性、磨削加工性、导热性较好，较适于加工产生崩碎切屑、有冲击切削力作用的脆性材料，如铸铁、有色金属及其合金、导热系数低的不锈钢等。

3. 添加稀有碳化物类（M类）硬质合金

M类硬质合金是在普通硬质合金中添加TaC和NbC，能够有效地提高常温与高温硬度及高温强度，细化晶粒，提高抗扩散和抗氧化磨损的能力，从而提高了耐磨性。常用牌号有 M10（YW1）和 M20（YW2），它兼具 P 类和 K 类硬质合金的性能，综合性能较好，有通用硬质合金之称，可用于各种难加工材料的粗加工和断续切削。

二、涂层刀具

涂层刀具是指在韧性较好的硬质合金基体上，或在高速钢刀具基体上涂覆一薄层耐磨性高的难熔金属化合物。涂层硬质合金刀具一般采用化学气相沉积法制成，沉积温度在 1 000 ℃左右。涂层高速钢刀具一般采用物理气相沉积法制成，沉积温度在 500 ℃左右。常用涂层材料有 TiC 和 TiN 等。涂层厚度，硬质合金为 4 ~ 5 μm，表面硬度可达 2 500 ~ 4 200HV；高速钢涂层厚度为 2 μm，表面硬度可达80HRC。

涂层工艺技术，从早期的单一涂层发展到现在的多层涂层。多层涂层的优点是增加粘接力，增加涂层强度。复合涂层发展得很快，已经由 TiN 和 TiCN 发展到 TiA1N。TiA1N 的耐高温性能强，特别适合高速切削的加工要求。目前开发的纳米的超薄、超多层涂层材料正在不断提高涂层结合牢固度、耐磨性、耐热性和抗冲击性能。各类涂层刀具已逐渐成为当今刀具市场的主力军。

以株洲钻石切削刀具股份有限公司刀具样本为例，国产涂层刀具牌号见表 11—1。

表 11—1　　国内涂层刀具牌号

类别	加工的典型材料	涂层牌号
P 类	钢	YBC151，YBC251，YBC351，YBG201，YBG251，YBC401
M 类	不锈钢	YBM151，YBM251，YBM252，YBM235，YBM351
K 类	铸铁	YBD051，YBD151，YBG40

以山特维克（SANDVIK）刀具样本为例，国外涂层刀具牌号见表 11—2。

表 11—2　　国外涂层刀具牌号

类别	加工的典型材料	涂层牌号
P 类	钢	GC4005，GC4015，GC4025，GC4035，GC1025，GC2015，GC2025
M 类	不锈钢	GC1525，GC1005，GC4025，GC4035，GC235
K 类	铸铁	CC650，CB50，CC6090，GC1690，GC3205，GC3210，GC3215

三、高速钢刀具

高速钢（High Speed Stead）是一种加入较多 W，Mo，Cr，V 等合金元素的高合金工具钢。高速钢刀具在强度、韧性及工艺性等方面具有优良的综合性能。在复杂刀具，尤其是制造孔加工刀具、铣刀、螺纹刀具、拉刀、切齿刀具等一些刃形复杂刀具方面，高速钢仍占有主要地位。由于高速钢刀具中 W 和 Co 等主要元素资源紧缺，高速钢中的钨用其他元素取代后，有钨钼高速钢、高性能高速钢和粉末冶金高速钢等。

四、超硬刀具

超硬刀具材料是指人造金刚石和立方氮化硼，以及用这些粉末与结合剂烧结而成的聚晶金刚石（简称 PCD）和聚晶立方氮化硼（简称 PCBN）。PCD 刀具是精密加工有色金属及其合金、陶瓷、玻璃、木材、石墨等非金属材料最佳的刀具。用 PCD 刀具加工铝合金的切削速度可达 5 000 m/min 以上。而 PCBN 刀具除能加工淬硬钢（45 ~ 65HRC）、轴承钢（60 ~ 62HRC）、高速钢（ >62HRC）外，还能加工高温合金、硬质合金及其他难加工材料，可以实现以车代磨。对铸铁零件的超高速切削，PCBN 刀具可发挥惊人的效益。PCD 刀具和 PCBN 刀具在国内外刀具样本上都有介绍。

第二节　刀具角度及切削用量

一、刀具角度

切削刀具的种类繁多，形状各异，但从单个刀齿而言，都可以看成是由外圆车刀的切削部分演变而来的。本节以外圆车刀为例介绍刀具的几何角度，在此基础上，对于多刃刀具（如钻头、铣刀等）的几何角度也就不难理解了。任何刀具都是由刀柄、刀头或刀齿组成的。刀柄用于夹持刀具，而刀头或刀齿构成刀具的切削部分，担任切削工作。外圆车刀切削部分的名称如图 11—1 所示。外圆车刀角度如图 11—2 所示。

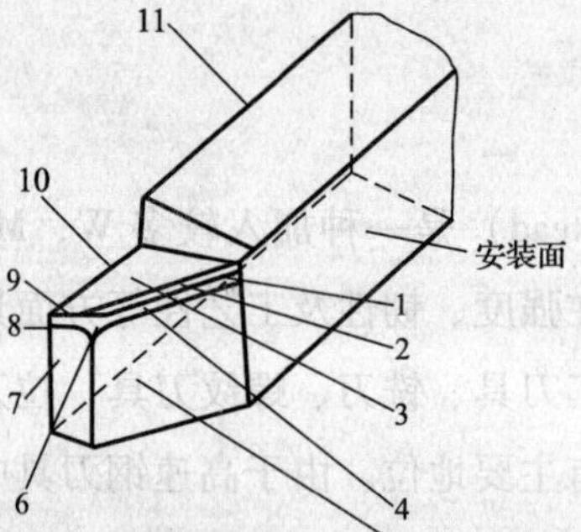

图 11—1　外圆车刀切削部分的名称

1—主切削刃 S　2—第一前面 $A_{\gamma1}$（倒棱）　3—第二前面 $A_{\gamma2}$　4—第一后面 $A_{\alpha1}$（刃带）
5—第二后面 $A_{\alpha2}$　6—刀尖　7—第二副后面 $A_{\alpha2'}$　8—第一副后面 $A_{\alpha1'}$　9—副切削刃 S'
10—切削部分　11—刀柄

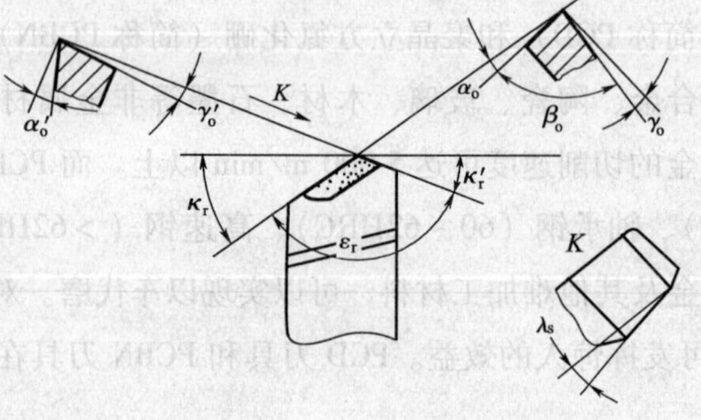

图 11—2　外圆车刀角度

γ_o—前角　α_o—后角　β_o—楔角　κ_r—主偏角　κ'_r—副偏角　ε_r—刀尖角
λ_s—刃倾角　γ_o—副前角　α'_o—副后角

1．前角 γ_o

前角是指刀具前面与基面之间的夹角。正前角是前面在基面之下，负前角是前面在基面之上。正前角越大，刀具越锋利，但刃部强度越低；负前角可大大提高切削刃的强度。

2．后角 α_o

后角是指刀具后面与切削平面之间的夹角。正后角可以减小刀具后面与已加工表面的摩擦，使刃口锐利，但后角越大，强度越低。负后角将影响切削，此时刀具后面将与工件发生摩擦，产生大量热量。

3．主切削刃

主切削刃是刀具前面与主后面的交线，它担负着主要切削工作。

4．副切削刃

副切削刃是刀具前面与副后面的交线，它担负着少量切削工作。

5．刀尖

刀尖是刀具上主切削刃与副切削刃的交点。

6．主偏角 κ_r

主偏角是指主切削刃在基面上的投影与进给方向之间的夹角。主偏角小，刀具磨损小，但容易引起振动，影响加工质量。一般主偏角在 30°～90°之间。

7．副偏角 κ_r'

副偏角是指副切削刃在基面上的投影与背离进给方向之间的夹角。其作用是减小副切削刃与工件已加工表面之间的摩擦，但副偏角过大会导致表面粗糙度值增大。

8．刃倾角 λ_S

刃倾角是指主切削刃与基面之间的夹角。当刀尖位于主切削刃最高点时刃倾角为正值，当刀尖位于主切削刃最低点时刃倾角为负值，当主切削刃和基面重合时刃倾角为零。刃倾角的正负会影响切屑排出的方向和刀尖的强度，如图 11—3 所示。

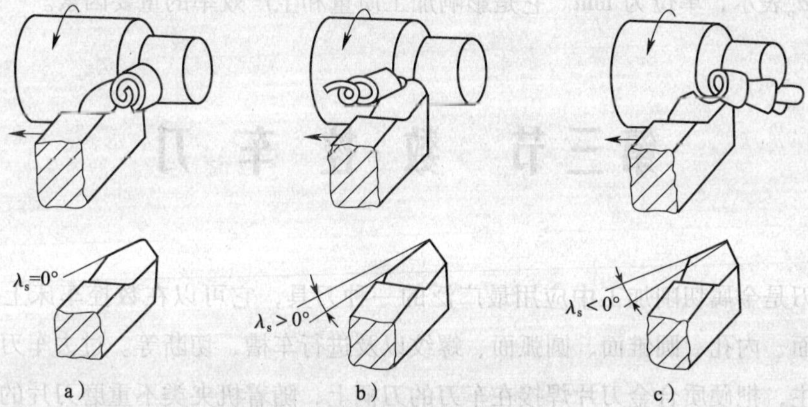

图 11—3　刃倾角的正负与作用

a）刃倾角为零　b）刃倾角为正值　c）刃倾角为负值

二、切削用量

切削用量是指切削运动的参数，包括切削速度、进给速度、背吃刀量，如图 11—4 所示。

1．切削速度（v_c）

切削速度是指主运动的速度，即单位时间内工件和刀具沿主运动方向相对移动的距离。如主运动为旋转运动，则切削速度取其线速度。计算公式为：

$$v_c = \frac{\pi D n}{1\ 000}$$

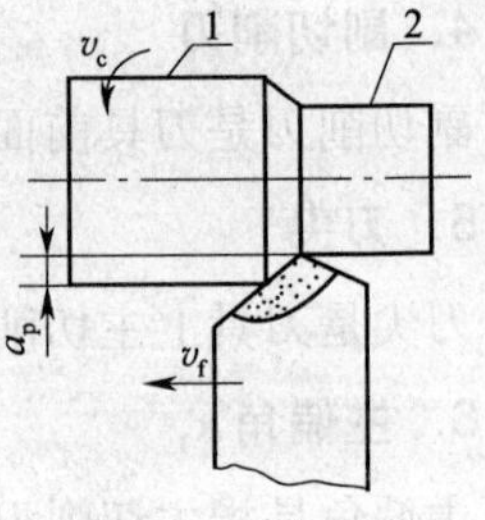

图 11—4　切削用量

1—待加工表面　2—已加工表面

式中　v_c——切削速度，m/min；

D——工件待加工最大直径，mm；

n——工件（或刀具）转速，r/min。

2．进给速度（v_f）

进给速度是指刀具或工件沿进给方向进给的速度，有两种表示方法，一种是每转进给量，如车削时工件每转一转刀具沿进给方向移动的距离，单位是 mm/r；另一种是每分钟进给量，即每分钟工件或刀具沿进给方向移动的距离，单位是 mm/min。每转进给量在数控车削中应用较多，每分钟进给量在数控铣削和加工中心加工中应用较多。

3．背吃刀量（a_p）

背吃刀量又叫切削深度，是指工件上已加工表面和待加工表面之间的垂直距离，用 a_p表示，单位为 mm。它是影响加工质量和生产效率的重要因素。

第三节　数控车刀

车刀是金属切削加工中应用最广泛的一种刀具，它可以在数控车床上加工外圆、端面、内孔、圆锥面、圆弧面、螺纹以及进行车槽、切断等。过去车刀以焊接刀具为主，把硬质合金刀片焊接在车刀的刀柄上，随着机夹类不重磨刀片的推广普及，目前，机夹可转位刀具在机械加工领域得到广泛的应用。

一、数控车刀的种类和结构

数控车刀按加工方法不同分为外圆车刀、内孔车刀、螺纹车刀、端面车刀和车槽刀等，如图 11—5 所示。其中，外圆车刀分为左偏刀、右偏刀，或按用途不同分为外圆粗车刀、外圆精车刀；内孔车刀分为左偏刀、右偏刀，或按用途不同分为内孔粗车刀和内孔精车刀；螺纹车刀分为外螺纹车刀、内螺纹车刀，又可根据螺纹螺距和牙型角继续细分；端面车刀分为左偏刀、右偏刀；车槽刀分为外圆车槽刀、内孔车槽刀。

外圆用车刀用在数控四工位、六工位刀架上，多为长方形截面的刀柄。内孔用车刀的刀柄则做成圆形截面，在装夹时需要一个带圆孔的刀夹来夹紧刀柄，如图 11—5k，l 所示。还有近几年发展起来的模块式车削工具系统，刀具由主柄模块、中间模块、工作模块组成，用于车削加工中心的换刀机构上，如图 11—6 所示。

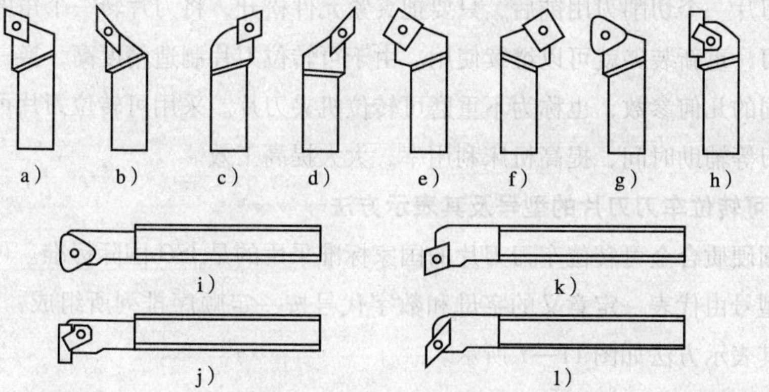

图 11—5　数控车刀的种类

a）外圆右偏粗车刀　b）外圆右偏精车刀　c）外圆左偏粗车刀　d）外圆左偏精车刀
e）端面右偏车刀　f）端面左偏车刀　g）外螺纹车刀　h）外圆车槽刀
i）内螺纹车刀　j）内孔车槽刀　k）内孔粗车刀　l）内孔精车刀

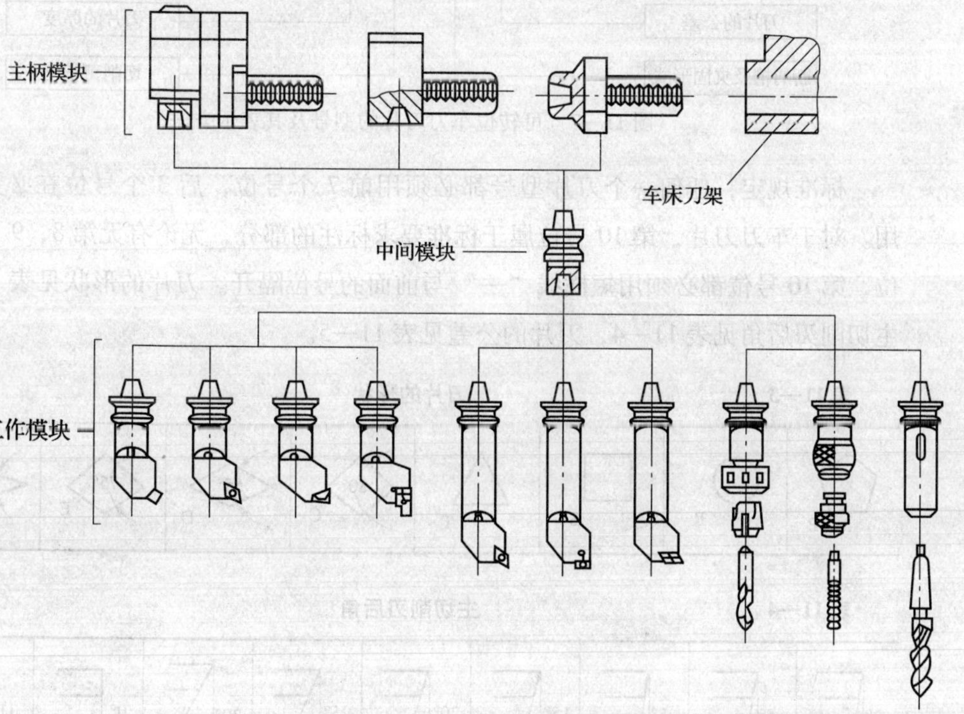

图 11—6　模块式车削工具系统

二、数控车削可转位刀片

用在机夹刀具上的刀片至少有两个预先加工好的切削刃供使用，其本身带有合理的几何角度、断屑槽型及装夹孔，用夹紧元件以机械夹固方法将刀片夹紧在刀体上。当刀片一个切削刃用钝后，只要把夹紧元件松开，将刀片转一个角度，换一个新切削刃，重新装夹就可以继续使用。由于可转位刀片制造精度高，换一个位置后具有相同的几何参数，也称为不重磨可转位机夹刀片。采用可转位刀片可以节省换刀、对刀等辅助时间，提高机床利用率，大大提高工效。

1. 可转位车刀刀片的型号及其表示方法

我国硬质合金可转位车刀刀片的国家标准采用的是ISO国际标准。可转位车刀刀片的型号由代表一定意义的字母和数字代号按一定顺序排列所组成，共有10个号位，其表示方法如图11—7所示。

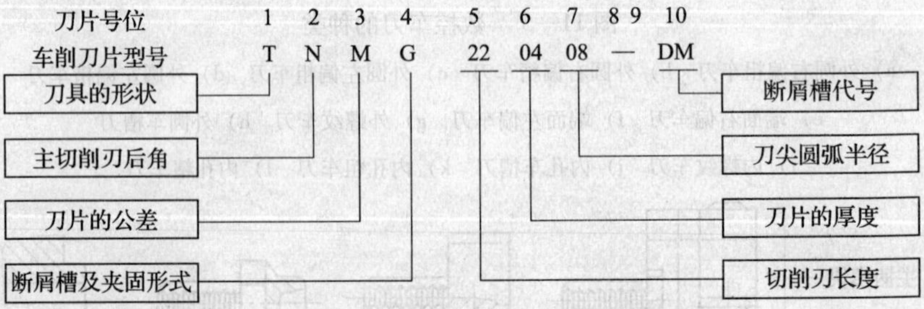

图11—7　可转位车刀刀片的型号及其表示方法

标准规定，任何一个刀片型号都必须用前7个号位，后3个号位在必要时才用。对于车刀刀片，第10号位属于标准要求标注的部分，无论有无第8，9两个号位，第10号位都必须用短横线“—”与前面的号位隔开。刀片的形状见表11—3，主切削刃后角见表11—4，刀片的公差见表11—5。

表11—3　刀片的形状

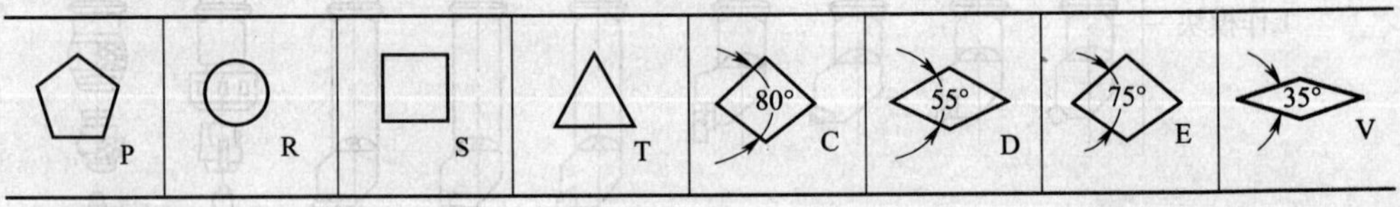

表11—4　主切削刃后角

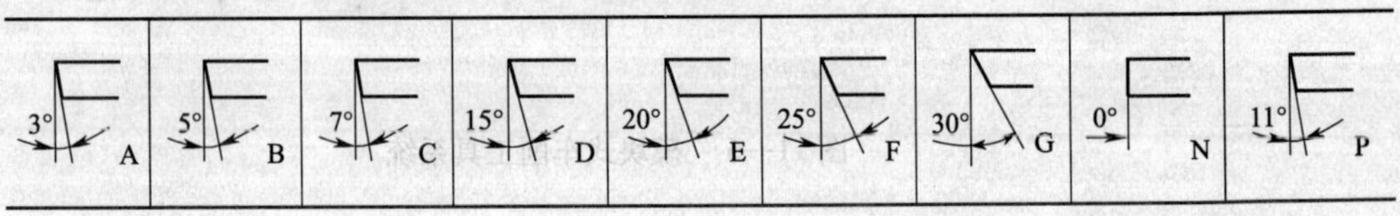

表 11—5　　　　刀片的公差　　　　mm

级别符号		公差		
		m	*s*	*d*
精密级	E	±0.025	±0.025	±0.025
	G	±0.025	±0.13	±0.025
普通级	M	±（0.08～0.18）	±0.13	±（0.05～0.13）
	N	±（0.08～0.18）	±0.13	±（0.05～0.13）
	L	±（0.13～0.38）	±0.13	±（0.08～0.25）

注：*d*——刀片内切圆基本直径；*s*——刀片的厚度；*m*——刀尖位置尺寸（检查尺寸），如图 11—8 所示。

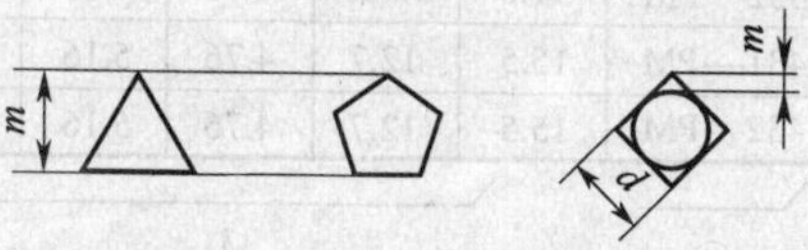

图 11—8　刀尖位置尺寸

断屑槽及夹固形式见表 11—6，刀尖圆弧半径见表 11—7。

表 11—6　　　　断屑槽及夹固形式

			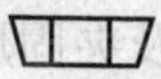	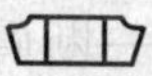	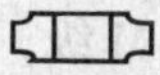	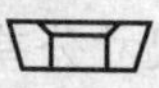	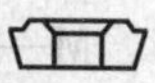
N	R	F	A	M	G	W	T

表 11—7　　　　刀尖圆弧半径

数字与半径对应关系	刀尖圆弧图示
02—0.2 mm	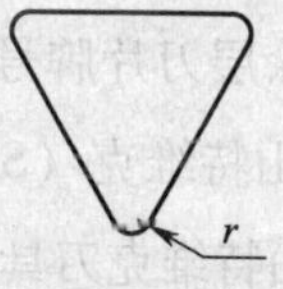 r
04—0.4 mm	
08—0.8 mm	
12—1.2 mm	
16—1.6 mm	
20—2.0 mm	

2. 可转位车刀刀片型号举例

（1）株洲钻石切削刀具股份有限公司的车刀刀片样本摘选如图 11—9 所示。

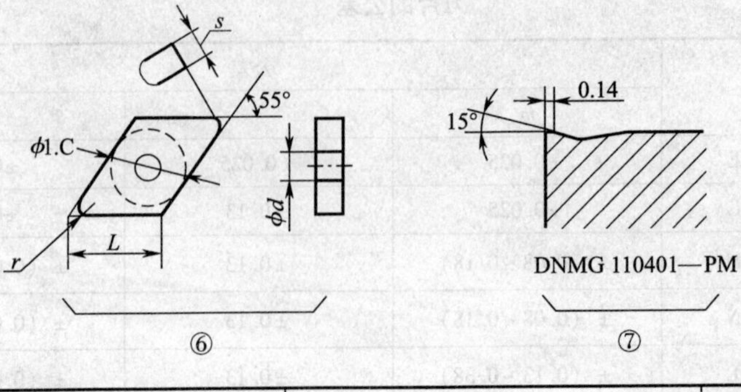

型号			基本尺寸					涂层牌号CND		
	ISO	in	L	ϕ1.C	s	ϕd	r	YBC151	YBC251	YBC351
DNMG	110404—PM	331—PM	11.6	9.525	4.76	3.81	0.4		●	
	110408—PM	332—PM	11.6	9.525	4.76	3.81	0.8		●	
	150404—PM	431—PM	15.5	12.7	4.76	5.16	0.4		●	
	150408—PM	432—PM	15.5	12.7	4.76	5.16	0.8	○	●	○
①	②	③	④					⑤		

图 11—9 车刀刀片样本摘选

图 11—9 说明：

①DNMG 是刀片型号前 4 位。D——菱形刀片，55°角；N——主切削刃后角为零，M——尺寸公差为 M 级，G——断屑槽及夹固形式为 G。

②11 04 04—PM：刀片型号中 5，6，7 和 10 号位的数值。其中第 5 位 11 为刀片切削刃的长度，实际切削刃长度 $L=11.6$ mm；第 6 位 04 为刀片厚度，实际厚度 $s=4.76$ mm；第 7 位是刀片的圆弧半径，$r=0.4$ mm；第 10 位 PM 为断屑槽代号，如图 11—9 中⑦所示。

③该型号刀片对应的英制刀片。

④刀片基本尺寸，如图 11—9 中⑥所示。

⑤该涂层刀片牌号是 YBC251，P 类硬质合金，适用于加工钢料。

（2）山特维克（SANDVIK）车刀刀片说明

瑞典山特维克刀具公司是当今世界最好的刀具生产厂家之一，它的刀具完全按照 ISO 国际标准生产。其刀具的规格及型号与前面提到的标准是一致的。上面列举的株洲刀片样本中的刀片 DNMG110404 在山特维克刀具样本中也能查到，而且型号完全一致，即 DNMG110404—PM，只是材料的代号不同，可选的材料更多。以山特维克 DNMG110404—PM 刀片为例，可首选 GC4015，还可选 GC1525，GC4025，CT5005 和 CT5015。以上这五种材料都是涂层牌号，也都属于 P 类硬质合金，适用于加工各种钢料。如图 11—10 所示摘选了山特维克车刀刀片样本中的一小段。

	订货号	P					M			K		
		GC 1525	GC 4015	GC 4025	CT 5005	CT 5015	GC 1025	GC 2015	GC 2025	GC 3205	GC 3210	GC 3215
16	TNMG160404—PF	☆	★	☆	☆	☆						
	TNMG160408—PF	☆	★	☆		☆						
16	TNMG160404—MF						☆	★	☆			
	TNMG160408—MF						☆	★	☆			
16	TNMG160404—KF											★
	TNMG160408—KF											★

①　　　　②　　　　③

图 11—10　山特维克车刀刀片样本摘选

图 11—10 说明：

①刀片切削刃长度为 16 mm。

②订货号，如三角形刀片 TNMG160404—PF，主切削刃后角为零，刀片尺寸精度为普通级，M 级公差（见表 11—5），断屑槽及夹固形式为 G（见表 11—6），PF 为断屑槽代号，还有 MF 和 KF 两种断屑槽。

③涂层牌号。尺寸规格前 7 位是相同的。可以有 P 类、M 类、K 类三种硬质合金供选择。例如，TNMG160404—PF 和 TNMG160408—PF 为 P 类硬质合金，首选牌号为 GC4015；TNMG160404—MF 和 TNMG160408—MF 为 M 类硬质合金，首选牌号为 GC2015；TNMG160404—KF 和 TNMC160408—KF 为 K 类硬质合金，首选牌号为 GC3215。

三、使用可转位刀片的数控车刀表示规则

使用机夹可转位刀片的数控车刀可分为外圆及端面车刀、内孔车刀、螺纹车刀、切断刀及车槽刀等。由于使用刀片的形状、规格不同，各类车刀表示方法也不同。这里介绍株洲钻石切削刀具股份有限公司生产的各种车刀的表示规则，该规则执行 ISO 国际标准。

1. 外圆及端面车刀的型号表示规则

外圆及端面车刀的型号由 9 位字母与数字组成，其表示方法如图 11—11 所示。

其中，压紧方式见表 11—8，刀片形状见表 11—9，刀具形式与主偏角见表 11—10，刀片后角见表 11—11，切削方向见表 11—12，刀具长度见表 11—13。

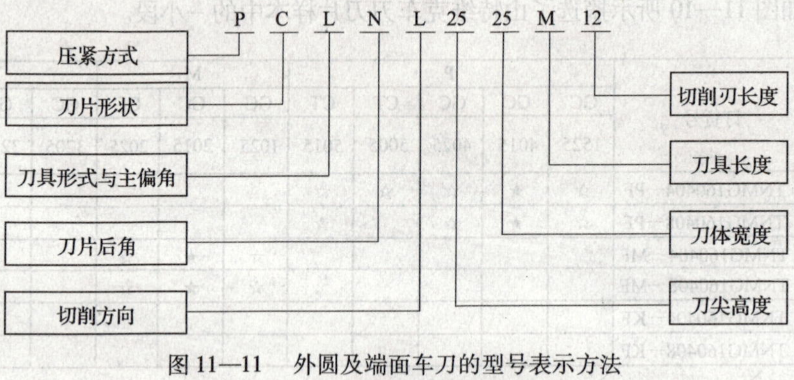

图 11—11　外圆及端面车刀的型号表示方法

表 11—8　　压紧方式

杠杆压紧式	螺钉压紧式	复合压紧式	压板压紧式
P	S	M	C

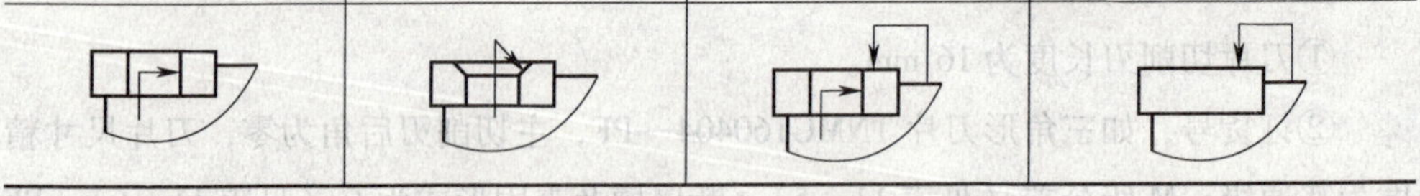

表 11—9　　刀片形状

C	D	R	S	T	V	W

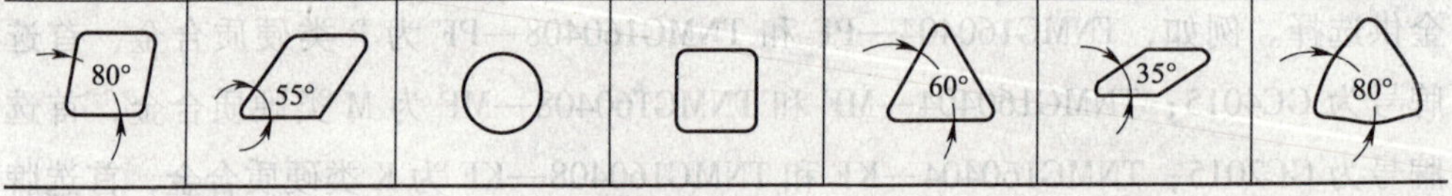

表 11—10　　刀具形式与主偏角

A	B	C	D	E	F	G	H

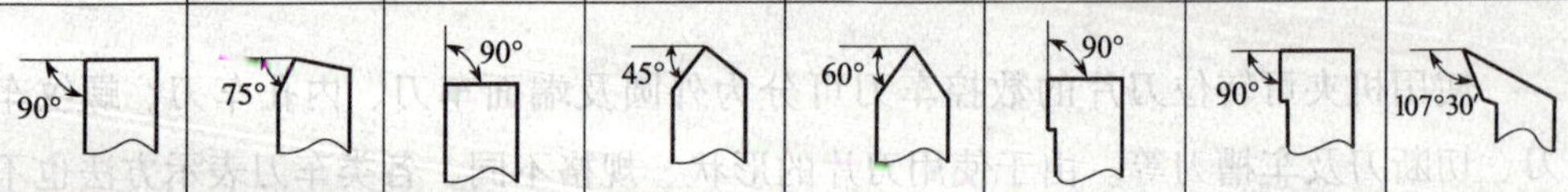

J	K	L	M	N	O	P	Q

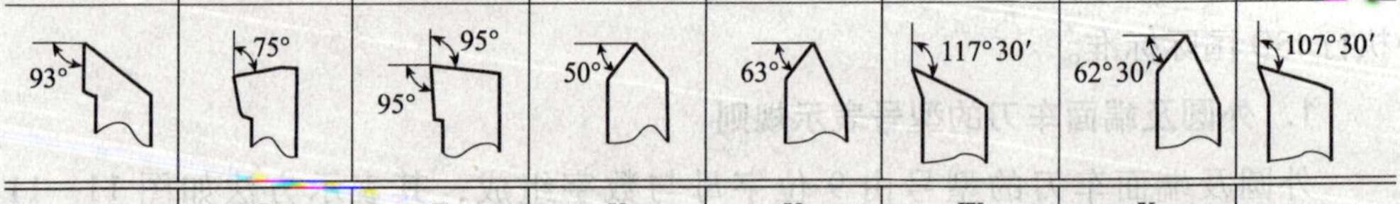

R	S	T	U	V	W	X

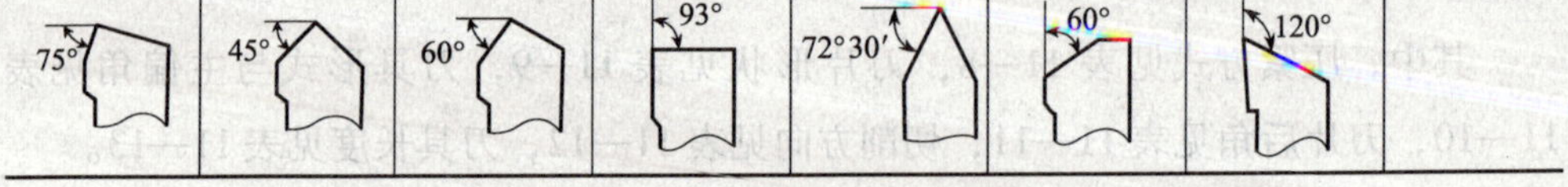

表 11—11 刀片后角

N	B	C	P	D	E
0°	5°	7°	11°	15°	20°

表 11—12 切削方向

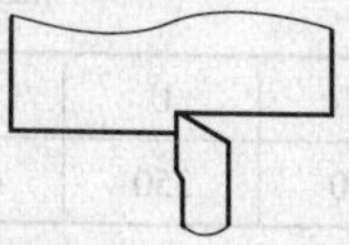 R	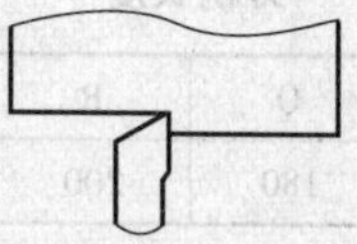 L	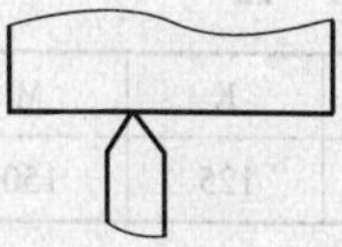 N

表 11—13 刀具长度 mm

H	K	M	P	Q	R	S	T
100	125	150	170	180	200	250	300

以上范例中，型号 PCLNL2525M12 表示：车刀刀片的压紧方式是杠杆式压紧；刀具使用的刀片是刀尖角为 80°的菱形刀片；刀具主偏角为 95°，副偏角为 5°的外圆及端面车刀；刀片后角为零（实际上刀片倾斜一个角度，后角不为零）；切削方向为从左向右切削；刀尖高度为 25 mm；刀体宽度为 25 mm；刀具长度为 150 mm；刀片切削刃长度为 12 mm。

2. 内孔车刀的型号表示规则

内孔车刀的型号由 10 位字母与数字组成，其表示方法如图 11—12 所示。

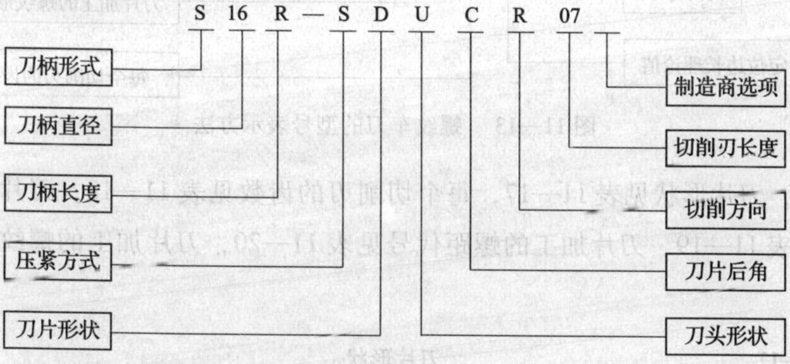

图 11—12 内孔车刀的型号表示方法

其中，刀柄形式见表 11—14，刀柄长度见表 11—15，刀头形状见表 11—16，压紧方式、刀片形状、刀片后角、切削方向与外圆及端面车刀相同。

表 11—14　　刀柄形式

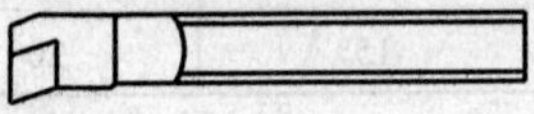

符号	A	E	C	S	X
刀柄类型	钢杆 + 油冷却孔	硬质合金 + 油冷却孔	硬质合金	钢杆	使用特殊刀片

表 11—15　　刀柄长度　　mm

H	K	M	N	Q	R	S	T	U	V
100	125	150	160	180	200	250	300	350	400

表 11—16　　刀头形状

K	F	U	L	P
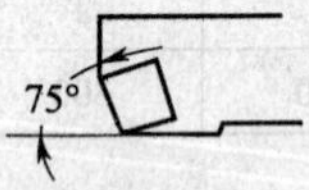	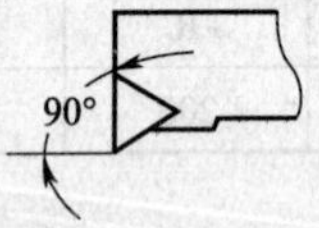	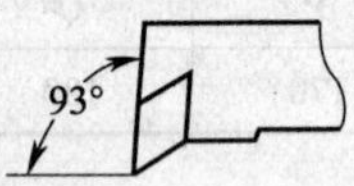	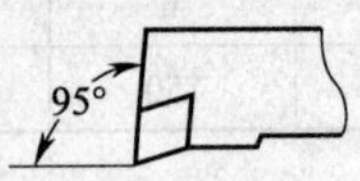	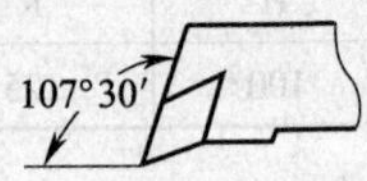

3. 螺纹车刀的型号表示规则

螺纹车刀的型号由 7 位字母与数字组成，其表示方法如图 11—13 所示。

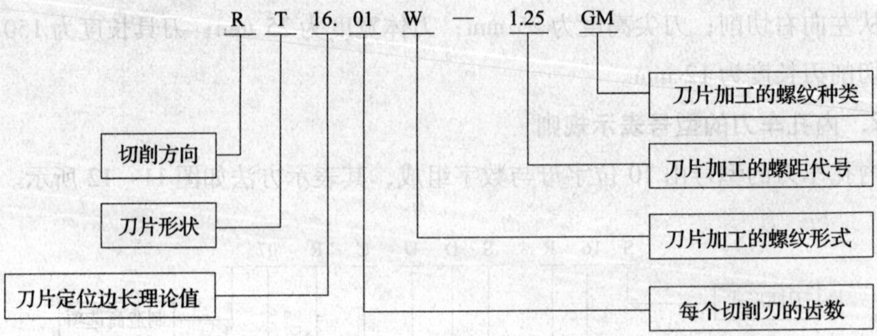

图 11—13　螺纹车刀的型号表示方法

其中，刀片形状见表 11—17，每个切削刃的齿数见表 11—18，刀片加工的螺纹形式见表 11—19，刀片加工的螺距代号见表 11—20，刀片加工的螺纹种类见表 11—21。

表 11—17　　刀片形状

	其他
T	Z

表 11—18　　每个切削刃的齿数

01	每个切削刃的齿数为 1
02	每个切削刃的齿数为 2

表 11—19　　刀片加工的螺纹形式

W	外螺纹的车削加工
N	内螺纹的车削加工

表 11—20　　刀片加工的螺距代号

公制螺纹的螺距用螺距的毫米值表示
英制螺纹的螺距用每英寸的牙数表示

表 11—21　　刀片加工的螺纹种类

GM	ISO 公制 60°螺纹

说明：螺纹车刀范例说明中的切削方向与前述规定相同。

4. 关于山特维克车刀编号的说明

山特维克刀具的编号规则也严格执行 ISO 国际标准，只是规则更加详细。其品种不仅有常规刀具，还有切削单元。山特维克常规外圆及端面车刀的表示方法如图 11—14 所示，切削单元可查阅山特维克切削刀具样本。

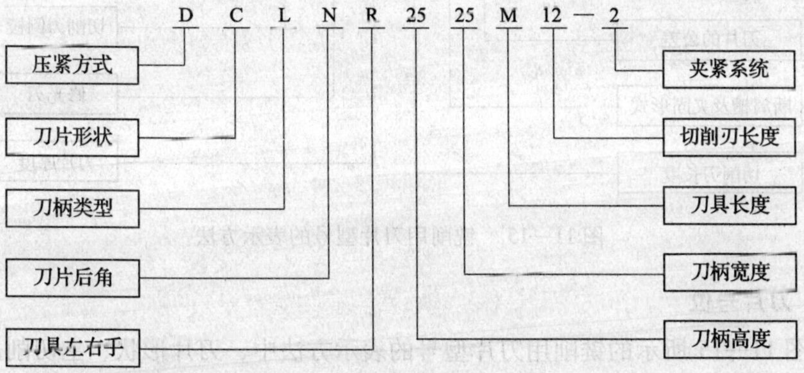

图 11—14　山特维克常规外圆及端面车刀的表示方法

图 11—14 中的刀柄类型就是图 11—11 中的刀具形式与主偏角，刀具左右手是切削方向，刀柄高度是刀尖高度，刀柄宽度是刀体宽度。

第四节 数控铣刀

铣刀可以看做是由多把车刀组合而成的复合刀具，其每一个刀齿相当于一把车刀。按其用途不同，可转位铣刀可分为可转位端铣刀、可转位立铣刀、专用可转位铣刀等。

一、数控铣削可转位刀片

铣削可转位刀片和车削可转位刀片的刀片形状、主切削刃后角、断屑槽及夹固形式等很相似，车削加工的切削方式是以单个刀片参加切削的，而铣削加工则以多个刀片参加切削。铣削可转位刀片同样执行 ISO 国际标准，其型号由 10 个号位组成。铣削用刀片型号的表示方法如图 11—15 所示。

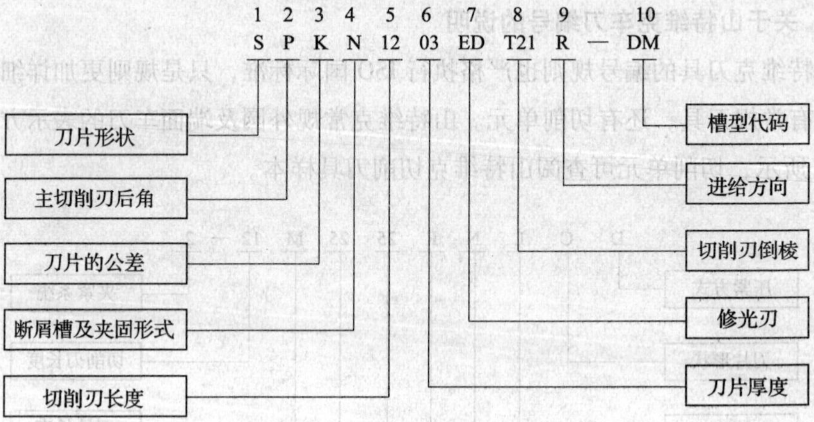

图 11—15 铣削用刀片型号的表示方法

1. 刀片号位

在图 11—15 所示的铣削用刀片型号的表示方法中，刀片形状、主切削刃后角、刀片的公差、断屑槽及夹固形式、切削刃长度、刀片厚度都与车削用刀片相同。第 7，8，9 号位中，修光刃见表 11—22，切削刃倒棱见表 11—23，刀具进给方向如图 11—16 所示。

表 11—22　　修光刃

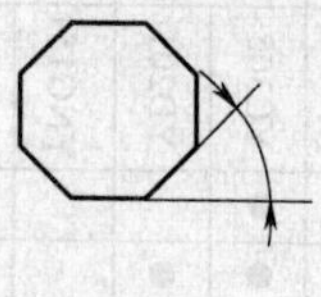	A—45°	F—85°	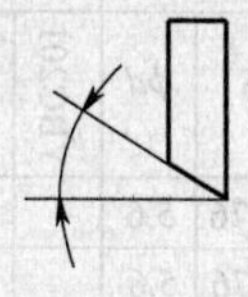	A—3°	D—15°	G—30°
	D—60°	P—90°		B—5°	E—20°	N—0°
	E—75°	Z—其他		C—7°	F—25°	P—11° Z—其他

表 11—23　　切削刃倒棱

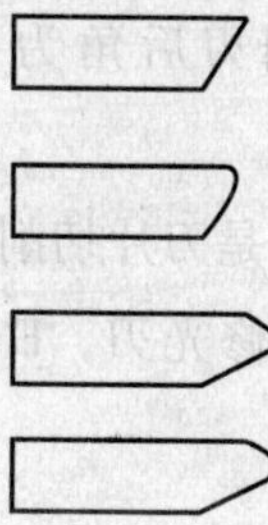	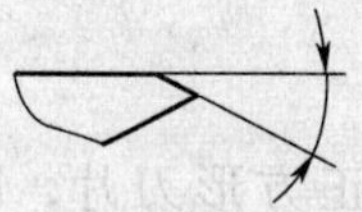	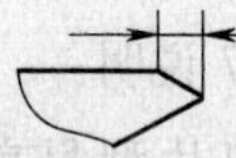
	0—5°	0—0.1mm
	1—10°	1—0.15mm
	2—15°	2—0.2mm
	3—20°	3—0.25mm
	4—25°	5—0.35mm
	5—30°	6—0.40mm
		7—0.45mm

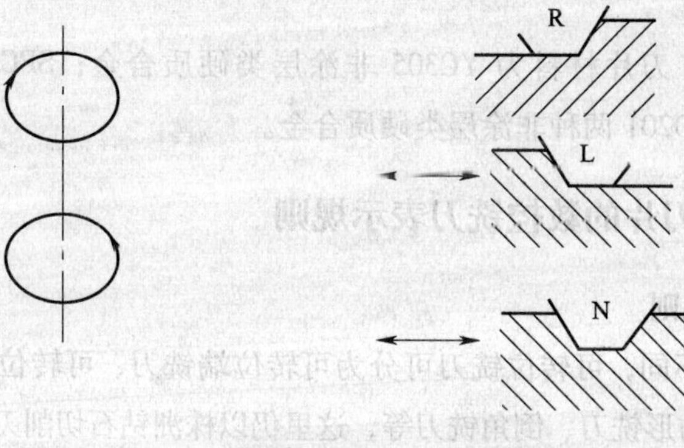

图 11—16　刀具进给方向

2. 可转位铣刀刀片型号举例

株洲钻石切削刀具股份有限公司可转位铣刀刀片样本摘选如图 11—17 所示。

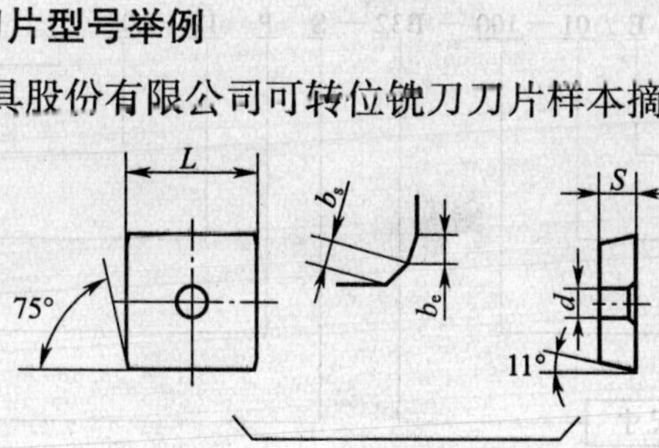

型号							涂层牌号								非涂层牌号		全陶	
							CVD							PVD				
		L	b_s	b_e	S	ϕd	YBC201	YBC301	YBC401	YBM251	YBM351	YBG40	YB235	YBM252	YC305	YD201	YNG151	
SPCW	1504EPTR	15.875	1.0	1.5	4.76	5.6									●			
	1504EPR	15.875	1.0	1.5	4.76	5.6									●	●		

① ② ③ ④ ⑤

图 11—17　可转位铣刀刀片样本摘选

图 11—17 说明：

①表示刀片型号前 4 位：S——正方形刀片，P——主切削刃后角为 11°，C——尺寸公差为 C 级，W——断屑槽及夹固形式为 W。

②1504EPTR 为刀片号位中的 5，6，7，8，9，10 位。其中 15 是刀片切削刃理论长度；04 是刀片理论厚度，实际如图 11—17 中③所示；EP 为修光刃，E 表示 75°，P 表示 11°；T 表示切削刃倒棱为 T 类；R 为进给方向。

③与⑥为刀片几何尺寸。

④刀片如果采用涂层，为其涂层的牌号。该栏空缺表示刀片材料为没有涂层类材料。

⑤SPCW1504EPTR：刀片材料为 YC305 非涂层类硬质合金；SPCW1504EPR：刀片材料为 YC305 和 YD201 两种非涂层类硬质合金。

二、使用可转位刀片的数控铣刀表示规则

1. 数控铣刀表示规则

按数控铣削用途的不同，可转位铣刀可分为可转位端铣刀、可转位方肩台阶铣刀、螺旋立铣刀、球头仿形铣刀、倒角铣刀等，这里仍以株洲钻石切削刀具股份有限公司的铣刀为例说明铣刀型号表示规则。如图 11—18 所示为铣刀型号表示规则示例。

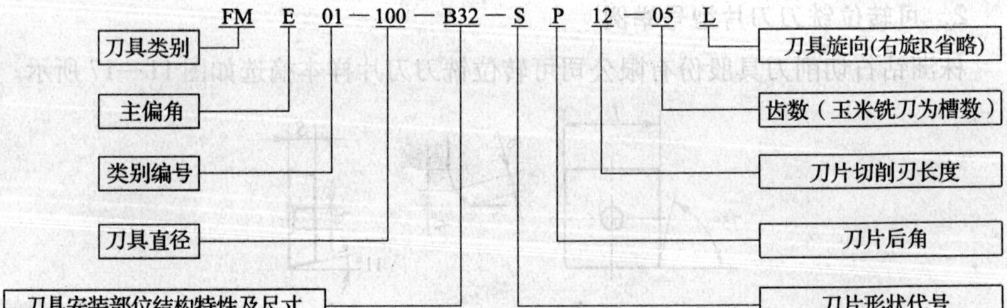

图 11—18　铣刀型号表示规则示例

其中，刀具类别见表 11—24，主偏角见表 11—25，刀具安装部位结构特性及尺寸见表 11—26，刀片形状代号见表 11—27，刀片切削刃长度见表 11—28，刀片后角见表 11—29。

表 11—24　　刀具类别

代号	刀具类别
FM	端铣刀
EM	方肩台阶铣刀
HM	螺旋立铣刀
SM	三面刃铣刀
BM	仿形铣刀
CM	倒角铣刀
XM	特殊铣刀

表 11—25　　主偏角

代号	主编角	图示
P	90°	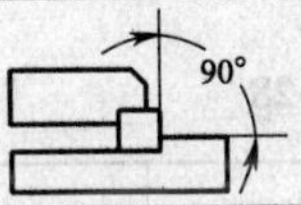
E	75°	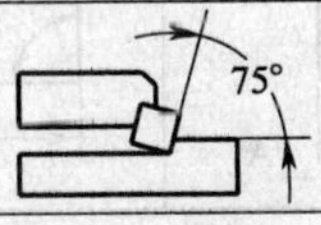
D	60°	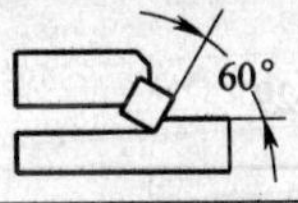
A	45°	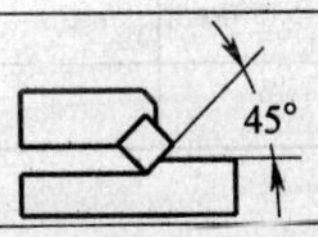
R		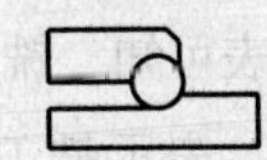

表 11—26　　刀具安装部位结构特性及尺寸

代号	结构特性	代号	结构特性
A	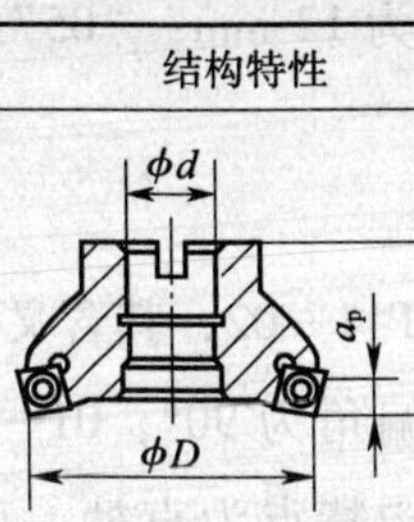	B	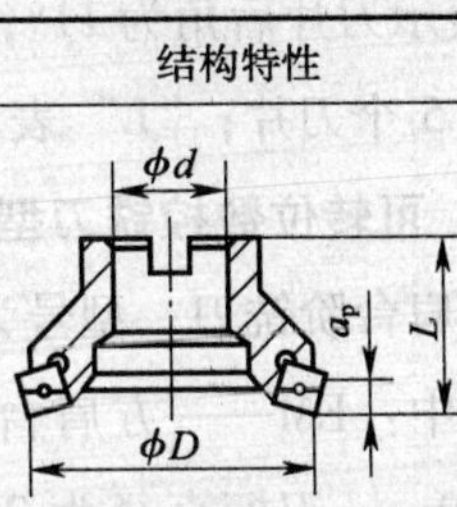

续表

代号	结构特性	代号	结构特性
C	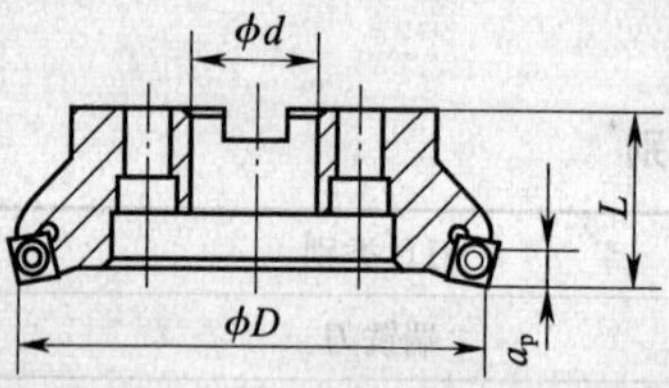	D	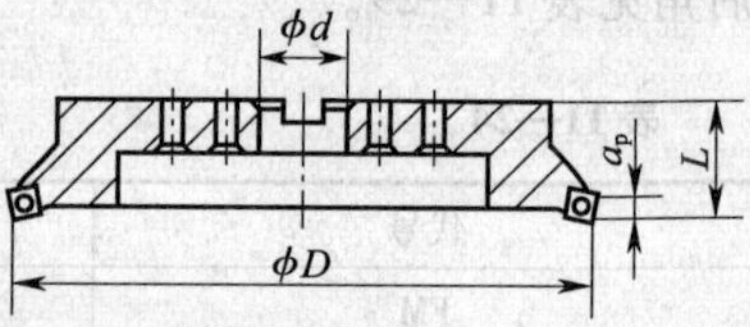
BT	BT 柄	JT	JT 柄
G	直柄	XP	削平型直柄
MW	无尾莫氏柄	K	表示带纵键传动的内孔； 普通 7∶24 的锥柄，代号省略

表 11—27　　　　刀片形状代号

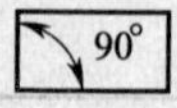 A	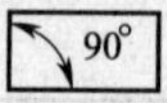 L	 R	 S	 T

表 11—28　　　　刀片切削刃长度

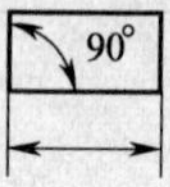 A	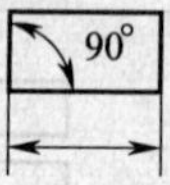 L	 R	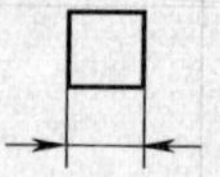 S	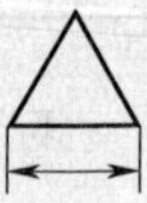 T

表 11—29　　　　刀片后角

N	B	P	D	E
0°	5°	11°	15°	20°

通过查表可知，铣刀型号 FME01—100—B32—SP12—05L 中的“FM”表示端铣刀；“E”表示铣刀的主偏角为 75°；“100”表示面铣刀的直径为 100 mm；“B32”表示结构特性代号为 B，中间孔为 ϕ32 mm；“S”表示刀片形状为正方形；“P”表示刀片后角为 11°；“12”表示切削刃长度为 12 mm；“05”表示端铣刀刀盘上有 5 个刀片；“L”表示刀具旋向是左旋。

2. 可转位数控铣刀型号举例

方肩台阶铣刀，型号为 EMP01—020—G20—AP11—02，其含义如下：

其中：EM——方肩台阶铣刀，P——刀的主偏角为 90°，01——类别编号为 01，020——刀柄直径为 20 mm，G20——刀的结构特点为直柄，直径为 20 mm，

A——刀片形状为长方形，P——刀片后角为11°，11——刀片切削刃长度为11 mm，02——安装两个刀片，刀具旋向——右旋（不标注）。该铣刀也可称为双刃可转位立铣刀。

第五节　机 床 夹 具

机床夹具是安装在机床上，用其定位并夹紧工件，使工件与刀具具有正确位置关系的装置，它属于工艺装备。机床、刀具、工件、夹具四者构成了完整的工艺系统，夹具是工艺系统中重要的环节。在生产实践中人们常常听到一些用户抱怨，机床动态精度与性能不好，高速切削时振动较大，刀具寿命较短，经常崩刃。殊不知在很多情况下并不是机床和刀具的问题，而是夹具系统不良，造成整体切削刚度低、抗振性不好所引起的。由此可见夹具在工艺系统中的作用十分重要。

一、机床夹具的种类

1．夹具按通用化程度分类

（1）通用夹具

通用夹具是指广泛用于通用机床上的夹具，如车床上的卡盘、顶尖，铣床上的机床用平口虎钳、分度头等。这类夹具结构较简单，通用性强，手工装夹，无须调整，主要用于单件、小批量生产。对于形状复杂、加工精度较高的工件，若用通用夹具装夹，则费时费力，生产效率低，因此，在大批量生产中常使用效率高的专用夹具。

（2）专用夹具

专用夹具是为某个零件的某道工序设计的，其特点是结构紧凑，操作方便、迅速。但这类夹具的设计和制造工作量大，周期长，投资大，只有在大批大量生产中才能充分发挥作用。由于是专为某个零件设计的，当零件尺寸发生变化时，这套夹具很可能报废。

（3）通用可调夹具

通用可调夹具是通过调节或更换装在夹具上的某些可调或可换元件，以适应加工不同工件需要的一类夹具。与专用夹具相比，具在较强的适应产品更新的能力，但其刚度、精度要差些。这类夹具主要应用于中、小批量生产中。

(4) 成组夹具

成组夹具是随成组加工技术的发展而产生的，是根据成组加工工艺，把工件按形状尺寸和工艺要求分组，为每组相近的工件专门设计的夹具。它是在通用夹具上对部分元件进行调整或更换，与通用可调夹具相比，具有使用对象明确、结构紧凑、调整方便等特点。

(5) 组合夹具

组合夹具是由标准元件根据工件加工工艺要求组装而成的专用夹具。这种标准元件分为基础件、支撑件、定位件、导向件、夹紧件、紧固件、辅助件、组合件等。组合夹具是根据不同零件，像搭积木一样组成各种夹具，当夹具使用完毕可以拆开，又成为元件，待以后再组合新的夹具。它具有精度较高、装配时间短的特点。

2. 夹具按机床分类

夹具按机床不同可以分为车床夹具、铣床夹具、钻床夹具、磨床夹具等。按机床分类，反映了各类夹具的结构特点。例如，车床、磨床类夹具都具有回转轴线，有动平衡问题；钻镗类夹具有引导刀具的钻套、镗套等；铣床夹具有位置度要求等。

3. 夹具按动力来源分类

夹具按动力来源不同可以分为手动夹具、气动夹具、液压夹具、电动夹具、磁力夹具、真空夹具、离心夹具等。

二、车削加工通用夹具

夹具要有定位元件，要遵循六点定位原理，只有工件得到正确的定位，才能保证工件正确的重复加工精度；另一个环节就是夹紧，夹具要有正确的夹紧装置，保证工件不变形，受力均匀。这里介绍普通车床在加工中最常用的几种工件装夹方法。

1. 用卡盘装夹

工件用三爪自定心卡盘装夹在车床上是一种最常用的装夹方式。用三爪自定心卡盘装夹工件时能自动定心，装夹方便，但定心精度并不高，一般为0.05～0.08 mm，对于精加工工件是不能满足要求的。为了使卡盘夹紧后的精度提高，可以通过“自车”卡爪的方法使卡盘的精度与车床或数控车床主轴的精度一样高，如图11—19a 所示；对于薄壁的套类零件，可用软钢爪，即在卡爪上焊一块软钢，对此软钢进行“自车”，车到待加工套类零件定位及夹紧处的外径尺寸，再用此“软钢爪”夹紧工件，工件受力均匀，加工精度会大大提高，如图11—19b 所示。

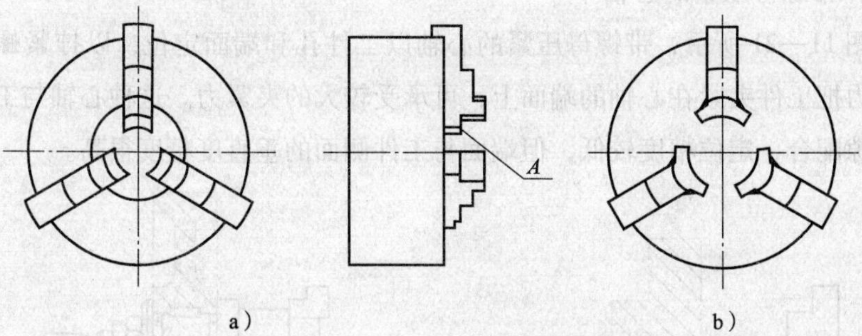

图 11—19　自车三爪自定心卡盘

a) 自车硬爪　b) 焊接软钢后自车软爪

用三爪自定心卡盘夹紧工件时可以限制四个自由度，分别为 $\overleftrightarrow{X}$，$\overleftrightarrow{Y}$，$\overset{\frown}{X}$，$\overset{\frown}{Y}$，对于 $\overleftrightarrow{Z}$ 和$\overset{\frown}{Z}$则限制不了。为了限制 $\overleftrightarrow{Z}$，可以利用卡盘的端面，不过此时工件必须有台阶。而如图 11—19a 所示自车硬爪后，三个卡爪出现台阶，没有台阶的工件也可以靠台阶端面 *A* 限制 $\overleftrightarrow{Z}$。在三爪自定心卡盘的定位中，充分利用三个卡爪的端面来定位是个行之有效的装夹方法。

2. 用顶尖装夹

对于轴类工件加工时常用的装夹方法是一夹一顶，即一端用三爪自定心卡盘夹紧，另一端用尖顶顶住轴的中心孔，这种方法适用于轴类零件的粗加工和半精加工、精加工。当工件掉头装夹不能保证同轴度时，精加工时两端可以同时用顶尖支顶，主轴端用固定顶尖，并用主轴上的拨盘带动工件旋转；另一端用回转顶尖支顶，随工件转动。固定顶尖与工件之间需用润滑脂润滑。

3. 用中心架和跟刀架装夹

当工件的长度与直径之比大于 15 时，此轴为细长轴，使用中心架或跟刀架可以提高工件的刚度，使工件变形减小。中心架安装在机床导轨上的一个固定位置，托住工件，提高工件刚度。跟刀架安装在床鞍上，随床鞍移动，并始终跟随刀具运动。

4. 用心轴装夹

所谓用心轴装夹，就是用一根轴以工件的内孔定位，对工件的外圆和端面进行加工，这根轴称为心轴。心轴分为带锥度的光心轴、带螺母压紧的心轴和弹簧胀胎等。

(1) 带锥度的光心轴

带锥度的光心轴的外圆有 1∶20 的锥度，轴上没有台阶，如图 11—20 所示。这种心轴靠配合的摩擦力来传递切削力，故不能承受大的切削力，只能用于精加工。

（2）带螺母压紧的心轴

如图 11—21 所示，带螺母压紧的心轴以工件孔和端面定位，以拧紧螺母产生的夹紧力把工件夹紧在心轴的端面上，可承受较大的夹紧力。这种心轴与工件的配合为间隙配合，定位精度较低，但端面与工件侧面的垂直度精度很高。

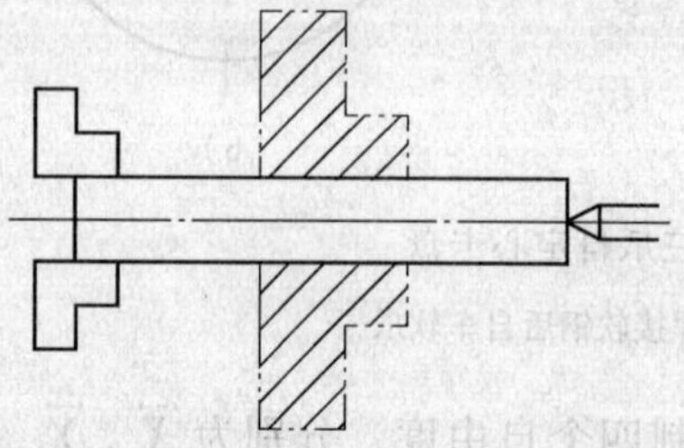

图 11—20　带锥度的光心轴

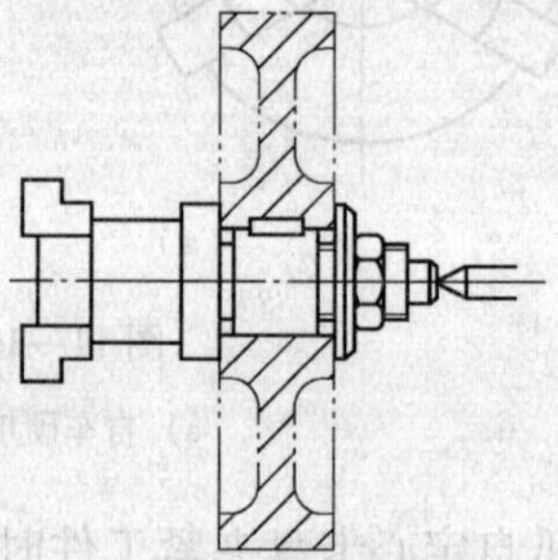

图 11—21　带螺母压紧的心轴

（3）弹簧胀胎

弹簧胀胎由胀套和心轴组成，利用胀套胀开以工件的内孔定位，靠摩擦力夹紧工件，如图 11—22 所示，心轴的锥面与胀套内锥面相配合，当胀套沿心轴移动时，胀套会张开或缩回，利用这个原理定位并夹紧工件。如果利用液压拉杆使胀套胀开和缩回，这种夹具的工效会相当高。

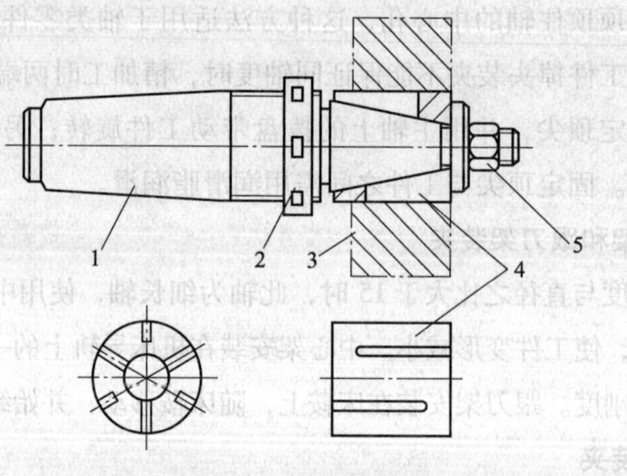

图 11—22　弹簧胀胎

1—心轴　2—螺母　3—工件　4—胀套　5—螺母

三、铣削加工通用夹具

铣床主要用来加工平面、凹槽、孔等，其夹具安装在机床工作台上。通用夹具有机床用平口虎钳、回转工作台和万能分度头等。这里主要介绍铣床最常用的用机床用平口虎钳装夹、用卡盘装夹、用压板和螺栓装夹、用V形架装夹、用偏心机构装夹。

1. **用机床用平口虎钳装夹**

常用的机床用平口虎钳有固定式和回转式两种。回转式平口虎钳能够绕底座旋转360°，可以在小平面内转任意角度，从而扩大其工作范围，这种平口虎钳应用较为广泛。平口虎钳与工作台多用螺栓固定。机床用平口虎钳多用于板类零件的装夹，如图11—23所示的钳口中的零件可作为板类件夹紧时的支撑垫。

2. **用卡盘装夹**

铣床上常用的卡盘包括普通三爪自定心卡盘、四爪单动卡盘，多用于装夹圆盘类零件。卡盘与工作台一般用压板固定，其固定方式如图11—24所示。

图11—23　用机床用平口虎钳装夹工件

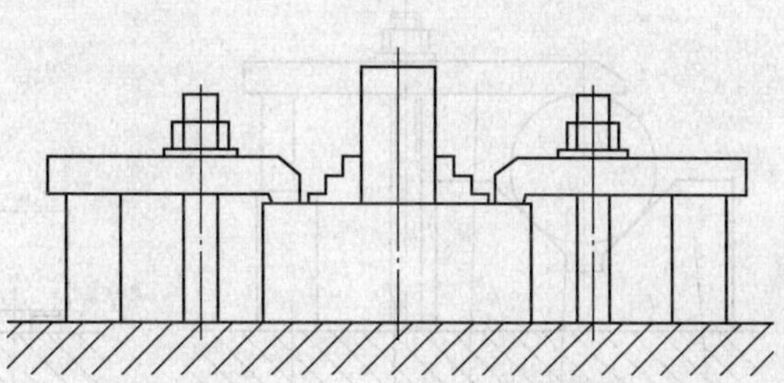

图11—24　卡盘与工作台的固定方式

3. **用压板和螺栓装夹**

较大的工件可以用压板和螺栓装夹（见图11—25），直接安装在工作台上进行加工，这种结构也称为螺旋夹紧机构。螺旋夹紧机构具有结构简单、夹紧力大、自锁性能好、制造方便等优点，适用于手动夹紧，因而在铣削加工中得到广泛应用。其缺点是夹紧动作慢，生产效率低。使用压板、螺栓装夹的工件，如果该工件上有通孔需要加工，在工件底部需要垫支撑钉、支撑板、可调支撑等。

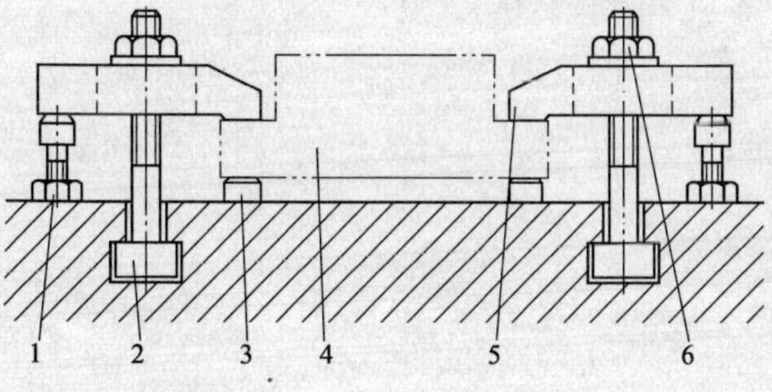

图11—25　用压板和螺栓装夹

1—可调支撑　2—螺栓　3—固定支撑　4—工件　5—压板　6—螺母

4. 用V形架装夹

在圆轴或套筒上钻孔、铣槽时，一般把工件平放在V形架上，再用压板、螺栓将其压紧，如图11—26所示。V形架是一种非常好的定位元件，已标准化生产，尺寸精度很高，可根据不同直径的工件来选用。窄V形架可限制两个自由度，而宽V形架可限制四个自由度。

5. 用偏心机构装夹

偏心机构装夹也是用压板夹紧，不同之处是夹紧时不是用螺栓来拧紧，而是靠偏心机构夹紧。其特点是装夹快捷，只要扳动手柄就可以快速夹紧或者松开；缺点是夹紧行程小，夹紧力较小。偏心机构一般用于没有振动或振动较小，夹紧力要求不大的场合，如图11—27所示。

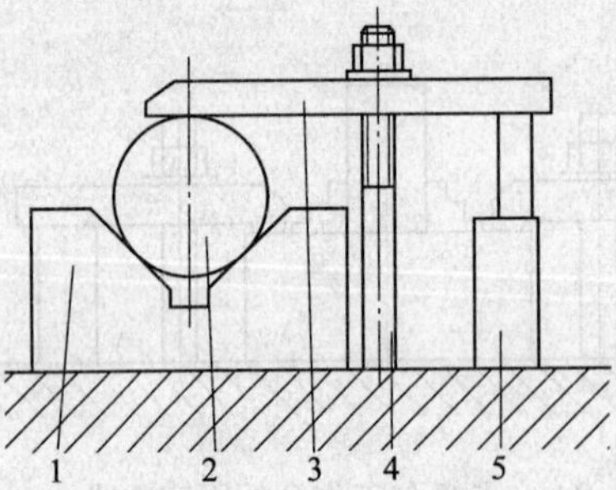

图11—26　用V形架装夹

1—V形架　2—工件　3—压板
4—螺栓　5—固定支撑

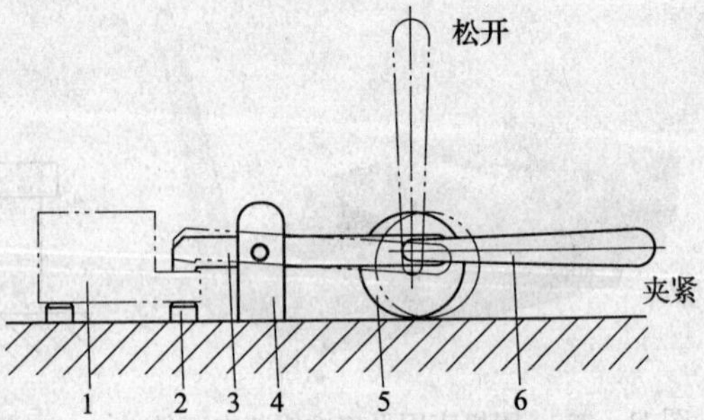

图11—27　用偏心机构装夹

1—工件　2—固定支撑　3—偏心机构中的压板
4—偏心机构支撑座　5—偏心轮
6—偏心机构中的手柄

第十二章 数控机床的液压、气动控制与润滑、冷却系统

现代数控机床是机电一体化的机床，除了有复杂的电气控制外，还有液压和气动控制。液压和气动系统作为辅助装置来实现整机的自动化运行功能。液压和气动控制的工作原理相似，但各有特点，液压控制常用于数控车床的液压夹紧以及尾座的顶紧和松开，主轴的自动挂挡；加工中心机床刀库、机械手的控制，工作台的交换等。气动控制常用于加工中心机床主轴刀具的松开装置及主轴孔的清洁，数控机床防护门的开关控制等。此外，数控机床的导轨、丝杠的润滑主要是靠集中润滑系统自动完成的，工件在切削时的冷却是靠冷却系统完成的，这两种装置也都属于辅助装置。

第一节 数控机床的液压控制

液压传动装置中使用液压油作为介质，进行能量的传递。液压传动的特点是：传递的力矩大；工作平稳，冲击小；结构紧凑，体积小；控制容易，操作方便；具有自润滑、自冷却作用，可以减少因摩擦和高温产生的元件损坏，故元件使用寿命较长；液压元件易于实现标准化、通用化，可以降低制造及使用成本。液压传动的缺点是液压油容易泄漏，造成环境污染；另外，液压油具有高温变稀、低温变稠的特性，不宜在高温或低温环境下工作。

一、数控机床的液压元件

数控机床的液压系统由以下几部分组成：动力部分，指液压泵和蓄能器，通过电动机带动液压泵把液压油变为压力油并储存起来；执行机构，指液压缸，把液体的压力能转变成工作部件运动的机械能；控制机构，包括各种液压阀，用于控制液体的压力、流量和流动的方向，从而控制执行部件的运动速度、运动方向和作用力的大小等；辅件部分，包括油箱、油管、管接头、压力表、滤油器等。

1. 液压泵

液压泵作为液压系统的动力元件，向液压系统源源不断地提供足够流量的液压油。按照结构形式的不同，液压泵分为齿轮泵、叶片泵、柱塞泵等类型；按照输出油液的流量是否能调整，又分为定量泵和变量泵。目前数控机床常用的是变量叶片泵。

叶片泵可分为单作用式和双作用式两种。双作用式和单作用式相比，其流量均匀性好，工作压力较高，应用较广泛。双作用叶片泵一般作为定量泵，而单作用叶片泵可做成多种变量形式。

(1) 单作用叶片泵

如图 12—1 所示为单作用叶片泵的工作原理。其定子内表面为圆形，定子与转子间有一个偏心距 e，两端的配油盘上开有一个吸油口或一个压油口，转子开有多个斜凹槽，每个槽中装有一个叶片，叶片在槽中可以滑动，并始终向外顶着定子。当转子旋转一转时，由于定子和转子是偏心的，叶片在转子槽内往复滑动一次，每相邻两叶片之间的密封容积发生一次增大和缩小的变化，容积增大时通过吸油口吸油，容积缩小时通过压油口将油压出。泵的转子每转一转，吸油、压油各一次，故称为单作用叶片泵。

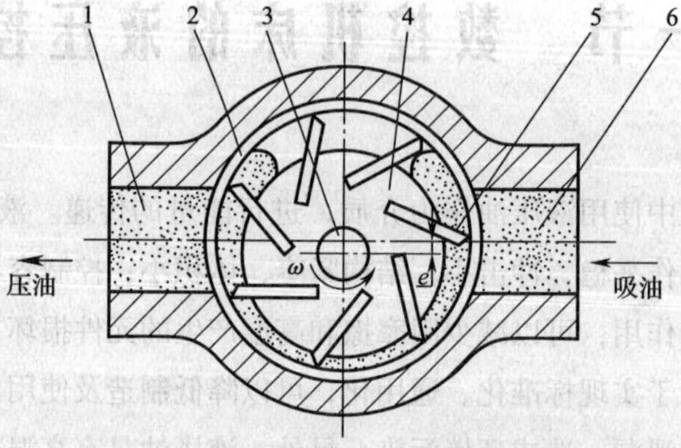

图 12—1　单作用叶片泵的工作原理

1—压油口　2—定子　3—泵轴　4—转子　5—叶片　6—吸油口

（2）单作用变量叶片泵

改变单作用叶片泵的偏心距离，就可以改变泵的排量，这样的泵就称为变量泵。要改变叶片泵偏心距的大小，可以通过泵排油压力的反馈作用实现，常用的有外反馈和内反馈两种形式。下面介绍外反馈式变量泵。

外反馈式变量叶片泵的工作原理如图 12—2 所示。其转子 4 的中心 O_1 是固定的，定子 3 可以左右移动，中心为 O_2，在限压弹簧 7 的作用下，定子被推向左端，使定子中心 O_2 和转子中心 O_1 之间有一个初始偏心量 e_0，e_0 决定了泵的最大流量 $Q_{\max}$。在定子的左端装有反馈液压缸 2，其左腔与泵出口相通，泵工作时，出口压力油进入反馈液压缸的左腔，若液压缸的活塞面积为 A，则活塞受到一个向右的压力 p。设泵的工作压力为 p_B，此时定子所受液压力与弹簧力相平衡，$p_B A = KX_0$（K 为弹簧刚度，X_0 为弹簧的压缩量），p_B 称为泵的限定压力。当泵的工作压力 $p < p_B$ 时，$pA < KX_0$，定子不动，偏心距 e_0 保持不变，泵的流量为最大流量 $Q_{\max}$；当泵的工作压力 $p > p_B$ 时，$pA > KX_0$，限压弹簧被压缩，定子右移（相当于转子左移），偏心距减小，泵的流量随之迅速减小，达到泵流量自动调节的目的，这就是变量泵的工作原理。

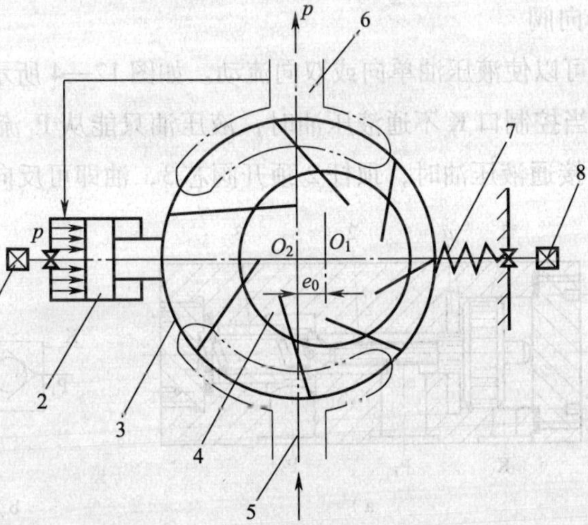

图 12—2　外反馈式变量叶片泵的工作原理

1，8—调节螺钉　2—反馈液压缸　3—定子　4—转子　5—进油口　6—出油口　7—限压弹簧

（3）双作用叶片泵

双作用叶片泵又称定量泵，它的工作原理是转子每转一转，每一个叶片往复滑动两次，吸油、压油发生两次，所以称这种泵为双作用叶片泵。又因吸油、压油口对称分布，作用在转子和轴承上的径向压力相平衡，所以又称为平衡式叶片泵。

2. 液压控制阀

液压控制阀可分为方向阀、压力阀和流量阀。数控机床中常用的方向阀有普通单向阀、液控单向阀、电磁换向阀，压力控制阀有减压阀、溢流阀、压力继电器。

（1）单向阀

普通单向阀简称单向阀，它只允许油向一个方向流动，不允许反向倒流，如图12—3所示。当液压油从 P_1 流入时，克服弹簧3作用在阀芯上的力使阀口打开，油经阀锥面流向 P_2；反之，当液压油从 P_2 流入时，液压力和弹簧压紧阀口，阀关闭，油不通。图12—3b所示为其图形符号。

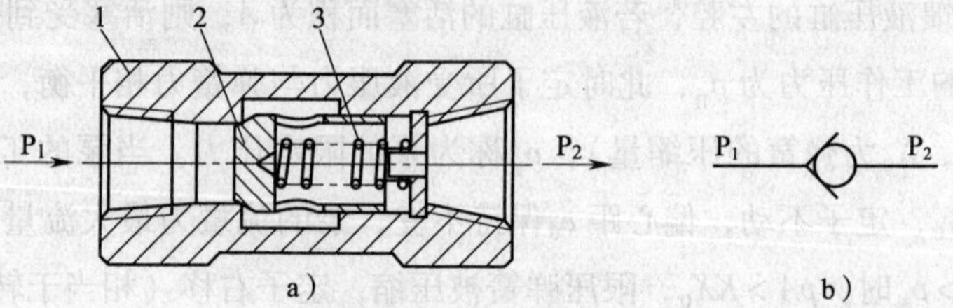

图12—3　单向阀

a）结构图　b）图形符号

1—阀体　2—阀芯　3—弹簧

（2）液控单向阀

液控单向阀可以使液压油单向或双向流动。如图12—4所示为液控单向阀的结构及图形符号。当控制口K不通液压油时，液压油只能从 P_1 流向 P_2，为单向阀作用。当控制口K接通液压油时，顶杆2顶开阀芯3，油即可反向流动。

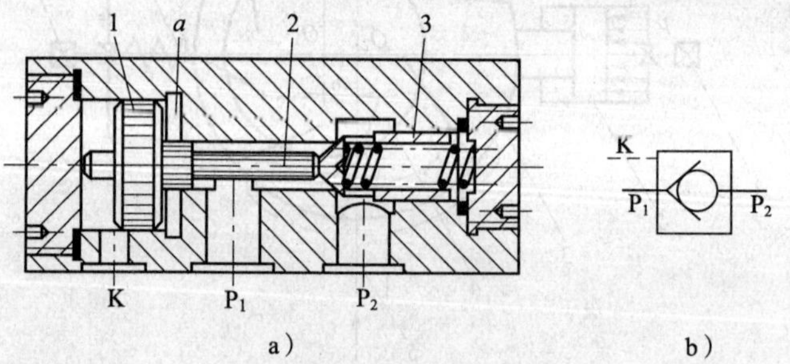

图12—4　液控单向阀

a）结构图　b）图形符号

1—活塞　2—顶杆　3—阀芯

（3）换向阀

换向阀利用阀芯和阀体间相对位置的变化来接通、断开或改变油液流动方向。换向阀的种类很多，按阀芯运动方式分为滑阀式换向阀、转阀式换向阀；按通路数分为二通、三通、四通、五通；按工作位数分为二位、三位、四位；按控制方式分为手动、机动、电磁、液动、电液动。数控机床液压回路中应用最广泛的是电磁换向阀，比较典型的是三位四通电磁换向阀。

三位四通电磁换向阀的结构如图 12—5 所示，它由阀体和阀芯组成，阀芯在阀体内滑动，属于滑阀式换向阀。滑阀有左、中、右三个位置，称为三位；每个位置都有四个口，称为四通。两端是电磁铁，通过电磁铁的吸与不吸来推动阀芯左右滑动。当断电时，滑阀在两端弹簧力作用下处于平衡位置，即阀芯在常态时处于中位；当右端电磁铁通电吸合时，衔铁通过推杆将阀芯推至左端，换向阀右位工作；当左端电磁铁通电吸合时，换向阀左位工作。从三位四通电磁换向阀的图形符号看左、中、右三位，当右端电磁铁通电时，右位处于工作状态；当左端电磁铁通电时，左位处于工作状态。

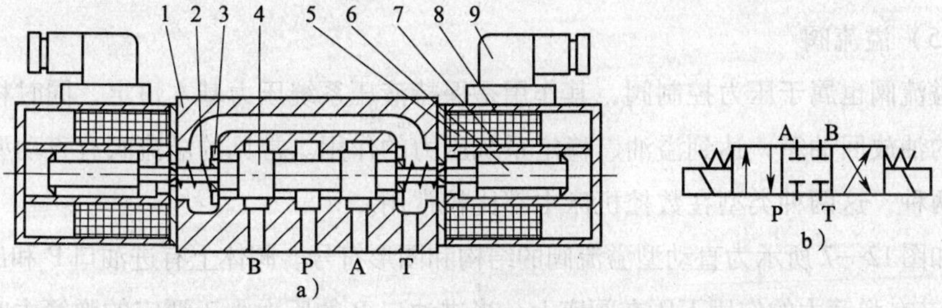

图 12—5　三位四通电磁换向阀的结构

a）结构原理图　b）图形符号

1—阀体　2—弹簧　3—弹簧座　4—阀芯　5—线圈　6—衔铁　7—隔套　8—壳体　9—插头组件

（4）减压阀

减压阀属于压力控制阀，其作用是降低系统中某一支路的油压，使其出口压力低于进口压力。减压阀分为直动型和先导型两种，先导型减压阀应用较多。

如图 12—6 所示为减压阀的结构和图形符号。压力为 p_1 的液压油从阀的进油口 A 流入，经减压口 f 减压后压力降低为 p_2，再由出油口 B 流出。同时，出油口液压油经主阀芯内的径向孔和轴向孔进入主阀的左腔和右腔，并以出油口压力作用在先导阀锥面上。当出油口压力未达到先导阀的调定值时，先导阀关闭，主阀芯左、右两腔压力相同，主阀芯在弱弹簧力作用下处于最左端，减压口开度 X 值为最大，压降最小，阀处于非工作状态。当出油口压力升高并超过先导阀的调定值时，先导阀被打开，主阀弹簧腔的油由泄油口 Y 流回油箱。此时主阀芯两端产生压力差，主阀芯会向右移，使减压口开度 X 值减小，压降增大，使出油口压力降低，直至达到先导阀调定的数值为止。反之，当出油口压力减小时，主阀芯左移，减压口开大，压降减小，使出油口压力回升到调定值。由于减压阀会自动调节 X 值，从而保持出油口压力值不变。

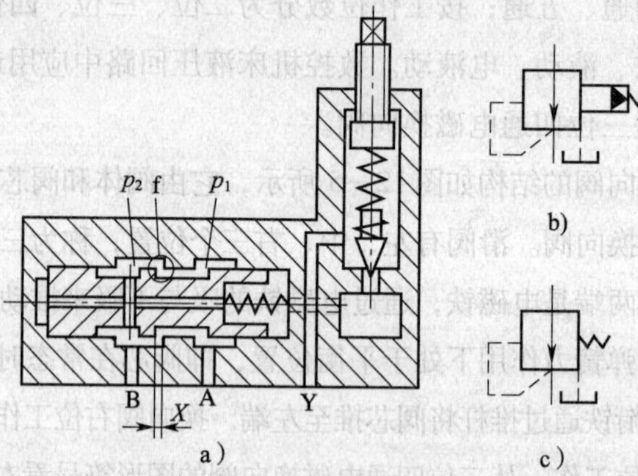

图 12—6　减压阀

a）结构图　b）先导型符号　c）一般符号

（5）溢流阀

溢流阀也属于压力控制阀，其作用是保持液压系统压力基本恒定，同时将系统多余的油放回油箱，达到溢油、稳定系统压力的作用。常见的溢流阀有直动型和先导型两种，这两种类型在数控机床中都比较常用。

如图 12—7 所示为直动型溢流阀的结构和图形符号。阀体上有进油口 P 和出油口 T，阀芯在弹簧力的作用下压在阀座上。当进油口 P 的压力小于调定的弹簧力时，阀口关闭；当进油口 P 的压力超过弹簧力时，阀芯被顶离阀座，阀口打开，油液便从出油口 T 流回油箱，从而保证压力基本恒定。调节弹簧的预压力，便可调整溢流压力。

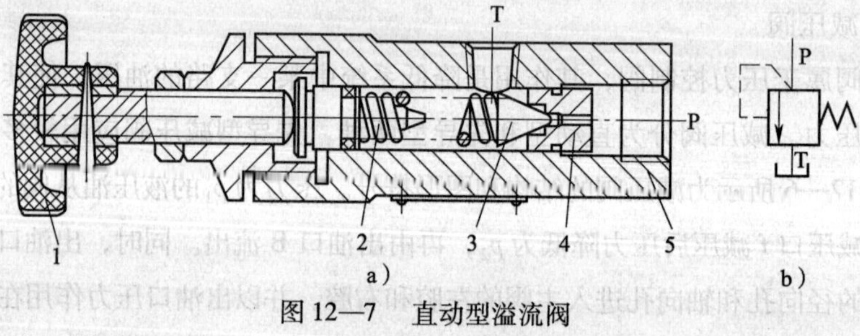

图 12—7　直动型溢流阀

a）结构图　b）图形符号

1—手轮　2—调压弹簧　3—阀芯　4—阀座　5—阀体

直动型溢流阀结构简单，灵敏度较高，但调压稳定性差，故不适于在高压、大流量系统中工作。

（6）压力继电器

压力继电器是利用油路中油的压力来开闭电气微动开关的触点，从而达到机床电气自动控制的目的。

如图 12—8 所示为压力继电器的结构和图形符号。当进油口 P 的压力达到压力继电器调定压力时，作用在柱塞 1 上的油压力通过顶杆 2 使微动开关的触点闭合，发出电信号，电信号传给机床 PMC，PMC 指令下一个电气元件（如电磁阀的电磁铁、电磁离合器开关等）动作，实现液压系统的自动控制。

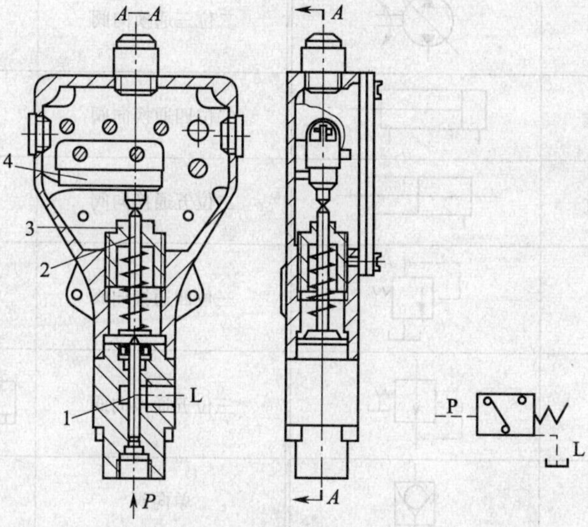

a）　　　　　　b）

图 12—8　压力继电器

a）结构图　b）图形符号

1—柱塞　2—顶杆　3—调节螺钉　4—微动开关

二、数控机床液压系统原理图

数控机床的液压系统原理图是用液压元件的图形符号来表达的。只有读懂液压系统原理图，才能理解该液压系统的工作原理，进而掌握液压系统的调试方法。

1. 液压元件图形符号

表 12—1 列出了常用液压与气动元件的图形符号。因气动和液压相类似，图形一样，故将两种元件的图形符号放在一起。

表 12—1　　　　常用液压与气动元件的图形符号

名称	符号	名称	符号
单向定量液压泵	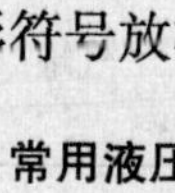	双向定量液压泵	

续表

名称	符号	名称	符号
单向变量液压泵		二位二通换向阀	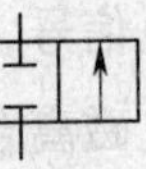
双向变量液压泵		二位三通换向阀	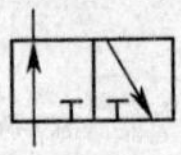
双作用单活塞杆缸	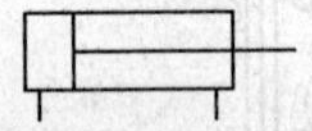	二位四通换向阀	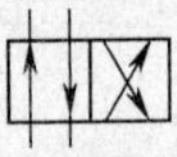
双作用双活塞杆缸	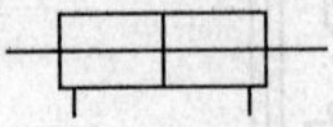	二位五通换向阀	
直动型溢流阀	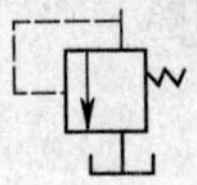	三位四通换向阀	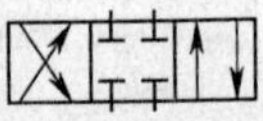
直动型减压阀	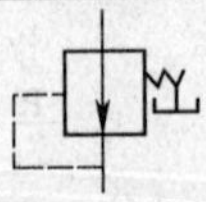	三位五通换向阀	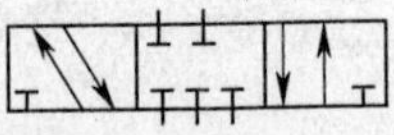
液控单向阀		单向阀	
不可调节流阀		过滤器	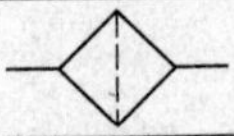
可调节流阀		分水排水器	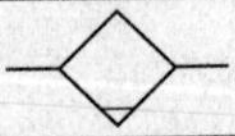
可调单向节流阀	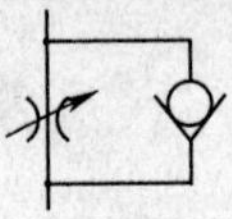	空气过滤器	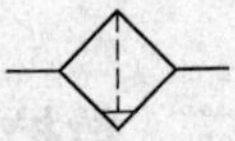
液压锁	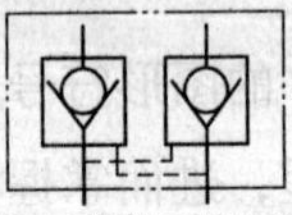	油雾器	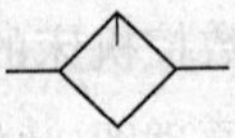
压力继电器	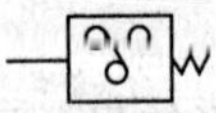	蓄能器	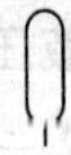
先导型减压阀	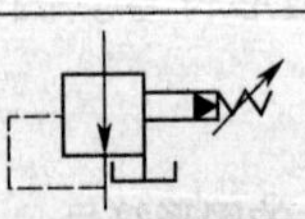	气罐	
消声器	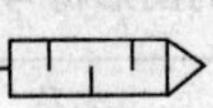	气压源	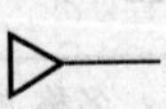
压力计		液压源	
截止阀		电动机	

2. 数控车床液压系统原理图分析

在数控车床上应用液压控制的部件包括液压卡盘的夹紧和松开、尾座的顶紧和退出、防护罩拉门的开启和关闭等。

如图 12—9 所示为 CKA6150 型数控车床液压系统原理图。机床采用单向变量叶片泵，油箱的油经过滤油器（1）进入变量泵（2），成为压力油后经过单向阀（3）（此处压力表测得的油压为系统压力，需调整到 3.5 MPa），然后进入两个回路，即卡盘液压缸回路和尾座液压缸回路。进入卡盘液压缸回路后，先经过一个单向阀（4），进入直动型减压阀，出来的油压为 1 ~ 2.5 MPa，再进入二位四通电磁换向阀（6），换向阀电磁铁 YV1 得电，压力油进入卡盘液压缸的右腔，液压缸的活塞向左收回，主轴上的卡爪收拢，工件被夹紧，夹紧力的大小由减压阀（5）来调整，在液压缸的进、出油路上设置了压力继电器（7）和（8），使得卡盘夹紧力达到设定值后才能发出指令。如果液压缸的压力下降，也会发出指令，起到失压保护作用。另外，为了更加保险，电磁换向阀（6）采用自锁型，这样可以防止停电或其他情况下卡盘自动松开。卡盘松开时，YV2 得电，压力油进入卡盘液压缸的左腔，液压缸的活塞向右推出，右腔的液压油流回油箱，卡盘松开。

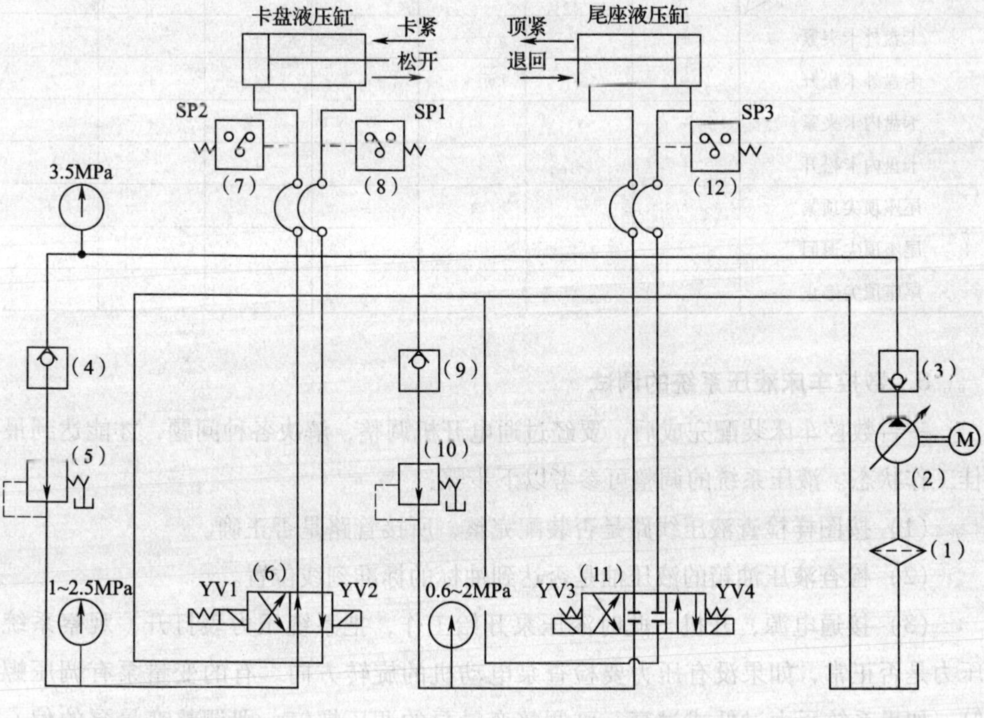

图 12—9　CKA6150 型数控车床液压系统原理图

压力油的另一个回路是尾座液压缸回路，当电磁换向阀（11）的滑阀处于中间位置时，即两端电磁铁都不通电，这一回路不通油。当电磁铁 YV3 得电时，电磁换向阀（11）处于左位工作，压力油先经单向阀（9）到减压阀 10（减压额定值为 0.6 ~ 2 MPa），通过电磁换向阀（11）进入尾座液压缸的右腔，尾座顶尖向左，顶尖顶紧工件。当压力达到压力继电器的额定值时，向电路发出指令，传给 PMC，执行下一个主轴旋转指令。当电磁铁 YV4 得电时，压力油进入尾座液压缸的左腔，尾座液压缸右腔的油流回油箱，顶尖退回，尾座完成一个往复运动。

液压控制系统是靠电信号来动作的，电信号控制 YV1 ~ YV4，它们分别代表两个电磁换向阀的四个电磁铁，如 YV1“+”表示该电磁铁得电。SP1，SP2 和 SP3 分别代表压力继电器的三个微动开关，工作时只有它们发令，才表示该动作完成，如 SP1“+”表示此时卡盘液压缸已夹紧，负号表示失电（负号可以省略）。表 12—2 所列为电磁铁动作表，它表明了各电磁换向阀和压力继电器正确动作的顺序。

表 12—2　　　　**电磁铁动作表**

液压缸动作 \ 电磁铁序号	YV1	YV2	YV3	YV4	SP1	SP2	SP3
卡盘外卡夹紧	+	−			+		
卡盘外卡松开	−	+				+	
卡盘内卡夹紧	−	+				+	
卡盘内卡松开	+	−			+		
尾座顶尖顶紧			+	−			+
尾座顶尖退回			−	+			
尾座顶尖停止			−	−			

3. 数控车床液压系统的调试

一台数控车床装配完成后，要经过通电开机调整，解决各种问题，才能达到最佳工作状态。液压系统的调整可参考以下步骤：

(1) 按图样检查液压线路是否装配完整，所接管路是否正确。

(2) 检查液压油箱的液压油是否达到油标的标准刻线位置。

(3) 接通电源，开机，此时液压泵开始工作，把系统压力表打开，观察系统压力是否正常，如果没有压力要检查泵电动机的旋转方向。有的变量泵有调压螺钉，如果系统压力过低或过高，可调整变量泵的调压螺钉，即调整变量泵的偏心距，从而调整输出液压油的流量。

（4）系统压力达到要求，例如，达到 3.5 MPa 后，再调整两个支回路的压力，减压阀（5）调整到 1～2.5 MPa，减压阀（10）调整到 0.6～2 MPa。

（5）检查卡盘液压缸动作是否正确。例如，卡盘外卡夹紧时是 YV1 得电，夹紧后 SP1 是否发出信号，简单的方法可观察电磁铁和压力继电器的红灯是否亮。如果动作反向，可能是 YV1 与 YV2 线接反了。

（6）同理，检查尾座液压缸动作是否正确。

（7）系统运行中要检查系统各连接部位是否有液压油渗漏现象，发现问题应立即解决。

4. 加工中心机床液压系统原理图分析

液压控制系统多用于卧式加工中心机床上，HD—40 型卧式加工中心机床的刀具交换和刀具夹紧就是用液压来控制的。如图 12—10 所示为 HD—40 型卧式加工中心机床液压系统原理图。表 12—3 所列为该机床的电磁铁工作表。结合工作表，可以帮助理解 HD—40 型加工中心机床液压系统原理图。

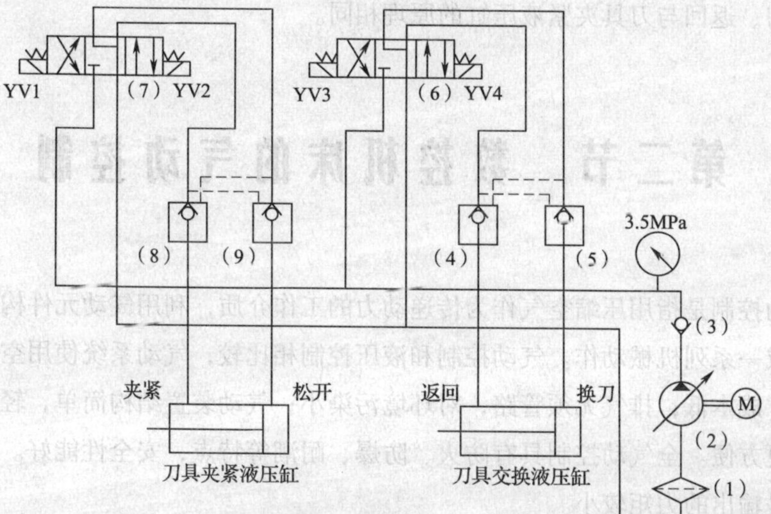

图 12—10　HD—40 型卧式加工中心机床液压系统原理图

表 12—3　　　电磁铁工作表

电磁铁序号 / 液压缸动作	YV1	YV2	YV3	YV4
刀具夹紧液压缸夹紧	+			
刀具夹紧液压缸松开		+		
刀具交换液压缸换刀				+
刀具交换液压缸返回			+	

HD—40 型加工中心机床液压系统中采用了三位四通电磁换向阀（6）和（7）；单向阀（3）的作用是当电动机停电时防止回路中压力油倒流。此油路有两个回路，一路控制刀具夹紧，另一路控制刀具交换。从电磁换向阀出来的两个管路分别有两组液控单向阀，组成了称为“液压锁”的油路，这是该系统原理图的一个特点。

当油泵电动机启动后，液压油经过滤器进入变量泵，出来的压力油经单向阀（3）到两个电磁换向阀（6）和（7），当 YV1 得电时，电磁换向阀（7）左位工作，压力油通过液控单向阀（8）进入刀具夹紧液压缸的左腔，液压缸活塞杆缩回，主轴刀具被夹紧；此时回油经过液控单向阀（9）到回油管，排入油箱。液控单向阀（9）的开启是由于单向阀（8）的进油口连通单向阀（9），只要单向阀（8）进油，液控单向阀（9）就被打开，液压缸的油就会经液控单向阀（9）流出。但只要液压缸活塞运动到一端，动作完成，YV1 失电，滑阀又恢复中位，两个单向阀会立刻单向关闭，液压缸在高压油的作用下保持原有位置不动。刀具交换液压缸的换刀、返回与刀具夹紧液压缸的原理相同。

第二节　数控机床的气动控制

气动控制是指用压缩空气作为传递动力的工作介质，利用气动元件构成控制回路，完成一系列机械动作。气动控制和液压控制相比较，气动系统使用空气作为工作介质，成本低；排气无须管路，对环境污染小；气动装置结构简单，轻便，安装及维护更方便。全气动控制具有防火、防爆、耐潮等特点，安全性能好。气动控制的缺点是输出的力矩较小。

一、数控机床的气动元件

气动传动系统由以下几部分组成：气源装置，包括空气压缩机、储气罐、油水分离器、过滤器、干燥器等；执行元件，驱动执行机构往复运动，如气缸等；控制元件，控制、调整压缩空气的压力、方向、流量，如压力阀、换向阀、节流阀等；辅助元件，用来解决气动元件内部润滑、排气噪声、元件间的管路连接、信号转换、显示、检测等问题。

1. 气源设备

气源设备又称动力部分，其功用是为气动控制系统提供合格的压缩空气。其工作原理是：空气压缩机将空气压缩成高压气体，首先送到储气罐。储气罐有压力控制机构，当储气罐的压力升高到调定压力时，空气压缩机的电动机停转；储气罐的压力降到调定压力时，电动机又重新启动。从气源设备来的高压气体不能直接进入数控机床，要经过过滤处理。小型气动系统常采用分水过滤器，通常过滤器和减压阀、油雾器组装在一起，称为气源调节装置。过滤器是将气源中的水分离出来，减压阀是将从气源来的高压空气减压到适合机床要求的压力。油雾器是一种特殊的注油装置，其作用是以压缩空气为动力，把润滑油雾化后注入气流中，并随气流进入需要润滑的部件，以达到润滑的目的。气源调节装置与分水过滤器如图 12—11 所示。

2. 普通气缸

普通气缸有单作用气缸和双作用气缸两种。普通气缸一般由缸筒、前缸盖、后缸盖、活塞、活塞杆、密封件、紧固件等组成，其工作原理与液压缸相同，通过气缸左、右腔进气和排气的交替进行，活塞杆伸出和退回，气缸实现往复直线运动。由于气缸一般运动较快，气缸盖上设置缓冲装置，缓冲装置由缓冲柱塞、缓冲密封圈、缓冲节流阀组成，可防止运动中的撞击，降低气缸运动的噪声。如图 12—12 所示为普通双作用气缸。

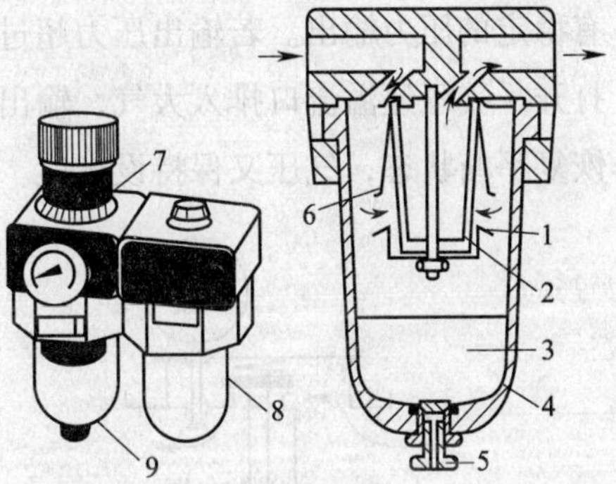

图 12—11　气源调节装置与分水过滤器

1—挡水板　2—滤芯　3—冷凝物　4—滤杯
5—排放螺栓　6—旋风挡板　7—减压阀
8—油雾器　9—过滤器

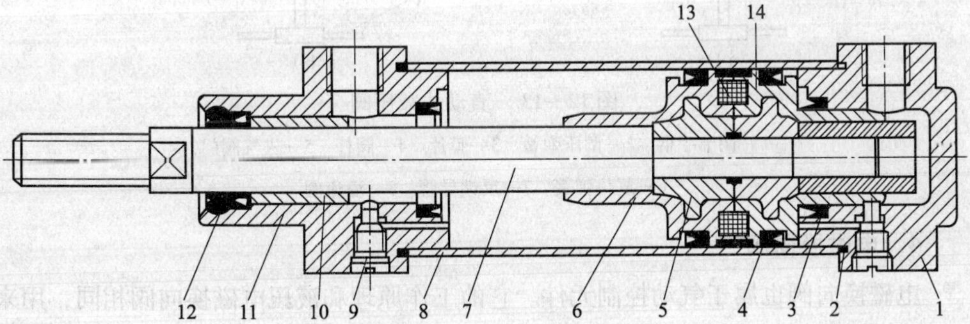

图 12—12　普通双作用气缸

1—后缸盖　2—密封圈　3—缓冲密封圈　4—活塞密封圈　5—活塞　6—缓冲柱塞
7—活塞杆　8—缸筒　9—缓冲节流阀　10—导向套　11—前缸盖
12—防尘密封圈　13—磁铁　14—导向环

3．减压阀

减压阀属于气动控制元件。从气源来的空气的压力一般都要高于机床所需的压力，这就需要用减压阀减压，并保持气压的平稳。减压阀的调压方法有直动式和先导式两种。直动式是借助弹簧力直接调压的方式，而先导式是用调整好的气压来代替直动式的调压弹簧进行压力的调整。所以，先导式减压阀的特性比直动式减压阀好。与先导式减压阀相比较，直动式减压阀原理简单，成本低。下面介绍直动式减压阀。

如图 12—13 所示为直动式减压阀。顺时针旋转调节手柄，调压弹簧被压缩，推动膜片和阀杆上移，进气阀门打开，在输出口有气压输出。同时，输出气压经反馈导管作用在模片上产生向下的推力。当向下的推力与弹簧作用力相互平衡时，阀有稳定的压力输出。若输出压力超过弹簧力调定值，膜片继续向下变形，溢流口被打开，气压经溢流口排入大气，输出的气压又回到调定值，之后溢流口关闭，膜片恢复平衡状态，气压又保持设定值。

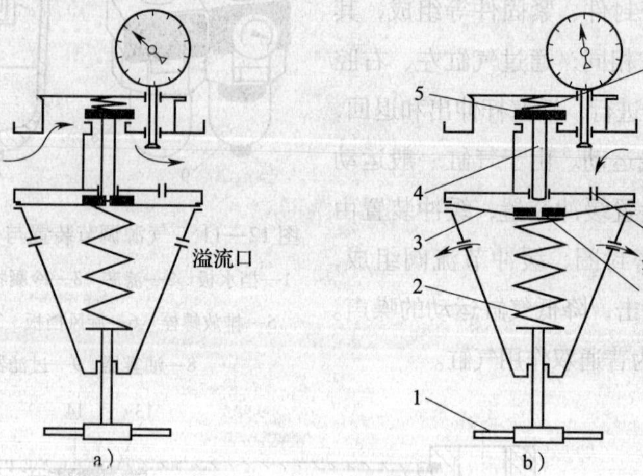

图 12—13　直动式减压阀

1—调节手柄　2—调压弹簧　3—膜片　4—阀杆　5—进气阀门

6—复位弹簧　7—反馈导管　8—溢流阀

4．电磁换向阀

电磁换向阀也属于气动控制元件。它的工作原理和液压电磁换向阀相同，用来改变气流流动方向。电磁换向阀由电磁铁和主阀组成，主阀由阀体和阀芯组成。

如图 12—14 所示为双电控直动式电磁阀的工作原理图。图 12—14a 所示为电磁铁 1 通电、电磁铁 2 断电状态，阀芯 3 被推至右侧，A 口输出，B 口排气；若电磁铁 1 断电、电磁铁 2 通电，如图 12—14b 所示，阀芯被推至左侧，B 口输出，A 口排气。

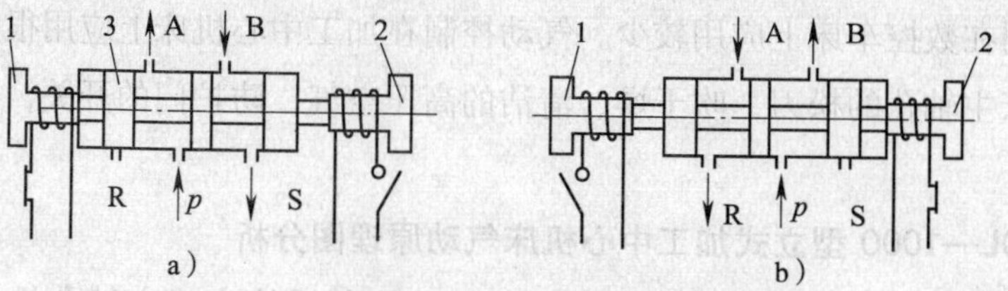

图 12—14　双电控直动式电磁阀的工作原理图

a）1 通电、2 断电状态　b）1 断电、2 通电状态

1，2—电磁铁　3—阀芯

直动式电磁阀结构简单、紧凑，换向频率高，但其行程受电磁铁吸合行程的限制，只适用于小型阀。

5. 单向节流阀

单向节流阀是由单向阀和节流阀组合而成的流量控制阀，常用做气缸的速度控制，故又称为速度控制阀，如图 12—15 所示。这种阀仅对一个方向的气流，即由 P 到 A 时进行节流控制；当气流由 A 到 P 时，气流通过单向阀自由流过。此阀常用于单向节流调速回路中。

6. 消声器

在气动系统中，压缩空气直接向大气排放，由于阀体内气路十分狭窄，压缩空气又以高速度从排气口排出，压缩空气急速膨胀会产生很大的噪声，气体压力越高，排气速度越快，噪声越高，因此，需要用消声器来降低排气的噪声。消声器如图 12—16 所示。

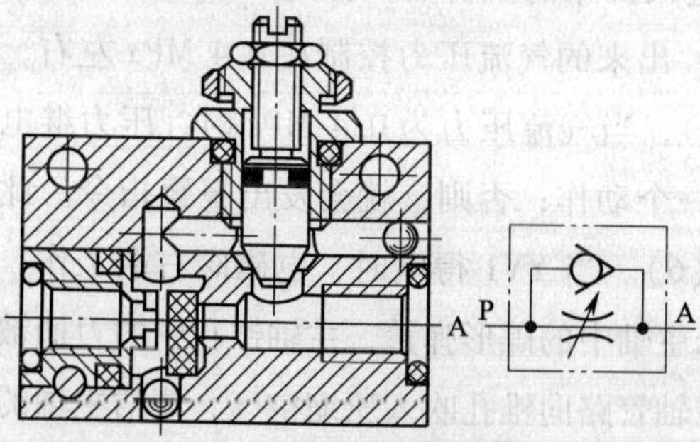

图 12—15　单向节流阀

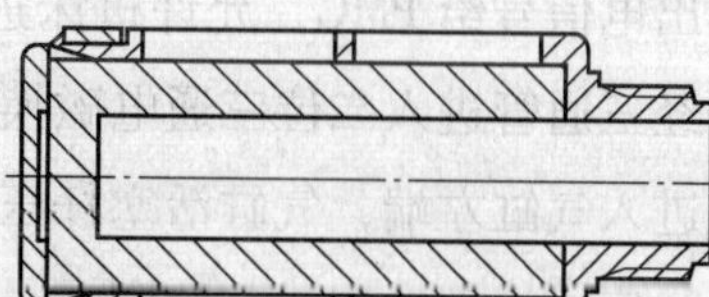

图 12—16　消声器

消声器的种类很多，有阻性消声器、抗性消声器、阻抗复合式消声器、多孔扩散式消声器等。通常将多孔扩散式消声器用于消除高速喷射气流的噪声。消声材料用铜颗粒烧结而成，也有用塑料制成的。

二、数控机床气动原理图的分析

气动控制在很多方面具有液压控制的特点，但由于气动控制常用压力较小，所以气动控制在数控车床上应用较少。气动控制在加工中心机床上应用很广泛，如加工中心机床主轴孔的松刀，吹干燥、清洁的高压空气，防护门的开关，冷却油雾的生成等。

1. VDL—1000 型立式加工中心机床气动原理图分析

VDL—1000 型立式加工中心机床利用气动控制系统完成主轴孔松刀动作以及向主轴锥孔吹风并清洁内锥面的动作。如图 12—17 所示为 VDL—1000 型立式加工中心机床的气动原理图。

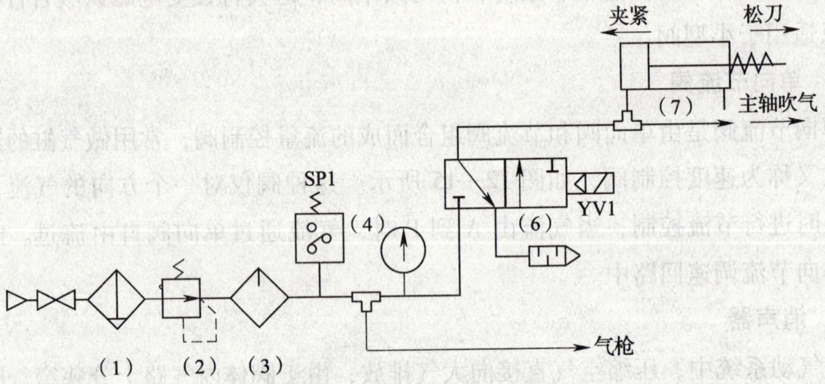

图 12—17 VDL—1000 型立式加工中心机床的气动原理图

气源是车间管道中来的高压气流，一般要求达到 0.6 MPa。由于气压站来的气流往往带有水分和杂物，这是不允许进入机床的。所以，首先要经过分水过滤器 (1)，经过减压阀（2）和油雾器（3），出来的气流压力控制在 0.4 MPa 左右，在油雾器后的管路上接有压力继电器（4），当气流压力为 0.4 MPa 时，压力继电器发出电信号给 PMC，允许机床进行下一个动作；否则，就会发出报警指令。此气流经三通管进入二位三通电磁换向阀（6）。当 YV1 得电时，电磁阀右端工作，气流进入气缸左端，气缸活塞杆压缩机床主轴中的碟形弹簧，主轴锥孔中的刀柄被松开，完成松刀动作。与此同时，通过主轴管路向锥孔吹入压缩空气，清洁主轴的内锥孔。气枪由三通管接出，用于清洁工件。

2. HD—40 型卧式加工中心机床气动原理图分析

HD—40 型卧式加工中心机床气动控制系统能完成主轴锥孔的吹风动作，利用压缩空气来防护、阻挡油雾气体的外溅；利用压缩空气产生油雾进入主轴，润滑主轴轴承；完成刀库换刀防护门的开启与关闭动作。

如图 12—18 所示为 HD—40 型卧式加工中心机床的气动原理图。从气源来的压力空气（0.6 MPa）经起开关作用的截止阀（1）进入分水过滤器（2），经过减压阀（3），压力调整到0.4 MPa，进入油雾器（4），加入适当的油滴，雾化后进入二位三通电磁换向阀（6），此时压力继电器（5）是带电的，当压力达到0.4 MPa时，开关发令，传给PMC，说明气源工作正常。当YV1得电时，压力气流就进入三个工作区的回路。第一个工作区为锥孔吹风、气密封，第二个工作区为主轴油雾润滑，第三个工作区为防护门工作区。第一个工作区有两个回路，一路为锥孔吹风，另一路为气密封。锥孔吹风用了一个二位三通阀，排气口采用消声器，从电磁换向阀出来的气流进入单向节流阀（8），单向节流阀对进入主轴锥孔的气流进行节流控制，即气流的大小可以控制，其旁路的单向阀是关闭的，反向时气流可以通过开启的单向阀自由流出，此阀用在进气时可以调整气流的大小，而排气又十分畅通。第二支路为气密封，也用了一个单向节流阀（9）。第二个工作区利用压力气流产生油雾对机床主轴进行润滑。气流先通过减压阀（10），当压力调整到0.15 MPa后进入油雾润滑装置，产生的油雾气体进入主轴进行润滑，此油雾还具有使主轴轴承冷却的功能。第三个工作区是换刀防护门，压力气流通过三位五通换向阀（15），当YV4得电时，电磁阀右端工作，压力气流经过单向节流阀（12）进入气缸*B*端，防护门关门；当YV5得电时，压力气流经过单向节流阀（11）进入气缸*A*端，防护门打开。电磁换向阀（15）的排气口分别装有消声器（13）和（14）。

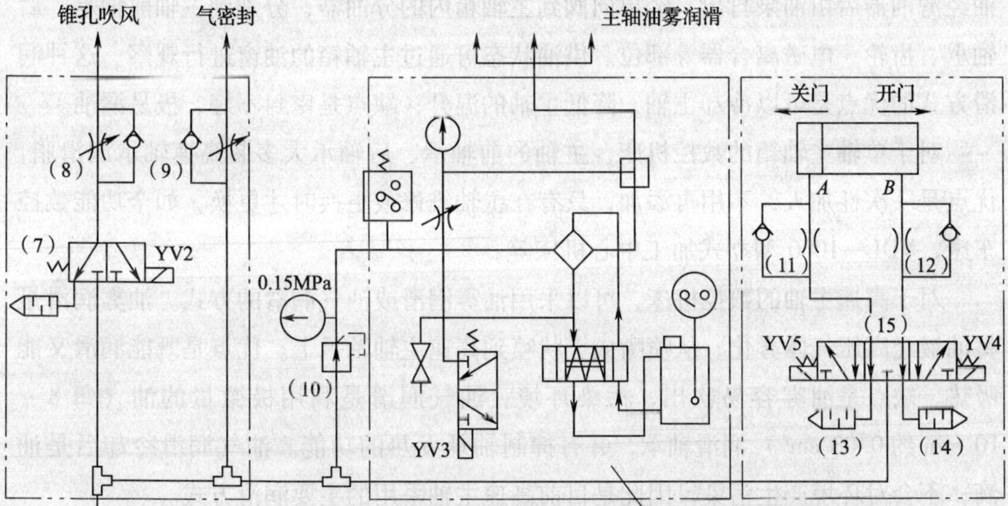

图12—18　HD—40型卧式加工中心机床的气动原理图

第三节　数控机床的润滑

现代数控机床具有高速、高精度、高可靠性的特点，为了延长机床的使用寿命，长期保持其良好的动态性能和运动精度，数控机床的润滑系统是必不可少的重要部件。

数控机床常用的润滑方式有两种，即油润滑和脂润滑。其中油润滑有大流量循环式润滑系统、油雾润滑系统、集中润滑系统；脂润滑一般密封在轴承中，在装配机床时装入，使用中根据机床说明书要求进行补充或更换。

一、数控机床的主轴润滑

数控机床的主轴润滑方式有油液循环式润滑、油脂润滑、油雾润滑等。对于有齿轮变速的数控车床，多使用大流量油液循环式润滑。经济型数控车床（如CKA6150型）的主轴润滑就采用这种形式。润滑油箱和油泵放在前床腿内，润滑油经滤油器后由油泵打出，经单向阀到主轴箱内的分油器，分别到主轴前轴承、后轴承、齿轮、电磁离合器等部位。供油状态可通过主轴箱的油窗进行观察。这种润滑方式的优点是可以冷却主轴，降低主轴的温升；缺点是密封不好，极易漏油。

对于单轴主轴箱的数控机床，主轴的前轴承、后轴承大多装高速轴承润滑脂，优点是一次性加入，不用再添加，只有在主轴维修或更换时才更换，如全功能数控车床、VDL—1000型立式加工中心机床等。

对于高速主轴的数控机床，可以采用油雾润滑或油气润滑的方式。油雾润滑是将油液经高压气体雾化，从喷嘴成雾状喷到高速主轴轴承上。优点是既能润滑又能吸热，缺点是油雾容易吹出，污染环境。油气润滑是利用极微量的油（每8～10 min约0.03 cm^3）润滑轴承，并有抑制轴承发热的功能。油气润滑冷却后是油滴，不会对环境产生污染，因此是目前高速主轴采用的主要润滑方式。

二、数控机床的集中润滑系统

目前，数控机床的导轨、滚珠丝杠副的润滑绝大多数使用集中润滑供油系统完成，它是一个自成体系的功能部件，配置独立的润滑泵、压力表、滤油器、连接体、抵抗式计量件，组成一个完整的供油系统。集中润滑系统的特点是能够定时、定量向各润滑点注油，完全是自动设置，无须人工干预。

1．数控机床集中润滑系统的元器件

（1）润滑泵

集中润滑系统的润滑泵种类繁多，有 MMXL—Ⅲ型自动活塞式润滑泵、AMR 系列稀油电动润滑泵、L—8 型手动稀油润滑泵等。自动活塞式润滑泵采用机械间歇机构，由交流 220 V 微型同步电动机驱动，通过驱动不同传动比的齿轮减速来确定间歇供油时间，另有手动拉杆，调试时可先用手动供油。自动活塞式润滑泵操作简单，性能可靠，并设有低油位发信器，能向操作者发出加油警告，如图 12—19 所示。

AMR 型润滑泵的特点是供油时间由主机 PMC 控制，可以自由设定。此泵内设有压力控制器和断流保护开关。

手动润滑泵是手压式，压力可达 0.5 MPa，使用方便。

（2）连接体和滤油器

连接体是安装在泵与计量件之间的分配器，从主管路来的油经过连接体被分配到各个润滑点。连接体分为单向连接体和双向连接体，如图 12—20 所示。

图 12—19　自动活塞式润滑泵

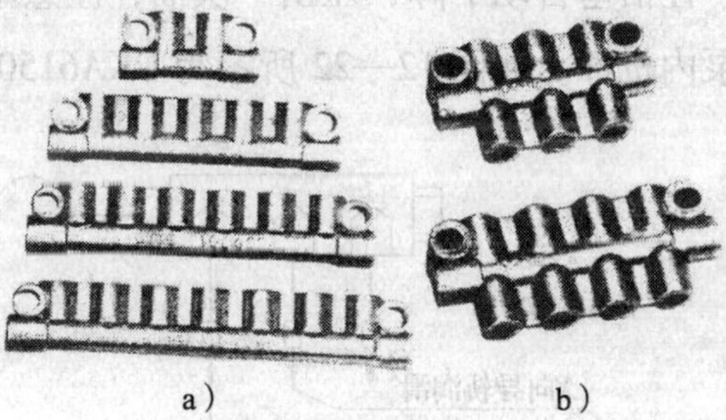

a）　　b）

图 12—20　连接体

a）单向连接体　b）双向连接体

滤油器的作用与液压系统滤油器的作用相同。滤油器常用的型号为 FY—20，过滤的稀油规格为小于 20 μm 的颗粒。

（3）抵抗式计量件

抵抗式计量件又称间歇式计量件，其内部结构如图 12—21 所示。润滑油由上口进入，通过过滤网、针状限流杆（它的粗细决定每次出油量）后进入单向阀。单向阀的锥形弹簧顶住阀口。当润滑泵每隔一段时间压一次油时，油经单向阀进入润滑点；当润滑泵不压油时，计量件的单向阀弹簧顶住阀口，不允许油进入，上口的油作为储备，为下一次供油做准备。

2. 数控车床与加工中心机床集中润滑系统原理图分析

CKA6150 型数控车床选用 MMXL—Ⅲ—15/5.5 型自动活塞式润滑泵。每隔 15 min 供出 5.5 mL 润滑油，通过管路及计量件送到各润滑点。CKA6150 型数控车床的润滑点有 6 个，其中包括横滑板导轨润滑点两个，*X* 轴丝杠螺母润滑点一个，床鞍导轨润滑点两个，*Z* 轴丝杠螺母润滑点一个，均采用稀油定时、定量供给进行润滑。

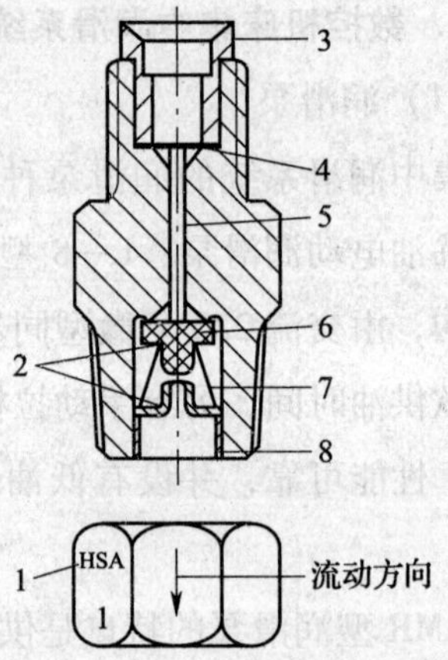

图 12—21　抵抗式计量件的内部结构

1—型号　2—单向阀　3，8—金属管基　4—过滤网　5—针状限流杆　6—密封件　7—锥形弹簧

机床首次启动时，应先启动集中润滑器，待各油路充满油后再开动机床，以防止机床各运动部件在无油条件下工作，造成磨损。为了缩短各油路充满油的时间，可以使用润滑泵中的手动拉杆，用手动方式快速向油路充油，操作方法十分简便。将手动拉杆拉至上极限后松手，让活塞自动下降，压出一次油，注意不能用手按压手动拉杆强行排油，以免损坏泵内机件。如图 12—22 所示为 CKA6150 型数控车床集中润滑系统原理图。

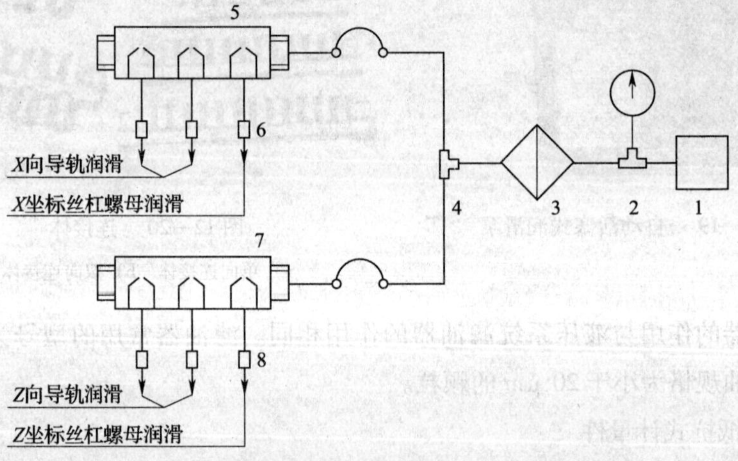

图 12—22　CKA6150 型数控车床集中润滑系统原理图

1—MMXL—Ⅲ—15/5.5 润滑泵　2—压力表　3—过滤器　4—三通　5，7—抵抗式连接体　6，8—抵抗式计量件

VDL—1000 型加工中心机床的集中润滑系统选用 MMXL—Ⅲ—30/5.5 型自动活塞式润滑泵，每隔 30 min 供出 5.5 mL 润滑油，5.5 mL 是每次供出的最大油量。此油

量可以调整，在手动拉杆上有刻线，分别为5.5，4.5，3.5和2.5 mL，有调整螺母和锁紧螺母，可用来调整。VDL—1000型加工中心机床润滑系统原理图与CKA6150型数控车床集中润滑系统基本相同，只是多出了Y向导轨与Y向丝杠螺母的润滑。

由MMXL—Ⅲ型自动活塞式润滑泵、抵抗式连接体、抵抗式计量件组成的润滑系统能向主油管长6 m、高4 m，约50个以下的润滑点提供定量的润滑油，无论润滑点距油泵距离远还是近，位置高还是低（在6 m×4 m范围内），各点的供油量是一定的。因为抵抗式计量件每次输出的油量是一定的，并且每次输出后都会为下一次送油做好准备。

第四节　数控机床的冷却系统

一、数控机床冷却系统的种类

数控机床的冷却系统可分为对机床自身的冷却以及切削加工时对刀具和工件的冷却。

数控机床属于高精度、高效率、高成本的加工设备，要求长期工作，甚至24 h不停机连续作业，机床各运动部件的发热量大。机床主轴的热变形、主轴轴承的使用寿命等都与发热有关。另外，电气柜中的电气元件长期工作，产生的热量用传统的风扇强制循环通风已解决不了问题，尤其是环境温度高的情况下问题更为严重。因此，对高精度、高速主轴的数控机床温度和灰尘的控制，以及主轴冷却和电气柜的冷却十分必要。

对刀具及工件的冷却分为外冷却和内冷却两种。刀具外冷却是常见的冷却方式，切削液通过冷却水管开关控制，在切削加工中喷向工件和刀具。刀具内冷却是冷却水管通过刀具内部由刀具切削刃附近的孔向外喷出，这种方式对延长刀具寿命、发挥数控机床的效率、顺利排出切屑等具有很好的作用，特别是深孔加工时效果尤为明显。

二、数控车床的冷却系统

CKA6150型数控车床的刀具冷却装置安装在后床腿内，切削液由冷却泵抽出，经由冷却管路送至机床床鞍，由床鞍经管路至滑板，由刀架上的喷嘴喷向刀具和工件。该机床的刀架为内冷却刀架，即四方刀架上四把刀的位置上分别有四个可调整方向的喷水口，切削液可经刀架参与加工的那个角的喷水口喷出，这是该机床冷却的一个特点。当机床采用卧式六工位刀架时，冷却系统为外循环，由安装在床鞍后部的冷却系统软管将切削液送至切削部位，切削液流量的大小可通过旋转安装在冷却支杆上的锥阀来调整。切削液中常起冷却作用的是乳化液。

三、加工中心机床的冷却系统

加工中心机床的冷却可分为对主轴的冷却以及对刀具、工件的冷却。对主轴的冷却有三种形式，乳化液通过主轴内腔的套筒进行循环冷却，用冷却的油通过主轴内腔套筒进行循环冷却，以及用处理过的水通过主轴内腔套筒进行冷却。目前推广应用的是前两种，后一种的水处理还有待进一步完善。

加工中心机床的刀具冷却分为外冷却和内冷却两种。刀具外冷却是最常见的冷却方式，切削液通过管路直接喷向刀具和工件被切削部位。刀具内冷却又分为两种，一种是切削液通过机床主轴中心孔进入刀具内孔；另一种是切削液通过刀柄侧面进入刀具内孔。下面介绍的是切削液通过主轴中心孔进入刀具内孔的实例。

如图 12—23 所示为 VDL—1000 型加工中心机床内冷主轴和刀具的工作原理图。图中有两个回路，一个回路来自切削液箱，即水箱中的切削液，经高压水泵进入二位二通电磁换向阀3，进入单向阀4，进入主轴上方的回转式转头9，通过主轴中心孔后进入锥孔中刀柄的内部小孔，再经过刀具内孔到刀具刃部喷水口喷到切削表面。另一个回路是由空压站来的压缩气体经过滤、干燥、减压后进入二位二通电磁阀6，当接到信号，电磁阀导通后进入单向阀，再经过三通 8 进入回转式转头 9，通过主轴中心孔吹向主轴锥孔，清洁锥面。为了防止气液混合，在三通接头之前分别设有单向阀。

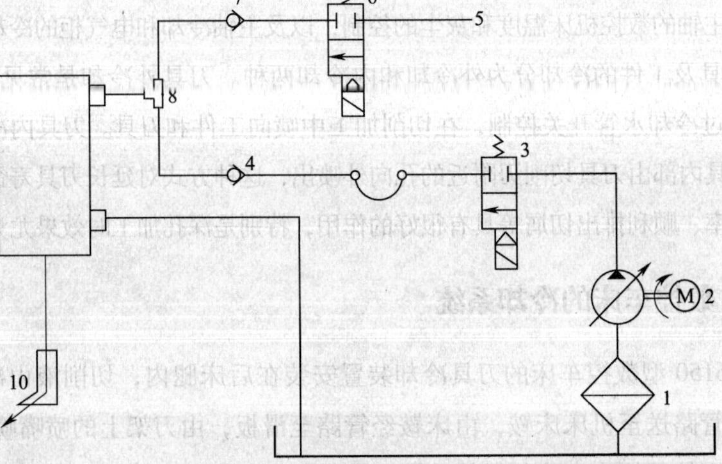

图 12—23　VDL—1000 型加工中心机床内冷主轴和刀具的工作原理图

1—过滤器　2—高压水泵　3，6—二位二通电磁阀　4，7—单向阀　5—压缩空气　8—三通　9—主轴上方回转式转头　10—刀具

第五节　液压、气动系统的故障与维修

一、液压系统的维护

液压系统主要由液压泵、液压阀、液压缸、管路等组成，工作介质是液压油。整个系统是由机械、液压、电气组成的统一体。要弄清楚液压系统的故障，就需要分析造成液压系统故障的原因，一般有三种情况：一是由于设计不合理或不完善引起；二是安装有失误，使零部件运转不正常；三是由于操作及使用不当，维护、保养不及时引起。第一种情况需要进行改装、完善，后两种情况可以通过维修和调整来解决。以上是从设计、安装、使用和维护等方面进行分析。还可从正常的工作状态去分析，液压系统的介质是各种液压油，油的质量直接关系到液压系统是否能正常工作。据有关数据统计，液压系统的故障有 80% 来自油液的污染。油液的污染加速了液压元件的磨损。油液的污染有来自管路、元件中的金属杂物，有来自泄漏混入的空气，有长期高温使用后油产生的变质物，有密封件老化后产生的杂质，还有添加不同批号的油产生物理变化、化学变化后生成的杂质。这些杂质要通过滤油器清除，但还有些微粒会长期滞留在系统各管路中，长期工作条件下会腐蚀液压元件，堵塞一部分细微小孔，造成故障。

液压系统的维护要做到以下几点：

1. 控制液压油的污染，保持油的清洁。要每三个月清洗一次油泵前面的滤油器，检查油箱的油位，防止吸入空气。每半年清洗一次油箱，清洗时注意要把油箱擦干，不能混入水分。换油时要保持加油口清洁，以免污物混入油箱，不能加注两种不同型号的油。

2. 控制液压系统油的温升，温升过高会使油变质。

3. 控制液压系统的泄漏。泄漏和吸空是液压系统常见的故障，主要与密封件的装配质量有关，需定期检查并进行更换。

4. 防止液压系统的振动和噪声，要注意各紧固螺栓是否松动，管接头是否松脱。

5. 注意液压系统的工作声音，如果有与正常工作时不同的杂音，要注意检查泵是否出现问题。

二、液压系统的故障与维修

下面分别列表说明液压泵、各类阀、液压缸常见故障及其排除方法。

1. 液压泵常见故障及其排除方法见表12—4。

表12—4　　液压泵常见故障及其排除方法

序号	故障现象	故障原因	排除方法
1	噪声严重及压力波动	泵的过滤器被污物堵塞，不能起滤油作用	用干净的清洗油去除过滤器的污物
		油箱油位低或吸油位置过高	加油到油标规定位置，降低吸油高度
		泵体与泵盖的两侧未加纸垫；泵体和泵盖不垂直密封；旋转时吸入空气	在泵体与泵盖间加入纸垫；对泵体进行研磨，使泵体与泵盖垂直度误差不超过0.005 mm；紧固泵体与泵盖的连接螺钉，不得有泄漏现象
		泵的主动轴与电动机联轴器的同轴度超差	调整泵的主动轴与电动机联轴器的同轴度，使其误差不超过0.2 mm
		泵齿轮的啮合精度不够	对齿轮进行研磨，以达到啮合精度
		泵轴的油封骨架脱落	更换合格的泵轴油封
2	输出油量不足	泵的轴向间隙与径向间隙过大	更换已磨损的零件
		泵体裂纹与气孔泄漏	更换泵体，在泵体与泵盖间加入纸垫，紧固各连接螺钉
		油的黏度太高或油温过高	选用合适的机油，并装冷却装置
		电动机反转	纠正电动机旋转方向
		过滤器有污物，管道不畅通	清除污物，更换油液，保持清洁
		压力阀失灵	修理或更换压力阀
3	液压泵不正常或有咬死现象	泵的轴向间隙或径向间隙过小	调整轴向间隙或径向间隙
		滚针轴承转动不灵活	更换滚针轴承
		盖板与轴的同轴度误差大	更换盖板，使其与轴同轴
		压力阀失灵	检查压力阀弹簧是否失灵，阀体小孔是否堵塞，滑阀和阀体是否失灵；更换弹簧，清除阀体污物或更换滑阀
		泵和电动机间联轴器同轴度误差大	调整泵轴与电动机联轴器的同轴度，将其误差控制在0.2 mm以下
		液压系统中有杂质	用细铜丝网过滤或更换新的滤油器，过滤全系统的油，去除污物

2. 整体多路阀常见故障及其排除方法见表12—5。

表12—5　整体多路阀常见故障及其排除方法

序号	故障现象	故障原因	排除方法
1	工作压力不足	溢流阀调定压力偏低	调整溢流阀压力
		溢流阀的滑阀卡死	拆开清洗，重新组装
		调压弹簧损坏	更换新品
		系统管路压力损失太大	更换管路或在许可压力范围内调整溢流阀压力
2	工作油量不足	系统供油不足	检查油源
		阀内泄量大	如油温过高，则应降低油温；如油液选择不当，则应更换油液；如滑阀与阀体配合间隙过大，则应更换新品
3	外泄漏	Y形圈损坏	更换新品
		油口处安装法兰面密封不良	检查相应部位的紧固和密封情况
		各接合面紧固螺钉、调整螺钉松动或堵塞	紧固相应零部件

3. 电磁换向阀常见故障及其排除方法见表12—6。

表12—6　电磁换向阀常见故障及其排除方法

序号	故障现象	故障原因	排除方法
1	滑阀动作不灵活	滑阀被拉坏	拆开清洗或修整滑阀与阀孔的毛刺及拉坏的表面
		阀体变形	调整安装螺钉的压紧力
		复位弹簧折断	更换弹簧
2	电磁线圈烧损	线圈绝缘不良	更换电磁铁
		电压太低	使用电压应在额定电压的90%以上
		工作压力和流量超过规定值	调整工作压力或采用性能高的阀
		回油压力过高	检查背压，应在规定值16 MPa以下

4．液压缸常见故障及其排除方法见表 12—7。

表 12—7　　液压缸常见故障及其排除方法

序号	故障现象	故障原因	排除方法
1	外部漏油	活塞杆碰伤或拉毛	修磨活塞杆或更换新件
		防尘密封圈被挤出	拆开检查，更新密封圈
		活塞和活塞杆上的密封件磨损	更换新密封件
		安装液压缸时定心不准	重新安装
2	活塞杆爬行和蠕动	液压缸内进入空气或油中有气泡	松开接头，将空气排出
		液压缸的安装位置偏移	在安装时必须检查，使其与主机方向平行
		活塞杆全长和局部弯曲	活塞杆全长校正直线度或更换活塞杆
		缸内锈蚀或拉伤	去除锈蚀和毛刺，严重时更换缸筒

三、气动系统的故障与维修

气动系统的工作原理与液压系统的工作原理相似。气动系统也是由泵、各种阀、气缸、管路等组成的，只是工作介质是空气。多数企业的气源是集中提供的，所以车间的气源都来自管路。来自管路的压缩空气中都会含有水分、油分和粉尘等杂质。水可以使管道、阀和气缸腐蚀，油气会使橡胶、塑料和密封材料变质，粉尘会使阀体动作失灵。所以，在气动回路中一般都安装有分水过滤器，把压缩空气中的水分分离出去。要经常观察过滤器，如果积存的水分较多时要及时排放出去，免得又被带入管路。与分水过滤器相连的是油雾器，油雾器的作用是保证空气中含有适量的润滑油，因为大多数气动元件和控制元件都属于机械构件，要求适量的润滑。但油量不能过多，通常调整到每 10 m^3 的空气中含有 1 mL 的油量（即 40～50 滴油）即可。

防止漏气，保持气动系统的密封性也是维护气动系统的重要内容。检测气动系统的密封性时通常可用手去感觉或用耳去听，另外有一种简单的方法，是使用肥皂水涂抹在可疑点，如果漏气，肥皂水会被吹出气泡。还有一点，从空气压缩机生成的压缩空气中存在 0.01～0.08 μm 的压缩机油微粒，在排气温度为 120～220℃的高温下，这些油粒会迅速氧化，氧化后油粒颜色变深，黏度提高，并逐步由液态固化成油泥。这种微米级以下的颗粒一般过滤器无法滤除，当它们进入换向阀后，便附着在阀芯上，使阀的灵敏度逐步降低，甚至导致动作失灵。为了清除油泥，保证灵敏度，可在气动系统的过滤器之后安装油雾分离器，将油泥分离出来。另外，定期清洗阀也可以保证其灵敏度。

气动元件的点检内容见表 12—8。

表 12—8　　气动元件的点检内容

序号	元件名称	点检内容
1	气缸	活塞杆与端面之间是否漏气
		活塞杆是否划伤
		管接头和配管是否划伤、损坏
		气缸动作时有无异常声音
		气缸两端的缓冲是否符合要求
2	电磁阀	电磁阀外壳温度是否过高
		电磁阀动作时工作是否正常
		气缸行程到末端时，通过检查电磁阀的排气口是否有漏气来确定此阀是否漏气
		紧固螺钉及管接头是否松动
		电压是否正常，电线是否损伤
		通过检查排气口是否有润滑油来判断润滑是否正常
3	油雾器	油杯内油量是否足够，润滑油是否变色、浑浊，油杯底部是否沉积有灰尘和水
		滴油量是否合适
4	调压阀	压力表读数是否在规定范围内
		阀盖或锁紧螺母是否锁紧
		是否漏气
5	过滤器	储水杯中是否积存冷凝水
		滤芯是否应该清洗或更换
		冷凝水排放阀动作是否可靠
6	安全阀及压力继电器	在调定压力下动作是否可靠
		校验合格后，是否锁紧或有铅封
		电线是否损伤，绝缘是否可靠

第十三章

FANUC 0i 系统的编程

第一节 数控车床循环指令及应用

编程循环指令分为两种，即单一固定循环指令和多重固定循环指令。单一固定循环指令是指第五章介绍的 G90，G92 和 G94 指令。多重固定循环指令是指用一条指令完成多次进刀切削，下面介绍多重固定循环指令 G70 ~ G76。

一、粗车多重固定循环（G71）

指令格式：

G71 U（Δd）R（e）；

G71 P（ns）Q（nf）U（Δu）W（Δw）F（f）S（s）T（t）；

式中 Δd——背吃刀量（半径给定），不带符号，该值为模态值；

e——退刀量，该值为模态值；

ns——精加工程序中的开始程序段号；

nf——精加工程序中的结束程序段号；

Δu——X 轴方向的精加工余量和方向（直径或半径指定）；

Δw——Z 轴方向的精加工余量和方向；

f，s，t——进给速度 F、主轴速度 S、刀具指令 T。

G71 粗加工循环的切削轨迹如 13—1 所示。图中带有箭头的轨迹为 G71 粗加工循环轨迹，它是沿着精加工 $A'\rightarrow B$ 的轨迹进行的，在 X 方向留出精加工余量 $\Delta U/2$，在

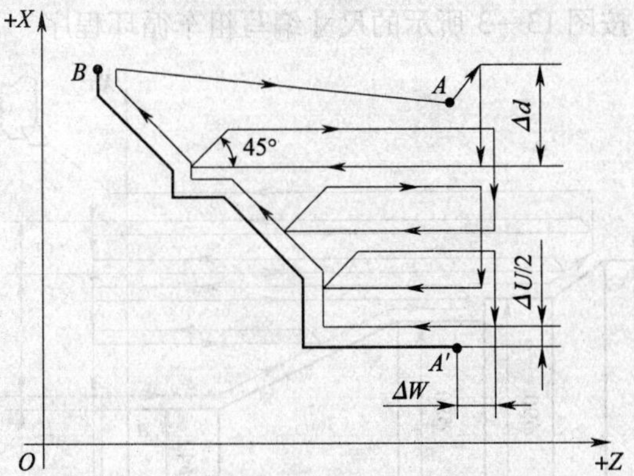

图 13—1　G71 粗加工循环的切削轨迹

Z 方向留出精加工余量 ΔW。

使用 G71 指令应注意以下几点：

1. 在使用 G71 指令进行粗加工循环时，只有含在 G71 程序段中的 F，S，T 功能才有效，而包含在 ns ~ nf 程序段中的 F，S，T 功能对粗加工循环无效。

2. 如图 13—1 所示，从 A→B 之间的刀具轨迹必须符合 X 轴、Z 轴方向的共同单调增大或减小的模式。

3. 如图 13—1 所示，从 A→A′之间的刀具轨迹用 G00 和 G01 指令编程。

4. 顺序号 ns ~ nf 之间的程序不能调用子程序。

5. 可以进行刀具补偿。

6. G71 指令中 ΔU 和 ΔW 的正、负号如图 13—2 所示，当 ΔU 和 ΔW 与坐标系 +X，+Z同向时为正，反向时为负。如果 X 坐标轴向下（即前置刀架）时，就不按此图判断，要按上述原则重新进行判断。

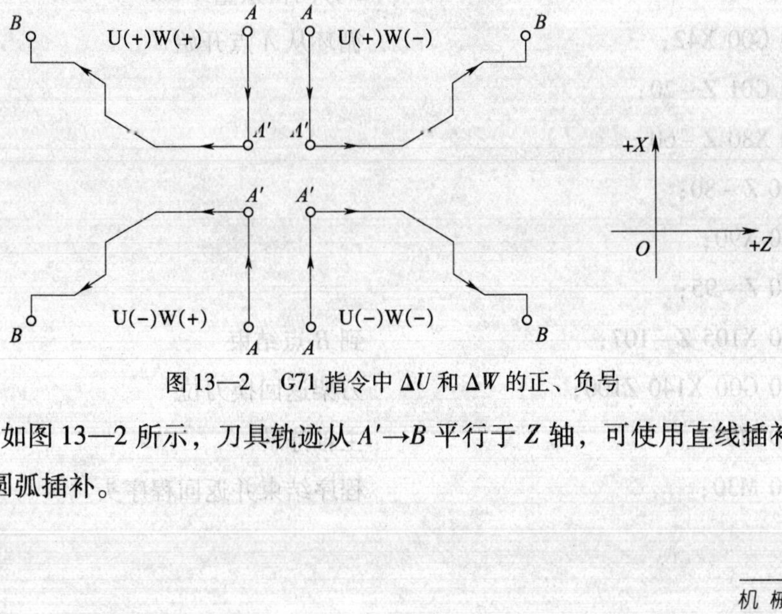

图 13—2　G71 指令中 ΔU 和 ΔW 的正、负号

7. 如图 13—2 所示，刀具轨迹从 A′→B 平行于 Z 轴，可使用直线插补，也可以使用圆弧插补。

【例 13—1】　按图 13—3 所示的尺寸编写粗车循环程序。

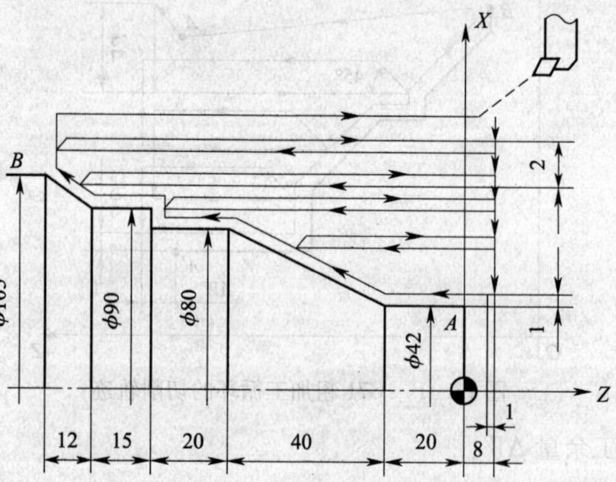

图 13—3　编程例题

具体程序如下：

O0001；	
N10 S300 M03；	主轴以 300 r/min 正转
N20 T0101；	刀架转位，使用 01 号刀
N30 G00 X140 Z100；	刀架快移到（X140，Z100）换刀位
N40 G01 X106 Z7 F2；	刀架直线插补到起刀点
N50 G71 U2 R0.5；	粗车循环，背吃刀量为 2 mm（半径），退刀量为 0.5 mm
N60 G71 P70 Q130 U2 W1 F0.4；	循环从 N70 到 N130。*X* 方向留余量 2 mm，*Z* 方向留余量 1 mm
N70 G00 X42；	循环从 *A* 点开始
N80 G01 Z－20；	
N90 X80 Z－60；	
N100 Z－80；	
N110 X90；	
N120 Z－95；	
N130 X105 Z－107；	到 *B* 点结束
N140 G00 X140 Z100；	刀架返回换刀位
N150 M05；	主轴停转
N160 M30；	程序结束并返回程序头

二、端面多重固定循环（G72）

G72 与 G71 均为粗加工循环指令，两者的不同之处在于 G72 是沿着平行于 *X* 轴方向进行端面循环加工的，循环起始点从 *A* 点开始，如图 13—4 所示。

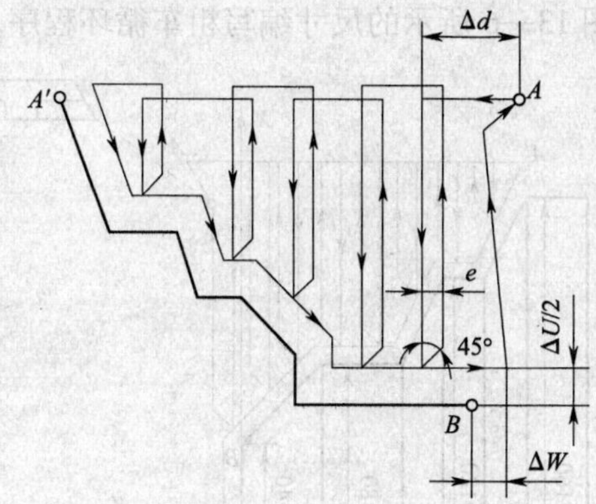

图 13—4　端面循环

指令格式：

G72 W（Δ*d*）R（*e*）；

G72 P（*ns*）Q（*nf*）U（Δ*u*）W（Δ*w*）F（*f*）S（*s*）T（*t*）；

其中各参数的含义与 G71 指令相同。

使用 G72 指令应注意以下几点：

1. G72 与 G71 指令不同之处是：G72 是沿着平行于 *X* 轴方向进行切削循环加工的，循环起始点从 *A* 点开始。

2. G72 指令中 Δ*u* 和 Δ*w* 的正、负号如图 13—5 所示，其判断原则与 G71 指令中 Δ*u* 和 Δ*w* 相同。

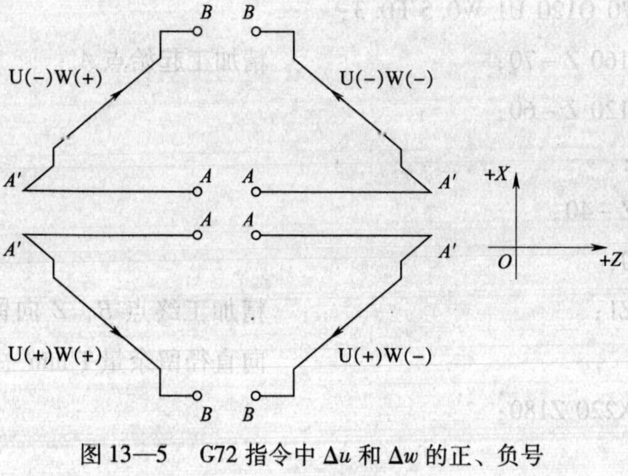

图 13—5　G72 指令中 Δ*u* 和 Δ*w* 的正、负号

3．如图 13—5 所示，从 $A'\rightarrow B$ 之间的刀具轨迹必须符合 X 轴、Z 轴方向的共同单调增大或减小的模式。从 $A'\rightarrow B$ 直线插补和圆弧插补都可以执行。

4．从 $A\rightarrow A'$ 之间的刀具轨迹用 G00 和 G01 指令编程。

5．顺序号 $ns\rightarrow nf$ 之间的程序不能调用子程序，但可以使用刀具半径补偿。

【例 13—2】　按图 13—6 所示的尺寸编写粗车循环程序。

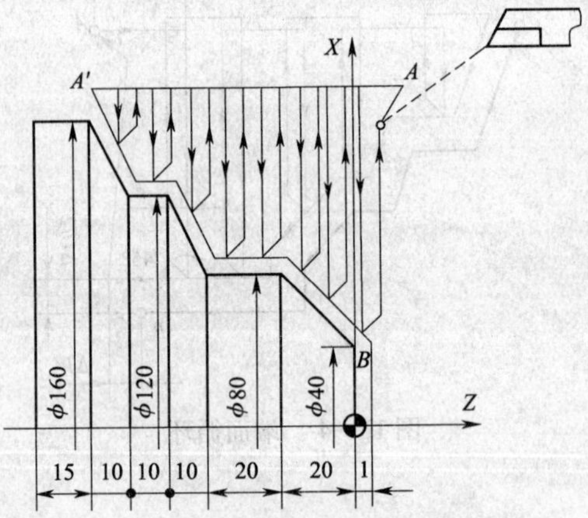

图 13—6　编程例题

具体程序如下：

O0002；

N10 S200 M03；

N20 T0202；　　工件坐标系设在⊕处

N30 G00 X220 Z180；

N40 G01 X170 F3；

N50 G72 U3 R0.2；

N60 G72 P70 Q120 U1 W0.5 F0.3；

N70 G00 X160 Z－70；　　精加工起始点 A'

N80 G01 X120 Z－60；

N90 Z－50；

N100 X80 Z－40；

N110 Z－20；

N120 X39 Z1；　　精加工终点 B，Z 向留余量 1 mm，X 向直径留余量 1 mm

N130 G00 X220 Z180；

N140 M05；

N150 M30;

三、仿形切削循环（G73）

仿形切削循环的特点是从第一刀开始直到最后一刀都是按工件的轮廓逐渐接近最终形状的。仿形切削循环对于铸造或锻造毛坯的切削是一种效率很高的切削方式，如图 13—7 所示。

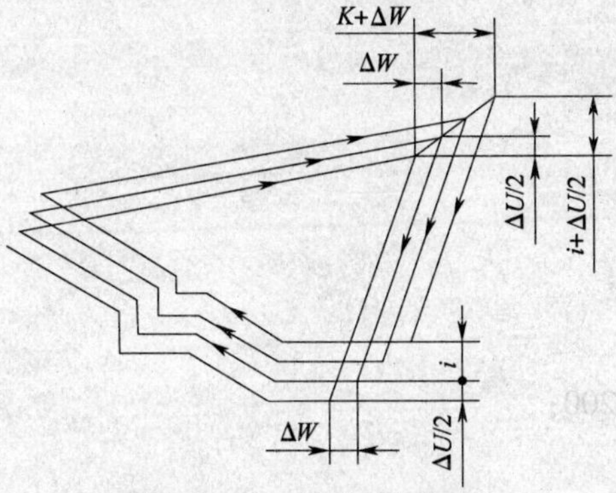

图 13—7　仿形切削循环

指令格式：

G73 U（Δ*i*）W（Δ*k*）R（*d*）;

G73 P（*ns*）Q（*nf*）U（Δ*u*）W（Δ*w*）F（*f*）S（*s*）T（*t*）;

式中　Δ*i*——*X* 轴方向退刀的距离和方向（半径指定），该值是模态值；

Δ*k*——*Z* 轴方向退刀的距离和方向，该值是模态值；

d——重复加工次数，该值是模态值。

其余符号与 G71 指令相同。用 G73 指令中的 F，S，T 时，与 G71 和 G72 指令一样。

【例 13—3】　如图 13—8 所示，按图中尺寸编写粗车循环程序。

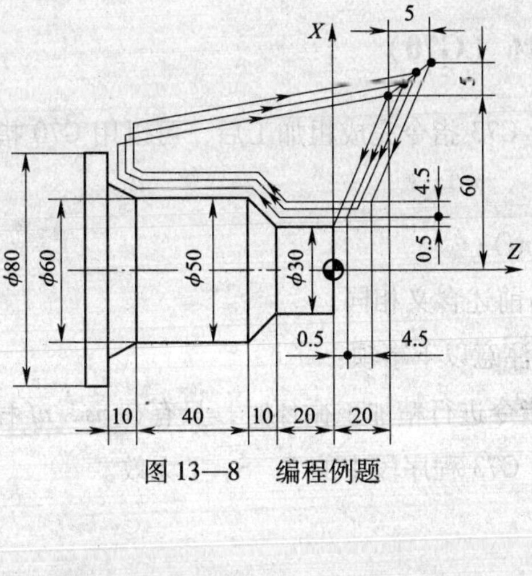

图 13—8　编程例题

具体程序如下：

N10 S400 M03；

N20 T0303；

N30 G00 X120 Z20；

N40 G73 U4.5 W4.5 R3；

N50 G73 P60 Q120 U1 W0.5 F0.5；

N60 G00 X30 Z0；

N70 G01 Z－20；

N80 X50 W－10；

N90 W－40；

N100 X60 W－10；

N110 X80；

N120 G00 X150 Z200；

N130 M05；

N140 M30；

使用 G73 指令应注意以下事项：

1．G73 指令与 G71 和 G72 指令的不同之处是：G73 指令的刀具轨迹是仿工件外形的，而不是单纯平行于 *Z* 轴、*X* 轴。

2．顺序号 *ns*→*nf* 之间的程序段执行的是 G73 程序段中的 F，S，T 指令，而不是 *ns*→*nf* 程序段中的 F，S，T 指令。

3．G73 指令中的 Δu 和 Δw 也是有正、负号的，其符号的判断与 G71 和 G72 指令一样，与坐标系 *X*，*Z* 方向相同为正；与 *X*，*Z* 方向相反为负。

4．*ns*→*nf* 程序段不能调用子程序，但可以使用刀具半径补偿。

四、精加工循环（G70）

当用 G71，G72，G73 指令完成粗加工后，可以用 G70 指令进行精加工循环。

指令格式：

G70 P（*ns*）Q（*nf*）；

其中，*ns* 和 *nf* 与前述含义相同。

使用 G70 指令应注意以下事项：

1．在使用 G70 指令进行精加工循环时，只有在 *ns*～*nf* 程序段中的 F，S，T 有效，而在 G71，G72，G73 程序段中的 F，S，T 无效。

2. G70 指令是在 G71，G72，G73 指令的 *nf* 程序段后执行的，当完成 G71，G72，G73 程序段后就可以完成 G70 精加工程序段。

五、端面深孔钻削循环（G74）

G74 是一种加工工件端面孔的指令，其动作为进刀、退回（断屑）、再进刀、退回，这样不断反复达到钻削深孔的目的。它可以在端面上连续加工多个孔，这种方式比直接用 G01 指令加工孔编程简捷、方便，因此，它也是一种固定的多重循环指令，如图 13—9 所示为端面深孔钻削循环。

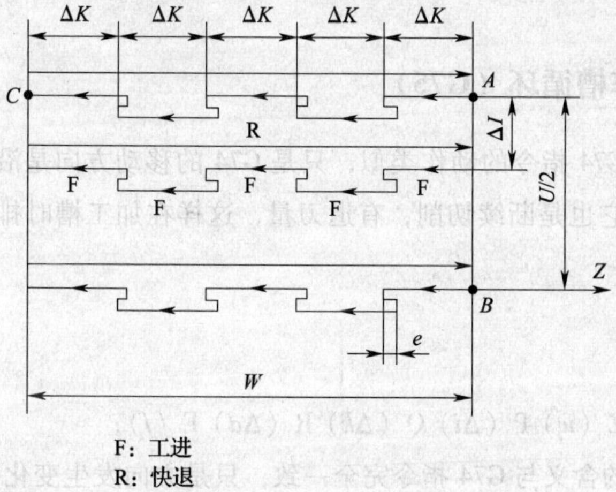

图 13—9　端面深孔钻削循环

指令格式：

G74 R（*e*）;

G74 X（*u*）Z（*w*）P（Δ*i*）Q（Δ*k*）R（Δ*d*）F（*f*）;

式中　*e*——刀具回退量；

X——*B* 点 *X* 坐标；

u——*A*→*B* 的增量值；

Z——*C* 点 *Z* 坐标；

w——*A*→*C* 的增量值；

Δ*i*——*X* 方向的移动量（不带符号）；

Δ*k*——*Z* 方向的切削量（不带符号）；

Δ*d*——切削到终点的退刀量（若没有给予 *d* 时，可视为 0）；

f——进给量。

【例 13—4】　如图 13—10 所示为钻削深孔编程示例。

具体程序如下：

N10 S500 M03;
N20 T0404;
N30 G00 X0 Z30;
N40 G74 R0.5;
N50 G74 Z-60 Q5 F0.08;
N60 G00 Z100;
N70 M05;
N80 M30;

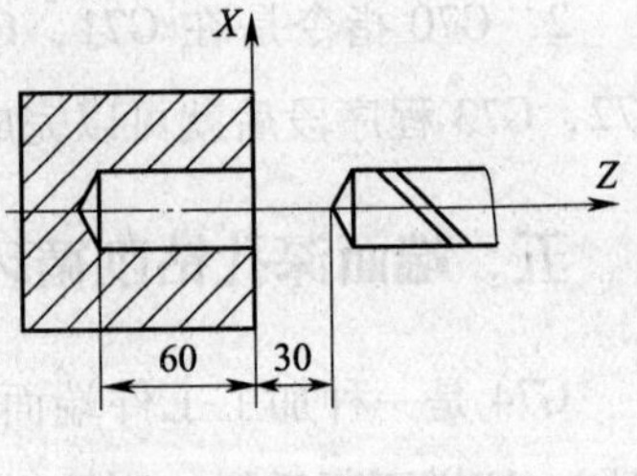

图 13—10　编程例题

六、外圆车槽循环（G75）

G75 指令与 G74 指令的动作类似，只是 G74 的移动方向是沿着 X 轴，G75 是沿着 Z 轴。因为它也是断续切削，有退刀量，这样在加工槽时排屑好，有利于加工深槽或切断。

指令格式：

G75 R（e）；

G75 X（u）Z（w）P（Δi）Q（Δk）R（Δd）F（f）；

式中各符号的含义与 G74 指令完全一致，只是方向发生变化，如图 13—11 所示为外圆车槽循环。

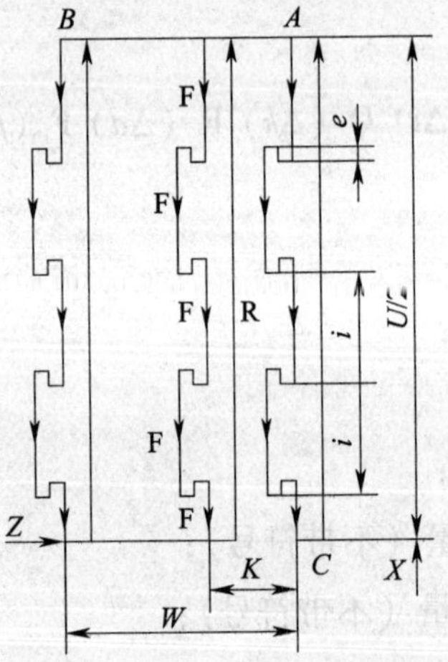

图 13—11　外圆车槽循环

【例 13—5】　如图 13—12 所示为外圆车槽加工编程示例。

具体程序如下：

```
N10 S200 M03;
N20 T0101;
N30 G00 X100 Z100;
N40 G01 X62 Z-25 F10;
N50 G75 R0.5;
N60 G75 X30 Z-45 P3 Q4.9 F0.25;
N70 G00 X100 Z100;
N80 M05;
N90 M30;
```

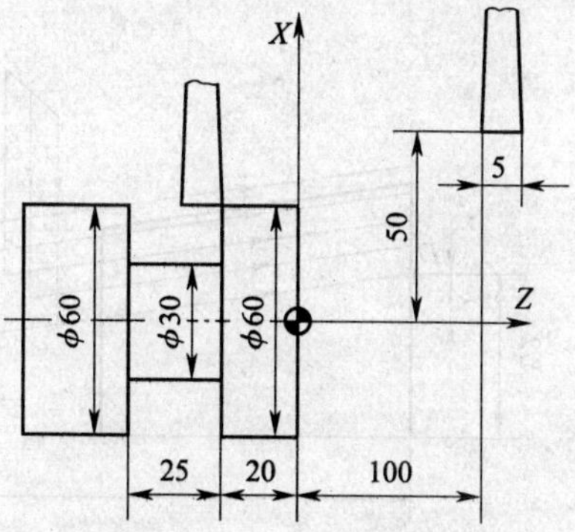

图 13—12　编程例题

七、螺纹切削复合循环（G76）

G76 螺纹切削复合循环指令比 G32 和 G92 指令简捷，可节省编程时间。

指令格式：

G76 P（m）（r）（α）Q（Δd_{min}）R（d）；

G76 X（u）Z（w）R（i）P（k）Q（Δd）F（P）；

式中　m——精加工重复次数（取 1～99）；

r——螺纹收尾长度（即倒角量），当螺距用 P 表示时，该值的大小可设置在（0.01～9.9）P 之间，单位为 0.01 P（两位数从 00 到 99）；

α——刀尖的角度，可以选择 0°，29°，30°，55°，60°，80°六种中的一种，由两位数组成；

m，r，α——为一组数。如 $m=1$，$r=12$，$\alpha=60°$可写成 P011260；

Δd_{min}——最小切入量，当循环中背吃刀量小于此数值时，背吃刀量被限制在此数值不能再小了；

d——精加工余量；

X（u），Z（w）——终点坐标；

i——锥螺纹的半径差（$i=0$ 为圆柱螺纹）；

k——螺纹高度，用半径值表示；

Δd——第一次的切入量（半径值）；

P——螺距。

螺纹切削多次循环与进刀方法如图 13—13 所示。

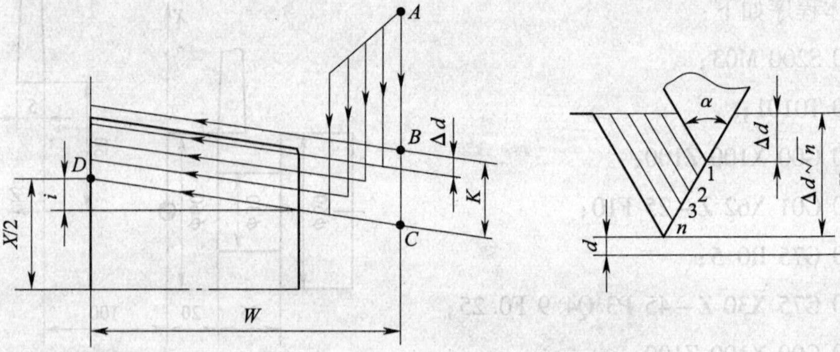

图 13—13　螺纹切削多次循环与进刀方法

【例 13—6】　如图 13—14 所示为螺纹切削编程示例。

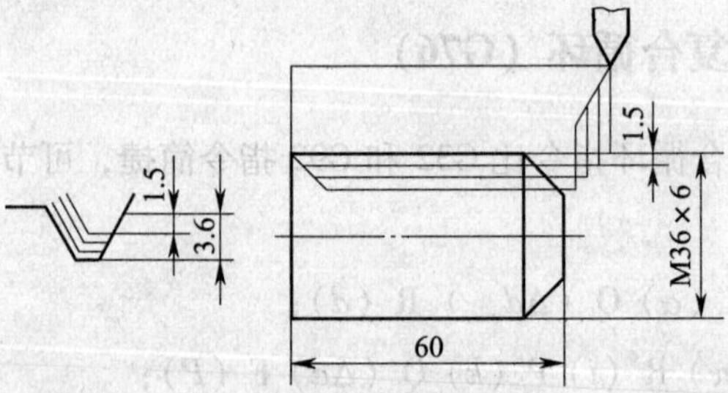

图 13—14　编程例题

图 13—14 所示工件的轴端有一段直螺纹 M36×6，螺纹高度为 3.6 mm，螺纹收尾长度为 11 mm，刀尖角为 60°。第一次车削背吃刀量为 1.5 mm，最小背吃刀量为 0.1 mm，精车余量为 0.2 mm，精车次数为 1，螺纹车削前应先精车外圆。具体程序如下：

```
N10 S400 M03;
N20 T0202;
N30 G00 X36 Z2;
N40 G01 W-65 F0.6;
N50 G00 X40;
N60 Z100;
N70 T0303;
N80 G00 X60 Z20;
N90 G76 P011160 Q100 R200;
N100 G76 X28.8 Z-60 P3600 Q1500 F6;
N110 G00 X40 Z100;
```

N120 M05;

N130 M30;

第二节　数控铣床的循环指令及应用

数控铣床和加工中心机床配置 FANUC 0i 系统，其固定循环使编程变得容易，原来需要多条指令完成的动作，可以合并成一个程序段完成，缩短了编程时间，又节省了内存。FANUC 0i 系统的固定循环指令从 G73 ~ G89 共有 13 个。

一、固定循环编程基础

1. 固定循环的组成

固定循环由以下六个动作组成，如图 13—15 所示。

（1）*AB* 段：*X* 轴、*Y* 轴快速点定位。

（2）*BR* 段：*Z* 轴快速定位。

（3）*RZ* 段：*Z* 轴工进加工。

（4）*Z* 点：孔底部的动作。

（5）*ZR* 段：*Z* 轴退刀。

（6）*RB* 段：*Z* 轴快速返回起始位置。

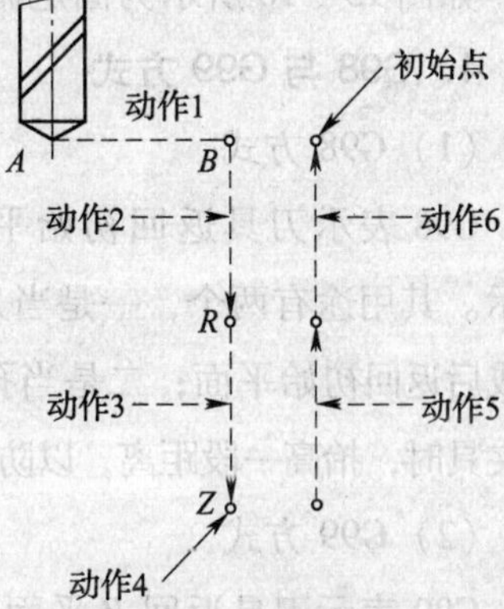

图 13—15　固定循环动作

2. 固定循环的编程通式

G73 ~ G89 X _ Y _ Z _ R _ Q _ P _ F _ K _;

式中　X _ Y _——孔在 *X*—*Y* 平面的定位点；

Z _——孔底平面的位置；

R _——*R* 平面所在位置；

Q _——在精镗孔或反镗孔时刀具的退刀量；

P _——刀具在孔底的暂停时间；

F _——刀具工进时的进给速度；

K _——循环次数。

说明：以上符号除 K 外都是模态代码；取消固定循环用 G80 指令，如果在加工循环中出现 01 组的 G 代码，则孔加工方式会自动取消。

3．固定循环的平面

（1）初始平面

初始平面是为安全下刀而规定的一个平面，就是刀具在 X—Y 平面定位的那个平面，一般在 R 平面之上。

（2）R 平面

R 平面又称 R 参考平面，一般在距工件表面 2～5 mm 处，是刀具由快速转为工进速度的分界平面。

（3）孔底平面

加工盲孔时，孔底平面是孔底 Z 方向的终点平面；而加工通孔时，除要考虑孔底平面外，还要考虑刀具刀尖的超越量（刀尖角度为120°角），以保证孔的直径达到尺寸要求。如图 13—16 所示为固定循环的平面。

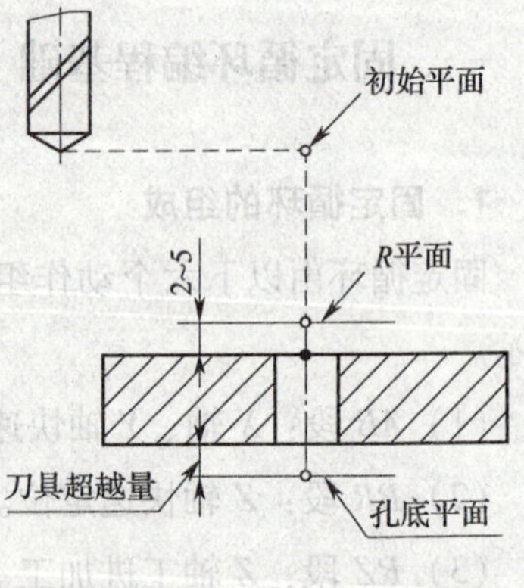

图 13—16　固定循环的平面

4．G98 与 G99 方式

（1）G98 方式

G98 表示刀具返回初始平面，如图 13—17 所示。其用途有两个，一是当刀具在全部孔加工完成后返回初始平面；二是当孔与孔之间有凸台或夹具时，抬高一段距离，以防止刀具与其碰撞。

（2）G99 方式

G99 表示刀具返回 R 平面，即离开工件表面 2～5 mm，如图 13—18 所示。其用途是加工平面孔系时，刀具靠近工件表面移动，空行程的距离缩短，可以节省加工时间，提高生产效率。

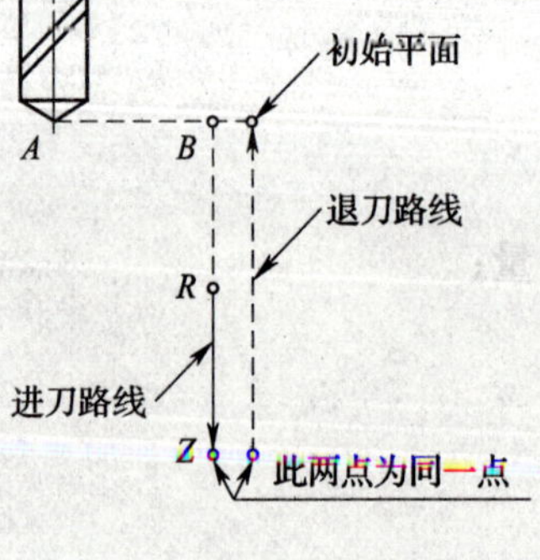

图 13—17　G98 方式

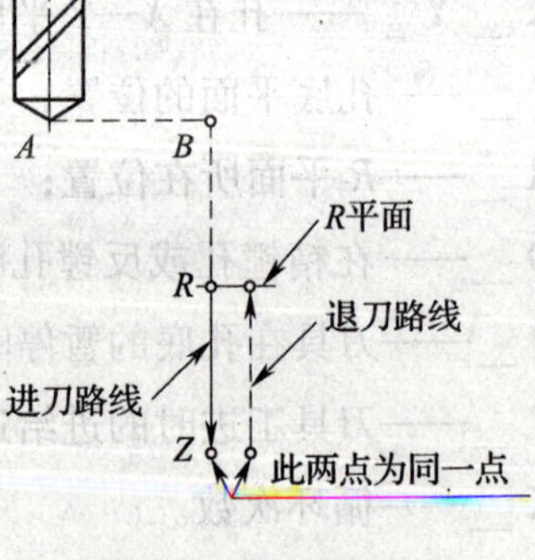

图 13—18　G99 方式

5. G90 与 G91 方式

G90 为绝对值编程，G91 为增量值编程。在固定循环中，R 值和 Z 值与 G90 及 G91 的选择有关，而 Q 值与 G90 和 G91 的选择无关。

（1）G90 方式

如图 13—19 所示，G90 方式中 Z 值一般为负值，R 值一般为正值。例如：

G90 G99 G83 X __ Z __ Y __ Z -20. 0 R2. 0 Q5. 0 F __；

（2）G91 方式

如图 13—20 所示，G91 方式中 Z 值是从 *R* 平面到孔底平面的增量值，一般为负值；R 值是从初始点到 *R* 平面的增量值，一般也为负值。例如：

G91 G99 G83 X __ Y __ Z -22. 0 R -30. 0 Q5. 0 F __；

以上两个例子说明，图形尺寸完全相同，但编程中 Z 值和 R 值却不相同。

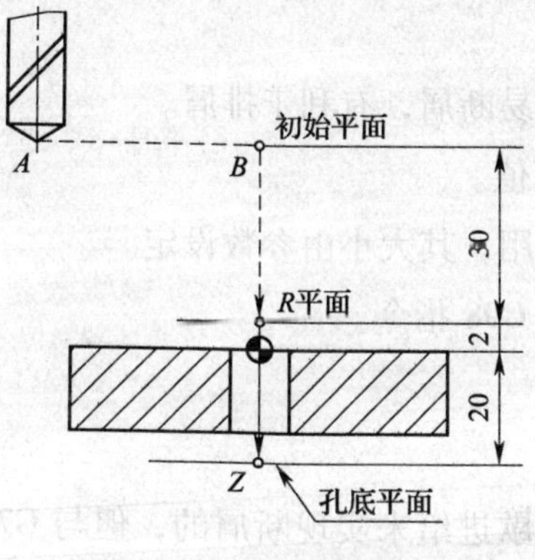

图 13—19　G90 方式

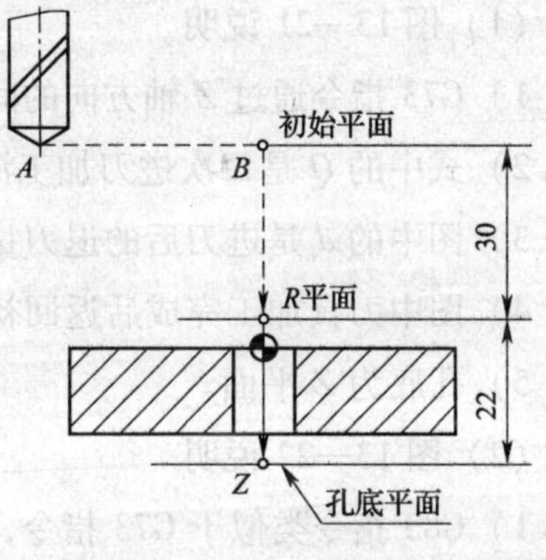

图 13—20　G91 方式

二、固定循环指令

1. 高速深孔钻削循环 G73 和深孔钻削循环 G83

指令格式：

G73 X_ Y_ Z_ R_ Q_ F_ K_；

G83 X_ Y_ Z_ R_ Q_ F_ K_；

式中　X_ Y_——孔在 *X*—*Y* 平面的定位数值；

Z __——孔底的数值；

R __——*R* 平面的数值；

Q __——每次切削的进刀深度；

F_——切削时进给速度；

K __——重复次数（需要时用）。

G98 方式 G73 进刀路线如图 13—21 所示，G98 方式 G83 进刀路线如图 13—22 所示。

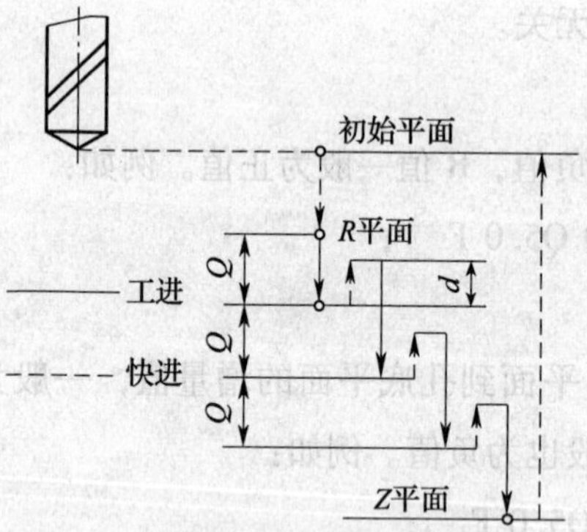

图 13—21 G98 方式 G73 进刀路线

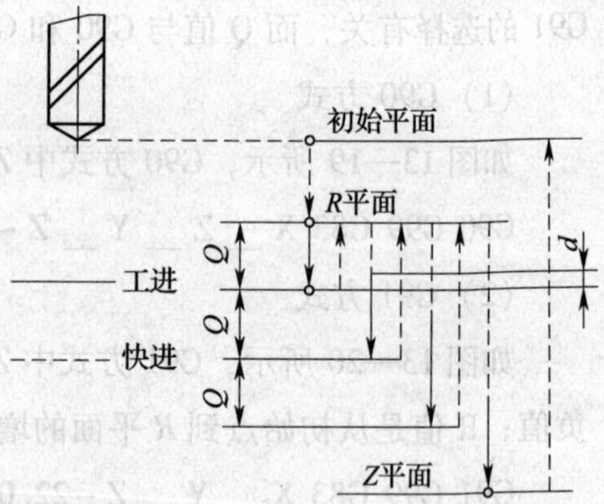

图 13—22 G98 方式 G83 进刀路线

（1）图 13—21 说明

1）G73 指令通过 Z 轴方向的间歇进给较容易断屑，有利于排屑。

2）式中的 Q 是每次进刀加工深度，均为正值。

3）图中的 d 是进刀后的退刀量，起断屑作用，其大小由参数设定。

4）图中刀具加工完成后返回初始平面，用 G98 指令。

5）孔底为 Z 平面。

（2）图 13—22 说明

1）G83 指令类似于 G73 指令，也是通过间歇进给来实现断屑的，但与 G73 指令的不同之处是：刀具每次间歇都快速退回 R 平面，这样把切屑都带到孔外，排屑性能比 G73 指令好，然后再快速进刀到上次切削平面上 d 处改为工进加工，因有距离 d，又可防止刀具快速进刀与工件产生碰撞。

2）图中 d 的大小由参数设定。

3）式中 Q 是每次进刀加工深度，均为正值。

4）图中刀具完成加工后返回初始平面，用 G98 指令。

5）同样的加工深度，G73 指令空行程比 G83 指令短，效率高。

【例 13—7】 如图 13—23 所示，加工板类零件中的 4 个孔，使用 G73 和 G83 指令编程。

具体程序如下：

O0009;

N10 G94 G55; 进给速度为每分钟进给，建立工件坐标系 G55，设定 X，Y 零点

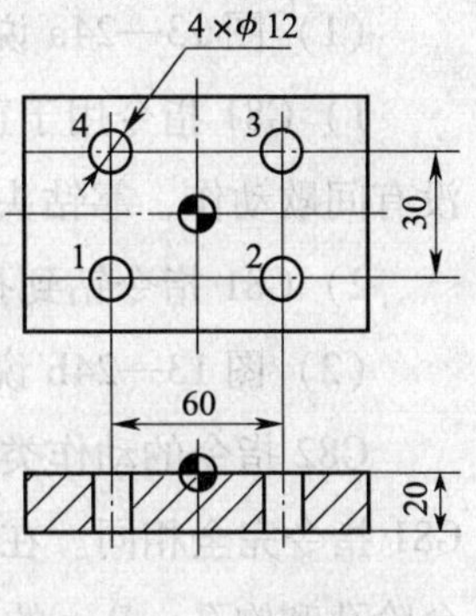

图 13—23　编程例题

N20 G91 G28 Z0;　　　　Z 轴返回机械零点

N30 G90 G00 X0 Y0;　　　Z 轴快速到达工件坐标系（X0，Y0）处

N40 G43 Z50 H01;　　　Z 轴快速到达初始平面 Z50 处

N50 M03 S800;　　　　主轴正转，转速为 800 r/min

N60 G99 G73 X－30 Y－15 Z－25 R3 Q5 F60;

钻孔循环开始，加工孔 1

（或 N60 G99 G83 X－30 Y－15 Z－25 R3 Q5 F60;）

N70 X30;　　　　　　加工孔 2

N80 Y15;　　　　　　加工孔 3

N90 G98 X－30;　　　　加工孔 4

N100 G80 G49 G00 Z0;　　取消循环，取消刀具长度补偿，返回 Z0 处

N110 M05;　　　　　　主轴停转

N120 M30;　　　　　　程序结束并返回程序头

2. 钻孔循环 G81 和锪孔循环 G82

指令格式：

G81 X_ Y_ Z_ R_ F_ K_;

G82 X_ Y_ Z_ R_ P_ F_ K_;

式中 P_——孔底暂停时间；

K_——循环重复次数。

钻孔循环 G81 和锪孔循环 G82 进刀路线如图 13—24 所示。

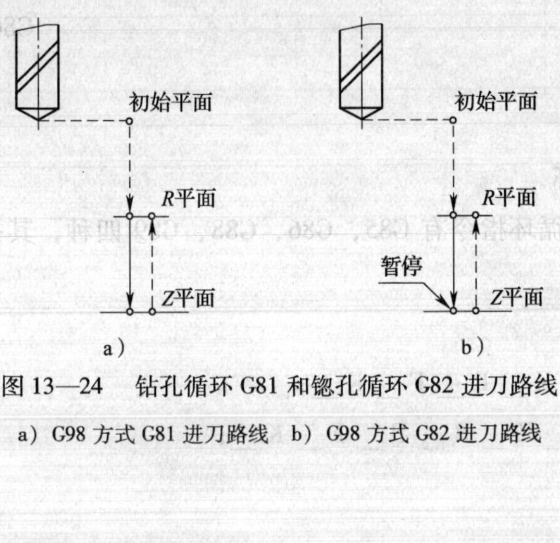

图 13—24　钻孔循环 G81 和锪孔循环 G82 进刀路线

a）G98 方式 G81 进刀路线　b）G98 方式 G82 进刀路线

（1）图 13—24a 说明

1）G81 指令用于正常钻孔，常用于中、小孔以及较浅孔和中心孔的钻削，它没有间歇动作，靠钻头正常排屑。

2）G81 指令钻到孔底后，立即快速退回 R 平面或初始平面。

（2）图 13—24b 说明

G82 指令的动作类似于 G81 指令，只是在孔底增加了暂停动作，其他动作与 G81 指令完全相同。在盲孔加工中，可减小孔底表面粗糙度值。此特点常用于加工台阶孔和锪孔。P __ 的单位是 ms，如 P500 表示暂停 0.5 s。

【例 13—8】　如图 13—25 所示，加工板类零件上并列的四个孔，使用 G81 和 G82 指令编程。

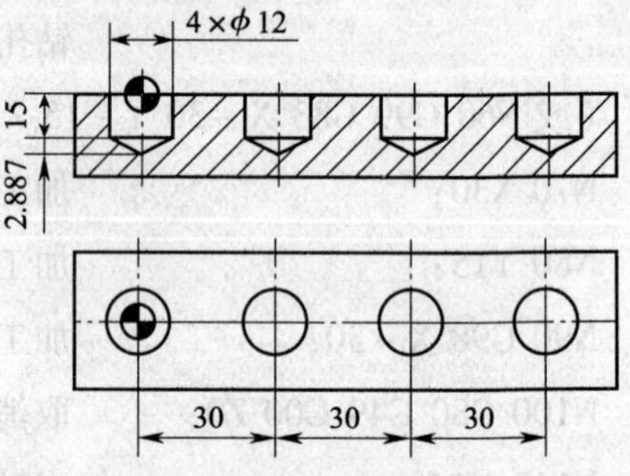

图 13—25　板类零件

具体程序如下：

O0003；

N10 G94 G56；

N20 G91 G28 Z0；

N30 G90 G00 X－30 Y0；

N40 G43 Z40 H02；　　用 2 号刀具长度补偿，快速定位到 Z40 处

N50 M03 S700；

N60 G91 G99 G81 X30 Z－17.887 R2 F60 K4；　　重复 4 次钻削 4 孔

（或 N60 G91 G99 G82 X30Z－17.887 R2 P500 F60 K4；）

N70 G90 G49 G00 Z50；　　使用 G00 指令可不用 G80 指令

N80 M05；

N90 M30；

3. 粗镗孔循环

常用的粗镗孔循环指令有 G85，G86，G88，G89 四种，其指令格式与钻孔循环指令类似。

指令格式：

G85 X __ Y __ Z __ R __ F __ K __；

G86　X __ Y __ Z __ R __ P __ F __ K __；

G88　X_ Y_ Z_ R_ P_ F_ K_;

G89　X_ Y_ Z_ R_ P_ F_ K_;

指令格式中各符号的含义同上。

G85，G86，G88，G89 进刀路线如图 13—26 所示。

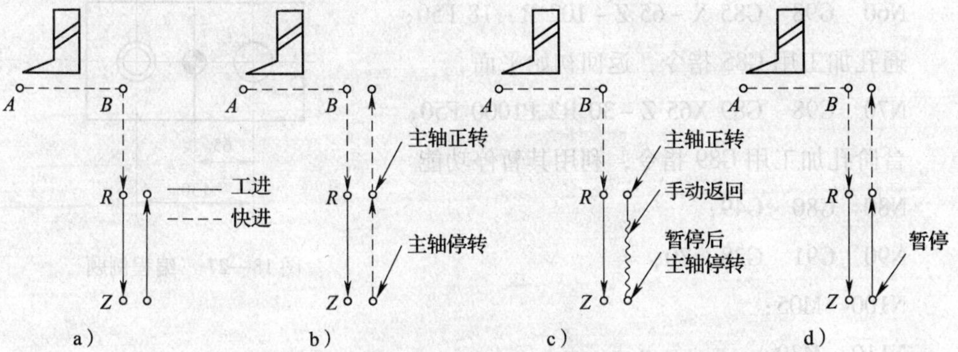

图 13—26　粗镗孔进刀路线

a）G99 方式 G85 进刀路线　b）G98 方式 G86 进刀路线

c）G99 方式 G88 进刀路线　d）G98 方式 G89 进刀路线

（1）图 13—26a 说明

执行 G85 循环，刀具以工进方式加工到孔底，再以工进方式退出孔外。因为以工进速度退刀，该指令可用于铰孔、扩孔等较精密的加工。

（2）图 13—26b 说明

执行 G86 循环，刀具以工进方式加工到孔底，然后主轴停转，刀具快速退到孔外 R 平面，主轴恢复正转。其特点是在孔内退刀时主轴停转。虽然避免了二次切削，但刀具的切削刃在退刀中将工件划出条痕，故该指令不能用于精加工，只能用于粗镗。

（3）图 13—26c 说明

执行 G88 循环，刀具以工进方式加工到孔底，刀具在孔底暂停后主轴停转，这时可以通过手动方式从孔中退出刀具，当刀具到达 R 平面时，主轴恢复正转。如果程序前是 G98 指令，刀具快速移动到初始平面。此方法在孔中采用手动退刀，可提高加工精度（使刀尖离开孔壁），但加工效率较低。

（4）图 13—26d 说明

执行 G89 循环，与 G85 指令动作基本相同，只是 G89 指令在孔底增加了暂停，因此该指令常用于台阶孔的加工。

【例 13—9】　如图 13—27 所示，用粗镗孔循环指令编写两个 $\phi 35$ mm 孔的加工程序。

具体程序如下：

O0004；

……

N40 G90 G00 X0 Y0；

N50　G43　Z30　H03；

N60　G98　G85 X－65 Z－102 R－18 F50；

通孔加工用 G85 指令，返回初始平面

N70　G98　G89 X65 Z－30 R2 P1000 F50；

台阶孔加工用 G89 指令，利用其暂停功能

N80　G80　G49；

N90　G91　G28　Z0；

N100　M05；

N110　M30；

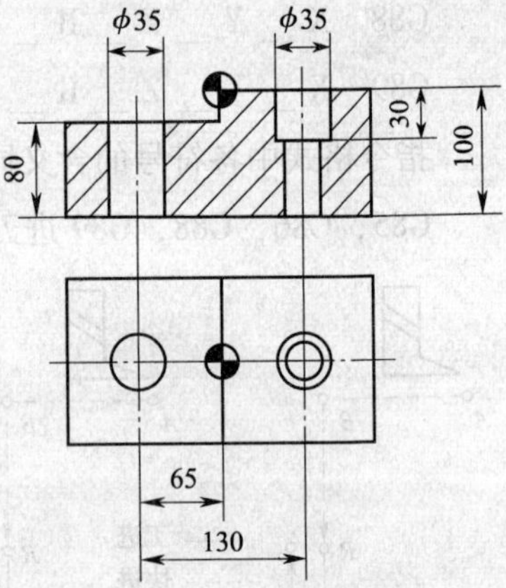

图 13—27　编程例题

4．精镗孔循环 G76 和反镗孔循环 G87

指令格式：

G76　X＿ Y＿ Z＿ R＿ Q＿ P＿ F＿ K＿；

G87　X＿ Y＿ Z＿ R＿ Q＿ F＿ K＿；

式中　Q＿——刀具在 X—Y 平面向刀尖相反方向移动的距离。

精镗孔循环 G76 和反镗孔循环 G87 进刀路线如图 13—28 所示。

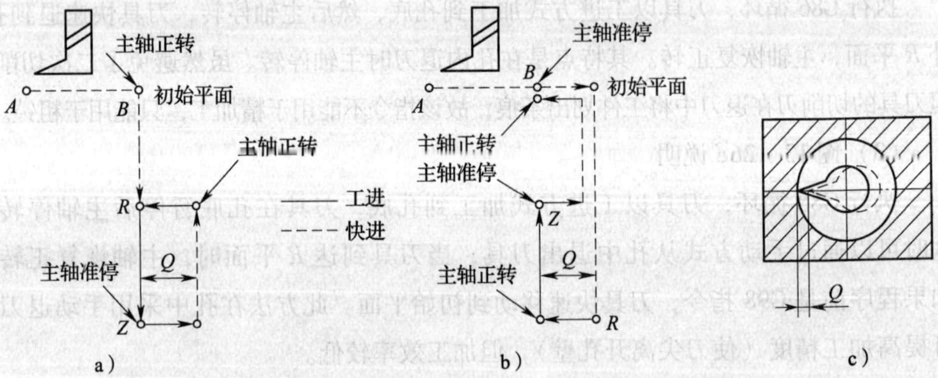

图 13—28　精镗孔循环 G76 和反镗孔循环 G87 进刀路线

a）G99 方式 G76 进刀路线　b）G98 方式 G87 进刀路线　c）主轴准停

（1）图 13—28a 说明

1）执行 G76 循环，刀具以工进方式加工到孔底，此时主轴准停。刀具向刀尖相反方向移动 Q（在 $X—Y$ 平面内），使切削刃离开工件表面，当刀具快速退刀时不会擦伤工件表面，起到减小表面粗糙度值的作用；当刀具回到 R 平面或初始平

面时，主轴恢复正转，刀尖再退回原来点，保证下一个循环的正常工作。

2）注意：安装刀具时，要使刀尖退出方向与准停方向一致，才能保证主轴准停时刀具向刀尖相反方向移动。

（2）图 13—28b 说明

1）执行 G87 循环，刀具先在 *X—Y* 平面定位，主轴准停，刀具向刀尖相反方向偏移 *Q*，然后快移到孔底（*R* 平面），刀具按原偏移量移动相同的 *Q* 值，主轴正转，并以工进方式加工到 *Z* 平面，主轴再次准停，沿刀尖相反方向偏移 *Q*，快速退刀到初始平面，并按原偏移量 *Q* 值回到 *X—Y* 平面的原定位点，主轴开始正转，准备下一个循环。

2）由于 G87 循环的进刀与加工后的退刀时刀尖都不与工件表面接触，因此不会出现划痕，表面质量较高，适用于精镗孔。

3）该循环不能使用 G99，只能用 G98 编程。

4）必须使用单刃镗刀。

（3）图 13—28c 说明

图 13—28c 表示刀具在孔中，刀具在准停位置停转，然后向刀尖相反方向移动 *Q* 值偏移量，虚线为偏移后的位置。

【例 13—10】 如图 13—29 所示，用精镗孔和反镗孔循环指令编写两个 ϕ40 mm 孔的加工程序。

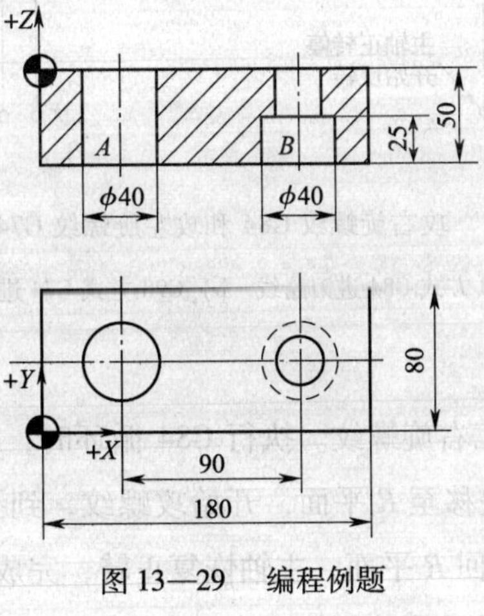

图 13—29 编程例题

具体程序如下：

O0005；

……

N30 G90 G00 X0 Y0；

N40 G43 Z30 H05;

N50 G98 G76 X45 Y40 Z－52 R5 Q500 P1000 F60; 精镗孔 *A*

N60 G98 G87 X135 Z－25 R－52 Q500 F60; 反镗孔 *B*

N70 G80 G00 Z0;

N80 M05;

N90 M30;

5. 攻右旋螺纹 G84 和攻左旋螺纹 G74

指令格式:

G84 X _ Y _ Z _ R _ P _ F _ K _;

G74 X _ Y _ Z _ R _ P _ F _ K _;

式中 P _——孔底主轴暂停时间;

F _——G95 方式时，为螺纹导程；G94 方式时为进给速度。

攻右旋螺纹 G84 和攻左旋螺纹 G74 进刀路线如图 13—30 所示。

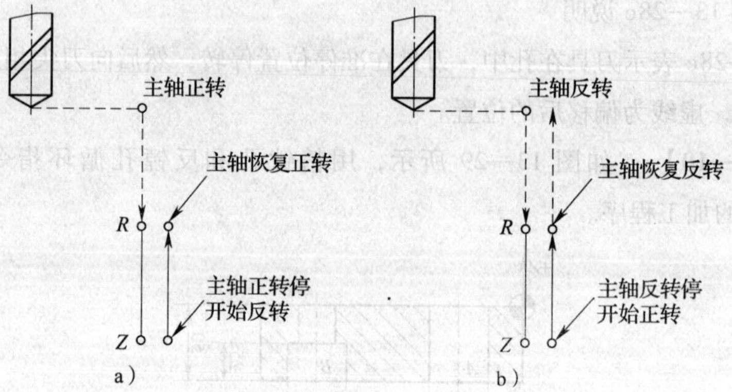

图 13—30 攻右旋螺纹 G84 和攻左旋螺纹 G74 进刀路线

a) G98 方式 G84 进刀路线 b) G98 方式 G74 进刀路线

(1) 图 13—30a 说明

1) G84 循环用于加工右旋螺纹。执行 G84 循环时，主轴为正转，先快速定位 *X*—*Y* 平面坐标点，*Z* 轴快移至 *R* 平面，开始攻螺纹，到孔底 *Z* 点后主轴暂停，接着主轴反转退出螺纹，返回 *R* 平面，主轴恢复正转，完成攻右旋螺纹动作。

2) 攻螺纹时因主轴转速影响螺纹质量，所以要控制转速不能太高。

3) 用 G95 方式时，F 值为螺纹导程；用 G94 方式时，F 值为刀具进给速度。此时需要计算求出 F 值。例如，加工导程（螺距）为 2 mm 的单线螺纹，转速为 50 r/min，则$F = 2 \times 50 = 100$ mm/min。

（2）图 13—30b 说明

G74 循环用于加工左旋螺纹。执行 G74 循环时，主轴需反转，先快速定位 X—Y 平面坐标点，Z 轴快移至 R 平面，开始攻螺纹，到孔底 Z 点后主轴暂停，接着主轴正转退出螺纹，返回 R 平面，主轴恢复反转，完成攻左旋螺纹动作。

【例 13—11】　如图 13—31 所示，用攻螺纹循环编写两个螺孔的加工程序。

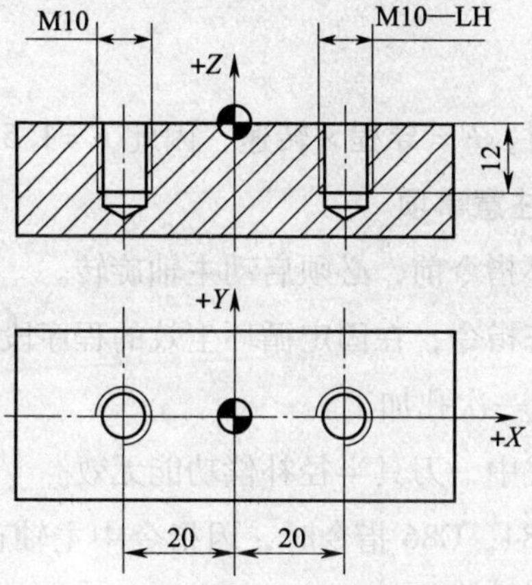

图 13—31　编程例题

使用 G95 编程：

O0007；

N10 M03 S50；

N20 G95 G90 G58 G00 X0 Y0；

N30 G99 G84 X－20 Z－12 R3 F1.5；　　　　攻左侧右旋螺纹

（……换左旋螺纹丝锥）

N70 M04 S50；

N80 G98 G74 X20 Y0 Z－12 R3 F1.5；　　　　攻右侧左旋螺纹

N90 G80 G49；

N100 G91 G28 Z0；

N110 M05；

N120 M30；

使用 G94 编程：

N10 M03 S50；

N20 G94 G90 G58 G00 X0 Y0；

N30 G99 G84 X－20 Z－12 R3 F75；　　　　攻左侧右旋螺纹

（……换左旋螺纹丝锥）

N70 M04 S50；

N80 G98 G74 X20 Z－12 R3 F75；　攻右侧左旋螺纹

N90 G80 G49；

N100 G91 G28 Z0；

N110 M05；

N120 M30；

说明：用 G94 编程时，F＝导程×转速，因此 $F=1.5\times50=75$ mm/min。

6．固定循环编程的注意事项

（1）在使用固定循环指令前，必须启动主轴旋转。

（2）固定循环是模态指令，在固定循环生效的程序段中，X，Y，Z，R 值中的一个被改变，就会再进行一次孔加工。

（3）在固定循环方式中，刀具半径补偿功能无效。

（4）在使用 G74，G84，G86 指令时，因指令中主轴正转、反转变化频繁，如果平面上孔间距很小，为了防止主轴转速在进入下一个孔时未达到指定的转速，应采用 G04 暂停指令进行延时。

第十四章 SIEMENS系统的编程

SIEMENS 数控系统由德国西门子公司生产，是世界最著名的数控系统，与 FANUC 系统一样在我国具有广泛的应用市场，尤其是一些高精度数控机床较多地选用 SIEMENS 数控系统，如经济型数控机床常用 802D 系统，加工中心机床常用 840D 系统。

第一节 编程基本知识及功能指令

一、编程基本知识

1. 程序的名称

每个程序均有一个程序名，在编制程序时可以按以下规则确定程序名：

（1）开始两个符号必须是字母。

（2）其后的符号可以是字母、数字或下划线。

（3）最多为 16 个字符。

（4）不得使用分隔符。

例如，某一个程序的名称为 WELLE526。

2. 程序的结构

（1）程序段

程序段是由若干个字和程序段的结束符“LF”组成的，在编写程序过程中进行换行时或按回车键时，可以自动产生程序段结束符，格式如下：

N__ 字1　字2……；　注释 LF

说明：

1）N__：程序段号。

2）字结构：字由地址符（一般是一个字母）和数值组成，例如，G1，X-20.1。地址符也可由多个字母构成，此时字母与数值之间可用符号“=”隔开，如 CR=6.8。

对于以下地址：R（参数），H（功能），I，J，K（插补参数/中间点），可以在这些地址符后带1~4个数字进行地址扩展，通过“=”进行赋值，例如，R10=73，H5=18。

3）“;”为注释符，表示对程序段进行说明，位于程序段的最后，用“;”与程序指令分开。注释可作为对操作者的提示显示在屏幕上。

4）LF：表示程序的结束，在屏幕上是看不见的。

（2）程序字的顺序

如果程序中有很多指令，建议按以下顺序排列：

N__ G__ X__ Z__ F__ S__ T__ D__ M__ H__

（3）程序段号说明

以5或10为间隔选择程序段号，以便于以后插入程序时不会影响原有的顺序。

（4）跳转程序段

使用“/”放在要跳转的程序段的前面。

3. 字符集

在编程中可以使用以下字符，它们按一定的规则进行编译。

字母：A~Z共26个英文字母，大写字母和小写字母没有区别。

数字：0，1，2，3，4，5，6，7，8，9。

特殊字符：圆括号“()”，方括号“[]”，小于“<”，大于“>”，主程序或标志符结束“:”，赋值或表示相等“=”，跳跃符或除号“/”，乘号“*”，加号“+”，减号“-”，引号“""”，字母下划线“_”，小数点“.”，逗号“,”。

二、功能指令介绍

1. 快速移动（G0）

模态指令。格式：

G0 X __ Z __;

式中　X __ Z __——圆弧终点坐标。

2. 直线插补（G1）

模态指令。格式：

G1 X __ Z __ F __;

式中　F __——进给速度。

3. 圆弧插补（G2，G3）

模态指令。格式1：

$$\begin{cases}G2\\G3\end{cases} X\_\ Z\_\ I\_\ K\_\ F\_;$$

式中　I __——圆弧起点到圆心在 *X* 轴方向增量值；

K __——圆弧起点到圆心在 *Z* 轴方向增量值。

格式2：

$$\begin{cases}G2\\G3\end{cases} X\_\ Z\_\ CR=\_;$$

式中　CR =——圆弧半径。

格式3：

$$\begin{cases}G2\\G3\end{cases} AR=\_\ I\_\ K\_;$$

式中　AR = __——圆弧对应的圆心角；

I __ K __——同格式1。

格式4：

$$\begin{cases}G2\\G3\end{cases} AR=\_\ X\_\ Z\_;$$

式中　AR = __——圆弧对应的圆心角；

X __ Z __——圆弧终点坐标。

4. 通过中间点进行圆弧插补（CIP）

模态指令。格式：

CIP X __ Z __ I __ K __;

式中　X __ Z __——圆弧终点坐标；

I __ K __——圆弧中间点。

5. 切线过渡圆弧（CT）

模态指令。格式：

CT X__ Z__；

式中 X__ Z__——圆弧终点坐标。

6. 恒螺距螺纹切削（G33）

模态指令。

（1）圆柱螺纹切削

格式：

G33 Z__ K__；

式中 Z__——螺纹终点坐标；

K__——螺纹螺距。

（2）圆锥螺纹切削

格式：

锥角小于 45°：

G33 Z__ X__ K__；

锥角大于 45°：

G33 Z__ X__ I__；

（3）端面螺纹切削

格式：

G33 X__ I__；

式中 X__——螺纹终点坐标；

I__——端面螺纹螺距。

（4）多段连续螺纹切削

G33 指令可以完成具有相同螺距、从圆柱螺纹到不同锥度的圆锥螺纹的加工，如图 14—1 所示为多段连续螺纹的加工。

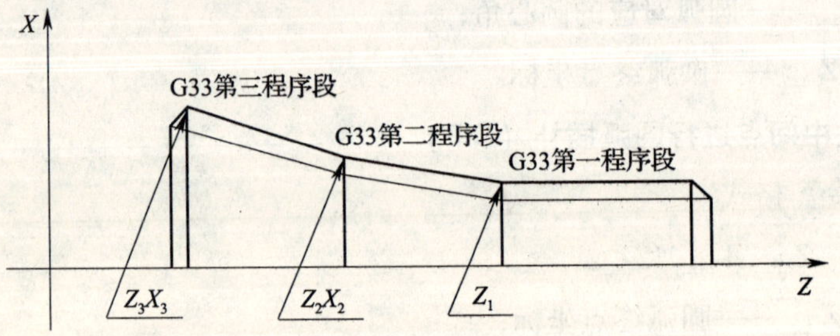

图 14—1 多段连续螺纹的加工

N10 G33 Z_1__ K __;

N20 Z_2__ X_2__ K __;

N30 Z_3__ X_3__ K __;

（5）多头螺纹的切削

1）前提条件：主轴必须有位移测量系统，即主轴可以进行角度分线。

2）格式：

G33 Z __ K __ SF __;

式中　SF __——分线角度，例如，双线螺纹第一条螺旋线 SF = 0，第二条螺旋线 SF = 180。

例如：

N10 G90 X50 Z5 S500 M03;

N20 G33 Z - 100 K4 SF = 0;　　　　第一条螺旋线，起始 0°

N30 G0 X54;

N40 Z5;

N50 X50;

N60 G33 Z - 100 K4 SF = 180;　　　　第二条螺旋线，180°偏转

N70 G0 X54;

N80 Z5;

7. 返回固定点（G75）

用 G75 指令可以返回机床中某个固定点，如换刀点，此点位置存储在机床参数中，不会产生偏移。G75 指令的返回速度是快速移动速度。G75 指令需要一个独立的程序段，在 G75 指令之后的程序段中，原先的 G 指令（G0，G1，G2…）将再次生效。

例如：

N10 G75 X1 = 0 Z1 = 0;

说明：程序段中 X1 和 Z1 后面编程的数值（这里为 0）无法识别。

8. 回参考点（G74）

用 G74 指令可以实现机床回机械零点，其每个轴的方向和速度存储在机床参数中。G74 指令需要一个独立的程序段，在 G74 指令之后的程序段中，原先的 G 指令（G0，G1，G2…）将再次生效。

例如：

N10 G74 X1 = 0 Z1 = 0;

说明：程序段中 X1 和 Z1 后面编程的数值（这里为 0）无法识别。

9．暂停（G4）

通过在两个程序段之间插入一个 G4 程序段，可以使加工中断，并给定暂停时间，例如，可用于退刀槽的切削。G4 为非模态指令，在 G4 之前的编程进给量 F 和主轴转速 S 保持存储状态。

格式：

G4 F __；　　暂停时间，s

G4 S __；　　暂停主轴转速

例如：

N10 G1 Z－30 F200；

N20 G4 F3；　　暂停 3 s

N30 Z－150；

N40 G4 S40；　　主轴暂停 40 r，相当于 $S=400$ r/min，转速倍率 100% 时暂停 0.1 min

N50 Z10；　　进给倍率和主轴转速继续有效

说明：G4 S __；只在受控主轴（变频、伺服……）才有效。

10．主轴转速极限（G25，G26）

通过在程序中写入 G25 或 G26 指令和地址 S 下的转速，可以限制特定情况下主轴转速的极限范围，与此同时原来设定的数据被覆盖。

格式：

G25 S __；　　主轴转速下限

G26 S __；　　主轴转速上限

对于 G96 恒定切削速度指令，可以附加编入一个 G26 最高转速极限。

例如：

N10 G25 S12；　　主轴转速下限为 12 r/min

N20 G26 S1600；　　主轴转速上限为 1 600 r/min

11．恒定切削速度（G96，G97）

当主轴为受控主轴时可以使用 G96 指令。

G96 功能生效后，主轴转速随当前工件直径的变化而变化，从而保证刀具切削点的切削速度为常数（主轴转速×工件加工点直径＝常数）。

G96 指令为模态指令。格式：

G96 S __ LIMS __ F __；　　恒定切削速度生效

G97；　　取消恒定切削

式中　S __——切削速度，m/min；

LIMS __——主轴转速上限，相当于 G26，r/min；

F __——进给速度，mm/r。

说明：如果在此之前 G94 有效而不是 G95 有效，则必须重新写入一个合适的 F 值。

例如：

N10 M03；

N20 G96 S120 LIMS = 2500；　　恒定切削速度，主轴切削线速度为 120 m/min，主轴转速上限为 2 500 r/min

N30 G0 X100；　　快速定位至 X100 处

N40 G1 X32 F0.2；　　执行 G96 时，刀具进给速度为 0.2 mm/r

……

N120 G97 X __ Z __；　　取消恒定切削

N130 S __；　　定义新的主轴转速

12. 倒圆、倒角

在一个轮廓拐角处可以插入倒角或倒圆，指令为 CHF = __或 RND = __，与加工拐角的轴运动指令一起写入程序中。

格式：

CHF = __；　　插入倒角数值、倒角长度

RND = __；　　插入倒圆数值、倒圆半径

倒角实例：

N10 G1 Z __ CHF5；　　倒角 5 mm

N20 X __ Z __；

倒圆实例：

N10 G1 Z __ RND = 8；　　倒圆半径为 8 mm

N20 X __ Z __；

……

N60 G1 Z __ RND = 7.6；　　直线与圆弧之间倒圆半径为 7.6 mm

N70 G3 X __ Z __；

13. 刀具和刀具补偿

（1）刀具指令 T

系统中最多可同时存储 32 把刀具，刀具号用 1 ~ 32000 表示，通过 T 指令可以

选择刀具。

格式：

T __;

例如：

N10 T06；选用 06 号刀具

（2）刀具补偿号 D

每把刀具都有各自不同的一些特征值，这些特征值包括刀具长度几何尺寸、刀具长度磨损尺寸、刀具半径尺寸、刀具半径磨损尺寸，这些尺寸都被存储在每把刀具的补偿指令 D 中。

一把刀具匹配 1 ~ 9 个补偿号，记为 D1 ~ D9，如图 14—2 所示，每个补偿号称为刀沿号，一个切削刃为一个刀沿。例如，D3 表示 D3 刀沿；T2D2 表示第 2 把刀第 2 号刀沿，T2 共有 9 个刀沿，都可以被调用。802D 系统最多可以存储 64 个刀具补偿数据组，D0 表示没有补偿值。刀具一旦被调用，刀具刀沿补偿立即生效。如果没有 D 编号，则 D1 自动生效，只要 D1 中有数值，就立即被调用。刀具半径补偿必须与 G41 和 G42 指令一起执行。如果程序中没有 G41 和 G42，即使出现 T __ D __，D 中有关半径数值也不生效。

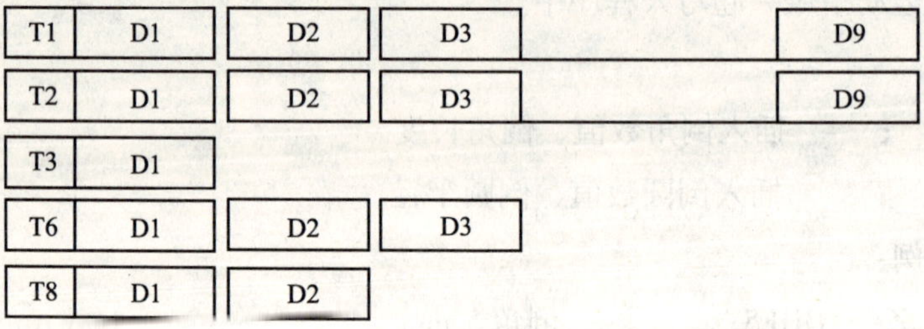

图 14—2　刀沿

例如：

N10 T1;　　　　　　刀具 T1 和 D1 值生效

N20 G0 X __ Z __;

……

N50 T4 D2;　　　　　更换刀具 T4，对应 D2 刀沿有效

……

N80 G0 Z __ D1;　　　同样是刀具 T4，但 D1 刀沿有效，在此仅更换一个切削刃

以上例子说明同一把刀具可以拥有多个刀沿号，使用方便。每把刀具最多有 9 个刀沿。

各类车刀和钻头所要求的刀具参数情况如图 14—3 ~ 图 14—6 所示。其中车刀所要求的长度补偿值如图 14—3 所示，具有两条切削刃的车刀长度补偿值如图 14—4 所示，具有刀尖半径补偿的车刀所要求的补偿参数如图 14—5 所示，钻头所要求的补偿参数如图 14—6 所示。

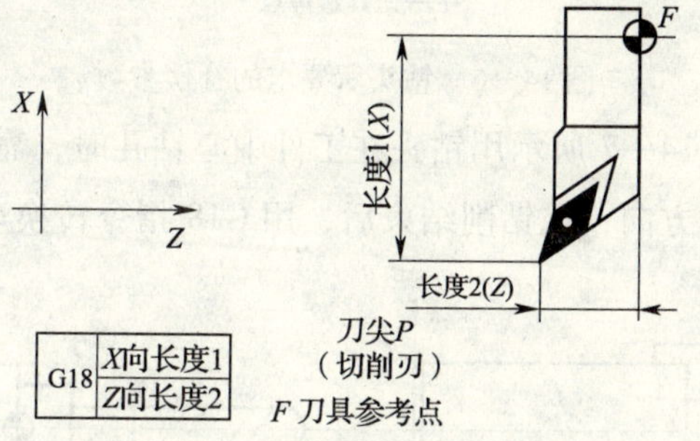

图 14—3　车刀所要求的长度补偿值

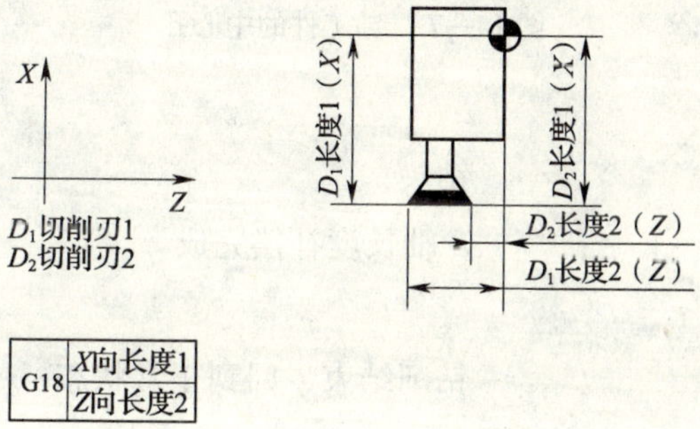

图 14—4　具有两条切削刃的车刀长度补偿值

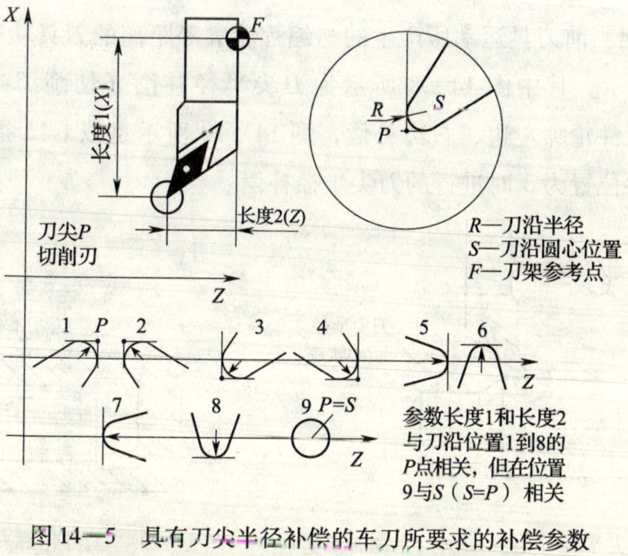

图 14—5　具有刀尖半径补偿的车刀所要求的补偿参数

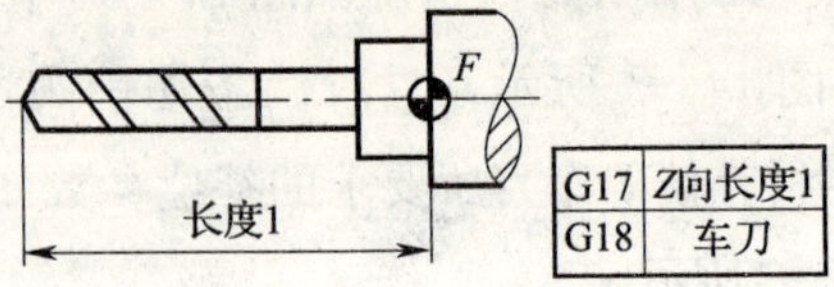

F—刀具参考点

图 14—6　钻头所要求的补偿参数

如图 14—6 和图 14—7 所示用钻头在工件中心钻孔时，需要使用 G17 指令，钻头的长度补偿为 *Z* 轴方向；在钻削结束后，用 G18 指令转换车刀正常的补偿状态。

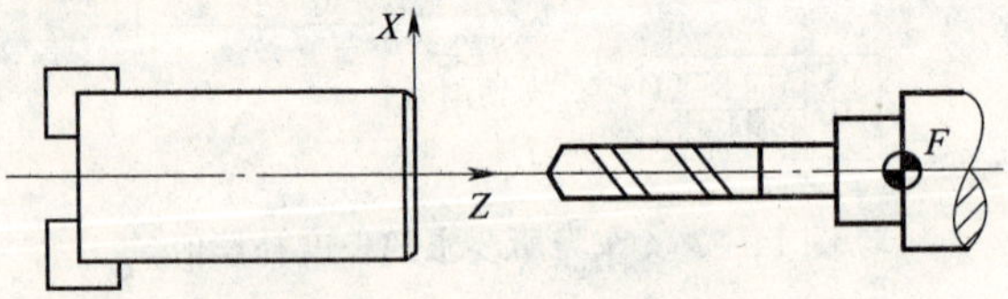

图 14—7　钻工件的中心孔

例如：

N10 T __;	钻头
N20 G17 G1 Z __ F __;	*Z* 轴长度补偿完成
N30 Z __	
N40 G18;	钻削结束，回到正常状态

14．刀具半径补偿指令（G41，G42）

刀具必须有相应的“刀沿 D”，通过 G41 和 G42 指令，刀尖半径补偿才生效。控制器自动计算出当前刀具运动所产生的与编程轮廓等距离的刀具轨迹，如图 14—8 ~图 14—10 所示。其中图 14—8 所示为刀尖半径补偿（切削刃半径补偿），图 14—9 所示为工件轮廓左边、右边补偿，图 14—10 所示是以 G42 指令为例，在图 14—5 所示刀尖位置为 3 时进行的刀尖半径补偿。

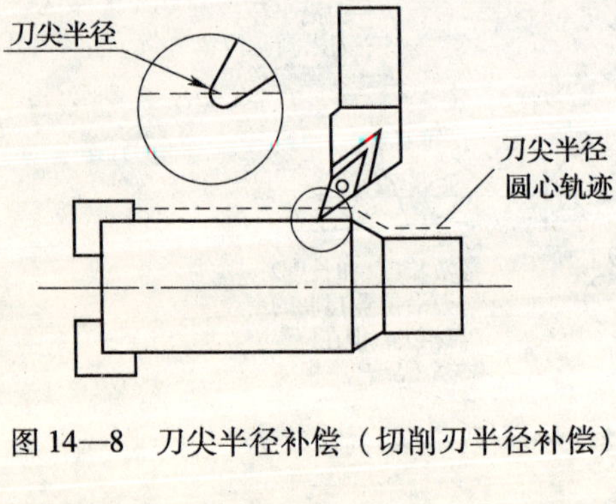

图 14—8　刀尖半径补偿（切削刃半径补偿）

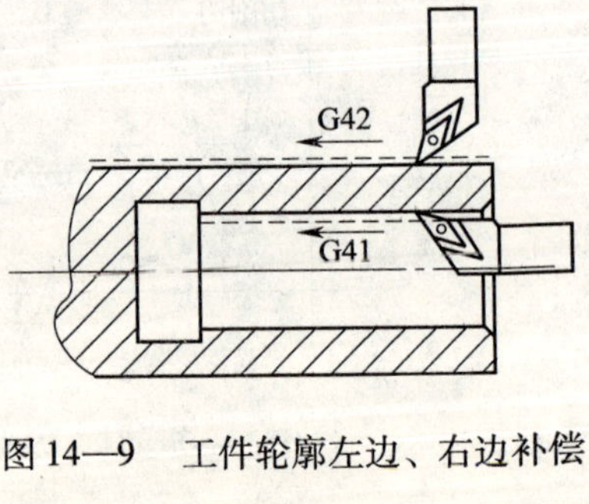

图 14—9　工件轮廓左边、右边补偿

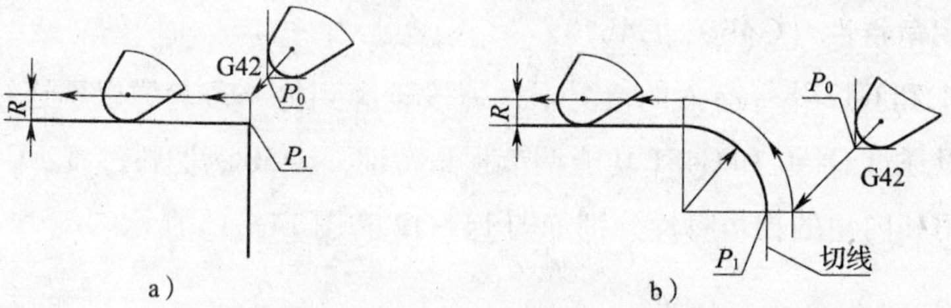

图 14—10　刀尖半径补偿

a）起始轮廓：直线　b）起始轮廓：圆弧

P_0—起始点　P_1—轮廓起始点　R—刀尖半径

格式：

G41 X __ Z __;　　　沿刀具前进方向，在工件轮廓的左边补偿有效

G42 X __ Z __;　　　沿刀具前进方向，在工件轮廓的右边补偿有效

说明：

（1）必须处于 G18 有效状态。

（2）只有在线性插补（G0，G1）的状态下才可以进行 G41 和 G42 的选择。

（3）如果只给出一个坐标轴的尺寸，则第二个坐标轴自动地以最后编程的尺寸赋值。

（4）G41 和 G42 程序段通常在刀具切削工件的前一个程序段设置。

15．取消刀具半径补偿（G40）

格式：

G40 X __ Z __;

说明：

（1）只有在线性插补（G0，G1）的状态下才可以取消补偿。

（2）如果只给出一个坐标轴的尺寸，则第二个坐标轴自动地以在此之前最后编程的尺寸赋值。

如图 14—11 所示为说明在直线插补和圆弧插补后，使用 G40 指令取消刀尖半径补偿的示例。

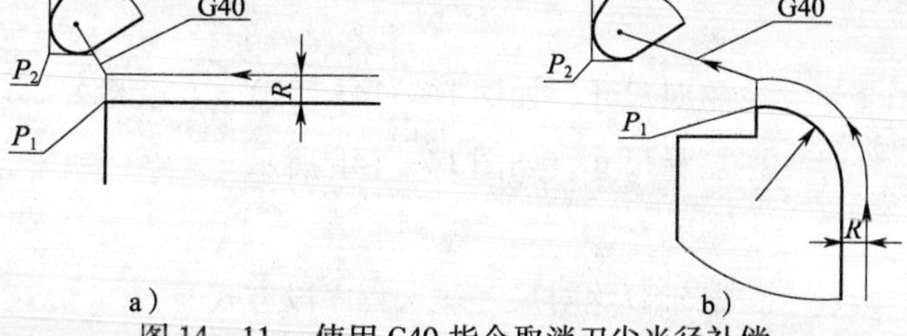

图 14—11　使用 G40 指令取消刀尖半径补偿

16. **拐角特性（G450，G451）**

在 G41 和 G42 指令有效的情况下，一段轮廓到另一段轮廓以不连续的拐角过渡时，可以通过 G450 和 G451 功能调节拐角特性，G450 为圆弧过渡，G451 为交点过渡。外角和内角的拐角特性分别如图 14—12 和图 14—13 所示。

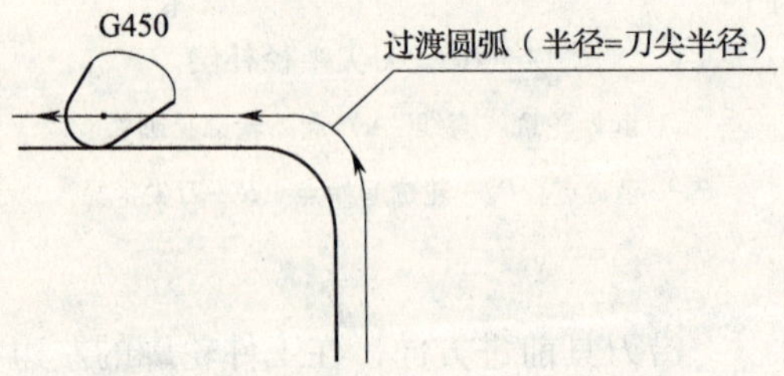

图 14—12 G450 外角的拐角特性

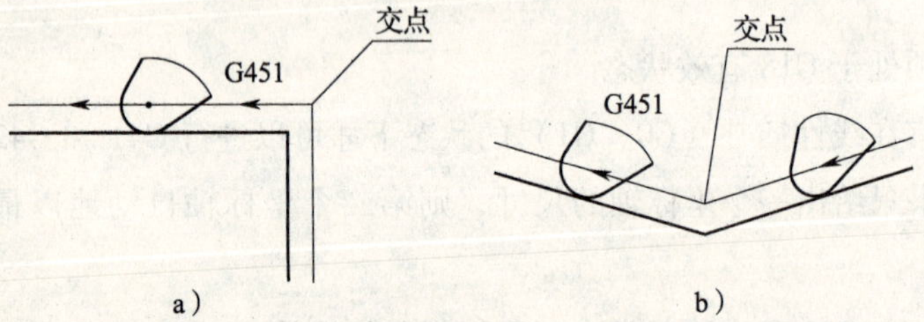

图 14—13 G451 内角的拐角特性

说明：

（1）控制器自动识别内角和外角，对于内角必须回到等距线交点。

（2）对于 G450 圆弧过渡，刀具中心轨迹为一个圆弧，其起点为前一轨迹线的终点，其终点为后一轨迹线的起点，圆弧半径等于刀尖半径。圆弧过渡在运行下一个带运行指令的程序段时才有效。

（3）对于 G451 交点过渡，刀具将通过刀具中心轨迹的交点，即以刀尖半径为距离的等距线的交点。

17. **绝对位置和增量位置**

输入 G90 和 G91 模态指令。

格式：

G90； 绝对尺寸，如图 14—14a 所示

G91； 增量尺寸，如图 14—14b 所示

或：

X = AC（ ）； 某轴以绝对尺寸输入程序段方式

X = IC（ ）； 某轴以相对尺寸输入程序段方式

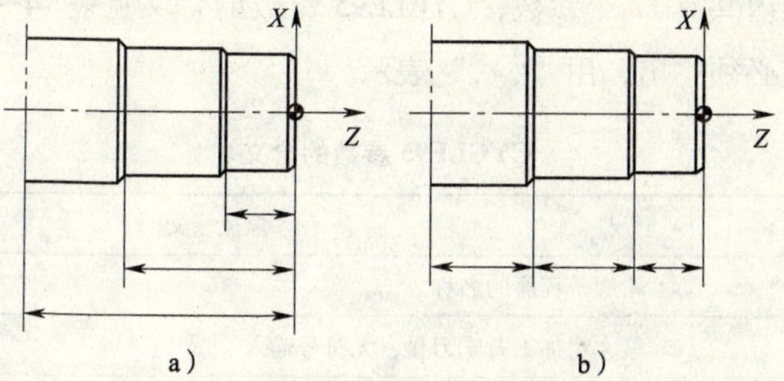

图 14—14　绝对尺寸和增量尺寸

a）G90—绝对尺寸　b）G91—增量尺寸

例如：

N10 G90 G0 X30 Z90；　　　　绝对尺寸

N20 X75 Z = IC（－32）；　　　X __为绝对尺寸，Z __为增量尺寸

……

N80 G91 X40 Z20；　　　　　转换为增量尺寸

N90 X－12 Z17；

第二节　数控车削循环指令及应用

SIEMENS 数控系统 802D 的固定循环与 810D 和 840D 基本相同，都采用 CYCLE×× 来调用，与 FANUC 系统用 G 指令有较大差别。例如，SIEMENS 系统外轮廓加工使用：CYCLE95（“A102”，2，0.1，0.2，，150，100，50，9，1，，0.5），括号内为一组数据，编写程序前先要了解各参数的含义。

一、毛坯切削循环（CYCLE95）

毛坯切削循环能够车削外圆、内孔和端面，包括粗、精加工，通过调用 CYCLE95 来完成。CYCLE95 后面有 12 个参数位置，各有各的功能，其中 VARI 为加工类型，包括 12 个加工种类，可供选择。

1. 指令格式

CYCLE95（NPP，MID，FALZ，FALX，FAL，FF1，FF2，FF3，VARI，DT，DAM，VRT）；

说明：括号内共有 12 个参数，CYCLE95 参数的含义见表 14—1。如果某个参数省略，此位置必须空出，用“，，”表示。

表 14—1　　CYCLE95 参数的含义

参数	含　义
NPP	轮廓子程序的名称
MID	最大粗加工背吃刀量，无符号输入
FALZ	*Z* 向精加工余量，无符号输入
FALX	*X* 向精加工余量，无符号输入，半径量
FAL	沿轮廓方向的精加工余量
FF1	非退刀槽加工的进给速度
FF2	进入凹凸切削时的进给速度
FF3	精加工时的进给速度
VARI	加工类型，用数值 1 ~ 12 表示
DT	粗加工时用于断屑的停顿时间
DAM	因断屑而中断粗加工时所经过的路径长度
VRT	粗加工时从轮廓退刀的距离，*X* 向为半径，无符号输入

（1）NPP：轮廓子程序

子程序调用有两种，一种是将子程序名称写在 NPP 参数位置，而子程序在主程序结束后单独编写，如例 14—1；另一种是将子程序开头和结尾的名称写在 NPP 参数位置，此子程序直接跟在 CYCLE95 的下一段，如例 14—2。

【例 14　1】　MAINI：（主程序名称）. MPF；　SUB1：（子程序名称）. SPF；

……　……；

CYCLE95（SUB1，……）；　RET；　（返回主程序）

……

【例 14—2】　MAINI MPF；

……

CYCLE95（A1：B1：……）；

A1：；　（子程序开头标记符）

……

B1：；　（子程序结束标记符）

……

子程序轮廓定义的说明：

1）子程序轮廓由直线或圆弧组成，可以使用倒角（CHT）和倒圆（RND）。

2）子程序轮廓必须含有三个具有两个进给轴加工平面内的运动程序段。

3）子程序轮廓的第一个程序段必须含有 G00，G01，G02 和 G03 指令中的一个。

4）子程序轮廓编程中不得含有刀尖圆弧半径补偿指令。

（2）MID：最大粗加工背吃刀量

MID 的定义是最大粗加工背吃刀量，实际切削时每次的背吃刀量是由系统自动计算得出的，它的值是相等的。系统计算时是将最大背吃刀量除以进刀次数，得到平均背吃刀量。例如，总的背吃刀量为 22 mm，参数 MID 中定义的值为 5，则计算出总的进刀次数为 5，系统计算出实际背吃刀量为 4.4 mm。

（3）FAL：沿轮廓方向的精加工余量

在实际编程中，如果定义了 FAIZ 和 FALX，此项可以省略，省略的用法是此项空，但要用逗号留出位置。

（4）FF1，FF2，FF3：进给速度

FF1，FF2，FF3 为三种进给速度。其中 FF2 为进入凹凸切削时的进给速度。所谓凹凸是指 CYCLE95 循环不仅能加工单调递增或单调递减的轮廓，还可以加工中间出现凹轮廓的工件，如图 14—15 所示，加工时的切削步骤按 *A*，*B*，*C* 进行。进给速度应选用 FF2。

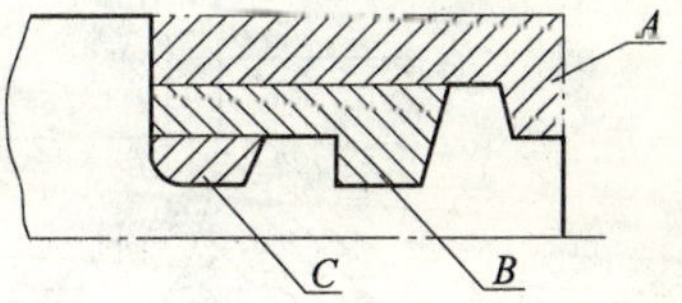

图 14—15　中间凹轮廓的切削步骤

（5）VARI：加工类型

毛坯切削循环的加工方式用参数 VARI 表示，其含义相当丰富，共分成三种类型、12 种方式。第一类为纵向加工与横向加工，第二类为内部加工与外部加工，第三类为粗加工、精加工与综合加工。VARI 加工类型见表 14—2。

表 14—2　VARI 加工类型

数值（VARI）	纵向/横向	外部/内部	粗加工/精加工/综合加工
1	纵向	外部	粗加工
2	横向	外部	粗加工
3	纵向	内部	粗加工
4	横向	内部	粗加工
5	纵向	外部	精加工

续表

数值（VARI）	纵向/横向	外部/内部	粗加工/精加工/综合加工
6	横向	外部	精加工
7	纵向	内部	精加工
8	横向	内部	精加工
9	纵向	外部	综合加工
10	横向	外部	综合加工
11	纵向	内部	综合加工
12	横向	内部	综合加工

表 14—2 说明：

1）纵向加工和横向加工

①纵向加工。其加工方式是沿 *X* 轴方向切深进给，再沿 *Z* 轴方向切削进给的，与 FANUC 0i 系统中 G71 指令类似。纵向加工时刀具切削动作如图 14—16 所示。

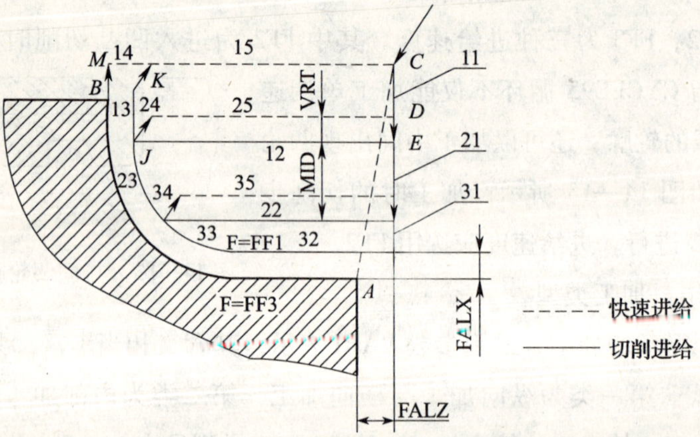

图 14—16　纵向加工时刀具切削动作

刀具切削动作：刀具快速定位到循环起点 *C* 点，转为 G01，沿轨迹“11”，根据系统计算出的参数 MID（粗加工背吃刀量）进到 *E* 点，沿轨迹“12”按参数 FF1（进给速度）切削到 *J* 点，沿轨迹“13”留出精加工余量，粗加工到 *K* 点，沿轨迹“15”退回 *C* 点完成第一循环。第二循环为轨迹“21～25”。

②横向加工。其加工方式是沿 *Z* 轴方向切深进给，再沿 *X* 轴方向切削进给的，与 FANUC 0i 系统中 G72 指令类似。横向加工时刀具切削动作如图 14—17 所示。

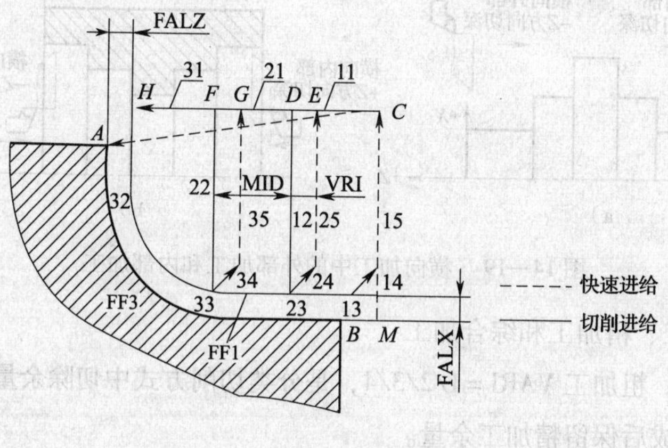

图 14—17 横向加工时刀具切削动作

刀具切削动作：刀具快速定位到循环起点 C 点，$C \to D$ 轨迹为“11”，X 向切削轨迹为“12”，沿工件轮廓切削轨迹为“13”，退刀轨迹为“14 和 15”，第一循环结束。第二循环为“21→22→23→24→25”。第三循环以此类推。横向切削与纵向切削相似，不同之处是横向加工是沿 X 轴方向进行切削加工。

2）外部加工和内部加工

①纵向加工方式中，分为外部加工与内部加工，其外部与内部的区别是根据循环开始时刀具的切深方向来判断的，当切深方向为 $-X$ 向时，该加工方式为纵向外部加工方式，VARI = 1/5/9，如图 14—18a 所示；反之，当切深方向为 $+X$向时，该加工方式为纵向内部加工方式，VARI = 3/7/11，如图 14—18b 所示。

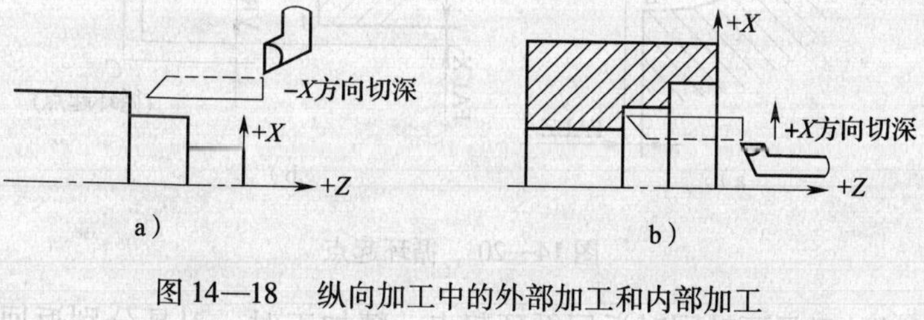

图 14—18 纵向加工中的外部加工和内部加工

a）纵向加工中的外部加工 b）纵向加工中的内部加工

②横向加工方式中，也分为外部加工与内部加工，与上面相似，当刀具切深方向为 $-Z$ 向时，该加工方式为横向外部加工方式，VARI = 2/6/10；反之，当切深方向为 $+Z$ 向时，该加工方式为横向内部加工方式，VARI = 4/8/12，如图 14—19 所示。

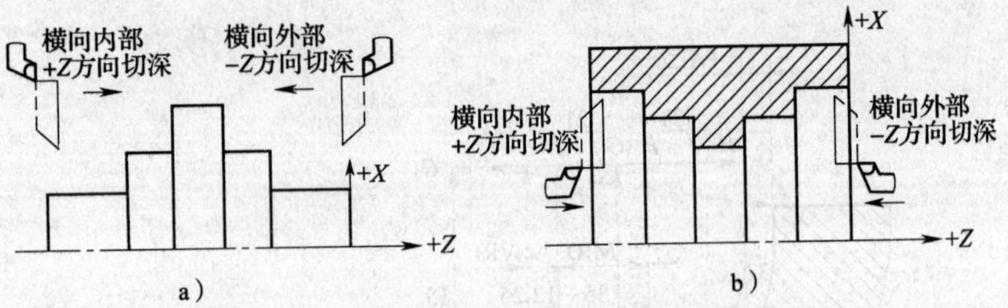

图 14—19 横向加工中的外部加工和内部加工

3）粗加工、精加工和综合加工

①粗加工。粗加工 VARI = 1/2/3/4，是分类切削方式中切除余量的一种加工方式。粗加工完成后保留精加工余量。

②精加工。精加工 VARI = 5/6/7/8，是刀具沿轮廓轨迹一次性完成加工的一种加工方式。在精加工循环中，将自动启用刀具半径补偿功能。

③综合加工。综合加工 VARI = 9/10/11/12，先进行粗加工，再进行精加工，是粗加工和精加工两者的结合。

（6）VRT：粗加工退刀距离，即循环起点的确定

循环起点的坐标值根据工件加工轮廓、精加工余量、退刀量等因素由系统自动计算，如图 14—20 所示。

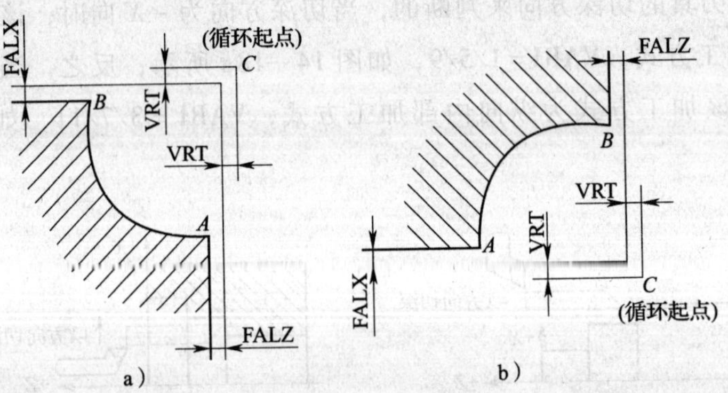

图 14—20 循环起点

粗加工时，刀具两轴同时返回循环起点。精加工时，刀具分别返回循环起点，且先返回刀具切削的进给轴。

2. CYCLE95 编程应用

【例 14—3】 试用 CYCLE95 编写如图 14—21 所示工件的加工程序。

本例题采用横向进刀，VARI = 10，即综合加工方式，先进行粗加工，再进行精加工。NPP 轮廓子程序用“B1：B2：”表示，采用直接跟在 CYCLE95 的下一段

的方式。子程序轮廓起点在 A 点，终点在 B 点。

```
AA100. MPF；（程序名称）
N10 G90 G94 G40；
N20 T1D1；
N30 M03 S800 F100；
N40 G00 X67 Z2；
N50 CYCLE95（B1：B2：, 1.5, 0.1, 0.1,, 80,, 80, 10,,, 0.5）；
N60 B1：；
N70 G00 X67 Z－30；
N80 G01 X40；
N90 Z－20；
N100 G02 X28 Z－13 CR＝7；
N110 G01 Z－8；
N120 X14；
N130 Z－2；
N140 X10 Z0；
N150 B2：；
N160 G74 X0 Z0；
N170 M30；
```

【例 14—4】 试编写如图 14—22 所示工件的加工程序。

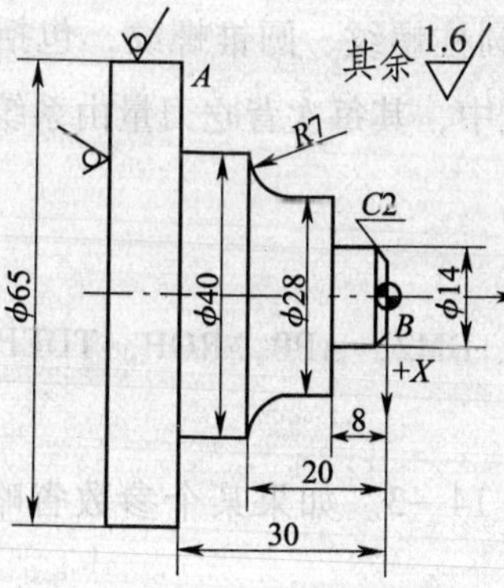

图 14—21　编程例题（一）

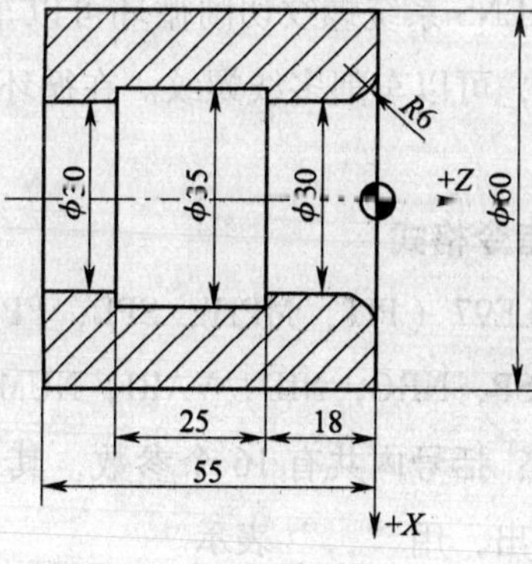

图 14—22　编程例题（二）

本例题采用纵向内部综合加工方式，VARI＝11，先进行粗加工，再进行精加工，进给方向是沿 Z 轴方向。NPP 轮廓子程序采用独立形式用主程序调用，先钻出 ϕ28 mm 的孔。

```
AA200. MPF; (主程序名称)
N10 G90 G94 G40;
N20 T2D2;
N30 M03 S600 F100;
N40 G00 X24 Z2;
N50 CYCLE95 (BB100, 1, 0.05, 0.08,, 90,, 60, 11,,, 0.5);
N60 G74 X0 Z0;
N70 M30;
BB100. SPF; (子程序名称)
N10 G00 X42 Z2;
N20 Z0;
N30 G02 X30 Z-6 CR=6;
N40 G01 Z-18;
N50 X35;
N60 Z-43;
N70 X30;
N80 Z-56;
N90 RET;
```

二、螺纹切削循环 CYCLE97

SIEMENS 系统螺纹切削循环可以车削各种圆柱螺纹、圆锥螺纹，包括内螺纹和外螺纹，可以车削多线螺纹。在循环车削螺纹中，其每次背吃刀量由系统自动计算出来。

1. 指令格式

CYCLE97 (PIT, MPIT, SPL, FPL, DM1, DM2, APP, ROP, TDEP, FAL, IANG, NSP, NRC, NID, VARI, NUMT);

说明：括号内共有 16 个参数，其含义见表 14—3。如果某个参数省略，此位置可以空出，用“,,”表示。

表 14—3 中的 PIT, MPIT, SPL, FPL, DM1, DM2, APP, ROP, TDEP, FAL, IANG 可以参照图 14—23 和图 14—24 所示各尺寸对应位置加深理解。PIT 为螺纹螺距，MPIT 是用另一种方式表达螺距，如果使用了 PIT 就不必再用 MPIT，MPIT 可以省略。SPL 与 FPL 为螺纹纵坐标值，是相对工件坐标系的绝对值。IANG 是螺

纹角度的 1/2，其值可以为零，可以是正值（如 30），也可以是负值（如 -30），如图 14—25 所示，零、正号、负号决定了刀具进刀的方式。IANG 与 VARI 有关。

表 14—3　　CYCLE97 参数的含义

参数	含　义
PIT	螺距由数值决定，无符号输入
MPIT	表示螺纹螺距（如 M10 螺纹的螺距为 1.5 mm）
SPL	螺纹起始点的纵坐标
FPL	螺纹终点的纵坐标
DM1	起始点的螺纹直径
DM2	终点的螺纹直径
APP	空刀导入量，无符号输入
ROP	空刀导出量，无符号输入
TDEP	螺纹深度，无符号输入
FAL	精加工余量，半径量且为无符号输入
IANG	切入进给角度，“+”表示沿侧面进给，“-”表示交错进给
NSP	首牙螺纹起始点偏移，无符号角度值
NRC	粗加工切削次数，无符号输入
NID	停顿时间，无符号输入
VARI	螺纹加工类型，用数值 1 ~4 表示
NUMT	螺纹线数，无符号输入

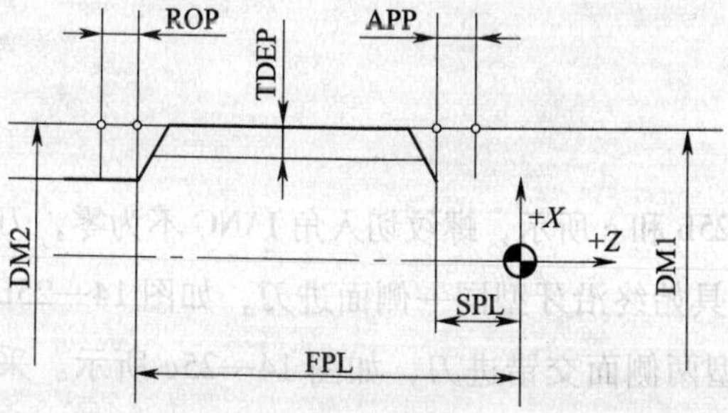

图 14—23　CYCLE97 螺纹循环参数 1

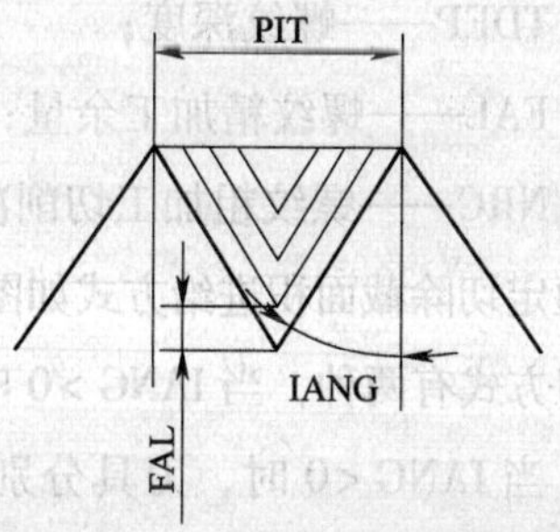

图 14—24　CYCLE97 螺纹循环参数 2

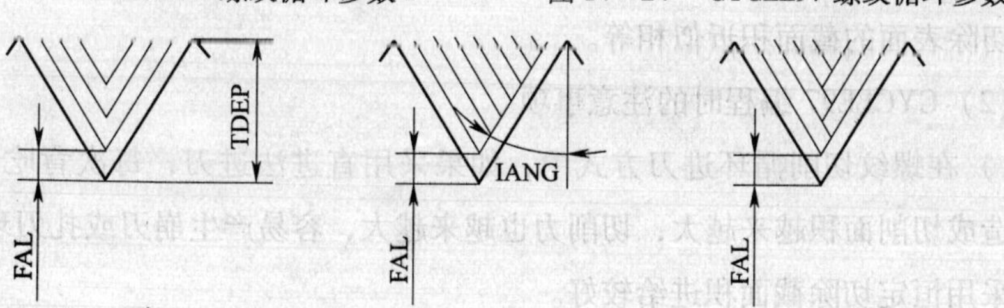

a）　　　　b）　　　　c）

图 14—25　螺纹切削循环的背吃刀量

a）IANG = 0　b）IANG >0　c）IANG <0

（1）VARI：螺纹加工类型

VARI 螺纹加工类型共有 4 种，见表 14—4。该参数不仅决定螺纹加工类型，还确定了螺纹背吃刀量的定义方法。

表 14—4 **VARI 螺纹加工类型**

加工类型	外部/内部	进给方式
1	外部	恒定背吃刀量进给
2	内部	恒定背吃刀量进给
3	外部	恒定切除截面积进给
4	内部	恒定切除截面积进给

表 14—3 说明：

1）外部方式与内部方式。外部方式指加工外螺纹，内部方式指加工内螺纹。

2）进给方式。进给方式分为两种，即恒定背吃刀量进给方式和恒定切除截面积进给方式。

恒定背吃量进给方式如图 14—25a 所示，螺纹切入角度 IANG 为零，刀具以直进法进刀，即刀具沿 *X* 轴方向进刀，刀具左、右切削刃都切削工件。螺纹粗加工时，每次背吃刀量都相等，其值为：

$$a_p = (TDEP - FAL)\ NRC$$

式中 a_p——粗加工每次背吃刀量；

TDEP——螺纹深度；

FAL——螺纹精加工余量；

NRC——螺纹粗加工切削次数。

恒定切除截面积进给方式如图 14—25b 和 c 所示，螺纹切入角 IANG 不为零，刀具进刀方式有两种，当 IANG >0 时，刀具始终沿牙型同一侧面进刀，如图 14—25b 所示；当 IANG <0 时，刀具分别沿牙型两侧面交错进刀，如图 14—25c 所示。采用恒定切除截面积进给方式进行螺纹粗加工时，背吃刀量按递减规律自动分配，使得每切除表面的截面积近似相等。

（2）CYCLE97 编程时的注意事项

1）在螺纹切削循环进刀方式中，如果采用直进法进刀，每次背吃刀量相等，势必造成切削面积越来越大，切削力也越来越大，容易产生崩刃或扎刀现象，所以还是采用恒定切除截面积进给较好。

2）使用螺纹切削循环指令，计算螺纹深度时，TDEP 值推荐为 1.3 × 螺距/2。例如，螺距为 3，则 TDEP = 1.3 × 3/2 = 1.95 mm。

3）选择螺纹切削循环起始点时，要考虑刀具在螺纹切削完成后退回该位置时不会发生碰撞。

2. CYCLE97 编程应用

【例 14—5】　试用螺纹切削循环指令编写如图 14—26 所示工件内、外螺纹的加工程序。

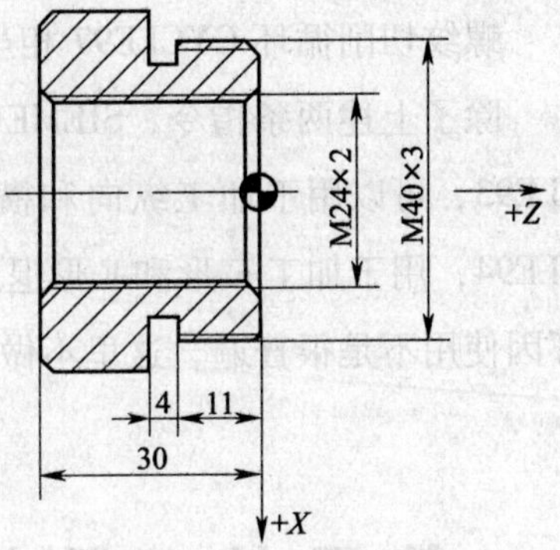

图 14—26　编程例题

```
AA300 MPF;
N10 G90 G94 G40;
N20 T3D3;
N30 M03 S600;
N40 G00 X42 Z3;
N50 CYCLE97 (3,, 0, -11, 40, 40, 3,
2, 1.95, 0.05, 30, 0, 12, 1, 3, 1);
N60 G74 X0 Z0;
N70 M30;
AA400 MPF;
N10 G90 G94 G40;
N20 T4D4;
N30 M03 S500;
N40 G00 X20 Z4;
N50 CYCLE97 (2,, 0, -32, 22, 22, 2, 2, 1.3, 0.05, 30, 0, 6, 1, 4, 1);
N60 G00 X20 Z100;
N70 M30;
```

例题说明：该工件外螺纹螺距为 3 mm，第二位空格，螺纹纵向起点坐标为 Z0，终点坐标为 Z－11，起点与终点螺纹直径为 40 mm，导入量为 3 mm，导出量为 2 mm，螺纹深度为 1.95 mm（半径量），精车余量为 0.05 mm，采用沿牙型同一侧进刀，切入进给为 30°（牙型角为 60°），螺纹起点无偏移（取值为零），粗车 12 刀，停顿时间为 1 s，加工类型为外部恒定切除截面积进给，螺纹线数为 1。

该工件内螺纹螺距为 2 mm，螺纹纵向起点坐标为 Z0，终点坐标为 Z－32，起点与终点螺纹直径为内径 22 mm，导入量为 2 mm，导出量为 2 mm，螺纹深度为 1.3 mm（半径量），精车余量为 0.05 mm，进给角为 30°，粗车 6 刀，停顿时间为 1 s，加工类型为内部恒定切除截面积进给，螺纹线数为 1。

三、车削循环小结

毛坯切削循环 CYCLE95 与 FANUC 系统相比较，由于有加工类型的选择，所以，既具有 FANUC 0i 系统内、外粗车固定循环（G71）功能，又具有端面固定循环（G72）功能和精加工循环（G70）功能，还可以加工中间凹、凸轮廓，相当于 G73 功能，可以说这一条指令就包含了四种功能。

螺纹切削循环 CYCLE97 相当于 FANUC 0i 系统的 G76 指令。

除了上述两条指令，SIEMENS 802D，810D，840D 系统还有车槽固定循环 CYCLE93，可以用于加工纵向和横向凹槽、外圆槽或内孔槽；退刀槽固定循环 CYCLE94，用于加工 E 形和 F 形退刀槽；螺纹退刀槽固定循环 CYCLE96。以上三种循环因使用不是很普遍，这里不做介绍。

第三节　数控铣削循环指令及应用

SIEMENS 802D 系统的固定循环以孔加工固定循环为主，与 FANUC 0i 系统的孔加工固定循环功能类似，用 CYCLE81 ~ CYCLE89 来调用，该指令为非模态指令。

固定循环主要用于加工孔，如钻孔、镗孔、攻螺纹等。用一条程序可以完成孔加工的全部动作，如钻孔、镗孔、攻螺纹、孔底暂停、退刀等，孔加工固定循环一览表见表 14—5。

表 14—5　　孔加工固定循环一览表

代　码	加工动作	孔底动作	退刀动作	用　途
CYCLE81	切削进给		快速返回	钻孔循环
CYCLE82	切削进给	暂停	快速返回	钻孔、锪孔循环
CYCLE83	间歇进给	—	快速返回	深孔加工循环
CYCLE84	攻螺纹进给	暂停、主轴反转	切削进给返回	刚性攻螺纹循环
CYCLE840	切削进给	暂停、主轴反转	切削进给返回	柔性攻螺纹循环
CYCLE85	切削进给	—	切削进给返回	镗孔循环
CYCLE86	切削进给	准停	快速返回	精镗孔循环
CYCLE87	切削进给	M0，M5	手动	镗孔循环
CYCLE88	切削进给	暂停，M0，M5	手动	镗孔循环
CYCLE89	切削进给	暂停	切削进给返回	镗孔循环

SIEMENS 系统孔加工固定循环与 FANUC 0i 系统的不同之处是：FANUC 0i 系统孔加工固定循环参数中有 X，Y 坐标值，而 SIEMENS 系统中没有。因此，在固定循环开始前刀具要移动到所要加工孔的中心位置上；否则，刀具将在当前位置执行孔加工固定循环。

CYCLE81 ~ CYCLE89 为非模态调用，如例 14—6。如果要变成模态调用，可在指令前加上 MCALL，如例 14—7。

【例 14—6】 非模态调用

```
N10 G00 X20 Y30;                 快速到 X，Y 坐标点
N20 CYCLE81（10，0，2，-20）；    执行钻孔循环
N30 G00 X0 Y0;                   快速移到（X0，Y0）
```

此格式为非模态调用，CYCLE81 在（X20，Y30）坐标点执行钻孔循环。

【例 14—7】 模态调用

```
N10 MCALL CYCLE81（10，0，2，-20）；   模态调用 CYCLE81
N20 G00 X20 Y30;                       钻第一个孔
N30 X30 Y50;                           钻第二个孔
N40 MCALL;                             模态调用取消
```

一、钻孔循环 CYCLE81 和 CYCLE82

1. 指令格式

CYCLE81（RTP，RFP，SDIS，DP，DPR）；

CYCLE82（RTP，RFP，SDIS，DP，DPR，DTB）；

参数说明：

RTP——返回平面，用绝对值编程，相当于 FANUC 系统的初始平面。

RFP——参考平面，用绝对值编程，*Z* 方向零点。

SDIS——安全距离，无符号编程，相当于 FANUC 系统的 *R* 平面。

DP——孔加工深度，用绝对值编程。

DPR——孔的相对深度，无符号。其值为最终孔加工深度与参考平面的距离。程序中参数 DP 与 DPR 只需指定一个即可。如果两个参数同时指定，以参数 DP 为准。

DTB——刀具在孔底部暂停时间。

2. CYCLE81 和 CYCLE82 动作说明

在 CYCLE81 循环中，刀具从 RTP 平面切削进给到孔底，然后从孔底快速返回 RTP 平面，其进刀、退刀路线如图 14—27a 所示。

CYCLE82 循环与 CYCLE81 循环基本相同，只是在孔底增加了 DTB 暂停时间，因此，常用于锪孔或加工台阶孔、盲孔，可减小孔底表面粗糙度值，其进刀、退刀路线如图 14—27b 所示。

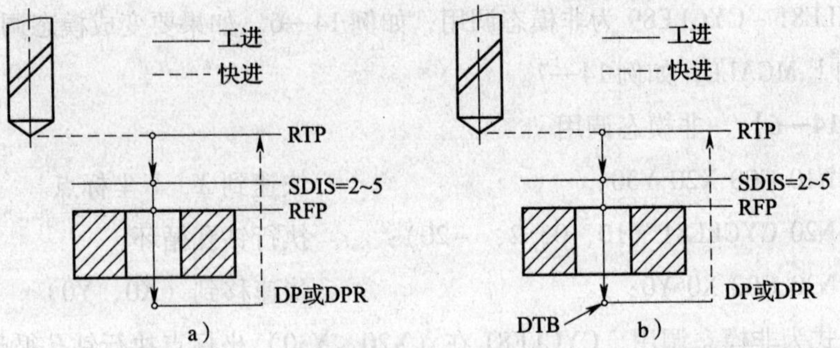

图 14—27　CYCLE81 与 CYCLE82 进刀、退刀路线

a）CYCLE81 进刀、退刀路线　b）CYCLE82 进刀、退刀路线

3. CYCLE81 和 CYCLE82 编程应用

【例 14—8】　试用 CYCLE81 和 CYCLE82 对如图 14—28 所示工件的孔进行编程加工。

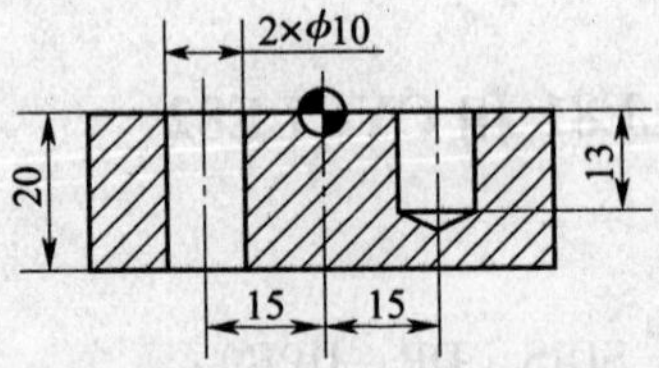

图 14—28　CYCLE81 和 CYCLE82 加工示例

```
N10 G90 G94 G40 G55 F100;
N20 T1M6;                                   换 1 号刀
N30 G00 X-15 Y0 D1;
N40 Z20;
N50 M3 S600;
N60 CYCLE81 (10, 0, 2, -24);                加工通孔，要让出刀尖长度
N70 G00 X15 Y0;
N80 CYCLE82 (10, 0, 2, -15.887,, 1);        加工深度为 -15.887 mm（包括刀尖长度），停留 1 s
N90 G74 Z1=0;                               Z 轴返回参考点
N100 M5;
N110 M30;
```

二、深孔往复排屑钻孔循环 CYCLE83

1. 指令格式

CYCLE83（RTP，RFP，SDIS，DP，DPR，FDEP，FDPR，DAM，DTB，DTS，

FRF，VARI)；

参数说明：

参数 RTP，RFP，SDIS，DP，DPR，DTB 同 CYCLE82；

FDEP——起始钻孔深度，用绝对值表示；

FDPR——相对于加工开始平面的每次进刀深度，无符号；

DAM——相对于上次钻孔深度的 Z 向退回量，无符号；

DTS——起始点处用于排屑的停顿时间（当 VARI = 1 时有效）；

FRF——钻孔时进给速度的系数，系数一般小于等于 1，由于在固定循环中没有指定进给速度，所以使用前面程序中的进给速度，需乘上一个系数，作为钻孔固定循环中的进给速度；

VARI——排屑与断屑类型的选择。VARI = 0 为断屑，表示钻头在每次到达钻孔深度后返回 DAM 进行断屑，类似于 FANUC 0i 系统的钻孔循环指令 G73；VARI = 1 为排屑，表示钻头每次到达钻孔深度后返回到加工开始平面，即 RTP 平面进行排屑，类似 FANUC 0i 系统中的钻孔循环指令 G83。

2. CYCLE83 动作说明

CYCLE83 孔加工进刀、退刀路线如图 14—29 所示，该指令通过 Z 轴方向的间歇进给达到断屑与排屑的目的。刀具从加工开始平面 Z 向进给 FDPR 后暂停断屑，然后快速回退到加工开始平面，暂停排屑后再次快速进给，到距上次切削孔底平面 DAM 处，从该点快进变为工进，工进距离为 FDPR + DAM。如此循环直到加工完要求的孔深，刀具退回到 RTP 平面完成孔的加工。该循环多用于深孔加工，排屑性能好。

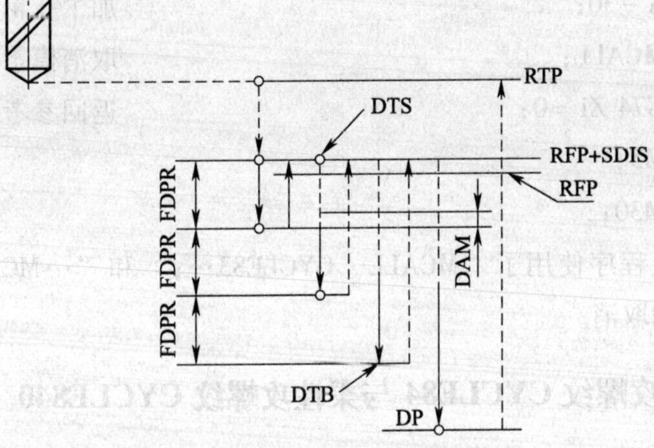

图 14—29　CYCLE83 孔加工进刀、退刀路线

3. CYCLE83 编程应用

【例 14—9】　试用 CYCLE83 对如图 14—30 所示工件的孔进行编程加工。

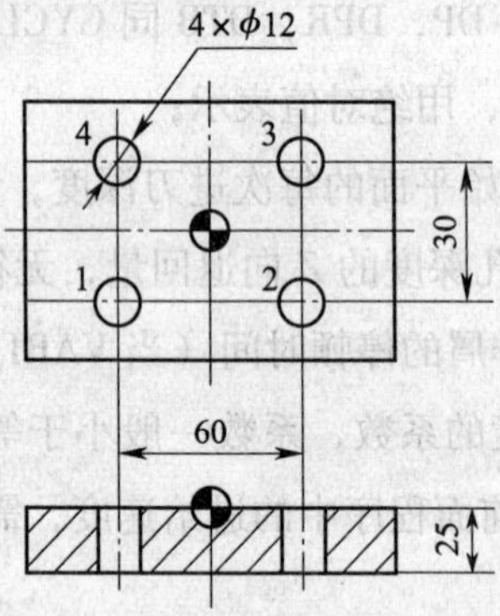

图 14—30　CYCLE83 钻孔示例

```
N10 G90 G94 G40 G56 F100;
N20 G75 FP=2 X1=0 Y1=0 Z1=0;
N30 T1 M6;
N40 G00 X0 Y0 D1;
N50 Z20;
N60 M3 S600;
N70 MCALL CYCLE83 (10, 0, 2, -30,,
 -5, 5, 1, 1, 1, 1, 0);                模态固定循环开始
N80 G00 X-30 Y-15;                     加工孔 1
N90 X30;                               加工孔 2
N100 Y15;                              加工孔 3
N110 X-30;                             加工孔 4
N120 MCALL;                            取消模态指令
N130 G74 Z1=0;                         返回参考点
N140 M5;
N150 M30;
```

说明：以上程序使用了“MCALL　CYCLE83…;”和“…MCALL;”，表示模态循环的调用和取消。

三、刚性攻螺纹 CYCLE84 与柔性攻螺纹 CYCLE840

1. 指令格式

（1）CYCLE84 指令格式

CYCLE84（RTP，RFP，SDIS，DP，DPR，DTB，SDAC，MPIT，PIT，POSS，SST，SST1）；

参数说明：

参数 RTP，RFP，SDIS，DP，DPR，DTB 同 CYCLE82；

SDAC——循环结束后的主轴旋转方向，取 3，4，5 分别代表 M3，M4，M5；

MPIT——标准螺距，螺距由螺纹尺寸决定，取值范围为 3～48，符号表示旋转方向；

PIT——螺距由数值决定，符号表示旋转方向。PIT 与 MPIT 都是确定螺距的，选其中一个，另一个省略；

POSS——主轴的准停角度；

SST——攻螺纹进给速度；

SST1——退回速度。

（2）CYCLE840 指令格式

CYCLE840（RTP，RFP，SDIS，DP，DPR，DTB，SDR，SDAC，ENC，MPIT，PIT）；

参数说明：

参数 RTP，RFP，SDIS，DP，DPR，DTB 同 CYCLE82；

SDR——返回时主轴旋转方向，取值为 0，3，4。取值为 0 时，主轴返回时的旋转方向自动颠倒；取值为 3 和 4 时分别代表 M3 及 M4；

参数 SDAC，MPIT，PIT 同 CYCLE84；

ENC——是否带编码器攻螺纹，ENC＝0 为带编码器；ENC＝1 为不带编码器。

2．CYCLE84 和 CYCLE840 动作说明

刚性攻螺纹 CYCLE84 与柔性攻螺纹 CYCLE840 进刀、退刀路线如图 14—31 所

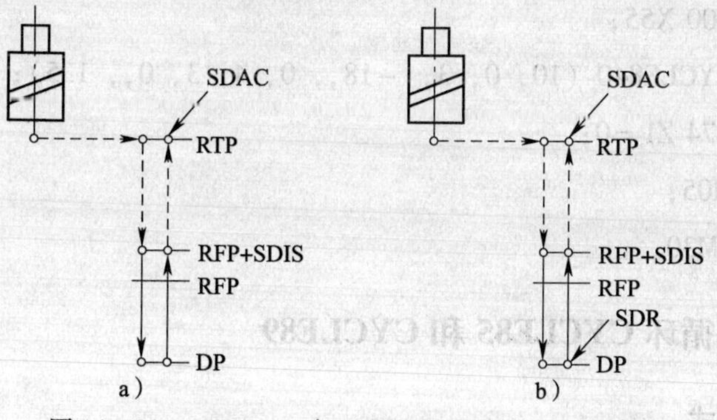

图 14—31　CYCLE84 与 CYCLE840 进刀、退刀路线

a）CYCLE84 进刀、退刀路线　b）CYCLE840 进刀、退刀路线

示。CYCLE84 为刚性攻螺纹循环，执行该循环时，先根据螺纹旋向确定主轴旋转方向，刀具以 G00 快速移到加工开始平面，开始攻螺纹，直到孔底，攻螺纹速度由参数 SST 指定，主轴以攻螺纹时的相反方向退回加工开始平面，退回速度由 SST1 指定，再以 G00 退到 RTP 平面完成攻螺纹动作，主轴旋转方向回到 SDAC 状态。

CYCLE840 的进给路线与 CYCLE84 完全相同，只是 CYCLE840 在刀具到达最后钻孔深度返回时，主轴旋转方向由 SDR 决定。

3. CYCLE840 编程应用

【例 14—10】 试用 CYCLE840 对如图 14—32 所示工件的两个螺孔进行编程加工。

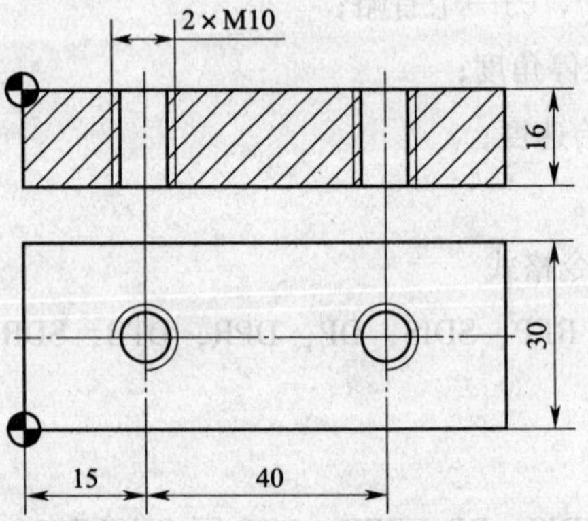

图 14—32 CYCLE840 攻螺纹示例

```
N10 G90 G94 G40 G57 F100;
N20 G00 X15 Y15;
N30 Z30;
N40 M03 S100;
N50 CYCLE840 (10, 0, 3, -18,, 0, 4, 3, 0,, 1.5);
N60 G00 X55;
N70 CYCLE840 (10, 0, 3, -18,, 0, 4, 3, 0,, 1.5);
N80 G74 Z1 =0;
N90 M05;
N100 M30;
```

四、镗孔循环 CYCLE85 和 CYCLE89

1. 指令格式

CYCLE85 (RTP, RFP, SDIS, DP, DPR, DTB, FFR, RFF);

CYCLE89（RTP，RFP，SDIS，DP，DPR，DTB）；

参数说明：

参数 RTP，RFP，SDIS，DP，DPR，DTB 同 CYCLE82；

FFR——刀具切削进给时的进给速率；

RFF——刀具从最后加工深度退回加工开始平面时的进给速率。

2. CYCLE85 和 CYCLE89 动作说明

CYCLE85 循环时，刀具以切削进给方式加工孔到孔底，然后以切削进给方式返回到加工开始平面，再以快速进给方式回到 RTP 平面，切削进给速度和返回进给速度分别由参数 FFR 和 RFF 决定，其进刀、退刀路线如图 14—33a 所示。该指令除用于镗孔外，还可以用于铰孔、扩孔。

CYCLE89 循环时，动作与 CYCLE85 完全相同，不同之处是切削进给速度与返回进给速度都是使用循环之前的程序指定值，另外在孔底增加了暂停时间，适用于加工台阶孔和锪孔，其进刀、退刀路线如图 14—33b 所示。

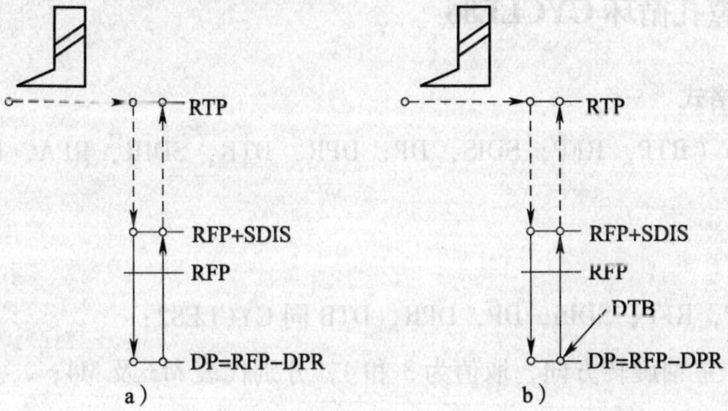

图 14—33　CYCLE85 和 CYCLE89 进刀、退刀路线

a）CYCLE85 进刀、退刀路线　b）CYCLE89 进刀、退刀路线

3. CYCLE85 和 CYCLE89 编程应用

【例 14—11】　试用 CYCLE85 和 CYCLE89 循环对如图 14—34 所示工件的两个孔进行编程加工。

N10 G90 G94 G40 G58 F100；

……

N60 G00 X20 Y0；

N70 CYCLE85（40，0，3，-42，，0，100，100）；　　加工通孔 $\phi25$ mm

N80 G00 X100；

N90 CYCLE89（40，0，3，-20，，2）；　　加工台阶孔 $\phi25$ mm

N100 G74 Z1 = 0;

N110 M5;

N120 M30;

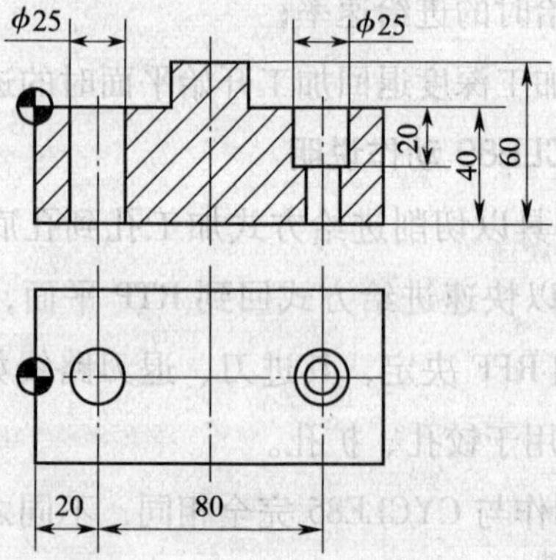

图 14—34 编程例题

五、精镗孔循环 CYCLE86

1. 指令格式

CYCLE86 (RTP, RFP, SDIS, DP, DPR, DTB, SDIR, RPA, RPO, RPAP, POSS)

参数说明:

参数 RTP, RFP, SDIS, DP, DPR, DTB 同 CYCLE82;

SDIR——主轴旋转方向,取值为 3 和 4,分别代表 M3 及 M4;

RPA——平面中第一轴(如 G17 平面中的 *X* 轴)方向让刀量,该值用带符号的增量值表示;

RPO——平面中第二轴(如 G17 平面中的 *Y* 轴)方向让刀量,该值用带符号的增量值表示;

RPAP——镗孔轴上的返回路径,该值用带符号的增量值表示;

POSS——固定循环中用于规定主轴的准停位置,其单位为度(°)。

2. CYCLE86 动作说明

CYCLE86 为精镗孔循环。所谓精镗孔,就是刀具在孔内返回时切削刃不接触孔壁,减小了孔壁的表面粗糙度值。执行此循环时,刀具以切削进给方式加工孔到孔底,实现主轴准停,刀具在加工平面第一轴方向移动 RPA,第二轴方向移动 RPO,镗孔轴方向移动 RPAP(如果只移动一个轴,其他两轴可以空,但需用

“,,”表示)，目的是使主轴脱离工件表面，不擦伤工件表面。主轴快速退回到加工开始平面，再快速退回至 RTP 平面，恢复 SDIR 旋转方向，循环停止。该指令主要用于精密镗孔，其进刀、退刀路线如图 14—35 所示。

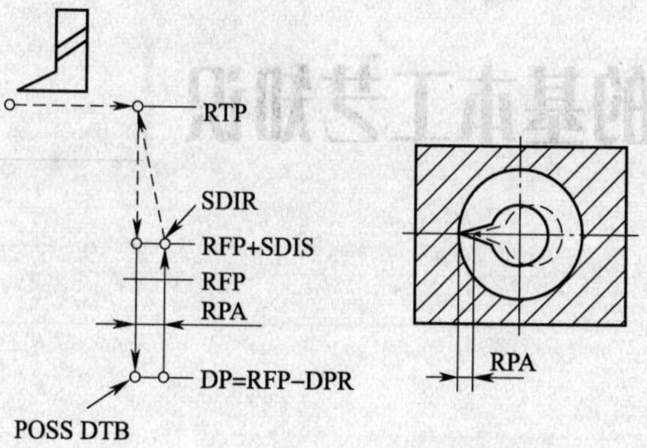

图 14—35　CYCLE86 进刀、退刀路线

3. CYCLE86 编程应用

【例 14—12】　试用 CYCLE86 对如图 14—34 所示工件的两个孔进行编程加工。

```
N10 G90 G94 G40 G58 F100;
……
N60 G00 X20 Y0;
N70 Z50;
N80 CYCLE86 (40, 0, 3, -42,, 0, 3, 1,, 1, 0);
N90 G00 X100;
N100 CYCLE86 (40, 0, 3, -20,, 0, 3, 1,, 1, 0);
N110 G74 Z1 =0;
N120 M5;
N130 M30;
```

第十五章

数控机床加工的基本工艺知识

所谓工艺，就是一种加工的方法。数控机床加工工艺就是数控机床对机械零件进行加工的方法。机械零件由毛坯到成品有很多种加工方法，但是要符合高效、低成本的加工要求，不是件简单的工作，需要考虑多种因素。编制数控机床加工工艺有以下内容：

1. 对加工零件进行零件图分析，确定所需用的机床。回转体零件大多在数控车床上加工；平面类零件、箱体件、畸形件大多在数控铣床、加工中心机床上加工；高精度零件在数控磨床上加工等。

2. 确定零件的加工方案，即制定数控加工工艺路线，划分工序和工步。

3. 选择零件的定位基准面，确定相应的夹具。

4. 根据工序、工步要求，选择合理的刀具，确定每把刀具的切削用量。

5. 如果图样中有需要计算的基点，要通过计算求出坐标点的数值。

6. 合理分配加工余量。

7. 选择对刀点和换刀点。

8. 选择最佳走刀路线。

9. 编制加工程序，经过试运行，对不合理的程序段进行修改和调整，确认程序无误后才可批量生产。

编制数控加工工艺前期要做许多工作，最后要落实到程序的编制上。因此，要求编程人员对数控机床的性能、特点、运动方式、刀具、切削用量、工件的装夹、工序之间的衔接等都比较熟悉。零件加工工艺的好坏，不仅会影响机床效率的发挥，而且直接影响零件加工的质量。

第一节　数控加工工艺基本概念

一、工序

工序是指一个或一组工人，在一个工作地点，对同一个或同时对几个工件所连续完成的那一部分工艺过程。简单地说，一个工人在一台机床上对一种工件连续完成的那一部分工作称为一道工序。如果工件转到另外一台机床加工，就是下一道工序。

一个零件由毛坯开始要经过多台机床的加工，这称为冷加工；如果中间插入热处理工序，则称为热加工。每一台机床的加工可称为一道工序，每道工序结束后，都要经检验员检验合格后方能转到下道工序，各道工序连接起来称为工艺路线。例如，一根简单轴要求进行淬火，表面粗糙度 R_a 值为 0.4 μm，它的工艺路线是：第一道工序下料；第二道工序粗车外圆各台阶，预留热处理后的磨削余量；第三道工序淬火；第四道工序磨削到图样尺寸。工艺路线单在企业中被广泛使用，它注明该零件各道工序使用何种机床、加工部位、工序间余量、工时等，内容简明扼要。每个零件从毛坯到成品入库，都有一张工艺路线单全程跟踪。

二、工步

工步是指在加工表面不变、刀具不变的情况下完成的那一部分工序。简单地说，一把刀具完成的那部分工作称为一个工步，换一把刀具就是另一个工步，数控加工中经常用刀具来划分工步。一道工序可以包括一个或几个工步。例如，一根简单小轴的车削加工工序可分为以下几个工步：第一工步粗车端面，粗车外圆各部位，留出精车余量；第二工步精车各部位到图样尺寸；第三工步车退刀槽；第四工步车外螺纹；第五工步切断。此工件工序卡就有 5 个工步。对于一些简单零件，工步卡由操作者自行决定，不必单独列出。对于复杂零件，则可由工艺人员确定工步卡的内容。

三、加工余量

加工余量是指加工过程中所切去的金属层厚度。

1. 两种加工余量

加工余量有两种，即加工总余量和工序余量。加工总余量是毛坯尺寸与零件图设计尺寸之差。工序余量是相邻两工序的工序尺寸之差。加工总余量应等于各工序余量之和。

如图 15—1 所示的小轴毛坯为 ϕ35 mm 的圆钢，零件两端 ϕ10h6 的外圆需要磨削加工，还需要淬火处理。这样工艺卡中 ϕ10h6 的外圆的磨削余量假设留 0.2 mm，热处理过程中的变形量为 0.2 mm，这样 ϕ10h6 的外圆在半精车后余量应为 $0.2+0.2=0.4$ mm，假设粗车给半精车留余量 0.4 mm，那么粗车余量应该为 $35-0.4-0.4=34.2$ mm，单边粗车余量为 17.1 mm。因此，得出 ϕ10h6 的外圆总余量为 $17.1\times2+0.4+0.4=35$ mm。

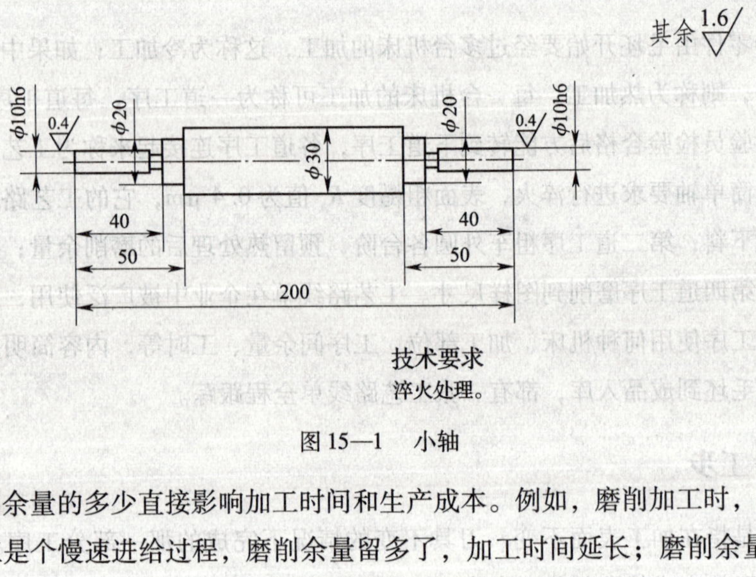

技术要求

淬火处理。

图 15—1 小轴

所留余量的多少直接影响加工时间和生产成本。例如，磨削加工时，普通磨床磨削加工是个慢速进给过程，磨削余量留多了，加工时间延长；磨削余量留少了，没等磨到尺寸余量已用光，这样零件可能报废，损失就更大。

加工余量有单边余量和双边余量之分。平面加工余量指单边余量，它等于实际切削的厚度。对于回转体零件，加工余量指双边余量，即以直径方向计算，实际切削的厚度为加工余量的一半。

2. 影响加工余量的因素

（1）上道工序的表面粗糙度和缺陷在本道工序需全部切除。表面粗糙度值越大，缺陷越深，则余量大才能切除，余量小就不能切除。

（2）上道工序的尺寸误差。如果误差太大，会造成留给下道工序的余量减小，下道工序就不能保证尺寸要求。尤其是精加工，将产生废品。

（3）形位误差对加工余量的影响。对于车削加工，经常会遇到掉头车削的情况。掉头车削要在保证同轴度的前提下才能进行，不然会造成余量不足，使产品在最后一道工序变成废品。

（4）装夹时的误差。例如，薄壁件夹紧后变形，造成后道工序余量变小，加工不出合格品。合理的装夹才能有合理的加工余量。

四、走刀路线

走刀路线就是刀具行进的轨迹。合理的走刀路线可以减少空行程，提高生产效率，还可以减少不必要的刀具磨损以及机床进给机构的磨损。在实际工作中，除了依靠大量的实践经验外，还应善于分析，并通过简单的计算、编制程序，才能获取最佳走刀路线。

1. 最短的空行程走刀路线

对于车削加工，减少空行程走刀路线的关键就是程序中起刀点的选择。起刀点离工件越近，空行程就越短。但也不能离工件太近，要考虑进刀、退刀时不能与工件发生碰撞，不能与夹具、胎具发生干涉。如图 15—2 所示为起刀点与工件远近的两种情况。

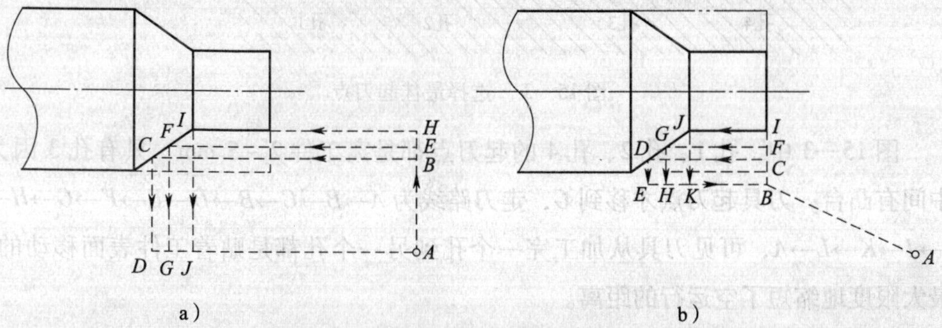

图 15—2　起刀点与工件远近的情况

a）起刀点远离工件　b）起刀点靠近工件

图 15—2a 所示走刀路线如下：

第一刀：$A\rightarrow B\rightarrow C\rightarrow D\rightarrow A$。

第二刀：$A\rightarrow E\rightarrow F\rightarrow G\rightarrow A$。

第三刀：$A\rightarrow H\rightarrow I\rightarrow J\rightarrow A$。

图 15—2b 所示走刀路线如下：

第一刀：$A\rightarrow B\rightarrow C\rightarrow D\rightarrow E\rightarrow B$。

第二刀：$B\rightarrow F\rightarrow G\rightarrow H\rightarrow B$。

第三刀：$B\rightarrow I\rightarrow J\rightarrow K\rightarrow B\rightarrow A$。

比较图 15—2a 和图 15—2b 两图，同样都是从 A 开始，但图 15—2a 每次都回到 A 点，而图 15—2b 却回到 B 点，最后才回到 A 点，显然图 15—2b 刀具空运行的距离要比图 15—2a 短，节省了加工时间，提高了加工效率。

对于铣削加工也同样需要考虑缩短空行程路线。例如，加工板类零件上的多个孔，如果多个孔在一个平面，那么刀具只需返回 R 平面，无须返回初始平面，只有在下一个孔位置高于这个孔时，才需抬刀避开台阶，让刀具始终处于离工件不太远的位置进行加工，可以避免过多的空行程，如图 15—3 所示为选择最佳起刀点。

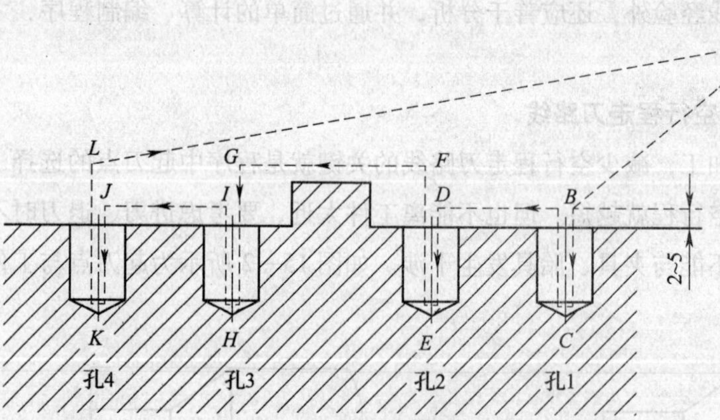

图 15—3　选择最佳起刀点

图 15—3 中，孔 1、孔 2、孔 4 的起刀点都是离工件 2 ~ 5 mm，只有孔 3 因为中间有凸台，刀具起刀点才移到 G，走刀路线为 A→B→C→B→D→E→F→G→H→I→J→K→L→A，可见刀具从加工完一个孔到另一个孔都是贴着工件表面移动的，最大限度地缩短了空运行的距离。

2. 克服丝杠反向间隙的走刀路线

数控机床进给机构都采用滚珠丝杠，虽然其传动精度很高，但仍然存在极小的反向间隙。对于位置精度要求较高的孔系加工来说，特别要注意孔的加工顺序的安排，如果安排不当，很可能将丝杠的反向间隙带入，尽管反向间隙很小，却直接影响位置精度，这在数控铣床、加工中心机床的加工中表现明显。如图 15—4 所示，为了避开反向间隙的影响，刀具走刀路线增加一段距离到 P 点，然后折回来加工 6 孔和 5 孔，具体走刀路线为 O→1→2→3→4→P→6→5。刀具在 P 点一反一正时，反向间隙即被消除。

3. 车削螺纹时进、退刀走刀路线

在数控机床上车削螺纹时，沿螺距方向的进给与机床主轴的旋转是保持严格的

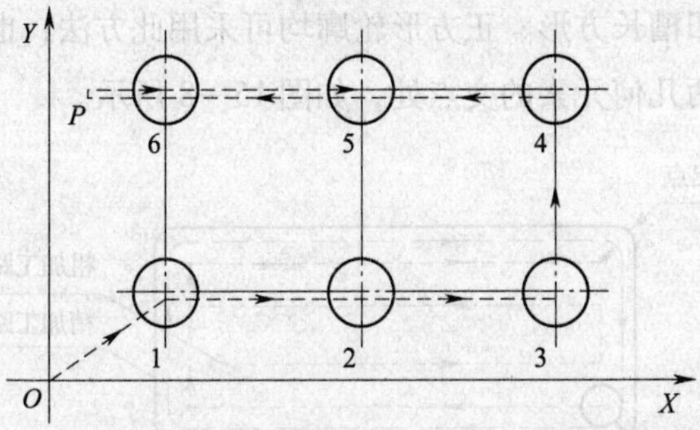

图 15—4　加工路线中考虑了反向间隙

速比关系的，进给伺服电动机为了达到速比关系，有个加减速时间，为了避免螺纹的切削在加减速过程中进行，车削螺纹时走刀路线要增加一个进刀距离和退刀距离。一般进刀距离 $\delta_1 = 2 \sim 5$ mm，退刀距离 $\delta_2 = 0.25\delta_1$，如图 15—5 所示为车削螺纹时两端进、退刀距离。

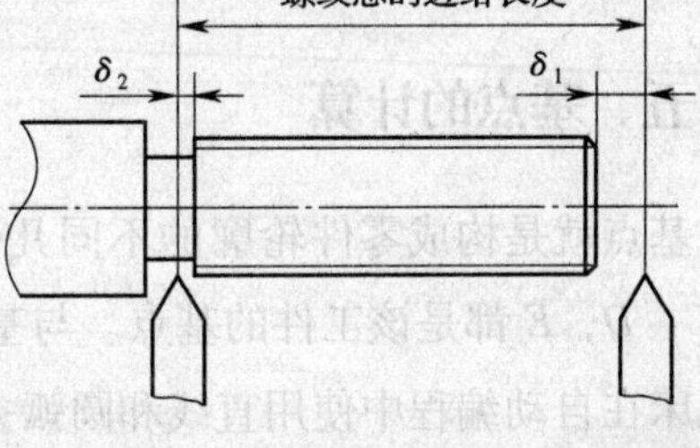

图 15—5　车削螺纹时两端进、退刀距离

4. 铣削加工时刀具的切入、切出走刀路线

铣削平面类零件轮廓时，一般用立铣刀的侧刃进行切削。为了避免产生接刀痕迹，保证零件的表面质量，对于刀的切入和切出程序需精心设计。如图 15—6 所示，铣削工件的外轮廓时，铣刀不能沿工件的法向（垂直表面）直接进刀，而应沿工件外轮廓的切线方向切入和切出工件，从而避免切入点的刀痕，保证轮廓表面光滑。

铣削圆的内轮廓时，无法沿切线方向切入和切出工件，可采用圆弧过渡，如图 15—7 所示，编制一小段圆弧程序与切入点圆弧相切，这样就避免了在圆弧法向切

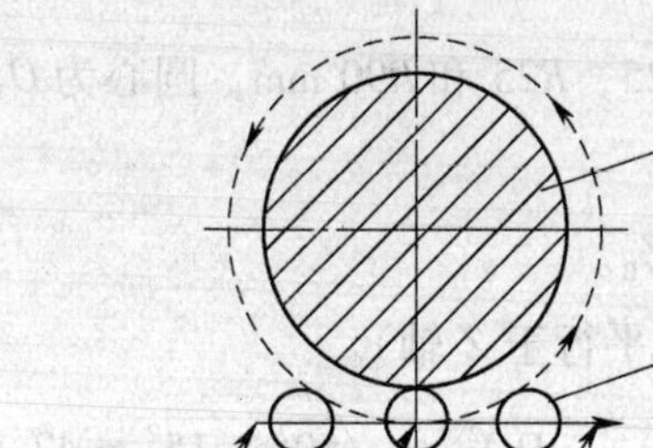

图 15—6　铣削圆的外轮廓

1—工件　2—刀具

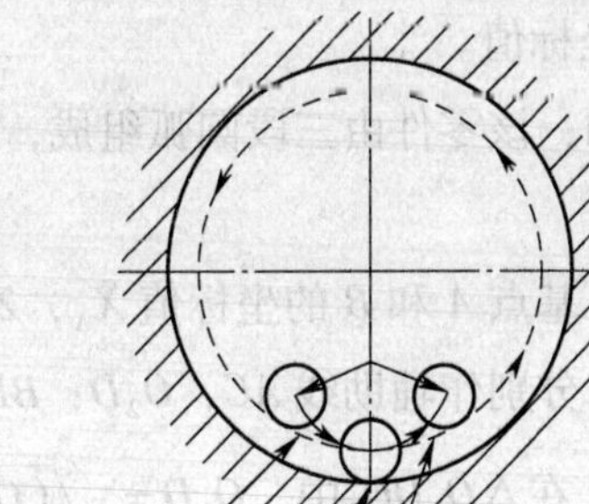

图 15—7　铣削圆的内轮廓

入形成刀痕。对于凹槽长方形、正方形轮廓均可采用此方法；也可以将其切入、切出点选在工件轮廓两几何元素的交点处，如图 15—8 所示。

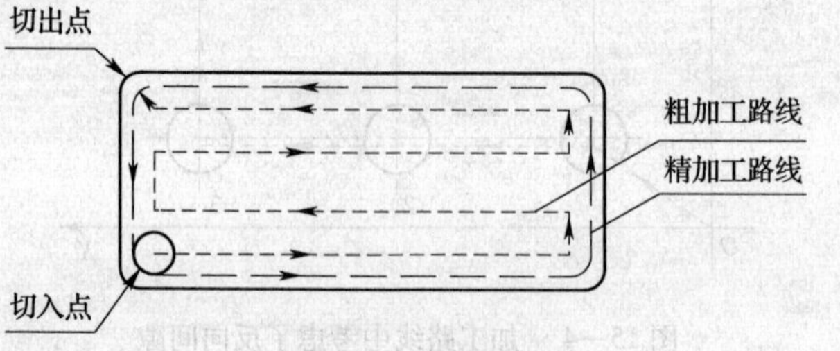

图 15—8 铣削凹槽内轮廓

五、基点的计算

基点就是构成零件轮廓的不同几何素线的交点或切点。如图 15—9 所示，*A*，*B*，*C*，*D*，*E* 都是该工件的基点。与基点相关的概念还有节点。所谓节点，就是数控机床在自动编程中使用直线和圆弧去近似替代非圆曲线，这些直线和圆弧称为拟合线段，其交点称为节点，如图 15—10 所示。在一般手工编程中不会出现节点，所以这里只介绍基点的手工计算方法。

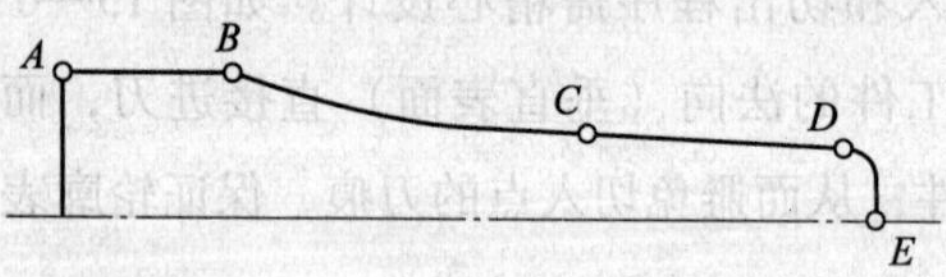

图 15—9 基点

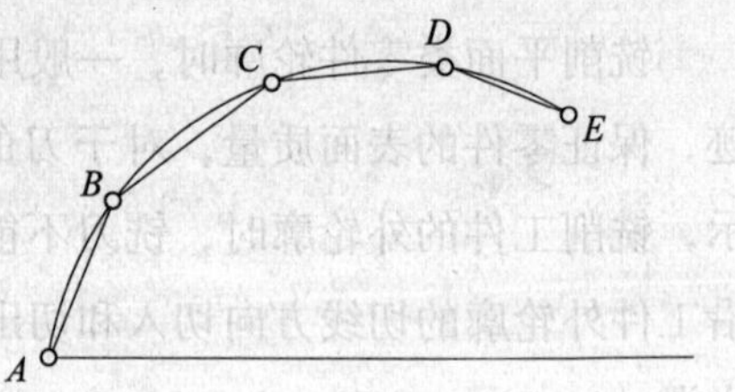

图 15—10 节点

【例 15—1】 根据图 15—11 所示三段圆弧轴的尺寸，求出三段圆弧的基点 *A* 和 *B* 的坐标值。

已知：该零件由三段圆弧组成，分别为 *R*25，*R*25 和 *R*90 mm，圆心为 O_1，O_2，O_3。

求：基点 *A* 和 *B* 的坐标值 X_A，Z_A；X_B，Z_B。

解： 分别作辅助线 AC，O_2D；BE，O_2F（平行于 *Z* 轴）。

（1）在 $\triangle O_1DO_2$ 中，$O_1D=\sqrt{(O_1A+AO_2)^2-DO_2^2}=\sqrt{50^2-15^2}\approx 47.697$

因为 $\triangle O_1CA \backsim \triangle O_1DO_2$，且 $O_1A=A\,O_2$，$CA /\!/ DO_2$

所以
$$O_1C=CD=\frac{1}{2}O_1D\approx 23.849$$

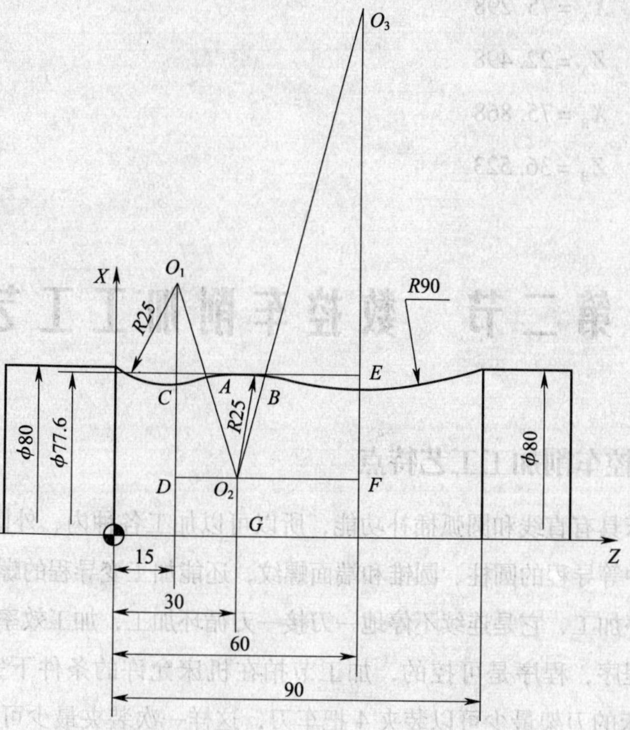

图 15—11　三段圆弧轴

在$\triangle O_1CA$中，$CA=\sqrt{O_1A^2-O_1C^2}=\sqrt{25^2-23.849^2}\approx 7.498$

$$X_A=2\ (O_2G+CD)\ =2\left[\left(\frac{77.6}{2}-25\right)+23.849\right]=75.298$$

$$Z_A=15+CA=15+7.498=22.498$$

（2）在$\triangle O_3O_2F$中，$O_3F=\sqrt{(O_3B+BO_2)^2-O_2F^2}=\sqrt{115^2-30^2}\approx 111.018$

因为$\triangle O_3BE\backsim\triangle O_3O_2F$，则$\dfrac{O_3E}{O_3F}=\dfrac{O_3B}{O_3O_2}$

所以
$$O_3E=\frac{O_3B}{O_3O_2}\times O_3F=\frac{90}{115}\times 111.018\approx 86.884$$

$$EF=O_3F-O_3E=111.018-86.884=24.134$$

在$\triangle O_3BE$中，$BE=\sqrt{O_3B^2-O_3E^2}=\sqrt{90^2-86.884^2}\approx 23.477$

$$X_B=2\ (O_2G+EF)\ =2\left[\left(\frac{77.6}{2}-25\right)+24.134\right]=75.868$$

$$Z_B=60-BE=60-23.477=36.523$$

$$
得出：\begin{cases} X_A = 75.298 \\ Z_A = 22.498 \\ X_B = 75.868 \\ Z_B = 36.523 \end{cases}
$$

第二节 数控车削加工工艺

一、数控车削加工工艺特点

数控车床具有直线和圆弧插补功能，所以可以加工各种内、外圆锥面和圆弧面；可以加工各种等导程的圆柱、圆锥和端面螺纹，还能加工变导程的螺纹。因为数控车削是执行程序加工，它是连续不停地一刀接一刀循环加工，加工效率高。由于切削用量直接编入程序，程序是可控的，加工节拍在机床允许的条件下完全可以人为控制。数控车床的刀架最少可以装夹4把车刀，这样一次装夹最少可以进行4个工步的切削加工，粗、精加工可以一次完成。对于尺寸精度要求高的外圆、内孔，可以通过试切、测量、刀补来修正，以达到所要求的精度。由于主轴具有自动变速功能，在精加工时不用停机就可以提高切削速度，从而提高表面质量。数控车削加工特别适合批量工件的加工，只要首件通过验收，可以保证加工质量的一致性和稳定性。

二、粗、精加工基准的选择

1. 粗基准的选择原则

在工件粗基准选定后，需要保证其各部位都有足够的加工余量，如果经过车削有的部位余量不够，说明粗基准选择有问题，当然可能还有其他因素，但这是一个主要因素。

（1）要保证所有加工表面有足够的加工余量。粗基准的选择方法是：根据加工余量最小的表面找正，这样不会因位置偏移而造成余量太少的部位加工不出来。如图15—12所示，台阶轴是锻造毛坯，*A*段余量较小，*B*段余量较大，粗车时应找正*A*段，再考虑*B*段的加工余量。

（2）应保证工件加工表面和不加工表面之间有一定的位置精度。如果不考虑它们之间的位置关系，加工之后会出现明显的薄厚不均匀现象，首先会影响形状，其次会影响回转体的动平衡。

（3）应选用工件上强度、刚度高的表面作为粗基准；否则，会将工件夹坏或使工件产生变形。

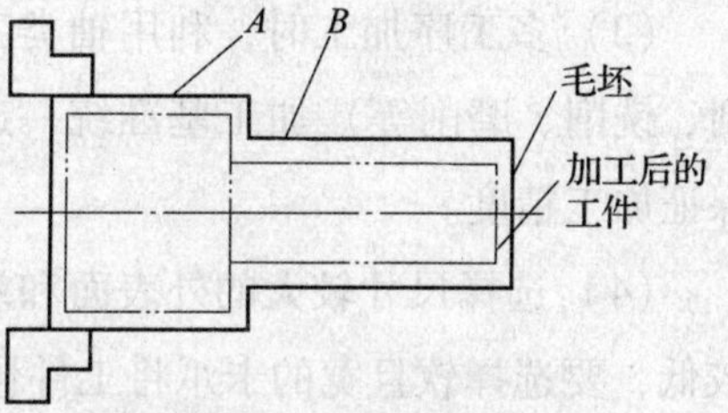

图 15—12　粗基准的选择

（4）粗基准不能重复使用，即不能使用第二次，重复使用后造成的误差很大。

2．精基准的选择原则

总的原则是精基准尽可能与设计基准、测量基准重合，使加工基准与设计基准、测量基准三者统一起来，减小定位带来的误差，提高加工精度。

（1）尽可能采用设计基准作为定位基准。对盘套类零件，当图样上孔与外轮廓有位置精度要求时，可先加工零件孔，再利用心轴、弹簧胀胎等夹具以孔和端面（设计基准）为精基准加工外轮廓，如图 15—13 所示。

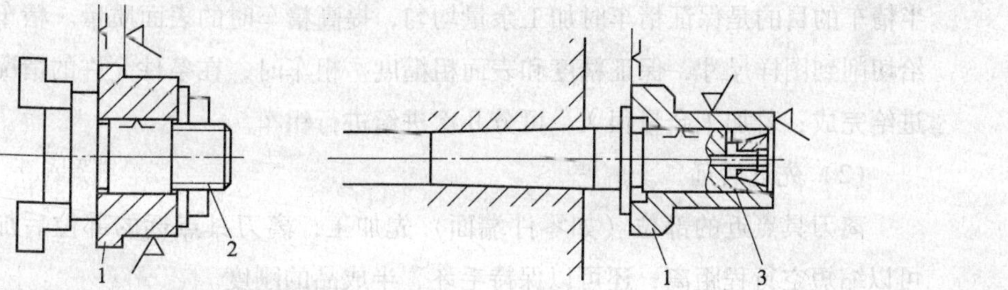

图 15—13　以设计基准为精基准

1—工件　2—心轴　3—弹簧胀胎

（2）尽可能使定位基准与测量基准重合。当工件的轴向尺寸有严格要求，并且该工件必须掉头车削时，必须考虑使用的夹具定位基准与测量基准重合，以保证加工精度，如图 15—14 所示。

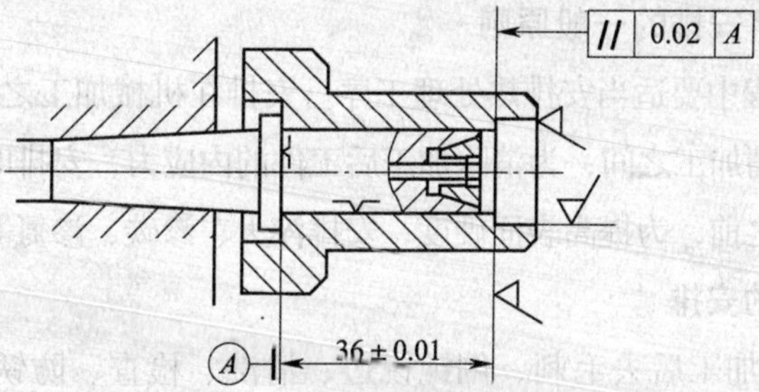

图 15—14　定位基准与测量基准重合

（3）多工序加工时，利用轴类工件的中心孔作为定位基准，使多工序（如车削、铣削、磨削等）加工基准统一起来，能充分保证各工序余量的均匀性，并能保证加工精度。

（4）选择尺寸较大的外表面和端面作为精基准，使定位准确。如果工件刚度较低，要选择软且宽的卡爪将工件包住夹紧，以防止工件产生变形。

三、加工顺序的选择

零件的加工顺序通常包括切削加工工序、热处理工序和辅助工序（包括表面处理、清洗和检验等），这些工序的衔接顺序直接影响零件的加工质量、生产效率和加工成本。

1．车削加工工序安排的一般原则

（1）先粗后精

按照粗车→半精车→精车的顺序进行。粗车的目的是将大部分加工余量切除。半精车的目的是保证精车时加工余量均匀，提高精车时的表面质量。精车需一次进给切削到图样尺寸，保证精度和表面粗糙度。粗车时，在条件允许的情况下可一次进给完成；若加工余量很大，可分几次进给进行粗车。

（2）先近后远

离刀具点近的部位（如零件端面）先加工，离刀具点远的部位后加工，这样可以缩短空行程距离，还可以保持毛坯、半成品的刚度。

（3）内外交叉

对于既有内腔又有外轮廓要求的工件，考虑零件的变形问题，可先进行内、外表面的粗加工，留出精加工余量，后进行内、外表面的精加工。

（4）基面先行

对于轴类零件，先加工中心孔，再以中心孔为精基准加工外表面、端面及其他部位。

2．热处理工序安排的一般原则

在加工工艺过程中要适当安排热处理工序。安排在机械加工之前的热处理有退火、正火。在粗加工和精加工之间，为消除加工后工件的内应力，安排时效处理、退火、冷处理等。在精加工之前，为提高表面硬度，安排淬火、渗碳、渗氮等。

3．辅助工序的安排

辅助工序包括加工后去毛刺、倒钝锐边、清洗、检查、防锈、动平衡等。检查是主要的辅助工序，常安排在每道工序结束后及最终成品入库前。

四、典型零件的加工工艺分析

在 CKA6150 型数控车床上加工一轴类零件，并说明在数控车床上车削加工工艺过程，如图 15—15 所示。

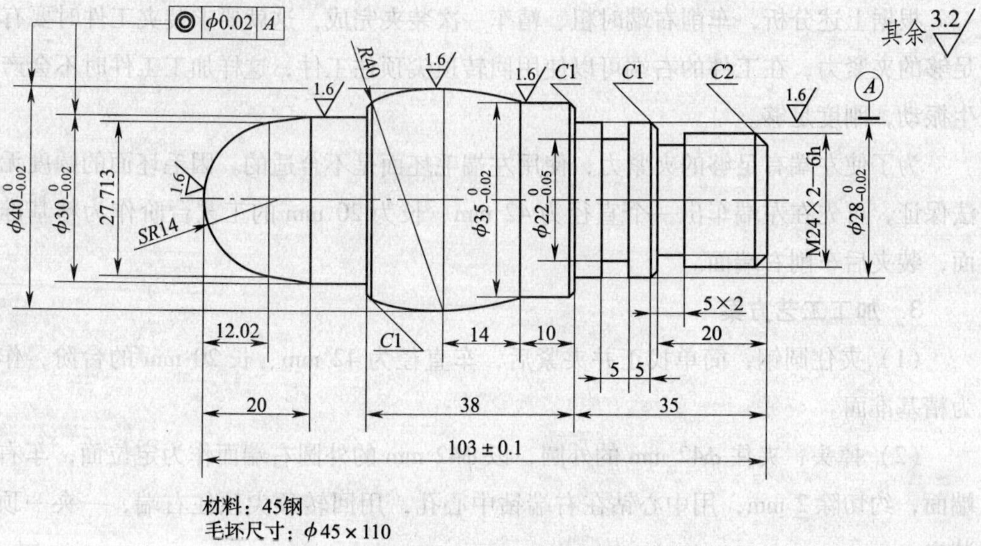

图 15—15　轴类零件

1. 图样分析

该零件是一轴类零件，外轮廓有 $R40$ mm 的鼓形面、$SR14$ mm 的球头面、圆锥、圆柱、两处凹槽及一处普通螺纹。外圆柱 $\phi28^{\ 0}_{-0.02}$，$\phi30^{\ 0}_{-0.02}$和 $\phi35^{\ 0}_{-0.02}$ mm 都有严格的尺寸公差要求，要考虑精加工时尺寸落在公差带内。表面质量要求也很高，除槽、端面外都是 $R_a\leqslant1.6$ μm。另外，还有两个尺寸对基准 $\phi28^{\ 0}_{-0.02}$ mm 的外圆有同轴度要求，均为 $\phi0.02$ mm。

零件材料为 45 钢，毛坯为 $\phi45$ mm × 110 mm 的圆钢，无热处理要求。

2. 加工工艺分析

根据图样分析，确定该零件毛坯余量：外径为 5 mm，单边为 2.5 mm；两端为 7 mm，单边为 3.5 mm。在 CKA6150 型数控车床上加工，使用三爪自定心卡盘装夹工件，立式四工位刀架，必须掉头车削才能完成两端尺寸的加工，掉头车削涉及位置精度要求，图样上有两处对基准 $\phi28^{\ 0}_{-0.02}$ mm 的外圆的同轴度要求。掉头车削时，$\phi28^{\ 0}_{-0.02}$ mm 的外圆和右端面为设计基准，精加工时可作为精基准，所以右端要先车出来。又因为鼓形面 $R40$ mm 与 $\phi35^{\ 0}_{-0.02}$ mm 的外圆的表面粗糙度 R_a 值为 1.6 μm，鼓形面 $R40$ mm 与 $\phi28^{\ 0}_{-0.02}$ mm 的外圆有同轴度要求。右端一次装夹（精车一次进给）需车到 $R40$ mm 鼓形面的左端，这样能防止接刀痕迹影响表面粗糙度。右端面使用菱形块右偏刀，按照先粗后精的加工顺序，使用仿形粗车循环指令 G73，再用精车循环指令 G70 完成右端外轮廓的全部加工，然后换车槽刀加工两个 5 mm 的凹槽，再换刀用单一螺纹固定循环指令 G92 车削 M24 ×2 的螺纹。

根据上述分析，车削右端时粗、精车一次装夹完成，这就要求装夹工件时要有足够的夹紧力，在工件的右端可以使用回转顶尖顶住工件，这样加工工件时不会产生振动，刚度足够。

为了使左端有足够的夹紧力，使用左端毛坯面是不合适的。因毛坯面的圆度无法保证，可先在左端车出一个直径为 42 mm、长为 20 mm 的工艺台阶作为精基准面，装夹后车削右端面。

3. 加工工艺方案

（1）夹住圆钢，简单找正并夹紧后，车直径为 42 mm、长 20 mm 的台阶，作为精基准面。

（2）掉头，夹住 $\phi42$ mm 的外圆，以 $\phi42$ mm 的外圆右端面作为定位面，车右端面，约切除 2 mm，用中心钻在右端钻中心孔，用回转顶尖顶住右端，一夹一顶装夹。

（3）粗车右端外轮廓，到 $R40$ mm 的鼓形面左端，使用固定循环，留精加工余量 0.1 ~0.2 mm。

（4）精车右端外轮廓，到 $R40$ mm 的鼓形面左端，使用固定循环，分别车出 $\phi28_{-0.02}^{\ 0}$ mm 和 $\phi35_{-0.02}^{\ 0}$ mm 外圆处的倒角。

（5）车两个凹槽，尺寸分别为 $\phi22_{-0.05}^{\ 0}$ mm ×5 mm 和 5 mm ×2 mm。

（6）车外螺纹 M24 ×2，使用单一固定循环。以上 4 把刀的工件坐标系零点都设在工件右端面的轴线上。

为保证右端尺寸精度，可在粗加工后暂停，用千分尺测量工件剩余的余量，并将其送入刀补的磨耗中，然后再调用一次此刀补，用此方法达到精车尺寸精度要求。这样在编程时就可以不考虑中间公差，而直接使用基本尺寸。

（7）掉头车削。夹住 $\phi28_{-0.02}^{\ 0}$ mm 的外圆，靠在 $\phi35_{-0.02}^{\ 0}$ mm 的端面处。为了保护 $\phi28_{-0.02}^{\ 0}$ mm 外圆表面，可以包铜皮，也可以加工开口套包住此处。

（8）粗车左端 $SR14$ mm 的球头面、锥面、$\phi30_{-0.02}^{\ 0}$ mm 的圆柱面、$R40$ mm 鼓形面左端倒角，留精加工余量 0.1 mm。

（9）精车左端上述表面，尺寸的保证可采用上述方法（送入刀补的磨耗中，再调用一次刀补）达到精车尺寸精度要求。

4．切削用量的选择

（1）主轴转速

粗车外圆的切削速度 $v_c=80$ m/min；精车外圆的切削速度 $v_c=150$ m/min。工件直径取平均值 $D=30$ mm，计算主轴转速，粗车时主轴转速 $n=850$ r/min；精车时主轴转速 $n=1\ 600$ r/min。

（2）进给速度

粗车时 $f=0.3$ mm/r，精车时 $f=0.1$ mm/r。或粗车时 $v_f=0.3\times850=255$ mm/min，精车时 $v_f=0.1\times1\ 592\approx159$ mm/min。

（3）背吃刀量

粗车轮廓循环选 $a_p=2.5$ mm，精车轮廓循环选 $a_p=0.1$ mm；粗车螺纹 $a_p=0.4$ mm，精车螺纹 $a_p=0.1$ mm。

5．数控加工工序卡

轴类零件数控加工工序卡见表 15—1。

表 15—1　　　　**轴类零件数控加工工序卡**

数控加工工序卡		零件名称			零件图号		
		轴					
工步号	工步内容	刀具号	刀具规格（mm）	主轴转速（r/min）	进给速度（mm/min）	背吃刀量（mm）	备注
1	粗车一端 $\phi42$ mm、长 20 mm 的工艺台阶	T01	25×25				手动
2	夹住 $\phi42$ mm、长 20 mm 的台阶，车工件右端端面	T01	25×25				手动
3	钻右端中心孔		$\phi5$				手动
4	顶住右端，粗车右端轮廓到 $R40$ mm 的鼓形面左端	T01	25×25	850	255	2.5	自动
5	精车右端轮廓到 $R40$ mm 的鼓形面左端及两处倒角	T02	25×25	1 600	160	0.1	自动
6	车 $\phi22_{-0.05}^{\ 0}$ mm×5 mm 和 5 mm×2 mm 的两个凹槽	T03	25×25	300	50		自动
7	车螺纹 M24×2	T04	25×25	300			自动
8	掉头夹住 $\phi28_{-0.02}^{\ 0}$ mm 的外圆，靠在 $\phi35_{-0.02}^{\ 0}$ mm 的端面处（包铜皮），粗车左端各部位	T01	25×25	850	255	2.5	自动
9	精车左端各部位及 $R40$ mm 鼓形面左侧倒角	T02	25×25	1 600	160	0.1	自动

6. 刀具卡

加工轴类零件的刀具卡见表 15—2。

表 15—2　　　　　　　　　　刀具卡

刀具卡			零件名称			零件图号	
			轴				
序号	刀具号	刀具名称	刀具规格	刀片		刀尖半径（mm）	备注
				型号	材料		
1	T01	机夹可转位粗车外圆及端面车刀	SDJCR2525M11	DCMT11T308—HM	YBC251	0.8	
2	T02	机夹可转位精车外圆车刀	SDJCR2525M11	DCMT11T304—HM	YBC251	0.4	
3	T03	机夹可转位车槽刀	QZQ2525R05	ZQMX5N11—1E	YBC251		
4	T04	机夹可转位螺纹车刀	SWR2525M16	RT16.01W—2.00GM	YBG201		

第三节　数控铣削加工工艺

一、数控铣削加工工艺特点

数控铣床中最为典型的是立式数控铣床，机床主轴垂直于工作台面。数控铣床比数控车床多一根轴，是三坐标（伺服电动机）控制的数控机床。三坐标具有直线和圆弧插补功能，主要加工平面类零件的外轮廓和内轮廓，内、外轮廓中的各种直线和二维圆弧曲面；可以加工平面上的孔系，并且能保证较高的位置精度要求，孔系包括各种通孔、盲孔、螺孔；具有镗孔、铰孔、攻螺纹功能。

数控铣床具有二轴半联动功能，可以通过宏程序加工三维曲面，这是普通铣床所不具备的特点。

数控铣床可以通过自动编程和在线加工方式完成模具类零件型腔中特殊曲面的加工，这也是普通机床无法完成的一种功能。

数控铣床通过手动换刀，可以完成零件的粗加工和精加工。与数控车床一样，只要通过首件加工的验收，就可以成批加工零件，加工质量可以保持稳定。

二、粗、精加工基准的选择

数控铣床主要用于加工平面类零件，与数控车床加工回转类零件相比是有区别的，但粗、精加工基准的选择与数控车床大同小异。

1. 粗基准的选择原则

（1）为了保证重要加工面的余量均匀，应选择重要加工面为粗基准。例如，加工机床床身导轨时，为保证导轨面有均匀的金相组织和较高的耐磨性，应使其加工余量小而均匀。为此，应选择导轨面为粗基准面，粗加工机床床腿的底面，再以床腿的底面为精基准加工导轨面，保证导轨面的加工余量小而均匀，如图 15—16 所示。

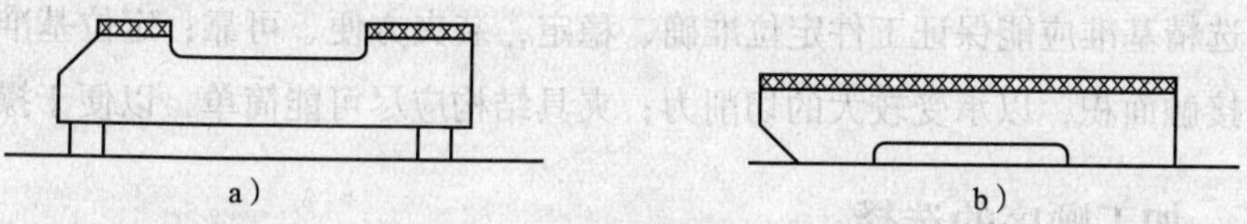

图 15—16　床身导轨的加工

a）以机床导轨面为粗基准　b）以床腿底面为精基准加工导轨面

（2）所有加工表面都要有足够的加工余量，粗基准应避免重复使用，粗基准表面应平整、光洁等，这些原则与数控车床的粗基准选择原则相同。

2. 精基准的选择原则

（1）基准重合

直接选择加工表面的设计基准作为精基准，称为基准重合原则。这样可以避免基准不重合引起的定位误差。如图 15—17 所示，加工孔 ϕ30H7 的设计基准为 *B* 面，需要保证尺寸（20 ± 0.008）mm，如果采用 *A* 面为定位基准，25 mm 是未注公差的尺寸，很难保证（20 ± 0.008）mm 的尺寸精度，只有选择 *B* 面为定位基准，才能保证（20 ± 0.008）mm 的尺寸精度。

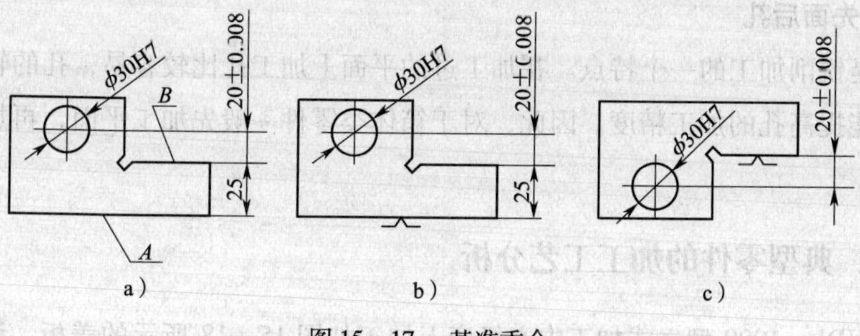

图 15—17　基准重合

a）零件　b）基准不重合　c）基准重合

（2）基准统一

同一个零件多道工序的加工应尽可能采用同一个定位基准，避免因基准的转换引起的误差。可采用同一个夹具，同时也降低了成本。

（3）自为基准

研磨、铰孔等精加工可选择加工表面本身作为定位基准。自为基准加工的特点是只能提高自身的尺寸精度，降低表面粗糙度值，而不能改变位置精度。

（4）互为基准

为使各加工表面之间有较高的位置精度，或为了保证加工表面具有均匀的加工余量，可采用两个加工表面互为基准反复加工的方法。

（5）便于装夹

所选精基准应能保证工件定位准确、稳定，装夹方便、可靠；定位基准应有足够大的接触面积，以承受较大的切削力；夹具结构应尽可能简单，以便于操作。

三、加工顺序的选择

铣削加工顺序可参考车削加工顺序，并遵循以下具有铣削特点的选择原则：

1．基面先行

以箱体类零件为例，先加工定位用的平面和两个定位孔，再以平面和定位孔为精基准加工孔系和其他平面。

2．先粗后精

各个表面的加工按照粗加工→半精加工→精加工→光整加工的顺序依次进行，逐步提高加工精度并减小表面粗糙度值。

3．先主后次

零件的主要工作表面、装配基面先加工，次要表面的加工可穿插进行，放在主要加工表面加工到一定程度后，最终精加工之前进行。

4．先面后孔

这是铣削加工的一个特点。在加工过的平面上加工孔比较容易，孔的轴线不易偏斜，能提高孔的加工精度。因此，对于箱体类零件一般先加工平面，再加工平面上的孔。

四、典型零件的加工工艺分析

在 VDL—1000 型立式加工中心机床上加工如图 15—18 所示的盖板，试说明铣削加工工艺过程。

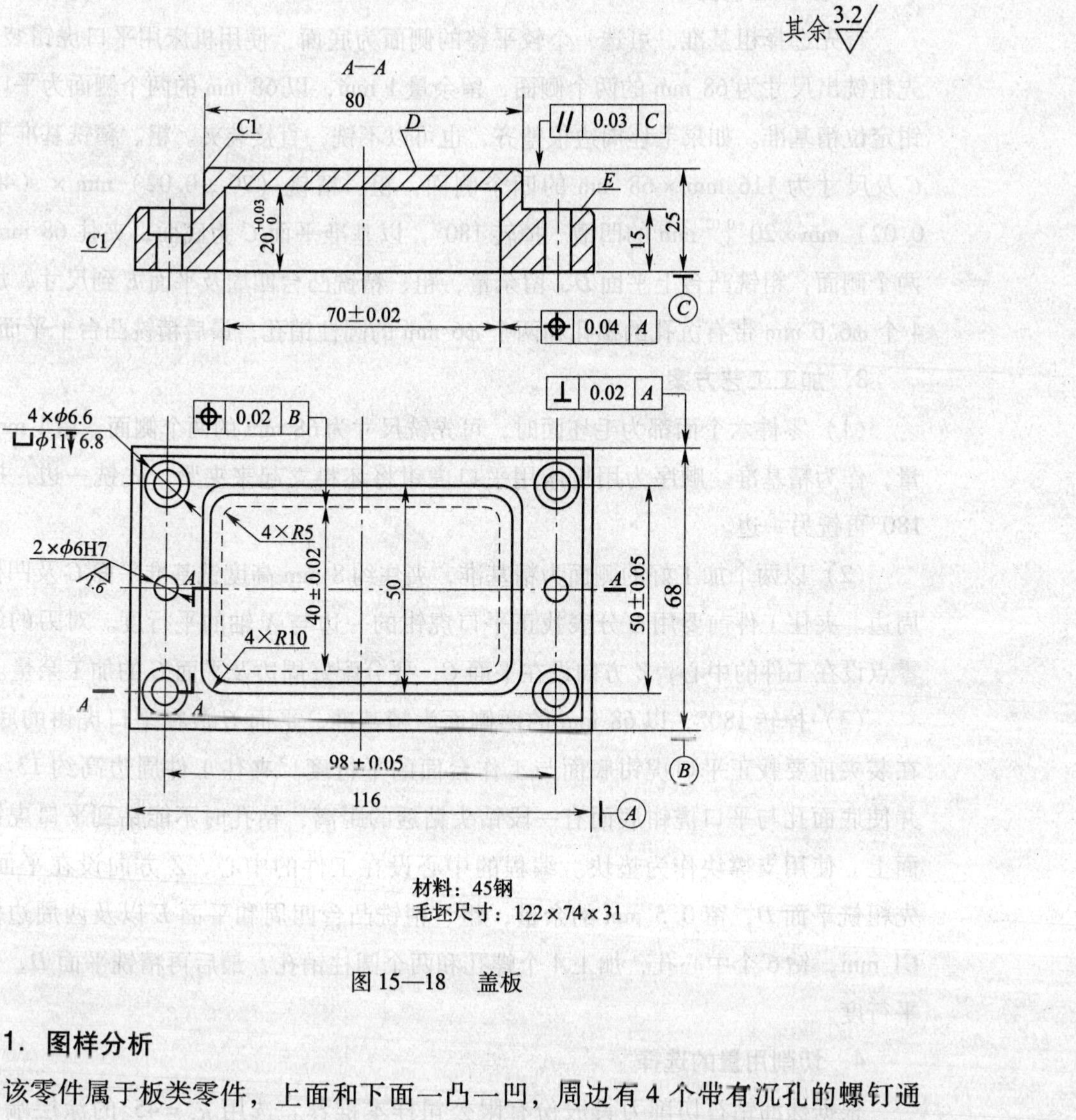

材料：45钢
毛坯尺寸：122×74×31

图 15—18　盖板

1. 图样分析

该零件属于板类零件，上面和下面一凸一凹，周边有 4 个带有沉孔的螺钉通孔，两个 $\phi6$ mm 的圆柱销孔。上面周边有两处倒角 $C1$ mm。该件有三个面为设计基准，分别为 A，B 和 C。由于 A，B 基准分别对准尺寸线，故 A，B 的基准线是俯视图中相互垂直的两条中心线，这两条中心线有垂直度要求，垂直度公差为 0. 02 mm。在主视图中，上平面对下平面（C 基准）的平行度要求为 0. 03 mm。该件凹槽的长、宽有尺寸精度要求，分别为长（70 ±0. 02）mm，宽（40 ±0. 02）mm，并有位置度要求，对中心线的位置度分别为 0. 04 mm 和 0. 02 mm。4 个 $\phi6.6$ mm 的通孔有 X，Y 两个方向的尺寸公差 ±0. 05 mm。表面粗糙度值除两个 $\phi6$ mm 的圆柱销孔 $R_a \leqslant$ 1. 6 μm 外，其余 $R_a \leqslant 3.2$ μm，故需要精铣。

2. 加工工艺分析

首先选择粗基准，可选一个较平整的侧面为底面，使用机床用平口虎钳装夹，先粗铣出尺寸为68 mm的两个侧面，留余量1 mm，以68 mm的两个侧面为平口虎钳定位精基准。如果毛坯周边很整齐，也可以不铣，直接装夹。粗、精铣基准平面C及尺寸为116 mm×68 mm的四个侧面，粗、精铣（70±0.02）mm×（40±0.02）mm×$20^{+0.03}_{0}$ mm的凹槽。掉转180°，以基准平面C为底面，夹住68 mm的两个侧面，粗铣凸台上平面D，留余量，粗、精铣凸台四周及平面E到尺寸，加工4个$\phi6.6$ mm带有沉孔的螺孔和两个$\phi6$ mm的圆柱销孔，最后精铣凸台上平面。

3. 加工工艺方案

（1）零件六个面都为毛坯面时，可先铣尺寸为68 mm的两个侧面，留1 mm余量，作为精基准。顺序为用机床用平口虎钳将坯料立起来夹紧，先铣一边，掉转180°再铣另一边。

（2）以两个加工好的侧面为精基准，夹住约8 mm高度铣基准平面C及凹槽四周边。夹住工件前要用百分表找正平口虎钳的一边与X轴的平行度。对刀的编程零点设在工件的中心，Z方向设在平面C，要分配好周边及平面C的加工余量。

（3）掉转180°，以68 mm的两侧面为精基准，平面C放在平口虎钳的底面，在装夹前要找正平口虎钳底面与工作台面的平行度。夹住工件周边高约13 mm，并使底面孔与平口虎钳底面有一段钻头钻透的距离，钻孔时不能钻到平口虎钳底面上。使用支撑块作为垫块。编程的中心设在工件的中心，Z方向设在平面D，先粗铣平面D，留0.5 mm的余量，粗、精铣凸台四周和平面E以及两周边倒角$C1$ mm，钻6个中心孔，加工4个螺孔和两个圆柱销孔，最后再精铣平面D，保证平行度。

4. 切削用量的选择

根据株洲钻石切削刀具股份有限公司样本推荐。选用$\kappa_r=45°$的涂层端铣刀FMA02，$\kappa_r=90°$的涂层立铣刀EMP05，$\kappa_r=45°$的倒角涂层铣刀CMA（D）01。刀片材料选择YBC301，粗加工时$v_c=180$ m/min，精加工时$v_c=280$ m/min；刀片材料选择YBC30S，粗加工时$v_c=90$ m/min，精加工时$v_c=150$ m/min，粗加工时$v_f=0.3$ mm/齿（左右），精加工时$v_f=0.1$ mm/齿。

5. 数控加工工序卡

盖板数控加工工序卡见表15—3。

6. 刀具卡

加工盖板的刀具卡见表15—4。

表 15—3　　**盖板数控加工工序卡**

数控加工工序卡		零件名称			零件图号		
		盖板					
工步号	工步内容	刀具类型	刀具规格	主轴转速（r/min）	进给速度（mm/r）	背吃刀量（mm）	备注
1	铣尺寸为 68 mm 的两个侧面，留余量 1 mm，作为精基准	端铣刀	ϕ61 mm 三齿涂层刀片	470	0.6	2	手动
2	找正机床用平口虎钳的钳口，夹住 68 mm 的两侧面，分配加工余量，粗、精铣基准平面 *C*	同上	ϕ61 mm 三齿涂层刀片	470	同上		自动
3	粗、精铣尺寸为 116 mm × 68 mm 的四个侧面	方肩台阶铣刀	ϕ25 mm × 20 mm（刃长）涂层 3 刀片	粗铣：1 150 精铣：2 000	0.6 0.2		自动
4	用 ϕ20 mm 的钻头在凹槽中心钻工艺孔，深 19.5 mm	钻头	ϕ20 mm				手动
5	粗铣 70 mm × 40 mm × 20 mm 的凹槽，留余量 0.5 mm，再精铣凹槽至尺寸	方肩台阶铣刀	ϕ25 mm 涂层刀片 ϕ10 mm 涂层刀片	粗铣：1 150 精铣：4 800	0.6 0.2		自动
6	掉转 180°，夹住 68 mm 的两侧面，可垫铜皮，高度约为 13 mm，找正钳口底平面与工作台面平行，并垫上支撑块，留出钻头钻通孔后的距离，粗铣平面 *D*，留余量 0.5 mm	端铣刀	ϕ61 mm 三齿涂层刀片	粗铣：470	0.6		自动
7	粗、精铣凸台周边及平面 *E*	方肩台阶铣刀	ϕ25 mm 涂层刀片	粗铣：1 150 精铣：1 900	0.6 0.2		自动
8	用中心钻钻 4 个 ϕ6.6 mm 和两个 ϕ6 mm 孔的定位中心孔	中心钻	ϕ5 mm				自动

续表

数控加工工序卡			零件名称		零件图号		
			盖板				
工步号	工步内容	刀具类型	刀具规格	主轴转速（r/min）	进给速度（mm/r）	背吃刀量（mm）	备注
9	钻4个 $\phi6.6$ mm 的通孔和4个 $\phi11$ mm 的沉孔	钻头	$\phi6.6$ mm 的钻头和 $\phi11$ mm 的平头锪钻				自动
10	钻两个 $\phi6$ mm 的孔	钻头	$\phi5.9$ mm				自动
11	铰两个 $\phi6$ mm 的孔	铰刀	$\phi6$ mm				自动
12	精铣凸台上平面	端铣刀	$\phi61$ mm 三齿涂层刀片	1 000	0.3		自动
13	倒角 $C1$ mm	倒角刀	$\phi32$ mm 三齿涂层刀片	900	0.6		自动

表 15—4　刀具卡

刀具卡		零件名称		零件图号	
		盖板			
序号	刀具名称	刀具规格	刀片型号	刀片材料	备注
1	端铣刀	FMA02—050—A22—SE12—03	SEET12T3—DF	YBC301	
2	方肩台阶铣刀	EMP05—025—XP25	APKT160408—PF	YBC301	
3	倒角铣刀	CMA01—032—G32—SP12—03	SPMT120408	YC30S	
4	中心钻	$\phi5$ mm		高速钢	
5	钻头	$\phi6.6$ mm		高速钢	
6	平头锪孔钻	$\phi11$ mm		高速钢	
7	钻头	$\phi5.9$ mm		高速钢	
8	铰刀	$\phi6$ mm		高速钢	

第十六章

数控机床故障诊断与排除

数控机床的维修对维修人员的综合素质要求较高，既要求有机床机械、机床电气、机床液压基础理论知识，又要求有灵活应用的综合分析能力，是一种实践经验的长期积累。要学会把众多的知识积累到一起考虑问题，不是死抓一点，而要学会触类旁通，相互引申去思考问题，要把数控机床结构原理、信号的来龙去脉形成脑海中的一张图去判断故障。当故障出现在机床某个部位时，要注意观察现场，把发生故障的相关部位都罗列出来，然后逐个分析，逐个排查，最后就能找出真正产生故障的原因。

第一节　数控机床故障及常用排除方法

一、数控机床的故障率

数控机床的故障是指某些功能出现问题，不能正常工作，严重时停机，根本无法开动机床。以数控机床的使用年限为纵坐标，出现的故障率为横坐标，可以用一条曲线来表示，如图16—1所示为数控机床故障变化曲线。曲线的形状很像一个浴盆，故障大多发生在两

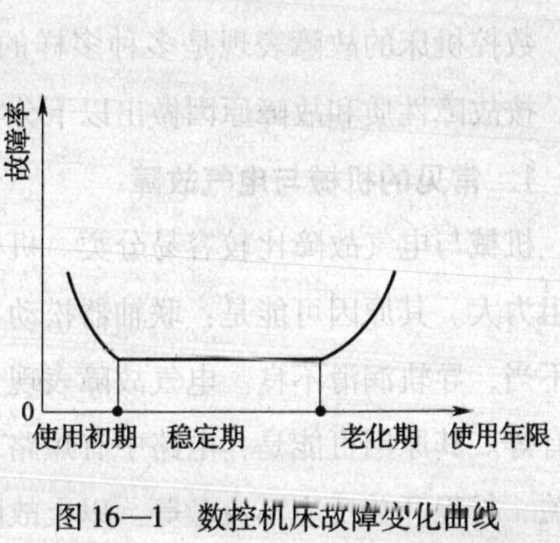

图16—1　数控机床故障变化曲线

端，即使用初期和老化期，在盆底为相对稳定期，故障率最底。数控机床整个使用寿命可分为使用初期（1 年左右）、稳定期（7～10 年）和老化期（两年左右）。

1．使用初期

新出厂的数控机床到用户安装调试，开始运行半年至一年期间，故障频率较高，从机械上分析，零件加工表面存在形状误差，表面比较粗糙，尤其在相互的配合运动中产生较大的磨合磨损，会影响加工精度的变化。从电气上分析，数控系统和控制元件在长时间连续工作中，由于温度的变化、交变负荷的变化、电路开关瞬间“浪涌”电流和反电动势的长时间冲击，完全超过整机考机的条件，某些元件经受不住初期的冲击而失效，使整个机床出现故障。液压、气动系统也是同理。所以在这个时期故障率会较高。

2．稳定期

数控机床经历了使用初期的磨合，无论是机械零件还是电气元件都进入相对稳定期。此时各类元件的器质性故障较少，但不排除偶发性故障的发生。在这个时期故障的诊断很重要，要求判断应当准确，排除要及时，这样才能保证一线生产机床的工作效率。在此期间机械和电气故障发生的概率差不多，大多数可以排除。

3．老化期

机床在稳定期的后期，由于各类元器件磨损和老化加速，进入老化期，故障率会逐年增加。故障属于渐发性和器质性的，例如，轴承的磨损、径向跳动和轴向窜动的增大、螺纹件的松动、橡胶件的老化、电气元件触点的烧损等都会引起许多故障，大多数渐发性故障是可以排除的。由于数控机床涉及机、电、液多方面的技术知识，因此其故障的排除必须进行综合分析。

二、数控机床故障的分类

数控机床的故障表现是多种多样的，原因比较复杂。为了进一步了解这些故障，按故障性质和故障原因做出以下分类：

1．常见的机械与电气故障

机械与电气故障比较容易分类。机械故障表现为传动噪声大、加工精度低、运行阻力大。其原因可能是：联轴器松动，轴承、齿轮、丝杠缺油，导轨镶条松紧调整不当，导轨润滑不良。电气故障表现为送电后马上掉电，有些动作有，有些动作没有等。其原因可能是：电路中有短路现象，某些继电器、接触器损坏，某些微动开关、行程开关反应不灵敏等。以上故障属于常见故障，比较好判断，容易排除。

2. 系统性故障与随机故障

系统性故障是指只要满足一定条件或超过某一设定的限度，工作中的机床必然会发生的故障。例如，当液压系统的压力降到某一个设定点时，会出现液压系统故障，系统报警并断电、停机；当润滑、冷却装置由于管路泄漏引起油标下降到最低极限位置时，会发生液位报警并使机床停机；当机床因切削量过大，达到某一极限值时，会发生过载报警，使系统停机。这类报警和日常机床的维护关系密切，因此，正确使用、精心维护是杜绝这类故障的最好方法。

随机性故障通常是指机床在工作时偶然发生一次或两次的故障，由于故障在某种条件下偶然发生一次，在诊断过程中又很难重复再现，维修人员很难了解真相，因此，确定这类故障的原因及诊断比其他故障要困难得多。一般不应从设计上、原理上查找原因，而应从电缆及各种连接是否有不良处查找，或从组件的排列（如电源线与信号线的干扰）上查找，还可以从元器件的质量、参数设定、操作失误、工作环境、电压的波动等因素进行分析。随机性故障的原因是比较复杂的，需要进行综合考虑。

3. 报警显示故障与无报警显示故障

(1) 报警显示故障

报警显示故障可分为硬件报警显示与软件报警显示两种。

1）硬件报警显示。是指由电气线路板上的指示灯、LED 发光管或小型指示灯组成的显示指示。如 FANUC 有些系统有七段显示器，如图 16—2 所示，它能反映出数字或字母，如数字“1～9”，字母“L”和“O”等，查维修说明书就可以找到其代表什么意义。例如，显示数字“1”表示系统可以正常运行；显示数字“2”表示完成系统的初始化工作；显示数字“3”表示 CRT 显示屏初始化画面；显示字母“L”表示 PLC 未通过检查，PLC 控制软件有误；显示字母“O”则表示系统控制软件有问题。在一般情况下，出现故障后屏幕都会显示报警信息。但当显示功能有故障时，屏幕漆黑一片，就无法显示报警信息，只能依靠硬件报警，如七段显示器的显示来判断。维修人员在排除故障时，应认真检查在各模块上的指示灯状态，并注意收集这方面的资料，以备诊断故障时参考。

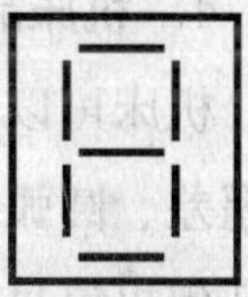

图 16—2　七段显示器

2）软件报警显示。是指 CRT 显示屏上显示出来的报警号和报警信息。根据报警号，可查询系统的报警文本，从而可以查到报警故障的大致原因。这种软件报警属于数控系统的自诊断功能，是系统自身的软件能自行对相关功能进行检测，一旦检测到故障，系统会按故障的类型进行分类处理，在 CRT 显示屏上以报警号的形式显示故障信息。常见的报警包括有关程序和操作的报警、伺服报警、主轴报警、超程报警、PMC 报警、过热报警、过载报警、系统报警等。

上述报警有的来自 CNC，有的来自 PMC。对于来自 CNC，即从数控系统方面来的报警信息，要查阅维修手册中有关 CNC 故障报警的错误代码及原因。而 PMC 报警来自与机床相关的电气元件，应检查 PMC 输入和输出接口、相关的继电器、各类开关元件的状态，从而确定故障产生的原因。一般情况下，PMC 报警数量要多于 CNC 报警数量。

（2）无报警显示故障

这类故障无任何硬件报警或软件报警，给分析和诊断故障带来很大的困难。例如，机床工作中 X 轴出现爬行现象，无任何报警显示，从表面现象看是机械故障，但也隐藏着与伺服系统相关的因素。首先要区分它属于哪类故障，可以用手摇脉冲发生器进行试验，当均匀旋转手摇脉冲发生器时，分别观察 CRT 显示屏上 X 轴、Y 轴、Z 轴进给数字变化速率，如果数字变化速率基本相同，说明数控部分正常，从而可区分爬行故障来自伺服部分还是机械传动部分。又如，一台加工中心机床自动方式下主轴突然停止转动，而屏幕无任何报警号，停机后检查伺服板未见异常，主轴电动机也正常，重新启动机床，工作又正常，但随后又发生主轴停机现象，后更换电动机动力线和反馈线，故障排除。这说明是导线不良或接触不良造成的故障。

4. 机床品质下降故障

机床可以正常运行，但运行状况与以前不同，如噪声变大、振动加剧、定位精度超差、圆弧过象限有痕迹、反向间隙变大、加工零件尺寸误差变大等，这类故障无任何报警显示，这些现象综合起来说明机床品质在下降，如果机床运行年限较长，说明机床正进入老化阶段，要有针对性地进行大修。

5. 硬件故障和软件故障

（1）硬件故障

硬件故障是指数控装置的印制电路板上集成电路芯片、分立元件、接插件以及外部连接组件等发生的故障，只有更换已损坏的元器件才能排除故障。这类故障比较常见的是输入和输出接口损坏、功率放大元件损坏等。

（2）软件故障

软件故障是由于加工程序编制出现错误、系统程序出错和参数值丢失或设定不正确引起的。通过检查程序，修改有问题的程序段，重新设置参数或修改参数可以解决。注意：参数的修改要慎重，一定要弄清楚参数的含义以及与其相关的其他参数方可修改；否则，会产生新的故障，甚至导致动作失控。

三、数控机床各部件故障分析

数控机床是集机械、电气、液压、气动、仪表为一体的高科技的加工设备，涉及的领域广泛，采用的技术和计算机联系在一起，更新换代很快，具有鲜明的技术前沿性，其技术含量在众多设备中位于前列。正因为具有这些特点，其故障分析更需要具有一定知识面和一定知识深度。以下分析数控机床各部分结构尤其是相互之间的联系，使维修人员在分析故障时能从数控机床整体技术来考虑，充分发挥综合分析能力，而不是就事论事。学会抓住故障本质，快速、高效地解决问题。

1．数控机床的组成

如图 16—3 所示为数控机床的组成及各部分之间的相互联系。

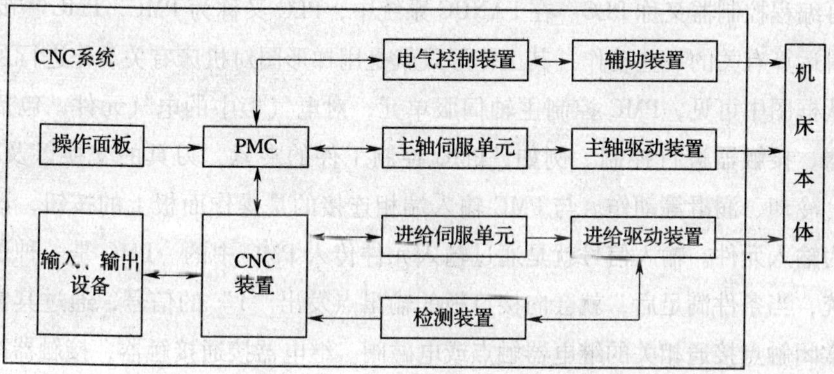

图 16—3　数控机床的组成及各部分之间的相互联系

由图 16—3 可知，数控机床可分为两大部分，左边框图内为电气部分，右边为机械部分。从数控机床的结构分布来看，数控机床的电气柜和操作箱内放有 CNC 装置、PMC 装置、强电及弱电控制部分、主轴伺服驱动器、各进给轴伺服驱动器。机床电气与机床机械相关联的元器件包括：伺服电动机对应机床进给机构；各种行程开关、无触点开关对应机械各运动机构；各压力开关对应液压、气动机构；操作面板对应电气输入机构。伺服电动机连接编码器，编码器又与 CNC 装置连接。从以上分析可知，如果进给系统有问题，则需要从导轨、滚珠丝杠副、两端轴承、伺服电动机、编码器、行程开关等来考虑，采用逐项排查的方法找出原因。如果主轴方面有问题，首先要考虑与主轴相关的元器件，主轴的前、后轴承，与主轴相关的带轮、齿轮、主轴伺服电动机及编码器，以及来自 PMC 的信号和相关主轴伺服驱动器。在这一条线上，采用逐项排查的方法找出原因。以先机械后电气、先简单后繁杂、先外围后核心的步骤，逐步深入，由浅入深，查找原因。

2. 数控机床主要功能部件的相互关系

下面对图16—3所示框图中主要功能部件的相互关系进行说明。

（1）数控装置

数控装置的核心是计算机CPU、运算器、存储器。数控装置是机床的大脑、指挥中心，又称CNC装置，它控制数控机床的进给驱动装置，包括车床的*X*轴、*Z*轴，铣床的*X*轴、*Y*轴、*Z*轴，多轴机床有4轴、5轴等。进给驱动编码器的反馈信号反馈给CNC装置。一般CNC装置都安装在主板上，它的性能越来越好，出现问题的概率相对较少。数控装置控制还涉及参数的设置、输入和输出接口板的信号联系。

（2）可编程控制器

可编程控制器又称PLC。在FANUC系统中，PLC又称为PMC。PMC主要完成与逻辑运算有关的一些动作，其工作形式就是用梯形图对机床有关动作进行逻辑控制。从框图中可见，PMC控制主轴伺服单元，对电气柜中的电气元件，包括各种继电器、接触器进行控制。例如，PMC控制工件的夹紧、刀具的交换以及液压、气动、冷却、润滑等动作。与PMC输入端相连接的是操作面板上的按钮，这些按钮称为输入元件。输入信号就是通过输入元件传入PMC中的。PMC是一种逻辑控制系统，当条件满足后，就会向接口板的输出点发出“1”的信号，通过其常开触点和常闭触点接通相关的继电器触点或电磁阀。继电器接通接触器，接触器控制相关的电动机；电磁阀使相关的液压缸、气缸等动作，从而达到机床自动控制的目的。

维修人员应熟悉PMC编程语言，能看懂梯形图。如果屏幕上有梯形图显示，能对PMC进行监控，那么在出现故障时可通过显示的梯形图查找故障的原因。

（3）伺服控制单元

伺服电动机必须由伺服控制单元来控制。伺服控制单元把来自数控装置和PMC的微弱指令信号放大为控制伺服电动机的大功率信号。伺服控制单元一般来说是一个双闭环控制系统，采用变频控制技术（PWM）对电动机的调速进行控制。一般伺服控制单元包括电源部分、控制部分和驱动部分（放大器）。电源部分将交流电整流；控制部分进行双闭环PWM控制；驱动部分产生逆变电流，控制交流伺服电动机运动。驱动装置可分为直流伺服和交流伺服，目前交流数字式伺服装置已取代直流伺服装置。

维修人员应掌握伺服单元的原理，熟悉其连接情况，能通过单元板上的故障指示发光管的状态和显示屏显示的报警号及时确定故障的范围。

(4) 机床本体

机床本体主要指数控机床的机械部分。主运动即主轴的运动；进给运动即各坐标轴的运动，进给机构有滑板、工作台及传动件（如丝杠、轴承、导轨等）；支撑部件有床身、立柱等；此外，还有刀架、刀库、换刀机构；辅助机构包括液压、气动、润滑、冷却、排屑、防护装置等。

机构的动作靠电动机、阀来完成，电动机、开关、阀由输出信号控制，按一定逻辑顺序进行动作，这些逻辑的安排是由 PMC 梯形图决定的。

四、故障诊断与排除的方法

数控机床的故障复杂，诊断和排除起来比较困难。如何用最简单的方法，用最短的时间找出故障发生的原因，利用最方便的途径获取有关故障产生的资料，是排除故障的关键。下面介绍有关故障诊断与排除的常用方法。

1. 直观法

所谓直观法，就是维修人员对故障直接观察、了解情况并进行判断的方法，常采用的方法包括问、望、听、嗅、摸等。对故障机床进行诊断，首先要向操作者了解故障发生前后机床的异常现象，通过多问才能多了解第一手资料，这项工作对故障的诊断十分重要，如同医生问诊一样。维修人员通过对故障产生的各种光、声、味等异常现象进行观察，以及仔细检查系统的每一处，观察有无烧毁和损坏痕迹，发现并找出故障点。这是最基本的也是最简单的诊断方法。

2. 自诊断功能法

机床故障的自诊断功能是当今数控系统一项十分重要的技术。随着计算机技术的飞速发展，数控系统的自诊断功能越来越强大，从简单的诊断朝着多功能和智能化的方向发展。数控系统一旦发生故障，借助系统的自诊断功能，往往可以迅速、准确地查明并确定故障部位。维修人员熟悉和运用系统的自诊断功能是十分重要的。自诊断技术的应用有三种形式，即启动诊断、在线诊断和离线诊断。其中，启动诊断和在线诊断是最常用的方法。

(1) 启动诊断

启动诊断是指从 CNC 每次通电开始到进入正常的运行准备状态为止，数控系统启动自检程序，对 CPU、存储器、总线和 I/O 单元等模块以及各线路板、CRT 单元、外围设备等进行运行前的功能测试，确认系统的主要硬件是否可以正常工作，并将检测结果在屏幕上显示出来。一旦检测通不过，立即在屏幕上显示出报警号或报警内容。只有当全部诊断项目都正常通过，系统才能进入正常运行准备状态。所以，启动诊断也可以说是开机时的初步诊断。如果有故障，通过报警号可以查到相关报警信息，从而初步了解故障可能出现的位置。

（2）在线诊断

在线诊断是指系统处于正常运行状态时进行的实时监测。它可以对 CNC 系统本身以及与 CNC 装置相连接的各个伺服单元、伺服电动机、I/O 模板及外部设备进行不停的自动现场测试和检查，在相关界面显示出当时的工作状态信息，判断是否有故障。系统不仅能在屏幕上显示报警号和报警信息，还能实时显示出有关 CNC 和 PMC 内部信号传输时的状态，为故障的诊断提供了极大方便。因此，这种方法是当前数控机床维修中最常用的也是最有效的一种方法。随着数控系统不断更新，其诊断功能的内容越来越丰富，为故障诊断带来更多的方便。

（3）离线诊断

离线诊断实际就是机床停机以后进行的诊断。这种诊断往往需要辅助的设备，例如，利用人工智能专家系统诊断故障，利用网络技术远程通信诊断系统诊断故障等。目前这方面的应用相对较少。

3．交换法

所谓交换法，是在分析故障大致原因的情况下，对相关的元器件进行交换，进而找出故障点。例如，常见的交换是将同一台机床的两个伺服电动机或伺服驱动装置进行交换（前提必须是这两个电动机或伺服驱动装置的型号及规格相同）。如果交换后故障排除，说明所用的伺服电动机或伺服驱动装置的确有问题。如果交换后故障没有排除，说明不是伺服电动机或伺服驱动装置的问题，而是其他问题。作为排查，交换法是最常用的有效方法之一。

4．敲击法

当故障表现为时有时无、若隐若现时，可以用敲击法检查故障点所在部位。例如，在 CNC 系统中，如果怀疑某块板的焊点有虚焊现象时，可以用绝缘物轻轻敲打有虚焊或有接触不良的可疑点，如果故障重新出现，可以说明此处为故障点。当然不能盲目地去敲，注意不要把好的焊点敲松成为新的故障点。

5．局部升温法

电气元件在长期运行后会出现老化，使性能变差。当它们尚未完全损坏时，出现的故障也会时有时无。如果诊断中怀疑到某个元件可能因老化而损坏，可用电吹风或电烙铁做局部升温试验，加热被怀疑的元器件，加速其老化，以便完全暴露故障部件。使用这种方法要注意元器件的温度参数，不要将原来好的元器件烤坏。

第二节　数控机床自诊断功能的应用

一般来说，数控机床自诊断功能包括两方面内容，一方面是报警文本，即当机床发生故障时，数控系统本身会对整个机床进行全面检查，并将诊断到的故障以报警号或错误代码的形式显示在 CRT 显示屏上；另一方面是通过操作面板的按钮查找诊断画面，可以查出有关输入、输出接口的信号状态，有的还可以打开系统中的 PMC 梯形图，通过查找相关位置的“通断”来判断故障点。以 FANUC 0i—MC 系统为例，该系统可将诊断功能中的 PMC 诊断号都列在 CRT 显示屏上，还可以查找 PMC 的梯形图以及 PMC 接口信号的实时状态，这些重要信息对排除故障无疑提供了非常重要的帮助。

一、报警文本

这里简单介绍一下 FANUC 0i—C 系统的报警文本，该报警文本列在 FANUC 0i—C 系统维修说明书中。该报警包括来自 CNC 的报警代码，来自 PMC 的报警代码以及来自串行主轴的报警代码。FANUC 0i—C 系统的报警号码和报警范围见表 16—1。

表 16—1　　FANUC 0i—C 系统的报警号码和报警范围

序号	报警号码的内容	报警号码的范围
1	程序错误、有关编程和操作的报警	共约 309 个报警号码，000 ~ 253 号，5010 ~ 5455 号中的一部分
2	后台编辑报警	共两个报警号码，??? 和 140 号
3	绝对脉冲编码器报警	共 10 个报警号码，300 ~ 309 号
4	感应同步器报警	共两个报警号码，330 和 331 号
5	串行脉冲编码器（SPC）报警	共 18 个报警条号码，360 ~ 369 号，380 ~ 387 号
6	伺服报警（1/2）	共 50 个报警号码，401 ~ 468 号
7	超程报警	共 14 个报警号码，500 ~ 515 号
8	伺服报警（2/2）	共 8 个报警号码，600 ~ 607 号
9	过热报警	共 3 个报警号码，700 ~ 704 号
10	刚性攻螺纹报警	共 3 个报警号码，740 ~ 742 号
11	关于串行主轴的报警	共 10 个报警号码，749 ~ 784 号

续表

序号	报警号码的内容	报警号码的范围
12	关于0i—PC的报警	共60个报警号码，4500～4534号
13	系统报警	共25个报警号码，900～975号

除了以上报警信息，还有机床厂家提供的有关报警。VDL—1000型加工中心机床工作情况的报警信息及对策见表16—2。

表16—2　VDL—1000型加工中心机床工作情况的报警信息及对策

	报警号	英文内容	中文内容	对策
A0.0	1000	DOOR NOT LOCK PLS OPEN DOOR	门未关	关闭防护门
A0.1	1001	CHECK POT UP LS & SOL	刀套向上的检测开关或电磁阀不正常	检查开关及电磁阀
A0.2	1002	Z AXIS NOT IN 2 POSITION	*Z*轴不在换刀点	使*Z*轴返回换刀点
A0.3	1003	Z AXIS CAN CELLEN	*Z*轴取消	恢复*Z*轴
A0.4	1004	ATC NOT READY	刀具交换装置未准备好	检查并使其准备好
A0.5	1005	ARM OP OVER TIME	刀具交换时间超过	参数设定，确认超时原因
A0.6	1006	TOOL № NOT SETTING	指令的刀具号错误	重新指令正确的刀具号
A1.0	1008	CHECK POT DOWN LS & SOL	刀套向下的检测开关或电磁阀不正常	检查开关及电磁阀
A1.1	1009	OIL COOLER FALIURE	油冷异常	检查油冷装置
A1.2	1010	CHECK TOOL UNCLAMPLS	刀具放松的开关有误	检查刀具放松的开关
A1.3	1011	CHECK TOOL CLAMPLS	刀具夹紧的开关有误	检查刀具夹紧的开关
A1.4	1012	CHECK ARM BRAKE SENSOR 1 & MS. OL	机械手停止开关不正常	检查机械手
A1.5	1013	4TH AXIS CLAMPED	无此功能，未配置4轴	检查4轴开关状态
A1.6	1014	CHECK ARM U/C SENSOR 2 & MS. OL	手抓刀开关有误	
A1.7	1015	LUBE ALARM CANNOT CYCLE START	润滑油液位低，不能循环启动	添加润滑油
A2.0	1016	AIR ALARM CANNOT CYCLE START	空气压力低，不能循环启动	检查压缩空气压力
A2.1	1017	TOOL №≥25	指令刀具号≥25	重新指令刀具号
A2.2	1018	MAG NOT ORIENT	刀库不在位	检查刀库极限开关

续表

	报警号	英文内容	中文内容	对策
A2.4	1020	ARM SENOR, K7, Q7 FAULT	手臂开关状态有误	检查手臂开关信号
A2.5	1021	ATC COUNTER ERROR	刀库计数错误	检查计数开关状态
A2.6	1022	ARM IN TEST MODE	手臂处于调整状态	取消调整状态
A2.7	1023	MAG RUN OVER TIME	刀库运行超时	排除超时原因
A3.0	1024	CHIP2 - MOTOR OVERLOAD	排屑电动机 2 过载	排除过载原因
A3.1	1025	DOOR OPEN	侧门打开	关闭侧门
A3.4	1028	H/L GEAR POSITION ERROR	高、低挡开关有误	检查开关信号
A3.5	1029	GEAR CHANGE OVER 10 SEC	换挡超时	排除超时原因
A4.3	1035	CHIP - MOTOR OVERLOD	排屑电动机过载	排除过载原因
A4.4	1036	MAG - MOTOR OVERLOAD	刀库电动机过载	排除过载原因
A4.5	1037	COOL - MOTOR OVERLOAD	冷却电动机过载	排除过载原因
A4.6	1038	WASH - MOTOR OVERLOAD	冲屑电动机过载	排除过载原因
A4.7	1039	ARM - MOTOR OVERLOAD	机械手电动机过载	排除过载原因

二、通过查找机床的有关信号诊断故障

目前，数控机床都有诊断功能，只要通过 CRT 显示屏，就可以轻松查到相关诊断号、PMC 梯形图状态、PMC 与 CNC 之间信息传输的状态、PMC 参数的设定。

PMC 与 CNC 数控系统和机床（又称 MT）按钮、开关、显示灯等之间的信息需要通过相互之间的接口进行交换。FANUC 0i—C 系统的接口概况如图 16—4 所示。

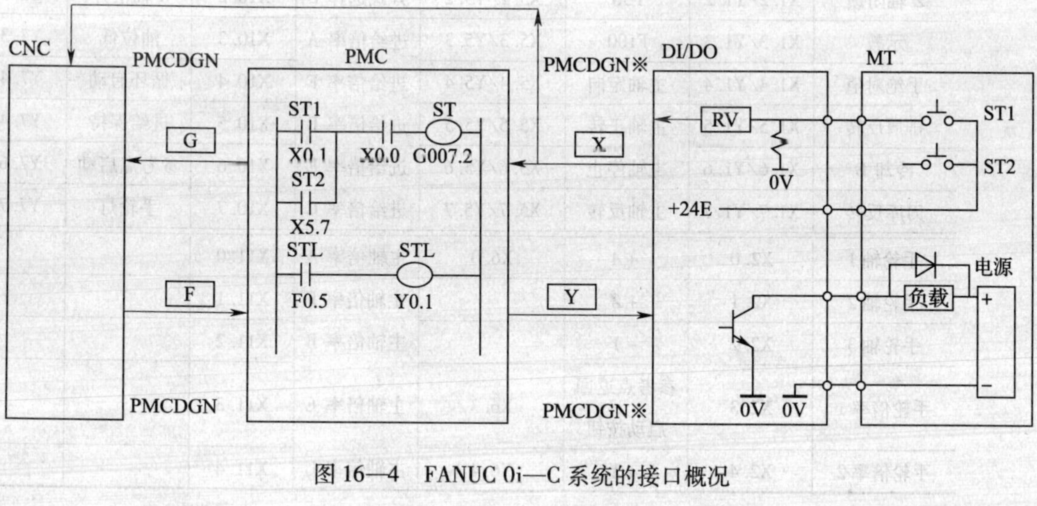

图 16—4　FANUC 0i—C 系统的接口概况

图 16—4 所示的接口包括四部分，即机床至 PMC，即 MT→PMC；PMC 至机床，即 PMC→MT；CNC 至 PMC，即 CNC→PMC；PMC 至 CNC，即 PMC→CNC。由 MT 来的输入信号经过 DI/DO（输入/输出板），以 X××.×进入 PMC 作为输入信号；PMC 往 CNC 的信号为 G，地址号为 G0 ~ G255；CNC 往 PMC 的信号为 F，地址号为 F0 ~ F255；PMC 的信号以 Y××.×进入 DI/DO（输入/输出板），再到 MT 控制开关。开关包括各类控制开关，即行程开关、接近开关、压力开关和温度开关。

下面以 VDL—1000 型立式加工中心机床的 FANUC 0i—MC 系统为例，列出该机床的输入、输出板的 X××.×和 Y××.×等信号的含义，以便于查找。VDL—1000 型立式加工中心机床的输入、输出地址表见表 16—3。

表 16—3　　VDL—1000 型立式加工中心机床的输入、输出地址表

功能	按钮/灯	功能	按钮/灯	功能	按钮	功能	灯
单段	X0.0/Y0.0	F1	X4.0/Y4.0	+*Y*	X7.0	*X* 参考点	Y6.0
空运行	X0.1/Y0.1	F2	X4.1/Y4.1	−*Z*	X7.1	*Y* 参考点	Y6.1
选择停止	X0.2/Y0.2	F3	X4.2/Y4.2	−*A*	X7.2	*Z* 参考点	Y6.2
跳读	X0.3/Y0.3	F4	X4.3/Y4.3	钥匙开关	X7.3	*A* 参考点	Y6.3
程序再启动	X0.4/Y0.4	F5	X4.4/Y4.4	循环启动	X7.4	主轴低挡	Y6.4
排屑正转	X0.5/Y0.5	M30 断电	X4.5/Y4.5	进给保持	X7.5	主轴高挡	Y6.5
冷却 A	X0.6/Y0.6	工作灯	X4.6/Y4.6	备用	X7.6	ATC 准备	Y6.6
刀库正转	X0.7/Y0.7	SKIP	X4.7/Y4.7	备用	X7.7	主轴松刀	Y6.7
辅助功能闭锁	X1.0/Y1.0	F0	X5.0/Y5.0	方式选择 A	X10.0	超程解除	Y7.0
机床闭锁	X1.1/Y1.1	F25	X5.1/Y5.1	方式选择 F	X10.1	气压低	Y7.1
Z 轴闭锁	X1.2/Y1.2	F50	X5.2/Y5.2	方式选择 B	X10.2	*A* 轴松开	Y7.2
示教	X1.3/Y1.3	F100	X5.3/Y5.3	进给倍率 A	X10.3	油位低	Y7.3
手绝对值	X1.4/Y1.4	主轴定向	X5.4/Y5.4	进给倍率 F	X10.4	循环启动	Y7.4
排屑反转	X1.5/Y1.5	主轴正转	X5.5/Y5.5	进给倍率 B	X10.5	进给保持	Y7.4
冷却 B	X1.6/Y1.6	主轴停止	X5.6/Y5.6	进给倍率 E	X10.6	参考点启动	Y7.6
刀库反转	X1.7/Y1.7	主轴反转	X5.7/Y5.7	进给倍率 C	X10.7	手轮灯	Y7.7
手轮轴 1	X2.0	+*A*	X6.0	主轴倍率 A	X11.0		
手轮轴 2	X2.1	+*Z*	X6.1	主轴倍率 F	X11.1		
手轮轴 3	X2.2	−*Y*		主轴倍率 B	X11.2		
手轮倍率 1	X2.3	参考点返回启动按钮	X6.3	主轴倍率 E	X11.3		
手轮倍率 2	X2.4	+*X*	X6.4	主轴倍率 C	X11.4		

续表

功能	按钮/灯	功能	按钮/灯	功能	按钮	功能	灯
	X2. 5	快速	X6. 5	备用	X11. 5		
	X2. 6	$-X$	X6. 6	备用	X11. 6		
	X2. 7	超程释放	X6. 7	备用	X11. 7		

表16—3中X表示输入信号，Y表示输出信号。例如，刀库反转输入信号为X1. 7，输出信号为Y1. 7，当刀库反转发生问题时，就可以查看这两个信号状态。如果X1. 7为“1”，表示已向PMC发出信号；Y1. 7为“1”，表示PMC已向机床发出信号，这样就方便了故障的诊断。注意：各数控系统的输入、输出信号的地址号由各厂家自行定义，因此各不相同。

三、排除故障实例

利用数控机床的PLC的输入、输出（I/O）接口状态来诊断并排除故障。

【例16—1】　某数控车床配置FANUC 0T系统，当脚踏尾座顶尖向前开关使尾座顶尖顶紧工件时，系统产生报警。

原因分析及查找：按下操作面板系统诊断键，并调出PMC输入信号，查到脚踏尾座顶尖向前的开关信号X04. 2为“1”，尾座套筒转换开关输入X17. 3为“1”。调出PLC输出信号，当脚踏尾座顶尖向前开关时，输出Y49. 0为“1”，同时电磁阀YV4. 1也得电，这说明系统PLC输入、输出状态均正常，下面分析尾座套筒液压系统。

当电磁阀YV4. 1通电后，液压油经溢流阀、流量控制阀、单向阀进入尾座套筒液压缸，使其向前顶紧工件。松开脚踏开关后，电磁阀处于中间位置，油路停止供油，由于单向阀关闭，尾座套筒向前时的油压被保持，该油压使油路中压力继电器常开触点接通，其输入信号X00. 2为“1”。检查PLC输入信号X00. 2却为“0”，说明压力继电器SP4. 1没有动作，出现了问题，经查是压力继电器触点开关损坏，油压信号无法接通，从而造成PLC输入信号为“0”，此时系统认为尾座套筒未顶紧，从而产生报警。

更换新的压力继电器，调整触点压力，使尾座顶尖向前开关动作后压力继电器接通，尾座套筒向前顶紧的压力始终保持，向PLC输入信号为“1”，说明尾座套筒向前已顶紧。故障被排除。

【例16—2】　FANUC 0T系统的数控车床刀架产生奇偶报警，奇数位刀号能定位，而偶数位刀号不能定位。

原因分析及查找：从机床侧输入 PLC 的信号中，刀架位置编码器有五根信号线，它们对应的 PMC 输入信号分别为 X06.0，X06.1，X06.2，X06.3 和 X06.4。前四位组成 8421 二进制编码，X06.4 为奇偶位。如图 16—5 所示为 PMC 控制刀架信号的地址。

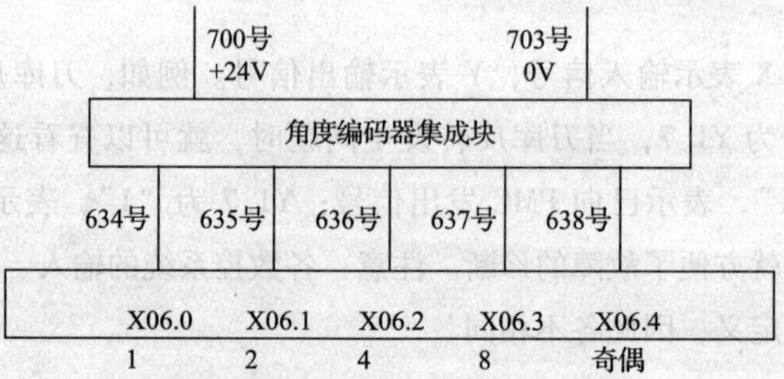

图 16—5 PMC 控制刀架信号的地址

图中 634 号 ~ 638 号为信号线的线号，X06.0 ~ X06.4 为信号输入的地址号。根据机床操作说明，进入显示 I/O 状态界面，找到 X06.0 ~ X06.4 信号状态。让刀架旋转到奇数位，观察并记录 X06.0，X06.1，X06.2，X06.3 和 X06.4 的 I/O 状态；让刀架旋转到偶数位，观察并记录 X06.0，X06.1，X06.2，X06.3 和 X06.4 的 I/O 状态。发现 X06.0 的状态恒为"1"，其余的信号根据刀架的旋转产生"1"或"0"的变化。用万用表电阻挡测量 634 号线，判断接口至编码器之间的连线有没有断线处；再判断是角度编码器故障还是 I/O 接口电路的故障。断电后，用交换法试验，在 I/O 接口侧将 634 号、635 号信号线互换，然后再通电让刀架旋转，观察并记录 X06.0，X06.1 的 I/O 状态，发现 X06.1 的状态恒为"1"，而 X06.0 的信号根据刀架的旋转而产生"1"或"0"变化，进一步说明故障的原因是角度编码器损坏。更换角度编码器后，刀架运行正常。

【例 16—3】 某数控机床自动加工不能进行，该机床防护门的开关由气缸完成，门关不上，不能开机，并无故障报警。

原因分析及查找：查看 PLC 输入、输出接口的参数变化，关闭防护门是由 PLC 输出信号 Y2.0 控制电磁阀 YV2.0 来实现的。检查 Y2.0 的状态，门关死为"1"，但电磁阀 YV2.0 却没有得电。由于 PLC 输出 Y2.0 是通过中间继电器 KA2.0 来控制电磁阀 YV2.0 的，经检查此继电器损坏，引起故障，更换继电器后故障排除。

通过以上例子说明许多故障都可以通过 PLC 的 I/O 接口反映出问题所在，只要不是数控系统硬件故障，可以不必查看梯形图和有关电路图，而直接通过查询相关 PLC 的 I/O 接口状态，就能找出故障产生的原因，这就要求维修人员要熟悉有关 PLC 的 I/O 接口的通常状态和故障状态。

第三节　数控机床机械故障的诊断与排除

数控机床加工中出现尺寸精度不稳定、表面质量不高等问题时，一般先考虑机械故障。这里举几个关于机床机械故障的实例，供读者在遇到类似情况时参考。

【例 16—4】　某数控车床加工外圆时尺寸出现不稳定现象，随着时间的推移，问题越来越严重，最终误差达到 0.1 mm，无法进行加工。

原因分析：这类故障一般都与机床传动链有关系，外圆尺寸不稳定，应该是 *X* 轴传动链出现问题。*X* 轴是由伺服电动机通过同步齿形带带动 *X* 向滚珠丝杠副传递动力的。首先检查同步带，它是完整无损的，没有损伤和磨损的地方；用手挤压同步带，感觉变形很小，说明同步带是张紧的，没有松动。再检查电动机轴与带轮的连接、带轮与丝杠的连接。

可在同步带轮和电动机轴、丝杠轴上做好记号，继续加工工件。当工件外圆有较大变化时，再去检查记号，发现有错位现象，可以肯定是连接问题。因同步带轮与电动机轴、丝杠轴采用两组锥环套连接，根据工作原理，如果压紧锥套的端盖螺钉松动，两件之间的连接就会产生移动，只要有微量的变化，就会引起刀架在 *X* 方向有变动，尺寸就会不稳定。拧紧螺钉后，机床恢复正常，尺寸误差控制在 0.02 mm 以内。

【例 16—5】　加工工件端面时表面粗糙度超差，端面不像是正常切削出来的，而像是挤压出来的。

原因分析：工件是不锈钢类，属不易加工材料，切削阻力较大，容易粘刀。分析有三种原因：一是刀具安装后松动，当受力时刀具振动；二是机床主轴跳动；三是 *X* 轴方向的滑板松动，使切削不稳定。

故障排除：从最容易检查的刀具安装开始，观察刀具夹紧情况，没有问题。再检查主轴轴向和径向跳动，均正常。但对主轴嫌疑较大，于是把主轴轴承的预紧力调大，试切后发现情况虽然有所好转，但不明显，而且主轴的温升提高幅度较大，说明主轴轴承的预紧力过大，故障并不在主轴。将主轴轴承恢复原样，再检查 *X*

轴，由于是端面问题，可能是 X 轴方向的滑板镶条没有顶紧，使滑板左右摆动。

镶条两端有紧定螺钉，镶条靠近操作者一端为大头，另一端为小头。安装及调整时，先松开小端紧定螺钉，把镶条插入，用大端紧定螺钉将镶条顶紧，当顶紧后往回退半圈螺纹，再拧紧小端紧定螺钉，调整完成。在重新调整镶条大端紧定螺钉时，发现紧定螺钉好像顶紧了，但顶到底时滑板运动还是很轻松，说明镶条大端紧定螺钉过短，没有将镶条完全顶到位，导致滑板左右间隙过大。更换紧定螺钉后重新调整镶条，故障排除。

【例 16—6】 一台数控车床的主轴旋转时有较高的噪声，但加工工件稳定，表面质量也正常。

原因分析：如果有主轴箱，先判断主轴箱内的齿轮是否有问题，齿轮磨损或润滑不足等都会有噪声。这台车床没有主轴箱，只有一根轴，所以有可能是主轴轴承的问题。

如果轴承有问题，可以用手转动主轴感觉一下，如感觉到不流畅、有微弱的瞬间振动等，可以检查主轴轴向、径向的跳动。检查结果发现主轴是正常的。这样再扩展一步，怀疑与主轴一起旋转的部件可能有问题。此机床与主轴连接的有两个部件，一个是回转液压缸，用于夹紧卡盘；另一个是主轴编码器，它与主轴通过同步齿形带以传动比 1:1 连接，用于检测主轴的转速。主轴编码器是通过联轴器与同步带轮连接的。先脱开回转液压缸，主轴旋转时还是有噪声。重新装上液压缸，卸下主轴编码器的同步带，主轴旋转时噪声消失，说明主轴编码器机构有问题。拆下主轴编码器和与之相连接的机械结构并将其全部拆开，仔细检查各零件的状况，发现同步带轮的轴承已经发黑，有灼伤的痕迹，说明轴承已损坏。更换此轴承后，机床主轴声音正常。

【例 16—7】 一台数控铣床，配置 FANUC 0iA 系统，α 系列伺服驱动，钻孔时出现孔径超差的现象。

原因分析：通过现场调查及询问得知，这次故障是在一次撞刀后发生的，当时刀具在 X 轴方向快移时撞上了夹具，刀具从主轴上掉下来，但重新开机后机床并没有报警，动作也正常，只是钻孔时尺寸超差。

故障排除：撞刀现象在操作中是常见的，撞刀后主要影响机床的主轴精度。首先应检查主轴的几何精度，可用 300 mm 长的主轴检验棒插入主轴并拉紧，将千分表固定在工作台上，千分表的测头压在检验棒靠端面的外圆上，转动主轴，发现径向圆跳动误差达到 0.12 mm（正常应该不大于 0.015 mm），说明主轴径向圆跳动严重超差。检查主轴锥孔，发现锥孔内有撞刀后刀具从主轴锥孔中被撞掉而留下的痕迹，这些拉痕严重影响了主轴上的刀具与主轴轴线的同轴度。由于拉痕较多且痕迹也较深，手工无法修复，只好拆下主轴，到精密万能磨床上按 7∶24 的锥度重新修磨主轴锥孔，磨完后将主轴装到机床上检查并进行试切削，机床恢复正常。

【例 16—8】　某数控铣床，*Y* 轴无法回参考点，回参考点时总是以很慢的速度移动，压上挡块没有反应，*Y* 轴继续移动，到 *Y* 轴正方向硬极限报警。

原因分析：该故障以前出现过几次，重新回参考点有时正常，现在无法完成回参考点的动作，但机床的精度正常。机床回参考点使用的行程开关一般为常闭触点，信号为“1”。如果出现断线或开关损坏，信号为“0”时，机床就会以压上回零开关后的状态减速运行，而不以高速返回参考点。根据以上分析，可以确定是由回参考点减速行程开关损坏或信号断线引起的。

故障排除：检查减速开关，发现因防护未做好，开关内进水，里面的触点已经腐蚀，更换开关后机床恢复正常。

【例 16—9】　一台经济型数控车床，加工尺寸总是不稳定，尺寸无规律变化，不能控制。

原因分析：显示的尺寸与实际加工尺寸相差悬殊，在刀补中修改参数后，尺寸的变化仍无规律可循。既使不修改参数，加工出来的尺寸也在不停地变化。该机床主要进行内孔加工，尺寸的变化主要反映在 *X* 轴上。为了确定故障部位，采用交换法，将 *X* 轴的驱动信号与 *Z* 轴的驱动信号进行交换，故障依然存在，说明 *X* 轴的驱动信号无故障，进一步检查 *X* 轴电动机与传动机构、滚珠丝杠副等硬件。检查上述传动机构、滚珠丝杠副等硬件均无故障。检查 *X* 轴轴向定位，重复定位精度也在技术要求之内。与尺寸相关的还有一个因素容易被忽略，就是刀架。检查刀架每一个位置的重复定位精度，故障源出现了，即电动刀架的定位不准确。分析电动刀架定位不准确的原因，若是电动刀架自身的机械定位补偿不准确，故障应该是固定不变的，不应该出现尺寸不能控制的现象，故一定有其他原因。检查电动刀架的转动情况，发现电动刀架抬起时有一块切屑卡在定位齿盘里，切屑使刀架定位不准确，这就是故障源。

故障排除：拆开电动刀架，用压缩空气将电动刀架定位齿盘上的切屑吹干净，重新装配电动刀架后故障排除。

【例 16—10】　某龙门式加工中心机床，*Y* 轴实际尺寸与程序编程值存在不规则的偏差。

原因分析：该机床数控系统是 SINUMERIK 810M，伺服系统是 SIMODRIVE 611A 驱动装置，*Y* 轴进给电动机为 1FT5 型交流伺服电动机。首先从机械方面检查

Y轴进给传动链，Y轴进给传动链是由Y轴伺服电动机到电动机带轮、再到同步齿形带，再从Y轴丝杠带轮到Y轴丝杠，通过Y轴丝杠螺母到工作台。从这一传动链看，其中任何一个环节出现间隙或松动，均可引起位置偏差，从而造成所加工工件超差。

检查Y轴伺服电动机和滚珠丝杠连接的同步齿形带轮都正常。检查滚珠丝杠副的轴向窜动，将一粒滚珠置于滚珠丝杠端部的中心，用千分表顶住滚珠，将机床操作面板方式置于手动方式，按正、负方向进给键，沿Y轴正、负方向连续运动，观察千分表读数变化，发现丝杠轴向窜动较大，再检查发现丝杠两端轴承的支座端盖有松动现象，故障原因找到。

故障排除：紧固两端盖的紧固螺钉后，丝杠轴向窜动消除，机床恢复正常。

维修中遇到尺寸精度问题，一般先从机械部分考虑，把有关传动链上所有问题都要列出，采取逐个排除的方法，这样就能最终将故障的根源找到。如果机械方面的因素都排除了，就要考虑电气方面的因素。对于综合类问题，一般原则是先易后难，先机械后电气。

第四节 数控机床电气故障的诊断与排除

在数控机床维修工作中，纯机械故障不是很多，一般都是机械、电气交织在一起的故障。例如，表面上看是机械故障，但最终是通过电气或参数来排除的；表面上看是电气方面报警，而实际上是机械故障引起的，这就要求维修人员充分利用数控机床自身的诊断功能来判断常见的机械、电气、液压、气动的故障点。把机械和电气有机地联系起来，这就是常说的数控机床可编程控制器PLC（或称PMC）。前面已经介绍了数控机床自诊断功能，就是要通过它分析故障点，缩小可能产生故障的范围。从图16—4可知，PMC是处于机床和CNC之间的中间环节，它的输出口经电气柜中的继电器、接触器控制机床主轴正转、反转、停止，控制进给轴的启动和停止，控制刀库及换刀机械手，控制工件夹紧、松开和工作台的交换，控制冷却和润滑等辅助功能的顺序；它的输入口是来自操作面板的按钮及各种开关（如行程开关、接近开关、压力开关等）。机床侧信号输入PMC，称为机床侧→PMC信号。而PMC把有关信息传送给机床CNC，这就是PMC→CNC信号。CNC处理后的信号又返回PMC，称为CNC→PMC信号。PMC通过逻辑控制又传给机床，称为

PMC→机床侧信号。

机床给 PMC 的输入信号用地址 X 表示，如 X20.0 和 X20.1，它的范围一般是 X0 ~ X127。PMC 输出给机床的信号用地址 Y 表示，如 Y20.0 和 Y20.1，它的范围一般是 Y0 ~ Y127。PMC 输出给 CNC 的信号用地址 G 表示，如 G001 和 G002，它的范围一般是 G000 ~ G255。CNC 给 PMC 的输入信号用地址 F 表示，如 F001 和 F002，它的范围一般是 F000 ~ F255。这些信号可以在机床诊断功能中找到，相对的参数含义可以在相关数控系统的维修手册中查到。

为了说明机床侧与 PMC 相关的元件（如按钮、开关和继电器、接触器等）在机床 CRT 显示屏诊断显示中的位置及变化，下面以 VDL—1000 型加工中心机床的 FANUC 0i—CM 系统为例说明查找的方法。

一、查找地址 X、地址 Y 信号的具体步骤

1. 按操作面板功能键 SYSTEM ，出现如图 16—6 所示的画面。

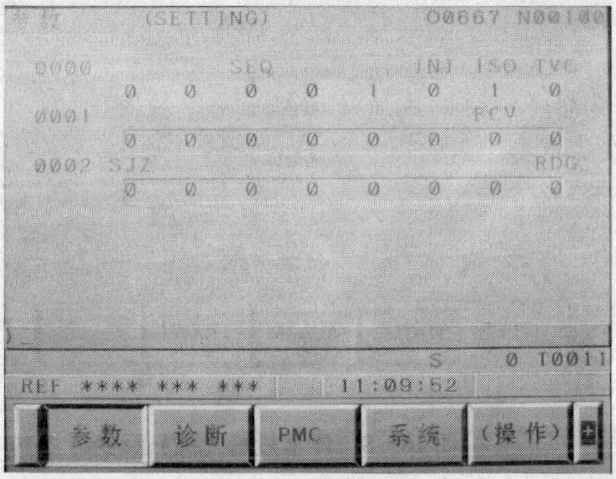

图 16—6　屏幕显示（一）

此画面下面出现［参数］、［诊断］、［PMC］、［系统］、［操作］等软键。

2. 按软键［PMC］，出现如图 16—7 所示的画面。

此画面下面出现［PMCLAD］、［PMCDGN］、［PMCPRM］等软键。它们分别表示 PMC 梯形图显示画面、PMC 诊断画面、PMC 参数画面、PMC 数据的输入和输出画面。

3. 按软键［PMCDGN］，出现如图 16—8 所示的画面。

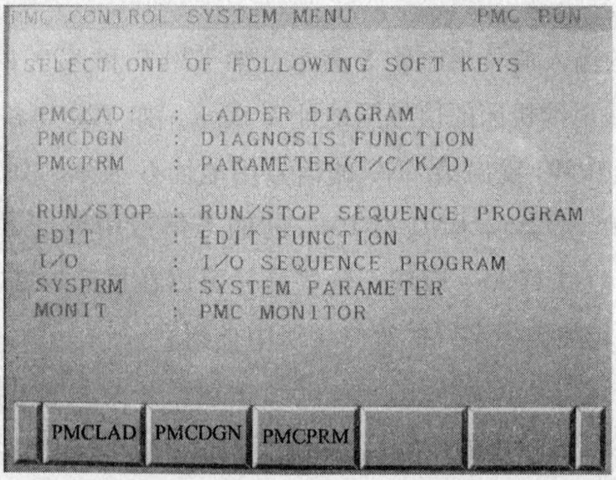

图 16—7　屏幕显示（二）

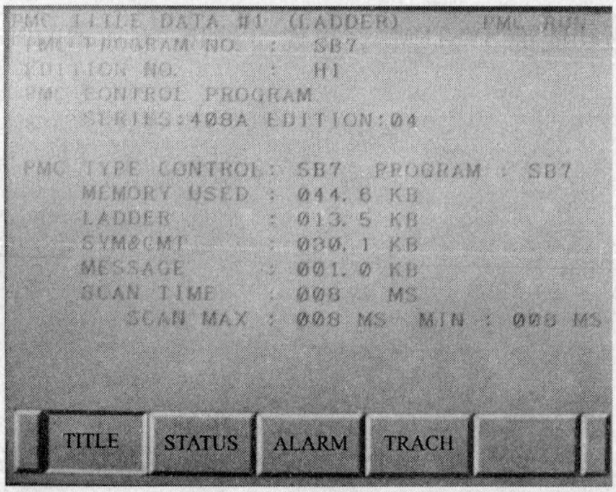

图 16—8　屏幕显示（三）

此画面下面出现［TITLE］、［STATUS］、［ALARM］、［TRACH］等软键。它们分别表示标题画面、状态画面、报警画面、跟踪画面。

4. 按软键［STATUS］，出现如图 16—9 所示的画面。

此画面下面有软键［SEARCH］，在这个画面里有地址 G、地址 F、地址 X、地址 Y 的各值。可以按翻页键检索，也可以输入“地址号”后按软键［SEARCH］。

【例 16—11】　如图 16—10 所示，要查主轴松开的输入信号 X8.1，可直接输入“X8.1”，在画面左下角有“ >”，其后面会出现“ >X8.1”，再按软键［SEARCH］，即可找到 X8.1 的位置。X8. 小数点后面是一个八位数值，此信号为“0”时是

“OFF”，表示断，即信号没到；信号为“1”时是“ON”，表示通，即信号到。由此可判断是否有信号。

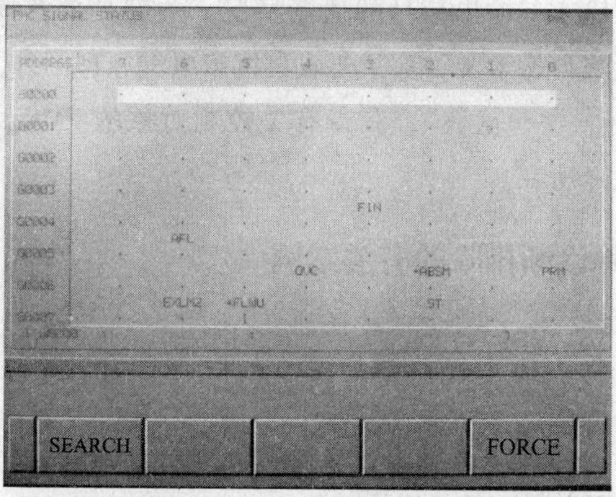

图 16—9　屏幕显示（四）

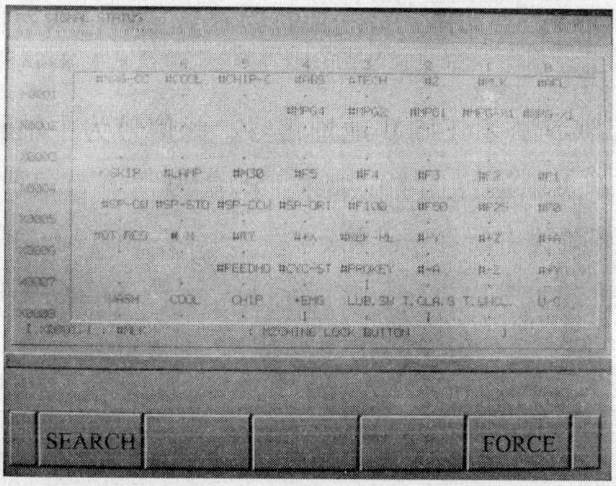

图 16—10　屏幕显示（五）

【例 16—12】　要查冷却输出信号 Y2. 5，可在上述画面状态直接输入“Y2. 5”，然后按软键［SEARCH］，即可找到 Y2. 5 的位置。Y2. 小数点后也是一个八位数值，从右端 0 到 5，第 6 位就是 Y2. 5 信号位，显示“1”为通，表示信号到；显示“0”为断，无信号。

用以上方法配合机床电气原理图，就可以判断输入信号是否已输入 PMC 中。如果信号输入 PMC 中，说明机床侧有关按钮、开关到 PMC 的线路是畅通的，进而判断输出信号是否从 PMC 输出到相应的输出口地址中。如果输出信号为“1”，说明此信号从 CNC→PMC，经 PMC 处理后输出这一段都是正常的。从以上分析可知，要查明输入、输出信号的通断情况，关键是要掌握所维修机床的输入、输出信号各代表什么含义，除了要收集机床电气原理图外，还要收集厂家提供的“输入、输出信号一览表”，获得有关控制对象的 PMC I/O 接入的通常状态，从而判断出故障所在。

二、电气故障诊断排除的有关案例

【例 16—13】　在 VDL—1000 型加工中心机床中，FANUC 0i—MC 系统接通电源后无法正常工作。

故障排除步骤：

（1）检查急停开关是否已经解除。

（2）试验是否压住了限位开关，使三坐标轴中的一个轴过行程运动，压住限位开关，然后按住超程解除按钮，并在 JOG 方式下将超程的轴运行到正常行程内。

（3）如果电动机保护器动作，首先要排除过载原因，然后重新设定保护器上的重置键（RESET 键）。

（4）通过 PMCDGN 查看 F45. 0 地址信号，此信号为主轴驱动报警号。如果 F45. 0 为“0”，表示主轴运行正常；如果 F45. 0 为“1”，表示主轴运行有故障，可根据报警内容参照维修手册逐一排除。

（5）如果完成上述步骤后机床仍然无法正常运转，可检查 PMCDGN 中输入信号 X8. 4 是否正常，按下急停开关再抬起，看 X8. 4 地址是否有“1”和“0”的变化，如果只有一个状态，说明开关有问题，也可能是开关的接线有问题。

【例 16—14】　一台国产数控车床配置 FANUC 0—TMate 系统，当加工执行到一个 M 代码时，光标不再往下执行，且又无报警信息。

故障诊断与排除：该系统是 FANUC 0—TMate，它没有 PLC 程序动态图形显示功能，经分析此故障可能是由于输入、输出板故障或输入信号本身不正确所引起的。在没有该机床 PLC 和各输入、输出板任何资料的情况下，只好从外围电路入手，即从寻找某个输入信号有误开始，把该机床所有输入信号（主要是各类开关的信号）检查一遍，进而发现在一个除尘装置的门上有一个开关松动，关紧门使开关可靠闭合后，重新开机运行则故障消除。由此可见，当无相关资料时，逐一排查相关外围输入信号是十分重要的。

【例 16—15】　一台立式加工中心机床，配置 FANUC 0—MC Mate 系统，前一

【例 16—19】 一台数控铣床，系统为 FANUC 03MA，只要 Z 轴移动就会产生 31 号报警。

故障诊断与排除：查维修手册可知，31 号报警为误差寄存器的内容大于规定值。根据 31 号报警指示，将 31 号机床参数的内容由 2000 改为 5000，使 X 轴、Y 轴的机床参数相同，然后用手轮驱动 Z 轴，31 号报警消除，但又产生了 32 号报警。查维修手册可知，32 号报警为 Z 轴误差寄存器的数值超过了 ±32767，或数模变换器的命令值超过了 -8192 ~ +8191 范围。将参数改为 33333 后，32 号报警消除，31 号报警又出现。这样反复修改机床参数，故障均不能排除。为了诊断 Z 轴位置控制单元是否出故障，将 800，801 和 802 诊断号调出，发现 800 在 -1 ~ -2 间变化，801 在 +1 ~ -1 间变化，而 802 却为 0，没有任何变化，这说明 Z 轴位置控制单元出现了故障。为了准确定位控制单元的故障，将 Z 轴与 Y 轴的位置信号进行交换，即用 Y 轴控制信号去控制 Z 轴，用 Z 轴控制信号去控制 Y 轴，Y 轴也发生 31 号报警（实际是 Z 轴报警）。通过交换，说明 Z 轴位置信号能驱动 Y 轴，而 Y 轴信号不能驱动 Z 轴，证明 Z 轴伺服电动机有问题，故障点在 Z 轴伺服电动机上，拆开 Z 轴伺服电动机，发现位置编码器与电动机之间的十字连接块脱落，是编码器上的固定螺钉断裂引起的，使电动机在工作中无反馈信号，因此产生报警。找到故障后再排除就很容易。将伺服电动机与编码器的十字连接块连好后，故障消除。

【例 16—20】 一台数控车床，系统为 FANUC 0—TD，该机床 NC 送电后，屏幕正常，但一按下机床准备按钮，机床的数控系统就自动断电。

故障诊断与排除：对数控系统进行检查，在自动断电后，电源模块上的红色报警灯亮。根据说明书对此报警现象的解释，该灯亮指示电源输出有故障。系统电源模块为 NC 系统及 PMC 的输入和输出提供电源，断电后先检查电源，并没有发现问题，分析原因有可能出在 PMC 输出的负载上。因为按下机床准备按钮后 PMC 要有输出，如果输出回路有短路问题，马上就会使控制系统电源电压下降，数控系统检测到后会自动关机报警。根据机床原理图对输出回路逐个进行检查，最后发现 PMC 输出到 Y4. 80 控制的继电器的续流二极管短路，如图 16—12 所示。将这个二极管拆下更换一个新的后，机床恢复正常。

目前，数控系统的开发越来越重视人机交流的界面，它具有丰富的报警信息和自诊断功能，这些都给维修人员创造了一个良好的诊断环境，维修归根结底就是诊断，只要诊断正确即可手到病除。

随着电子技术的高速发展，数控系统制造工艺的不断提高，系统本身的故障概率越来越低，而其外围的电气元件及连接出现故障的概率显得就多了。从以上例子可以看出，数控机床电气故障多半是由于外围电路（如强电元件、继电器、接触器、电磁阀等）、各种开关（如行程开关、接近开关、压力开关等）、各接线柱的连接等故障引起的，首先排除这些故障，就可以达到事半功倍的效果。

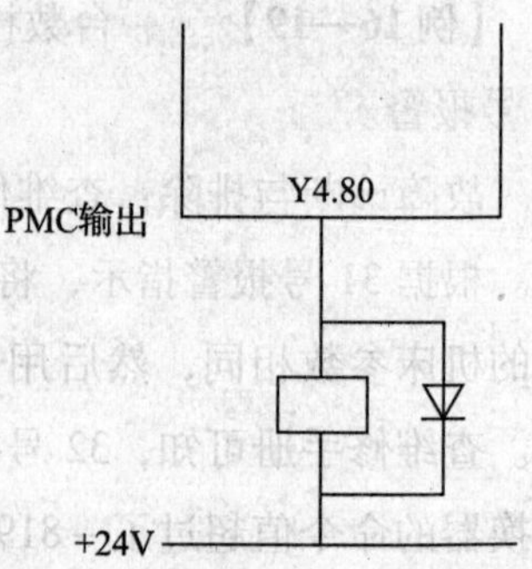

图 16—12　继电器与续流二极管

数控机床电气维修中的很多问题可以从两条主线来考虑，一条是 NC→PLC→机床侧的故障，刀架、刀库及机械手等都可以包括在内，通过 PLC 自诊断功能来查找故障原因；另一条是伺服系统→伺服电动机→滚珠丝杠副，包括伺服主轴，属于驱动系统。当然，除此之外还有回参考点等问题，只有维修时的思路清晰，才会避免盲动和失误。

高级数控机床机械维修工辅导练习

一、选择题

1. 齿轮轴上的弹簧挡圈使用（　　）拆卸。

A. 孔用挡圈钳　　B. 轴用挡圈钳

C. 一字旋具　　D. 十字旋具

2. 数控铣床或加工中心机床的主轴常用成组角接触球轴承作为支撑，它能承受（　　）。

A. 径向力　　B. 轴向力

C. 径向力和轴向力　　D. 法向力

3. 数控机床的软极限是由（　　）决定的。

A. 行程开关　　B. 死挡块

C. 参考点　　D. 参数

4. 经济型数控车床的床鞍与床身之间的导轨一般采用（　　）导轨。

A. 滑动　　B. 滚动

C. 液压　　D. 气动

5. 数控车床的床鞍与床身装配时，以（　　）为装配基准。

A. 床鞍导轨面　　B. 床身导轨面

C. 主轴箱底面　　D. 尾座底面

6. 数控机床的伺服电动机与相配的带轮通常采用（　　）连接。

A. 平键　　B. 半圆键

C. 锥环　　D. 楔键

7. 数控车床尾座的轴线应该比主轴轴线（　　）。

A. 高一点　　B. 低一点

C. 一样高　　D. 高得多

8. 激光检测中双向定位精度误差一般都比单向定位精度误差（　　）。

A. 大　　B. 小

C. 相同　　D. 近似

9. 车刀的刃倾角主要用于控制（　　）。

A. 切削刃与材料的摩擦　　B. 切削力的大小

C. 切屑排出方向　　D. 刀尖强度

10. 车削内螺纹使用（　　）。

A. 内孔粗车刀　　B. 内孔精车刀

C. 内孔车槽刀　　D. 内螺纹车刀

11. 液控单向阀可以使液压油（　　）。

A. 单向流动　　B. 双向流动

C. 单向或双向流动　　D. 截止

12. 抵抗式计量件用在（　　）中。

A. 液压回路　　B. 气动回路

C. 电气回路　　D. 润滑油路

13. 水平桥是（　　）装配过程中使用的工艺装备。

A. 数控铣床　　B. 加工中心机床

C. 平床身数控车床　　D. 斜床身数控车床

14. 典型的自为基准的加工方法是（　　）。

A. 精车外圆　　B. 精车内孔

C. 磨削外圆　　D. 研磨

15. 数控机床使用期间故障的特点是（　　）。

A. 使用初期低、中期低、后期高

B. 使用初期高、中期低、后期高

C. 使用初期高、中期低、后期低

D. 使用初期高、中期高、后期低

16. 电气线路板上指示灯报警属于（　　）报警。

A. 硬件　　B. 软件

C. 显示　　D. 无显示

17. 计算机 CPU、运算器、存储器统称数控机床的（　　）装置。

A. CNC　　B. PMC

C. SV　　D. MT

18. 以下数控机床故障诊断的方法中（　　）最常用。

A. 离线诊断法　　B. 敲击法

C. 局部升温法　　D. 交换法

19. 数控机床的超程报警属于（　　）类诊断功能。

A. 直观法　　B. 自诊断

C. 离线诊断　　D. 交换法

20. 从 PMC 到 NC 的信号地址为字母（　）。

A. X　　B. Y

C. G　　D. F

二、判断题

1. 液压缸活塞产生爬行和蠕动现象的主要原因是液压缸中混入空气。（　）
2. 气动装置中油雾器的功用是保持空气中含有适量的润滑油。（　）
3. 数控机床的参数有数千条，一旦因电池电量不足而丢失，机床将无法正常工作。（　）
4. 电路中的接触器就是继电器，两者功能相同。（　）
5. 编码器是一种角位移检测元件。（　）
6. 数控机床常用的滑动导轨贴塑材料为聚四氟乙烯软带。（　）
7. 贴塑导轨与淬火导轨之间的静摩擦因数、动摩擦因数相差较大。（　）
8. 数控车床的床鞍与床鞍压板之间不用留间隙，需压紧为好。（　）
9. 加工中心机床通常采用直线导轨或滑动导轨。（　）
10. 主轴锥孔的径向圆跳动误差可利用百分表、磁力表座、大理石平尺来检验。（　）
11. 箱体类零件的孔加工后要检验圆度与同轴度，可用三坐标测量机来检验。（　）
12. 数控铣床三坐标轴的反向差值需要用双频激光检测仪来检验。（　）
13. 在压力继电器内部有电气微动开关元件。（　）
14. 气动元件中分水过滤器的作用是将油和水分离开。（　）
15. 拆卸机床主轴箱中的齿轮轴时，可直接使用钢棒敲击一端，将其从孔中退出。（　）
16. 装配机床主轴箱中的齿轮轴时，可按图样直接装到箱体内，不必在箱外试装。（　）
17. 安装伺服电动机时，严禁使用锤子敲击。（　）
18. 对于机床多数轴的拆卸，只要轴上有带内螺纹的中心孔，就可以使用拔销棍。（　）
19. 拆卸箱体内的轴时，一般是从箱体的大孔向小孔方向移动轴，这样比较容易拆卸。（　）
20. 随机故障是指机床在工作时多次发生的故障。（　）

三、填空题

1. 机械零件的拆卸实际上是装配的________，一般规律是________，________。

2. 伺服电动机轴与带轮如果采用锥环连接，安装时要注意____。

3．液压泵电动机反转，引起液压泵输出________。

4．液压泵的主动轴与电动机轴安装时不同轴，会引起液压泵的____________。

5．数控机床电气系统的核心是________，又称________，内装________。

6．低压断路器又称____________，常见的有________断路器、________断路器、________断路器。

7．________反映机床工作时的刚性状态，而________反映机床不工作时的刚性状态。

8．数控车床的进给运动是用________驱动，通过________带动________完成纵向（*Z* 轴）和横向（*X* 轴）的进给运动。

9．以相同方向沿轴线趋近某目标位置的一系列测量称为____________。

10．从两个方向沿轴线趋近某目标位置的一系列测量称为____________。

11．数控机床的参数是________，它决定了一台机床的各种功能________发挥作用，它又是机床________的一部分。

12．数控机床的参数可以按________分类，还可以按________分类。

13．数控机床的参数可以用________输入或输出，十分方便。

14．机床夹具按动力来源分类，主要有________夹具、________夹具、________夹具、________夹具、________夹具、________夹具和________夹具。三爪自定心卡盘属于________夹具。

15．液压原理图中的 YV1 和 YV2 分别表示____________，SP1 和 SP2 分别表示____________。

16．硬件故障是指________和________的故障。

17．软件故障是指____________和____________的故障。

18．伺服单元包括________和________。

19．FANUC 系统的输入信号用________表示，输出信号用________表示。

20．在数控机床电气系统中，字符“I/O”表示____________。

四、简答题

1．CKA6150 型数控车床主轴前后为滚动轴承支撑，而中间还有一道滑动轴承支撑，其作用是什么？主轴采用动平衡环的作用是什么？

2．数控机床主轴的径向圆跳动由哪些零件决定？主轴的温升又与哪些因素有关？

3．液压系统中为什么要增设蓄能器？

4．数控机床的电气系统由哪些部件组成？

5．增量式编码器与绝对式编码器的主要区别是什么？

6．数控机床纵向进给装置是用哪些工装完成精度检测的？

7. 在安装加工中心机床的床身时，怎样检查床身的水平？
8. 数控机床初次通电需做哪些主要的准备工作？
9. 数控车床整机调试的主要内容有哪些？
10. 什么叫加工工艺、工序、工步？工序与工步的关系是什么？
11. 什么叫装配工艺、分装、总装配？
12. 排除数控机床故障时遵循的基本原则是什么？
13. 什么叫数控机床的自诊断功能？
14. 加工中心机床的刀具不能夹紧的主要原因是什么？

五、图样分析

分析 CKA6150 型数控车床电气系统主回路中刀架电动机及主轴润滑电动机的原理图，如图 1 所示。

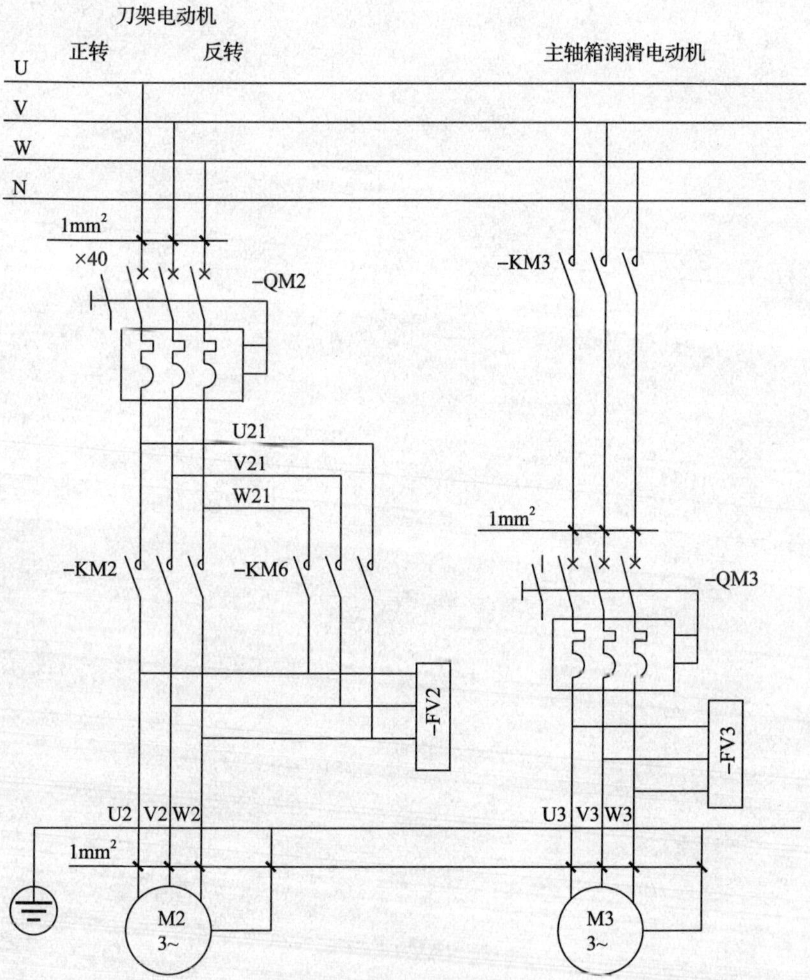

图 1 机床部分电气原理图

图中各符号代表的含义：

U，V，W：________________；　　N：________________。

QM2：________________；　　QM3：________________。

KM2：________________；　　KM6：________________；

KM3：________________。

FV2：________________；　　FV3：________________；

M2：________________；　　M3：________________。

高级数控机床机械维修工辅导练习答案

一、选择题

1. B　2. C　3. D　4. A　5. B　6. C　7. A
8. A　9. C　10. D　11. C　12. D　13. C　14. D
15. B　16. A　17. A　18. D　19. B　20. C

二、判断题

1. √　2. √　3. √　4. ×　5. √　6. √　7. ×
8. √　9. √　10. ×　11. √　12. ×　13. √　14. ×
15. ×　16. ×　17. √　18. √　19. ×　20. ×

三、填空题

1. 一个逆操作　后装的要先拆　先装的要后拆　2. 锥环的方向　3. 油量不足　4. 噪声严重及压力波动　5. 数控装置　CNC 装置　CPU　6. 自动空气开关　一相　二相　三相　7. 动刚度　静刚度　8. 伺服电动机　滚珠丝杠副　刀架　9. 单向定位精度和单向重复定位精度　10. 双向定位精度和双向重复定位精度　11. 人为设定的　是否能正常　软件　12. 数据号的顺序　数据的类型　13. 存储卡　14. 手动　气动　液压　电动　磁力　真空　离心　手动　15. 电磁换向阀中的两个电磁铁　压力继电器中的两个微动开关　16. 印制电路板　电气元件　17. 加工程序编制的错误　参数设置错误或丢失引起　18. 伺服驱动器　伺服电动机　19. X　Y　20. 输入与输出接口

四、简答题

1. 答：中间采用滑动轴承支撑是为了提高主轴的刚度，尤其是在重负荷切削时可承受一定的径向力。主轴采用动平衡环是为了保证主轴在高速旋转时将振动降低到最低点。

2. 答：数控机床主轴的径向圆跳动与前、后轴承的精度以及前、后轴承预紧力的大小有关。主轴的温升主要与主轴前、后轴承的预紧力有关，预紧力大，温升高。

3. 答：蓄能器能保持液压系统压力平稳，减小压力的波动。

4. 答：数控机床的电气系统包括数控系统装置，伺服驱动系统，操纵台电气控制装置，输入、输出装置，位置反馈系统。

5. 答：增量式编码器在机床断电后坐标轴的位置立即清零，因此，开机必须进行回零操作。而绝对式编码器在机床断电后由后备电池供电，坐标轴的位置正确地记录下来，因此，开机不用进行回零操作，保证了机床坐标系位置的数值一直有效。

6. 答：所用工装主要包括检测纵向丝杠前、后支架时用的检验套、检验棒，检测丝杠螺母孔时用的检验套、检验棒，以及固定百分表、千分表用的胎具。

7. 答：床身水平是指床身两条导轨的水平。包括两个方面，即两条导轨各自的直线度以及两条导轨的平行度（扭曲度）。检查的方法是：直线度通过分段移动水平仪进行检测。检测平行度时可在导轨面上横放大理石平尺，在大理石平尺上方沿横向放置水平仪，从导轨一端向另一端分三段测量，精度不符合要求时，调整床身下方四个调整螺栓，检测标准执行机床出厂合格证的要求。

8. 答：各导轨必须保持清洁、干净，无污物；各调整螺钉、紧固螺钉头部无损伤，保证调整时不出问题；各主要接合面用 0.04 mm 的塞尺塞不进去，防止间隙过大；各坐标丝杠手动转动灵活，不得忽紧忽松；选择合理的电缆，接好地线；加注润滑油、液压油，接通气源（铣床类），重新找机床水平。

9. 答：(1) 整机调试时先要检查润滑油是否到达各导轨面上，各处油路要畅通。

(2) 进行机床负载试验，主要进行抗振性车槽试验。

(3) 进行机床常温下各项几何精度检验，数控车床按 G1 ~ G12 项执行。

(4) 进行整机连续空运转试验，时间为每台 48 h（包括数控系统各功能试验）。

(5) 中速温升，即主轴在中速运转下达到稳定温度后，热检 G7，G11，G12 项几何精度，并进行工作精度检测，即 P1 ~ P4 项。

(6) 激光检测两坐标轴的定位精度、重复定位精度、反向差值。

(7) 上述各项全部合格后进行机床清理。

10. 答：加工工艺就是用各种加工方法把原料加工为成品的过程。工序是指一个或一组工人，在一个工作地点，对同一个或同时对几个工件所连续完成的那一部分工艺过程，如车削工序、铣削工序、磨削工序等。工步是指在加工表面不变、刀具不变的情况下完成的那一部分工序。工序包括多个工步。

11. 答：装配工艺是指将各种零件组装为部件，部件与部件总装为设备的过程。将各种零件组装为部件称为分装。将部件与部件组装为设备称为总装配。

12. 答：先机械后电气；先简单后复杂；先外围后核心。核心一般指线路板级故障。

13. 答：数控系统一旦发生故障，系统利用自身的检测软件，用报警号的形式显示在屏幕上；并对各种输入、输出信号进行监控。维修人员通过屏幕上的诊断画面能迅速查明故障原因。机床的这种功能称为自诊断功能。

14. 答：刀具拉钉没有调整好；主轴内孔拉伤；松刀机构的活塞没有完全退出；碟形弹簧位移较小；碟形弹簧上的卡紧螺母松动。

五、图样分析

图中各符号代表的含义如下：

U，V，W：三相交流电；

N：三相五线制中的中线。

QM2：刀架电动机断路器；

QM3：主轴箱润滑电动机断路器。

KM2：刀架电动机正转交流接触器；

KM6：刀架电动机反转交流接触器；

KM3：主轴箱润滑电动机交流接触器。

FV2：刀架电动机阻容吸收器；

FV3：主轴箱润滑电动机阻容吸收器；

M2：刀架电动机；

M3：主轴箱润滑电动机。

参考文献

1. 邢邦圣主编. 机械制图与计算机绘图. 北京：化学工业出版社，2003

2. 劳动和社会保障部教材办公室组织编写. 机修钳工技能训练. 北京：中国劳动社会保障出版社，2006

3. 黄志远，王宏伟主编. 装配钳工. 北京：化学工业出版社，2007

4. 付承云主编. 数控车床编程与操作应知应会. 北京：机械工业出版社，2007

5. 张铁城主编. 加工中心操作工（基础知识 中级技能）. 北京：中国劳动社会保障出版社，2001

6. 李之浩主编. 机修钳工工艺学（96 新版）. 北京：中国劳动出版社

7. 杨克冲，陈吉红，郑小年主编. 数控机床电气控制. 武汉：华中科技大学出版社，2006

8. 申晓东，白一凡主编. 数控机床调试维修与实践. 北京：中国劳动社会保障出版社，2007

9. 邓建新，赵军编著. 数控刀具材料选用手册. 北京：机械工业出版社，2005

10. 夏丽英，史新民主编. 数控加工技术. 北京：电子工业出版社，2007

11. 毛智勇，刘宝权主编. 液压与气压传动. 北京：机械工业出版社，2007

12. 王爱玲主编. 数控机床结构及应用. 北京：机械工业出版社，2007

13. 吴新腾主编. 数控铣削（含加工中心）编程与考级（SIEMENS 系统）. 北京：化学工业出版社，2007

14. 劳动和社会保障部教材办公室组织编写. 数控加工工艺学. 北京：中国劳动和社会保障出版社，2005

15. 张魁林主编. 数控机床故障诊断. 北京：机械工业出版社，2002

16. 余仲裕主编. 数控机床维修. 北京：机械工业出版社，2001

17. 林岩主编. 数控机床维修 100 问. 北京：化学工业出版社，2008

18. 陈宇晓编著. 数控铣床故障诊断与维修技巧. 北京：机械工业出版社，2006

19. 王侃夫主编. 数控机床故障诊断及维护. 北京：机械工业出版社，2000

20. 王贵成主编. 数控机床故障诊断技术. 北京：化学工业出版社，2005

21. 徐衡编著. 数控机床维修. 沈阳：辽宁科学技术出版社，2005

22. 牛志斌编著. 数控车床故障诊断与维修技巧. 北京：机械工业出版社，2004

23. 叶晖编著. 图解 NC 数控系统—FANUC 0i 系统维修技巧. 北京：机械工业出版社，2007

24. 数控加工设备控制系统维修技术大全编委会编. 数控加工设备控制系统维修技术大全. 北京：电子工业出版社，2006

首批机械行业特有职业
国家职业技能培训鉴定教材目录

❖剪切工

剪切工（基础知识、初级、中级、高级）

❖镀层工

镀层工（基础知识、初级、中级、高级、技师、高级技师）

❖制齿工

制齿工（基础知识、初级、中级、高级、技师、高级技师）

❖电切削工

电切削工（基础知识、初级、中级、高级、技师、高级技师）

❖轴承装配工

轴承装配工（基础知识、初级、中级、高级、技师、高级技师）

❖轴承检查工

轴承检查工（基础知识、初级、中级、高级、技师、高级技师）

❖轴承试验工

轴承试验工（基础知识、初级、中级、高级、技师、高级技师）

❖数控机床装调维修工（包括4个工种）

数控机床装调维修工（基础知识）

数控机床机械装调工（中级、高级、技师、高级技师）

数控机床机械维修工（中级、高级、技师、高级技师）

数控机床电气装调工（中级、高级、技师、高级技师）

数控机床电气维修工（中级、高级、技师、高级技师）

❖汽车模型工

汽车模型工（中级、高级、技师、高级技师）

❖汽车饰件制造工

汽车饰件制造工（基础知识、初级、中级、高级）

❖汽车生产线操作调整工（包括7个工种）

汽车机加工生产线操作调整工（基础知识、初级、中级、高级、技师）

汽车焊装生产线操作调整工（基础知识、初级、中级、高级、技师）

汽车冲压（辊压）生产线操作调整工（基础知识、初级、中级、高级、技师）

汽车涂装生产线操作调整工（基础知识、初级、中级、高级、技师）

汽车热处理生产线操作调整工（基础知识、初级、中级、高级、技师）

汽车铸造生产线操作调整工（基础知识、初级、中级）

汽车锻造生产线操作调整工（基础知识、初级、中级、高级、技师）

❖汽车（拖拉机）装配工（包括5个工种）

拖拉机装配工（基础知识、初级、中级、高级、技师、高级技师）

汽车装配工（基础知识）

汽车整车装配工（初级、中级、高级、技师、高级技师）

汽车机械部件装配工（初级、中级、高级、技师、高级技师）

汽车电器装配工（初级、中级、高级、技师）

汽车特种部件制造装配工（初级、中级、高级）

❖机动车检验工（包括6个工种）

汽车检验（试验）工（基础知识）

汽车零部件检验工（中级、高级、技师、高级技师）

汽车电器检验工（中级、高级、技师、高级技师）

汽车整车检验工（中级、高级、技师、高级技师）

汽车部件试验工（中级、高级、技师、高级技师）

汽车电器试验工（中级、高级、技师、高级技师）

汽车整车试验工（中级、高级、技师、高级技师）